AF567274

Ross

Funktionale Sicherheit im Automobil

Hans-Leo Ross

Funktionale Sicherheit im Automobil

Die Herausforderung für Elektromobilität und automatisiertes Fahren

2., vollständig überarbeitete Auflage

Der Autor:
Hans-Leo Ross, Lorsch

Bibliografische Information der Deutschen Nationalbibliothek:
Die Deutsche Nationalbibliothek verzeichnet diese Publikation in der Deutschen Nationalbibliografie; detaillierte bibliografische Daten sind im Internet über http://dnb.d-nb.de abrufbar.

www.hanser-fachbuch.de
Lektorat: Dipl.-Ing. Volker Herzberg, Julia Stepp
Herstellung: Björn Gallinge
Coverkonzept: Marc Müller-Bremer, www.rebranding.de, München
Titelillustration: © Sebastian Völkel,
unter Verwendung von Grafiken von © shutterstock.com/Andrey Suslov
Coverrealisation: Max Kostopoulos
Satz: le-tex publishing services GmbH
Druck und Bindung: Hubert & Co. GmbH & Co. KG BuchPartner, Göttingen
Printed in Germany

Print-ISBN: 978-3-446-45841-3
E-Book-ISBN: 978-3-446-45842-0

Vorwort

Wenn man das Vorwort der ersten Auflage meines Buches liest und diese Gedanken auf die zweite, vollständig überarbeitete Auflage überträgt, dann gibt es viele Punkte, die einen komplett neuen Inhalt erfahren, wenn man sie aus einem anderen Blickwinkel betrachtet.

Sprach ich im Vorwort der ersten Auflage noch von 20 Jahren Erfahrung im Bereich Funktionssicherheit, so sind es heute Aspekte aus über 35 Jahren Berufserfahrung. Dazu zählen auch Aspekte aus meiner Berufsausbildung als Fernmeldehandwerker – so hieß damals die Ausbildung bei der Deutschen Bundespost (nun Telekom), heute würde man wohl sagen: Ausbildung zum Kommunikationselektroniker –, die heute in einem neuen Licht erscheinen. Als ich mich 1992 als Diplom-Ingenieur ins Berufsleben stürzte, war der Anlagenbau von verschiedenen Katastrophen wie Bhopal und Seveso geprägt. Dass nun in der zweiten Auflage sogar die Seveso-III-Richtlinie erwähnt wird, zeigt, wie sich das Thema Sicherheit über viele Jahre verändert hat. In der ersten Auflage verwies ich auf die VDI/VDE-Richtlinie 2180 „Sicherung von Anlagen der Verfahrenstechnik" aus dem Jahr 1966, meinem Geburtsjahr. Durch die Elektromobilität muss man auch auf die VDE 100 eingehen, die ihren Ursprung laut VDE im Jahre 1895 hat. Sie handelte damals nicht nur von elektrischen Verbrauchern, sondern auch von Transformatoren, Kabeln/Schienen sowie dem Einsatz von Messtechnik. Im Jahr 1984 wurde die VDE/VDE-Richtlinie 2180 erweitert. Der Begriff „Anlagensicherung mit Mitteln der Mess- und Regeltechnik" wurde in der Norm eingebracht. Welche Aufgabe haben Sensoren in Fahrzeugregelsystemen wie Lenkung, Bremse und Antrieb? Dies wird heute für Radar, Lidar oder Kamerasysteme im Auto hinterfragt. Welche neuen Sicherheits- oder Schutzfunktionen braucht man für automatisierte Fahrfunktionen? Wie automatisierte man Funktionen, die bisher der Fahrer ausgeführt hat? Man machte einen Unterschied zwischen Betriebs- und Sicherungseinrichtungen sowie Überwachungs- und Schutzeinrichtungen. In der zweiten Auflage wird nun neben den Funktionssicherheitskonzepten auch auf Betriebssicherheits-, Fahrzeugsicherheits- und Datensicherheitskonzepte verwiesen. Das heißt, die alten Perspektiven werden auf neue Technik angewendet.

Die DIN VDE 31000 „Allgemeine Leitsätze für das sicherheitsgerichtete Gestalten technischer Erzeugnisse“ wird heute mit ganz neuen Augen betrachtet. Die Zusammenhänge zwischen Risiko, Sicherheit und Gefahr, die hier beschrieben wurden, müssen nun auf das automatisierte Fahren abgebildet werden. Die Frage nach dem Grenzrisiko, die in der Norm eingeführt wurde, wird ganz neu gestellt. Zu dieser Zeit waren noch Maschinenstandards gültig, die die Nutzung von Mikrocontrollern für Sicherheitsaufgaben verboten haben. Es gab jedoch bereits einen akzeptierten Markt für Sicherheitssteuerungen. Verschiedene Normen und Standards definierten die Grundlage für Prüfung, Zertifizierung und Auslegung dieser Sicherheitssteuerungen. Sie wurden in Anforderungsklassen (AK 1–8) gemäß der DIN V 19250 klassifiziert. Diese Norm war anwendungs- und technologieunabhängig und beschrieb anhand eines Risikographen ein qualitatives Verfahren zur Risikoabschätzung. Die Beschäftigung mit Risiken, Prüfung und Zertifizierung sind neue Themen, die heute aktuell auch auf die Fahrzeugtechnik abgebildet werden müssen. 1990 erschien die DIN V VDE 0801 „Grundsätze für Rechner in Systemen mit Sicherheitsaufgaben“. In der Revision von 1994 wurden Begriffe wie „betriebsbewährt“ und der Einsatz einer „Betrachtungseinheit“ eingeführt. Als Antwort auf die unterschiedlichen Risiko- oder Anforderungsklassen kannte man aber weitgehend nur Redundanz. Scheinbar ist beim Einsatz von Mikroprozessoren und Multi- bzw. Many-Core-Konzepten Redundanz heutzutage die einzige Möglichkeit, solche hochkomplexen Daten- und rechenintensive Systeme noch beherrschen zu können. Selbst der Mensch mit seinen zwei Gehirnhälften setzt auf Redundanz, um sich zu vergewissern, ob er Situationen richtig erfasst. Scheinbar erfasst die eine Gehirnhälfte mehr den Kontext und die andere fokussiert sich auf das Erfassen von konkreten Informationen wie zum Beispiel der Schrift. Bei Zwillingen kann man oft feststellen, dass der oder die eine besser in der Kontexterfassung ist und der oder die andere besser beim Erfassen der beabsichtigten Information. Wer ist die oder der Intelligentere? Oder ist es so, dass die Güte zwischen den beiden Gehirnhälften die wahre Intelligenz ausmacht? Wahrscheinlich wird der eine Zwilling bei jedem Intelligenztest die besseren Ergebnisse haben, der andere wird wohl den höheren EQ haben. Welche Fähigkeit wird bei welchem Test tatsächlich gemessen? Ist dies auch eine Antwort auf die Ideen zur künstlichen Intelligenz? In der Mess- und Regelungstechnik wurden jedoch auch schon diversitäre Messprinzipien genutzt, um Gefahrenszenarien frühzeitig zu entdecken. Heutzutage hat man die Erfahrung gemacht, dass es ein perfektes Messsystem zur Erfassung der Verkehrsumgebung nicht geben kann. Wahrscheinlich wird man auch auf intelligente Sensorfusionen basierende, diversitäre Sensorik und verschiedene logische Algorithmen setzen müssen. Die technischen Regeln für Dampf oder Richtlinien für Druckbehälter schrieben schon die redundante Messung von Druck und Temperatur aus Sicherheitsgründen vor. Selbst das Wasserhaushaltsgesetz kannte die Begrenzung der Füllmenge von Behältern durch Vorschrift oder Regelung sowie die unabhängige

Überfüllsicherung als Sicherheitsmaßnahme. Viele dieser Sicherheitsprinzipien waren in den Sicherheitsstandards der Anlagenbetreiber entstanden und dienten sogar als Grundlage für behördliche Genehmigungen. An all diese Prinzipien müssen wir uns nun bei den Themen Wasserstoff im Fahrzeug oder der Brennstoffzelle zurückerinnern. Als ich 1998 mit dem Vertrieb von Sicherheitssteuerungen begann, wurden besonders in England, den Niederlanden und Norwegen die Entwürfe der IEC 61508 diskutiert. Man kannte die skalierbare Redundanz und es wurde zwischen Redundanz für Sicherheit und Verfügbarkeit unterschieden. Mikrocontroller wurden auch im Lockstep-Prinzip gekoppelt und konnten im laufenden Betrieb der Anlage den Programmablauf oder die Steuerungslogik ändern. Es waren Programmierprogramme verfügbar, die die Sicherheitslogik zwischen einer definierten Laufzeitumgebung konfigurieren konnten. Leider hat man heute feststellen müssen, dass ein Lockstep absolut keine Lösung zur Beherrschung von systematischen Fehlern ist. Wer dies für Software-Fehler nutzen möchte, unterliegt wohl einem systematischen Irrtum.

Mit der Veröffentlichung der IEC 61508 wurde ein Lebenszyklusansatz für Sicherheitssysteme vorgestellt. Des Weiteren wurden die Prozessbetrachtung der Produktentwicklung und der Bezug zu den Qualitätsmanagementsystemen formuliert. Während meines Masterstudiums am Wirtschaftswissenschaftlichen Institut der Universität Basel durfte ich auch die Vorlesung von Professor Dr. Walter Masing genießen, der die Qualitätsmanagementsysteme in Deutschland sehr geprägt hat. Wo sind unsere standardisierten Prozesse für die automatisierten Fahrfunktionen? Wo sind diese für die neuen Antriebssysteme? Wer harmonisiert die Prozesse, um die Fahrzeuge in die neue Verkehrsumgebung systematisch einzubringen? Kann man mit Big-Data und Agilität dies alles ohne Prozesse umsetzen? Die IEC 61508 kannte die Unterscheidung zwischen der beabsichtigten Funktion und den notwendigen Sicherheitsintegritätsmaßnahmen, um eine Anlage oder Maschine absichern zu können. Das „Equipment under Control", also die zu steuernde Anlage oder Maschine, stand im Fokus der Betrachtung. Ist nicht das automatisierte Fahrzeug im Verkehrsumfeld die zu sichernde Mobilitätsmaschine? Die Einführung der Diagnose zur Sicherung der Funktion bzw. der elektrischen Trägersysteme der Funktion erweiterte den Gedanken der Sicherheitsarchitektur. Heute ergänzen wir die Ideen aus der Medizin- und Flugzeugtechnik. Man setzt auf prädiktive Gesundheitsvorsorge für technische Systeme. Das heißt, man versucht Systemschwächen zu entdecken, bevor sie sich gefährlich auswirken können. 1998 durfte ich in Birmingham das erste passive elektronische System vorstellen, welches bis SIL 4 gemäß IEC 61508 zertifiziert war. Auf einer VDMA-Veranstaltung berichtete ich über die Erfahrung mit der IEC 61508 im Anlagenbau und deren Einfluss auf die Entwicklung von sicherheitsgerichteten Steuerungssystemen. Die ersten Erfahrungen mit Ethernet in der Sicherheitstechnik verwunderte doch viele. Die Maschinenbauindustrie war damals noch sehr stark von Relaistechnik geprägt. Dass die softwarebasierende Sicherheitstechnik diese Branche so schnell mit neuen Lösungen und Systemen verändern würde, wollte damals kaum jemand glauben. 80 % der Kommunikation im Fahrzeug sind CAN-Busse, Ethernet existiert in den heutigen Systemen noch immer nicht als Netzwerk. Als ich 2001 die Leitung des Produktmanagements übernahm, galt es, neue Anwendungen für neue Sicherheitssysteme zu finden. Ein weiterer Themenschwerpunkt wurde die vernetzte Sicherheitstechnik, die bis dahin auf seriellen Datenbussen beruhte. Jetzt mussten verteilte und dezentrale Sicherheit sowie dynamische, situations- oder zustandsabhängige Sicherheitssysteme realisiert werden. Als Lösung kam nur noch Ethernet in Frage. Wichtig war hier, die vorhandene Datentechnik für die Sicherheitstechnik handhabbar zu machen. Im Rahmen von Diplomarbeiten wurden Sicherheitssteuerungen in ganz Norwegen verteilt, die auf dem Datennetz der norwegischen Mineralölgesellschaft Statoil sicherheitsrelevante Daten austauschten. Die Erfahrungen mit Datenübertragung über Satelliten zwischen Ölplattformen und Landanlagen oder zwischen Norwegen und Deutschland sowie verschiedenen Lösungen zur Pipelineüberwachung über Funksysteme zeigten, dass sicherheitstechnische Datensysteme auch auf Basis von Ethernet realisierbar sind.

Durch die Veröffentlichung der IEC 61508 als DIN EN 61508 (VDE 0803) „Funktionale Sicherheit sicherheitsbezogener elektrischer/elektronischer/programmierbarer elektronischer Systeme“ im Jahre 2001 wurde die deutsche Automobilindustrie auf das Thema aufmerksam. Öffentlicher Schriftverkehr zwischen dem VDA und den VDTÜVs führte zur Gründung des AK16 im FAKRA (Facharbeitskreis Automobil). Durch meinen Wechsel zu Continental Teves wurde ich 2004 Mitglied in diesem Arbeitskreis. Noch im selben Jahr wurden die ersten Strukturen für die spätere ISO 26262 entworfen und man nahm Kontakt zu weiteren Automobilnormungsgremien in anderen Ländern auf. Insbesondere mit Frankreich wurden konkrete Rahmenbedingungen für die Norm ausgearbeitet. Die erste Sitzung der ISO/TC22/SC03/WG16 fand vom 31.10. bis 2.11.2005 in Berlin statt. Die Arbeitsgruppen aus Frankreich und Deutschland bildeten die größten Fraktionen neben anderen Ländervertretungen aus Japan, USA, Schweden, Großbritannien usw. Bis zu diesem Zeitpunkt kursierte die ISO 26262 unter dem Namen „FAKRA-Norm“. Die safetronic 2005 adressierte bereits die ersten Ideen der zukünftigen Automobilnorm und es wurden Vorträge zu „Best Practices“ und Methoden präsentiert. So konnte ich mit einem Kollegen die neuen Ideen der Sicherheitstechnik zeigen, beispielsweise wie eine Hinterachslenkung die Fahrdynamik erhöhen oder eine Steer-by-Wire-Lösung den Fahrkomfort verbessern kann. Richtige Steer-by-Wire-Systeme sind bisher in keinem Großserienfahrzeug eingesetzt. Für zukünftige automatisierte Fahrfunktionen werden by-Wire-Systeme unumgänglich sein. Woher nehmen wir die Erfahrung, wie solche Systeme in der Verkehrsumgebung und auf den Fahrer einwirken?

Es zeigt sich, dass viele Errungenschaften aus der Ingenieurwissenschaften immer wieder neu erfunden werden müssen, weil sich der Kontext ändert, früher sagte man, weil sich die Zeiten ändern. Wir müssen uns wohl an die alten Philosophen zurückerinnern, die durch Beobachten der Natur bestimmte Zusammenhänge erklären wollten. Durch Induktion wollte man vom Speziellen auf das Allgemeine schließen. Es sieht so aus, dass wir wieder mehr beobachten müssen und das Gesehene in dem wahrgenommenen Kontext beschreiben. Die Metaphysis hat so ihre Hypothesen erstellt.

Viele dieser Aspekte haben gezeigt, dass die ISO 26262 ein wirklich sehr umfangreiches Rahmenwerk ist, doch für die neuen Mobilitätssysteme werden wir alle Risiken betrachten müssen. Dabei müssen wir auch auf das Sicherheitsbedürfnis der Gesellschaft achten und werden die neue Technik aus sehr vielen Perspektiven betrachten müssen. Gesetze wie auch Systeme können nur im beabsichtigten Zielkontext betrachtet und bewertet werden, daher müssen wir lernen, wie sich der Kontext auf die Systeme auswirkt. Ohne eine hinreichende Kontextbetrachtung wird eine Sicherheitsargumentation immer unvollständig sein und weitere Risiken für Leib und Leben in sich bergen.

Dankwort des Autors

Die Erfahrung, die ich in all den Projekten gesammelt habe, die Diskussionen mit den Experten, den Kollegen, in den Arbeitskreisen, mit Hochschulen und bei Vorträgen sowie die Erkenntnisse aus Diplomarbeiten und Förderprojekten haben zu diesem Buch beigetragen. All den beteiligten Menschen möchte ich für die Leidenschaft danken, mit der sie das Thema Mobilität und Sicherheit mit mir betrachtet haben. Neben all den Experten gilt der besondere Dank meiner Familie. Meiner Frau, weil sie geduldig meine Arbeiten begleitet hat und auch meinen Kindern, die zu vielen Zeitpunkten lieber mit mir gespielt hätten. Ich habe es aber auch sehr genossen, mit meiner Tochter auf dem Schoß die lustigen Bilder in diesem Buch anzuschauen. Meine Familie brachte viel Verständnis auf und gab mir den Freiraum, dieses Buch zu schreiben.

Inhalt

Der Autor

Hans-Leo Ross ist seit 2019 bei der Robert Bosch GmbH für Fahrzeugsicherheit verantwortlich. Von 2015 bis 2018 war er bei der Bosch Engineering GmbH unter anderem für die Sicherheitsaktivitäten in Fahrzeug- und Luftfahrtprojekten verantwortlich. Dabei entwickelte er auch erste Sicherheitskonzepte für hochautomatisierte Fahrfunktionen. Von 2014 bis 2015 war er bei der Mando Europe verantwortlich für den Infrastrukturaufbau der europäischen Entwicklungsaktivitäten. Dabei wurden in seinem Bereich auch die Basis-Software für zukünftige ESP-Systeme sowie die ersten Kundenprojekte für elektronische Parkbremsen nach Sicherheitsstandards aktueller Normen und gemäß dem Autosar-Standard entwickelt. Davor war der Autor 10 Jahre bei Continental für die Einführung der Funktionalen Sicherheit verantwortlich und koordinierte alle geschäftsbereichsübergreifenden Sicherheitsaktivitäten. Während dieser Zeit leitete er unter anderem die deutsche Arbeitsgruppe zur ISO 26262 im VDA und vertrat die Interessen vor internationalen Gremien. Zeitweise leitet er auch die Abteilung für Entwicklungsprozesse, Methoden und Tools in den Continental Automotive-Bereichen. Für die Preussag-Noell-LGA Gastechnik plante und realisierte er sicherheitsrelevante Anlagen und Systeme für die Öl- und Gasindustrie. In der Firma HIMA war er zuerst für den Vertrieb von sicherheitsrelevanten Steuerungen in UK sowie Nord- und Osteuropa zuständig, bevor er die Leitung des Produktmanagements übernahm.

Hans-Leo Ross absolvierte sein Ingenieurstudium an der Uni-GH-Paderborn im Fachbereich Elektrotechnik mit dem Schwerpunkt Nachrichtentechnik. Einen Master of Advanced Studies mit Schwerpunkt Betriebswirtschaft und Marketing schloss er berufsbegleitend an der Uni Basel ab.

1 Sicherheit als Grundlage der Mobilität

Mobilität bedeutet oft, dass Menschen einen Vorteil zum Nachteil anderer haben. Insbesondere die heutige Verkehrssituation zeigt, dass Lärm, Geruch, Abgase und auch der Raum, den unsere Straßen, aber auch Eisenbahntrassen einnehmen, nicht einfach von der Gesellschaft akzeptiert werden. Wenn wir heute auch schon über Luft-Taxis und in Pressemitteilungen bereits über autonome Drohnen sprechen, dann sehen wir, dass hier ein Bedürfnis geschaffen werden soll. Wie schnell wie viele Menschen von einem Ort zum anderen geschafft werden sollen, ist seit Jules Verne Bestandteil eines jeden Science-Fiction-Romans. Aber wie so oft waren die Phantasien aus den Romanen die Vorlage für die heutige Technologie.

Die Gerda Henkel Stiftung fördert Programme zu politischen und sozialwissenschaftlichen Themen. In diesem Zusammenhang hat man ein Sonderprogramm „SICHERHEIT, GESELLSCHAFT UND STAAT" aufgesetzt. Die Einleitung weist auf die zerfallenden Staaten und die militärischen Konflikte hin, aber die Themen adressieren wohl auch die zukünftige Mobilität.

Hier zwei Beispiele aus den Ausschreibungen (Quelle: https://www.gerda-henkel-stiftung.de/spsss):

> *1. HERAUSFORDERUNGEN DURCH NEUE TECHNOLOGIEN*
>
> *Sicherheit wird üblicherweise als technisches Problem angesehen, das in erster Linie auf technologische Weise zu lösen ist. Damit Bedrohungen nicht Realität werden, wird der Versuch unternommen, diese mit Hilfe hochentwickelter Waffen- und komplexer Überwachungssysteme sowie umfangreicher Datensammlungen zu identifizieren und auszuschalten. Der Einsatz von Sicherheitstechnologien führt allerdings oftmals zu widersprüchlichen Ergebnissen. Neuere Forschungsansätze weisen daher darauf hin, dass gefährdete Akteure sowohl maßgeblich in die Erzeugung eigener Unsicherheit, als auch in deren Reduzierung oder Beseitigung involviert sind. Im Forschungsfeld „Herausforderungen durch neue Technologien" sollen Untersuchungen gefördert werden, die sich mit den Beziehungen zwischen der Sicherheit einer Gesellschaft und den zu ihrer Bewahrung eingesetzten technologischen Maßnahmen beschäftigen. Mögliche Forschungsthemen sollen die Verbindungen zwi-*

schen der Sicherheit von Staaten und Gesellschaften und jenen technologischen Innovationen untersuchen, die sich sowohl auf die jeweilige Bedrohung selbst als auch auf den Umgang mit ihr auswirken. In Frage kommen könnten hier unter anderem die Bereiche: Cyber-Sicherheit, Überwachung, biometrische Identifizierung, Informationsaustausch, der Schutz kritischer Infrastrukturen, ABC- und Bio-Sicherheit, sowie Krisenmanagement.

2. ÖFFENTLICHE VERWALTUNG UND HUMAN SECURITY

Zur physischen Sicherheit von Menschen und Sachen leisten weite Bereiche der öffentlichen Ordnungs- und Leistungsverwaltung einen Beitrag. Die Relativierung des staatlichen Gewaltmonopols im Bereich Militär und Polizei ist daher nicht gleichbedeutend mit einem Zusammenbruch der öffentlichen Ordnung, wie etwa die Verwaltungs- und Versorgungstätigkeit bewaffneter Gruppen in Bürgerkriegsgesellschaften zeigt. Andererseits kann es auch in stabilen Rechtsstaaten mit sehr leistungsfähigen Verwaltungen zu Sicherheitslücken kommen, wenn vorgesehene Kontrollen aus politischen oder wirtschaftlichen Gründen nicht greifen, Behörden nicht kooperieren oder Warnsignale missachtet werden. Im Forschungsfeld „Öffentliche Verwaltung und Human Security" sollen Untersuchungen gefördert werden, die sich der Leistung oder dem Versagen der öffentlichen Verwaltung außerhalb von Militär, Polizei und Justiz im Bereich sicherheitsrelevanter Funktionen widmen.

Das erste Thema zeigt die Ängste, die die Menschen gegenüber den neuen Waffensystemen hegen. Diese haben den einen Aspekt, dass sie einen besonderen Schutz für die Anwender bieten. Klar ist der Soldat, der eine ferngelenkte Rakete steuert, nicht mehr selbst gefährdet. Beschießt er fälschlicherweise ein Krankenhaus, so wird er es selber vielleicht nie erfahren. Ein weiterer Aspekt spricht die Ängste an, die geschürt werden, wenn man die Waffen nicht anwendet, oder die Überlegung, wie viele Menschenleben gerettet werden durch die Nutzung solcher Waffensysteme. Daraus entsteht schnell die Frage: Brauchen wir die neue Technik auch, um die Risiken im Verkehr zu mindern?

Das zweite Ausschreibungsthema „ÖFFENTLICHE VERWALTUNG UND HUMAN SECURITY" spricht die Datensicherheit an. Heute wird es kein besonderes Risiko für die Verkehrsteilnehmer sein, wenn beim Kraftfahrtbundesamt die Datenbanken der Verkehrssünder, die Fahrzeugdatenbank oder die der Führerscheinhalter von Hackern geknackt werden. Insbesondere in den USA gibt es jedoch sehr viele Veröffentlichungen, wie durch Hacker-Angriffe auch Verkehrssysteme zu gefährlichen Waffen von Terroristen werden können.

Daher werden die relevanten Themen für unsere zukünftige Sicherheit im öffentlichen Verkehr wesentlich breiter. Insbesondere die Ingenieure, die sich mit der Technik auseinandersetzen, müssen sich auch mit den gesellschaftlichen Bedürfnissen z. B. zur Sicherheit vertraut machen.

1.1 Anmerkungen zu diesem Buch

Sicherheit war schon immer ein wichtiger Faktor für die Regeln im Verkehrswesen. Das Design des Fahrzeugs sowie aktive Sicherheitssysteme nahmen schon sehr früh einen wesentlichen Schwerpunkt in der Fahrzeugentwicklung ein. In den siebziger Jahren begann dann die Elektronik mit dem Einzug in die Automobile. In den achtziger Jahren gab es die ersten Mikrocontroller im Fahrzeug.

Als 2011 die ISO 26262 als internationaler Standard veröffentlicht wurde, waren bestimmte elektronische Systeme im Fahrzeug bereits sehr weit fortentwickelt. Einige solcher Systeme wie der Airbag oder das Antiblockiersystem wurden sogar schon von den Zulassungsgesetzen gefordert. Zu Beginn des 21. Jahrhunderts, als die erste deutsche Arbeitsgruppe im VDA (Verband der Automobilindustrie) begann, sich mit funktionaler Sicherheit von EE-Systemen zu beschäftigen, war ein schlanker Standard für Produktsicherheit für die elektronischen Systeme das Ziel.

In den folgenden zehn Jahren vor der endgültigen Veröffentlichung der ISO 26262 im Jahre 2011 kompilierten diese Arbeitsgruppen zehn Bände mit annähernd 1.000 Anforderungen. Auch wenn viele einschlägige Kenntnisse, Methoden und Ansätze im Laufe der Jahre diskutiert wurden, so fand man nur einen Bruchteil davon in der ISO 26262. Einige Informationen wurden als Fußnoten aufgenommen, einige verschwanden vollständig, bis die endgültige Veröffentlichung des ersten Standards erfolgte.

Weltweit wurden verschiedene Normungsprojekte initiiert, um den Standard in die jeweilige Landessprache zu übersetzen, ins Deutsche wurde die Norm nie übersetzt.

Die ISO 26262 sollte nie als Leitfaden dienen, sondern Anforderungen an Aktivitäten und Methoden anhand eines Lebenszyklusmodells formulieren.

2018 wurde dann die erste Überarbeitung der Norm veröffentlicht. Bewusst wurde der Umfang der Norm im Wesentlichen nur um kommerzielle Fahrzeuge, wie LKWs und Busse, sowie um Zweiräder (oder Dreiräder) ergänzt. Neben einigen redaktionellen und informativen Änderungen wurde versucht die Struktur beizubehalten. Ein Band 11 wurde ergänzt, der sich mit der Sicherheit von Halbleitern beschäftigt, in Band 10 gab es neue Beispiele, wie man mit sicherheitsrelevanter Verfügbarkeit umgehen könnte, neue Beispiele zur Quantifizierung und zur Analyse der Abhängigkeit im Fehlerfall. Der Band 12 beschreibt eine mögliche Anpassung des Sicherheitslebenszyklus für Zweiräder, wohingegen die Erweiterung für die kommerziellen Fahrzeuge in die Bände 1-9 integriert wurde.

Parallel zur Überarbeitung der Norm gab es einen massiven Aufschwung der Elektromobilität und der Begriff des „automatisierten Fahrens“ oder gar „autonomen Fahrens“ prägte die öffentliche Diskussion zur zukünftigen Mobilität.

Die Aspekte zur Gebrauchs-, Hochvolt- und Aktiven-Sicherheit für die Elektromobilität wurde in der ISO 6469 „Elektrisch angetriebene Straßenfahrzeuge – Sicherheitsspezifikation" normiert, daher wurden die Themen nicht in der ISO 26262 behandelt.

Rund um das Thema „automatisiertes Fahren" entwickelte sich eine intensive Diskussion, die in ein Normierungsvorhaben mündete unter dem Namen: „Road vehicles – Safety of the intended functionality", welches als ISO/PRF PAS 21448 (Public Available Specification) veröffentlicht wurde. Übersetzt heißt der Titel: „Straßenfahrzeuge – Sicherheit der beabsichtigten Funktion", oft wird die beabsichtigte Funktion auch als Nominalfunktion beschrieben. Im Wesentlichen gehen hier die typischen Aspekte der aktiven Sicherheit, der Schutzsysteme und deren Leistungsmerkmale und der Gebrauchssicherheit ein. Waren bisher Insassenschutzsysteme der Schwerpunkt der aktiven und passiven Sicherheit, so werden nunmehr auch Schutzsysteme für andere Verkehrsteilnehmer in den Fokus gebracht. Neben all den Normen können die Anwendungen für die zukünftige Mobilität nicht mehr unabhängig von den jeweiligen Straßenverkehrsgesetzen betrachtet werden, da Radfahrer und Fußgänger allgemein als die zu schützenden schwächeren Verkehrsteilnehmer zu betrachten sind.

Anforderungen, Hinweise und auch die Ziele der Normen werden oft in einer sehr komplexen und abstrakten Weise beschrieben. Die Wortwahl ist ein Kompromiss der Experten, die diese Sicherheitsstandards entwickeln und nicht unbedingt Muttersprachler sind. Insbesondere die Übersetzungen in diesem Buch aus dem Englischen müssen bereits als Interpretationen des Autors gesehen werden. Jeder Leser geht auf Basis eines anderen Kontexts an die Sicherheitsthemen heran; ob dies auf dem sozialen, beruflichen oder fachlichen Schwerpunkt beruht, kann zu anderen Interpretationen und Bedeutungen der Inhalte der Normen und Gesetze führen. Bindend für die tägliche Arbeit kann nur der Wortlaut der relevanten Gesetze oder Normen sein, die Interpretationshilfen in diesem Buch können lediglich Denkanstöße und Hilfestellungen für den Sicherheitsfachmann bieten.

1.2 Sicherheit als gesellschaftliches Recht

Einer der wesentlichen Punkte staatlicher Ordnung sind die Grundrechte, die den Bürgern in dem jeweiligen Staatengebilde zustehen und auch für Menschen gelten, die sich aus beliebigen Gründen in dem jeweiligen Staatengebilde aufhalten oder auch Handel treiben etc.

In Deutschland gilt das Verständnis, dass Grundrechte folgende Gemeinsamkeiten aufzeigen:

- Sie verpflichten primär den Staat, und zwar unabhängig davon, ob es sich um Exekutive, Legislative oder Judikative, Bund, Land oder Kommune handelt. Verpflichten bedeutet, dass die Grundrechte beachtet werden müssen.
- Es wird nicht unterschieden, ob der Staat im Wege der unmittelbaren oder mittelbaren Staatsverwaltung agiert oder ob er privatrechtlich oder öffentlich-rechtlich oder mittels juristischer Personen des Privatrechts tätig wird.
- Die Grundrechtsberechtigung ist ein Merkmal für die Grundrechtsträgereigenschaft (persönlicher Schutzbereich). Vergleichbar mit der zivilrechtlichen „Rechtsfähigkeit" muss der Grundrechtsträger das Grundrecht innehaben können, er muss es darüber hinaus aber auch durchsetzen können. Neben der Grundrechtsfähigkeit bedarf er damit einer Grundrechtsmündigkeit, mit der in etwa die zivilrechtliche „Geschäftsfähigkeit" korreliert. Die beiden Rechtseigenschaften koinzidieren, wo auf die Einsichts- und Entscheidungsfreiheit des Einzelnen nicht abgestellt werden muss, etwa bei Grundrechten, die an der bloßen menschlichen Existenz gemäß der Art. 1 Abs. 1 und 2 Abs. 2 GG haften. Eine Rolle spielt sie, wo einfachgesetzliche Regelungen Altersbestimmungen vorsehen, die eine geistige Auseinandersetzung mit der Regelungsmaterie erforderlich machen, etwa beim Eherecht (Art. 6 GG) oder der religiösen Selbstbestimmung (Art. 4 GG).

Man spricht auch von „Jedermann-Grundrechten", deren Träger jeder Mensch ist, daher auch der Begriff „Menschenrechte".

Die Menschenwürde ist nach allgemeiner Auffassung zum einen der Wert, der allen Menschen gleichermaßen und unabhängig von ihren Unterscheidungsmerkmalen wie Herkunft, Geschlecht, Alter oder Status zugeschrieben wird; und zum anderen der Wert, mit dem sich der Mensch als Art über alle anderen Lebewesen und Dinge stellt.

In der Antike hat man die Grundrechte aus der Vernunft (z. B. Aristoteles) der jeweils Stärkeren abgeleitet; diese Prinzipien sind insbesondere auch ins Straßenverkehrsrecht eingeflossen.

Das heißt, jeder Mensch, auch der, der sich auf öffentlichen Straßen bewegt, steht unter einem gewissen Schutz, der durch die Staatengewalt zu gewährleisten ist.

In allen Lebenssituationen und auch somit in allen Branchen, in denen Unternehmen Produkte liefern oder Dienstleistungen anbieten, gilt es, die Sicherheit der Menschen zu einem gewissen Grad zu garantieren. Damit verbunden ist eine Verpflichtung, einen Schutz für die Menschen bei den jeweils handelnden Parteien umzusetzen, damit Gefährdungen ausgeschlossen sind und Behinderungen nur in dem Maße in Kauf genommen werden müssen, das in dem jeweiligen Kontext als zumutbar gilt.

Somit leiten sich diese Grundrechte auch in alle Bereiche ab, in denen Produkte und Dienstleistungen angeboten werden. Dies hat natürlich dahingehend massive Auswirkungen auf die Gesetze und Regelungen in den verschiedenen Anwendungsbereichen und Branchen.

1.3 Gesetzliche Grundlagen zu Automobilität

Es gibt viele gesetzliche Regelwerke, die den öffentlichen Verkehrsraum betreffen. Hier werden die wesentlichen Gesetze angesprochen, die beachtet werden müssen, um zukünftige Mobilisierungskonzepte erfolgreich in den Markt zu bringen.

1.3.1 Das deutsche Straßenverkehrsgesetz (StVG)

Die Grundlagen, denen zufolge sich Fahrzeuge überhaupt im öffentlichen Straßenverkehr bewegen dürfen, basieren in Deutschland immer noch auf dem Straßenverkehrsgesetz.

Das Straßenverkehrsgesetz (StVG) ist ein Bundesgesetz, es bildet die Grundlagen des Straßenverkehrsrechts in Deutschland. Es regelt weitgehend dieses Rechtsgebiet zusammen mit der Fahrerlaubnis-Verordnung (FeV), der Fahrzeug-Zulassungsverordnung (FZV), der Straßenverkehrs-Ordnung (StVO) und der Straßenverkehrs-Zulassungs-Ordnung (StVZO).

Im Straßenverkehrsgesetz zeigt sich wie in allen Branchen, dass ein sinnvolles Zusammenspiel zwischen Infrastruktur (maßgeblich durch die Straßenverkehrsordnung StVO abgedeckt) und dem mobilen System (im Kraftfahrzeug maßgeblich die StVZO oder später die Fahrzeug-Zulassungsordnung) definiert wird.

Die bekannte StVZO wurde aktuell bereits teilweise durch die FeV und die FZV ersetzt und soll mit Einführung einer Fahrzeug-Genehmigungs-Verordnung (FGV) und einer Fahrzeug-Betriebs-Verordnung (FBV) endgültig abgeschafft werden.

Das Straßenverkehrsgesetz besteht aus folgenden Teilen:

Teil 1 Verkehrsvorschriften

Hier sind die grundlegenden Verkehrsvorschriften zur Zulassung von Kraftfahrzeugen und Anhängern enthalten (näher ausgeführt in der Straßenverkehrs-Zulassungs-Ordnung) sowie zur Zulassung von Personen zum Straßenverkehr als Basis des Fahrerlaubnisrechtes (detailliert ausgeführt in der Fahrerlaubnis-Verordnung). Eine wichtige Vorschrift ist § 6 StVG, die das Bundesverkehrsministerium ermächtigt, weitere Rechtsverordnungen zur Regelung des Straßenverkehrs zu erlassen. Beispiele für Verordnungen aufgrund dieser Vorschrift sind die Straßenverkehrs-Ordnung, die Fahrerlaubnis-Verordnung und die Straßenverkehrs-Zulassungs-Ordnung.

Teil 2 Haftpflicht

Hier werden die Grundlagen zur Haftpflicht für Personen- und Sachschäden bei einem Verkehrsunfall (Gefährdungshaftung) geregelt.

Teil 3 Straf- und Bußgeldvorschriften

Hier sind die Straf- und Bußgeldvorschriften beschrieben, z. B. für das Fahren ohne Fahrerlaubnis, den Kennzeichenmissbrauch und das Fahren unter Einfluss psychoaktiver Substanzen (0,5-Promille-Grenzwert, § 24a StVG).

Teil 4 Fahreignungsregister

Hier sind die Vorschriften für das Fahreignungsregister beschrieben (Eintragung, Verwaltung und Löschung der „Flensburg-Punkte").

Teil 5 Fahrzeugregister

Hier ist das Fahrzeugregister beschrieben, das Daten der Fahrzeuge und Fahrzeughalter aller in der Bundesrepublik Deutschland zugelassenen Kraftfahrzeuge enthält.

Teil 6 Fahrerlaubnisregister

Hier sind die örtlichen und das zentrale Fahrerlaubnisregister geregelt, das Daten aller in der Bundesrepublik Deutschland ausgegebenen Führerscheine verwaltet und dokumentiert, zeigt, ob diese noch gültig bzw. entzogen sind, etc.

Teil 7 Sonstiges

Hier sind gemeinsame Vorschriften und Übergangsregelungen enthalten.

1.3.2 Entstehung des StVG

Seinen Ursprung hatte das deutsche Straßenverkehrsgesetz mit dem „Gesetz über den Verkehr mit Kraftfahrzeugen" vom 3. Mai 1909. Hiermit übte ein Gesetzgeber auf dem Gebiet des heutigen Deutschlands erstmalig die generelle Gesetzgebungskompetenz im Verkehrsrecht aus. Durch die Zunahme der Motorisierung regelte man vorrangig die Haftung bei Verkehrsunfällen mit Kraftfahrzeugen, die immer dringlicher wurde. Das Gesetz enthielt aber auch schon erste Verhaltensvorschriften im Straßenverkehr.

Am 23. Januar 1953 trat das Straßenverkehrsgesetz (StVG) der Bundesrepublik Deutschland in Kraft. Es enthielt bereits einige Vorschriften zur Berücksichtigung der aktuellen Rechtsentwicklung, die sich bis heute auswirken. So entspricht die Haftung, abgesehen von mehrfachen Anpassungen ihrer Grenzen oder Detaillierungen des Anwendungsbereichs, heute noch weitgehend unverändert den Regelungen von 1909.

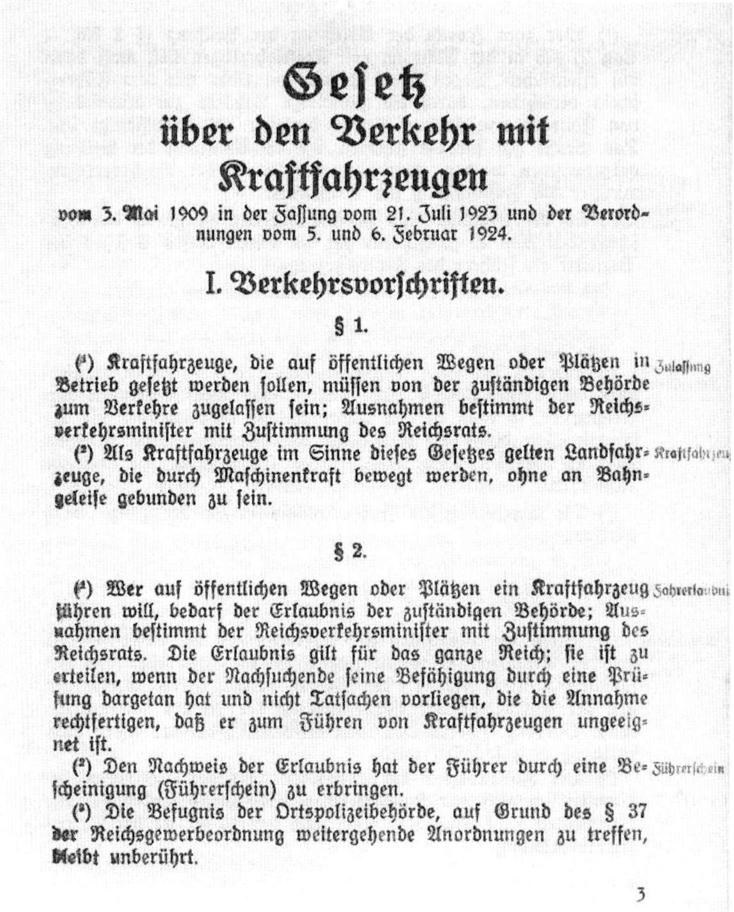

Gesetz über den Verkehr mit Kraftfahrzeugen

vom 3. Mai 1909 in der Fassung vom 21. Juli 1923 und der Verordnungen vom 5. und 6. Februar 1924.

I. Verkehrsvorschriften.

§ 1.

(¹) Kraftfahrzeuge, die auf öffentlichen Wegen oder Plätzen in Betrieb gesetzt werden sollen, müssen von der zuständigen Behörde zum Verkehre zugelassen sein; Ausnahmen bestimmt der Reichsverkehrsminister mit Zustimmung des Reichsrats. Zulassung

(²) Als Kraftfahrzeuge im Sinne dieses Gesetzes gelten Landfahrzeuge, die durch Maschinenkraft bewegt werden, ohne an Bahngeleise gebunden zu sein. Kraftfahrzeug

§ 2.

(¹) Wer auf öffentlichen Wegen oder Plätzen ein Kraftfahrzeug führen will, bedarf der Erlaubnis der zuständigen Behörde; Ausnahmen bestimmt der Reichsverkehrsminister mit Zustimmung des Reichsrats. Die Erlaubnis gilt für das ganze Reich; sie ist zu erteilen, wenn der Nachsuchende seine Befähigung durch eine Prüfung dargetan hat und nicht Tatsachen vorliegen, die die Annahme rechtfertigen, daß er zum Führen von Kraftfahrzeugen ungeeignet ist. Fahrerlaubnis

(²) Den Nachweis der Erlaubnis hat der Führer durch eine Bescheinigung (Führerschein) zu erbringen. Führerschein

(³) Die Befugnis der Ortspolizeibehörde, auf Grund des § 37 der Reichsgewerbeordnung weitergehende Anordnungen zu treffen, bleibt unberührt.

3

Bild 1.1 Auszug aus „Gesetz über den Verkehr mit Kraftfahrzeugen“ (Quelle: http://www.wikiwand.com/de/Geschichte_des_Führerscheins)

Unter http://www.wikiwand.com/de/Geschichte_des_Führerscheins erfährt man wesentliche Details zur Geschichte des Führerscheins. Nähere Einzelheiten zum Straßenverkehrsrecht sind in (Hentschel et. al 2015) zu finden. Die beiden Quellen sind bestimmt sinnvoll für Nostalgiker, aber für die zukünftigen Mobilisierungskonzepte ist es notwendig, sich mit den Weiterentwicklungen dieser Gesetze zu beschäftigen.

1.3.3 Anpassung des Straßenverkehrsrechts an den Globalisierungstrend

Das StVG muss sich für die Herausforderungen der Europäisierung sowie der weltweiten Wirtschaftsräume kontinuierlichen Anpassungsprozessen unterziehen. Daher wurden Programme aufgelegt, um hier weitere Harmonisierungen zu erzielen. 2005 waren es in erster Linie der wachsende, auch grenzüberschreitende Verkehr und die Notwendigkeit zur Anerkennung von Regelungen, Verordnungen etc. weltweit.

Hier ein Auszug aus einer Veröffentlichung des Bundes (Quelle: https://eur-lex.europa.eu/legal-content/DE/TXT/?uri=CELEX%3A52004IE1630):

Stellungnahme des Europäischen Wirtschafts- und Sozialausschusses zum Thema „Europäische Straßenverkehrsordnung und europäisches Kfz-Register" (2005/C 157/04)

3. Kurzer Abriss des auf internationalen Übereinkommen beruhenden Rechts und seines Geltungsbereichs

3.1 Das internationale Straßenverkehrsrecht ist in verschiedenen Abkommen geregelt, von denen das Pariser Abkommen von 1926, das Genfer Abkommen von 1949 und das Wiener Übereinkommen von 1968 hervorzuheben sind.

3.2 Das Internationale Abkommen über Kraftverkehr, das am 24. April 1926 in Paris von 40 Staaten mit dem Ziel geschlossen wurde, den internationalen Tourismus zu fördern, ist derzeit in mehr als 50 Ländern in Kraft.

3.2.1 Dieses Abkommen regelt im Wesentlichen Folgendes:

a) die technischen Mindestanforderungen für Kraftfahrzeuge sowie für die Zulassungskennzeichen, die Beleuchtung und die Unterscheidungszeichen für die Kenntlichmachung in anderen Ländern;

b) die Ausstellung und Gültigkeit der internationalen Zulassungsscheine für Kraftfahrzeuge, die freie Zulassung zum Verkehr in allen anderen Vertragsstaaten gewähren;

c) die Anerkennung bestimmter nationaler Führerscheine sowie die Festlegung der Merkmale internationaler Führerscheine; diese gelten in denjenigen Vertragsstaaten, in denen die nationalen Führerscheine nicht anerkannt werden, wobei letztere jedoch mitgeführt werden müssen;

d) die Festlegung von einigen (sechs) Zeichen für die Kennzeichnung gefährlicher Stellen, die die Vertragsstaaten auf ihren Straßen verwenden müssen;

e) die Schaffung eines Systems für die Mitteilung von Auskünften über die Inhaber von internationalen Zulassungsscheinen oder internationalen Führerscheinen, wenn deren Kraftfahrzeug an einem schweren Unfall beteiligt war oder sie sich einer Zuwiderhandlung gegen nationale Verkehrsvorschriften schuldig gemacht haben.

3.2.2 Dieses Abkommen hat zwar die Zollverfahren erleichtert, aber die Fahrzeugführer nicht von der Verpflichtung entbunden, die jeweiligen nationalen Straßenverkehrsvorschriften zu kennen und einzuhalten.

3.2.3 Auf der anderen Seite war das Inkrafttreten des Abkommens von seiner Ratifizierung durch die einzelnen Unterzeichnerstaaten und der Hinterlegung der Ratifizierungsurkunde abhängig. In der Regel gilt das Abkommen lediglich im Mutter-

land, während es in anderen in irgendeiner Form von dem betreffenden Staat verwalteten Gebieten nur durch eine ausdrückliche Erklärung wirksam wird.

3.3 Mit dem Abkommen über den Straßenverkehr, das am 19. September 1949 von 17 Staaten geschlossen wurde und heute in mehr als 120 Ländern in Kraft ist, wurde in den Unterzeichner- und Beitrittsstaaten das Abkommen von 1926 aufgehoben.

3.3.1 In diesem Abkommen, in dem die Grundprinzipien des früheren Abkommens im Einklang mit der Entwicklung der Automobilindustrie weiter ausgestaltet wurden, wurde eine zunehmende Sorge um die Straßenverkehrssicherheit deutlich.

3.3.2 Es wurden keine Verkehrszeichen verankert, sondern lediglich festgelegt, dass die Staaten ihre Verkehrszeichen vereinheitlichen und deren Verwendung auf das absolute Minimum beschränken müssen.

3.3.3 In dem Abkommen werden nur wenige Verkehrsvorschriften festgelegt, und abgesehen von den Regelungen betreffend die Vorsichtsmaßnahmen an Kreuzungen sowie die Vorfahrt und Beleuchtung enthält es keine größeren Neuerungen.

3.3.4 Für das Inkrafttreten dieses Abkommens galten die gleichen Bedingungen wie oben beschrieben, und seine Harmonisierungswirkung wurde dadurch eingeschränkt, dass die Staaten nicht zur Anwendung aller Bestimmungen verpflichtet waren und auch die Änderungen zu dem Abkommen ablehnen konnten.

3.4 Das Übereinkommen über den Straßenverkehr, das am 8. November 1968 in Wien von 37 Staaten unterzeichnet wurde, ist derzeit in rund 100 Staaten in Kraft. Mit der Ratifizierung dieses Übereinkommens und der Hinterlegung der Ratifizierungsurkunden wurden zwischen den jeweiligen Vertragsstaaten untereinander die Abkommen von 1926 und 1949 außer Kraft gesetzt.

3.4.1 Es handelt sich hierbei um das bisher umfassendste Abkommen über die Verkehrsregelung, der ein 30 Artikel enthaltendes Kapitel mit Bestimmungen für die verschiedenen Manöver gewidmet ist, die den wesentlichen Kern moderner Straßenverkehrsordnungen bilden. Das Übereinkommen von 1968 geht über die minimalistischen Zielsetzungen der früheren Abkommen hinaus, die sich auf Verkehrskreuzungen und die diesbezüglichen Verkehrszeichen beschränkten. Es legte nicht nur die Grundsätze fest, die die Fahrzeugführer bei riskanten Manövern beachten müssen (z. B. Überholen, Fahrtrichtungsänderung, Vorsichtsmaßnahmen gegenüber Fußgängern), sondern regelte auch Dinge wie Halten und Parken, Ein- und Aussteigen von Fahrgästen, Fahren in Tunneln – summa summarum alle Standardsituationen im Straßenverkehr.

3.4.2 Es ging insofern weiter als die früheren Abkommen, als die Unterzeichner- und Beitrittsstaaten verpflichtet wurden, die erforderlichen Maßnahmen zu treffen, damit die in ihrem Hoheitsgebiet geltenden Verkehrsregeln in ihrem sachlichen Gehalt mit den in Kapitel II enthaltenen Bestimmungen übereinstimmen, was den Vorteil mit sich bringt, dass die Führer von Fahrzeugen bei Fahrten in anderen Vertragsstaaten mit dem wesentlichen Inhalt der Verkehrsregeln vertraut sind.

3.4.3 Es wurde jedoch die Möglichkeit offengelassen, dass die Staaten Änderungen zum Übereinkommen ablehnen.

3.5 Anhand dieser Übersicht ist unschwer zu erkennen, dass im mittlerweile bereits um 10 neue Mitgliedstaaten erweiterten Unionsgebiet drei internationale Abkommen in Kraft sind, allerdings nicht in allen Staaten gleichermaßen (12). Die Europäische Union ist daher noch weit von einer Harmonisierung der Straßenverkehrsvorschriften entfernt, insbesondere da zu den Bestimmungen dieser Abkommen noch 25 nationale Rechtsvorschriften hinzuzurechnen sind, die sich ständig ändern (13).

3.6 Einige Hemmnisse wurden bereits bzw. werden derzeit beseitigt, z. B. durch die Abschaffung der Binnengrenzen, die Angleichung der Zulassungsbedingungen für Fahrzeuge und Fahrzeugbauteile sowie die gegenseitige Anerkennung der Führerscheine und die Harmonisierung der einschlägigen Bedingungen. Getan werden muss jedoch noch etwas beim wesentlichen Kern des Straßenverkehrs: bei den Verkehrsregeln und den Verkehrszeichen.

3.7 Für die anderen Länder erleichtern die Abkommen zwar die Zollverfahren und das Führen von Fahrzeugen im Unionsgebiet, aber die Angehörigen von Drittstaaten, die die Europäische Union bereisen, haben es mit ebenso vielen unterschiedlichen Straßenverkehrsordnungen zu tun wie die Union Mitgliedstaaten zählt.

Dieser Auszug zeigt, dass auch der Gesetzgeber erkannt hat, dass die heutigen Gesetze viele Abhängigkeiten haben und selbst Fachleute, z. B. Juristen, vor große Schwierigkeiten stellen, den richtigen Weg für eine Entwicklung festzulegen.

1.3.4 Anpassung des Straßenverkehrsgesetzes an zukünftige Mobilitätslösungen

Der Paragraph 1 des StVG befasst sich im Wesentlichen mit dem Anwendungsbereich des Straßenverkehrsgesetzes (Quelle: https://www.gesetze-im-internet.de/stvg/__1.html).

Straßenverkehrsgesetz (StVG)

§ 1 Zulassung

(1) Kraftfahrzeuge und ihre Anhänger, die auf öffentlichen Straßen in Betrieb gesetzt werden sollen, müssen von der zuständigen Behörde (Zulassungsbehörde) zum Verkehr zugelassen sein. Die Zulassung erfolgt auf Antrag des Verfügungsberechtigten des Fahrzeugs bei Vorliegen einer Betriebserlaubnis, Einzelgenehmigung oder EG-Typgenehmigung durch Zuteilung eines amtlichen Kennzeichens.

(2) Als Kraftfahrzeuge im Sinne dieses Gesetzes gelten Landfahrzeuge, die durch Maschinenkraft bewegt werden, ohne an Bahngleise gebunden zu sein.

(3) Keine Kraftfahrzeuge im Sinne dieses Gesetzes sind Landfahrzeuge, die durch Muskelkraft fortbewegt werden und mit einem elektromotorischen Hilfsantrieb mit einer Nenndauerleistung von höchstens 0,25 kW ausgestattet sind, dessen Unterstützung sich mit zunehmender Fahrzeuggeschwindigkeit progressiv verringert und

1. beim Erreichen einer Geschwindigkeit von 25 km/h oder früher,

2. wenn der Fahrer im Treten einhält, unterbrochen wird. Satz 1 gilt auch dann, soweit die in Satz 1 bezeichneten Fahrzeuge zusätzlich über eine elektromotorische Anfahr- oder Schiebehilfe verfügen, die eine Beschleunigung des Fahrzeuges auf eine Geschwindigkeit von bis zu 6 km/h, auch ohne gleichzeitiges Treten des Fahrers, ermöglicht. Für Fahrzeuge im Sinne der Sätze 1 und 2 sind die Vorschriften über Fahrräder anzuwenden.

Um der ganzen Komplexität des Themas und dem Bedürfnis des automatisierten Fahrens gerecht zu werden, hat der Gesetzgeber den Paragraphen 1 erweitert:

Straßenverkehrsgesetz (StVG)

§ 1a Kraftfahrzeuge mit hoch- oder vollautomatisierter Fahrfunktion

(1) Der Betrieb eines Kraftfahrzeugs mittels hoch- oder vollautomatisierter Fahrfunktion ist zulässig, wenn die Funktion bestimmungsgemäß verwendet wird.

(2) Kraftfahrzeuge mit hoch- oder vollautomatisierter Fahrfunktion im Sinne dieses Gesetzes sind solche, die über eine technische Ausrüstung verfügen,

1. die zur Bewältigung der Fahraufgabe – einschließlich Längs- und Querführung – das jeweilige Kraftfahrzeug nach Aktivierung steuern (Fahrzeugsteuerung) kann,

2. die in der Lage ist, während der hoch- oder vollautomatisierten Fahrzeugsteuerung den an die Fahrzeugführung gerichteten Verkehrsvorschriften zu entsprechen,

3. die jederzeit durch den Fahrzeugführer manuell übersteuerbar oder deaktivierbar ist,

4. die die Erforderlichkeit der eigenhändigen Fahrzeugsteuerung durch den Fahrzeugführer erkennen kann,

5. die dem Fahrzeugführer das Erfordernis der eigenhändigen Fahrzeugsteuerung mit ausreichender Zeitreserve vor der Abgabe der Fahrzeugsteuerung an den Fahrzeugführer optisch, akustisch, taktil oder sonst wahrnehmbar anzeigen kann und

6. die auf eine der Systembeschreibung zuwiderlaufende Verwendung hinweist.

Der Hersteller eines solchen Kraftfahrzeugs hat in der Systembeschreibung verbindlich zu erklären, dass das Fahrzeug den Voraussetzungen des Satzes 1 entspricht.

(3) Die vorstehenden Absätze sind nur auf solche Fahrzeuge anzuwenden, die nach § 1 Absatz 1 zugelassen sind, den in Absatz 2 Satz 1 enthaltenen Vorgaben entsprechen und deren hoch- oder vollautomatisierte Fahrfunktionen

1. in internationalen, im Geltungsbereich dieses Gesetzes anzuwendenden Vorschriften beschrieben sind und diesen entsprechen oder

2. eine Typgenehmigung gemäß Artikel 20 der Richtlinie 2007/46/EG des Europäischen Parlaments und des Rates vom 5. September 2007 zur Schaffung eines Rahmens für die Genehmigung von Kraftfahrzeugen und Kraftfahrzeuganhängern sowie von Systemen, Bauteilen und selbstständigen technischen Einheiten für diese Fahrzeuge (Rahmenrichtlinie) (ABl. L 263 vom 9.10.2007, S. 1) erteilt bekommen haben.

(4) Fahrzeugführer ist auch derjenige, der eine hoch- oder vollautomatisierte Fahrfunktion im Sinne des Absatzes 2 aktiviert und zur Fahrzeugsteuerung verwendet, auch wenn er im Rahmen der bestimmungsgemäßen Verwendung dieser Funktion das Fahrzeug nicht eigenhändig steuert.

Der Hersteller wird in dem §1a verpflichtet, die notwendige Handhabung eindeutig zu dokumentieren. Hierzu wird es bei Versuchsfahrten klar Einweisungen für trainierte Fahrer geben. Wird man jedoch solche Fahrzeuge in den freien Verkauf geben wollen, wird es nahezu unmöglich sein, den Fahrer in all diese Funktionen einzuweisen. Der Verkäufer wird zwar dem potentiellen Käufer einen Flyer in die Hand geben können, der das nominale Verhalten des Fahrzeugs und die Erwartung an den Fahrer transparent macht, aber mehr wird nicht möglich sein. Auch wenn jemand so ein Fahrzeug als Leihwagen mietet, wird es keine explizite Schulung mit Wissensüberprüfung geben können. Alle Aktivitäten, die vom Fahrer erwartet werden, auch wie er sich im Fehlerfall zu verhalten hat, sind heute meist nur den Entwicklern des Fahrzeugs bekannt. Wie soll man da einen normalen Autofahrer einweisen können?

Weiter hat der Gesetzgeber in einer zweiten Ergänzung auch dem Fahrer explizit bestimmte Pflichten auferlegt:

§ 1b Rechte und Pflichten des Fahrzeugführers bei Nutzung hoch- oder vollautomatisierter Fahrfunktionen

(1) Der Fahrzeugführer darf sich während der Fahrzeugführung mittels hoch- oder vollautomatisierter Fahrfunktionen gemäß § 1a vom Verkehrsgeschehen und der Fahrzeugsteuerung abwenden; dabei muss er derart wahrnehmungsbereit bleiben, dass er seiner Pflicht nach Absatz 2 jederzeit nachkommen kann.

(2) Der Fahrzeugführer ist verpflichtet, die Fahrzeugsteuerung unverzüglich wieder zu übernehmen,

1. wenn das hoch- oder vollautomatisierte System ihn dazu auffordert oder

2. wenn er erkennt oder auf Grund offensichtlicher Umstände erkennen muss, dass die Voraussetzungen für eine bestimmungsgemäße Verwendung der hoch- oder vollautomatisierten Fahrfunktionen nicht mehr vorliegen.

Dies bedeutet, dass der Gesetzgeber immer noch einen verantwortlichen Fahrzeugführer für das Fahrzeug verlangt. Vermutlich sieht man hier zuerst nur Fahrten mit trainierten Fahrern vor. Der Gesetzgeber sieht diese Ergänzungen des §1 jedoch nur als vorläufige Evaluierung an:

§ 1c Evaluierung

Das Bundesministerium für Verkehr und digitale Infrastruktur wird die Anwendung der Regelungen in Artikel 1 des Gesetzes vom 16. Juni 2017 (BGBl. I S. 1648) nach Ablauf des Jahres 2019 auf wissenschaftlicher Grundlage evaluieren. Die Bundesregierung unterrichtet den Deutschen Bundestag über die Ergebnisse der Evaluierung.

Dass diese gesetzliche Regelung nur ein Türöffner für das automatisierte Fahren darstellt, zeigen auch weitere Veröffentlichungen wie „Kurzinformation: Änderung des Wiener Übereinkommens vom 8. November 1968 über den Straßenverkehr“ (Quelle: https://www.bundestag.de/blob/478076/17128cdc1e877496a454de411b27a8af/wd-2-131-16-pdf-data.pdf). In diesem Dokument verweist der Gesetzgeber auf die Änderungen des Wiener Übereinkommens zum automatisierten Fahren.

1.3.5 Genfer und Wiener Übereinkommen über den Straßenverkehr

Wie im Kapitel zum StVG bereits erwähnt, hat das Wiener Übereinkommen großen Einfluss auf unser Straßenverkehrsrecht.

Das Wiener Übereinkommen über den Straßenverkehr regelt in Kapitel 4 (Führer von Kraftfahrzeugen) im Artikel 41 (Führerscheine) die Ausstellung internationaler Führerscheine. Deutschland gehört zu den Unterzeichnerstaaten dieses Abkommens. Es ist mittlerweile jedoch weitgehend obsolet, da die meisten Unterzeichnerstaaten der EU beigetreten sind und somit die jeweiligen nationalen Führerscheine ohnehin EU-weit gelten.

Parallel gibt es ein zweites Abkommen, das „Genfer Abkommen über den Kraftfahrzeugverkehr“ (12. August 1949). Diesem gehören überwiegend die amerikanischen Nationen sowie afrikanische und asiatische Staaten an. Somit existieren zwei Gruppen von Staaten, die jeweils einen unterschiedlichen „internationalen Führerschein“ ausgeben bzw. akzeptieren, nicht jedoch den jeweiligen „internationalen Führerschein“ der jeweils anderen Gruppe. Für einen Inhaber lediglich einer Fahrerlaubnis aus der Bundesrepublik Deutschland ist es somit beispielsweise nicht möglich, einen legal in den USA akzeptierten internationalen Führerschein zu erhalten. Der internationale Führerschein nach dem „Wiener Übereinkommen“ wird in Verbindung mit einem gültigen EU-Führerschein von örtlichen US-Behörden jedoch im Allgemeinen kulanzweise akzeptiert.

1.4 EU-Richtlinien

Um einen grenzübergreifenden Verkehr, Handel und so weiter zu erleichtern, haben sich viele Länder Europas darauf geeinigt, dass bestimmte Regeln, Verordnungen und Richtlinien für alle Mitgliedsländer zu berücksichtigen sind. Im Europarecht sind Richtlinien (allgemeinsprachlich auch EU-Richtlinien oder Direktiven) Rechtsakte der Europäischen Union und als solche Teil des sekundären Unionsrechts. Richtlinien werden je nach Thema der Richtlinie aufgrund eines der in den Verträgen vorgesehenen Verfahren erlassen. Es wird zwischen Gesetzgebungsakten, Durchführungsrichtlinien der Kommission und delegierten Richtlinien unterschieden. Im Gegensatz zu EU-Verordnungen sind EU-Richtlinien nicht unmittelbar wirksam und verbindlich, sondern sie müssen durch nationale Rechtsakte umgesetzt werden, um wirksam zu werden. Es bleibt den einzelnen Mitgliedsstaaten überlassen, wie sie die Richtlinien umsetzen. Sie haben also bei der Umsetzung der Richtlinie einen gewissen Spielraum. Wenn die Richtlinie allerdings die Einführung konkreter Berechtigungen oder Verpflichtungen verlangt, muss das nationalstaatliche Recht, das ihrer Umsetzung dient, entsprechend konkrete Berechtigungen oder Verpflichtungen begründen. Nach deutschem Recht ist deswegen zur Umsetzung in der Regel ein förmliches Gesetz oder eine Verordnung erforderlich.

1.4.1 EU-Richtlinie zum Straßenverkehr

Das StVG ist formal nur eine Ableitung von einer bzw. mehreren EU-Richtlinien, wie:

RICHTLINIE 2007/46/EG DES EUROPÄISCHEN PARLAMENTS UND DES RATES vom 5. September 2007
zur Schaffung eines Rahmens für die Genehmigung von Kraftfahrzeugen und Kraftfahrzeuganhängern sowie von Systemen, Bauteilen und selbstständigen technischen Einheiten für diese Fahrzeuge

VERORDNUNG (EG) Nr. 715/2007 DES EUROPÄISCHEN PARLAMENTS UND DES RATES vom 20. Juni 2007
über die Typgenehmigung von Kraftfahrzeugen hinsichtlich der Emissionen von leichten Personenkraftwagen und Nutzfahrzeugen (Euro 5 und Euro 6) und über den Zugang zu Reparatur- und Wartungsinformationen für Fahrzeuge

VERORDNUNG (EU) 2017/1151 DER KOMMISSION vom 1. Juni 2017
zur Ergänzung der Verordnung (EG) Nr. 715/2007 des Europäischen Parlaments und des Rates über die Typgenehmigung von Kraftfahrzeugen hinsichtlich der Emissionen von leichten Personenkraftwagen und Nutzfahrzeugen (Euro 5 und Euro 6) und über den Zugang zu Fahrzeugreparatur- und -wartungsinformationen, zur Änderung der Richtlinie 2007/46/EG des Europäischen Parlaments und des Rates, der Verordnung (EG) Nr. 692/2008 der Kommission sowie der Verordnung (EU) Nr. 1230/2012 der Kommission und zur Aufhebung der Verordnung (EG) Nr. 692/2008 der Kommission

RICHTLINIE (EU) 2015/413 DES EUROPÄISCHEN PARLAMENTS UND DES RATES vom 11. März 2015 zur Erleichterung des grenzüberschreitenden Austauschs von Informationen über die Straßenverkehrssicherheit gefährdende Verkehrsdelikte

Dies sind nur wenige Beispiele, die auch für die heutige aktuelle Diskussion, nicht nur aus Sicherheitsgründen, sondern auch wegen der Abgasthematik, ausgewählt wurden.

Im Wesentlichen bildet die Richtlinie 2007/46/EG die EU-weite Grundlage für das deutsche Straßenverkehrsgesetz. Insbesondere beim grenzüberschreitenden Verkehr gibt es sehr viele andere Verordnungen, die Anforderungen an die zukünftige Mobilität stellen und die es gilt in adäquates nationales Recht umzusetzen.

1.4.2 EG-Fahrzeugklasse

Die Europäische Gemeinschaft hat 1970 eine Definition der Fahrzeugklassen erstellt, wodurch Gruppen von Fahrzeugen EG-weit einheitlich eingeordnet werden können. Grundlage war die EG-Richtlinie 70/156/EWG, die seit dem 29. April 2009 durch die 2007/46/EG ersetzt wurde. Die EG-Vorschriften über Fahrzeuge beziehen sich auf diese EG-Fahrzeugklassen. So wird beispielsweise die dritte Bremsleuchte für die Fahrzeugklasse M1 vorgeschrieben und für sonstige EG-Fahrzeugklassen für zulässig erklärt. Auch Abgasvorschriften unterscheiden sich nach diesen Fahrzeugklassen.

Kraftfahrzeuge und Anhänger werden nach den Richtlinien der Europäischen Gemeinschaft in die in Tabelle 1.1 dargestellten Klassen eingeteilt.

Tabelle 1.1 EG-Fahrzeugklassen

Klasse L	Zweirädrige oder dreirädrige Kraftfahrzeuge sowie leichte vierrädrige Kraftfahrzeuge
Klasse M	Zur Personenbeförderung ausgelegte und gebaute Kraftfahrzeuge mit mindestens vier Rädern
Klasse N	Kraftfahrzeuge zur Güterbeförderung mit mindestens vier Rädern
Klasse O	Anhänger (einschließlich Sattelanhänger)
Klasse R	Land- oder forstwirtschaftliche Anhänger
Klasse S	gezogene auswechselbare land- oder forstwirtschaftliche Maschinen
Klasse T	Klassen T1 bis T4.3: Zugmaschinen für land- oder forstwirtschaftliche Zwecke (Verordnung 167/2013/EG)
Klasse C	land- oder forstwirtschaftliche Zugmaschinen auf Gleisketten (analog zu den Klassen T1 bis T4 definiert)

1.4.3 EU-Richtlinien für neue Kraftstoffe

Für die neue Mobilität wird es noch einige Herausforderungen geben, z. B., wie das Thema „Explosionsschutz" im Hinblick auf Wasserstoff und die Brennstoffzellentechnologie umzusetzen ist.

Die Grundlage hierzu bildet:

RICHTLINIE 2014/34/EU DES EUROPÄISCHEN PARLAMENTS UND DES RATES vom 26. Februar 2014
zur Harmonisierung der Rechtsvorschriften der Mitgliedsstaaten für Geräte und Schutzsysteme zur bestimmungsgemäßen Verwendung in explosionsgefährdeten Bereichen (Neufassung)

Auch der Umgang mit solchen gefährlichen Stoffen und die notwendige Alarmierung für Rettungssysteme, zentrale Katastrophendienste, die Regelung des Verantwortungsbereichs etc. werden durch EU-Richtlinie adressiert, wie:

RICHTLINIE 2012/18/EU DES EUROPÄISCHEN PARLAMENTS UND DES RATES vom 4. Juli 2012
zur Beherrschung der Gefahren schwerer Unfälle mit gefährlichen Stoffen, zur Änderung und anschließenden Aufhebung der Richtlinie 96/82/EG des Rates

Solche Richtlinien gilt es derzeit in verschiedenen Gremien für die Automobilindustrie anzupassen. Die Richtlinien müssen nicht nur für das Fahrzeug umgesetzt werden, sondern müssen auch für entsprechende Tank- oder Ladestationen harmonisiert werden.

1.5 Zulassungsstandards

In Deutschland gilt die Straßenverkehrszulassungsverordnung (StVZO) als Grundlage dafür, dass Fahrzeuge am öffentlichen Straßenverkehr teilnehmen dürfen. Diese Verordnung oder deren Nachfolger verweisen insbesondere auf die Betriebserlaubnis von Fahrzeugen und beruhen auf weiteren internationalen Vereinbarungen. In der StVO stehen neben den allgemeinen Verkehrsregeln auch die betrieblichen Anforderungen an Fahrzeuge (aber auch Systeme mit technischen Hilfsmitteln wie elektrische Roller o. ä.) im Allgemeinen, daher findet man hier auch die Anforderungen an Bremsen, Beleuchtung und so weiter für Fahrräder. Die StVZO gilt für zulassungspflichtige Fahrzeuge. Auch hier werden betriebliche Details, wie die Position von Bremsleuchten von Fahrzeugen, die in Deutschland zugelassen werden, festgelegt. Die grundsätzlichen Anforderungen, Funktionen und Eigenschaften an die Schutzsysteme am Fahrzeug wurden im Rahmen der UN ECE (United Nations Economic Commission for Europe) verbindlich festgelegt. Länder wie China, Japan, Australien, Russland und so weiter wenden diese europäischen Zulassungsvorschriften auch an.

Die UN/ECE-Regelungen fordern ein Übereinkommen über die Annahme einheitlicher technischer Vorschriften für Radfahrzeuge, Ausrüstungsgegenstände und Teile, die in Radfahrzeuge(n) eingebaut und/oder verwendet werden können, und die Bedingungen für die gegenseitige Anerkennung von Genehmigungen, die nach diesen Vorschriften erteilt wurden. Diese aufgrund des Übereinkommens festgesetzten und dem Übereinkommen angeschlossenen Regelungen enthalten technische Vorschriften für Radfahrzeuge, Ausrüstungsgegenstände und Teile, die in Radfahrzeuge(n) eingebaut und/oder verwendet werden können, Prüfverfahren sowie Bedingungen für die Erteilung von Typgenehmigungen für diese Radfahrzeuge, Ausrüstungsgegenstände und Teile sowie Genehmigungszeichen und Bedingungen für die Gewährleistung der Übereinstimmung der Produktion.

In Deutschland wurden die UN/ECE-Regelungen wie folgt verankert (Auszug aus: Bundesgesetzblatt, Teil 2, Nr. 21 vom 26.5.1997):

Artikel 1 des Übereinkommens über die Annahme einheitlicher technischer Vorschriften für Radfahrzeuge, Ausrüstungsgegenstände und Teile, die in Radfahrzeuge(n) eingebaut und/oder verwendet werden können, und die Bedingungen für die gegenseitige Anerkennung von Genehmigungen, die nach diesen Vorschriften erteilt wurden. In: Gesetz zur Revision des Übereinkommens vom 20. März 1958 über die Annahme einheitlicher Bedingungen für die Genehmigung der Ausrüstungsgegenstände und Teile von Kraftfahrzeugen und über die gegenseitige Anerkennung der Genehmigung (Gesetz zur Revision des Übereinkommens vom 20. März 1958 über die Annahme einheitlicher Bedingungen ...)

Derzeit gibt es die in Tabelle 1.2 dargestellten UN/ECE-Regelungen, die dem Übereinkommen vom 20. März 1958 angeschlossenen sind.

Tabelle 1.2 UN/ECE-Regelungen

UN/ECE	Titel	UN/ECE	Titel
R 1	Kfz-Scheinwerfer	R 73	Seitenfahrschutz von Lkw und Anhänger
R 3	Rückstrahler für Kfz	R 74	Installation von Beleuchtungseinrichtungen bei Mopeds
R 4	Hintere Kennzeichenbeleuchtung	R 75	Reifen für Krafträder
R 5	Sealed-Beam-Scheinwerfer	R 76	Scheinwerfer für Mopeds Fern- und Abblendlicht
R 6	Fahrtrichtungsanzeiger	R 77	Parkleuchten für Kfz
R 7	Begrenzungs-, Schluss-, Bremsleuchten	R 78	Bremsanlagen für Krafträder

Tabelle 1.2 UN/ECE-Regelungen *(Fortsetzung)*

UN/ECE	Titel	UN/ECE	Titel
R 8	Halogen-Scheinwerfer und Lampen	R 79	Lenkanlagen
R 10	Funkentstörung	R 80	Sitze für Omnibusse
R 11	Türschlösser, Türscharniere	R 81	Rückspiegel von Zweirädern
R 12	Lenkanlage bei Unfallstößen	R 82	Halogenscheinwerfer für Mopeds (HS2-Lampen)
R 13	Bremsen – Teil I	R 83	Schadstoffemissionen Kfz der Klassen M1, N1
R 13	Bremsen – Teil II	R 84	Messung Kraftstoffverbrauch von Pkw mit Verbrennungsmotoren
R 13-H	Harmonisierte Bremsen von Personenkraftwagen	R 85	Messung Motorleistung von Verbrennungsmotoren zum Antrieb von Kfz
R 14	Verankerung der Sicherheitsgurte	R 86	Anbau der Beleuchtungs-/Lichtsignaleinrichtungen an land- oder forstwirtschaftlichen Zugmaschinen
R 15	(ersetzt durch R 83)	R 87	Leuchten Tagfahrlicht für Kfz
R 16	Sicherheitsgurte	R 88	Retroreflektierende Reifen für zweirädrige Fahrzeuge
R 17	Widerstandsfähigkeit Sitze/Verankerung	R 89	Geschwindigkeits-begrenzungseinrichtungen
R 18	Sicherung gegen unbefugte Benutzung Kfz	R 90	Ersatzbremsbelag-Einheiten für Kfz und Anhänger
R 19	Nebelscheinwerfer	R 91	Seitenmarkierungsleuchten
R 20	Scheinwerfer mit H-4-Lampen	R 93	Vordere Unterfahrschutzeinrichtungen
R 21	Innenausstattung	R 94	Frontalaufprall
R 22	Schutzhelme Krafträder	R 95	Seitenaufprall
R 23	Rückfahrscheinwerfer	R 96	Abgasemission bei land- oder forstwirtschaftlichen Zugmaschinen
R 24	Emission aus Dieselmotoren	R 97	Alarmanlagen
R 25	In Fahrzeugsitze einbezogene Kopfstützen	R 98	Scheinwerfer mit Gasentladungslichtquellen
R 26	Vorstehende Außenkanten	R 99	Gasentladungslichtquellen
R 27	Warndreiecke	R 100	Batteriebetriebene Elektrofahrzeuge
R 28	Akustische Warneinrichtungen-/Signale	R 101	Messung CO2- und Kraftstoffverbrauch

Tabelle 1.2 UN/ECE-Regelungen *(Fortsetzung)*

UN/ECE	Titel	UN/ECE	Titel
R 29	Schutz der Insassen in Führerhäusern	R 102	Kurzkupplungseinrichtungen
R 30	Luftreifen für Kraftfahrzeuge und Anhänger	R 103	Austauschkatalysatoren
R 31	SB- Halogenscheinwerfer	R 104	Retroreflektierende Markierungen an schweren und langen Fahrzeugen (Konturmarkierung)
R 32	Heckaufprall Struktur	R 105	Fahrzeuge für den Transport gefährlicher Güter, konstruktive Merkmale
R 34	Verhütung von Brandgefahr	R 106	Reifen für landwirtschaftliche Fahrzeuge und ihre Anhänger
R 35	Anordnung der Fußbedienteile	R 107	Busse
R 36	Bau von Fahrzeugen des öffentlichen Verkehrs	R 108	Runderneuerte Reifen für Kfz und ihre Anhänger
R 37	Glühlampen	R 109	Runderneuerte Reifen für Lkw und ihre Anhänger
R 38	Nebelschlussleuchten	R 110	Antriebssystem mit komprimiertem Erdgas
R 39	Geschwindigkeitsmesser	R 111	Kippstabilität von Tankfahrzeugen
R 40	Abgase von Krafträdern	R 112	Scheinwerfer asymmetrisches Licht
R 41	Krafträder (Geräuschentwicklung)	R 113	Scheinwerfer symmetrisches Licht
R 42	Front- und Heck-Sicherheitseinrichtungen	R 114	Austausch- Airbagsysteme
R 43	Sicherheitsglas	R 115	Nachrüstsysteme Flüssiggas und Erdgas
R 44	Rückhalteeinrichtungen für Kinder	R 116	Sicherheit gegen unbefugte Benutzung
R 45	Scheinwerfer-Reinigungseinrichtung	R 117	Reifenrollgeräusche
R 46	Rückspiegel	R 118	Brennverhalten von Innenraummaterial
R 47	Abgase von Mopeds	R 119	Abbiegelicht
R 48	Beleuchtung/Lichtsignaleinrichtungen Kfz	R 120	Leistungsmessung von Traktoren und mobilen Maschinen
R 49	Abgase Dieselmotoren	R 121	Kontrollleuchten und Anzeiger
R 50	Beleuchtung Krafträder	R 122	Heizungssysteme
R 51	Geräusche Kfz	R 123	Adaptive Frontbeleuchtungssysteme (AFS)

Tabelle 1.2 UN/ECE-Regelungen *(Fortsetzung)*

UN/ECE	Titel	UN/ECE	Titel
R 52	Busse mit geringer Sitzplatzzahl	R 124	Nachrüsträder
R 53	Beleuchtung/Lichtsignaleinrichtung Motorräder	R 125	Vorderes Sichtfeld
R 54	Luftreifen für Nutzfahrzeuge und Anhänger	R 126	Nachrüstbare Gepäcktrennsysteme
R 55	Mechanische Verbindungseinrichtungen für Fahrzeugkombinationen	R 127	Fußgängerschutz
R 56	Scheinwerfer Mopeds	R 128	Leuchtdioden (LED)
R 57	Scheinwerfer Motorräder	R 129	Verbesserte Kinderrückhaltesysteme zur Verwendung in Kraftfahrzeugen
R 58	Rückwärtiger Unterfahrschutz	R 130	Kraftfahrzeuge hinsichtlich ihres Spurhaltewarnsystems
R 59	Ersatz- Auspufftopf- Systeme	R 131	Kraftfahrzeuge hinsichtlich des Notbremsassistenzsystems (AEBS)
R 60	Kontrolleinrichtungen Motorräder/Mopeds	R 132	Retrofit-Emissions-Überwachungsgeräte (REC)
R 61	Nach vorne zeigende Fortsätze der Führerhausrückwand Lkw	R 133	Recycling von Kraftfahrzeugen
R 62	Sicherung gegen unbefugte Benutzung Krafträder	R 134	Wasserstoff und Brennstoffzellenfahrzeuge
R 64	Noträder, Notlaufreifen, Notlaufsysteme, Reifendrucküberwachungssysteme	R 135	Pfahl Seitenaufprall
R 65	Kennleuchten für Blinklicht	R 136	Krafträder mit Elektroantrieb
R 66	Festigkeit des Aufbaus von Autobussen	R 137	Frontalaufprall für Rückhaltesysteme
R 67	Spezialausrüstung für Fahrzeuge (mit Flüssiggas betrieben)	R 138	Ruhige Kraftfahrzeuge im Hinblick auf ihre reduzierte Hörbarkeit
R 68	Messung bauartbedingter Höchstgeschwindigkeit von Kfz	R 139	Bremsassistenten
R 69	Rückwärtige Kennzeichnung langsam fahrender Fahrzeuge	R 140	Elektronische Stabilitätsprogramme (ESP)
R 70	Rückwärtige Kennzeichnung schwerer und langer Fahrzeuge	R 141	Reifendruckkontrollsysteme
R 71	Landwirtschaftliche Zugmaschinen – Sichtfeld	R 142	Reifeninstallation
R 72	Halogenscheinwerfer für Krafträder (HS1-Lampen)	R 143	Nachrüstung Dual-Fuel Systeme für schwere Nutzfahrzeuge

In welchem Zusammenhang oder wie diese Richtlinien bei der Fahrzeugzulassung angewendet werden, obliegt meist der entsprechenden Behörde, in Deutschland ist dies in der Straßenverkehrszulassungsordnung (StVZO) beschrieben. Die StVZO beinhaltet jedoch oft zu den einzelnen Anforderungen aus der UN/ECE noch weitere Anforderungen oder detailliert diese. Auf Basis der UN/ECE wird das Fahrzeug geprüft und autorisierte Stellen sind akkreditiert, entsprechende Gutachten zu erstellen. Verschiedene Unternehmen sind befugt, gültige Gutachten zu erstellen, die die notwendige Einhaltung der Regelungen bestätigen. Im Wesentlichen sind das in Deutschland die verschiedenen TÜVs.

Die Aufzählung macht deutlich, in welchem Rahmen der Gesetzgeber die Sicherheitsanforderungen für Fahrzeuge betrachtet. Die tatsächliche Sicherheitsrelevanz wird oft erst bei einer detaillierten Analyse offensichtlich.

1.6 Amerikanische Zulassungsvorschriften

In Amerika haben sich im Wesentlichen durch die unterschiedliche Ableitung der Wiener und Genfer Abkommen andere Zulassungsstandards entwickelt.

Die Federal Motor Vehicle Safety Standards (FMVSS) sind zur UN/ECU-Regelung vergleichbare technische Vorschriften, die Mindestanforderungen an Bauteile und Baugruppen von Kraftfahrzeugen definieren. Für Kanada gelten zumeist analoge Vorschriften, sogenannte CMVSS, die von den FMVSS abgeleitet sind. Sie sind aber nicht immer oder nicht in allen Einzelheiten deckungsgleich.

Die jeweiligen amerikanischen Standards sind wie auch die ECE-Regelungen in verschiedene Abschnitte, die Sicherheitsvorschrifts-Nummern, unterteilt.

Die Erstellung dieser Sicherheitsvorschriften obliegt der National Highway Traffic Safety Administration (NHTSA), die das legislative Mandat im United States Code, Title 49, Chapter 301 (Motor Vehicle Safety) erhalt hat.

In verschiedenen anderen Ländern, z. B. Südamerika, verweist man auch auf die amerikanischen Zulassungsvorschriften. Insbesondere in Asien wird weitgehend auf die UN/ECE-Regelungen verwiesen.

1.7 Harmonisierung der UN/ECE-Regelungen mit den amerikanischen Zulassungsgesetzen

Da diese zweigleisige Zulassung eine große Herausforderung für eine global agierende Fahrzeugindustrie ist, wurden gemeinsame Harmonisierungsaktivitäten angestoßen.

Die entsprechende EU-Verordnung dazu ist:

VERORDNUNG (EU) Nr. 183/2011 DER KOMMISSION vom 22. Februar 2011 zur Änderung der Anhänge IV und VI der Richtlinie 2007/46/EG des Europäischen Parlaments und des Rates zur Schaffung eines Rahmens für die Genehmigung von Kraftfahrzeugen und Kraftfahrzeuganhängern sowie von Systemen, Bauteilen und selbstständigen technischen Einheiten für diese Fahrzeuge (Rahmenrichtlinie)

Hier bearbeitet man insbesondere mit Priorität die notwendigen Regelungen, die für die zukünftige Mobilität von Bedeutung sind.

Der VDA hat dazu folgende Zielrichtung auf seiner Website veröffentlicht (Quelle: https://www.vda.de/de/themen/sicherheit-und-standards/harmonisierung-von-zulassungsvoraussetzungen/weltweite-harmonisierung.html):

Seit 1998 wurden in den Expertengremien der UN ECE 13 Globalregelungen (Global Technical Regulation, GTR) erarbeitet. Diese befassen sich z. B. mit Türverriegelungen und Scharnieren - GTR1, Kopfstützen - GTR 7, dem elektronischen Stabilitätsprogramm ESP - GTR 8, der Testprozedur für die Abgasemissionsmessung schwerer Nutzfahrzeuge (WHDC) - GTR 4, Fußgängerschutz - GTR 9 sowie mit Vorschriften für Wasserstoff- und Brennstoffzellen-Fahrzeuge - GTR 13.

Die meisten GTR sind im Regelwerk des Abkommens von 1958 umgesetzt worden, folglich werden sie von dessen Unterzeichnerstaaten anerkannt und über die ECE-Regelungen umgesetzt. Einige wenige GTR sind darüber hinaus in nationales Recht von Unterzeichnerstaaten des 1998er-Abkommens übernommen worden. Das Abkommen von 1998 hat allerdings einen „Geburtsfehler". Es verlangt in seinem Artikel 7, dass diejenigen Staaten, die für die Verabschiedung einer spezifischen GTR gestimmt haben, eben diese GTR in den Prozess der Überführung in nationales Recht einsteuern. Darüber hinaus soll regelmäßig gegenüber der UN über den weiteren Prozessverlauf berichtet werden. Eine Verpflichtung zur Umsetzung gibt das Abkommen nicht. Viele Unterzeichnerstaaten, darunter auch die USA, sind mit ihren Bemühungen, GTR in nationales Recht zu überführen, auf halbem Wege stehen geblieben.

Da die Initiative in erster Linie aus der Arbeitsgruppe der Bremsanlagen kam (UN/ECE R13), sind die UN/ECE-Regelungen oft die Grundlagen für die GTRs.

Insbesondere die GTR 13 „Vorschriften für Wasserstoff- und Brennstoffzellen-Fahrzeuge" wird näher betrachtet. Wie der VDA auf seiner Homepage bereits andeutet, werden die Aktivitäten von den USA nicht mit entsprechend hoher Priorität unterstützt.

Der notwendige Harmonisierungsbedarf wurde auf einer Konferenz in Mexiko näher beleuchtet. Hierzu wurden Informationen in (Kisulenko et al. 2012) veröffentlicht.

Es wurden folgende Sicherheitskategorien (Safety Kinds) betrachtet:

- Aktive Sicherheit
- Passive Sicherheit
- Sicherheit nach Unfällen (Post-crash Safety)
- Ökologische Sicherheit (Ecological Safety)

Als ökologische Sicherheitsvorschriften wurden in erster Linie Richtlinien zum Thema Abgas und Lärm herangezogen. Diese wurden den Fahrzeugklassen, für die sie gelten, zugeordnet und einzelne Zulassungsvorschriften betrachtet.

Tabelle 1.3 Arten der Sicherheit (Quelle: Kisulenko et al. 2012)

Safety Kinds	Vehicle Category		
	Cars M1	Buses M2, M3	Trucks N1-N3
Active Safety	13	10	13
Passive Safety	16	10	16
Post-crash Safety	2	3	2
Ecological Safety	11	7	11
Total	42	30	42

Diese wurden gemäß Tabelle 1.3 auf die Fahrzeugklassen abgebildet. Überraschenderweise ist die Anzahl der relevanten Zulassungsvorschriften für Busse am geringsten. Insbesondere die Anwendung der ökologischen Sicherheitsvorschriften wird im Rahmen der zukünftigen Umweltsituation in den Städten wohl auch für Busse zunehmen. Auch die anderen direkten Vorschriften werden sicher zukünftig vermehrt Verwendung finden, weil durch die höhere Anzahl an Personen in Bussen auch ein höheres Sicherheitsrisiko für diese besteht.

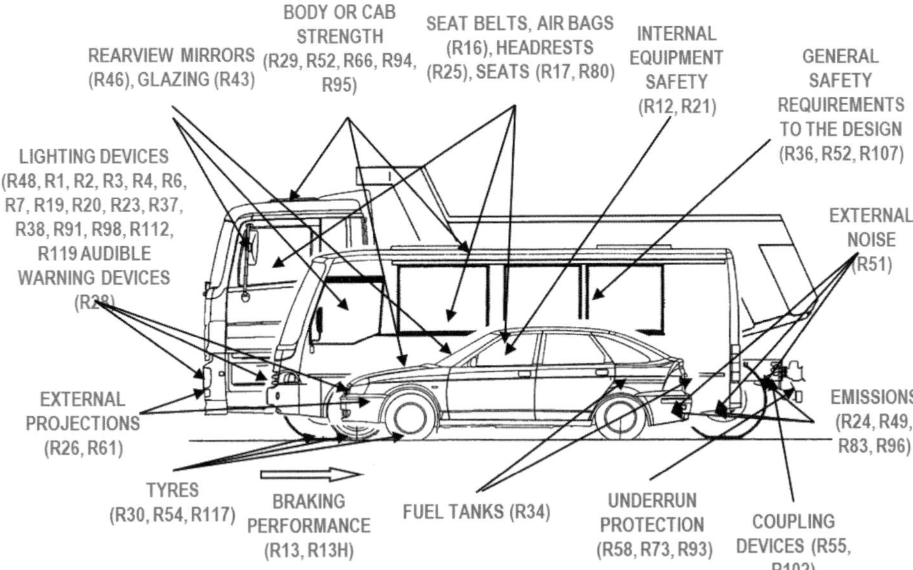

Bild 1.2 Illustrierung der relevanten Zulassungsvorschriften für die jeweiligen Fahrzeugklassen (Quelle: Kisulenko et al. 2012)

Insbesondere auch mit der vermehrten Elektrifizierung und durch alternative Kraftstoffe, z. B. Wasserstoff für Brennstoffzellen, wird sich das in Tabelle 1.3 dargestellte Bild in der Zukunft verändern. Die Entwicklung des automatisierten Fahrens ist heute noch nicht absehbar.

1.8 Gesetze und zukünftige Mobilisierung

Einfluss des Straßenverkehrsgesetzes auf die zukünftige Mobilisierung

Ursprung all dieser Gesetzesinitiativen war die Sicherheit der anderen Verkehrsteilnehmer. Insbesondere zeigte sich für die staatliche Gewalt der Spagat zwischen Förderung der gewünschten oder auch notwendigen Mobilität, auch dem Einzelnen gegenüber, und dem notwendigen Schutz des jeweiligen schwächeren Verkehrsteilnehmers.

Aus diesem Grund bildete sich auch der Paragraph 1 der Straßenverkehrsordnung heraus, der wie folgt lautet:

§ 1 Grundregeln

(1) Die Teilnahme am Straßenverkehr erfordert ständige Vorsicht und gegenseitige Rücksicht.

(2) Wer am Verkehr teilnimmt, hat sich so zu verhalten, dass kein anderer geschädigt, gefährdet oder mehr, als nach den Umständen unvermeidbar, behindert oder belästigt wird.

Dieser Paragraph wird oft auch als Gummi-Paragraph bezeichnet und manch ein begeisterter sportlicher Autofahrer hat bereits Bekanntschaft mit diesem Paragraphen gemacht, wenn er seine Ambitionen im öffentlichen Verkehrsraum etwas zu intensiv ausgelebt hat.

Im Allgemeinen sollten wir in Deutschland froh sein, eine durchgängige Gesetzesgrundlage zu haben, die die Mobilität im Straßenverkehr regelt. In den einführenden Beispielen oben werden die grundsätzlichen Abhängigkeiten zu den verschiedenen Übereinkommen und Gesetzen weltweit transparent. Fahrzeuge, Fahrerlaubnisse, Regeln über das Verhalten im Straßenverkehr machen lokal auch keinen Sinn, da es nur zu einer sehr eingeschränkten Lösung im Anwendungsbereich kommen kann. Dies kann natürlich nicht das Ziel einer Industrie sein, die neue Mobilisierungskonzepte in den Markt bringen möchte. Man benötigt eine gewisse Planungssicherheit, um auch evolutionär neue Mobilitätskonzepte entwickeln zu können.

Leider ist es ein Trugschluss, dass man Gesetze auch für neue Technologien im Voraus planen kann. Aus langer Erfahrung hat man auch zeitgleich die Produkthaftungsgesetze in vielen Ländern auf den Weg gebracht.

1.9 Produkthaftung in Deutschland

Auf dem Gebiet der heutigen Bundesrepublik Deutschland gab es schon Rechtsordnungen im Mittelalter, die verlangten, für verschiedene Tätigkeiten und Produkte angemessene Pflichten für Sorgfalt und das Inverkehrbringen zu beachten. Auf Basis des am 1. Januar 1900 in Kraft getretenen BGB wurde als eine der ersten Auslegungen durch das Reichsgericht in Leipzig 1903 die allgemeine Sorgfaltspflicht definiert. Sie ist eine Pflicht zum Handeln bzw. Unterlassen, zum Vermeiden, Verhindern oder Vermindern von abwendbaren Gefahren für den Benutzer oder Dritte und bildet die Grundlage für die späteren gesetzlichen Regelungen.

Die Produkthaftung ist ein Teil des deutschen Deliktsrechts. Sie ist in den §§ 1 bis 19 des Produkthaftungsgesetzes (ProdHaftG) geregelt und von der verschuldensabhängigen „Produzentenhaftung" nach § 823 BGB zu unterscheiden.

Die Produkthaftung setzt weder einen Vertrag zwischen dem Hersteller und dem Endverbraucher voraus, noch ist ein Verschulden für die Haftung des Herstellers erforderlich. Vielmehr soll der Endabnehmer vor bestimmten, von einem fehlerhaften Produkt ausgehenden Gefahren unabhängig von einem Verschulden des Herstellers geschützt werden, auch wenn sich diese erst nach Inverkehrbringen des Produkts gezeigt haben. Es handelt sich also um eine reine Gefährdungshaftung. Mangels Vertrags oder Kontakt zwischen Hersteller und Endabnehmer, der das Produkt in der Regel bei einem Zwischenhändler erworben hat, scheiden Ansprüche aus Gewährleistung, positiver Vertragsverletzung (pVV) und der culpa in contrahendo („cic“, Verschulden vor Vertragsabschluss) aus. Auch ein Vertrag zugunsten Dritter kommt regelmäßig nicht in Betracht, da der Endabnehmer dem Hersteller und den Zwischenhändlern noch nicht bekannt ist und daher in dem zwischen ihnen geschlossenen Vertrag nicht einbezogen ist.

Im Allgemeinen ist die Produkthaftung nur relevant, wenn es tatsächlich zu einem Schaden kommt. Dies ist ein wesentlicher Unterschied zu den jeweiligen Straßenverkehrsgesetzen, wo der Gesetzgeber versucht, präventiv den gesellschaftlich akzeptierten Rahmen abzustecken. Dies muss jeder Autofahrer zur Kenntnis nehmen, wenn er schneller als erlaubt fährt und erwischt wird. Ob es dann nur eine Ordnungswidrigkeit ist, ob rechtlich massiver geahndet oder der Vorfall gar durch verschiedene juristische Instanzen verfolgt wird, hängt oft auch von dem Grad der Gefährdung ab, die durch die zu hohe Geschwindigkeit verursacht hätte werden können oder verursacht wurde.

In der Detaillierung der Produkthaftung wird man dann oft gar keine Vorgaben dazu finden, was man alles bei der Produktentwicklung inhaltlich zu beachten hat, sondern nur dazu, nach welchen Maßstäben man im Schadensfall gemessen und bewertet wird. Entwickelt man ein Produkt, welches sich in der Handhabung beziehungsweise im Umgang mit dem Produkt bereits am Markt bewährt hat, ist man gut beraten, sich über den „Stand der Technik“ vorher zu informieren und diesen bei der Produktentwicklung zu berücksichtigen.

Entwickelt man Produkte, die im Umgang mit ihnen selbst oder in ihrer Handhabung neu sind, kann man sich nicht darauf beschränken zu sagen, es gibt keinen Stand der Technik. Erfahrene Fachleute für Produkthaftung empfehlen hier den Stand von Wissenschaft und Technik zu berücksichtigen.

Ob es dann unternehmerisches Risiko darstellt oder Verzweiflung, wird im Schadensfall nicht mehr zu diskutieren sein, wesentlich ist nur noch die Frage, ob der Inverkehrbringer, der Hersteller oder der Händler fahrlässig oder gar grob fahrlässig gehandelt hat. Sollte es sich um grobe Fahrlässigkeit handeln, ist man auch als Entwickler persönlich konfrontiert mit den Gesetzen des Strafrechts.

Da der Gesetzgeber weiß, dass es keine präventive vollständige Absicherung von Produkten und Geräten geben kann, gibt es neben den Produkthaftungsgesetzen auch die Produktsicherheitsgesetze.

Dies ist in Deutschland das Produktsicherheitsgesetz (ProdSG), es beschreibt Regelungen zu den Sicherheitsanforderungen von technischen Arbeitsmitteln und Verbraucherprodukten. Es ersetzt seit 1. Dezember 2011 das Geräte- und Produktsicherheitsgesetz (GPSG).

Unter anderem wurden die in Tabelle 1.4 dargestellten Verordnungen nach dem GPSG erlassen und ab dem 1. Dezember 2011 förmlich an das ProdSG angepasst.

Tabelle 1.4 Richtlinien und ausgewählte Beispiele zu deren Umsetzung im ProdSV

EU-Richtlinie	ProdSV
Niederspannungsrichtlinie 2006/95/EG	Verordnung über elektrische Betriebsmittel (1. ProdSV)
Spielzeugrichtlinie 2009/48/EG	Verordnung über die Sicherheit von Spielzeug (2. ProdSV)
Richtlinie über einfache Druckbehälter 2014/29/EU	Verordnung über einfache Druckbehälter (6. ProdSV)
Richtlinie über Gasverbrauchseinrichtungen 90/396/EWG	Gasverbrauchseinrichtungsverordnung (7. ProdSV)
Richtlinie über persönliche Schutzausrüstungen 89/686/EWG	Verordnung über das Inverkehrbringen von persönlichen Schutzausrüstungen auf den Markt (8. ProdSV)
Maschinenrichtlinie 2006/42/EG	Maschinenverordnung (9. ProdSV)
Richtlinie über Sportboote 94/25/EWG	Verordnung über Sportboote und Wassermotorräder (10. ProdSV)
ATEX-Produktrichtlinie 2014/34/EU	Explosionsschutzverordnung (11. ProdSV)
Aufzugsrichtlinie 2014/33/EU	Aufzugsverordnung (12. ProdSV)
Richtlinie über Aerosolpackungen 75/324/EWG	Aerosolpackungsverordnung (13. ProdSV)
Druckgeräterichtlinie 97/23/EG	Druckgeräteverordnung (14. ProdSV)

Neben der Produktsicherheit regelte das ProdSV mit besonderen Verordnungen auch das Inverkehrbringen verschiedener Waren, die besondere Sicherheitseigenschaften aufweisen müssen (Maschinen, Spielzeuge, Sportboote, elektrische Anlagen in explosionsfähiger Atmosphäre u. a.). Damit wurde eine Grundlage geschaffen, um den Warenverkehr über harmonisierte Sicherheitsanforderungen in der EU zu fördern.

Aus dem Geräte- und Produktsicherheitsgesetz folgen auch grundlegende Bestimmungen zu überwachungsbedürftigen Anlagen, deren Errichtung und Betrieb nun im Wesentlichen in der Betriebssicherheitsverordnung geregelt sind.

Weitere Aspekte, die sich seit Jahren aus diesem Gesetz auch für die Automobilindustrie ergeben, sind die Marktbeobachtungspflicht und Regelungen über Rückrufe etc.

Weitere Regelungen sind eng mit den Produktsicherheitsgesetzen verbunden, wie die:

- Richtlinie 2014/30/EU (EMV)
- Richtlinie 2014/53/EU über die Bereitstellung von Funkanlagen auf dem Markt

Für die EMV-Richtlinie gibt es für Kraftfahrzeuge entsprechende Pendants, wie die ECE R10 (EMV). Wie wir jedoch sehen, hat die Funkrichtlinie zu dieser und auch zur Niederspannungsrichtlinie (für Kraftfahrzeuge die ECE R100) wesentliche Überschneidungen.

Die Richtlinie 2014/53/EU über die Bereitstellung von Funkanlagen versteht unter einer Funkanlage folgendes:

> *„Funkanlage“ im Sinne der Richtlinie ist ein elektrisches oder elektronisches Erzeugnis, das zum Zweck der Funkkommunikation und/oder der Funkortung bestimmungsgemäß Funkwellen ausstrahlt und/oder empfängt, oder ein elektrisches oder elektronisches Erzeugnis, das Zubehör, etwa eine Antenne benötigt, damit es zum Zweck der Funkkommunikation und/oder der Funkortung bestimmungsgemäß Funkwellen ausstrahlen und/oder empfangen kann (Art. 2,1).*

In den jeweiligen Artikeln 7 und 8 zeigt die Richtlinie die Überschneidungen mit den Richtlinien zu Niederspannung und EMV auf:

(7) Die in der Richtlinie 2014/35/EU (Niederspannung) festgelegten Ziele für Sicherheitsanforderungen sind für Funkanlagen ausreichend; in der vorliegenden Richtlinie sollte daher auf sie verwiesen und ihre Anwendung vorgesehen werden. Damit keine unnötigen Dopplungen von Vorschriften, bei denen es sich nicht um solche, die die grundlegenden Anforderungen betreffen, handelt, entstehen, sollte die Richtlinie 2014/35/EU jedoch nicht für Funkanlagen gelten. (8) Die in der Richtlinie 2014/30/EU (EMV) festgelegten grundlegenden Anforderungen auf dem Gebiet der elektromagnetischen Verträglichkeit sind für Funkanlagen ausreichend; in der vorliegenden Richtlinie sollte daher auf sie verwiesen und ihre Anwendung vorgesehen werden. Damit keine unnötigen Dopplungen von Vorschriften, bei denen es sich nicht um solche, die die grundlegenden Anforderungen betreffen, handelt, entstehen, sollte die Richtlinie 2014/30/EU jedoch nicht für Funkanlagen gelten.

Nicht nur die Fahrzeug-zu-Infrastruktur-Kommunikation (Car2X) und die Fahrzeug-zu-Fahrzeug-Kommunikation (Car2Car) werden hier relevant. Auch für Sensoren wie z. B. den Radar reicht die EMV-Betrachtung nicht aus und auch potentielle Störungen des Funkverkehrs durch Geräte müssen betrachtet werden.

Neben der Funk-Richtlinie wird das Thema Augensicherheit bei einem Lidar einen wesentlichen Einfluss auf die Entwicklung haben. Auch hierzu gibt es für stationäre Systeme bereits umfangreiche Richtlinien und Normen, aber für die Anbringung an Fahrzeugen wird es in der Zukunft noch viele neue Erkenntnisse geben.

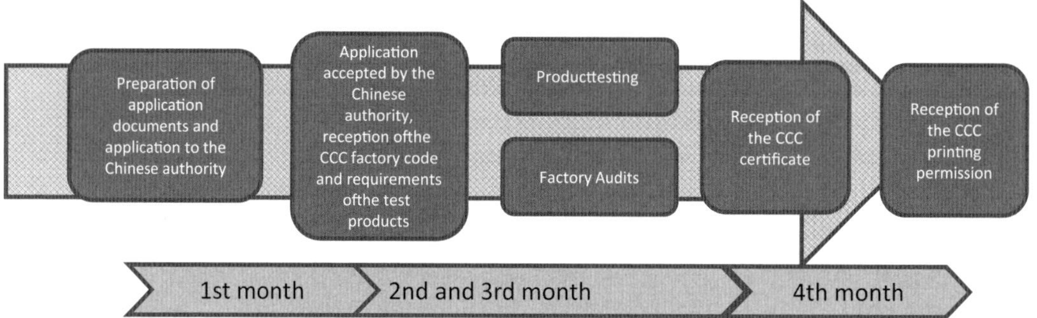

Bild 1.3 Meilensteine für den Zertifizierungsprozess gemäß CCC (Quelle: CCC Made Easy 2014)

Der Prozess gleicht einem Qualifizierungsprozess aus der Luftfahrt gemäß den Vorgaben der FAA oder EASA. Hier betrachtet man auch separat, ob man Luftfahrt-taugliche Produkte entwickeln kann und ob man die geeigneten Produktionsmittel hat, um die Teile in notwendiger Qualität und Stückzahl produzieren zu können. Ein typischer Automotive-Prozess gemäß ISO 9001 und IATF 16949 (früher ISO TS 16949) sieht dies auch so vor.

In China gibt es auf Basis der GB/Ts eine Rule 27, die die notwendigen Maßnahmen definiert, um sich als Hersteller, hier im Besonderen für Elektrofahrzeuge, zu qualifizieren. Diese Qualifizierung geht in China über die Herstellerregistrierung in Deutschland hinaus. In China werden nach der Rule 27 auch Fahrversuche, Funktionsprüfungen der Schutzfunktionen und Fehleraufschaltungen am funktionierenden Fahrzeug durchgeführt. Auch wird festgelegt, dass die Fahrzeuge bestimmte Zuverlässigkeitskriterien erfüllen müssen, was durch vorgeschriebene Fahrzyklen nachgewiesen werden muss. Die Summe der Maßnahmen für die Fahrzeugzulassung wird in der Rule 44 definiert.

CCC für Komplettfahrzeuge

Die CCC-Regularien sehen auch eine Zertifizierung eines Komplettfahrzeugs vor. Insbesondere für Elektrofahrzeuge gibt es sehr weitgehende Interpretationen, die für eine erfolgreiche CCC-Homologation angewendet werden müssen. Im ersten Schritt müssen auch chinesische Firmen eine Art Qualifikation durchlaufen. Anhand einer bestimmten Auswahl von Regularien muss ein Hersteller den Nachweis erbringen, dass er die hinreichenden Fähigkeiten besitzt, ein hinreichend sicheres Fahrzeug zu bauen. Eine gewisse Anzahl von Fahrzeugen muss gebaut werden und auch signifikante Prüfungen sind erfolgreich zu absolvieren. Oftmals ist es nicht notwendig, dass die Fahrzeuge vollkommen mit allen Sicherheitsgeräten ausgestattet sind. Es kann sein, dass die Funktionalität von Insassenschutzsystemen, die Fahrtrichtungsanzeige oder Ähnliches nicht geprüft werden sollen. Neben Sicherheitseigenschaften wird im Wesentlichen auch die Erreichung von Umweltgrenzwerten geprüft. Ist diese Qualifikation erfolgreich durchlaufen, muss das konkrete Fahrzeug die chinesische Zulassung erlangen. Hier werden dann die GB/Ts und UN/ECEs in der jeweiligen Interpretation geprüft. Die Interpretationen der GB/Ts für Elektrofahrzeuge ähneln in wesentlichen Details einer Ergänzung der UN/ECEs um die Norm ISO/IEC 6469 „Elektrisch angetriebene Straßenfahrzeuge - Sicherheitsspezifikation“ .

Die jeweiligen Teile der ISO/IEC 6469:

- Teil 1: On-Board wieder aufladbares Energiespeichersystem (RESS)
- Teil 2: Betriebssicherheit für Fahrzeuge
- Teil 3: Schutz von Personen gegen elektrischen Schlag (Elektrische Sicherheit 2018)

Die entsprechenden GB/Ts, insbesondere Aspekte der Ladesicherheit (vergleichbar mit der ISO/IEC 6469), werden kontinuierlich ergänzt und angepasst. Neben den Einflüssen der mehr europäisch geprägten UN/ECE werden im Bereich Antriebstechnik auch wesentliche Neuerungen mit japanischen Regelungen und Standards harmonisiert.

Insbesondere in Bezug auf neue Treibstoffe wie Wasserstoff, bei denen der Explosionsschutz im Vordergrund steht, wird es noch einige ergänzende Vorschriften auch in den chinesischen Gesetzen geben.

Literatur

CCC Made Easy. The Booklet. China Certification Corporation, May 2014 (https://www.china-certification.com/en/ccc-made-easy)

Hentschel, *P.; König, P.; Dauer, P.:* Straßenverkehrsrecht. Beck'sche Kurz-Kommentare. Band 5. 43., neu bearbeitete Auflage. C.H. Beck, München 2015

Kisulenko, Dr. B. V. (WP.29 Chairman, The Russian Federation): The UNECE World Forum for Harmonization of Vehicle Regulations (WP.29) – recognized Leader in Development of Safety Requirements for the Road Vehicles. APEC Kazan Auto Dialogue, 2012

2 Sicherheit und funktionale Sicherheit

Sicherheit hat sehr viele Facetten. Dass funktionale Sicherheit auch einen wesentlichen Bestandteil für die Investitionssicherheit darstellt, ist derzeit noch wenigen Verantwortlichen in der Automobilindustrie bewusst. Wir haben in all den Jahren der Fahrzeugentwicklung gelernt, dass mangelhafte Performance einen Preisverfall bedeuten kann und so die Erträge mindert. Mangelnde Sicherheit führte schon bei einigen Produkten, Systemen, Geräten, aber auch ganzen Autos dazu, dass diese vom Markt genommen werden mussten.

2.1 Warum funktionale Sicherheit in Straßenfahrzeugen?

Es dauerte eine Weile, bis die funktionale Sicherheit eine bedeutende Rolle in der Automobilindustrie eingenommen hat. Andere Branchen waren hier bei der Normierung teilweise 20 Jahre oder, wie die Luft- und Raumfahrt, annähernd ein halbes Jahrhundert voraus.

Auch in der Automobilindustrie forderten Kunden, Hersteller, Werkstätten und Händler immer mehr Funktionalität für das Automobil und die implementierten Steuergeräte, sodass die Produkte und auch die Anforderungen in den unterschiedlichen Märkten immer komplexer wurden. Einer der Hauptgründe war, dass Maschinenbauer in erster Linie die gesamte Automobiltechnik dominierten.

Die verschiedenen Systeme im Fahrzeug sollten wesentlich dynamischer werden und immense Leistung für die Fahrzeuge bereitstellen, womit die Funktionalitäten wesentlich komplexer wurden. Ohne elektronische Schutzmaßnamen wie ABS, das Airbag-System und so weiter konnte, auch durch das wachsende Verkehrsaufkommen, das notwendige Sicherheitsniveau nicht gehalten werden. Mit der zunehmenden Anzahl der Fahrzeuge und der aktiven Sicherheitssysteme in den jeweiligen Fahrzeugen wuchs auch die Anzahl der wahrgenommenen Elektronikfehler. Ein nobles Auto mit Warnblinkanlage am Straßenrand bedeutete meist nur einen Imageschaden für den Hersteller, aber mit wachsender Elektrifizierung und Erhöhung der Systemleistung der sicherheitsrelevanten Systeme wurden auch immer mehr sicherheitsrelevante Ausfälle aufgrund von Elektronikfehlern beobachtet.

Auch in anderen Branchen entwickelte man immer mehr Systeme mit Schutz- und Sicherheitsmechanismen, die auf Elektronik- und Softwarefunktionen basierten. Im Automobil beruhten diese Schutz- und Sicherheitsmechanismen in erster Linie auf einem robusten Design sowie hydraulischen oder pneumatischen Systemen. Mit zunehmender Automatisierung und Elektrifizierung der wesentlichen Fahrzeugfunktionen wurden Hydraulik und Pneumatik infrage gestellt. Ideen zu steer-by-wire und brake-by-wire hatten neben dem Ersatz der Mechanik und Erhöhung der Leistungsfähigkeit auch immer die Erhöhung des Automatisierungsgrads der Fahrzeugfunktionen zum Ziel.

Den Zielen stehen weitgehend die bewährten Konzepte im Wege, die an eine moderne hochverfügbare EE-Architektur angepasst werden müssen. So wird man selbst im Jahre 2020 noch sehen, dass die typische Golf-Klasse auf etwa 40 Steuergeräten basiert, die über einen oder mehrere CAN-Bus(se) kommunizieren.

Es ist einfach ein Fakt, dass komplexe Fahrzeugsysteme ohne Systemansatz nicht realisiert werden können. All die Reduzierungen auf die Kernkompetenzen in den Krisenjahren führten dazu, dass man versucht hat, sich nur auf die wertschöpfenden Prozesse zu konzentrieren. Dabei blieben Infrastrukturthemen, die besonders wichtig sind, um neue Funktionalitäten zu entwickeln, weitgehend auf der Strecke. Heutige Ideen der Start-ups, agile Prozesse etc. zeigen bereits jetzt, dass die Grenzen schnell erreicht werden, sobald man gleiche Produkte in großer Stückzahl produzieren will. Große Stückzahlen in schlanken Logistikprozessen an die Produktion zu führen, ist aber seit Henry Ford die Kernkompetenz der Hersteller und Zulieferer und wird einer der „disruptiven" Aspekte der neuen Mobilität sein. Der Begriff „disruptiv" ist wohl bisher noch nicht im Duden aufgenommen, aber die Automobilindustrie wird sich mit dem Thema „Disruptive Technology", also Technik, die eine alte Technologie überflüssig macht, noch sehr tief auseinandersetzen müssen.

Eine der wesentlichen Herausforderungen der ISO 26262 war, dass verschiedene Verfahren, Methoden, Prinzipien und auch bewährte Architekturen und Designs die bisherige Technik nicht als „gefährlich" erscheinen lassen sollten, aber auch zukünftige Technologien „planbar sicher" mit strukturierten Argumenten darstellbar und erklärbar sein sollten.

Die Hauptaufgabe bei der Entwicklung der ISO 26262 war ein grundlegendes Verständnis der Systemtechnik zu vereinbaren. Dabei galt es verschiedene bekannte Ansätze zum „System Engineering" zu einem Verständnis von „System-Safety-Engineering" zusammenzuführen. Dass der dabei entstandene Sicherheitslebenszyklus doch noch zu kurz geraten ist, zeigen die aktuellen Diskussionen um „Sotif,

Safety-of-the-Intended-Functionality“ und die notwendigen Betriebssicherheitskonzepte für die Infrastruktur für das „automatisierte Fahren“.

2.2 Risiko, Sicherheit und funktionale Sicherheit

Im Allgemeinen wird das Risiko als ein mögliches Ereignis mit negativen Auswirkungen beschrieben. Die griechische Herkunft des Wortes Risiko wird auch in vielen Sprachen für das Wort Gefahr abgeleitet. Bezogen auf die Produktsicherheit wird das Kreuzprodukt von Eintrittswahrscheinlichkeit und Gefahren als Maß für das Risiko beschrieben. Es gibt verschiedene Meinungen zu dem Begriff und zur Definition des Risikos in der ökonomischen Literatur. So findet man Definitionen wie „Risiken, durch Produktmängel und Fehler“ ebenso wie die mathematischen Definitionen, die sich aus der Formel „Risiko = Wahrscheinlichkeit x Schwere“ ableiten.

Auf der einen Seite kann Risiko auf „riza“ (griechisch = root, Basis) etymologisch zurückgeführt werden; siehe auch „risc“ (arabisch = Schicksal). Auf der anderen Seite kann Risiko als „ris (i) co“ (italienisch) bezeichnet werden; „die Klippe, die umschifft werden muss“. „Sicherheit“ stammt aus dem Lateinischen und könnte als „frei von Sorge“ (se cura = ohne Sorge) übersetzt werden. Heute wird das Thema Sicherheit nicht nur in verschiedenen Kontexten z. B. in Bezug auf wirtschaftliche Sicherheit, Umweltschutz, Zulassung und Zugangssicherheit, sondern auch im Hinblick auf die Arbeitssicherheit, Anlagen- und Maschinen-sicherheit und Fahrzeugsicherheit betrachtet. Die Begriffe Sicherheit und funktionale Sicherheit betrachten ähnliche Aspekte, aber unterscheiden sich in der Ausprägung in den unterschiedlichen Branchen doch wesentlich.

Risiko wird im Allgemeinen als Kombination aus der Eintrittswahrscheinlichkeit eines unerwünschten Ereignisses und der Schadensschwere als Konsequenz aus einem etwaigen Eintritt des Ereignisses angesehen.

In Bezug auf technische Systeme oder Produkte, die Sicherheit als die Freiheit von inakzeptablen Risiken erforderlich machen, werden Risiken betrachtet, die Schaden oder Beeinträchtigung von Menschen sowie der Umwelt im Allgemeinen hervorrufen können.

2.2.1 Ursachen für Gefahren

Es gibt sehr verschiedene Ursachen für Gefährdungen, die je nachdem, in welchem Kontext sie auftreten, zu sehr unterschiedlichen Risiken führen:

- Chemische Reaktionen von Stoffen, Materialien usw. führen zu Feuer, Explosionen, Verätzungen und damit zu Verletzungen, Gesundheitsbeeinträchtigungen, Vergiftungen, Umweltschäden usw.
- Giftige Stoffe führen zu direkten und indirekten Gesundheitsgefahren, wie Vergiftungen (auch durch Kohlenmonoxid), Verletzungen (auch als Folge von Entgasung von Batterien, Beeinträchtigung des Fahrers oder Werkstattpersonals), sonstigen Schäden usw.
- Hohe Ströme und besonders hohe Spannungen führen zu Schäden (Berührungsschutz).
- Strahlung: Alphateilchen bei Halbleitern führen zu Fehlverhalten der Bauelemente.
- Thermik (Schäden durch Überhitzung, Brandwunden, Feuer, Rauch etc.)
- Kinetik (Deformation, Bewegung, beschleunigte Masse des Fahrzeugs als solches)

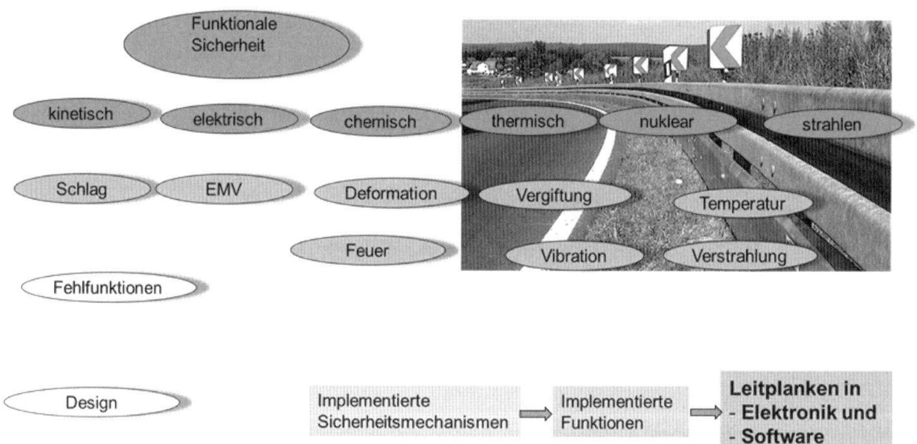

Bild 2.1 Ursachen von Gefährdungen

Eine der möglichen Definitionen der funktionalen Sicherheit ist das Ziel, solche Gefährdungen und deren Risiken durch zusätzliche implementierte Sicherheitsmechanismen zu reduzieren, zu kontrollieren, zu vermindern oder zu vermeiden. Oftmals ist es aber auch tolerabel, dass sich nur das gefährliche Auswirken der Risiken oder das Schadensausmaß reduziert. Dies kann heißen, man nimmt die Schäden eines kontrollierten Brands in Kauf, um eine Explosion zu vermeiden, oder man reduziert die Energie der bewegten Masse, indem man das Fahrzeug so bremst, dass zwar noch mit geringeren Verletzungen zu rechnen ist, aber die Tötung von Personen vermieden werden kann. Dies sind meist Abwägungen, die eine staatliche Gewalt zur Gesetzgebung oder bei der Bewertung des Strafmaßes anwendet. Wenn solche Abwägungen ein Hersteller für seine Produkte in Betracht ziehen sollte, könnte das zu massiven wirtschaftlichen und Imageschäden führen.

Wie sich jedoch solche Ursachen von Gefährdungen auf die Produkte auswirken und welche Maßnahmen effektiv und wirksam sind, kann nur durch die Analyse des Kontexts, der beabsichtigten Anwendungsfälle sowie der verschiedenen Produkteigenschaften und Funktionen als Ergebnis einer Sicherheitsanalyse bewertet werden. Die Risikokette kann sehr unterschiedlich zu Gefährdungen führen, z. B. können chemische Reaktionen auch Vergiftungen und Überhitzung bewirken. Ähnliche Korrelationen kennen wir von hohen Strömen oder hohen Spannungen. Hohe Spannungen führen nicht nur zu Verbrennungen bei Berührung, sondern können auch Brände verursachen. Überspannung wird oft als nichtfunktionales Risiko gesehen. Daher versucht man in den meisten Branchen durch entsprechendes Design der spannungsführenden Teile eine Gefährdung zu vermeiden. Berührungsschutz an einem Schutzkontaktstecker ist ein typisches Beispiel dafür.

Funktionale Sicherheit wird auch oft als Summe der Maßnahmen zur korrekten Funktionsweise von technischen Systemen in einer definierten Umgebung betrachtet. Man erwartet auf Basis einer definierten Stimulierung eines technischen Systems im betrachteten Kontext eine Systemreaktion, die über einen gefährdungsfreien Raum spezifiziert ist. Integritätsnormen wie die ISO 26262 definieren die funktionale Sicherheit als Abwesenheit von unzumutbarem Risiko aufgrund von Fehlverhalten des E/E-Systems. Grundsätzlich betrachtet die ISO 26262 im Speziellen auch keine Schutzmaßnahmen zur Vermeidung von systemfremden Einwirkungen oder Risiken, die durch andere Technologien, wie z. B. die Pneumatik oder die Hydraulik, entstehen können. Beispiele wie der Maschinenschutz im Anlagen- und Maschinenbau sind nicht im direkten Scope der ISO 26262.

Funktionale Absicherung mit Hydrauliksystemen hat im Automobil eine fast jahrhundertelange Geschichte. Ein typisches Beispiel wäre das Zweikreisbremssystem oder das hydraulische Lenksystem. Elektronische und softwarebasierte funktionelle Schutzmechanismen wie z. B. das ABS (Anti-Rad-Blockier-System) für Bremssysteme wurden bereits vor 40 Jahren eingeführt. Bei den ursprünglichen ABS wurde die funktionale Sicherheit weitgehend durch Architektur und die robuste Auslegung im Design der Hydrauliksysteme erreicht.

Tabelle 2.1 Sicherheit, Gefahren, Risiken in den verschiedenen Industrien

Industrie	Automobil	Eisenbahn	Maschinenbau	Luftfahrt	Militär
Gesellschaft Sicherheit	UN, EU-Richtlinien, EU-Richtlinien, StVG, BGB, US-DoT	Maschinenrichtlinie, Bahn-Gesetze	Maschinenrichtlinie, HSE etc.	UN, EASA, FAA, ICAO	
Risiko Gefahren	ISO 26262 (EE)	EN 50126 (RAMS)	ISO 12100 (EUC)	CFR 25.1309 (alle Risiken)	MIL-STD-882E

Tabelle 2.1 Sicherheit, Gefahren, Risiken in den verschiedenen Industrien *(Fortsetzung)*

Industrie	Automobil	Eisenbahn	Maschinenbau	Luftfahrt	Militär
Beherrschen von Risiken	ISO 26262 (EE)	EN 50126/28/29 (SW, System)	ISO 13849 (EE+)	DO 178C, 254 (SW, HW, ...)	MIL-STD-338B
Sicherheit Integrität	ISO 26262	Details IEC 61508	ISO 13849, IEC 61508 (ff)	ARP 4754A/ ARP 4761 (Assessments)	MIL-STD-217F
Design	EGAS, ...	verschiedene	C-Normen	e. g. ATA, Arinc ...	verschiedene

Die Definitionen von Gefahren und Risiken sind in vielen Industrien sehr unterschiedlich. Somit gibt es dort auch sehr unterschiedliche Herangehensweisen, wie Gefahren zu vermeiden sind und welche Risiken auch von der Gesellschaft toleriert werden.

Ein sehr deutliches Beispiel ist die Maschinenrichtlinie, diese leitet sich aus EU-Richtlinien ab, jedoch sind alle zugelassenen Straßenfahrzeuge von der Maschinenrichtlinie ausgenommen. Die Eisenbahnen haben auch über Ländergrenzen hinweg z. B. im Rahmen der EU-Richtlinien Vorgaben entworfen, die von den jeweiligen Bundesbahnämtern oder den jeweiligen staatlichen Stellen in nationale Gesetze abgeleitet werden. Auch die Eisenbahn definiert das tolerierbare Risiko über Gesetze und überlässt die Maßnahmen zur Beherrschung der Risiken oder deren Abwendung etc. den entsprechenden Normen.

In der Luftfahrt sind Reglungen weitgehend durch die EASA (European Aviation Safety Association) geprägt oder durch die FAA (Federal Aviation Association). Die FAA verweist auf CFRs (US Civil Flight Regulation), welche die Risikoklassifizierung, Maßnahmen und so weiter für die unterschiedlichen Flugsysteme vorschreiben. EASA wie auch FAA geben sogenannte Certification Standards (CS) oder Advisory Circular heraus, die Methoden und Regeln für den Sicherheitsnachweis für die jeweiligen Systeme oder Flugzeugklassen vorgeben. Im Allgemeinen beruhen CS und AC auf der ARP 4761 „GUIDELINES AND METHODS FOR CONDUCTING THE SAFETY ASSESSMENT PROCESS ON CIVIL AIRBORNE SYSTEMS AND EQUIPMENT“, einer Norm, die den Assessment-Prozess und die anzuwendenden Methoden für zivile Flugsysteme beschreibt. Die Zertifizierung für Software oder Elektronik-Hardware beruht oft auf von der RTCA herausgebrachten DO-Normen wie DO 254 (Elektronik-Hardware) oder DO 178C (Software). Typische Designprinzipien für die verschiedenen Teile oder Systeme im Flugzeug basieren meist auf den ATA-Regularien (ATA = Air Traffic Association). Technische Kommunikationssysteme, aber auch die Architektur für die Basis-SW von Flugsteuergeräten beruhen im Wesentlichen heute auf Normen, die die Firma ARINC (Aeronautical Radio Incorporated aus Annapolis, Maryland, USA) definierte. In den ARINC-Normen findet man die wesentlichen Sicherheitsarchitekturen, die in der Flugindustrie heute den Stand der Technik beschreiben.

Die Sicherheitsintegrität für die Eisenbahn, den Maschinenbau, die Kraftwerkstechnik sowie nun auch für die Automobilindustrie leitet sich seit Ende des letzten Jahrtausends von der IEC 61508 ab. In diesen Normen werden jedoch nur Risiken betrachtet, die sich aus Fehlfunktionen von Elektrik und Elektronik ableiten lassen.

Die Eisenbahnnorm EN 50126 „Spezifikation und Nachweis der Zuverlässigkeit, Verfügbarkeit, Instandhaltbarkeit und Sicherheit (RAMS)" definiert die diskutierten Begriffe wie folgt:

3.34 Risiko: Die Wahrscheinlichkeit des Auftretens einer Gefahr, die einen Schaden verursacht, sowie der Schweregrad eines Schadens.

3.35 Sicherheit: Das Nichtvorhandensein eines unzulässigen Schadensrisikos.

3.36 Sicherheitsnachweis: Der dokumentierte Nachweis, dass das Produkt die spezifizierten Sicherheitsanforderungen erfüllt.

3.37 Safety Integrity: Die Wahrscheinlichkeit dafür, dass ein System die festgelegten Sicherheitsanforderungen unter allen festgelegten Bedingungen innerhalb einer bestimmten Zeitspanne erfüllt.

Auch die Medizintechnik sieht andere Risiken wesentlich als Design-Treiber für die Produkte an, jedoch wird auch in dieser Branche Sicherheitselektronik aus der IEC 61508 abgeleitet.

2.2.2 Risiko und Integritätsdefinition aus der IEC 61508

Die IEC 61508 „Funktionale Sicherheit sicherheitsbezogener elektrischer/elektronischer/programmierbarer elektronischer Systeme" wurde in deutscher Sprache als DIN EN 61508 (VDE 803) im Jahre 2001 veröffentlicht. Sie gilt als Ursprung für viele Sicherheitsintegritätsnormen. Auch die ISO 26262 für die Automobilindustrie leitet sich aus dieser Norm ab. Insbesondere um auch andere Risiken zu betrachten, die sich nicht aus EE-Fehlern ableiten, muss man auf die Ursprünge zurückschauen.

Im Wesentlichen betrachtet die DIN EN 61508 (VDE 803) zur Risikoermittlung ein „Equipment under Control" (EUC). Ein EUC kann eine einfache Arbeitsmaschine wie eine Pumpe sein.

Zitat aus der DIN EN 61508 (VDE 803), Teil 1:

7.4.1.3 Das dritte Ziel der Anforderungen dieses Unterabschnitts ist es, die mit den in 7.4.1.1 bestimmten gefährlichen Vorfällen verbundenen EUC-Risiken zu bestimmen.

ANMERKUNG 1 Dieser Unterabschnitt ist notwendig, damit die Sicherheitsanforderungen für die sicherheitsbezogenen E/E/PE-Systeme auf einer systematischen, risi-

kobasierenden Vorgehensweise beruhen. Wird die EUC und das EUC-Leit- oder -Steuerungssystem nicht betrachtet, so kann dies nicht erfolgen.

Damit im Sinne der Norm das EUC-Risiko bestimmt werden kann, muss z. B. die Pumpe gemäß der Anmerkung von einem EUC-Leit- oder -Steuerungssystem gesteuert werden. In den älteren Anlagen, die es zur Entstehungszeit der IEC 61508 gab, waren solche Steuerungssysteme auch noch pneumatische oder hydraulische Steuerungssysteme, die nicht wie heute allgemein üblich auf Elektronik basierten.

Zuerst definiert die DIN EN 61508 (VDE 803) die Sicherheitsintegrität. Die ISO 26262 hat zwar den Begriff „Safety Integrity Level" aus der IEC 61508 übernommen, den Begriff der Sicherheitsintegrität hat sie dagegen erst in der Überarbeitung im Jahre 2018 eingefügt. Im Allgemeinen sieht die ISO 26262 die Sicherheitsintegrität als Maßnahme zur Erreichung eines sicheren Zustandes. Die DIN EN 61508 (VDE 803) ist hier detaillierter:

Sicherheitsintegrität gemäß DIN EN 61508 (VDE 803), Teil 4, A.4:

Sicherheitsintegrität ist definiert als die „Wahrscheinlichkeit eines sicherheitsbezogenen Systems, die geforderten Sicherheitsfunktionen unter allen festgelegten Bedingungen innerhalb eines festgelegten Zeitraumes zufrieden stellend auszuführen" (3.5.2 der IEC 61508-4). Die Sicherheitsintegrität bezieht sich auf die Leistungsfähigkeit der sicherheitsbezogenen Systeme, die Sicherheitsfunktionen auszuführen (die auszuführenden Sicherheitsfunktionen sind in der Spezifikation der Anforderungen an die Sicherheitsfunktionen festgelegt).

Die Sicherheitsintegrität setzt sich aus den folgenden beiden Elementen zusammen:

- Sicherheitsintegrität der Hardware; derjenige Teil der Sicherheitsintegrität, der sich auf zufällige Hardwareausfälle mit gefahrbringender Ausfallart bezieht (siehe 3.5.5 der IEC 61508-4). Das Erreichen der festgelegten Stufe der Sicherheitsintegrität der Hardware kann mit einer vernünftigen Genauigkeit abgeschätzt werden. Die Anforderungen können daher unter Verwendung der üblichen Regeln für die Kombination von Wahrscheinlichkeiten zwischen den Teilsystemen aufgeteilt werden. Zum Erreichen einer angemessenen Sicherheitsintegrität der Hardware kann die Anwendung redundanter Architekturen notwendig sein.

- Systematische Sicherheitsintegrität: derjenige Teil der Sicherheitsintegrität, der sich auf systematische Ausfälle mit gefahrbringender Ausfallart bezieht (siehe 3.5.4 der IEC 61508-4). Obwohl die mittlere Ausfallrate für systematische Ausfälle abgeschätzt werden kann, führen die durch Entwurfsfehler und Ausfälle infolge gemeinsamer Ursache resultierenden Ausfalldaten dazu, dass die Verteilung der Ausfälle schwer vorherzusagen ist. Dies führt zu einer zunehmenden Ungewissheit in den Berechnungen der Ausfallwahrscheinlichkeiten für eine bestimmte Situation (z. B. die Wahrscheinlichkeit eines Ausfalls einer sicherheitsbezogenen Schutzeinrichtung). Daher muss eine Beurteilung der Auswahl der besten Vorgehensweisen diese

Ungewissheit verringern. Es ist zu beachten, dass Maßnahmen zur Reduzierung der Wahrscheinlichkeit zufälliger Hardwareausfälle nicht notwendigerweise einen Einfluss auf die Wahrscheinlichkeit eines systematischen Ausfalls haben. Methoden, wie z. B. die Verwendung redundanter Kanäle mit identischer Hardware, die sehr wirksam in der Beherrschung zufälliger Hardwareausfälle sind, haben nur einen geringen Nutzen bei der Reduzierung systematischer Ausfälle.

DIN EN 61508 (VDE 803), Teil 5 (nachfolgender Text und Bild 2.2):

Bild A.1 zeigt die allgemeinen Konzepte der Risikominderung. Im allgemeinen Modell ist angenommen, dass

- *eine EUC und ein EUC-Leit- oder -Steuerungssystem vorhanden ist;*
- *zugehörige menschliche Faktoren vorhanden sind;*
- *die sicherheitsbezogenen Schutzmaßnahmen folgendes umfassen:*
- *externe Einrichtungen zur Risikominderung,*
- *sicherheitsbezogene E/E/PE-Systeme,*
- *sicherheitsbezogene Systeme anderer Technologien.*

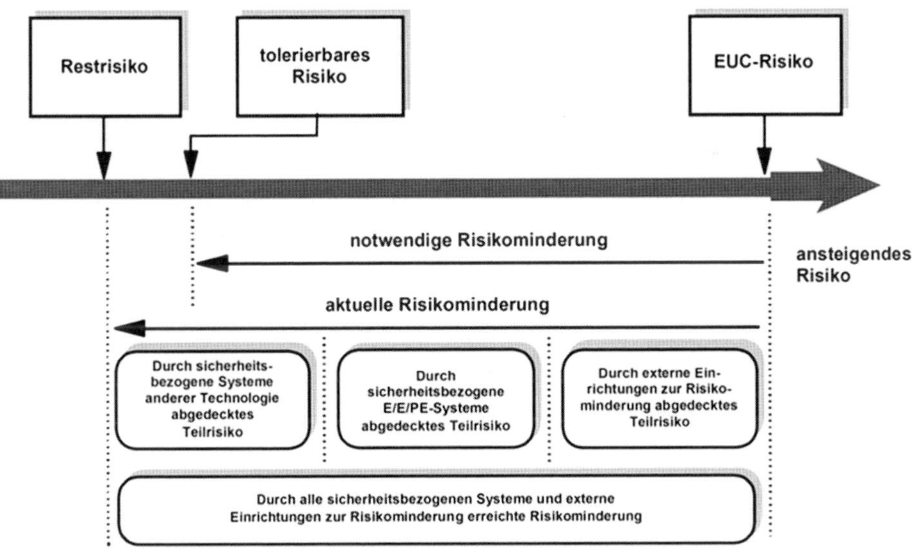

Bild 2.2 Beispiel Risikominimierung aus der DIN EN 61508 (VDE 803)

Beide Normen verstehen unter dem Begriff Sicherheitsintegrität auf jeden Fall das notwendige Sicherheitsniveau für zusätzliche EE-Sicherheitsmechanismen, die zur Absicherung des EUC (also z. B. der Pumpe inklusive ihrer Steuerung) ergänzt werden müssen. Wobei auch menschliche Faktoren sowie Schutzmechanismen anderer Technologien, aber auch externe Maßnahmen betrachtet werden können.

Die Definition von Sicherheit, Risiko und Sicherheitsintegrität gemäß DIN EN 61508 (VDE 803) wird wie folgt beschrieben:

A.5 Risiko und Sicherheitsintegrität

Es ist wichtig, dass die Unterscheidung zwischen Risiko und Sicherheitsintegrität vollständig erkannt wird. Risiko ist ein Maß für die Wahrscheinlichkeit und die Auswirkung eines bestimmten auftretenden gefahrbringenden Vorfalls. Es kann für unterschiedliche Situationen ausgewertet werden (EUC-Risiko, notwendiges Risiko, um das tolerierbare Risiko zu erreichen, tatsächliches Risiko (siehe Bild A.1)). Das tolerierbare Risiko wird auf gesellschaftlicher Basis bestimmt und berücksichtigt gesellschaftliche und politische Faktoren. Die Sicherheitsintegrität bezieht sich nur auf die sicherheitsbezogenen E/E/PE-Systeme, auf sicherheitsbezogene Systeme anderer Technologien und externe Einrichtungen zur Risikominderung und ist ein Maß für die Wahrscheinlichkeit dieser Systeme/Einrichtungen, die notwendige Risikominderung in Bezug auf die festgelegten Sicherheitsfunktionen zufrieden stellend zu erreichen. Sobald das tolerierbare Risiko festgelegt und die notwendige Risikominderung bestimmt worden ist, können die Anforderungen zur Sicherheitsintegrität für die sicherheitsbezogenen Systeme zugeordnet werden (siehe 7.4, 7.5 und 7.6 der IEC 61508-1).

ANMERKUNG Die Zuordnung ist notwendigerweise iterativ, um den Entwurf so zu optimieren, dass die verschiedenen Anforderungen erfüllt werden.

Die Rolle, die sicherheitsbezogene Systeme zum Erreichen der notwendigen Risikominderung spielen, ist in den Bildern A.1 und A.2 dargestellt.

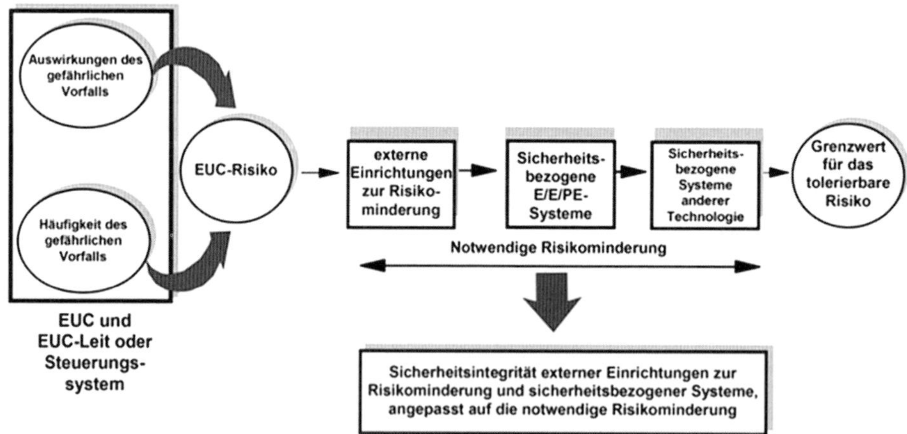

Bild 2.3 Risiko- und Sicherheitsintegrität gemäß DIN EN 61508 (VDE 803), Teil 5

Die DIN EN 61508 (VDE 803) sieht das tolerierbare Maß für die Sicherheit eindeutig als eine Angelegenheit der Gesellschaft und der Politik, also auch der Gesetzgebung. Es ist aber eindeutig Aufgabe einer Analyse, die Risiken in einer definierten Umgebung zu ermitteln. Die Sicherheitsintegrität bezieht sich nur auf die Einrichtungen und Systeme, die die notwendige Risikominimierung erzielen.

Es wird im Rahmen der IEC 61508 also massiv unterschieden zwischen dem Steuerungssystem für das EUC (welches ein Fahrzeug im Verkehrsraum sein kann) und dem Sicherheitsintegritätssystem, welches gemäß den Anforderungen der IEC 61508 entwickelt wird, die mit einem SIL-Attribut versehen werden. Jedoch leiten sich viele Sicherheitsanforderungen aus der Analyse des EUC ab, die auch in dem Basissteuerungssystem implementiert werden.

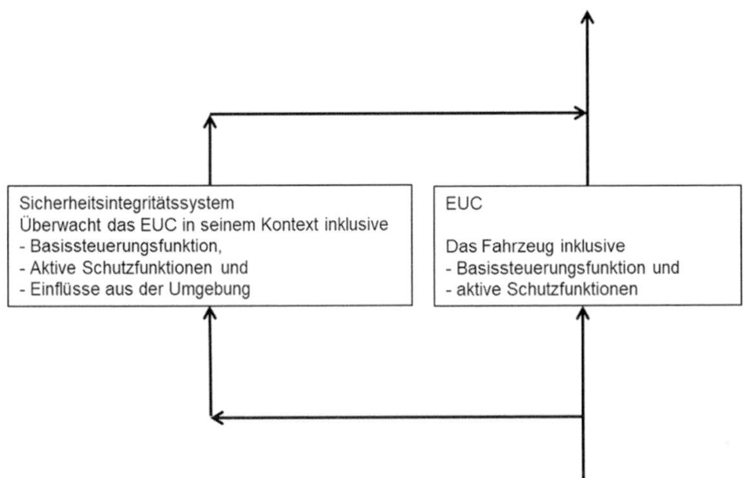

Bild 2.4 Das Fahrzeug als EUC und die Beziehung zum Sicherheitsintegritätssystem in Anlehnung an DIN EN 61508 (VDE803)

Das Fahrzeug inklusive seiner Basis-Steuerungsfunktionen und seiner aktiven Schutzfunktionen kann als EUC betrachtet werden. Das Sicherheitsintegritätssystem gemäß einem Sicherheitsstandard wie der IEC 6108 oder der ISO 26262 würde auf Basis einer Analyse des kompletten EUCs entwickelt werden können.

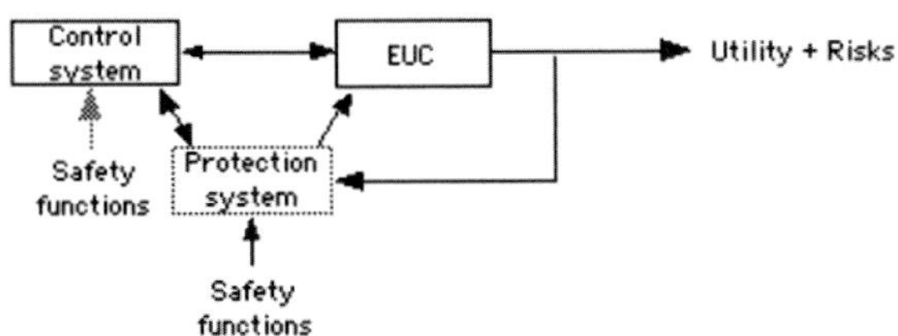

Bild 2.5 Steuerungssystem, Schutzsystem und EUC (Equipment-under-Control), (Redmill/Anderson 2000)

In Part 4 of IEC 61508, safety integrity is defined as „the likelihood of a safety-related system satisfactorily performing the required safety functions under all the stated conditions, within a stated period of time", and a SIL as „a discrete level (one of 4) for specifying the safety integrity requirements of safety functions". Thus, a SIL is a target probability of dangerous failure of a defined safety function (Redmill/ Anderson 2000).

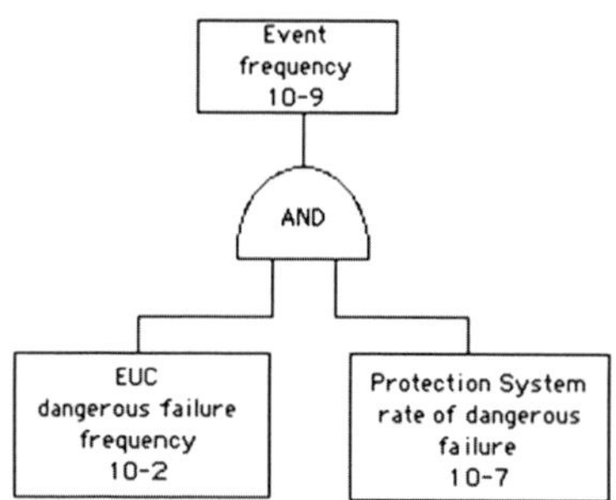

Bild 2.6 Fehlerbaum durch quantitative Betrachtung der Fehlerhäufigkeit und der Schutzmechanismen

Bei der Beschreibung von EUC, Steuerungssystem (Control System) und Schutzsystem (Protection System) weist der Autor klar darauf hin, dass die Sicherheitsfunktionen im Steuerungssystem und im Schutzsystem zu betrachten und zu realisieren sind. In dem Fehlerbaum gibt er ein Beispiel zur Quantifizierung:

- Für das EUC gibt er die Fehlerfrequenz von 10E-2 an.
- Das Schutzsystem hat eine gefährliche Versagensrate von 10E-7.

Der Autor verweist auf die englische Version der IEC 61508. In der DIN EN (VDE 803), Teil 4, Anforderung 3.5.2 ist die Sicherheitsintegrität wie folgt definiert:

Sicherheitsintegrität (en: safety integrity): Wahrscheinlichkeit, dass ein sicherheitsbezogenes System die geforderten Sicherheitsfunktionen unter allen festgelegten Bedingungen innerhalb eines festgelegten Zeitraumes anforderungsgemäß ausführt.

Das heißt aber, dass die Quantifizierung in Relation zur Häufigkeit der möglichen Ausfälle des EUCs und des zugehörigen Steuerungssystems in allen Betriebssituationen steht.

Die verschiedenen Aspekte der „Nominal Funktion", also der Funktion, die dem Kunden oder Nutzer einen Vorteil liefert, und die verschiedenen Maßnahmen zur Risikoreduzierung müssen in eine Relation gebracht werden. Der Bezug zur Gefahr wird oft über eine sogenannte Farmer-Kurve beschrieben.

Auf der horizontalen Achse wird das Schadensausmaß (Severity) und auf der Hochachse die Eintrittswahrscheinlichkeit der Gefährdung aufgetragen. Links unten ist das geringste Schadensausmaß und die geringste Eintrittswahrscheinlichkeit für eine Gefährdung. Durch Vermeidungsmaßnahmen wird in Bild 2.7 von der Hochachse ausgehend durch zusätzlich implementierte Sicherheits-(Integritäts)-Funktionen das Risiko auf ein akzeptables Niveau reduziert.

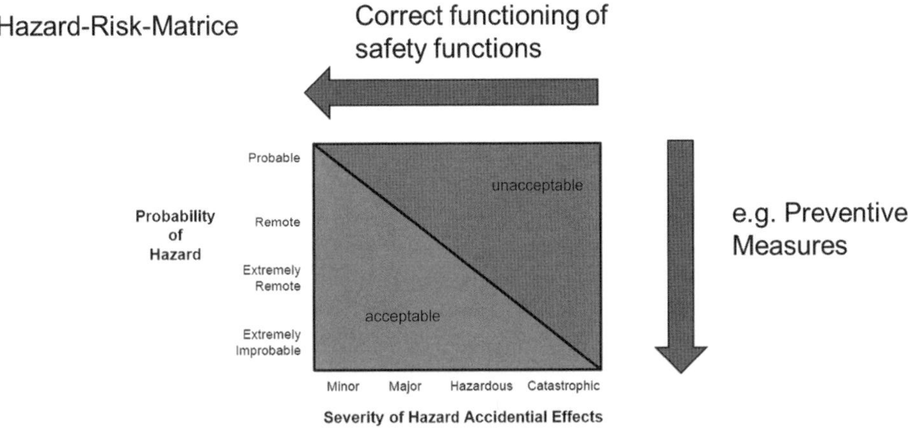

Bild 2.7 Farmer-Kurve abgeleitet aus korrekt funktionierenden Sicherheitsmechanismen (Quelle: Sommer/Ross: VDA-SYS-Konferenz 2017)

Wesentlich ist hier, dass das Risiko aus der Ermittlung des EUC (Beispiel Pumpe) in seiner definierten Betriebsumgebung beruht und sehr unterschiedliche Ursachen haben kann. Natürlich ist Bild 2.7 auch nur eine Idealisierung. Im Allgemeinen gibt es meist mehrere mögliche Gefährdungen, die alle durch eine solche Analyse auf ihre Ursachen hin untersucht werden müssen.

Das Beispiel der Pumpe sollte genutzt werden, um auf weitere Aspekte hinzuweisen.

Pumpen werden heute oft von einem Elektromotor angetrieben. Die Hersteller von E-Motoren und auch der Pumpe haben keine Erfahrungen dazu, in welchem Kontext ihre Produkte angewendet werden. Selbst der Pumpenhersteller weiß nicht, ob der Motor für einen Pumpenantrieb angewendet wird, und erst recht nicht, in welchem Umfeld die Pumpe verwendet oder welches Produkt mit der Pumpe gefördert wird.

Somit sehen sich die Pumpen- und Motorenhersteller in der Pflicht eine Gebrauchsanweisung zu schreiben und dem Käufer ihres Produktes bei der Lieferung auszuhändigen. Genauso wenig, wie die Hersteller wissen, ob die Produkte durch die Art der Verwendung zu weiteren Sicherheitsproblemen führen, wissen die Hersteller nicht, welche Rechtsvorschriften oder auch Sicherheitsnormen für die Art der Produktverwendung gelten.

Demnach geht der jeweilige Hersteller davon aus, dass sein Produkt in einem von ihm gedachten Kontext verwendet wird, und er entwickelt auch Schutzmechanismen, die den gedachten Anwender vor Risiken warnen, die eine Gefährdung zur Folge haben können.

So wird es einem Hersteller von Motoren und Pumpen für ein Wasserwerk nicht in den Sinn kommen, dass jemand flüssigen Treibstoff mit dem System aus Motor und Pumpe fördern möchte. Der Pumpenhersteller wird mit dem Kunden, der die Pumpe für Treibstoff verwenden möchte, noch in Kontakt kommen, weil wesentliche Parameter wie Förderleistung, Haltbarkeit, notwendige Wartungsmaßnahmen, aber auch die Eignung wesentlich vom Einsatzzweck abhängig sind. Der Motorenhersteller wird aber oft auf Empfehlung des Pumpenherstellers nur noch mit einer Momentenkennlinie über die relevanten Einsatzparameter informiert. Der Pumpenhersteller wird sich noch beim Kunden darüber informieren, ob die Pumpe in einem explosionsgefährdeten Bereich eingesetzt wird, weil er weiß, dass z. B. durch bestimmte Materialien der Pumpe eine statische Aufladung entstehen könnte. Der Kunde wird dies verneinen, da Ausgasungen von Kohlenwasserstoffen oder Wasserstoff selbst bei den meisten Treibstoffen, wie Benzin, Diesel oder Kerosin, als gering angesehen werden. Würde Propan, Erdgas oder Wasserstoff auch in flüssiger Form oder unter hohem Druck gasförmig gefördert werden, müsste die Pumpe ganz andere Eigenschaften aufweisen.

Der Pumpen- und der Motorenhersteller werden vor dem Verkauf ihres Produktes den beschriebenen Einsatzzweck prüfen und die Einschränkungen in den Betriebs-, Nutzungs- und Wartungshinweisen oder entsprechenden Handbüchern beschreiben und darauf hinweisen, dass für andere Zwecke das Produkt nicht geprüft wurde. Der Motorenhersteller weiß aus Erfahrung, dass die Wicklungen durch äußere Einflüsse wie Temperatur, Verschmutzung und durch Materialalterung über die Lebensdauer zu Risiken führen können, so dass bestimmte Leistungseigenschaften, aber auch Sicherheitseigenschaften nicht mehr gewährleistet werden können. Kurzfristig wird er sich über Garantien und Gewährleistung, insbesondere für Leistungsparameter, auch hinsichtlich der gewählten Materialien und mit Ausschlüssen für die Verwendung absichern müssen. Langfristig wird er jedoch bestimmte Risiken auch über sehr lange Zeiträume betrachten müssen. Eine Analyse oder aber auch seine Erfahrung wird ihm aufzeigen, dass der Motor unter extremen Last- oder auch Einsatzbedingungen verwendet werden kann, daher gibt er auch Hinweise für die Integration (also den Einbau des Motors), aber baut auch zusätzliche Schutzmechanismen in den Motor ein. Ein typisches Beispiel ist der Thermistorschutz, das heißt, er implementiert Temperaturelemente in die Motorwicklung, die entweder ab einem bestimmten Punkt einen Kontakt öffnen oder gar ein Temperaturäquivalent dem Nutzer zur Verfügung stellen. Weiter wird er neben Leistungs-, Strom- und Spannungsgrenzwerten eine Kennlinie zur Verfügung stellen, die zur Auslegung der notwendigen Sicherung (Fehlerstromschutzschalter als Leitungsschutz) dient, und diese in sein Betriebshandbuch oder Ähnliches schreiben.

Diese Schutzmaßnahmen für die Pumpe, den Motor oder gar das integrierte System aus Motor und Pumpe bieten nur einen eingeschränkten Schutz für den jeweiligen Betrieb, abhängig vom Nutzungsverhalten und möglichen Risiken aus dem Umfeld der Anwendung.

Daher verlangt man im Anlagen- und Maschinenbau eine tiefergehende Prüfung für den Betrieb einer solchen Maschine. Im Anlagenbau, z. B. in der chemischen

Industrie oder der Öl- und Gasindustrie, werden von den Behörden sogenannte Betriebssicherheitskonzepte verlangt, die in Europa aus den sogenannten Seveso-Richtlinien entstanden sind.

Die Richtlinie 96/82/EG des Rates vom 9. Dezember 1996 zur Beherrschung der Gefahren bei schweren Unfällen mit gefährlichen Stoffen, umgangssprachlich auch Seveso-II-Richtlinie genannt, ist eine EG-Richtlinie zur Verhütung schwerer Betriebsunfälle mit gefährlichen Stoffen und zur Begrenzung der Unfallfolgen. Diese wurde durch die am 4. Juli 2012 im Amtsblatt der EU veröffentlichte Richtlinie 2012/18/EU, umgangssprachlich auch Seveso-III-Richtlinie oder Störfall-Richtlinie genannt, ersetzt.

Der Betreiber einer Anlage wird also seine Anlage nach den entsprechenden Richtlinien der Behörde prüfen lassen müssen. Diese Richtlinie wird heute auch für militärische Einrichtungen angewendet, weil auch hier mit Risiken zu rechnen ist, die zu Gefährdungen wie Explosion, Brand oder Vergiftung führen können. Neben den Auflagen für die Betreiber und den damit einhergehenden Schutzmaßnahmen für die Anlage oder Maschine wird die jeweilige Kommune, das Land und so weiter prüfen müssen, ob die notwendige Infrastruktur im Gefahrenfall tatsächlich hinreichend ist. Daher gilt es zu untersuchen, ob

- Rettungswege vorhanden sind,
- Krankenhäuser und auch Feuerwehren so ausgestattet sind, dass die Unfallfolgen hinreichend begrenzt werden können,
- Notfall- und Rettungsalarmierung gewährleistet werden kann,
- das Personal mit den Maßnahmen vertraut ist und hinreichend ausgebildet ist.

Ähnliches werden die Berufsgenossenschaften bei jeder Betriebsstätte im Rahmen der Arbeitsstättenrichtlinie (Arbeitsstättenverordnung, ArbStättV) prüfen. Hier liegt dem Rahmen nach der Fokus auf dem Schutz des Arbeitnehmers am Arbeitsplatz. Die Seveso-Richtlinie dient dem Schutz der Gesellschaft im Allgemeinen.

Dies sind alles Informationen, die dem Pumpen- oder Motorenhersteller zur Verfügung stehen müssen, damit er sich der Risiken seines Marktes bewusst ist.

Kommen wir auf die Analyse des EUCs gemäß IEC 61508 zurück. Der Anlagenbetreiber hat also, bevor er die Anlage bauen darf, bereits viele Auflagen erhalten, die ihm auch für den Betrieb der Pumpe aufgetragen wurden. Auch die Hersteller haben einige Schutzmaßnahmen in ihre Produkte integriert und entsprechende Einschränkungen formuliert. Diese gilt es natürlich bei der Analyse des EUCs zu berücksichtigen. Hier sehen wir die Notwendigkeit, dass die IEC 61508 bereits eine vorgesehene Steuerung des EUCs als Grundlage gefordert hat (siehe DIN EN 61508 (VDE 803), Teil 1, 7.4.1.3, Anmerkung 1). Ohne diese Steuerung gibt es keine Basis für die grundlegende Funktion des EUCs, das heißt, es fehlen wesentliche Eingangsinformationen für eine sinnvolle Analyse des aktuellen Risikos für die Anlage oder Maschine.

Erst auf Basis dieser Analyse und der identifizierten Risiken kann ermittelt werden, welche

- externen Maßnahmen in Betracht gezogen werden können oder ergänzt werden müssen,
- Maßnahmen anderer Technologie in Betracht gezogen werden können oder ergänzt werden müssen,
- Schutzmaßnahmen in der Umgebung oder Infrastruktur in Betracht gezogen werden können oder ergänzt werden müssen,
- Schutzmaßnahmen gegen welche Risiken bereits in den Systemen (Pumpe, Motor) implementiert sind,
- Fehler in den bereits implementierten elektrischen Schutzsystemen zu weiteren Risiken führen können,
- organisatorischen Maßnahmen (Zutritt, Ausbildung, Befähigungen, Rechte, Vorschriften etc.) in Betracht gezogen werden können oder ergänzt werden müssen
- und so weiter.

Erst nach all diesen Schritten sieht man, welche zusätzlichen EE-Schutzmaßnahmen zur Sicherheitsintegrität ergänzt werden müssen.

All diese Maßnahmen können den Risiken entsprechend verstärkt oder ergänzt werden, aber auch durch zusätzliche Sicherheitsintegritätsmaßnahmen ergänzt werden.

Grundsätzlich kann man nun sehr viele Sicherheits- und Schutzmaßnahmen in das Steuerungssystem des EUCs implementieren, so dass die Notwendigkeit von Sicherheitsintegritätsmaßnahmen reduziert werden kann. Dem hat die Norm aber eine Grenze gesetzt mit folgender Anforderung:

DIN EN 61508 (VDE 803), Teil 1, 7.5.2.4:

> *In Fällen, in denen Ausfälle des EUC-Leit- oder Steuerungssystems eine Anforderung an ein oder mehrere sicherheitsbezogene E/E/PE-Systeme oder sicherheitsbezogene Systeme anderer Technologie und/oder externe Einrichtungen zur Risikominderung stellen und es nicht beabsichtigt ist, das EUC-Leit- oder Steuerungssystem als sicherheitsbezogenes System zu bezeichnen, müssen die folgenden Anforderungen zutreffen:*
>
> *a) die Rate gefahrbringender Ausfälle, die für das EUC-Leit- oder Steuerungssystem in Anspruch genommen wird, muss sich auf Daten stützen, die durch eine der folgenden Möglichkeiten erworben wurden:*
>
> *- aktuelle Betriebserfahrung zum EUC-Leit- oder Steuerungssystem in einer gleichartigen Anwendung;*
>
> *- eine Zuverlässigkeitsanalyse, die nach einem anerkannten Verfahren ausgeführt wurde;*
>
> *- eine industrielle Datenbank zur Zuverlässigkeit von allgemeinen Einrichtungen;*

b) die Rate gefahrbringender Ausfälle, die für das EUC-Leit- oder Steuerungssystem in Anspruch genommen werden kann, darf nicht kleiner als 10-5 gefahrbringende Ausfälle pro Stunde sein;

ANMERKUNG 1 Der Grund für diese Anforderung ist, dass wenn das EUC-Leit- oder Steuerungssystem nicht als sicherheitsbezogenes System bezeichnet wird, die Ausfallrate, die dann für das EUC-Leit- oder Steuerungssystem in Anspruch genommen werden kann, nicht niedriger sein darf als der obere Ausfallgrenzwert für den Sicherheits-Integritätslevel 1 (dieser beträgt 10-5 gefahrbringende Ausfälle pro Stunde, siehe Tabelle 3).

Das heißt, der Kredit für die implementierten Sicherheits- und Schutzmaßnahmen geht nur bis zu einem definierten Sicherheitsniveau, da es grundlegende Risiken bei EE-Systemen gibt, die ohne eine systematische Anwendung einer Sicherheitsintegritätsnorm, wie der IEC 61508, nicht begrenzt werden können.

2.2.3 Risikodefinition aus der ISO 26262

Die ISO 26262 definiert die Beziehung zwischen Risiko, Gefahr und Sicherheitsintegrität anders. Der Begriff Sicherheitsintegrität ist nicht direkt in der ISO 26262 definiert. Die IEC 6508 führt den Begriff EUC (Equipment under Control) ein. EUC könnte als „Vorrichtung, Gerät, Maschine oder ein System, welches sicherheitstechnisch überwacht werden soll" übersetzt werden.

Übertragen auf die ISO 26262 könnte das EUC eine Fahrzeugfunktion, ein Fahrzeugsystem oder das gesamte Fahrzeug darstellen, welches durch elektrische oder elektronische Schutzfunktionen oder Sicherheitsmechanismen abgesichert werden soll. Bei einem so abgesicherten Fahrzeugsystem, einer Fahrzeugfunktion oder einem Fahrzeug müsste ein Fehler in diesem System vorliegen und gleichzeitig die entsprechende Schutzfunktion oder der entsprechende Sicherheitsmechanismus versagen, so dass eine gefährliche Situation eintreten könnte. Betrachtet man beispielsweise ein hydraulisches Bremssystem als das EUC, so würden dessen mögliche Fehler durch elektrische oder elektronische Maßnahmen vermieden oder abgesichert.

Bild 2.8 Sicherheit und Risiko: eine Abwägung der Gesellschaft

Wie bereits erwähnt, definiert die ISO 26262 die funktionale Sicherheit als Freiheit von inakzeptablen Risiken basierend auf Gefahren, die durch Fehler von E/E-Systemen verursacht werden. Allerdings sind Wechselwirkungen von Systemen mit E/E-Funktionen auch mit mechatronischen Systemen möglich, welche von der Norm nicht adressiert werden. Mechatronische Systeme, also Systeme die auf dem Zusammenspiel von elektronischen und mechanischen Systemen basieren, werden auch unerwünschte Wechselwirkungen haben können. Darüber hinaus weist die Norm in den einführenden Kapiteln darauf hin, dass Risiken, die zu Gefahren führen, wie Stromschlag, Feuer, Rauch, Hitze, Strahlung, Vergiftungen, Entzündungen, chemische Reaktionen, Korrosion, Freisetzung u.s.w. auch nicht adressiert werden. Solche Gefahren können jedoch auch durch elektrische Komponenten wie Batterien oder Kondensatoren verursacht werden. Elektrolyte von Kondensatoren sind giftig und auch freiwerdende Batteriesäure kann zu Vergiftungen oder Verätzungen führen.

In der Regel wird es schwierig sein, die ASIL den nichtfunktionalen Gefahren zuzuordnen. Solche Komponenten wurden bisher so ausgelegt, dass ein hinreichend robustes Design gewählt wurde, um die relevanten Gefahren zu vermeiden. Einen SIL oder ASIL einer robust ausgelegten Mechanikkomponente zuzuordnen, wird wenig zielführend sein.

Auch in der ISO 26262, Teil 3, Anhang B werden die Zusammenhänge in Kapitel „B1:Hazard Analysis and Risk Assessment“ erklärt.

ISO 26262:2018, Teil 3, Anhang B1 (freie Übersetzung des Inhalts):

> *Der Anhang B gibt allgemeine Erklärungen zur Gefahrenanalyse und Risikobewertung. Beispiele in Kapitel B.2 (severity), B.3 (probability of exposure) und B.4 (controllability) sind informativ und nicht allumfassend (English: exhaustive). Für diesen analytischen Ansatz kann das Risiko (R) als Funktion (F) mit 3 Faktoren beschrieben werden, und zwar mit der Wahrscheinlichkeit/Frequenz des Auftretens (f) eines gefährlichen Ereignisses (probability of exposure, E), der Fähigkeit der Vermeidung von Schäden durch rechtzeitige Reaktionen der beteiligten Personen (Controllability, C) und der potentiellen Schwere (Severity, S) der entstandenen Verletzungen oder Schäden:*
>
> $R := F(f, C, S)$
>
> *Die Frequenz des Auftretens f wird von 2 Faktoren beeinflusst. Ein Faktor betrachtet, wie oft und für wie lange Personen sich in der Umgebung aufhalten, in der sie durch die gefährliche Situation beeinträchtigt werden können. Die Norm vereinfacht dies, indem sie den Faktor (exposure, E) als Wahrscheinlichkeit einer Betriebssituation, in der das gefährliche Ereignis eintreten kann, definiert. Ein weiterer Faktor ist die Auftretenswahrscheinlichkeit von Fehlern in dem Betrachtungsgegenstand (ITEM).*

Den Bezug zur Hardware-Fehlerrate hat man in der Version ISO 26262:2018 gestrichen, weil die Auftretenswahrscheinlichkeit von Fehlern des Betrachtungsgegenstands nur wenig von der Hardware-Fehlerrate abhängt, sondern mehr vom Einfluss aus der Umgebung und Folgen von systematischen Fehlern. Ebenso hat man die Formel des Kreuzprodukts $f = E \times \lambda$ entsprechend gestrichen.

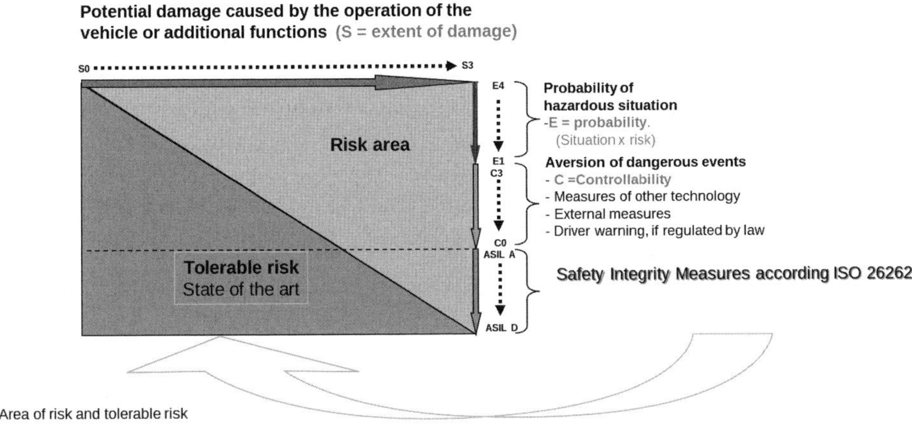

Bild 2.9 Bereich des Risikos und des tolerierbaren Risikos (Quelle: mehrere unterschiedliche Publikationen)

ISO 26262 erwähnt normative Methoden, die eine systematische Ableitung des potentiellen Risikos beschreiben, die von der untersuchten Situation des betrachteten Punkts (Fahrzeugsystem) auf der Grundlage einer Gefahrenanalyse und Risikobewertung stammt. Gefahren- oder Risikoanalysen sind nicht normativ in anderen Sicherheitsstandards definiert. Entweder sind die Anforderungen für diese Methoden aufgelistet oder sie werden durch das Verfahren selbst beispielhaft beschrieben.

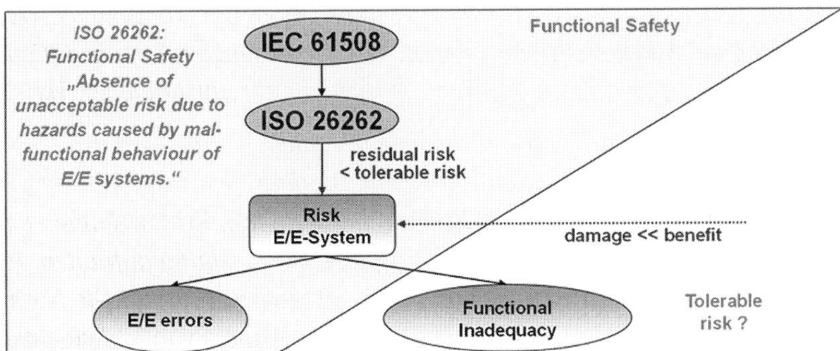

Bild 2.10 Unterscheidung von Gefahren, basierend auf richtig funktionierenden Systemen (Referenz: nicht veröffentlichtes Forschungsprojekt)

Die Reduzierung des Risikos kann nicht mit den Aktivitäten und Methoden, die in ISO 26262 erwähnt werden, erreicht werden, wenn eine Funktion nicht geeignet, unzureichend geeignet, unzureichend oder falsch für bestimmte sicherheitsrelevante Funktionen ist. Dies stellt eine besondere Herausforderung dar, wenn man bedenkt, dass die ISO 26262 nicht direkt eine EUC-Adresse (Geräte unter Kontrolle, z. B. ein System, Maschinen oder Fahrzeuge, die sicherheitsrelevant gesteuert werden sollen) beschreibt oder die Unterscheidung zwischen Sicherheitsfunktionen der bestimmungsgemäßen Sicherheitsanforderungen für On-Demand (low demand) oder Dauerbetrieb (hohe Nachfrage) bei Sicherheitssystemen trifft. Wie ist es möglich herauszufinden, ob Reaktionen eines Fahrzeugsystems oder bestimmte Messungen ausreichend, erträglich oder sicherheitsrelevant angemessen sind oder nicht?

■ 2.3 Qualitätsmanagementsysteme

Die gesamten Sicherheits- und Risikobetrachtungen zeigen, dass ohne ein effektives Qualitätsmanagement keine sinnvolle Sicherheits- und Risikobetrachtung durchgeführt werden kann.

Was alles unter dem Begriff „Qualitätsmanagement“ verstanden wird, findet man sehr kompakt in der Literatur und den Veröffentlichungen von Walter Masing. Prof. Dr. rer. nat. Dr. oec. h. c. Dr.-Ing. E. h. Walter Masing gilt als der Vater der Qualitätsmanagementsysteme, auf jeden Fall hier in Deutschland. Sein Standardwerk „Masing Handbuch Qualitätsmanagement“(Schmitt/Pfeifer 2014) hat die Normierung und die Interpretation von Qualitätsmanagementsystemen weitgehend geprägt. Dieses Handbuch, ähnlich dem Dubbel für Maschinenbauer (Grothe et. al. 2018), geht in einigen Punkten massiv in die Tiefe. Dies gilt insbesondere für die Kapitel zu Statistik und Versuchsmethoden.

Dazu wurde folgende Kurzbeschreibung zum Buch gegeben (der Text bezieht sich auf eine vergriffene Ausgabe):

> *„Dieses Werk fasst das gesamte Wissen über die moderne industrielle Qualitätssicherung von Wissenschaft und Technik zusammen. Zu jedem Beitrag wird eine sorgfältige Auswahl der wichtigsten Literatur gebracht, so dass dem Leser die vertiefende Beschäftigung mit seiner speziellen Problemstellung ermöglicht wird.“*

Viele dieser Methoden und Systematiken sind dann auch in die ISO-Reihe 9000 eingegangen. Als 2005 jedoch die Prozessorientierung mehr in den Mittelpunkt der Normenreihe gestellt wurde, sind die Themen Statistik und Versuchsmethodik immer mehr in die Fachliteratur verbannt worden.

In der Automobilindustrie gibt es eine Ergänzung zur ISO 9001, die ISO TS 16949. Hier werden Ergänzungen speziell zur Produktentwicklung und Produktion beschrieben, die sich weitgehend als Standards in der Automobilindustrie entwickelt haben.

Heute ist die Zertifizierung nach ISO TS 16949 die Grundlage, um als Zulieferer überhaupt an einen Automobilhersteller liefern zu dürfen. Asiatische Hersteller sehen hier noch andere Standards, jedoch liegt dies meist an einer anderen Historie. Besonders die Japaner haben ihre Qualitätsanforderungen mehr nach den Idealen der Six-Sigma-Philosophie (z. B. DFSS, Design for Six Sigma) ausgeprägt. Insbesondere die statistischen Analyse- und Versuchsmethoden beruhen sowohl bei Masing, bei DSFF als auch in der Funktionssicherheit oft auf vergleichbaren Prinzipien.

Die Grundlagen zur ISO 26262 wurden aus der Version ISO/TS 16949:2002 erarbeitet. Die heute aktuelle IATF 16949 kann auch inhaltlich wesentliche Änderungen vorweisen.

Folgende oder ähnliche Anforderungen aus einem Automotive-spezifischen QM-System sollten berücksichtigt werden:

ISO TS 16949, 4.2.3.1, Technische Vorgaben

Die Organisation muss einem Prozess folgen, um die rechtzeitige Bewertung, Verteilung und Verwirklichung aller technischen Normen, Vorgaben und Änderungen des Kunden in Übereinstimmung mit der Terminplanung des Kunden sicherzustellen. Eine zeitgerechte Bewertung sollte unverzüglich durchgeführt werden und muss innerhalb von zwei Arbeitswochen erfolgen.

Die Organisation muss das Datum aufzeichnen, an dem jedwede Änderung in der Produktion verwirklicht wird. Zur Verwirklichung muss die Aktualisierung der Dokumente gehören.

ANMERKUNG: Eine Änderung in diesen Normen oder Vorgaben erfordert eine aktualisierte Produktionsprozess- und Produktfreigabe des Kunden, wenn auf diese Normen oder Vorgaben in den Entwicklungsunterlagen Bezug genommen wird, oder wenn sie Auswirkungen auf die Dokumente der Produktions- und Produktfreigabe des Kunden haben, wie z. B. den Produktionslenkungsplan, FMEA usw.

Hier wird auf das Dokumenten- und Änderungsmanagement, die Verwendung von notwendigen Normen und Standards, Methoden und Arbeitsergebnissen und die Regelung von Verantwortungen (Freigaben) verwiesen, die in der ISO 26262 als QM-Maßnahmen angesehen werden.

(Kapitel 5.6.1.1) Leistung des Qualitätsmanagementsystems

Diese Bewertungen müssen alle Anforderungen des Qualitätsmanagementsystems und dessen Leistungstrends als wesentlichen Bestandteil des Prozesses der ständigen Verbesserung enthalten.

Bestandteil der Managementbewertung muss die Überwachung der Qualitätsziele sowie die regelmäßige Berichterstattung und Auswertung der qualitätsbezogenen Verluste sein (siehe 8.4.1 und 8.5.1).

Diese Ergebnisse müssen dokumentiert werden, um mindestens einen Nachweis zu liefern über die Erreichung

- der Qualitätsziele aus dem Geschäftsplan,

- der Kundenzufriedenheit mit dem gelieferten Produkt.

Im Wesentlichen ergibt sich hieraus, dass auch die Produktentwicklung sowie die Zufriedenheit der gelieferten Produkte dokumentiert und nachgewiesen werden müssen. Sollte es sich um sicherheitsrelevante Eigenschaften handeln, bedeutet dies, dass der Kunde im Besonderen beeinträchtigt werden kann.

(Kapitel 5.6.2) Eingaben für die Bewertung

Eingaben für die Managementbewertung müssen Informationen zu Folgendem enthalten:

a) Ergebnisse von Audits,

b) Rückmeldungen von Kunden,

c) Prozessleistung und Produktkonformität,

d) Status von Vorbeugungs- und Korrekturmaßnahmen,

e) Folgemaßnahmen vorangegangener Managementbewertungen,

f) Änderungen, die sich auf das Qualitätsmanagementsystem auswirken könnten,

g) Empfehlungen für Verbesserungen.

Diese Aufzählung geht auch unter dem Namen „Sicherheitskultur“ in Infrastrukturanforderungen ein, die für die Funktionssicherheit notwendig sind.

(Kapitel 5.6.2.1) Eingaben für die Bewertung – Ergänzung

Eingaben für die Managementbewertung müssen eine Analyse der tatsächlichen und potentiellen Ausfälle in der Gebrauchsphase und deren Einfluss auf die Qualität, Sicherheit und Umwelt enthalten.

Dieses Kapitel verweist direkt auf die notwendige Feldbeobachtung, die auch gesetzlich im Rahmen der Produkthaftungsgesetze gefordert ist. Hier wird auch auf Sicherheitsmängel direkt verwiesen.

(Kapitel 5.6.3) Ergebnisse der Bewertung

Die Ergebnisse der Managementbewertung müssen Entscheidungen und Maßnahmen zu Folgendem enthalten:

a) Verbesserung der Wirksamkeit des Qualitätsmanagementsystems und seiner Prozesse,

b) Produktverbesserung in Bezug auf Kundenanforderungen,

c) Bedarf an Ressourcen.

Insbesondere zu dieser Aufzählung wird man in Sicherheitsstandards wie der ISO 26262 weitere Ergänzungen finden.

(Kapitel 6) Management von Ressourcen

6.1 Bereitstellung von Ressourcen

Die Organisation muss die erforderlichen Ressourcen ermitteln und bereitstellen, um

a) das Qualitätsmanagementsystem zu verwirklichen und aufrechtzuerhalten und seine Wirksamkeit ständig zu verbessern,

b) die Kundenzufriedenheit durch Erfüllung der Kundenanforderungen zu erhöhen.

6.2 Personelle Ressourcen

6.2.1 Allgemeines

Personal, das die Produktqualität beeinflussende Tätigkeiten ausführt, muss auf Grund der angemessenen Ausbildung, Schulung, Fertigkeiten und Erfahrungen fähig sein.

Kapitel 6.1 und 6.2 zeigen, dass auch bei Entwicklungen gemäß einem Qualitätsmanagementsystem bereits wesentliche Anforderungen an die Personen, deren Qualifikation sowie an die Art und Weise, wie die Produktentstehung organisiert werden soll, formuliert sind.

(Kapitel 7.3.1.1) Bereichsübergreifender Ansatz

Die Organisation muss einen bereichsübergreifenden Ansatz anwenden, um die Produktrealisierung vorzubereiten, einschließlich:

- Entwicklung, Festlegung und Überwachung besonderer Merkmale,

- Entwicklung und Überarbeitung der FMEA, einschließlich Maßnahmen zur Reduzierung potentieller Risiken, Entwicklung und Überarbeitung der Produktionslenkungspläne.

ANMERKUNG: Ein bereichsübergreifender Ansatz umfasst normalerweise das Personal aus den Organisationsbereichen Entwicklung, Produktion, Produktionsplanung, Qualität und anderes zu beteiligendes Personal.

Dieser bereichsübergreifende Ansatz der ISO TS 16949 definiert die grundlegenden Prozesse und Methoden, die auch wesentlich für eine Sicherheitskultur sind und die eine Organisation befähigen, überhaupt sicherheitsrelevante Produkte zu entwickeln oder herzustellen.

(Kapitel 7.3.2.3) Besondere Merkmale

Die Organisation muss besondere Merkmale ermitteln (siehe 7.3.3 d) und

- alle besonderen Merkmale in den Produktionslenkungsplan einbeziehen

- den vom Kunden festgelegten Definitionen und Symbolen entsprechen,

- Dokumente zur Lenkung des Produktionsprozesses einschließlich Zeichnungen, FMEA, Produktionslenkungspläne und Bedienungsanweisungen kennzeichnen mit dem Symbol des Kunden für besondere Merkmale oder einem entsprechenden Symbol oder Hinweis der Organisation, um diejenigen Prozessschritte einzuschließen, die sich auf besondere Merkmale auswirken.

ANMERKUNG: Zu den besonderen Merkmalen können Produktmerkmale und Prozessparameter gehören.

Dieses Kapitel definiert eigentlich den bisherigen Weg, wie man mit Sicherheitsanforderungen in der Automobilindustrie umgegangen ist. Besonders für eine sichere Auslegung von mechanischen Teilen werden „Besondere Merkmale" auch weiterhin benutzt. Auch für die Schnittstelle zur Produktion von sicherheitsrelevanten Komponenten bilden „Besondere Merkmale" die Grundlage. Ob man auch Funktionen, die eine Sicherheitsaufgabe haben und die nicht zur Sicherheitsintegrität beitragen, gemäß den Normen wie ISO 26262 oder IEC 61508 betrachten, mit „Besonderen Merkmalen" markieren oder andere Attribute finden sollte, wird der jeweiligen Organisation überlassen. Kennzeichnet man solche Funktionen mit dem Attribut „QM", heißt dies auf jeden Fall, dass die üblichen Sicherheitsmaßnahmen einem gelebten Qualitätsmanagementsystem genügen. Dieses Kapitel gibt einen Einblick dazu, was dies alles umfassen kann.

(Kapitel 7.3.3.1) Ergebnisse der Produktentwicklung – Ergänzung

Die Ergebnisse der Produktentwicklung müssen in einer Form vorliegen, die gegenüber den Anforderungen bezüglich der Eingaben für die Produktentwicklung verifiziert und validiert werden kann. Die Ergebnisse der Produktentwicklungen müssen Folgendes enthalten:

- Design-FMEA, Zuverlässigkeitsprüfungen,

- besondere Merkmale für das Produkt, Spezifikationen,

- Fehlervermeidung für das Produkt, soweit anwendbar,

- Produktfestlegung einschließlich Zeichnungen oder mathematischen Daten,

- Ergebnisse von Produktentwicklungsbewertungen,

- Diagnoseleitfäden, falls zutreffend.

Hier handelt sich es um eine Aufzählung von Arbeitsergebnissen der Produktentwicklung, die um weitere Arbeitsprodukte für einen Sicherheitsnachweis gemäß einer Sicherheitsnorm zu erweitern ist.

(Kapitel 7.3.3.2) Ergebnisse der Produktionsprozessentwicklung

Die Ergebnisse der Produktionsprozessentwicklung müssen in einer Form vorliegen, die gegenüber den Anforderungen bezüglich der Eingaben für die Produktionspro-

zessentwicklung verifiziert und validiert werden kann. Die Ergebnisse der Produktionsprozessentwicklung müssen Folgendes enthalten:

- Spezifikationen und Zeichnungen,

- Produktionsprozess-Flussdiagramm oder -Layout,

- Prozess-FMEA,

- Produktionslenkungspläne (siehe 7.5.1.1),

- Arbeitsanweisungen,

- Annahmekriterien für die Prozessfreigabe,

- Daten zu Qualität, Zuverlässigkeit, Instandhaltbarkeit und Messbarkeit,

- Ergebnisse der Maßnahmen zur Fehlervermeidung, soweit anwendbar, und Methoden zur schnellen Ermittlung und Rückmeldung von Fehlern am Produkt oder im Produktionsprozess.

Diese Liste ergänzt die notwendigen Arbeitsergebnisse während der Produktion. Hier gibt es in den Sicherheitsnormen sehr wenige weitere Anforderungen, da dieser Bereich durch die Qualitätsmanagementsysteme sehr gut geregelt ist. Ohne diese Dokumente ist ein Sicherheitsnachweis im Produkthaftungsfall unvollständig.

7.5.1.1 Produktionslenkungsplan

Die Organisation muss

- Produktionslenkungspläne (siehe Anhang A) auf den Ebenen System, Subsystem, Bauteil und/oder Material für das zu liefernde Produkt erstellen einschließlich jener für Prozesse zur Produktion von verfahrenstechnischen Produkten und Teilen,

- einen Produktionslenkungsplan für die Phasen Vorserie und Serie erstellen, der die Ergebnisse der Design-FMEA und Prozess-FMEA berücksichtigt.

Der Produktionslenkungsplan muss

- die zur Produktionsprozesslenkung verwendeten Lenkungsmaßnahmen aufführen,

- Methoden zur Überwachung der Lenkung von besonderen Merkmalen (siehe 7.3.2.3) enthalten, die vom Kunden und der Organisation festgelegt wurden,

- die vom Kunden geforderten Informationen, falls zutreffend, enthalten,

- festgelegte Reaktionspläne auslösen (siehe 8.2.3.1), wenn der Prozess nicht mehr beherrscht oder die statistische Prozessfähigkeit nicht mehr gegeben ist.

Produktionslenkungspläne müssen bewertet und aktualisiert werden, wenn Änderungen eintreten, die das Produkt, den Produktionsprozess, Messgrößen, Logistik, Lieferquellen oder FMEA (siehe 7.1.4) beeinflussen.

ANMERKUNG: Nach Bewertung oder Aktualisierung des Produktionslenkungsplanes kann eine Freigabe durch den Kunden gefordert sein.

Insbesondere die Anforderungen an die Produktionslenkung, an die vorausgehende Entwicklung und die notwendigen Analysen, wie FMEAs, sind in der ISO TS 16949 beschrieben. Selbst wenn diese Produkte ohne jegliche Sicherheitsanforderungen gemäß eines Qualitätsmanagementsystems zu entwickeln sind, müssen diese Analysen aus der Produktionsplanung vorliegen.

ISO TS 16949, 5.6.1.1 Qualitätsmanagement System-Performance

Diese Überprüfungen umfassen alle Anforderungen des Qualitätsmanagementsystems und seiner Performance-Trends als ein wesentlicher Bestandteil des kontinuierlichen Verbesserungsprozesses.

Ein Teil der Managementbewertung muss die Überwachung von Qualitätszielen, und die regelmäßige Berichterstattung und Bewertung der Kosten von schlechter Qualität sein (siehe 8.4.1 und 8.5.1).

Diese Ergebnisse werden aufgezeichnet, um als Minimum den Beweis für das Erreichen

- der Qualitätsziele im Geschäftsplan und

- der Kundenzufriedenheit mit dem Produkt zu liefern.

Sicherheitsziele sind auch Qualitätsziele. In diesem Kontext sollte jede Organisation dieses Kapitel sorgfältig zur Kenntnis nehmen.

2.3.1 Qualitätsmanagementsysteme aus Sicht der ISO 26262

Die ISO 26262 verweist nur in wenigen Kapiteln auf die Qualitätsmanagementsysteme. Die Anforderungen aus den grundlegenden Qualitätsmanagementstandards sind jedoch unumgänglich, um Sicherheitsstandards überhaupt anwenden zu können.

Im Glossar, dem Teil 1 der ISO 26262:2018, finden wir folgende Verweise:

3.6 Automotive Safety Integrity Level, ASIL

one of four levels to specify the item's (3.84) or element's (0) necessary ISO 26262 requirements and safety measures (3.141) to apply for avoiding an unreasonable risk (3.176), with D representing the most stringent and A the least stringent level

Note to entry: Quality management (QM) is not an ASIL

Hier steht nur, dass QM kein gültiges Attribut für einen ASIL im Sinne der ISO 26262 ist.

3.117 Quality Management QM

coordinated activities to direct and control an organization with regard to quality

Note to entry: QM is not an ASIL (3.6), but may be specified in the hazard analysis and risk assessment.

Den Begriff Qualitätsmanagement erklärt die Norm als Steuerung einer Organisation in Bezug auf Qualität. In der Anmerkung weist man darauf hin, dass QM das Ergebnis der Gefahrenanalyse und Risikobewertung sein kann, aber kein ASIL ist.

Die Anforderung zum Qualitätsmanagement findet man in der ISO 26262, Teil 2:

5.1 Objectives

The objective intent of this clause is to define the requirements for ensure the organizations involved in the execution of the safety lifecycle, i.e. those that are responsible for the safety lifecycle or that perform are performing safety activities in the safety lifecycle, achieve the following objectives:

a) to institute and maintain a safety culture that supports and encourages the effective achievement of functional safety and promotes effective communication with other disciplines related to functional safety;

b) to institute and maintain adequate organization-specific rules and processes for functional safety;

c) to institute and maintain processes to ensure an adequate resolution of identified safety anomalies;

d) to institute and maintain a competence management system to ensure that the competence of the involved persons is commensurate with their responsibilities; and

e) to institute and maintain a quality management system to support functional safety.

Unter Spiegelpunkt e) wird ein institutionalisiertes und gepflegtes Qualitätsmanagement als Merkmal für das Safety-Management gemäß ISO 26262 vorgesehen.

Als mögliche Evidenz wird als Eingangsinformation Folgendes beschrieben:

5.3.2 Further supporting information

The following information can be considered:

– existing evidence of a compliance with standards that support quality management system.

EXAMPLE 1 IATF 16949 in conjunction with ISO 9001 regarding quality management, across phases of the safety lifecycle

EXAMPLE 2 ISO/IEC 330XX series of standards, Capability Maturity Model Integration ("CMMI®"), or Automotive SPICE® series of standards regarding product development

CMMI and Automotive SPICE are examples of suitable products available commercially. This information is given for the convenience of users of this document and does not constitute an endorsement by ISO of these products.

Hier wird neben den Beispielen für Qualitätsmanagementstandards auch auf Assessment-Modelle verwiesen wie Automotive SPICE und CMMi. Es wird auf kommerziell verfügbare Produkte verwiesen, aber keine Wertung der Produkte von Seiten der Norm gegeben. Daraus kann man vermuten, dass man bei der Überarbeitung der ISO 26262 den Bezug zu Qualitätsmanagementsystemen nicht wirklich intensiv überdacht hat.

Unter der Erklärung zu einer Safety-Culture in Kapitel 5.4.2 wird die Kommunikation zwischen Safety-Management und Qualität als Kennzeichen aufgenommen.

In der ISO 26262:2018 wurde ein neues Kapitel „Management of safety anomalies regarding functional safety" aufgenommen, in dem die üblichen Anforderungen, wie sie aus ISO 9001 oder ISO/TS16949 bekannt sind, wiederholt werden und das erklärt, dass solche Aktivitäten auch für sicherheitsrelevante Aktionen durchgeführt werden müssen:

5.4.3 Management of safety anomalies regarding functional safety

5.4.3.1 The organization shall institute, execute and maintain processes to ensure that identified safety anomalies are explicitly communicated to the persons responsible for achieving or maintaining functional safety during the safety lifecycle.

NOTE Depending on the safety anomaly, the responsible persons can include the applicable safety manager of the customer, the applicable safety manager of a supplier, the safety manager of the development of a related item, or the persons responsible for achieving and maintaining functional safety during production, operation, service and decommissioning.

5.4.3.2 The organization shall institute, execute and maintain a safety anomaly resolution process to ensure that identified safety anomalies are analysed, evaluated, resolved and managed to closure in a timely and effective manner.

NOTE 1 The safety anomaly resolution process can include a root cause analysis that results in a corrective action for the future.

NOTE 2 If the resolution of a safety anomaly results in a change, this change is entered into the change management process in accordance with ISO 26262:2018, Clause 8.

NOTE 3 A safety manager can nominate a person responsible for the resolution of a safety anomaly.

NOTE 4 The safety anomaly resolution process can be integrated in the anomaly resolution processes of the quality management system (see also 5.4.5).

Zumindest hat die ISO 26262:2018 darauf hingewiesen, dass die Safety-Management-Aktivitäten auch in das Qualitätsmanagementsystem integriert werden können:

5.4.5 Quality management during the safety lifecycle system

The organization shall have a quality management system that supports achieving functional safety and complies with a quality management standard, such as IATF 16949 in conjunction with ISO 9001, or equivalent.

In der Anforderung 5.4.5 hat man dann aber klar darauf verwiesen, dass die Organisation einem IATF-16949-kompatiblen Qualitätsmanagementstandard folgen sollte, womit die Verweise zu den Standards in diesem Buch als Anforderungen formuliert sind.

2.3.2 Qualitätsvorausplanung

Die ISO TS 16949 ist für die einzelnen Anwendungsfälle sehr unterschiedlich interpretierbar. Auch bereits früher haben die verschiedenen Automobilhersteller daher Standards definiert, wie man die Qualität in der Produktentstehung gewährleisten kann. Die amerikanischen Hersteller (Ford, GM und Chrysler) haben sich dann zur AIAG zusammengefunden und gemeinsame Vorgaben zur Qualitätssicherung herausgegeben. In Deutschland wurden im Rahmen des VDAs vergleichbare Standards erarbeitet. Zusammenfassend definierte man Prozesse für die Entwicklung wie Qualitätsvorausplanung, APQP (Advanced Product Quality Planning, gemäß AIAG) oder PQVP (Produkt-Qualitätsvorausplanung).

Der VDA und die AIAG veröffentlichen eine Reihe von Dokumenten, die als Grundlagen für die VDA- oder AIAG-Mitglieder gesehen werden. Diese Bände sind oft auch in den Vertragsunterlagen für Zulieferer verbindlich referenziert. Leider ist die Konsistenz dieser Dokumente nicht vorbildlich. Zum Beispiel beschreiben beide Organisationen eine FMEA-Methode (oder auch mehrere FMEA-Methoden), die als Grundlage für die ISO 26262 betrachtet werden können. Auch Meilenstein- oder Reifegradkonzepte wurden von diesen Verbänden erarbeitet. Diese dienten in erster Linie der Synchronisierung zwischen Automobilhersteller und Zulieferer.

Die AIAG hat APQP in 5 „Meilensteinen“ definiert:

- Die erste Phase „Konzept, Initiierung, Prüfung“ ist eine reine Planungsphase.
- In der zweiten Phase, vor der Programmprüfung, soll die Planung sowie die Produkt- und Prozessentwicklung eine gewisse Reife haben. Im Rahmen der Programmprüfung soll die Realisierbarkeit des Produktes geprüft werden.
- In der dritten Phase sollen die ersten Prototypen entstehen, Verifikationen (meist Prototypentests) und die Produkt- und Prozessvalidierung sollen angestoßen werden. Das Produktdesign sollte weitgehend abgeschlossen sein.
- In der vierten Phase entstehen die ersten seriennahen (Pilot-)Produkte. Diese sollten auch mit Serienwerkzeugen gefertigt werden.

Mit dem Produktlaunch beginnt die Serienentwicklung, das heißt, alle Lieferketten müssen stehen und die Produktion muss Serienstückzahlen in hinreichender Menge und Qualität sicher liefern können.

Nach dem Produktlaunch wird erwartet, dass eine Bewertung der Produktentwicklung stattfindet und entsprechende Korrekturmaßnahmen initiiert werden. Alle Aktivitäten unterliegen einem kontinuierlichen Monitoring und notwendige Korrekturmaßnahmen auch bei Feldauffälligkeiten sollen entsprechend eingeleitet werden.

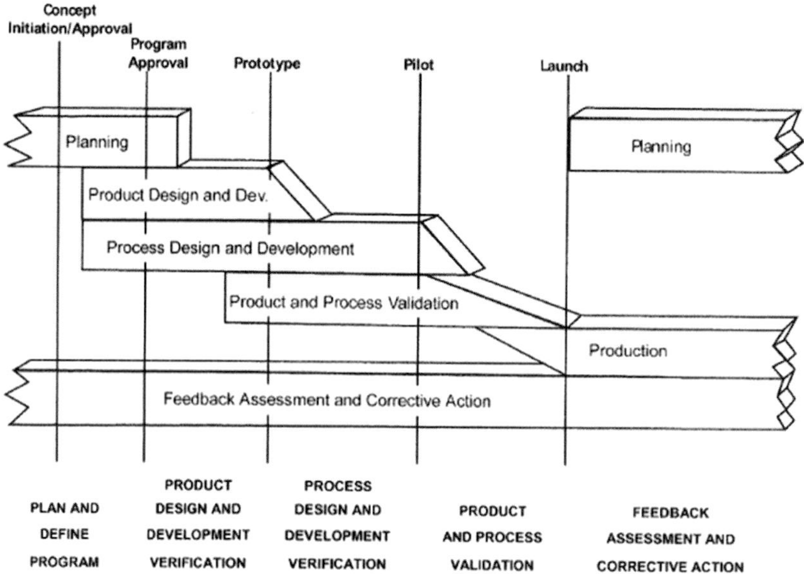

Bild 2.11 Qualitätsvorausplanung (APQP) gemäß AIAG 4th Edition

Der VDA bietet zu diesem Themenkomplex folgende Veröffentlichungen:

- Band 1: Qualitätsmanagement in der Automobilindustrie – Dokumentation und Archivierung; Leitfaden zur Dokumentation und Archivierung von Qualitätsforderungen und Qualitätsaufzeichnungen – insbesondere bei kritischen Merkmalen (3., vollständig überarbeitete Auflage, Oktober 2008)
- Band 2: Sicherung der Qualität von Lieferungen – Lieferantenauswahl, Qualitätssicherungsvereinbarung, Produktionsprozess- und Produktfreigabe, Qualitätsleistung in der Serie, Deklaration von Inhaltsstoffen (4. Auflage 2004, diese wird wohl bald neu veröffentlicht)
- Band 3, Teil 1: Zuverlässigkeitssicherung bei Automobilherstellern und Lieferanten – Zuverlässigkeitsmanagement (3. Auflage 2000)
- Band 3, Teil 2: Zuverlässigkeitssicherung bei Automobilherstellern und Lieferanten, Zuverlässigkeits-Methoden und -Hilfsmittel (3. Auflage 2000, akt. 2004)
- Band 4, Kapitel „Produkt- und Prozess-FMEA“: Einlage Ringbuch – Produkt- und Prozess-FMEA (2. überarbeitete Auflage 2006, aktualisierter Nachdruck 2009, schon in Band 4 des Ringbuchs enthalten!)

Die genannten Bände werden kontinuierlich überarbeitet. Weitere Themen, wie der Reifegrad von Produkt und Prozess oder standardisierte Lastenhefte, werden in diesem Rahmen immer wieder aufgegriffen.

2.3.3 Prozessmodelle

Vorgehensmodelle oder Prozessmodelle haben auch bereits eine lange Geschichte. Folgende Historie zeigt den Ursprung insbesondere für Software-intensive Produkte (anlehnend an Schulz 1992).

1. Erster Ansatz zur Entwicklung übersichtlicher Programme (1968)

Dijkstra (Dijskstra 1976) schlägt die „strukturierte Programmierung" vor (Vermeidung von GOTO-Anweisungen).

2. Entwicklung von Software-Engineering-Prinzipien (1968-1974)

Es werden die theoretischen Grundlagen (Prinzipien) erarbeitet, die der strukturierten Entwicklung von Programmen zugrunde liegen: strukturierte Programmierung, schrittweise Verfeinerung, Geheimnis-Prinzip, Programmodularisierung, Software-Lifecycle, Entity-Relationship-Modell und Software-Ergonomie.

3. Entwicklung von phasenspezifischen Software-Engineering-Methoden (1972–1975)

Es erfolgt eine Umsetzung der Software-Engineering-Prinzipien in Entwurfsmethoden (HIPO, Jackson, Constantine-Methode, erste Version von Smalltalk).

4. Entwicklung von phasenspezifischen Werkzeugen (1975-1985):

Es erfolgt ein Einsatz von SE-Methoden mit maschineller Unterstützung (z. B. Programminversion, Batchwerkzeuge).

5. Entwicklung von phasenübergreifenden (integrierten) Software-Engineering-Methoden (ab 1980)

Die Ergebnisse einer Phase des Software-Lifecycles sollen automatisch an die nächste Phase weitergegeben werden (Methodenverbund).

6. Entwicklung von phasenübergreifenden (integrierten) Werkzeugen (ab 1980)

Eine Datenbank wird als automatische Schnittstelle zwischen den einzelnen Phasen des Software-Lifecycles eingesetzt (interaktiver Programmaufruf durch CAS-Werkzeuge, Computer Aided Softwaredesign)

7. Definition verschiedener, konkurrierender objektorientierter Methoden (ab 1990)

Es entstanden parallel verschiedene objektorientierte Analyse- und Entwurfsmethoden (Booch, Jacobson, Rumbaugh, Shlaer/Mellor, Coad/Yourdon u. a.). Die Methoden wurden in CASE Tools (Computer Aided Software Engineering) realisiert.

8. Integration der OO-Methoden zur UML – Unified Modeling Language (ab 1995)

Jacobson, Booch und Rumbaugh schließen sich zusammen und entwickeln die UML. In der UML sollen die Schwächen der frühen OO-Methoden beseitigt und ein weltweit gültiger, einheitlicher Standard geschaffen werden. Die UML 1.0 wurde 1997 verabschiedet.

9. UML 2.0

Nachdem die UML 1.0 bis zur Version UML 1.5 erweitert wurde, erschien 2004 die UML 2.0. In dieser Version wurden die Sprachelemente der UML an aktuelle Technologien angepasst; es wurden Redundanzen und Inkonsistenzen in der Sprachdefinition beseitigt.

Diese Historie zeigt, dass es rein erfahrungsbasierende Ansätze sind. Einschränkungen für die Programmierung haben im Laufe der Zeit zu formalisierten Beschreibungsformaten geführt. Als man dann im Rahmen der Prozessorientierung diese „Best Practices“ als formalisierte Aktivitäten beschrieb, entstanden die Prozessmodelle als Referenzmodelle oder, wie das Beispiel UML zeigt, formalisierte Beschreibungssprachen. Bestimmte Prinzipien wie auch das, dass man Anforderungen nur annimmt, wenn man diese umsetzen und mittels Tests die korrekte Umsetzung zeigen kann, sind in diese Vorgehensweisen eingeflossen. Verfahren oder Prozessmodelle haben eine lange Geschichte. Die folgende Liste zeigt die Herkunft solcher Produkte, insbesondere softwareintensiver Produkte.

2.3.4 V-Modelle

Bild 2.12 zeigt die Entwicklung der Prozessmodelle und der Modelle zur Prozessverbesserung, wie CMM, SPICE oder Ähnliche. Als Ursprung wird hier auch die ISO 9001 und die ISO 12207 genannt. Die ISO 12207 ist in der Bibliographie der ISO 26262:2011 genannt. Es steht aber nirgends in der ISO 26262, welchen Bezug die ISO 12207 zur ISO 26262 hat.

Überraschend ist, dass sich die Prinzipien der Prozessorientierung für die Produktentwicklung bei den Asiaten lange nicht so ausgebildet haben, wie wir es heute aus den Prozessmodellen kennen. Diese bilden weitgehend auch die Basis für die Prozess-Assessmentmodelle (PAM) auf Basis von CMM oder SPICE. Insbesondere das Vorgehen, diese Prozess-Assessmentmodelle in Bezug zur Sicherung von Eigenschaften von Software zu bringen, entstand erst später.

Die Kernfrage ist, ob ein solcher generischer Prozess wirklich mehr darstellt, als er nach den SPICE-Definitionen auch darstellen sollte? Hier ist das V-Modell als Referenzmodell beschrieben. Sprich, wenn man Anforderungen an Aktivitäten beschreibt, dann ist es sinnvoll, diese über ein Referenzmodell mitzuteilen.

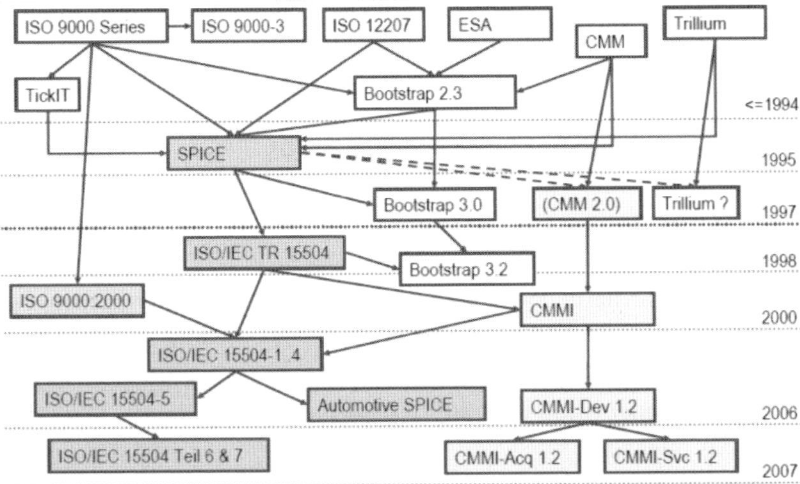

Bild 2.12 Historie von V-Modell-basierenden Vorgehensmodellen (Quelle: Flecsim)

Das V-Modell XT, welches nun schon in der Version 1.2 vorliegt, beschreibt das V nur für die Entwicklung der einzelnen Produkte.

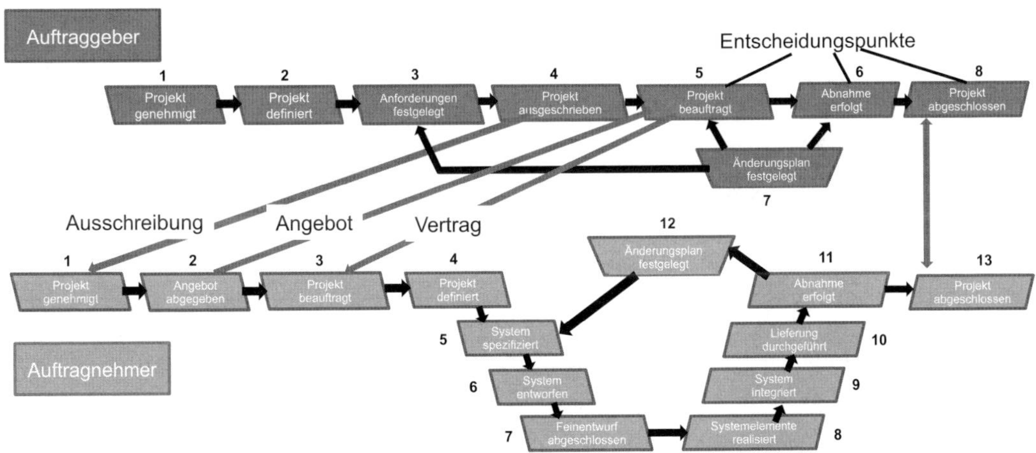

Bild 2.13 Aus V-Modell XT Version 1.2 (Quelle: https://www.cio.bund.de/Web/DE/Architekturen-und-Standards/V-Modell-XT/vmodell_xt_node.html)

Das V-Modell XT hat eine längere Einlaufstrecke, in der zuerst die Kunden-Lieferanten-Beziehung definiert wird. In dieser Phase werden der Produktumfang und die grundlegenden Anforderungen festgelegt.

SPICE (Software Process Improvement and Capability Determination) wird in der öffentlichen Diskussion oft in Zusammenhang mit der ISO 26262 gebracht. SPICE basiert weitgehend auf zwei Normen, der ISO 12207 sowie der ISO 15504.

Die ISO 12207 „Prozesse im Software-Lebenszyklus“ bot ein Prozessreferenzmodell mit folgenden Kategorien:

- Kunden-Lieferanten-Prozesse,
- Entwicklungsprozesse,
- unterstützende Prozesse,
- Managementprozesse,
- Organisationsprozesse.

In Teil 6 der ISO 26262 steht die ISO 12207 unter der Bibliographie im Anhang, es gibt aber keinen Verweis, welchen Bezug diese Normen zueinander haben.

Die ISO 12207 beschreibt 40 Prozesse, die als Grundlage für SW-basierende Produkte als wichtig betrachtet wurden. Daraus hat die ISO 15504 ein Prozess-Assessment-Modell (PAM) abgeleitet.

Die ISO 15504 besteht aus folgenden Teilen:

- ISO 15504-1: Konzepte und Vokabeln
  Begriffe und generelle Konzeption
- ISO 15504-2: Durchführung eines Assessments
  - die Anforderungen für ein Prozessreferenzmodell,
  - die Anforderungen für ein PAM,
  - die Definition eines Rahmenwerks zur Messung für die Prozessfähigkeitslevel (Process Capability),
  - die Anforderungen für ein Assessmentprozess-Rahmenwerk.
- ISO 15504-3: Guideline zur Assessmentdurchführung
  Guideline zur Durchführung eines zu ISO 15504-2 konformen Assessments
  - Bewertungsframework für die Prozessfähigkeitslevel,
  - PRM und PAM,
  - Auswahl und Benutzung von Assessment-Tools,
  - Kompetenz von Assessoren,
  - Überprüfung der Konformität.
- ISO 15504-4: Guideline zur Benutzung von Assessmentergebnissen
  - Auswahl von PRM,
  - Bestimmen der Zielfähigkeit,
  - Definition des Assessment-Inputs,
  - Schritte der Prozessverbesserung,
  - Schritte zur Bestimmung von Fähigkeitsleveln,
  - Vergleichbarkeit von Assessment-Outputs.
- ISO 15504-5: Beispielhaftes Prozess-Assessment-Modell (PAM)
  Beispielhaftes PAM, welches die Anforderungen an ISO 15504-2 erfüllt, und Informationen über die Assessment-Indikatoren.

- ISO 15504-6: Beispielhaftes PAM ISO 15228
  - Struktur des PAMs
  - Prozess-Performance-Indikatoren
  - Prozess-Fähigkeits-Indikatoren
- ISO 15504-7: Guideline zur Bestimmung des Unternehmensreifegrades

Zwischen CMMI und SPICE gab es immer einen Unterschied hinsichtlich der Bewertung. So bewertet SPICE immer einzelne Prozesse, kann aber nicht wie CMMI an der Stelle den Reifegrad eines Unternehmens messen. CMMI fasst an der Stelle bestimmte Prozesse zusammen und leitet einen Reifegrad für das Unternehmen ab. Dieses wird mit dieser ISO 15504-7 auch möglich.

- ISO 15504-8: Beispielhaftes Prozess-Assessment-Modell (PAM) für ISO 20000
  Beispielhaftes PAM für das IT Service Management
- ISO 15504-9: Prozessprofilziele
  Teil 9 ist als Technische Spezifikation (TS) eine Vorstufe zur Norm, die Prozessprofilziele beschreibt.
- ISO 15504-10: Safety Extension (Sicherheitserweiterung)
  Aspekte zur Sicherheit

Die ISO 15504 wurde von der AutoSIG als Grundlage für Automotive SPICE®® genutzt. Für das PAM (Prozess-Assessmentmodell) und das PRM (Prozess-Referenzmodell) wurden die Teile 2 und 5 verwendet. Auf Automotive SPICE® wird im Kapitel „Prozessanalyse zur funktionalen Sicherheit" näher eingegangen.

Teile der ISO 15504 wurden 2015 durch die Normen ISO/IEC 33001 und ISO/IEC 33002 ersetzt.

Weitere Lebenszyklusansätze zur SW-Entwicklung:

- ISO/IEC/IEEE 16326 Systems and software engineering – Life cycle processes – Project management (2009)
- SAE J2640, General Automotive Embedded Software Design Requirements (April 2006)
- IEEE STD829, Standard for Software and System Test Documentation (2008)
- ISO/IEC 9126 Software engineering – Product quality (2001)
- ISO/IEC 15288 Systems engineering – System life cycle processes (2002)
- ISO/IEC 26514 Systems and software engineering – Requirements for designers and developers of user documentation (2008)

All diese Standards haben bei der Entwicklung der ISO 26262 eine Rolle gespielt, somit sind Erfahrungen mit diesen Standards auch in die ISO 26262 eingeflossen. Jedoch steht keiner dieser Standards aus der Aufzählung in einer normativen Beziehung zur ISO 26262.

Eine besondere Rolle spielen die Normen der ISO/IEC-25000er Reihe. Parallel zur ISO 26262 wurde die ISO-Reihe 25000 entwickelt, diese ersetzt seit 2005 die ISO/IEC 9126.

eine Realisierungsidee, die für eine Serienentwicklung aufgebaut werden soll. Besonders bei der klassischen Mechanik gibt es oftmals bereits Versuchsmuster, die nun um wesentliche Funktionen ergänzt oder für neuere Systeme elektrifiziert werden sollen.

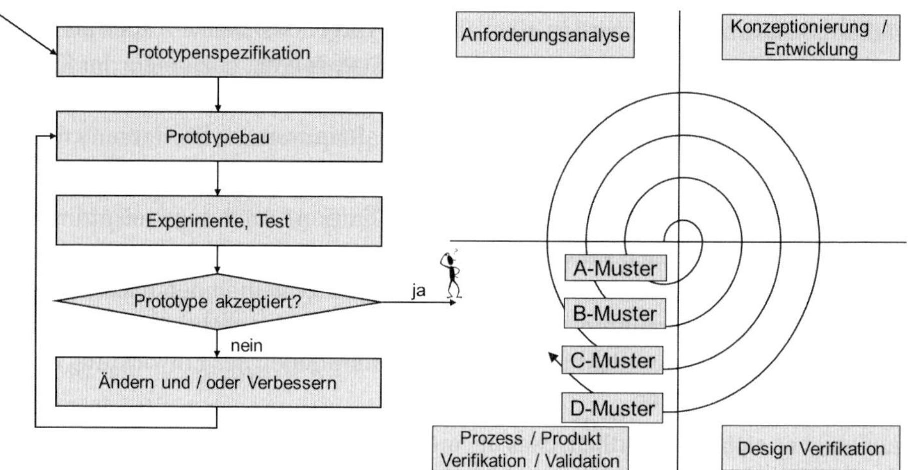

Bild 2.15 Spiralmodell für den Prototypenzyklus

Somit wird in der ersten Iteration auch meist nur eine Spezifikation auf hoher Abstraktionsebene erstellt. Das A-Muster war in der früheren Automobiltechnik meist ein Passmuster, welches sogar aus Holz sein konnte, da es in erster Linie um die Integrierbarkeit im Auto ging. Heute bei moderneren Systemen ist hier schon die gesamte äußere Schnittstelle gemeint, so dass man bereits die CAN-Kommunikation bei der ersten Musterlieferung auf das Zielfahrzeug anpassen muss.

Prototypenbau

Da die Muster auch wirklich zum Kunden geliefert werden, müssen diese natürlich auch gebaut werden. Hier wird in der ersten Iteration viel Handarbeit notwendig sein, in den weiteren Iterationen wird die Automatisierung kontinuierlich erhöht. Das D-Muster, meist mit dem Erstmuster vergleichbar, muss dann auf der Serienproduktionsanlage gebaut werden.

Experimentieren Test/Akzeptanz

Danach wird das Muster gemäß den gegebenen Anforderungen getestet. Zuerst unter Laborbedingungen, dann aber beim Kunden oft bereits in der Fahrzeugumgebung, um hier das dynamische Verhalten sowie das Zusammenspiel mit den anderen Komponenten zu erfahren.

Die Hoffnung beruht für alle Parteien natürlich darauf, dass man mit dem ersten Schuss bereits alle Anforderungen kennt und das entsprechende Muster mit einem positiven Prüfergebnis zurückkommt. In der Realität sieht man, dass der Prototypentest ein wesentlicher Input für die Anforderungsanalyse ist. Dies wurde auch als eine Methode neben der Simulation in die ISO 26262 übernommen.

Änderungen oder Ergänzungen

Hier wird nun die Spezifikation geändert und diese leitet einen neuen Entwicklungszyklus ein.

Toyota hat hier mit DRBFM (Design Review Based on Failure Mode) bereits recht früh eine gute Methodik entwickelt, die eine neue Iteration einleitet. Ob eine Spezifikation vollständig oder doch noch fehlerbehaftet ist, lässt sich nicht gut prüfen (frei nach Karl R. Popper: Verifizieren ist so lange positiv, bis ich einen Gegenbeweis finde). Ein Änderungsmanagement basierend auf der Spezifikation kann nur effektiv sein, wenn man weiß, dass die Spezifikation korrekt ist und eindeutig auch für das Produkt gilt. Pessimisten sagen, es geht gar nicht. Daher hat DRBFM hier den Vergleich auf der Basis von Eigenschaften beschrieben. In einem multidisziplinären Team werden die Eigenschaften und die funktionellen Abhängigkeiten (Architektur) verglichen. Der positive wie auch negative Einfluss auf das Produkt wird analysiert und bewertet in einem Designreview, bevor die Änderungsvorschläge für das Produkt übernommen werden. Diese Methode kann sehr gut für moderne Architektur-Entwicklungen abgeleitet werden. Das Ergebnis der DRBFM fließt erst nach der Einflussanalyse in die Spezifikation ein und wird als Änderung für das Produkt akzeptiert.

Diese Aspekte sind ebenfalls in den Change-Management-Prozess und die Anforderungen aus der ISO 26262 eingeflossen.

Viele Automobilhersteller verwenden auch Reifegradmodelle für die verschiedenen Software-Versionsstände, die nach einem Integrationsplan in die unterschiedlichen Reifestufen der Prototypenfahrzeuge bis hin zum finalen Serienfahrzeug integriert werden. Hier ist z. B. der I-Stufenplan von BMW in der Automobilindustrie jedem Zulieferer von BMW bekannt.

Neuerdings werden Reifegradmodelle und Prozessiterationen wie aus dem Spiralmodell als neue Errungenschaft von agilen Methoden beschrieben. Meist werden unter agilen Prozessen von den Verantwortlichen nur die Aspekte des agilen Manifests verstanden, bei dem man auf Dokumentation und Prozessdisziplin vollkommen verzichten kann. Wegen dieses Irrtums sind schon einige Start-ups wieder vom Markt verschwunden.

2.4 Automotive und Sicherheitslebenszyklen

Die IEC 61508 war wohl die erste Norm, die einen Sicherheitslebenszyklus beschrieb. Die weitgehend parallel entwickelte ISO/IEC 12207 beschrieb einen Software-Lebenszyklus. Mitte der 90er Jahre hat man wohl erkannt, dass sich Anforderungen an ein Produkt über den gesamten Gebrauchszeitraum auf das Design des Produktes auswirken können. Leider hat man in all den Phasen schon die Erfahrung gemacht, dass bestimmte Fehler dazu führten, dass Menschen beim Umgang mit den Produkten gefährdet werden können. Wie wir in der ISO/IEC 12207 sehen, ergibt sich der Bedarf, bestimmte Fehlerbilder des Produktes über alle Phasen des Produktlebenszyklus zu betrachten. Diese stellen weitere Anforderungen an das Design eines Produktes. Auch die APQP-Standards haben die frühen Phasen der Entwicklung betrachtet. Die Begriffe der System-FMEA sowie später der Entwurfs- oder Konzept-FMEA sind in die Standards eingeflossen. Produktwartung und Ersatzteilmanagement wurden bereits wesentlich früher von den APQP-Standards betrachtet. Auch die Idee der Dokumentenarchivierung über den Lieferzeitraum wurde bereits früh in den Standards adressiert. Der Bedarf entstand aus der Produkthaftung.

In der IEC 61508 diente der Lebenszyklus dazu, von der Produktidee bis hin zum Ende des Produktlebens Phasen zu definieren, in denen die einzelnen Sicherheitsaktivitäten eingebettet werden konnten. Mit diesem Lebenszyklus stellte man bereits eine Basis her, um auch tatsächlich Anforderungen an ein Produkt in einem gewissen Bezug vollständig beschreiben zu können.

Die Sicherheitsbetrachtung bei einer Produktidee ist bereits von immenser Wichtigkeit. Es spielen hier nicht nur sicherheitstechnische Aspekte eine Rolle, sondern im Wesentlichen wirtschaftliche. Die Geschichte hat uns gelehrt, dass man auch mit einer schlechten Idee Erfolg haben kann. Leider sind oft schlechte Ideen nur wegen der Angst des Versagens weiterverfolgt worden, und die potentiellen Gefährdungen sind erst aufgetreten, als es keine Möglichkeit der Abwendung dieser Schäden mehr gab. Für Unternehmen kann das Einstellen einer Entwicklung oft einen größeren Schaden bedeuten als die Kompensation der Schäden, die das Produkt später bei der Nutzung verursachen kann (Ausnahmen bestätigen die Regel, Stichwort Boeing 737 max).

Hier betrachten wir bereits einen wesentlichen Aspekt der Produkthaftung, den wohl der Gesetzgeber bereits im 19. Jahrhundert gesehen hat. Er hat uns im § 823 aufgefordert, Gefährdungen durch Produkte, soweit es Wissenschaft und Technik erlauben, zu vermeiden. Sollte es zu einer Schädigung kommen, so ist der Vertreiber des Produktes schadensersatzpflichtig.

Um hier nicht zu weit in die Rechtsprechung abzudriften, zurück zum Produktlebenszyklus beziehungsweise zum Sicherheitslebenszyklus. Eine Funktion kann bereits, wenn sie wie beabsichtigt funktioniert, zu einer Gefährdung führen. Dies wird heute im deutschen Sprachraum allgemein als Gebrauchssicherheit bezeichnet. Der Aspekt der Gebrauchssicherheit ist in der ISO 26262 nicht adressiert. Jedoch hofft man gerne, dass man im Laufe der Produktentwicklung doch noch etwas findet, welches dieses Risiko zu beherrschen hilft. Da muss man hoffen, dass die ISO 262626 hier eine Hilfestellung leisten kann. Die ISO 26262 kann nur die Gefährdung, die auf Basis von Fehlfunktionen des Produktes entsteht, beherrschen helfen. Gute Ingenieure werden auch bei gefahrbringenden Funktionen einen Sicherheitsmechanismus für die ein oder andere Anwendung finden, aber wenn dieser nicht gefunden wird, bedeutet das, das Produkt hat keine Chance auf dem Markt zur Etablierung. Versuche bei komplexen Produkten, die in hohen Stückzahlen produziert werden, solche Fehler als hinreichend unwahrscheinlich zu deklarieren, können eine Herausforderung werden. Die Eigenschaften solcher komplexen Produkte, ihre möglichen Fehler sowie die mögliche Varianz ihrer Verwendung können nur sehr schwer beurteilt werden. Das Produkt mag zwar noch auf den Markt kommen können, wenn es aber die erste Gefährdung gibt, dann kann man das Produkt nur noch vom Markt nehmen. Dies führte in der Vergangenheit sogar schon dazu, dass Fahrzeuge vom Hersteller zurückgekauft werden mussten.

Daher ist es bereits einer der ersten Schritte, um überhaupt in den Anwendungsbereich der ISO 26262 einzutreten, die Gebrauchssicherheit des Produkts nachzuweisen. Um späteren Produkthaftungsaspekten zuvorzukommen, ist es sinnvoll, dies auch hinreichend zu dokumentieren, sodass durch bestimmte Veränderungen während der weiteren Entwicklung nicht doch die Gebrauchssicherheit wieder in Frage gestellt werden kann. Es entspricht weitgehend dem Wesen eines Ingenieurs, seine Idee nicht beim ersten Fehlschlag zu verwerfen, sondern durch geeignete Modifikationen doch zum Ziel führen zu können.

Um auch kurz einen Blick auf das Ende des Produktlebenszyklus zu werfen, hier einige Aspekte zum Produktlebenszyklus selbst. Unter dem Gesichtspunkt der Gefährdung ist die öffentliche Diskussion zu den Mobiltelefonen ein gutes Stichwort. Klar wird durch die schnellen und kurzen Lebenszyklen von Elektronik jede Menge hochwertiger Elektroschrott produziert. Dies wäre durch die Sicherheitsbrille betrachtet nicht weiter kritisch, wenn nicht bereits die Komponenten selber nicht nur teure, sondern auch teilweise umweltunverträgliche Stoffe beinhalten würden. Hier ist in erster Linie Blei zu nennen. So gibt uns der Gesetzgeber bereits klare Regeln, wie wir hier zu verfahren haben. Nun mag es an den Haaren herbeigezogen sein zu sagen, dass giftiges Elektrolyt in Kondensatoren auch irgendwann zu einer Gefährdung führen kann. Auch mag es weit hergeholt sein zu sagen, dass ein Platzen eines Elektrolytkondensators eine Fehlfunktion eines E/E-Teils ist. Aber hier diskutieren wir nur darüber, ob die ISO 26262 uns noch helfen kann. Fakt ist, es gibt hier auch Potentiale für Gefährdungen, die man bei der Herstellung und der Entwicklung eines Produktes beachten sollte, wenn man nicht in Konflikt mit der Produkthaftung kommen möchte. Ein prägnanteres Beispiel für das Ende eines Teilproduktes sollte hier jedoch auch noch betrachtet werden. Meist ist es ja so, dass wir ein Auto nicht nur während der Garantiezeit fahren. Autos, die heute älter als 25 Jahre sind, werden ja wieder als Oldtimer beliebter als das Fahrzeug mit den neuesten Errungenschaften der Technik. Zum Glück gab es vor 25 Jahren noch nicht so viel Elektronik im Fahrzeug, dies wird sich aber nun von Jahr zu Jahr ändern.

Es muss auch auf die Wartung des Fahrzeugs, insbesondere die Komponenten und Systeme, welche z. B. einem Verschleiß unterworfen sind, geachtet werden. Opel hat ja mal mit einer lebenslangen Garantie, sprich 15 Jahren und 160.000 Kilometern, geworben. Aber dies hat man doch schnell wieder aufgegeben. Wir haben gelernt, dass die NASA über Ebay 8086er Rechner gekauft hat, um Alt-Systeme warten zu können. Jeder kann sich vorstellen, wie aufwendig es ist, Programmteile, die in FORTRAN geschrieben wurden, heute noch modifizieren oder warten zu können. Dies ist am Beispiel WINDOWS und der Fortschritte unserer Computer praktisch nicht darstellbar. Wir werden später sehen, dass eine Prognose für elektrische Bauelemente über ihr Ausfallverhalten über mehr als 10 Jahre sehr schwierig ist. Im Bereich der Nutzfahrzeuge wird oft schon von einer Lebensdauer von 20 Jahren gesprochen. Bei einem 8086 hat man zwar schon intermittierende Fehler wahrgenommen, aber dass man tatsächlich schon Maßnahmen systematisch bei der Integration vorgenommen hat, kann wohl bezweifelt werden. Die Wartbarkeit auch unter Sicherheitsaspekten tatsächlich sicherzustellen, wird noch eine Herausforderung für die Automobilindustrie darstellen.

2.4.1 Automotive-Sicherheitslebenszyklus

In der ISO 26262 ist der Sicherheitslebenszyklus in Teil 2, Kapitel 5, „Overall Safety Management" beschrieben. In diesem Buch ist er als Management der funktionalen Sicherheit oder kurz Safety-Management wiedergegeben. Der englische Begriff für Sicherheit wird in Fachkreisen benutzt, weil es auch ergänzend ein Security-Management gibt, welches die Datensicherheit gegen vorsätzlichen Missbrauch im Fokus hat. Das Ziel des Safety-Managements gemäß ISO 26262 ist, die Verantwortlichkeit der handelnden Personen, Abteilungen und Organisationen, die in den einzelnen Phasen des Sicherheitslebenszyklus Sicherheitsaktivitäten durchführen, zu definieren und transparent zu kommunizieren. Dies gilt für die Aktivitäten, die notwendig sind, um die funktionale Sicherheit für die Produkte, das Fahrzeugsystem oder wie die Norm sagt, das ITEM, das man als Betrachtungseinheit (Fahrzeugsystem) übersetzen könnte, zu garantieren, sowie für die Maßnahmen, die notwendig sind, um zu bestätigen, dass die Produkte gemäß der ISO 262626 entwickelt worden sind. Hierbei handelt es sich aus der Sicht der IEC 61508 nur um das Sicherheitsintegritätssystem. Welches ITEM tatsächlich das zu schützende Objekt in welchem Kontext ist, wie die IEC 61508 dies für das EUC (Equipement-under-Control) verlangt, wird in der ISO 26262 nur grob beschrieben. Für Maßnahmen, die mit dem Attribut QM kein ASIL-Attribut haben, adressiert die Norm alle diese sicherheitsrelevanten Anforderungen nicht.

Daher müssen weitere Aktivitäten beschrieben werden, die über den Sicherheitslebenszyklus hinaus notwendig sind, um überhaupt eine entsprechende Infrastruktur vorweisen zu können, damit der Produktlebenszyklus angewendet werden kann.

Hierzu gehört als Basis ein gelebtes und angewendetes Qualitätsmanagementsystem, weiter wird eine Sicherheitskultur gefordert, die gewährleisten soll, dass vom einzelnen Mitarbeiter bis hin zum obersten Management die Sicherheit mit der notwendigen Sorgfalt und Respekt betrachtet und die notwendigen Maßnahmen angemessen angewendet oder umgesetzt werden können.

Aber auch Themen wie „Lessons Learn", sprich systematisch aus Fehlern lernen, ein Kompetenzmanagement, kontinuierliche Verbesserung sowie Qualifikations- und Trainingsprogramme werden hier als Voraussetzung gesehen, den Sicherheitslebenszyklus anwenden zu können.

Grundsätzlich geht man in der ISO 26262 davon aus, dass Produkte in einer Projektstruktur entwickelt werden.

Hier wird die Möglichkeit gegeben, dass Bereiche oder Organisationen die Produkte bereits nach einer generellen Interpretation oder Umsetzung des Produktlebenszyklus („Project independent tailoring of the safety-lifecycle") entwickeln. Das heißt, man entwickelt eine Prozesslandschaft, die eine gültige Ableitung der ISO 26262 darstellt, aber auch auf die Infrastruktur und Produktaspekte optimiert werden kann. Dies ist ein sinnvoller Ansatz, um gemäß ISO 26262 Steuergeräte-Plattformen oder andere sicherheitsrelevante Produkte zu entwickeln. Doch jede Plattform-Entwicklung beruht auf Annahmen, die eindeutig spezifiziert sein müssen. Dadurch, dass es keinen Sinn macht, eine Plattform immer nur in denselben Kontext zu integrieren, ist ein Sicherheitsprozess dringend notwendig, um sicherheitsrelevante Produkte zu integrieren. Hierzu gibt die ISO 26262 Beispiele und nennt die Entwicklungsvariante für die Plattform-Produkte SEooC (Safety-Element-out-of-Context). Alternativ dazu kann jede Produktentwicklung direkt aus dem Rahmen der ISO 26262 mittels Projektsicherheitsplänen abgeleitet werden, dies bezeichnet die Norm als „project-specific-tailoring".

Besonders in der Produktentwicklung und der Produktion kann es vorteilhaft sein, viele Aktivitäten kunden- und/oder produktneutral zu definieren. Dies hat Vorteile in der Maschinenauslastung, aber auch im Bereich der Produktentwicklung. Die internen Prozesse können auf entsprechend qualifizierte Entwicklungswerkzeuge abgestimmt werden, Varianten für verschiedene Kunden mit geringem Änderungsaufwand angeboten werden. Auch hat die Wiederverwendung von bewährten Abläufen, Sicherheitskonzepten sowie von bewährten Produkten einen positiven Aspekt auf die Sicherheit der Produkte.

2.4.2 Sicherheitslebenszyklus nach ISO 26262

Der Sicherheitslebenszyklus der ISO 26262 fasst die wichtigsten Sicherheitsaktivitäten in der Konzeptphase, der Serienentwicklung und nach Serienfreigabe zusammen. Die Planung, die Koordination und der Nachweis dieser Aktivitäten über alle Phasen des Lebenszyklus ist zentrale Managementaufgabe. Die Aktivitäten der Konzeptphase, der Serienentwicklung und nach SOP werden in den Bänden 3, 4, 5, 6 und 7 dieser Norm ausführlich beschrieben.

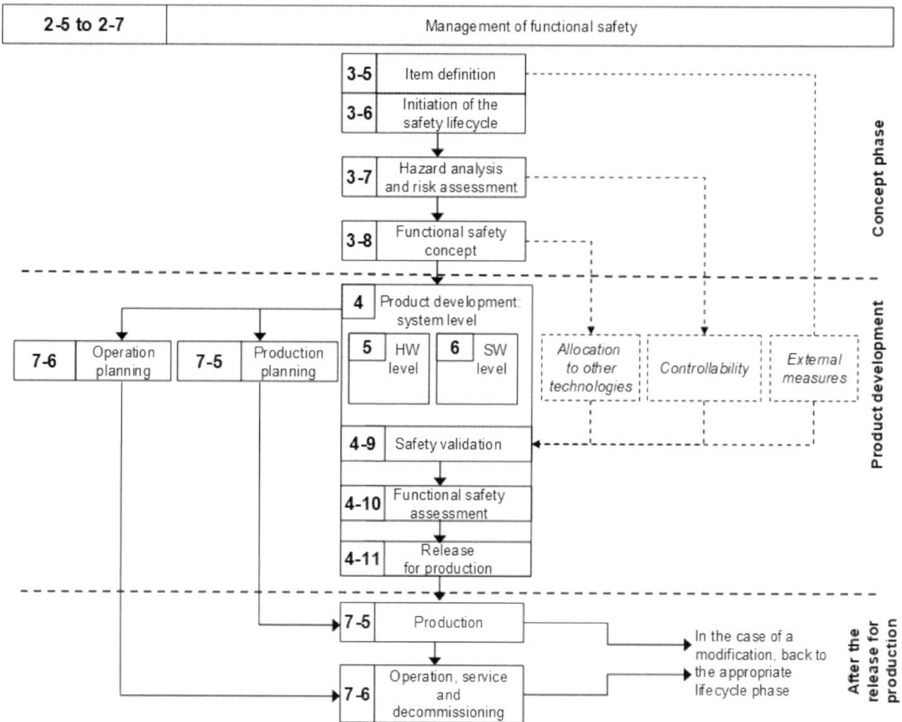

Bild 2.16 Sicherheitslebenszyklus gemäß ISO 26262:2011

Hier sind der neue Sicherheitslebenszyklus (ISO 26262:2018) und der alte Sicherheitslebenszyklus (ISO 26262:2011) dargestellt, um zu zeigen, dass die ISO 26262 inhaltlich bei der Überarbeitung keine wesentlichen Änderungen vorgenommen hat. Lediglich die Schnittstellen zu externen Maßnahmen und Maßnahmen anderer Technologie, der Produktionsplanung und den sogenannten Confirmation Measures (Maßnahmen zur Bestätigung der funktionalen Sicherheit) sind detaillierter dargestellt. Bild 2.16 und Bild 2.17 versuchen nur mögliche organisations- oder projektspezifische Ableitungen des Sicherheitslebenszyklus darzustellen. In realen Projekten sind in dem Rahmen auch die internen und externen organisatorischen Schnittstellen zu betrachten, wodurch wesentlich mehr Details bei der Organisations- bzw. Projektplanung beachtet werden müssen.

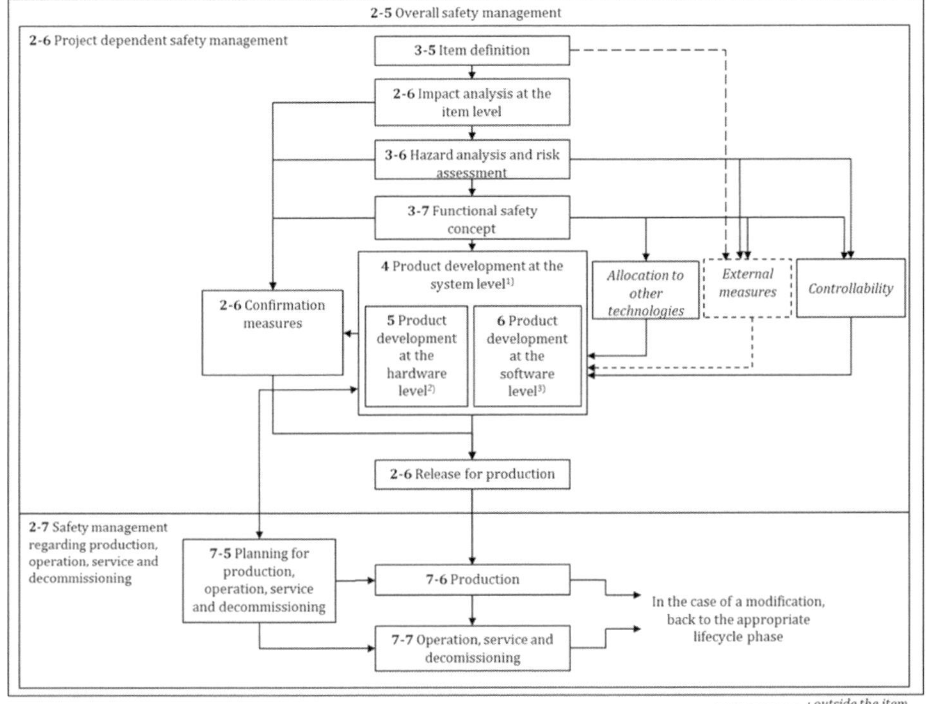

Bild 2.17 Sicherheitslebenszyklus gemäß ISO 26262:2018

Der hier abgebildete Sicherheitslebenszyklus der ISO 26262:2018 verweist in seinen Elementen direkt auf die entsprechenden Kapitel der ISO 26262. Das Management der funktionalen Sicherheit gemäß Teil 2 der Norm umfasst alle weiteren Aktivitäten von Teil 3 (Definition des Entwicklungsgegenstands, des Fahrzeugsystems (ITEM)) bis Teil 7, Kapitel 6, „Betrieb, Service (Wartung) und Außerbetriebnahme (Entsorgung)".

Der Sicherheitslebenszyklus ist in drei Phasen unterteilt:

- Konzept
- Produktentwicklung
- nach Produktionsfreigabe

Hierbei ist zu beachten, dass das technische Sicherheitskonzept der Produktentwicklung zugeordnet ist. Neben den drei Teilen zur Produktentwicklung von Systemen, EE-Hardware und Software sind die beiden Kapitel Produktions- und Betriebsplanung (Teil 7) dargestellt. Dies sind Aktivitäten, die neben den Entwicklungs-V-Zyklen gesehen werden. Weiter werden Aktivitäten dargestellt, die von der Norm nicht direkt adressiert werden, aber für eine Produktentwicklung oft notwendig sind.

Externe Maßnahmen

Darunter sind Maßnahmen zu verstehen, die nicht von der in der Systemdefinition beschriebenen Betrachtungseinheit beeinflusst werden können. Externe Risikoreduktion beinhaltet z. B. das Verhalten der Verkehrsteilnehmer oder die Eigenschaften der Straße sowie auch Maßnahmen in anderen Systemen, die nicht zur Betrachtungseinheit gehören. Sie wird in der Systemdefinition beschrieben. In der Gefahrenanalyse und Risikobewertung kann von externer Risikoreduktion profitiert werden. Der Nachweis der Wirksamkeit der externen Risikoreduktion ist nicht Umfang dieser Norm.

Beherrschbarkeit (Controllability)

Die in der Gefahrenanalyse und Risikobewertung zugrunde gelegte Beherrschbarkeit soll während der Serienentwicklung nachgewiesen werden. Geht es hier nicht um eindeutige Beherrschbarkeit der gefährdeten Personen, so wird dies in Teil 3 der ISO 26262 näher betrachtet.

Zuordnung zu Maßnahmen anderer Technologien

Darunter sind Technologien zu verstehen, die nicht unter den Betrachtungsumfang dieser Norm fallen, z. B. Mechanik und Hydraulik. Diese werden bei der Zuordnung der Sicherheitsfunktionen herangezogen. Eine sichere Auslegung von Hochvoltkomponenten oder spannungsführenden Teilen und deren Schutzmechanismen werden als Maßnahmen anderer Technologie betrachtet. Der Nachweis der Effizienz, Effektivität oder überhaupt die Anwendbarkeit dieser Maßnahmen ist nicht Umfang dieser Norm.

Externe Maßnahmen, Maßnahmen anderer Technologien, Maßnahmen, für die die Vorgaben des Qualitätsmanagements ausreichen, sowie Maßnahmen in der Produktion sollten nicht mit einem ASIL-Attribut versehen werden, da die ISO 26262 dafür keine geeigneten Aktivitäten beschreibt. Das heißt nicht, dass zwischen zwei verschiedenen EE-Systemen externe Maßnahmen mit einem ASIL-Attribut kommuniziert werden sollen.

Im Rahmen des Managements der funktionalen Sicherheit fordert die Norm zum Sicherheitslebenszyklus weitergehend folgende Aktivitäten:

- Zum E/E-System sind ausreichende Informationen zu jeder Phase des Sicherheitslebenszyklus zu dokumentieren, die für die wirkungsvolle Erfüllung nachfolgender Phasen und Verifikationstätigkeiten notwendig sind. Weiterhin sind die unterstützenden Prozesse, zu denen Anforderungen in Teil 8 der ISO 26262 beschrieben sind, zu beachten.

- Die Aufgaben des Managements der funktionalen Sicherheit sind, die Durchführung und Dokumentation der Phasen und Aktivitäten über den gesamten Lebenszyklus sicherzustellen und eine für die funktionale Sicherheit förderliche Unternehmenskultur bereitzustellen.
- Aus Sicht der funktionalen Sicherheit steht nicht die Erfüllung der Anforderungen, die sich aus irgendwelchen Prozessmodellen ableiten, im Mittelpunkt. Der Sicherheitslebenszyklus muss korrekt und hinreichend abgeleitet werden. Wichtig für die Projektplanung und die zu planenden Sicherheitsaktivitäten ist, dass die Sicherheitskonzepte so umgesetzt werden, dass die Sicherheitsziele hinreichend abgesichert werden. Das Ergebnis einer jeden Sicherheitsplanung muss ein Sicherheitsnachweis gemäß ISO 26262 für das definierte System in seinen Grenzen sein. Dies ist durch entsprechende Bestätigungsmaßnahmen (Confirmation Measures) im Rahmen der Norm zu zeigen und nachzuweisen.

2.4.3 Sicherheit und Sicherheitslebenszyklus

Wie bereits in den vorangegangenen Kapiteln beschrieben, ist Sicherheit ein Merkmal und ein Recht der Gesellschaft. Somit kann der Automotive-Sicherheitslebenszyklus nicht alle Aspekte der Sicherheit abbilden. Dass eine Produktentwicklung, die sich nicht an den relevanten Sicherheitsanforderungen orientiert, auch ein sehr großes finanzielles Risiko darstellt, haben viele Organisationen bereits heute erfahren. Selbst Begriffe wie Verkehrssicherheit und Fahrzeugsicherheit werden vom Sicherheitslebenszyklus der ISO 26262 nicht hinreichend adressiert.

Folgende Begriffe werden in den verschiedenen Branchen für die Sicherheit verwendet:

- Funktionale Sicherheit - Sicherstellen von korrektem Funktionieren durch zusätzliche Aktivitäten (Prozess) und Implementierung von zusätzlichen Funktionen
- Gebrauchssicherheit - Sicherstellen des sicheren Gebrauchs für ein fehlerfreies Produkt
- Betriebssicherheit - verlässliches Funktionieren auch im betriebswirtschaftlichen Sinne
- Auslegungs- oder Designsicherheit - Sicherheit durch robuste Auslegung oder Design
- Elektrische Sicherheit - Beherrschen der Risiken durch Strom und Spannung, auch Berührschutz oder Leitungsschutz
- Daten-, Zutritts- und Zugriffssicherheit - Absichern von Bereichen oder Informationen etc. gegenüber nicht Autorisierten oder absichtlichem Missbrauch

Weitere Sicherheitsaktivitäten sind unter folgenden Begriffen zu finden:

- Elektromagnetische Verträglichkeit (EMV) - Absicherung gegenüber elektromagnetischen Einflüssen oder hoher Abstrahlung von elektromagnetischen Wellen

- Leistungsabsicherung – Sicherstellen von Leistungseigenschaften (Auto kann innerhalb von 30 m bremsen)
- Funktionale Unzulänglichkeit – Anwendung unzureichend oder nicht geeignete Nutzung oder Umsetzung von Produkten und deren Funktionen (Versuch mit Hammer eine Schraube einzudrehen)
- Toxische, Strahlungs-, chemische Sicherheit – Absichern von Produkten oder Vorgängen gegenüber den ursächlichen Risiken (auch Rauch)
- Thermischer Schutz – Absichern gegenüber thermischen Risiken (auch Brand)

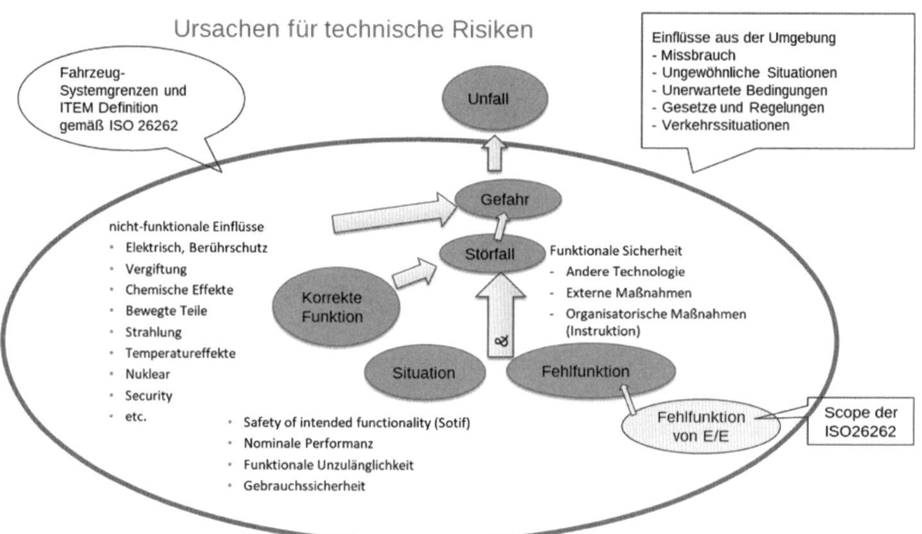

Bild 2.18 Ursachen für technische Risiken

Dies ist nur eine kleine Aufzählung von Aktivitäten zur Absicherung von Produkten, Anlagen und Maschinen in den unterschiedlichen Branchen. Diese Beschreibungen und Zuordnungen sind auch in den unterschiedlichen Industrien verschieden definiert und gegeneinander abgegrenzt. Es ist jedoch unumgänglich, während der Produktentwicklung und der Produktion der Produkte entsprechende Aspekte zu berücksichtigen.

Bild 2.18 zeigt auf, wie groß das Feld ist, welches bei der Entwicklung von neuen Produkten zu beachten ist. In vielen Branchen wird auch oft noch eine weitere Schwelle betrachtet, bevor es zu einer Gefährdung kommen kann: die Störfallgrenze. Diese ist bereits durch die Seveso-Richtlinie, also die Störfallverordnung, diskutiert worden. Auch im Bereich der Verkehrssicherheit gibt es gesetzlich definierte Störfallgrenzen. Ein sehr eindeutiges Beispiel ist die Geschwindigkeitsbegrenzung. In allen Ländern der Welt außer in Deutschland gibt es aus Sicherheitsgründen eine generelle Geschwindigkeitsbegrenzung. Der Gesetzgeber sieht eine solche Übertretung der Geschwindigkeit als potentielles Sicherheitsrisiko, auch ohne dass eine Gefahr direkt besteht.

Literatur

Dijkstra, E.W.: A Discipline of Programming. Prentice-Hall Series in Automatic Computation. Pearson Education 1976

Grote, K.H.; Bender, B.; Göhlich, D.(Hrsg.): Dubbel: Taschenbuch für den Maschinenbau, 25. neu bearbeitete und aktualisierte Auflage. Springer Vieweg 2018

ISO 9001:2015: Qualitätsmanagementsysteme – Anforderungen

ISO 26262:2018, Teil 1 und 2: Straßenfahrzeuge – Funktionale Sicherheit. Teil 1: Vokabular. Teil 2: Management der Funktionalen Sicherheit

ISO/IEC 15504, Teil 1 bis 9: Informationstechnik – Bewertung von Softwareprozessen

Teil 1: Konzepte und Vokabular

Teil 2: Durchführung eines Assessments

Teil 3: Anleitung zur Durchführung eines Assessments

Teil 4: Anwendungsleitlinien zur Prozessverbesserung und zur Bestimmung der Prozessfähigkeiten

Teil 5: Beispiel eines Software-Lebenszyklus-Prozessassessmentmodells

Teil 6: Beispiel für ein Systemlebenszyklus-Prozessassessmentmodell

Teil 7: Bewertung der Organisationsreife

Teil 8: Ein beispielhaftes Prozessbewertungsmodell für das Management von IT Diensten

Teil 9: Profile der Zielfähigkeit

ISO/IEC 25000: System und Software-Engineering - Qualitätskriterien und Bewertung von System- und Softwareprodukten (SQuaRE) - Leitfaden für SQuaRE

ISO/IEC/IEEE 12207: System und Software-Engineering – Prozesse im Lebenszyklus von Software

ISO TS 16949: Anforderungen an Qualitätsmanagementsysteme für die Serien- und Ersatzteilproduktion in der Automobilindustrie

Redmill, F.; Anderson, T. (Hrsg.): Understanding the Use, Misuse and Abuse of Safety Integrity Levels. In: Lessons in Systems Safety. Proceedings of the Eighth Safety-critical Systems Symposium. Springer 2000 (http://homepages.cs.ncl.ac.uk/felix.redmill/publications)

Schmitt, R.; Pfeifer, T. (Hrsg.): Masing Handbuch Qualitätsmanagement. 6., überarbeitete Auflage. Carl Hanser Verlag, München 2014

Schulz, A.: Software-Entwurf. Methoden und Werkzeuge. Oldenbourg Verlag, München/Wien 1992

Verband der Automobilindustrie (VDA): Qualitätsmanagement in der Automobilindustrie. Band 1 bis 3

Band 1: Dokumentation und Archivierung. Leitfaden zur Dokumentation und Archivierung von Qualitätsforderungen und Qualitätsaufzeichnungen – insbesondere bei kritischen Merkmalen. 3., vollständig überarbeitete Auflage, Oktober 2008

Band 2: Sicherung der Qualität von Lieferungen – Lieferantenauswahl, Qualitätssicherungsvereinbarung, Produktionsprozess- und Produktfreigabe, Qualitätsleistung in der Serie, Deklaration von Inhaltsstoffen. 4. Auflage 2004

Band 3, Teil 1: Zuverlässigkeitssicherung bei Automobilherstellern und Lieferanten – Zuverlässigkeitsmanagement. 3. Auflage 2000, akt. 2004

Band 4, Kapitel „Produkt- und Prozess-FMEA“: Einlage Ringbuch – Produkt- und Prozess-FMEA. 2. überarbeitete Auflage 2006, aktualisierter Nachdruck 2009

3 Sicherheit und System Engineering

Gefahren, Risiken und die Anforderungen der Gesellschaft, diese auf ein tolerierbares Maß zu reduzieren, sind ein sehr komplexes Thema, das ohne eine strukturierte Vorgehensweise, die von allen Systembeteiligten verfolgt wird, nahezu unmöglich bearbeitet werden kann. Ist ein Fahrzeug in einem öffentlichen Verkehrsraum schon im Allgemeinen ein komplexes Gebilde, so wird es durch weitere elektronische Funktionen und einen höheren Grad der Automatisierung noch wesentlich komplexer.

3.1 Sicherheit als Grundvoraussetzung für neue Mobilitätskonzepte

In Bereichen, in denen Güter, Tiere, aber auch Menschen transportiert werden, gelten Sicherheits- und Schutzansprüche aus den unterschiedlichen Quellen, die aus den Grundrechten für die Menschen abgeleitet sind. Dies gilt auch für die Menschen, die sich in den Bereichen aufhalten, in denen solche Transportsysteme physisch vorhanden sind beziehungsweise sich bewegen, wie auch für Menschen, die solche Systeme entwickeln, betreiben oder bedienen. Solche grundlegenden Anforderungen der Gesellschaft an Transportsysteme gelten unabhängig davon, ob es sich um Straßenfahrzeuge, Bahnen, Flugzeuge, Schiffe oder gar Raumfahrzeuge handelt. Insbesondere bei den Raumfahrzeugen wird klar, dass es auch immer wieder Fragen danach gibt, welche staatliche Ordnung jeweils als Grundlage gilt.

Ende 2018 gab es Meldungen, dass das amerikanische Unternehmen Boring Company die Erlaubnis erhalten hat, in Los Angeles und in Chicago erste unterirdische Transitstrecken für elektrische, automatisiert fahrende Fahrzeuge zu bauen. Die Idee ist, Elektrofahrzeuge auf eine Lenkachse zu setzen und sie durch einen Tunnel von einem Ende der Stadt zum anderen Ende zu fahren. In diesem Tunnel wäre der Zutritt oder die Zufahrt für andere Fahrzeuge und auch Fußgänger verboten.

Davon verspricht man sich, dass die Gefährdungen für diese Menschen und auch die Risiken, die sich aus der Koexistenz ergeben würden, auf jeden Fall geringer wären. Die Hoffnung ist natürlich auch, dass die Strecke eine hohe Transportleistung bietet, wenn solche Fahrzeuge ähnlich wie ein heutiger ICE über 200 Stundenkilometer fahren können.

3.1.1 Automatisiertes Fahren als Mobilität der Zukunft

Automatisiertes Fahren gilt derzeit als das am meisten diskutierte Thema zur Mobilität der Zukunft. Der deutsche VDA, aber auch amerikanische Normgeber und Behörden haben entsprechende Informationen darüber veröffentlicht, was man gegenwärtig unter diesem Begriff versteht.

Im Allgemeinen werden fünf Klassen als Stufen für das automatisierte Fahren definiert. Die SAE (amerikanisches Normeninstitut) betrachtet die AD-Klassen wie folgt:

- Klasse 0: Keine automatisierten Fahrfunktionen, der Fahrer führt sein Fahrzeug vollständig eigenverantwortlich in jeder Fahrsituation.
- Klasse 1: Das Fahrzeug wird vollständig eigenverantwortlich durch den Fahrer gesteuert, einige Fahrfunktionen werden jedoch durch Automatisierungsfunktionen des Fahrzeugs unterstützt.
- Klasse 2: Das Fahrzeug verfügt über automatisierte Fahrzeugführungsfunktionen, wie das Beschleunigen oder Lenken, aber der Fahrer bleibt voll involviert in das Führen des Fahrzeugs. Er muss jederzeit den Verkehrsraum beobachten.
- Klasse 3: Der Fahrer ist weiterhin notwendig, aber er ist nicht gefordert den Verkehrsraum zu beobachten. Er muss jedoch in der Lage sein, zu jeder Zeit die Fahrzeugführung zu übernehmen, wenn er dazu vom System (Fahrzeug) aufgefordert wird.
- Klasse 4: Das Fahrzeug kann unter bestimmten Umständen alle Fahrfunktionen erfüllen. Der Fahrer kann jedoch die Fahrzeugführung übernehmen.
- Klasse 5: Das Fahrzeug kann unter allen Umständen alle Fahrfunktionen erfüllen. Der Fahrer kann jedoch die Fahrzeugführung übernehmen.

In der Klasse 0 sollten sich der Fahrer wie auch die technischen Systeme so verhalten, als wenn keine technischen Hilfsmittel zur Verfügung ständen.

Selbst Hilfsmittel zur Erkennung von Verkehrsschildern dürfen den Fahrer bei der Fahrzeugführung nicht beeinflussen. Selbst wenn sie ihn positiv beeinflussen, darf durch eine Fehlfunktion oder den Ausfall der Funktion keine Beeinflussung möglich sein.

In der Klasse 1 findet man schon Funktionen, die dem Fahrer die Fahrzeugführung vereinfachen sollen oder ihn dabei aktiv unterstützen. Als Beispiel nennt man oft den Spurhalte-Assistenten; er lenkt leicht gegen oder weist den Fahrer durch einen

Signalton auf überfahrene Fahrbahnmarkierungen hin. Der Fahrer bleibt jedoch in allen Fahrsituationen für die Beobachtung des Verkehrsraums und das Führen des Fahrzeugs voll verantwortlich.

In der Klasse 2 findet man schon aktive Fahrfunktionen, die vom System geführt werden, der Fahrer muss jedoch das Automatisierungssystem in seiner Funktion und den Verkehrsraum kontinuierlich beobachten.

In der Klasse 3 führt ein Automatisierungssystem für eine bestimmte Zeit in einer bestimmten Umgebung das Fahrzeug. Der Fahrer kann sich jedoch in diesen Situationen vom Fahrgeschehen abwenden und braucht den Verkehrsraum nicht mehr zu beobachten. Das setzt voraus, dass das System automatisiert beschleunigt, bremst und lenkt. Der Fahrer muss jedoch in der Lage sein, auf Aufforderung die Fahrzeugführung zu übernehmen. Dies gilt für die vom System unerwarteten Fahrsituationen und bei Fehlern des Fahrzeugs oder des Automatisierungssystems. Im Allgemeinen ist ein Fahrer, der sich vom Verkehrsgeschehen abwendet, nicht jederzeit in der Lage die Fahrzeugführung zu übernehmen. Insbesondere die Zeit, in der der Fahrer die Führung übernehmen muss, gilt als wesentliches Kriterium für die Auslegung des gesamten Fahrzeugs. In dem Fall geht es natürlich nicht um einen trainierten Fahrer oder auch nicht um einen Durchschnittsfahrer. Jeder, der einen gültigen Führerschein hat, darf ein solches Fahrzeug mieten und fahren, man wird ihm nicht verbieten können, unter bestimmten Bedingungen die automatisierten Fahrfunktionen zu verweigern. Es gibt bereits Systeme, die die Alkoholisierung des Fahrers feststellen und dann das Fahrzeug nicht starten. Andere Mechanismen wie das Monitoring des Lenkrades sollen sicherstellen, dass der Fahrer die Hände am Lenkrad hat. Zu solchen Beispielen gibt es interessante Anleitungen im Internet, wie man mit Getränkedosen die Mechanismen überlisten kann. Auch gibt es Fahrerkameras, die den Fahrer beobachten und seine Müdigkeit feststellen sollen. Aber die Systeme verleiten massiv zum Missbrauch und ein Fahrer, der gerade wach vom Sekundenschlaf wird, braucht im Allgemeinen eine signifikante Zeit, um die Fahrzeugführung sicher zu übernehmen. Es gibt bereits viele Veröffentlichungen, die empfehlen, die Klasse 3 nicht umzusetzen, weil der Übergang vom systemgeführten Fahren zum manuellen Fahren durch den Fahrer ein immenses Risiko darstellt.

Klasse 4 bedeutet, dass auf bestimmten Strecken, wahrscheinlich auch nur bei bestimmten Wetterbedingungen, der Fahrer nur noch Passagier ist. Als sehr nahe Lösung wird die Fahrt auf einer abgegrenzten Autobahnstrecke genannt, wo der Fahrer sich dann vollständig von der Fahraufgabe abwendet oder gar schlafen kann. Staufolge- oder Kolonnenfahrassistenten werden oft auch in dieser Kategorie genannt, wobei die erste Funktion oft schon der Klasse 2 zugeordnet wird, weil der Fahrer das Fahrgeschehen noch eigenverantwortlich beobachten soll. Es ist jedoch im wirklichen Serienbetrieb wohl ein Risiko, ob der Fahrer der ihm auferlegten Verantwortung noch wirklich gerecht werden kann. Er wird seine Aufmerksamkeit nicht mehr in allen Verkehrssituationen, bei jeder Wetterlage, in jedem körperlichen Zustand

(Müdigkeit, Stress, Gesundheit) oder bei jeder Verkehrslage hinreichend aufrechterhalten, um bei Bedarf korrekt zu reagieren. Wenn der Fahrer es möchte, kann er jedoch zu jeder Zeit auch wieder selbst aktiv werden. Auch wird er von dem System dann bei Erreichen eines bestimmten Ziels (z. B. einer Autobahnabfahrt) hinreichend dazu aufgefordert die Fahrzeugführerschaft wieder zu übernehmen.

In der Klasse 5 liegt die Vermutung nahe, dass die Insassen allesamt nur noch Passagiere sind. Nur noch auf ausdrücklichen Wunsch darf ein autorisierter Fahrer selber fahren. Folglich bedeutet dies, dass solange das System fährt, kein Insasse in die Fahrzeugführung eingreifen darf, es sei denn, er autorisiert sich als Fahrer.

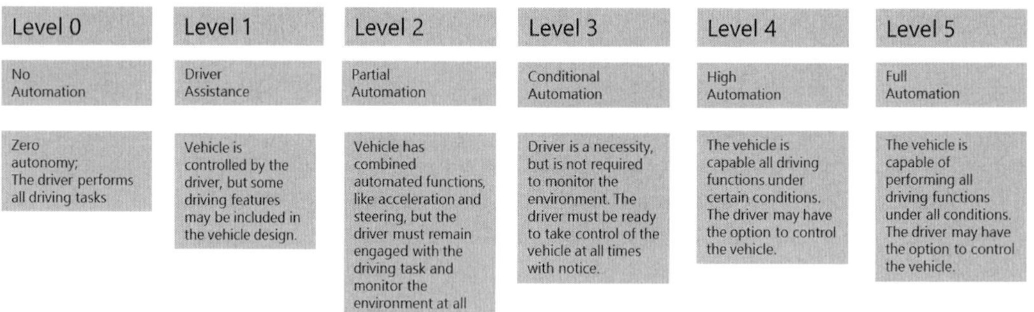

Bild 3.1 SAE-Definition der Automatisierungsklassen

Diese Klasseneinteilung zeigt auf, wie sich bestimmte Fachleute die Evolution des automatisierten Fahrens vorstellen. Im Wesentlichen denkt man sich diese Entwicklung evolutionär, aber nur durch Weiterentwicklung der vorhandenen Technik oder durch Ergänzung bestimmter Funktionen wird dies nicht zu erreichen sein. Bereits jetzt hat man festgestellt, dass die Technik für Fahrerassistenzsysteme nicht einfach für automatisierte Fahrfunktionen verwendet werden kann. Die Sensorik muss zu einer Verkehrsraumerkennung werden und die Infrastruktur, die Position der Verkehrsteilnehmer und deren Bewegungsprofile müssen in hochdynamischen Echtzeitmodellen genutzt werden, um die Fahrzeuge zu steuern. Basierten die ersten Erkennungssysteme noch auf Objekterfassung und deren Tracking, so weiß man heute, dass man eine präzise zeitliche Raumvermessung benötigt, in der während der Fahrt alle Verkehrsteilnehmer und deren Bewegungsprofile erfasst werden müssen.

In der Klasse 0, also bei dem, was wir heute üblicherweise auf der Straße erleben, hat der Fahrer die volle Verantwortung für die Kontrolle des Fahrzeugs und die Beobachtung des Verkehrsraums.

In der Klasse 1 gibt es unterstützende Maßnahmen, alle Eingriffe dürfen jedoch nur so erfolgen, dass der Fahrer die Kontrolle über das Fahrzeug in jeder Fahrsituation auch im Fehlerfall gewährleisten kann.

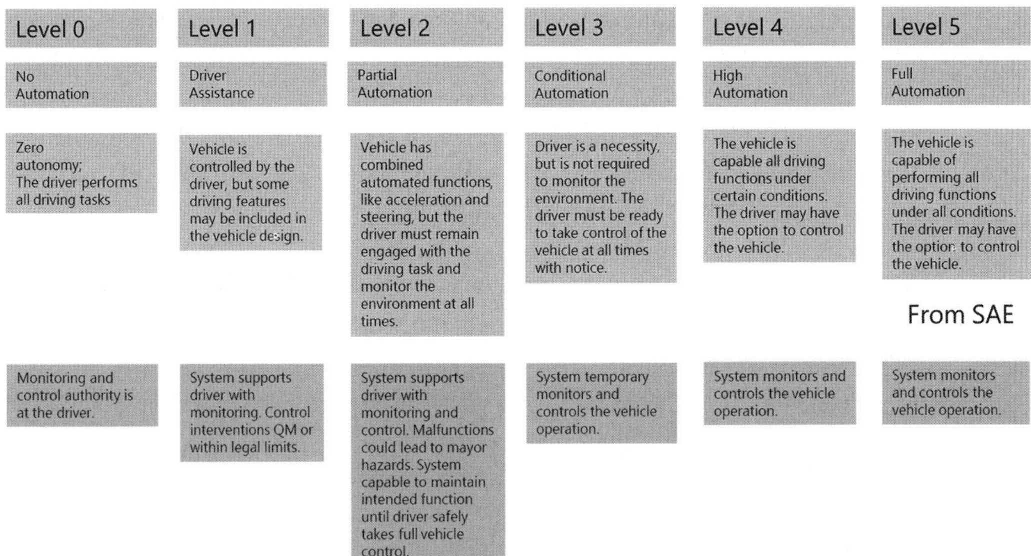

Bild 3.2 Ergänzende Hinweise zu den SAE-AD-Klassen

In der Klasse 2 gibt es ebenfalls unterstützende Maßnahmen, alle Eingriffe dürfen jedoch auch hier nur so erfolgen, dass der Fahrer die Kontrolle über das Fahrzeug in jeder Fahrsituation auch im Fehlerfall gewährleisten kann. Im Gegensatz zu Level 1 müssen ergänzende Sicherheits- und Schutzmaßnahmen implementiert werden, die auch im Fehlerfall Irritationen des Fahrers ausschließen. Fehlfunktionen des Automatisierungssystems dürfen nicht zu Gefährdungen im Straßenverkehr, unabhängig von allen möglichen Situationen und Bedingungen, führen.

In der Klasse 3 gibt es aktive Steuerungssysteme, die dem Fahrer die Fahrzeugführung und gleichzeitig die Beobachtung des Verkehrsraums abnehmen. Dazu gibt es erste Funktionen wie den Autobahn-Piloten, die aber derzeit einen sehr reduzierten Funktionsumfang anbieten. Die Herausforderung besteht darin, dass der jeweilige Fahrzeugführer die Übernahme der Beobachtung des Verkehrsraums und der gleichzeitigen Fahrzeugführung im Fehlerfall sehr schnell sicherstellen muss.

In der Klasse 4 gibt es aktive Steuerungssysteme, die dem Fahrer die Fahrzeugführung und gleichzeitig die Beobachtung des Verkehrsraums in bestimmten Verkehrsbereichen komplett abnehmen. Hier müssen die Systeme in der Lage sein, sämtliche Funktionen und die Verkehrsbeobachtung auch im Fehlerfall sicherzustellen. Dies stellt man sich auf Autobahnen so vor, dass das System in einem bestimmten Zeitintervall dann vom Fahrzeugführer wieder sicher übernommen werden kann oder sicher z. B. auf dem Standstreifen zum Stehen gebracht wird. Ferngesteuerte Fahrzeuge werden oft der Klasse 4 zugeordnet, obwohl der Fahrer gar nicht mehr im Fahrzeug ist, aber der Verkehrsraum für die „fahrerlose Fahrt" sich z. B. auf ein öffentliches

Parkhaus bezieht. Beispiele findet man unter dem Begriff „Valet Parking" bereits mit der entsprechenden Zulassung beziehungsweise Betriebserlaubnis der Behörden.

In der Klasse 5 müssen aktive Steuerungssysteme die Fahrzeugführung und gleichzeitig die Beobachtung des Verkehrsraums in jeder denkbaren Verkehrssituation sicherstellen. In diesen Konzepten werden für die Serienphase kein Lenkrad und keine Pedale vorgesehen, da die Insassen nur noch als Passagiere angesehen werden.

Lange Jahre hat man nun versucht, mit evolutionären Ansätzen die Mobilität zu automatisieren. Auch wegen des Know-hows der Firmen und Mitarbeiter und der Verfügbarkeit von Produktionsmitteln hoffte man, einen hohen Wiederverwendungswert in der bekannten Technik zu finden. Im Gegensatz dazu machen sich viele neue Marktteilnehmer Hoffnung, durch neue disruptive Technik zu einer Revolution in der Mobilisierung beizutragen.

Vielleicht muss man an der einen oder anderen Stelle auch einmal in die Vergangenheit schauen. Hier hatten die Firmen Daimler und Bosch unter der Leitung von Professor Ernst Dickmann von der Bundeswehruniversität in München bereits vor 25 Jahren die ersten Ansätze gezeigt, wie man ein Automatisierungskonzept aufziehen kann. Legendär war die systemgesteuerte Fahrt von München nach Hamburg als Höhepunkt der Arbeiten. In mehreren Veröffentlichungen sowie auch auf der Internetplattform Mobil-Vision kann man erahnen, welche Vorreiterrolle man damals spielte. Im Wesentlichen hatte man vor 25 Jahren erkennen müssen, dass die Rechenleistung der Computer nicht ausreichen würde, um die verschiedenen Verkehrssituationen beherrschen zu können.

3.1.2 Betriebssicherheit

Grundsätzlich muss im Verkehrswesen wie auch bei anderen industriellen Anlagen ein sicherer Betrieb gewährleistet werden. Bei dem Begriff werden wir feststellen, dass wir ja auch eine Betriebserlaubnis für unser konventionelles Auto benötigen, damit es für den öffentlichen Straßenverkehr zugelassen werden kann. Selbst sämtliche Anbauteile, die das Fahrverhalten beeinflussen, benötigen eine solche Betriebserlaubnis. Die älteren Leser werden sich noch daran erinnern, dass man nicht jeden tollen Spoiler einfach aufs Auto schrauben konnte. Es glaubte ja niemand ernsthaft, dass so ein schicker Spoiler tatsächlich das Fahrverhalten beeinflussen würde, eher bestand das Risiko darin, dass der Spoiler andere Verkehrsteilnehmer verletzen oder gar während der Fahrt abfallen und dann zu einer Gefahr werden könnte.

Auf welchem Prinzip beruhen die Betriebssicherheitskonzepte im Straßenverkehrswesen? Dazu finden wir eine Menge Hinweise in der Entstehungsgeschichte des deutschen Straßenverkehrsgesetzes.

Es geht um einen Raum, den sich verschiedene Gruppen oder auch Einzelpersonen teilen. Im Allgemeinen will eine staatliche Gewalt die Mobilität der Menschen auch fördern, solange nicht andere mehr als nach den Umständen zumutbar behindert werden. Sobald man eine Straße von A nach B bauen will, gibt es Parteien, die das begrüßen, und solche, die das ablehnen. Auf so große Mobilitätsprojekte wie Stuttgart 21 oder den Berliner Flughafen braucht man nicht zu verweisen, hier ist die Politik gefordert.

Mit dem Bau einer Straße wird festgelegt, dass der definierte Streckenabschnitt primär den Fahrzeugen vorbehalten sein wird. Ein Fahrradweg oder Fußweg wird primär Radfahrern oder Fußgängern zugeordnet. Eine Straße muss von Fußgängern überquert werden können, Radfahrer dürfen auf ihr fahren, aber auch Autos dürfen anhalten und Personen steigen aus den Autos ein und aus. Unter diesen Aspekten wird eine Autobahn ohne Standspuren, Nothaltebuchten und so weiter als erhöhtes Verkehrsrisiko angesehen.

Konsequenterweise folgt daraus, dass der Verkehrsraum geometrisch und auch zeitlich geteilt werden muss. Wie der Verkehrsraum zeitlich und auch geometrisch genutzt werden darf und welche Prioritäten jeweils gelten, regeln die jeweiligen Straßenverkehrsgesetze.

Grundsätzlich darf jedes Lebewesen zu jeder Zeit am Straßenverkehr teilnehmen. Bei Tieren sind teilweise die Halter verpflichtet regierend zu wirken und je nachdem auch haftpflichtig für Schäden, die durch die unsachgemäße Nutzung des öffentlichen Verkehrsraum entstehen können. Bei Wildtieren ist zumindest jedem Autofahrer das Verkehrszeichen „Wildwechsel“ bekannt, welches auf die Gefahr durch kreuzende Wildtiere im öffentlichen Verkehrsraum hinweist.

Es gibt einen Verkehrsraum, der nur für schnelles Fahren mit dem Auto vorgesehen ist, dort verbietet man Fahrradfahrern, Fußgängern und langsamen Verkehrsteilnehmern (z. B. zulassungsbedingt unter 60 km/h) die Nutzung, so wie wir es von deutschen Autobahnen kennen.

Im Allgemeinen hat jede Gruppe von Verkehrsteilnehmern einen Raum, in dem es geboten ist, sich entsprechend den Straßenverkehrsregeln zu bewegen.

Insbesondere Fußgänger und Radfahrer gelten gegenüber dem Auto als die schwächeren Verkehrsteilnehmer, also genießen sie im Rahmen des Verkehrsrechts einen besonderen Schutz. Sie dürfen jedoch auch nicht unachtsam in den Verkehrsraum eindringen, der für die stärkeren Verkehrsteilnehmer vorgesehen ist, bei minderjährigen Kindern haben die Eltern eine gewisse Sorgfalts- und Aufsichtspflicht.

Da es sich nicht vermeiden lässt, dass z. B. Straßen von Fußgängern überquert werden, muss zeitweise eine Teilung des Verkehrsraums erfolgen, so z. B. an einem Zebrastreifen.

In Deutschland hat ein Fußgänger an einem Zebrastreifen, der eindeutig erkennen lässt, dass er dort die Straße überqueren möchte, ein Vorrecht vor einem heranfahrenden Fahrzeug.

Im Rahmen der jeweiligen Rechtsprechung in den verschiedenen Ländern gibt es juristische Erfahrungswerte, wie das erwartete Verhalten der jeweiligen Verkehrsteilnehmer sein sollte. Das Beispiel Zebrastreifen zeigt sehr deutlich, dass das jeweilige Selbstverständnis über das korrekte Verhalten in vielen Ländern sehr unterschiedlich sein kann.

Ein wesentlicher Punkt in den Straßenverkehrsgesetzen ist der Aspekt von „sehen und gesehen werden“. In den Zulassungsvorschriften für unsere Fahrzeuge gibt es viele Vorgaben, die das Fahrzeug als solches oder seine beabsichtigte Fahrtrichtung betreffen. So dient das Fahrlicht bei Dunkelheit nicht nur dem Fahrer, um den Verkehrsraum übersehen zu können, sondern auch der Wahrnehmung für Fußgänger, die z. B. eine Straße überqueren wollen. Daher gibt es bei Autos auch Rücklichter (rot) und Rückfahrscheinwerfer (weiß).

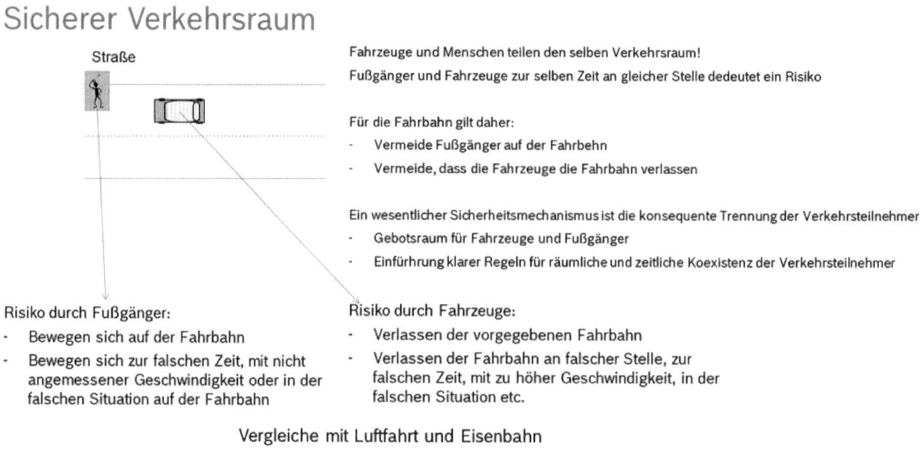

Bild 3.3 Regeln für einen sicheren Verkehrsraum

Die Bremslichter zeigen dem nachfolgenden Verkehr die Bremsabsicht an und die Blinker zeigen die beabsichtigte Fahrtrichtung der Fahrzeuge an. Oft wird der Sicherheitsaspekt von dem Einzelnen nicht wirklich wahrgenommen, was besonders bei der Fahrtrichtungsanzeige im täglichen Leben beobachtetwerden kann.

3.1.3 Betriebssicherheitskonzept für das automatisierte Fahren

Der Verkehrsraum muss für das automatisierte Fahren hergerichtet werden. Wesentliche Punkte sind auf deutschen Autobahnen schon umgesetzt, im urbanen Verkehr müssen noch einige Maßnahmen angegangen werden.

Grundsätzliche Maßnahmen zum Schutz von Fußgängern sind:

- Kennzeichnung des Verkehrsraums für Fußgänger und Fahrzeuge
- Kenntlichmachen von herankommenden Fahrzeugen
- Fußgänger müssen für Fahrzeuge erkennbar sein
- Instruktion und Ausbildung von Fahrern und Fußgängern

Der Verkehrsraum für die jeweiligen Verkehrsteilnehmer muss eindeutig gekennzeichnet sein. Der Raum muss so ausgebildet sein, dass ein übliches Verhalten der jeweiligen Verkehrsteilnehmer möglich gemacht wird. Dies betrifft die Gestaltung des jeweiligen Verkehrsraums, wie Fahrbahn, Radwege und Fußwege, deren Maße und deren hinreichende, auch eventuell bauliche Trennung.

Herankommende Fahrzeuge müssen kenntlich gemacht werden. Fußgänger, insbesondere Kinder, bewegen sich oft irrational. Macht sich ein herankommendes Fahrzeug bemerkbar und die Kinder tollen weiter heftig auf dem Gehsteig, so muss das Fahrzeug auch seine Geschwindigkeit gegebenenfalls reduzieren.

Fahrzeuge benötigen Systeme, die die Fußgänger im Verkehrsraum und ihr Verhalten eindeutig erkennen können. Jedoch müssen Fußgänger auch als solche mit den üblichen Mitteln erkennbar sein. Beleuchtung oder Lichtmuster auf den Gehwegen können dazu beitragen, genauso wie Warnwesten, die Kinder auf dem Schulweg oder Menschen auf der Autobahn heute schon benutzen sollen.

Ohne eine entsprechende Information der Fußgänger über die besonderen Risiken des Verkehrsraums geht es nicht. Insbesondere in den Anfangszeiten des automatisierten Fahrens wird es gewissen Personen ein besonderer Anreiz sein, den Verkehrsfluss zu stören. Dass man sich dabei auch selber massiv gefährden kann, wird meist erst im Schadensfall bewusst. Aber auch betrunkene oder ausgelassene Fußgängergruppen kann man nicht einfach aus dem Verkehrsraum verbannen, daher muss man auch solchen Gruppen durch Hinweise die Situation bewusstmachen, dass automatisierte Systeme sich in dem bestimmten Verkehrsraum bewegen.

Sicherheitsmaßnahmen für Fahrzeuge:

- Fahrzeuge müssen sich eindeutig korrekt im jeweiligen Verkehrsraum verhalten
- Fahrzeuge müssen Personen im Verkehrsraum und in dessen Nähe sicher erkennen
- Fahrzeuge müssen von Fußgängern rechtzeitig wahrgenommen werden
- Fahrzeuge müssen die Straßenverkehrsregeln beherrschen

Eine wesentliche Sicherheitsmaßnahme für automatisierte Fahrzeuge im öffentlichen Verkehrsraum besteht darin, dass die Fahrzeuge sich nur so verhalten, wie es die Personen, die sich in dem Verkehrsraum bewegen, auch erwarten können. Man wird zwar Hinweistafeln wie „Verboten für Kinder unter 6 Jahren, Eltern haften für ihre Kinder“ aufstellen, dies wird jedoch keinen wirksamen Schutz gegen Unfälle bedeuten. Die Fahrzeuge müssen sich eindeutig so verhalten, wie es ein Fußgänger erwarten kann. Dies ist erstmal ein Verhalten, welches dem entspricht, wie sich auch ein Fahrzeug verhält, welches von einem Fahrer gefahren wird. Woher weiß man, wie ein Fahrer ein Fahrzeug üblicherweise auf öffentlichem Verkehrsraum zu führen hat?

Damit eine Person ein Fahrzeug im öffentlichen Verkehr führen darf, braucht sie eine Fahrerlaubnis, einen Führerschein.

Ein Fahrradführerschein wird heute erst 10-jährigen Kindern in Deutschland angeboten, weil man ihnen vorher die notwendige Reife abspricht. Ab einem Alter von 14 Jahren ist dann eine Person in Deutschland eingeschränkt rechtsfähig und dieser Person erlaubt der Gesetzgeber auch gestuft motorisierte Fahrzeuge zu führen. Hat man mit 18 Jahren die volle Geschäftsfähigkeit, so erlaubt der Gesetzgeber auch, dass ein Fahrzeugführer die Erlaubnis erwerben kann, Fahrzeuge voll eigenverantwortlich im öffentlichen Verkehrsraum zu führen.

Analog stellt sich bei sogenannten „autonomen Fahrzeugen“ die Frage: Müssen die Systeme 18 Jahre lernen, um die notwendige Reife zu besitzen, eine Fahrerlaubnis für den öffentlichen Verkehr erwerben zu dürfen?

Auf jeden Fall werden die Experten, die neuronale Netze trainieren, für diese Fahrzeuge wohl älter als 18 Jahre sein müssen. Dass die Fahrzeuge dann von 12-jährigen Computer-Kids mit dem heute bekannten Wissen manipuliert werden können, wird eine besondere Herausforderung der Datensicherheit sein.

Das heißt aber, dass die Systeme, die ein Fahrzeug automatisiert durch den öffentlichen Verkehrsraum fahren lassen, ein Verhalten zeigen müssen, welches dem entspricht, was in einer Führerscheinprüfung abverlangt wird. Dabei gilt es zu beachten, dass es in Deutschland eine theoretische und eine praktische Führerscheinprüfung gibt. Somit stellt sich z. B. schnell die Frage, ob in Indien geborene Programmierer, die in den USA leben und dort einen Führerschein erworben haben, ein Automatisierungssystem für deutsche Straßen entwickeln können?

Entwickeln werden es die Personen können, die auch die notwendigen Anforderungen erfüllen können. Zulassen oder freigeben wird es nur eine von dem jeweiligen Gesetzgeber autorisierte Organisation können. Dies sind in Deutschland z. B. durch das Kraftfahrtbundesamt zugelassene und nach geltendem Gesetz akkreditierte Gesellschaften, Organisationen oder Unternehmen wie die TÜVs (Technische Überwachungsvereine).

Was bedeutet es für ein technisches System, wenn es ein Fahrzeug so führen muss wie ein menschlicher Fahrzeugführer mit einer für die Fahrzeugklasse gültigen Fahrerlaubnis?

Für einen Führerscheinerwerber heißt es, bei der theoretischen Prüfung müssen folgende Aspekte bekannt sein:

- die Verkehrsregeln der Straßenverkehrsordnung,
- die Verhaltensregeln in sämtlichen Verkehrssituationen.

In der praktischen Prüfung muss der Führerscheinerwerber zeigen,

- dass er die Verkehrsregeln im öffentlichen Verkehrsraum richtig interpretieren kann,
- dass er die Fähigkeit besitzt, sich in der jeweiligen Verkehrssituation auch regelgerecht zu verhalten.

Viele Autofahrer haben die Prüfungen als Stress empfunden und hatten oft das Glück, dass die Führerscheinprüfer ihnen keine extrem schwierigen Verkehrssituationen während der Prüfung abverlangt haben. Die technischen Systeme werden aber bei ihrer Zulassung diese Anforderungen erfüllen müssen.

In den technischen Systemen müssen Funktionen verankert sein, z. B.

- Verkehrsregeln kennen und befolgen, die in den jeweiligen Situationen, in dem jeweiligen Gebiet etc. gelten,
- Funktionen, die Verpflichtungen von Fahrern und Haltern von Fahrzeugen gewährleisten,
- Funktionen, die übliche Verhaltensweisen abbilden und dem Fahrer auferlegt sind, damit er die Erlaubnis erlangt, Fahrzeuge in diesem Verkehrsraum zu bewegen.

Das führt dazu, dass Funktionen implementiert werden, die sämtliche Anforderungen umsetzen können, die bis heute Menschen auferlegt waren.

Für die Koexistenz von Fahrzeugen und Fußgängern müssen

- Regeln und Vorschriften für den Verkehrsraum definiert und von allen beachtet werden,
- grundlegende Verhaltensweisen des steuernden Systems in den verschiedenen Fahrsituationen sowie
- Regeln für Wartung und Service festgelegt werden.

Hierbei wird es notwendig sein, Analogien zu anderen Industrien und Transportsystemen zu identifizieren und Regeln und Vorschriften für den Straßenverkehr daraus abzuleiten.

3.2 Erweiterung des Sicherheitslebenszyklus für die automobile Zukunft

Der Sicherheitslebenszyklus der ISO 26262 beginnt mit einer „Item Definition“, wobei ein ITEM ein System in einem Fahrzeug ist, welches mindestens aus Sensoren und Aktuatoren besteht. Auch Informationsschnittstellen und andere funktionale oder technische Schnittstellen werden als Eingangs- oder Ausgangsschnittstellen Sensoren und Aktuatoren gleichgestellt. So wird das ITEM oft auf ein Produkt reduziert. Zulieferer auch in der dritten und vierten Ebene können sich auf ein ITEM beziehen. Ursprünglich hatte die ISO 26262 für Teilprodukte das SEooC „Safety-Element-out-of-Context" vorgesehen, dies hat den Nachteil, dass für die Integration dieser Teile ein kompletter Prozess gemäß ISO 26262 aufgesetzt werden muss. Viele Hersteller von Produkten wie Steuergeräten, hybriden Halbleitern (z. B. ASICs), aber auch von Software-Komponenten wie Basis-SW-Paketen konnten dem Integrator glaubhaft versichern, dass ein Integrationsprozess gemäß ISO 26262 für ihre Produkte nicht mehr notwendig ist. Dies führt in der Praxis neben finanziellem Schaden der Hersteller und Integratoren auch zu weiteren Risiken für die Anwender und Nutzer und damit für die Fahrer, Insassen und jeden Teilnehmer am Straßenverkehr.

Ein weiterer Aspekt zeigt auf, dass die Umgebung für ein Steuergerät nicht mehr den typischen Standards entspricht, wie sie vor wenigen Jahren noch normal waren.

3.2.1 Fahrzeug in einer definierten Umgebung

Um eine umfassende Sicherheitsanalyse durchzuführen, müssen zuerst das mobile System und seine Zielumgebung definiert werden. Wie alle Personen wissen, die einen Führerschein haben, gelten auf der Autobahn, der Landstraße innerhalb und außerhalb geschlossener Ortschaften sowie auf Parkplätzen oder in Parkhäusern unterschiedliche Anforderungen. Das heißt, der Fahrer muss seine Fahrweise der Umgebung anpassen. Es gibt daher überhaupt kein Argument dafür, dass sich ein Automatisierungssystem, welches ein Fahrzeug führt, nicht den Anforderungen aus der Umgebung anpassen müsste. Selbst bei der einfachen Autobahn, auf der Radfahrer, langsame Fahrzeuge und Fußgänger verboten sind, wird es länderspezifisch, wetterbedingt, bedingt durch verschiedenes Verkehrsaufkommen und die unendlich hohe Vielfalt an individuellen Bedürfnissen der Autobahnbenutzer eine unzählbare Varianz an Kombinationen geben, mit denen das Automatisierungskonzept klarkommen muss.

Es gibt insbesondere von den amerikanischen Firmen forciert Fahrmanöverkataloge, die die typischen Situationen klassifizieren sollen, wobei z. B. die Verkehrsdichte, Wettersituationen und auch das typische variable Fahrverhalten der anderen Verkehrsteilnehmer nicht berücksichtigt werden. Dies mag für Prototypen-Freigaben und Fahrten bei schönem Wetter zu Tageszeiten mit wenig Verkehr hinreichend sein, aber für den Alltag führt dies zu keiner sicheren Lösung.

Zielführend ist dieser Analyseschritt jedoch für regulierte Bereiche, in denen das automatisierte Fahren erlaubt wird. Hier kann man z. B. durch organisatorische Maßnahmen, Instruktionen und auch bauliche Maßnahmen (Zaun bauen oder

Tunnel für Radfahrer und Fußgänger sperren) dafür sorgen, dass bestimmte Risiken vermieden werden.

Neben dem Verkehrsraum und den Verkehrs- und Umgebungsbedingungen muss auch eine endliche Anzahl von typischen Verhaltensmustern (Use-Cases) aufgezeigt werden. Zum Beispiel kann man betrachten, welche Kombinatorik, welche stabilen Zustände (stationäre Geradeausfahrt, Kurvenfahrt etc.), welche Übergänge von Zuständen (von Geradeausfahrt zur Kurvenfahrt, von trockner Fahrbahn zu nasser Fahrbahn, Anhalten, Anfahren etc.) auftreten. Ohne diese typischen Verhaltensmuster gibt es keine Spezifikation für die zu implementierenden Funktionen und wenn es keine Spezifikation gibt, ist ein Verifizieren und Validieren unmöglich.

In dieser ersten Phase macht es keinen Sinn, das Fahrzeug schon näher zu betrachten, da nur die Freiheitsgrade, die ein Fahrzeug hat, zu einer Gefährdung führen können. Sämtliche Maßnahmen zum Insassenschutz oder Maßnahmen, um Unfallfolgen für Insassen zu minimieren, hängen maßgeblich vom Fahrzeugdesign ab.

Es ist praktisch hinreichend, das Fahrzeug als einen bewegten Quader anzusehen,

- der sich um die Längsachse langsamer oder schneller und vorwärts oder rückwärts und
- um die Querachse vorwärts oder rückwärts nach links oder rechts bewegen kann.

Die mögliche Drehung um die Hochachse kann solange vernachlässigt werden, solange man dem Prinzip der Ackermann-Lenkung folgt, das heißt, nur die Vorderachse lenkt wie eine klassische 2-achsige Kutsche. Es gab bereits Ideen auch mit einer Knicklenkung Fahrzeuge zu entwickeln, dabei wäre eine Drehung auf der Stelle möglich. Auch Drehungen auf der Stelle wie bei ferngesteuerten Fahrzeugen möglich, indem man auf der einen Seite alle Räder vorwärts und auf der anderen Seite alle Räder rückwärts drehen lässt, kann man im Allgemeinen als Anwendungsfall vernachlässigen.

3.2.2 Gefahren- und Risikoanalyse

Nachdem die Fahrzeuge in ihren Anwendungsfällen, in ihren

- beabsichtigten Verhaltensmustern der Fahrzeuge,
- dem Verkehrsraum,
- dem erwarteten Verkehrsaufkommen,
- der erwarteten Umgebung des Verkehrsraums,
- dem erwarteten Verhalten der anderen Verkehrsteilnehmer,
- den zu erwartenden Wetterverhältnissen und anderen Umgebungseinflüssen
- und so weiter

definiert sind, sollte eine erste Gefahren- und Risikoanalyse erfolgen.

Diese Gefahren- und Risikoanalyse sollte methodisch ähnlich wie eine Functional Hazard Analysis (FHA) gemäß ARP 4761 ablaufen und die obengenannten Aspekte in den verschiedenen Fahrsituationen systematisch abhandeln. Im Allgemeinen wird die FHA methodisch wie eine Fehlerbaumanalyse erarbeitet, die Ergebnisse werden jedoch sinnvollerweise in Tabellen dargestellt.

Methodisch werden sämtliche zulässigen Verhaltensmuster in den jeweiligen Anwendungsfällen (Use-Cases) in eine Matrix aufgenommen.

Der erste Schritt der Analyse betrachtet diese Use-Cases unter den zu erwartenden Bedingungen wie in der Aufzählung oben oder ergänzt um weitere mögliche Einflüsse, wie Wechselwirkungen mit fliegenden Objekten.

Der zweite Schritt hinterfragt dann, ob es mögliche Risiken gibt, die von Bedingungen herrühren, die bisher so nicht zu erwarten waren.

Sämtliche gefährlichen Situationen kann man auf ein Top-Ereignis abbilden und die ursächlichen Risiken analytisch ermitteln.

In dieser Phase sollte man anstreben zu vermeiden, dass die möglichen Risiken zu den möglichen Gefahren führen können.

Die typischen Maßnahmen sind baulicher oder organisatorischer Natur. Die bereits vorgesehenen Einschränkungen für Personen und Radfahrer für den betrachteten Streckenabschnitt muss man als risikoreduzierende oder -vermeidende Maßnahme kenntlich machen.

Alle Maßnahmen sollten so herausgearbeitet werden, dass sie Anforderungen bilden an weitere

- Aktivitäten (prüfen, testen, analysieren etc.),
- bauliche (baue Leitplanken) oder gestalterische Maßnahmen (kennzeichne die vorgesehene Fahrspur mit Linien),
- Instruktionen (Regeln für das Verhalten der technischen Systeme, Verkehrsschilder etc.),
- organisatorische Maßnahmen (Verbote für Fahrzeuge unter 25 km/h).

3.2.3 Verifikation und Validation der Maßnahmen

Sämtliche Anforderungen (die sich hier aus den Maßnahmen der Analyse ergeben) müssen danach verifiziert werden, ob sie z. B.

- vollständig erfüllt und die Risiken vermieden oder hinreichend gemindert werden,
- konsistent sind mit anderen Maßnahmen und auch für das definierte Vorhaben Sinn machen,
- korrekt sind und das Geforderte auch umsetzbar oder durchsetzbar ist.

Weiter muss eine Validierung stattfinden, die

- die definierten risikoreduzierenden Maßnahmen als richtige und effektive Maßnahmen bestätigt,
- die Erreichung der notwendigen Risikoreduzierung analysiert.

Insbesondere während der Verifikations- und Validationsaktivitäten wird man feststellen, dass man in intensive Prozessiterationen läuft, da die gesamte Gefahren- und Risikoanalyse nun systematisch durchlaufen werden muss, bis die Maßnahmen ausreichend sind.

Wird die Machbarkeit und Umsetzbarkeit der notwendigen Maßnahmen geprüft, wird man wieder zu sehr vielen Prozessiterationen kommen, da die meisten Maßnahmen

- den Nutzen des Vorhabens zu sehr einschränken,
- zu hohe Kosten verursachen,
- technisch nicht umsetzbar sind,
- organisatorisch oder gesellschaftlich nicht durchsetzbar oder akzeptabel sind.

Diese Prüfung wird auch oft als ALARP (as low as reasonable practicable) beschrieben.

3.2.4 Prüfung des relevanten Rechtsraums

Die bisherige Kette hat einen Verkehrsraum bei gleichen Bedingungen ähnlich betrachtet und nicht unterschieden, in welchem rechtlichen Kontext das Vorhaben umgesetzt werden soll. Hier wird man zur Kenntnis nehmen müssen, dass in Europa, in Amerika oder in den verschiedenen Staaten von Asien ganz andere Rechtsprinzipien vorgefunden werden können. In den Kapiteln zu den rechtlichen Grundlagen wurde auf Themen wie das Wiener oder Genfer Abkommen bereits hingewiesen.

Rechtliche Aspekte können

- die Gestaltung des Verkehrsraums betreffen,
- die Nutzung unterschiedlich einschränken oder begrenzen,
- verschiedene Anforderungen an das Verhalten der Fahrzeugführer (oder der Funktion, die dies nun ersetzt) stellen,
- verschiedenes Verhalten bei bestimmten Wetterbedingungen fordern,
- verschiedene Ausstattungsmerkmale für die Fahrzeuge festlegen,
- verschiedene Funktionen und Ausstattungsmerkmale für die Verkehrssteuerung und -regelung erfordern
- und so weiter.

3.2.6 Betriebssicherheit für automatisierte Fahrfunktionen

All diese Untersuchungen ergeben einen Satz von Anforderungen an

- den Verkehrsraum,
- das Fahrzeugverhalten (früher an den Fahrzeugführer, der im Allgemeinen eine Führerscheinprüfung bestanden hat),
- das Design des Fahrzeugs und
- die Regeln, die für den Verkehrsraum gelten.

Die Gesamtheit dieser Maßnahmen bildet das Betriebssicherheitskonzept für das definierte Vorhaben, es soll einen sicheren Betrieb in dem Verkehrsraum sicherstellen.

Im Rahmen des Betriebssicherheitskonzeptes wird das Fahrzeug immer noch als ein Quader mit vier Rädern und einer gelenkten Achse vorn betrachtet, es werden jedoch schon wesentliche Anforderungen an das Fahrzeug gestellt, damit es für den definierten Betrieb zugelassen werden kann. Daher heißt bis heute die Zulassung, die wir im Fahrzeug mitführen müssen, auch Betriebserlaubnis. Weiter haben wir als Halter einen Kraftfahrzeugbrief, worin die Rechtmäßigkeit über eine EU-Konformitätsbescheinigung bestätigt wird.

Nancy C. Leveson hat die Entwicklung eines Betriebskonzepts im Rahmen von STAMP (Systems-Theoretic Accident Model and Processes) mit zwei Säulen durchgeführt:

- mit der Systementwicklung, also den Aspekten, die wichtig sind und die Anforderungen, Architektur und das Design des zu entwickelnden System betreffen, und
- mit der Betriebsstrategie für das System, die in einem Regelkreis mündet, bestehend aus dem betrachteten Steuerungs- und Regelsystem, den Sensoren, den Aktuatoren und dem zu regelnden physikalischen Prozess.

Beide Stränge beginnen mit den gesetzlichen Anforderungen gefolgt von den Managementprozessen in den jeweiligen Hierarchien und münden jeweils im

- Projektmanagement für die Systementwicklung und dem
- Betriebsmanagement für den Einsatz des Systems.

Die Bindeglieder der beiden Prozesse sind die evolutionäre Weiterentwicklung des Systems und die Wartung und der Service für das System.

Wie die Aufteilung tatsächlich aussieht, wie viel der Gesetzgeber in den jeweiligen Ländern durch Instruktionen und Einrichtungen den Fahrzeugen auferlegt, wird wohl sehr unterschiedlich sein. In den USA wird dies auf Ebene der Bundesstaaten schon sehr vielfältig gestaltet und in Asien wird es sehr viele Länder geben, die ganze Verkehrsräume für Fußgänger, Radfahrer und nicht automatisierte Fahrzeuge sperren. Das hört sich auf den ersten Blick gesellschaftlich sehr unfreundlich an, aber auf deutschen Autobahnen gelten die Einschränkungen schon über ein halbes Jahrhundert und die bauartbedingte maximale Höchstgeschwindigkeit auf deutschen Autobahnen grenzt langsame Fahrzeuge ebenfalls aus. Die bereits erwähnte amerikanische Firma The Boring Company hat zum Ziel, Tunnel zu graben für elektrisch automatisiert fahrende Fahrzeuge.

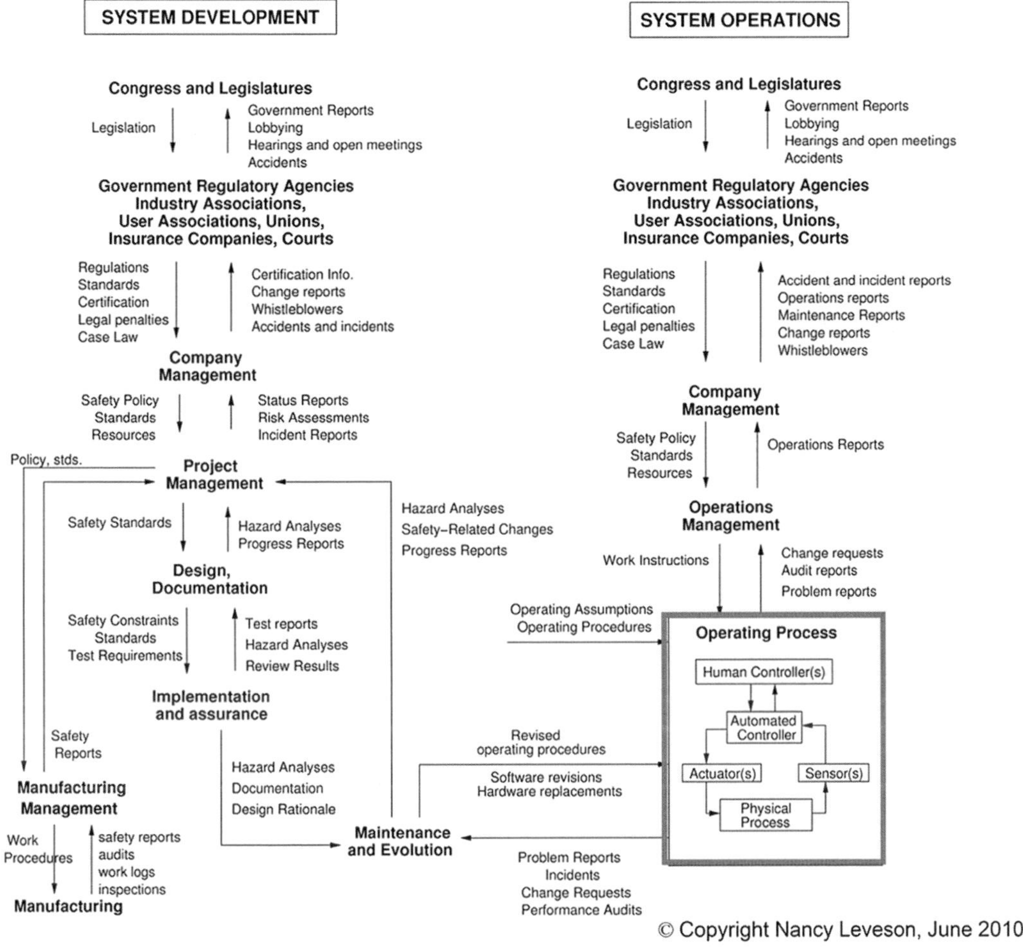

Bild 3.4 Systementwicklung und Betriebsstrategie-Entwicklung (Quelle: Leveson 2010)

3.2.7 Ansätze zur Zulassung von automatisierten Fahrzeugen für den öffentlichen Straßenverkehr

Auf Initiative der OICA (Organisation Internationale des Constructeurs d'Automobiles, Lobby-Organisation mit über 30 nationalen Mitgliedsverbänden, wurde auf

Initiative der deutschen Hersteller 1919 in Paris gegründet) wurde ein UN-ECE-Entwurf formuliert, der Anfang 2019 zur Abstimmung kommen soll.

Veröffentlicht wurde der Entwurf im November 2018 und ist unter folgendem Namen im Internet zu finden: https://www.unece.org/trans/main/wp29/wp29wgs/wp29grva/grva2019.html. Die hier beschriebenen Auszüge und Bilder stammen aus dem Dokument: „ECE/TRANS/WP.29/GRVA/2019/13“ vom 19. November 2018. In dem Papier wird der deutsche Begriff „Zulassung“ mit dem Begriff „Zertifizierung“ und abgeleiteten Worten übersetzt.

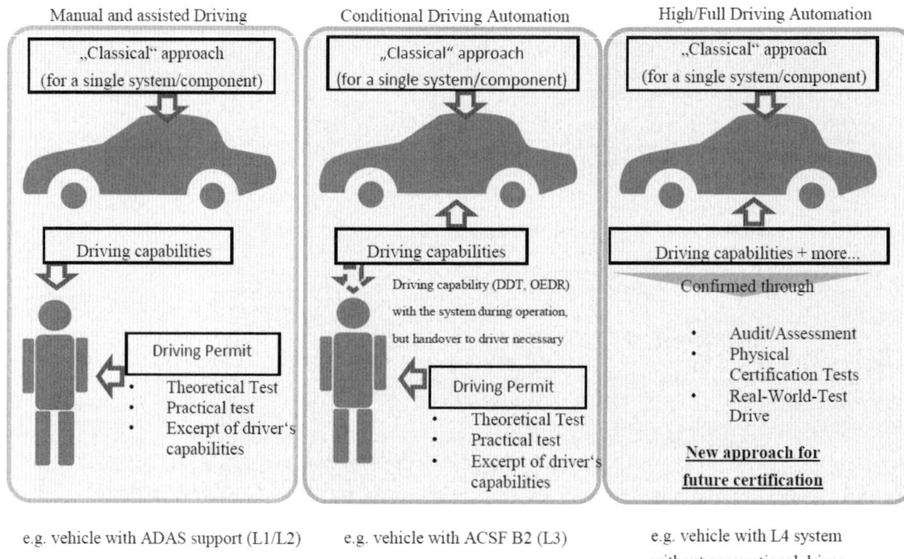

Bild 3.5 Neuer Zertifizierungs-(Zulassungs-)Ansatz auf Basis eines OICA-Vorschlags (Quelle: ECE/TRANS/WP.29/GRVA/2019/13)

Es werden die bekannten Klassen für das automatisierte Fahren (in den vorherigen Kapiteln bereits beschrieben) in drei Hauptklassen unterteilt.

- Die Klassen 1 und 2 werden als die bisher bekannten Funktionen des automatisierten Fahrens beschrieben, die weitgehend aus Erweiterungen der Assistenzfunktionen hervorgegangen sind.
- Aus der Klasse 3 werden bedingte automatisierte Fahrfunktionen abgeleitet, in denen besondere zugelassene Systeme installiert sind, die die Übergabe vom manuellen Fahren (der Fahrer ist voll verantwortlich für das Führen des Fahrzeugs und die Beobachtung des Verkehrsraums) zum systemgesteuerten Fahren (inklusive Verkehrsraumbeobachtung) regeln.
- In den Klassen 4 und höher werden Fahrzeuge zusammengefasst, in denen der Fahrer dann komplett aus dem Fahrgeschehen ausgenommen wird und die Insassen über einen längeren Zeitraum nur noch Passagiere sind.

Für die höchste Klasse werden

- besondere Audits und Assessments für die Hersteller vorgesehen,
- bestimmte physikalische Zulassungstests und
- reale Welttestfahrkataloge definiert,

um eine Zulassung zu erzielen.

Der Ansatz sieht drei Säulen dafür vor, wie man die Erlaubnis, mit automatisierten Fahrfunktionen auf öffentlichen Straßen zu fahren, erlangen kann.

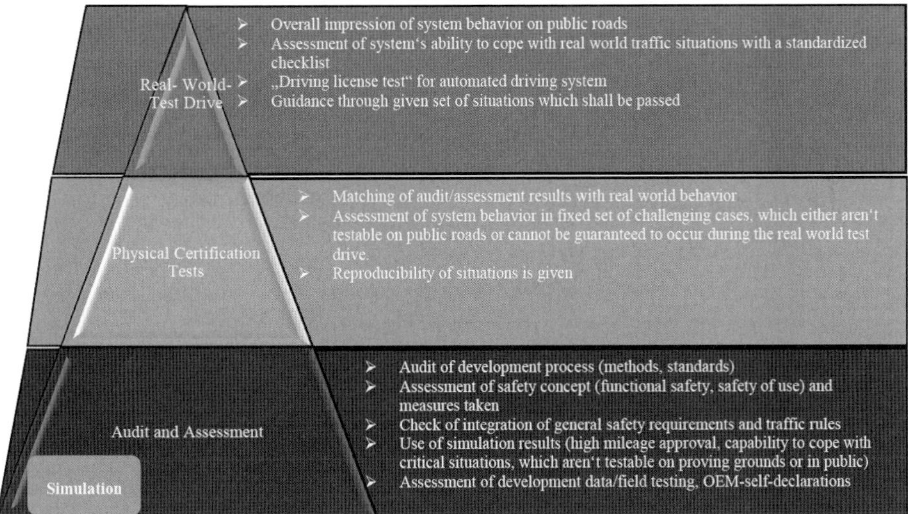

Bild 3.6 Säule nach OICA für die Zulassung von AD-Fahrzeugen
(Quelle: ECE/TRANS/WP.29/GRVA/2019/13)

Die erste Säule basiert auf Auditierungen und Assessments mit folgenden Maßnahmen:

- Auditierung der Entwicklungsprozesse (Methoden und Standards),
- Assessments der Sicherheitskonzepte (funktionale Sicherheit und Gebrauchssicherheit) und der abgeleiteten Maßnahmen,
- Überprüfung der Integration der Sicherheitsanforderungen und Beachtung der relevanten Verkehrsregeln,
- Erkenntnisse aus Simulationen (Kredit aus intensiven Validierungsfahrversuchen (gefahrene Kilometer); Fähigkeit mit kritischen Situationen umzugehen, die nicht auf Testgeländen oder auf öffentlichen Straßen überprüfbar sind),
- Assessments der Entwicklungsdaten und Feldtestergebnisse sowie Hersteller-Selbstverpflichtungen.

Die Säule der physikalischen Zulassungstests sieht folgende Ziele und Fragen vor:

- Wie gut passen Audit- und Assessmentergebnisse zu dem Verhalten in der realen Welt?

- Assessment und Validierungstests der Funktionen, die auf Teststrecken oder öffentlichen Straßen nicht überprüfbar sind.
- Argumente für die Reproduzierbarkeit der Maßnahmen in den Situationen: Wie gut werden die betrachteten Situationen und ihre Kritikalität wiedergegeben?

Die „Reale-Welt-Prüfung" betrachtet folgende Aspekte:

- Gesamteindruck des Verhaltens auf öffentlichen Straßen,
- Bewertung der Fähigkeit, die realen Verkehrssituationen zu beherrschen, und Nutzung von standardisierten Prüflisten,
- Führerscheinprüfungen für das Automatisierungssystem,
- Richtlinien und Vorgaben für zu betrachtende Situationen.

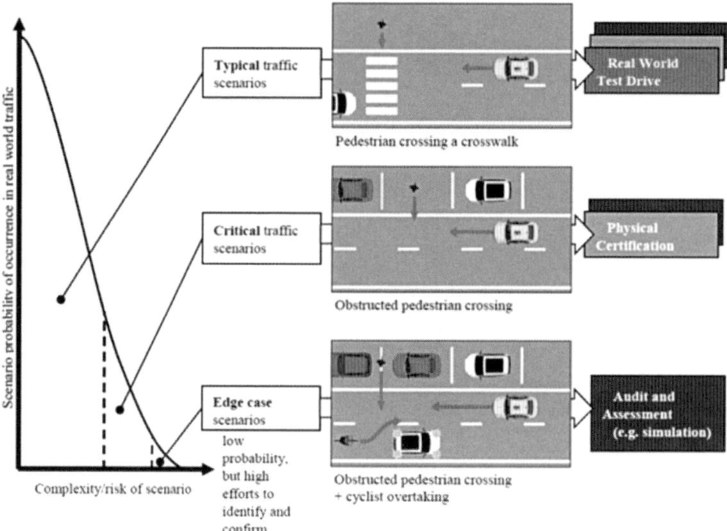

Bild 3.7 Beispiele für unterschiedliche Prüfmaßnahmen für automatisierte Fahrfunktionen (Quelle: ECE/TRANS/WP.29/GRVA/2019/13)

Zu den drei Säulen wird auch ein Beispiel gegeben:

- Das Beispiel sieht vor, dass eine Person die Straße überquert.
- Die Situation am Zebrastreifen mit einem nahenden AD-Fahrzeug wird als übliche Situation angesehen.
- Für die physikalische Prüfung wird vorgesehen, dass die Person zwischen parkenden Fahrzeugen auf die Straße geht.
- Für das Audit und Assessment werden die Fähigkeit des Systems und die Analysen und Simulationen dazu betrachtet, bei Gegenverkehr korrekt zwischen dem Ausweichen mit Fahrt in den Gegenverkehr und dem Unfall mit der Person abzuwägen.

Vergleich zwischen Luftfahrt und einem Regulierungsansatz für Roboter-Taxis

Ein weiterer interessanter Aspekt wurde im Forbes-Magazin diskutiert. Hier hat man die Regierungen, Zulassungsmethoden und den Anteil betrachtet, den Versicherungen im Verkehrswesen an Risiko abdecken.

	(Airplane)	(Robotaxi)
Regulation	FAA, airlines, and independent organizations work together to design procedures required to determine when an aircraft is safe to fly	DMV/DoT, robotaxi operators, and independent organizations work together to design procedures required to determine when and how an autonomous car is safer than a human driver
Certification	Government regulators, in partnership with airlines and contractors, certify aircraft and crew before flights	Government regulators, in partnership with robotaxi operators and contractors, periodically certify vehicle hardware, software, and tele-operations
Insurance	Insurance carriers underwrite the possibility of an accident, as well as the cost of performing requisite disclosures and investigations, assuming the airline is compliant	Insurance carriers underwrite the possibility of an accident, as well as the cost of performing requisite disclosures and investigations, assuming the robotaxi operator is compliant

Airplane and autonomous vehicle icons made by monkik and Freepik from www.flaticon.com, respectively.

Tomorrow's robotaxi operators will have a lot in common with today's airlines.

Bild 3.8 Risikomanagementvergleich zwischen Luftfahrt und zukünftigen Roboter-Taxis (Quelle: Farshchi 2018)

Eine Regulierung der entsprechenden Verkehrswege wie in der Luftfahrt wird nur durch eine staatliche Stelle erfolgen können oder durch eine Stelle, die von den nationalen Behörden autorisiert wird. Natürlich wird sich in Europa dazu die EU berufen fühlen, wobei man auch mit den Mitgliedsstaaten versuchen wird, Vorgaben strukturiert zu erarbeiten. Der Ansatz oben von der OICA wird für die Fahrzeugzulassung auch eine denkbare Grundlage sein. Wie es mit der Harmonisierung des Verkehrsrechts weitergehen wird, entscheidet sich auch in Europa mit der Erstellung von relevanten EU-Richtlinien, ansonsten wird automatisiertes Fahren immer eine Insellösung bleiben. Wesentlich ist, dass es Betreibermodelle geben muss. Würde man nur die Hersteller in die Verantwortung bringen, könnten die Vorgaben an relevanten Geschäftsmodellen scheitern. Öffentlicher Verkehr funktioniert in allen Bereichen der Mobilität, ob bei der Schifffahrt, bei Bussen, Bahnen oder im Luftverkehr, nur über Betreibermodelle; Individualverkehr mit autonomen Fahrzeugen läuft rechtlich bisher in keinem Industrieland.

Diese Spielregeln für die Infrastruktur, die Fahrzeuge und die Betreiber müssen detailliert ausgearbeitet und überwacht werden. Damit diese Vorgaben hinreichend definiert und auch überwachbar sind, muss es eine Organisation geben, die die Fahrzeuge und auch die Betreiber für die verschiedenen Verkehrsräume zulässt. Im Englischen spricht man von Zertifizierung (certification), es geht aber in unserem üblichen Sprachgebrach um die Zulassung für Fahrzeuge und Betreiber im jeweiligen Verkehrsraum. So musste Uber (amerikanisches Unternehmen) auch lernen, dass man in Deutschland eine Zulassung benötigt, um ein Taxi-Unternehmen betreiben zu können.

Im dritten Aspekt geht es um Risiken, die als solche nicht direkt vorhersehbar sind, aber in jedem Verkehrssystem immer wieder passieren. Da das Risiko für den Einzelnen schnell zu sehr hohen finanziellen Belastungen führen kann, wird es in allen Industriestaaten auch über Versicherungen mitgetragen. Wir kennen dies in Deutschland seit vielen Jahrzehnten: Ohne Haftpflichtversicherung wird kein Fahrzeug für den öffentlichen Straßenverkehr zugelassen. Es ist auch vielen bekannt, dass Versicherungen bei grober Fahrlässigkeit die Schadenssumme zurückverlangen können oder einfach nicht bezahlen brauchen. Daher werden die Versicherungen auch einen wesentlichen Einfluss auf die Sicherheitsanforderungen haben, die für das automatisierte Fahren relevant sind. Ob die Versicherungen in Summe über die Gesetzgeber auf die Zulassung von Betreibern und Fahrzeugen einwirken oder eigene individuelle Regelungen finden werden, wird sich zeigen. Aber ohne bestimmte Versicherungen wird es keine Betreiber oder Fahrzeugzulassungen geben können.

3.2.8 Normen aus dem Maschinenbau, die sich mit automatisierten Transportsystemen beschäftigen

Auch im Maschinenbau wird der Überbau der Sicherheitsanforderungen durch gesetzliche Regelungen, die in Deutschland auf EU-Verträgen beruhen, definiert.

EU-Richtlinien haben gesetzlichen Charakter und sind nach Möglichkeit durch die Mitgliedsstaaten in nationalen Gesetzen umzusetzen. Neben EU-Richtlinien werden Normen (teils verbindlich als „harmonisierte Normen") aufgeführt, deren Eignung für den Anwendungsfall zu prüfen ist.

Die Spitze der Pyramide basiert auf EU/AEU-Verträgen. Dies sind Verträge, die die Arbeitsweise der Europäischen Union regeln und die Abgrenzung und die Einzelheiten der Ausübung ihrer Zuständigkeiten festlegen.

AEUV, Artikel 1 (Quelle: Vertrag über die Arbeitsweise der Europäischen Union, konsolidierte Fassung, 26. Oktober 2012):

> *(1) Dieser Vertrag regelt die Arbeitsweise der Union und legt die Bereiche, die Abgrenzung und die Einzelheiten der Ausübung ihrer Zuständigkeiten fest.*
>
> *(2) Dieser Vertrag und der Vertrag über die Europäische Union bilden die Verträge, auf die sich die Union gründet. Diese beiden Verträge, die rechtlich gleichrangig sind, werden als „die Verträge" bezeichnet.*

In der zweiten Ebene befinden sich Richtlinien und Verordnungen der EU. Zu den EU-Richtlinien zählt z. B. die Maschinenrichtlinie 2006/42/EG. Auf Bundesebene folgen das Grundgesetz, Gesetze und Verordnungen. Der Artikel 2 des Grundgesetzes definiert die körperliche Unversehrtheit, die für den geforderten Anwendungsbereich von großer Bedeutung ist. Die nächste Ebene beinhaltet die technischen Normen auf internationaler (IEC), regionaler (EN) und nationaler (DIN) Ebene und technische Spezifikationen und Regeln. Die hier genannten Normen werden im Allgemeinen von der CEN (Comité Européen de Normalisation) oder CENLEC (Comité Européen de Normalisation Électrotechnique) herausgegeben.

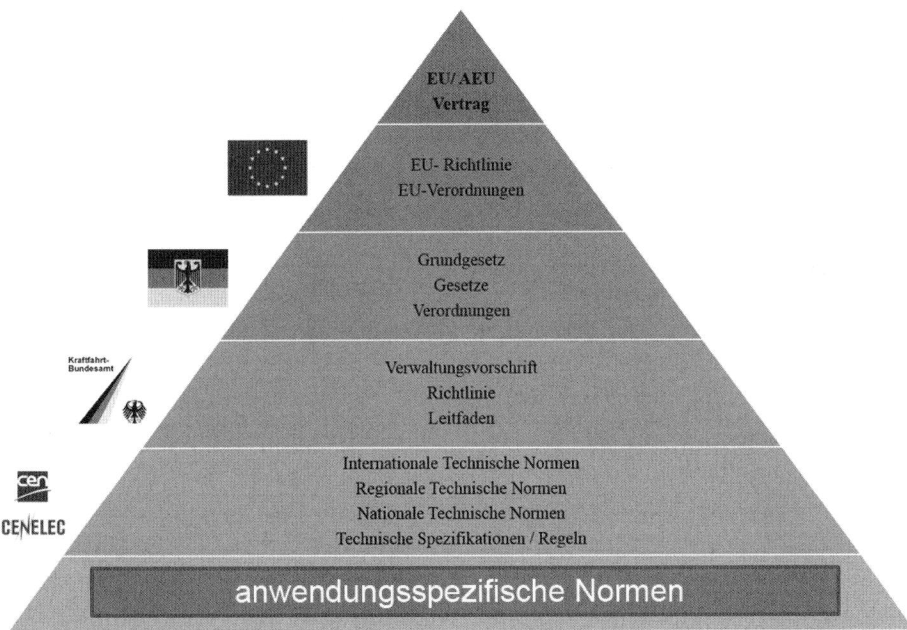

Bild 3.9 Normenhierarchie aus der Maschinenbauindustrie

Die unterste Ebene der Pyramide sind anwendungsspezifische Normen.

Wesentlich für die Maschinenbauindustrie ist die Richtlinie 2006/42/EG.

Die Richtlinie 2006/42/EG ist vom europäischen Parlament und vom Rat der Europäischen Union im Jahr 2006 erlassen worden und unter dem Namen Maschinenrichtlinie bekannt.

Der internationale Standard, der die Sicherheit von Maschinen und deren allgemeine Gestaltungsgrundsätze betrachtet, ist die DIN EN ISO 12100. Aus der DIN EN ISO 12100 leiten sich Normen ab wie die EN ISO 13849 und die DIN EN 61508.

Eine Maschine ist als „eine mit einem anderen Antriebssystem als der unmittelbar eingesetzten menschlichen oder tierischen Kraft ausgestattete oder dafür vorgesehene Gesamtheit miteinander verbundener Teile oder Vorrichtungen, von denen mindestens eines bzw. eine beweglich ist und die für eine bestimmte Anwendung zusammengefügt sind“ definiert. Ein Sicherheitsbauteil ist ein Bauteil, „das zur

Gewährleistung einer Sicherheitsfunktion dient“, „das gesondert in den Verkehr gebracht wird“, „dessen Ausfall und/oder Fehlfunktion die Sicherheit von Personen gefährdet“ oder „das für das Funktionieren der Maschine nicht erforderlich ist oder das durch ein in der funktionierenden Maschine übliche Bauteile ersetzt werden kann“.

Von der Maschinenrichtlinie ausgeschlossen sind Kraftfahrzeuge im Sinne der Richtlinie 70/156/EWG (neu 2007/46/EG). Diese Richtlinie befasst sich mit der Betriebserlaubnis von Kraftfahrzeugen. Sie gilt für die Typengenehmigung von Kraftfahrzeugen, die in einer oder mehreren Stufen gefertigt werden. Daher müssen Prototypen für den öffentlichen Straßenverkehr immer als Vor-Serie einer landesspezifischen Zulassung im Sinne der Richtlinie 70/156/EWG (neu 2007/46/EG) betrachtet werden.

Im Folgenden sind einige Nomen aufgeführt, die sich im Bereich des automatisierten Fahrens als branchenfremde Orientierung eignen.

DIN EN ISO 13849

Die DIN EN ISO 13849 betrachtet die Sicherheit von Maschinen, besonders die sicherheitsbezogenen Teile von Steuerungen. Dies ist eine harmonisierte Norm mit Vermutungswirkung zur Maschinenrichtlinie. Das bedeutet, dass die Norm mit den wesentlichen Sicherheitsanforderungen der Richtlinie 2006/42/EG über Maschinen übereinstimmt. Der erste Teil der DIN EN ISO 13849 „stellt Sicherheitsanforderungen und einen Leitfaden für die Prinzipien der Gestaltung und Integration sicherheitsbezogener Teile von Steuerungen (SRP/CS) bereit, einschließlich der Entwicklung von Software“. Gemäß der Norm ist ein sicherheitsbezogenes Teil einer Steuerung „Teil einer Steuerung, das auf sicherheitsbezogene Eingangssignale reagiert und sicherheitsbezogene Ausgangssignale erzeugt“ und somit Sicherheitsaufgaben übernimmt.

DIN EN 1525

Die europäische Norm DIN EN 1525 beschäftigt sich mit fahrerlosen Flurförderfahrzeugen und deren Systemen.

Ein Flurförderfahrzeug ist „ein kraftbetriebenes Fahrzeug einschließlich jeglicher Anhänger, das dazu bestimmt ist, selbstständig zu fahren, wobei die Betriebssicherheit nicht von einer Bedienungsperson abhängt. Ferngesteuerte Flurförderfahrzeuge werden nicht als fahrerlose Flurförderfahrzeuge betrachtet.“

Diese Definition kann für das fahrerlos gesteuerte Fahrzeug herangezogen werden, da es sich um ein kraftbetriebenes Fahrzeug handelt und auch hier die Betriebssicherheit nicht von einer Bedienperson abhängt.

Die Norm kann auf alle fahrerlosen Flurförderfahrzeuge und ihre Systeme angewandt werden, ausgenommen sind aber „Flurförderzeuge, die ausschließlich durch mechanische Einrichtungen (Schienen, Führungen usw.) geführt werden“ und

„Flurförderzeuge, die im Bereich öffentlichen Verkehrs eingesetzt sind, in dem sich Personen aufhalten können, die die entsprechenden Gefährdungen nicht kennen".

Das aus der Infrastruktur gesteuerte Fahrzeug ist weder durch mechanische Einrichtungen geführt, noch findet der Betrieb im Bereich des öffentlichen Verkehrs statt, in dem die Personen die Gefahr nicht kennen. Im betrachteten Fall der Fahrzeugsteuerung aus der Infrastruktur sind die Personen, die sich um das Fahrzeug herum bewegen, durch Schilder über die entsprechenden Gefahren informiert.

VDI 2510

Die VDI-Richtlinie 2510 betrachtet die Sicherheit fahrerloser Transportsysteme und deren Schnittstellen zur Infrastruktur und peripheren Einrichtungen. Ein fahrerloses Transportsystem (FTS) ist in dieser Richtlinie folgendermaßen definiert:

> *„FTS sind innerbetriebliche, flurgebundene Fördersysteme mit automatisch gesteuerten Fahrzeugen, deren primäre Aufgabe der Materialtransport, nicht aber der Personentransport ist." (VDI – Verein Deutscher Ingenieure, 2013)*

DIN EN ISO 10218

Die Norm DIN EN ISO 10218 betrachtet die Sicherheitsanforderungen von Industrierobotern und enthält sicherheitstechnische Festlegungen. Der erste Teil der Norm legt Anforderungen und Anleitungen für die sichere Konstruktion von Industrierobotern fest. Von der Betrachtung ausgeschlossen sind Roboter außerhalb des industriellen Bereichs, der fernbediente Manipulatoren umfasst. Als fernbedienter Manipulator kann das fahrerlos fahrende Fahrzeug angesehen werden. Die Norm definiert einen Industrieroboter folgendermaßen:

„Automatisch gesteuerter, frei programmierbarer Mehrzweck-Manipulator, der in drei oder mehr Achsen programmierbar ist und zur Verwendung in der Automatisierungstechnik entweder an einem festen Ort oder beweglich angeordnet sein kann. Der Industrieroboter umfasst den Manipulator, das Steuergerät sowie kollaborierende Roboter."

DIN ISO/TS 15066

Die DIN ISO/TS 15066 ist eine technische Spezifikation von Robotern und Robotikgeräten, die Sicherheitsanforderungen an kollaborierende Industrierobotersysteme und deren Arbeitsumgebung festlegt. Die technische Spezifikation ist nur in Verbindung mit den Anforderungen an die Sicherheit des Betriebs von kollaborierenden Industrierobotern aus der ISO 10218 von Bedeutung.

Der kollaborierende Betrieb von Industrierobotern ist in der Norm als „Zustand, in dem ein hierfür konstruiertes Robotersystem und eine Bedienperson innerhalb eines Kollaborationsraumes arbeiten" definiert. Der Kollaborationsraum ist nach Norm ein „Raum innerhalb des Arbeitsraumes, in dem das Robotersystem (einschließlich des Werkstücks) und der Mensch während des Produktionsbetriebs gleichzeitig Aufgaben ausführen können".

Wie bereits im Kapitel der Maschinenrichtlinie beschrieben, unterliegen die Fahrzeuge im öffentlichen Straßenverkehr der Richtlinie 2007/46/EG. Jedoch wird man in den Normen gute Sicherheitsprinzipien und auch Grundlagen für die Gestaltung finden, die man auch im Sinne der Produkthaftung als „Stand von Wissenschaft und Technik" kennen sollte.

Unter anderem hat Ernst D. Dickmanns (siehe http://dyna-vision.de) schon vor 25 Jahren den 4D-Raum (3D + Zeit) und den Partikelfilter aus Berechnungen und gerasterten Modellen (Grid) zur Sensorfusion abgeleitet, welches der heute in der Robotik üblichen Umgebungserkennung entspricht.

3.2.9 Erweiterter Sicherheitslebenszyklus

Die Entwicklung des Betriebssicherheitskonzeptes aus dem Betriebskonzept ist ein iterativer Prozess mit zwei Säulen, die die Fahrzeugentwicklung und die Entwicklung der Betriebsumgebung in zwei Entwicklungssträngen betrachten.

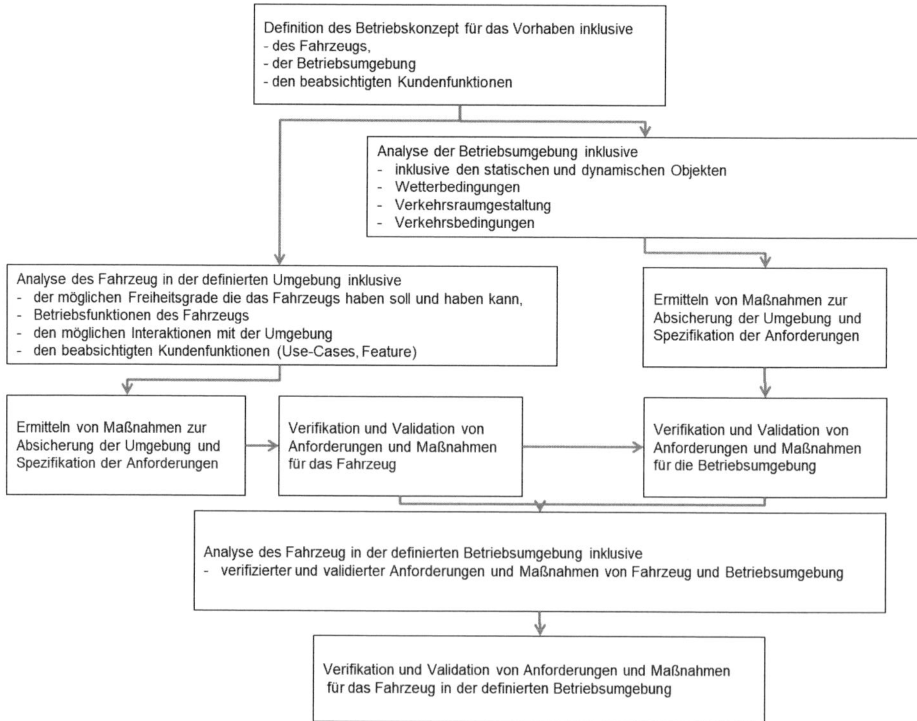

Bild 3.10 Generischer zweisträngiger Prozess zum Betriebssicherheitskonzept

Die gesamten Maßnahmen für das Fahrzeug und für die Betriebsumgebung sollten verifiziert und validiert sein. Wenn man dann das Fahrzeug in der definierten Betriebsumgebung analysiert, sollte die Machbarkeit der jeweiligen Maßnahmen und der daraus abgeleiteten Maßnahmen überprüft sein.

Der gesamte Prozess wird nun auch für die weiteren Schritte wie den Abgleich der jeweiligen

- rechtlichen Anforderungen,
- ermittelten Kennzahlen und Kennwerte,
- Limitierungen, Grenzen, Ausnahmen usw.

entsprechend oft iterativ durchlaufen, bis man in einem Assessment das Betriebssicherheitskonzept erfolgreich bewertet und für hinreichend befunden hat, also ein erfolgreiches Assessment durchführen konnte.

Insbesondere für die Funktionen, die den Kundennutzen bringen, und auch die notwendigen Schutzfunktionen kann es wichtig sein, dass sich auch im Fehlerfall das System nicht einfach wegen fehlender Energie, Kommunikation oder Steuerungsspannung selbst abschalten darf. Bei einem Flugzeug ist dies selbstverständlich, sodass es mit Hilfe von Redundanz im Fehlerfall noch sicher landen kann. Dies gilt wohl bei automatisierten Fahrfunktionen zukünftig ebenso, da der Fahrer als Redundanz nicht mehr in der Lage ist einzugreifen.

Während der kompletten Entwicklung des Betriebssicherheitskonzeptes geht man davon aus, dass die jeweiligen Hersteller fehlerfreie Systeme gemäß den spezifizierten Anforderungen erstellen können. Auch werden ideale Verkehrsteilnehmer (gemäß NCAP z. B.) und weder passiver noch aktiver Missbrauch betrachtet.

Ein Betriebssicherheitskonzept geht von einer Struktur aus, in der sich jeder an die Gesetze hält und ingenieurmäßig nachgewiesen wurde, dass die Errichter der Systeme den Stand von Wissenschaft und Technik kennen. Ab hier wirken nun auch die anderen Mechanismen, insbesondere die Gesetzgeber nutzen die Handelsgesetze, Produkthaftungsgesetze und so weiter, um das gesellschaftliche Sicherheitsniveau zu garantieren.

Wenn es um die Sicherheitsthemen geht, sind insbesondere Fehler aus Entwicklung, Produktion und Instruktion, die zu Schäden führen, durch die Produkthaftung abgedeckt. Ein weiterer Aspekt sind grobe Fahrlässigkeit und aktiver Missbrauch, hier greifen im Allgemeinen die Strafgesetze.

Grundsätzlich muss der Sicherheitslebenszyklus der ISO 26262 nach oben hin um die Aktivitäten zum Betriebssicherheitskonzept erweitert werden. Neben den Aspekten der Sicherheitsintegrität für die Funktionen und Systeme im Automobil gemäß ISO 26262 werden die anderen Sicherheitsaspekte auch parallel für die Infrastruktur (oder Umgebung) und weitere Aspekte wie Security, HV-Sicherheit und so weiter betrachtet.

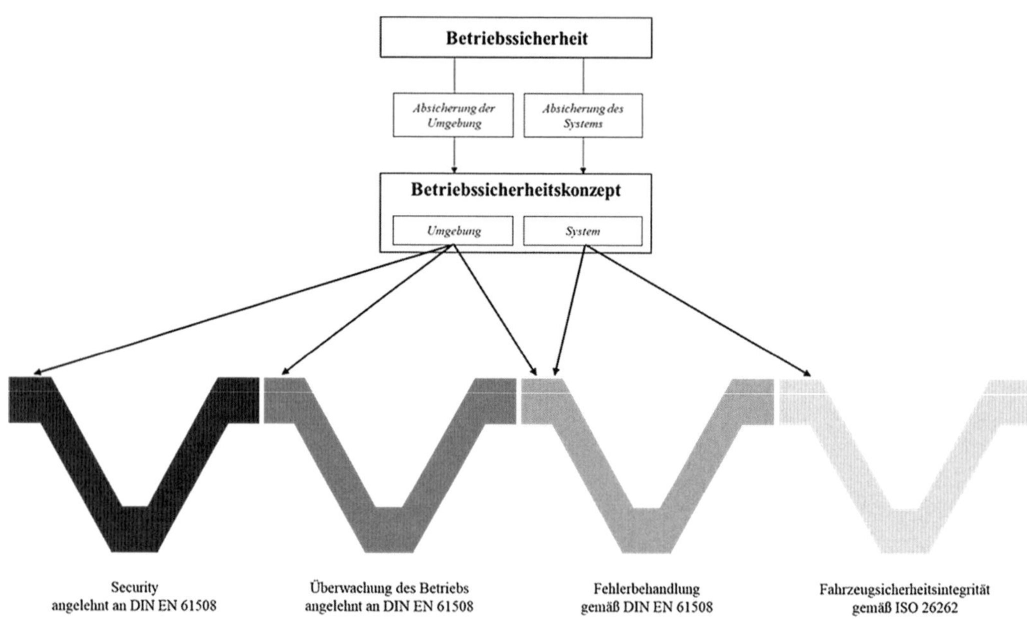

Bild 3.11 Struktur für erweiterten Sicherheitslebenszyklus

Um einen systematischen Übergang zur ISO 26262 zu finden, muss das Ergebnis des Betriebssicherheitskonzeptes die jeweiligen ITEM-Definitionen gemäß ISO 26262 ergeben. Dies müsste heißen, dass alle Fahrzeugschnittstellen außerhalb des Scopes der ISO 26262 entwickelt würden. Dazu gibt es heute verschiedene Fahrzeugentwicklungen, in denen das Bordnetz, also auch die gesamte Fahrzeug-EE-Architektur, als ein ITEM gemäß ISO 26262 definiert wird. In dem Sinne sieht man die Prozessanforderungen, die sich aus der ISO 26262 ergeben, als notwendig an. Die wesentlichen Absicherungsmaßnahmen werden über eine robuste Auslegung oder über Maßnahmen anderer Technologie umzusetzen sein. Im Rahmen des Anforderungsmanagements wird es wesentlich sein, dass die jeweiligen Anforderungen aus den verschiedenen ITEMs zu externen Absicherungsmaßnahmen transparent über die EE-Architektur gemanagt werden.

Eine weitaus größere Herausforderung wird die Tatsache sein, dass die primären Risiken in den nominalen Funktionen, also den Funktionen liegen, die den Kundennutzen bringen. Wenn das Fahrzeug entlang der Längsachse zu stark beschleunigt oder zu stark bremst beziehungsweise um die Querachse die Fahrbahn verlässt oder gar in den Gegenverkehr fährt, besteht das größte Risiko und es muss mit maximalen Schäden für Leib und Leben der Insassen und Menschen in der näheren Umgebung gerechnet werden.

Daraus folgt, dass nicht nur das Betriebssicherheitskonzept inklusive aller abgeleiteten Sicherheitsaspekte wie Security, Gebrauchssicherheit, funktionaler Sicherheit und so weiter integriert werden muss, sondern das ganze Betriebskonzept, weil sonst die Wirksamkeit der Sicherheits- und Schutzmechanismen nicht verifiziert und validiert werden kann.

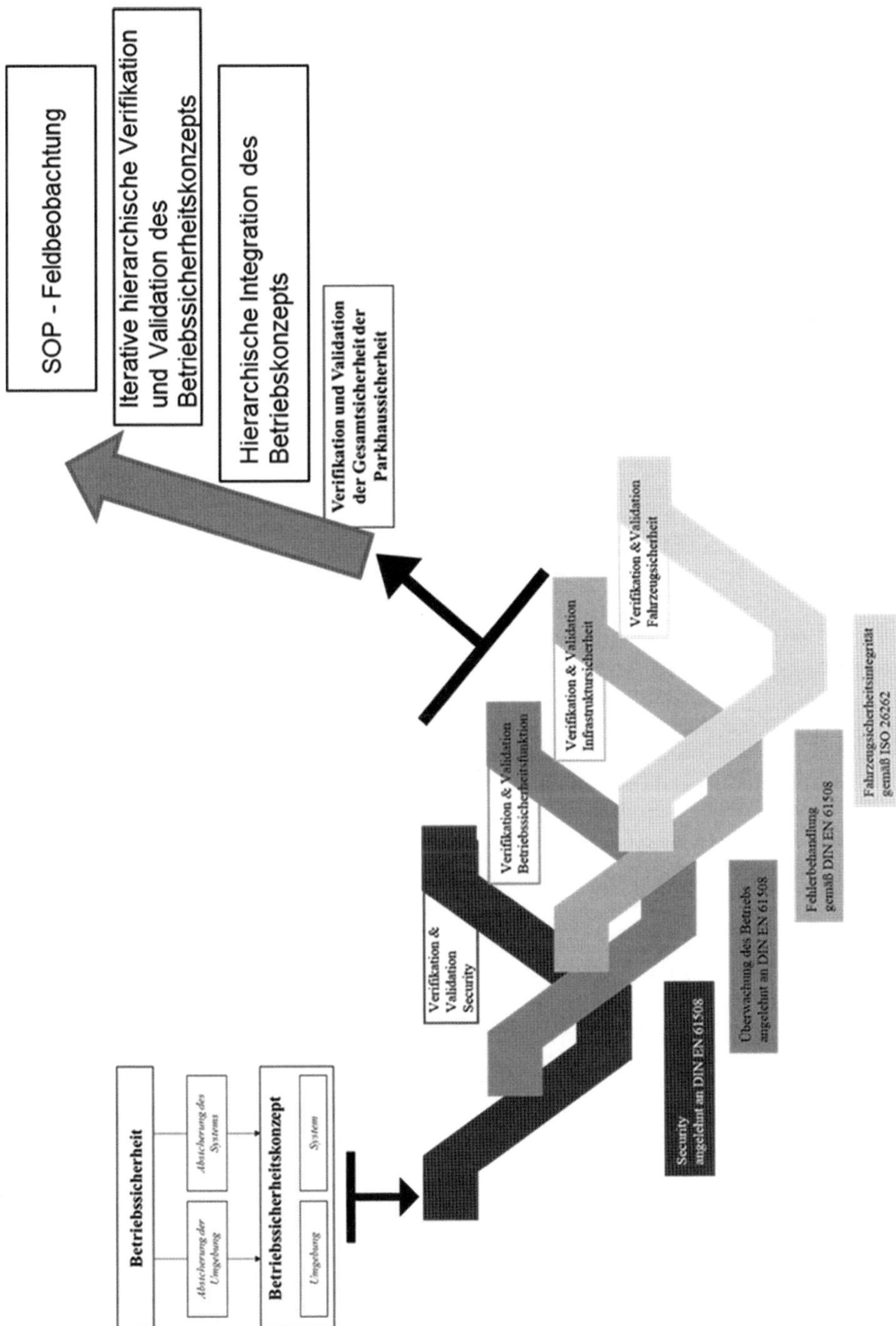

Bild 3.12 V-Modell für die Integration des Betriebskonzepts

Die notwendigen Methoden zur Sicherheitsanalyse und die resultierenden Maßnahmen aus dieser Analyse haben oft während der Entwicklung des Betriebskonzeptes ähnliche Namen, wie sie aus den Sicherheitsintegritäts-Standards bekannt sind; ihre Ziele basieren aber auf der Beherrschung von ganz anderen Risiken. So hat das Vorhandensein einer Leitplanke entlang eines Abgrundes neben der Straße schon vielen Menschen das Leben gerettet, daher hat sich dies so etabliert. Auch wenn einige Motorradfahrer wegen des Designs der Leitplanken schon ihr Leben verloren haben, wird die Sicherheitsfunktion der Leitplanke nicht in Frage gestellt. Jedoch wurde das Design der Leitplanken auch so verbessert, dass die Verletzungen für Zweiradfahrer nicht so groß sind, wenn sie wegen nicht angemessener Fahrweise gegen die Leitplanken prallen sollten. Der Gesetzgeber hat solche Maßnahmen aus historischen Gründen oft gefordert.

Für die Betriebssicherheit ist das Vorhandensein geeigneter Maßnahmen der wesentliche Aspekt, auch wenn die Ursache-Wirkungs-Beziehungen von Risikoreduzierung und Maßnahme nicht direkt ableitbar sind.

3.3 Systemsicherheit

Ohne einen strukturierten System-Engineering-Ansatz wird man diese Komplexität nicht beherrschen können, systematische Fehler in der Anforderungsermittlung und auch bei der Integration sind unvermeidbar.

Im Wesentlichen bedeutet dies, dass der System-Safety-Engineering-Ansatz, der in den Sicherheitsintegritätsstandards zur Vermeidung systematischer Fehler gewählt wird, auch bereits für die Entwicklung der Betriebskonzepte angewendet wird.

Dies ist keine wirklich neue Erkenntnis, die Prinzipien und Methoden insbesondere für die Architekturentwicklung beginnen mit der Arche Noah und dem Turmbau zu Babel. Beschrieben wurde viel davon bei den alten Griechen, aber auch Sumerern und Hethitern, umgesetzt wurde dann sehr viel von den Römern, aber auch von den Hochkulturen in Asien. Von den Persern, Chinesen, Japanern und Indern erfahren wir kontinuierlich, dass die Erkenntnisse aus Mathematik, Physik, Chemie und den Ingenieurwissenschaften schon über Jahrtausende angewendet wurden. Erkennen können wir es heute meist nur noch an den Bauwerken, aber Funde zeigen, dass das Wissen auch für andere Zwecke verwendet wurde.

Im Mittelalter ging sehr viel von dem Wissen auch in Europa verloren, so verlernte man die Verwendung von gebrannten Ziegeln und vergaß viele architektonische Grundlagen. Hoffentlich geschieht uns dies nicht mit unseren virtuellen Produkten, denn in 1.000 Jahren werden nur unsere Schriften erklären können, was wir uns dabei gedacht haben. Unseren Kindern im heutigen digitalen Zeitalter ist eine

Wählscheibe für das Telefon schon nicht mehr erklärbar, der Fortschritt von der analogen Wählscheibe zum digitalen Tastenwahlblock wird meist mit Lächeln zur Kenntnis genommen.

3.3.1 Historischer und philosophischer Hintergrund

Bereits im Altertum gab es Menschen, die nicht alles glaubten, was ihnen gesagt wurde. Auch vor Sokrates nahm man nicht mehr alles als bare Münze, was man gesehen hatte. Die Schlüsse, die der ein oder andere Gelehrte zog, wurden in Frage gestellt.

Ob man das Hinterfragen von technischen Zusammenhängen wirklich erst 600 vor Christus in Griechenland begann, ob es einfach von den Ägyptern oder den Bewohnern im Zweistromland nicht dokumentiert wurde oder gar viel früher uns von Außerirdischen überliefert wurde, sei dahingestellt. Aber seit man schriftliche Zeugnisse besitzt, versucht man bestimmte Phänomene zu beschreiben und bestimmte Schlüsse daraus zu ziehen. Wesentlich ist auch die Erkenntnis daraus, dass nur, was niedergeschrieben wurde, auch von anderen bewertet werden kann. Dass wir heute den Kontext aus vielen Dingen nur erahnen können, weist auch auf eine Herausforderung aus unserer Zeit hin.

Die ionischen Philosophen versuchten es schon sehr mathematisch. Hier ist Pythagoras zu nennen, der bestimmt nicht geahnt hat, dass wir zur Ansteuerung eines Motors seine Formeln nutzen müssen, um Blind- und Wirkleistung in Beziehung zu bringen. Unser heutiges Dezimalsystem mit arabischen Zahlen stammt aus Indien. Die Sumerer hatten ein Problem mit Pythagoras und den gebrochen rationalen Zahlen, weil sie kein Dezimalsystem, sondern ein Hexadezimalsystem nutzten. Das Hexadezimalsystem ist uns aus der Zeitbestimmung und der daraus abgeleiteten Winkelarithmetik heute noch sehr bekannt.

In der Schule von Elea wird Parmenides nachgesagt, dass er lehrte, man könne bestimmte Dinge beobachten, aber nicht beliebige Schlüsse daraus ziehen. Ob das Beobachtete wirklich den Schluss zulässt, dass es Wahrheit ist, hat er schon vor Sokrates in Frage gestellt. Bis heute, 2.600 Jahre später, quälen wir uns mit der Frage, ob die Ursache eines negativ ausgefallenen Tests tatsächlich eine falsche Testhypothese oder sogar der Test nicht geeignet war, um eine Aussage darüber zu treffen, ob Anforderungen korrekt und hinreichend umgesetzt wurden. Demokrit versuchte den Begriff des Atoms zu definieren als kleinstes Element, aus dem alles besteht, aber selbst Nils Bohr hat zu seinen Lebzeiten noch erfahren müssen, dass es kleinere Elemente als Atome gibt. Nicht nur Albert Einstein hat aufgezeigt, dass es viele Varianten der Interaktion gibt und wir verschiedene Modelle benötigen, um das Beobachtete beschreiben zu können. Mit der Relativitätstheorie und besonders seinen Erkenntnissen zum lichtelektrischen Effekt können wir erst Kameras und Laser für die Technik anwendbar machen. Leider können wir mit solchen Erkenntnissen auch schon erahnen, dass es Effekte gibt, die weit über unseren Horizont hinausgehen und mit den uns bekannten Erklärungsmodellen nur unzureichend dargestellt werden.

Aristoteles wusste bereits: „Das Ganze ist mehr als die Summe seiner Einzelteile." Nicht nur die Elemente selbst und ihre Eigenschaften bestimmen, wie sich die Elemente zueinander verhalten, sondern es spielt eine große Rolle, in welcher Umgebung die Elemente miteinander interagieren. Heute wissen wir aus eigener Erfahrung, dass eine Schraube und ein Dübel eine andere Haltbarkeit in einer Gipskartonwand als in einer Kalksandsteinwand besitzen. Neben dem Beobachten und Schließen hat Aristoteles auch die Induktion ins Gespräch gebracht. Dass heute die vollständige mathematische Induktion als deduktive Methode beschrieben wird, zeigt, dass Worte und Definitionen einem Wandel in der Zeit und dem jeweiligen Kontext unterworfen sein können. Je nach Design wird es in der einen oder anderen Wand bessere oder schlechtere Ergebnisse geben. Aber dies wäre nicht die einzige Erfahrung, die die Menschheit über Jahrtausende vergessen hat und erst viel später wieder hart erlernen musste. Roger Bacon beschrieb Anfang des dreizehnten Jahrhunderts bereits Prinzipien für den Elektromotor bei den Untersuchungen zum Magnetismus. Die Idee des „kontinuierlich laufenden Rades" führte wohl zu der Erkenntnis, dass es ein „Perpetuum mobile" nicht geben kann. Werner von Siemens hat wohl die Schriften von Roger Bacon später nicht gekannt. Heute müssen wir auch das Wissen von Werner von Siemens neu für unsere Elektromobilität erfahren. Selbst die Oberleitungsbusse, die es bis nach dem Zweiten Weltkrieg in vielen Städten weltweit gab, wurden durch Busse mit Dieselmotor ersetzt und man lernte die Vorteile der Zuverlässigkeit und Reichweite des Verbrennungsmotors zu schätzen.

Ebenso hoch aktuell sind die Erkenntnisse von Karl Raimund Popper: Er sagte mehr oder weniger aus, man könne gar nichts verifizieren, sondern nur bestimmte Eigenschaften falsifizieren. Dazu wird oft das Beispiel des Schwans genannt. Die Menschheit glaubte immer, es gäbe nur weiße Schwäne, bis man in Australien auch schwarze Schwäne (Trauerschwan, Cygnus atratus) entdeckt hat. Wie gehen wir damit um? Das Wort verifizieren stammt von dem lateinischen Wort „Veritas" ab. Gut, „im Wein liegt Wahrheit", aber welche, kann man nur erahnen, wenn man nach reichlichem Genuss am nächsten Tag einen dicken Kopf hat. Scheinbar wird das Wort verifizieren von verschiedenen Menschen und Gruppen gleichwohl auch verschieden genutzt.

Popper hat einige Hinweise zur Falsifizierung hinterlassen. Er sagte, wir können, wenn ein Ergebnis negativ ist, nicht unbedingt die ganze Aussage oder Hypothese in Frage stellen. Er ermutigt uns hieraus neue Erkenntnisse zu gewinnen, die Hinweise geben können, was man verändern muss, damit das Ergebnis positiv wird. Wobei wir aber wohl lernen: Selbst wenn alle Tests erfolgreich sind, werden alle unsere Anforderungen noch lange nicht erfüllt sein. Das Positive, was wir daraus lernen ist, dass wir auch unsere negativen Tests analysieren sollten, um Verbesserungen am Produkt finden zu können. Insbesondere die aktuelle Diskussion um die künstliche Intelligenz zeigt, dass viele Algorithmen und auch die Ergebnisse nicht nachvollziehbar oder wiederholbar sind. Wie gehen wir damit in der Sicherheitstechnik um? Warum können wir sie nicht nachvollziehen? Es ist bestimmt ein hartes Brot, wenn man einem amerikanischen Nobelpreisträger erklärt, dass seine Erkenntnisse aus den neuronalen Netzen für Sicherheitsanwendungen nicht für den öffentlichen Straßenverkehr geeignet sind. Der Algorithmus sei mit hoher Anforderungsrate nicht deterministisch (bei sehr häufiger Anforderung des Algorithmus) oder beliebig mit dem gleichen Ergebnis wiederholbar in einem Kontext wie dem öffentlichen Straßenverkehr anwendbar.

Diese Gedanken führten dazu, dass das Grundprinzip der funktionalen Sicherheit in den Sicherheitsstandards heute wie folgt betrachtet werden kann:

> *„Wenn alle erdenkbaren Fehler des Systems beherrschbar sind, gilt das System als sicher."*

Problematisch wird diese Sichtweise bei Neuentwicklungen beziehungsweise wenn neue Technologie die traditionelle Technologie für weitgehend bewährte Fahrzeugsysteme ersetzen soll. Insbesondere ist fraglich, wie Menschen die neue Technik, z. B. als Insassen oder aber auch nur in der Koexistenz als anderer Verkehrsteilnehmer, wahrnehmen, mit der Technologie umgehen oder diese auch benutzen.

Dies gilt für die gesamten „By wire"-Systeme, aber insbesondere für systemgesteuerte oder fernsteuerbare Systeme (oder nur einen Aktuator, als den ein Lenk- oder Bremssystem in Zukunft gesehen wird), die bisher rein vom Fahrer bedient wurden. Hier gilt der Grundsatz „Equivalent Level of Safety", das heißt, man muss z. B. nachweisen, dass das neue elektronische System genauso sicher ist wie das konventionelle hydraulische System. Wird ein bewährtes System nach vergleichbaren Prinzipien realisiert, so reicht es, die Einhaltung dieser Sicherheitsprinzipien zu zeigen. Bei einem neuen Produkt in neuer Technologie ist ein systematischer Sicherheitsnachweis notwendig. Diese Grundsätze sind neben den Normen auch weitgehend in alle weltweiten und branchenweiten rechtlichen Standards eingeflossen.

Dies war ein kleiner Exkurs in die Philosophie, jedoch in diesem Kapitel soll auch auf einige Ingenieure, Physiker und Mathematiker hingewiesen werden.

George Boole (1815–1864) gilt als der Erfinder der Booleschen Algebra. Prinzipiell waren die Regeln schon früher bekannt, aber er hatte diese in seinem Buch „An investigation of the law of thoughts" als „Algebra der Logik" formuliert. Augustus DeMorgan formulierte das DeMorgan´sche Gesetz, dies beeinflusst die deduktive Analyse.

Neben der qualitativen induktiven und deduktiven Sicherheitsanalyse kennt die ISO 26262 auch die quantitative Sicherheitsanalyse. Hierzu sollten noch einige Namen von Herren genannt werden, die wesentliche Grundlagen für die Sicherheitstechnik erarbeitet haben.

Robert Lusser hat vor (oder während) dem Zweiten Weltkrieg bereits seine Gesetzmäßigkeit von Zuverlässigkeitsketten formuliert. Erich Pieruschka ergänzte die Quantifizierung. Diese beiden Herren kannten wohl auch den Russen Kolmogorov oder zumindest sein Buch in deutscher Sprache von 1933 „Grundbegriffe der Wahrscheinlichkeitsrechnung". Das Axiom von Kolmogorov besagt: „Die Wahrscheinlichkeit einer Vereinigung abzählbar vieler inkompatibler Ereignisse entspricht der Summe der Wahrscheinlichkeiten der einzelnen Ereignisse" in etwas verkürzter Form. Aus dem Kolmogorow-Smirnow-Test geht der Beta-Fehler hervor. Beta-Fehler oder der Beta-Faktor werden in der Sicherheitstechnik genutzt, um Abhängigkeiten zu beschreiben.

Weiter ist noch Andrei Andrejewitsch Markow zu nennen, dessen Modelle nicht nur für die Spracherkennung wichtig waren, sondern uns auch lehrten, wie man Übergänge von verschiedenen Zuständen quantifizieren kann.

Dieser geschichtliche Exkurs sollte zeigen, dass wir mit der Funktionssicherheit jetzt nicht die Welt neu erfinden, sondern versuchen, technische Systeme zu beschreiben und zu analysieren. Hierzu werden Methoden in der Sicherheitstechnik genutzt und weiterentwickelt, die eine lange Historie haben.

3.3.2 Zuverlässigkeit, Technik und Sicherheit

Die ersten Untersuchungen in Zuverlässigkeitstechnik im Zusammenhang mit dem heutigen mathematischen Begriff begannen zu Beginn des industriellen Zeitalters. Eine vollständige Untersuchung der Lebensdauer eines Wälzlagers wurde im Rahmen einer technischen Eisenbahnentwicklung dokumentiert. Das Gesetz von Robert Lusser beschreibt eine Kette von Elementen, wobei die Gesamtzuverlässigkeit aus dem Produkt der Zuverlässigkeitswerte der einzelnen Elemente berechnet wird. Diese Erkenntnis bildet die Grundlage für die Zuverlässigkeit aller technischen Systeme. Grundsätzlich sagt das Gesetz: „Die Kette ist so stark wie ihr schwächstes Glied".

Auch sicherheitsrelevante Funktionen oder Sicherheitsmechanismen können nur so gut wirken wie die Einzelteile, aus denen sie zusammengesetzt sind. Aber dies ist nur ein Aspekt, der die Eignung einer Funktion als Sicherheitsmechanismus kennzeichnet. Zerlegung und Strukturierung von Wirkmechanismen ist eine wesentliche Aufgabe der Fehler- beziehungsweise Sicherheitsanalyse.

In einem sicherheitsrelevanten System gilt es jedoch, zwei grundsätzliche Wahrscheinlichkeiten oder Häufigkeiten von Ausfällen zu untersuchen:

- die Häufigkeit, Wahrscheinlichkeit oder die Frequenz, mit der das EUC und sein Steuerungssystem (und auch eine Sicherheits- oder Schutzfunktion im Steuerungssystem) ausfallen, und

- die Wahrscheinlichkeit, mit der eine Sicherheitsintegritätsfunktion, also das Sicherheitsintegritätssystem oder der Sicherheitsmechanismus bei seiner Sicherheitsfunktion, versagt.

Die Mechanismen und die Intensität, mit der diese nun auf das System einwirken, gilt es in einer anderen Weise zu analysieren. Welches dann die geeigneten Maßnahmen sind, um das System zuverlässiger und weniger wartungsanfällig zu machen, eine höhere Verfügbarkeit oder eine höhere Sicherheit zu erreichen, ist demnach das Ergebnis verschiedener Analysen. Die Maßnahmen, um die Kette an den schwachen Stellen entsprechend zu stärken, sind nur ein Ergebnis. Bis ca. 1930 waren die Aktivitäten auf dem Gebiet der Zuverlässigkeit im Wesentlichen begrenzt auf mechanische Systeme. Der Schwerpunkt der Bestrebungen bei elektrischen Systemen bestand zunächst darin, elektrische Energiequellen sicher zu machen, das heißt, ihre Verfügbarkeit zu erhöhen. Parallele elektrische Schaltungen von Transformatoren und Übertragungseinheiten, also das Einbringen von Redundanzen, waren ein bedeutender Fortschritt in der elektrischen Zuverlässigkeit. Auch in der Luftfahrt entstanden erste Konzepte, die die technische Zuverlässigkeit betrachteten. So zum Beispiel, indem man durch Ermittlung und Auswertung von statistischen Daten das Ausfallverhalten verschiedener Flugzeugkomponenten untersuchte. Insbesondere durch Einbringen von Redundanzen wurde hier dann die Erhaltung der Funktionsfähigkeit gesichert. Der Begriff der technischen Verfügbarkeit und mögliche Maßnahmen zu deren Erhöhung wurden systematisch erarbeitet. Die im Grunde rein qualitative Wirkkettenanalyse wurde dann durch das Team rund um den Mathematiker Erich Pieruschka auch durch statistische Betrachtungen quantifizierbar. Er definierte folgende Grundsätze:

R1, R2, ... Rn seien die Überlebenswahrscheinlichkeiten der einzelnen Kettenglieder.

Da zur Funktion der Kette alle Glieder notwendig sind und die Überlebenswahrscheinlichkeit eines jeden einzelnen Kettengliedes von der der anderen Glieder unabhängig ist, berechnet sich gemäß den Regeln der Wahrscheinlichkeitstheorie die Überlebenswahrscheinlichkeit der gesamten Kette als Produkt der Einzelwahrscheinlichkeiten wie folgt:

Gesamte Überlebenswahrscheinlichkeit der Kette: Rg = R1 x R2 x ... x Rn

Hieraus entstand die Erkenntnis, dass die Zuverlässigkeit der einzelnen Komponenten eines Systems um ein Vielfaches höher sein muss als die des Gesamtsystems. Es entstand eine neue, vorwiegend technisch ausgerichtete wissenschaftliche Disziplin: die Zuverlässigkeitstheorie. Diese beschäftigt sich mit der Messung, Vorhersage, Erhaltung und Optimierung der Zuverlässigkeit technischer Systeme.

In den 50er Jahren erlebte die Zuverlässigkeitstechnik in den Vereinigten Staaten von Amerika durch die wachsende Komplexität elektronischer Systeme – insbesondere im militärischen Bereich – einen rasanten Aufschwung. Die Analyse der Fehler und deren Ursachen sowie die Instandsetzung der defekten Komponenten

quenz sollte man hier sehen, dass auch die Ausfallrate nie ein eindeutiger Wert für eine Komponente sein kann. Einsatzart und Einsatzumgebung müssen auch für die Ermittlung der Werte berücksichtigt werden. Die Reparaturzeiten in den Modellen zu ergänzen hängt auch sehr von den Einsatzbedingungen ab. In der Automobilindustrie legt man grundsätzlich auf die erwartete Lebensdauer aus, was aber im Einzelfall eine enorme Herausforderung bedeuten kann. Ein Kabelbaum im Auto wird oft mit 6000 Fit angegeben, somit ist er immer das schwächste Glied in der Kette. Man sollte sich auch bewusst sein, dass Teile wie Bremsbeläge oder Scheibenwischerblätter tatsächliche Verschleißteile sind. Ein Ausfall der Bremsanlage durch verschlissene Bremsscheiben oder ein Verlust der Sicht und damit der Verlust der Fähigkeit, den Verkehrsraum zu beobachten, wird durch die Zuverlässigkeit der elektrischen Ansteuerung nicht verändert. Man neigt natürlich dazu, bei dem schwächsten Glied der Kette das Optimierungspotential zu suchen. Für eine quantitative Funktionsbetrachtung würde jedoch der hohe Anteil der Fehlerrate bei Bremsbelägen und Wischerblättern alle anderen Fehler in der Funktionskette dominieren, sodass die Quantifizierung an der Stelle nicht die gewünschten Effekte zeigt. Bei einem Kabelbaum wird für die Verbesserung der Kabelführung und auch für die Verbesserung der Verbindungen sehr viel Energie aufgewendet, aber wenn die Energieversorgung oder die Information, dass das Fahrzeug bremsen soll, ausfällt, also versagt, hilft nur das Vorhandensein von Redundanz. Auch nach einer kurzen Zeit kann die Energieversorgung ebenso ausfallen sowie auch eine Kommunikationsleitung versagen, es ist nur bei hinreichender Robustheit entsprechend unwahrscheinlicher. Bei aller Statistik für den Einzelfall wird die Häufigkeit mit der Anforderungsrate oder mit der Anzahl der betrachteten Teile generell immer höher sein als die Einzelfallwahrscheinlichkeit.

Durch die heterogene Nutzung und Verlegung im Fahrzeug oder auch durch unsachgemäße Wartung kommt es immer zu Fehlern in den Kabelbäumen. Daher werden solche Verbindungen oft nur rein formal mit einem Fit in die Betrachtungen von Sicherheitsanwendungen einfließen. Diese Empfehlung geben auch die meisten Zuverlässigkeitshandbücher.

In der Realität gibt es keine konstante Fehlerrate über die gesamte Lebensdauer, weil es meistens keine kontinuierliche gleichförmige Beanspruchung gibt. Kein Material weist eine konstante Alterungskurve auf und eine Materialstreuung je nach Beanspruchung führt auch zu Unterschieden im Alterungsverhalten. Dieser Umstand führte zu der Definition der Badewannenkurve, die oft als Referenzmodell betrachtet wird. Dies vereinfacht die Betrachtungen und deren Umfang wesentlich und gleicht Streuungen z. B. bei elektrischen Bauelementen aus.

Die Badewannenkurve zeigt drei Bereiche über die Zeit. Die Frühausfallphase beschreibt den Zeitraum, in dem das Ausfallverhalten durch unbekannte Einflüsse, Umgebungsparameter, korrekte Materialien, Arbeitspunkte noch nicht hinreichend ausgereift ist. Der Vergleich mit der Säuglingssterblichkeit zeigt den Einfluss von vielen Faktoren und erlaubt keine Rückschlüsse auf den Einzelfall. Bei der Komponentenentwicklung sollte im Rahmen der Designverifikation die Komponente ausgereift sein, sodass man beim Start der Serienfertigung in die Phase 2, die Nutzungsphase, kommt. Die Nutzungsphase soll so ausgelegt sein, dass die Ausfallrate erst nach Ablauf der statistischen Lebenserwartung der Komponente beginnt. In der Praxis wird die Fehlerrate so weit unterhalb der Badewannenkurve platziert, dass man einen alterungsbedingten Anstieg zwar schon sieht, aber die Robustheit hinreichend gewählt ist, sodass die statistische Lebenserwartung erreicht wird. Auch hier zeigt wieder der Vergleich zur Demographie: Die Überlebenswahrscheinlichkeit an einem bestimmten Punkt auch im hohen Alter ist ein statistischer Wert; man stirbt nicht, wenn man einen bestimmten Wert oder ein bestimmtes Alter erreicht hat.

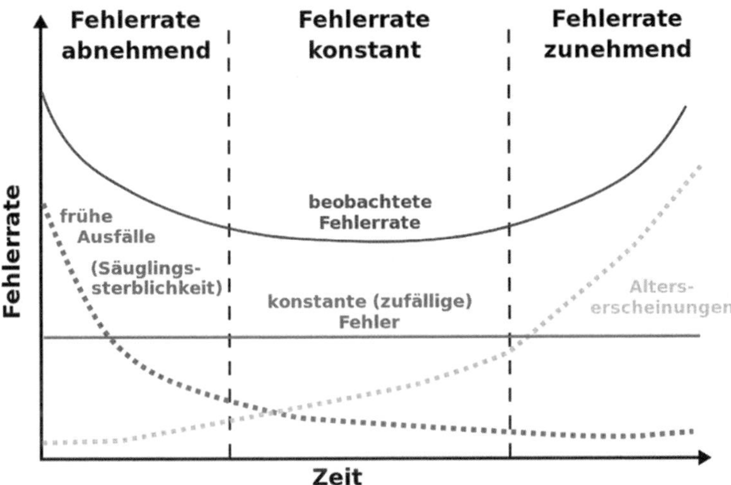

Bild 3.13 Badewannenkurve aus der Demographie

Die Umgebungsbedingungen versucht man mit den sogenannten Pi-Faktoren zu standardisieren bzw. anzupassen oder zu korrigieren.

Typischerweise orientieren sich die Pi-Faktoren an der Arrhenius-Gleichung.

$$k = A \cdot e^{\frac{-E_A}{R \cdot T}} \qquad \text{Arrhenius-Gleichung} \tag{3.1}$$

A: präexponentieller Faktor oder Frequenzfaktor
E_A: Aktivierungsenergie (Einheit: J · mol-1)
R: = 8,314 J · K-1 · mol-1 universelle Gaskonstante
T: absolute (thermodynamische) Temperatur (Einheit: K)
k: Reaktionsgeschwindigkeitskonstante

Besteht eine Temperaturabhängigkeit von A, wird diese Formel verwendet:

$$k = B \cdot T^n \cdot e^{\frac{-E_A}{R \cdot T}} \tag{3.2}$$

Da bereits die Badewannenkurve und die Materialabhängigkeit in solchen Gleichungen eine starke Abstrahierung der messbaren Ergebnisse von technischen Systemen darstellen, bezieht man sich insbesondere bei elektrischen Bauelementen auf anerkannte Tabellenbücher. Eines der am weitesten verbreiteten Tabellenbücher für die Zuverlässigkeit elektronischer Bauelemente ist die Siemensnorm SN 29500. Sie beschreibt einen einfacheren Ansatz zur Handhabung der Korrekturfaktoren, dieser Ansatz wurde später in die DIN EN 61709 übernommen.

In der DIN EN 61709 bzw. SN 29500 wird der temperaturbedingte Beschleunigungsfaktor π_T für zwei Ausfallmechanismen (z. B. bei diskreten Halbleiterbauelementen, IC's, optoelektronischen Bauelementen) wie folgt angegeben:

$$\pi_T = \frac{A \cdot EXP(E_{a1} \cdot Z) + (1 - A) \cdot EXP(E_{a2} \cdot Z)}{A \cdot EXP(E_{a1} \cdot Z_{ref}) + (1 - A) \cdot EXP(E_{a2} \cdot Z_{ref})}$$

Mit A=1 und E_{a2}= 0 lässt sich die obige Beziehung auf das unter 3.3. beschriebene Basismodell für einen Ausfallmechanismus (z. B. bei Widerständen, Kondensatoren, Induktivitäten) zurückführen.

Beanspruchungsfaktoren für Spannungsabhängigkeit π_U gemäß DIN EN 61709/ SN 29500ff.:

$$\pi_U = EXP\left\{C_1 \cdot \left(U^{c2} - U_{ref}^{c2}\right)\right\}$$

oder

$$\pi_U = EXP\left\{C_3 \cdot \left[\left(U/U_{rat}\right)^{c2} - \left(U_{ref}/U_{rat}\right)^{c2}\right]\right\}$$

Beanspruchungsfaktoren für Spannungsabhängigkeit π_I gemäß DIN EN 61709/SN 29500ff.:

$$\pi_1 = EXP\left\{C_4 \cdot \left[\left(I/I_{rat}\right)^{c5} - \left(I_{ref}/I_{rat}\right)^{c5}\right]\right\}$$

Neben den Umweltfaktoren spielt auch die Art der Fehlerverteilung und wie sie für die unterschiedlichen technischen Elemente statistisch beschrieben werden kann eine Rolle.

Am bekanntesten ist die Normalverteilung, auch Gaußverteilung. Die Gauß´sche Glockenkurve war früher auf den 10-DM-Scheinen abgebildet.

Oft wird der Wert von 6 Sigma (six sigma) insbesondere in der Produktionstechnik betrachtet. Bei 6 Sigma betrachtet man 3,4 Defekte pro einer Million Fehlermöglichkeiten, eine Fehlerwahrscheinlichkeit von 0,00034 %, eine Fehlerfreiheit von

99,99966 % im Bezugszeitraum oder auch eine Prozessfähigkeit kurzfristig von $Cpk = 2$ oder langfristig von $Cpk = 1{,}5$.

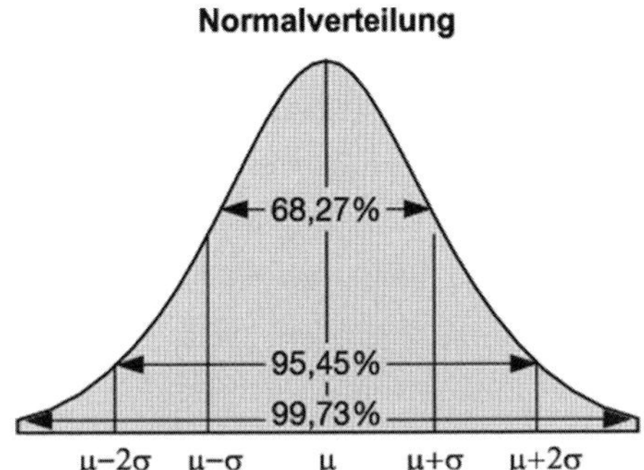

Bild 3.14 Normalverteilung oder Gauß´sche Glockenkurve

Bei Zählbarem, basierend auf natürlichen Zahlen von elektrischen Bauteilen, spricht man oft von einer Chi-Quadrat-Verteilung; weiter werden auch oft Binomialverteilungen, logarithmische oder Weibullverteilungen für die Fehlerwahrscheinlichkeit betrachtet.

In der Automobilindustrie wendet man für komplexere Bauelemente die AEC (Q) 100 an, dies ist ein Standard zur Qualifikation von elektrischen Bauelementen. Einfache Bauelemente wie Widerstände und Kondensatoren werden in diesem Standard nicht adressiert. Da diese einfachen Bauelemente meist durch die Vielzahl der Elemente jede statistische Grenze sprengen würden, sind solche statistischen Betrachtungen für die Sicherheitstechnik nicht hinreichend. Das Risiko bei einfachen Bauelementen besteht darin, dass unentdeckt schadhafte Bauelemente zur Produktion geliefert werden. Daher werden die Eignung und die Frage, ob die Bauelemente in ihrem Einsatzfall tatsächlich hinreichend dimensioniert wurden, im Rahmen der Qualifikation der gesamten elektronischen Baugruppe untersucht. Den Wert für die Fehlerraten entnimmt man aus Tabellenbüchern. Wobei man bei korrekter Qualifikation inklusive des Nachweises der Lebensdauertauglichkeit der gesamten elektronischen Baugruppe annimmt, dass die einfachen Bauelemente in der konstanten Phase der Fehlerraten der Badewannenkurve liegen.

3.3.4 Zuverlässigkeit und Sicherheit

Zuverlässigkeit wird allgemein als eine Komponenteneigenschaft in der Literatur beschrieben, im Gegensatz dazu wird Sicherheit als eine Systemeigenschaft gesehen.

Grundsätzlich gilt der Ansatz, dass Zuverlässigkeit eine Komponenteneigenschaft nur dann ist, wenn die Umgebungsbedingungen eindeutig definiert sind. Solche

Aussagen sind im Allgemeinen fragwürdig. Kauft man heute eine Festplatte für den PC, so gibt es dafür eine Information über die Lebensdauer; manche Händler sehen es als Gewährleistung, andere nur informativ. Aber egal, was der Händler oder Hersteller gewährt, die Festplatte kann schon nach einer Betriebsstunde kaputtgehen. In dem einen Fall schicke ich die Festplatte zurück und bekomme eine neue, im anderen Fall habe ich einfach Pech gehabt. Sicherheitstechnisch ist ein Versagen nach einer Betriebsstunde nicht akzeptabel, wenn dies zu einer Gefährdung führen kann.

Grundsätzlich ist auch die Zuverlässigkeit ohne Angaben über die Art der Nutzung und die entsprechende Umgebung eine Information mit geringem Wert. Bei einer Festplatte gibt es ein typisches Umgebungsprofil, die Art der Verwendung sollte eindeutig sein und das Versagen bezieht sich auf den Verlust der Fähigkeit Daten zu speichern oder die gespeicherten Daten abzurufen.

Als Erstes ergibt sich die Frage, ob man eine Komponentenumgebung vollständig spezifizieren kann. Bei vielen, insbesondere rein mechanischen Komponenten kann man von normierten, immer gleich bleibenden Umgebungsbedingungen ausgehen.

Betrachtet man jedoch die Zuverlässigkeit über die Zeit, so wird man bereits Einflussfaktoren finden, die nur sehr schwer spezifizierbar oder meist nur aus negativer Erfahrung überhaupt als Einflussgrößen bekannt sind. Dies gilt etwa für das Thema Materialverträglichkeit bei den Werkstoffen Kupfer/Zink oder Edelstahl und Salzatmosphäre, die ab einer bestimmten Konzentration zu galvanischen Elementen werden können und somit z. B. zu Korrosion führen. Weiter kennt man bei Berührung, Schlägen und Reibung den Effekt, dass unterschiedliche Härten, Oberflächenbeschaffenheit und Materialkombinationen zu minder starken oder schwachen Materialabnutzungen bis hin zu Rissen in den Materialien führen. Ebenso spielen die Intensität oder der Impuls, mit denen Komponenten miteinander interagieren oder mit denen man auf die Komponente einwirkt, eine große Rolle für deren Lebensdauerzuverlässigkeit. Es gibt Materialien, die sehen einen Stoß oder Schlag mit einer bestimmten Kraft (auch eine bestimmte Anzahl pro Zeiteinheit) als elastischen Stoß an, sodass es keine signifikanten Alterungseffekte gibt (sprich, das Material oder seine Struktur ist vor dem Stoß und nach dem Stoß unverändert). Oder es gibt bestimmte Veränderungen an den bei der Interaktion beteiligten Materialien. Dies kann auch noch von Schmutz, Feuchtigkeit oder anderen chemischen Stoffen abhängig sein. Als signifikantes Beispiel wird eine Kraft, die hydraulisch auf eine Komponente einwirkt, oft als weicher Impuls angesehen, da die Hydraulikflüssigkeit selber abfedert und der Druckaufbau der Hydraulik meist recht träge verläuft. Wird die Kraft jedoch rein mechanisch, womöglich auch noch basierend auf einer elektromotorischen Kraft erzeugt, so wird der Impuls für die Komponenten wesentlich härter wirken können. Dies kann für Festigkeitsanforderungen bis hin zur Lebensdauerzuverlässigkeit einen wesentlichen Einfluss bedeuten. Diesen Effekt kennen Fahrer, die eine elektrische Parkbremse haben, bei der ein Elektromotor den Bremskolben gegen die Bremsscheibe presst und nicht mehr die Hydraulik oder das klassische Handbremsseil.

Für die Funktionssicherheit gibt es verschiedene Anknüpfungspunkte, an denen sich diese beiden Themen überlappen. Hierzu zählen alle externen oder äußeren Schnittstellen und die Komponentenschnittstellen.

In den unterschiedlichen Industrien werden Zuverlässigkeit und Sicherheit in verschiedenen Kontext gebracht. Eisenbahn, Medizin, Öl/Gas/Chemie, Anlagen- und Maschinenbauindustrie leiten wie die IEC 61508 den EUC-Ansatz ab, bei dem

- die Zuverlässigkeit und die Häufigkeit der Fehler des EUC inklusive der Steuerung des Basis-Steuerungssystems auch die Grundlage für die quantitativen Ziele für die Sicherheitsintegrität sind.
- Für das Sicherheitsintegritäts-Steuerungssystem gilt es mindestens so zuverlässig den Fehler zu beherrschen, zu vermeiden oder zu mindern gemäß diesem Zielwert, der sich aus der Gefahren- und Risikoanalyse des EUCs ergibt.

Dabei resultiert der Prozess zur Vermeidung der systematischen Fehler aus dem SIL-Attribut und den jeweiligen Anforderungen der IEC 61508. Die zufälligen Hardware-Fehler bilden die Grundlage für die quantitative Analyse. Hier ermittelt man oft diese Zuverlässigkeit auf Basis der Fehlerrate der Elemente des Sicherheitsintegritätssystems. Fehler gemeinsamer Ursache und die zuverlässige Auslegung von mechanischen Elementen werden als systematische Fehler oder semiquantitativ betrachtet.

In der Flugzeugindustrie nennt man Zuverlässigkeit beim Namen, im Wesentlichen gibt für die Elektronik die ARP 4761 auch den Prozess für die quantitative Analyse vor. Im Rahmen der PSSA (Preliminary System Safety Analysis) werden die Zuverlässigkeits-Budgets auf Basis der FHA (Functional-Hazard-Analysis) ermittelt. Die Ziele dieser Budgets werden z. B. über Fehlerbäume oder Zuverlässigkeits-Blockdiagramme heruntergebrochen zu den einzelnen Elementen der Wirkketten (z. B. Sensor-Verarbeitung-Aktuator-Kette). Für Zustände und deren Übergänge, insbesondere Übergänge im Fehlerzustand (z. B. in einen stabilen, sicheren oder gefahrenfreien Zustand), werden Zustands- und Sequenzdiagramme z. B. mittels quantitativen Markov-Analysen betrachtet, wobei hier Wahrscheinlichkeiten im Vordergrund stehen, die auf Basis von Fehlerraten der EE-Elemente errechnet werden.

Systematischen Fehlern wird ein DAL (Design-Assurance-Level) zugeordnet, auf dessen Basis die Sicherheitsaktivitäten und Methoden für die Produktentwicklung abgeleitet werden.

Für alle mechanischen Elemente gibt es Ziele für die hinreichend robuste Auslegung, dazu gibt es in den einschlägigen Normen Methoden wie HASS (Highly Accelerated Stress Simulation) oder HALT (Highly Accelerated Life-time-Tests), die je nach Anwendungsfall zu verwenden sind. Für alle Hardware- und auch Software-basierenden Systeme gibt es Zuverlässigkeitsziele, die auch auf Basis der PSSA ermittelt werden.

Software, die in einer zuverlässigen Hardware-Umgebung läuft, ist mit diesem Argument in keiner Beziehung sicher.

Safety ≠ Reliability

- Safety and reliability are NOT the same
  - Sometimes increasing one can even decrease the other.
  - Making all the components highly reliable will have no impact on system accidents.
- For relatively simple, electro-mechanical systems with primarily component failure accidents, reliability engineering can increase safety.
- But this is untrue for complex, software-intensive socio-technical systems.

Bild 3.15 Statement zu Zuverlässigkeit und Sicherheit (Quelle: Leveson 2010)

Nancy C. Leveson weist auch in dieser Präsentation darauf hin, dass Sicherheit und Zuverlässigkeit eine gewisse Synergie aufweisen. Diese mag bei einfachen mechanischen Komponenten sehr eng sein. Wie in diesem Kapitel bereits beschrieben, sind die Wechselwirkungen sehr unterschiedlich. Aber am Ende gibt es ein hartes klar formuliertes Statement, dass es auf jeden Fall unwahr ist, dass es eine direkte Abhängigkeit von softwareintensiven Systemen und der Zuverlässigkeit gibt.

Grundsätzlich unterscheiden sich die quantitativen Analysen in den anderen Industrien nicht wesentlich, insbesondere schließt die IEC 61508 die Methoden aus der Luftfahrt nicht aus.

Die IEC 61508 und auch die in den anderen Industrien daraus abgeleiteten Sicherheitsintegritätsnormen sehen meist den „energielosen Zustand" als den sicheren Zustand an. Der „energielose Zustand" wird bezogen auf das EE-Sicherheitsintegritäts-System als der „sichere Zustand" angesehen. Die Idee, die dahintersteckt, basiert auf der Annahme, dass das EUC inklusive Basissteuerungssystem ohne Sicherheitsintegritäts-System auch ein gewisses Sicherheitsniveau hat. Bei vielen Maschinen ist der abgeschaltete Zustand der „sichere Zustand", weil die Maschine dann nicht mehr arbeitet und keinen Menschen im Umfeld gefährden kann. Im Anlagen- und Maschinenbau ist dies oft der Fall, bei mobilen Arbeitsmaschinen oder bei der Eisenbahn gilt es oft nicht. Ein Eisenbahnzug, der mit hoher Geschwindigkeit bei abgeschalteter elektrischer Energie über die Gleise fährt, rollt womöglich nach einiger Zeit aus. Die kinetische Energie, die sich aus der Bewegung des Zuges ergibt, muss auch kontrolliert, meist zu einem „sicheren Stillstand (Zustand)" geführt werden, dazu ist ein Vorhandensein von elektrischer Energie oft unbedingt notwendig. Daher hat man meist zwei unabhängige elektrische Energieversorgungssysteme auf dem Zug (alternativ über die Oberleitung oder ein hydraulisches Steuerungssystem usw.). Hier wird die Zuverlässigkeit nicht angewendet, weil es hier um das Vorhandensein der Redundanz im Fehlerfall geht. Auch in der Flugzeugindustrie gilt dieser Grundsatz, dass über eine Analyse gezeigt werden muss, dass in jedem denkbaren möglichen Fehlerfall eine Kontrolle des bewegten Objektes möglich ist.

Für diese Analyse hat die Eisenbahn nur einen Freiheitsgrad entlang der Längsachse, die Lateralsteuerung stellt die Infrastruktur über die Gleise oder die Weichensteuerung bereit. Im Flugzeug gilt es weitgehend drei oder mehr Freiheitsgrade sicherzustellen, neben

- Längs-,
- Quer- und
- Höhenachse

kann auch

- Nicken,
- Drehen um die Hochachse,
- Rollen oder
- Wanken

zu kritischen Situationen führen.

In diesen Industrien wird grundsätzlich unterschieden zwischen

- dem System, welches den Kundennutzen bereitstellt,
- Schutzsystemen für Umgebung, Personen und Umwelt.
- Daher hängt es im Wesentlichen vom Design des Flugzeugs oder Hubschraubers ab, welche Funktionen zur Steuerung der Achsen in den jeweiligen Freiheitsgraden auch im Fehlerfall unabhängig verfügbar sein müssen.

Dieser Systemverbund, jeweils separat oder auch im Verbund, wird als EUC analysiert und entsprechende Anforderungen für die Sicherheitsintegrität werden daraus entwickelt.

Bei vielen mobilen Systemen gilt das „Vorhandensein" der Kontrolle auch im Fehlerfall, also die Verfügbarkeitsanforderung, nur für das Basissteuerungssystem. Selbst der Ausfall der Schutzfunktion kann in vielen Fällen toleriert werden. Wer würde schon das Bordnetz abschalten, wenn ein Airbag nicht mehr verfügbar ist? Eine Vollbremsung einzuleiten, wäre auch nicht angemessen.

In der Automobilindustrie ist bisher für alle Fälle der Fahrer verantwortlich, das bewegte Fahrzeug in einen „sicheren Stillstand (Zustand)“ im Fehlerfall zu überführen. Insbesondere beim Design von zukünftigen Lenk- und Bremssystemen wird die Verfügbarkeit der jeweilig notwendigen unabhängigen Redundanzen der wesentliche Treiber der Architektur sein.

Wesentlich ist auch hier das „Vorhandensein“ der Redundanz, die das bewegte Objekt kontrollieren kann, auch in einem beliebigen denkbaren Fehlerfall.

Insbesondere wenn man ein Fahrzeug-Bordnetz betrachtet, dann werden zur Kontrolle des fahrenden Fahrzeugs neben den Redundanzen der Basis-Aktuatoren auch die

- Kommunikation, um die korrekte Aktuatorinfomation zu kommunizieren,
- Spannungsversorgung für die notwendigen Steuergeräte und
- Energieversorgung

in jedem beliebigen Fehlerfall hinreichend zur Verfügung gestellt werden, und das mindestens für die Längs- und Querführung des Fahrzeugs.

Leider ist nicht nur den Menschen in der Nähe von Fukushima die fehlende Kontrolle im Fehlerfall zum Verhängnis geworden. Für die Kühlsysteme, die Energieverteilung, die Steuerungssysteme usw. hätte die jeweils geeignete Redundanz vorhanden sein müssen.

Hieraus ergibt sich die Erkenntnis, dass die Bereitstellung sicher verfügbarer Redundanzen nicht die einzige Sicherheitsanforderung bedeutet. Für das redundante System muss auch nachgewiesen werden, dass es in der Lage ist, die geforderte Funktion im hinreichenden Maße bereitzustellen. Für die Unabhängigkeit der jeweiligen Systeme in dem jeweiligen Fehlerfall muss eine besondere Analyse dieser „Fehler gemeinsamer Ursache“ durchgeführt werden sowie auch eine zeitliche Analyse, die die rechtzeitige Aktivierung der Redundanzen sicherstellt. Ergänzend dazu ist ebenfalls der Übergang in den verschiedenen Fehlerfällen in den jeweiligen anderen Betriebsmodus zu betrachten, auch durch diesen Übergang darf es zu keiner Verletzung einer übergeordneten Sicherheitsanforderung kommen.

Da auch in diesen Fällen nicht die Sicherheitsintegritätssysteme im Vordergrund der Analyse stehen, sondern die Funktionen, die einen Kundennutzen bringen, und die Schutzsysteme für Mensch und Umwelt, gehören diese Sicherheitsanalysen auf jeden Fall zur Phase des Betriebssicherheitskonzeptes und nicht zu einer späteren Lebenszyklusphase.

Literatur

DIN EN 1525: Sicherheit von Flurförderzeugen – Fahrerlose Flurförderzeuge und ihre Systeme

DIN EN 61709: Elektrische Bauelemente – Zuverlässigkeit – Referenzbedingungen für Ausfallraten und Beanspruchungsmodelle zur Umrechnung

DIN EN ISO 10218, Teil 1 und 2: Industrieroboter – Sicherheitsanforderungen. Teil 1: Roboter. Teil 2: Robotersysteme und Integration

DIN EN ISO 12100: Sicherheit von Maschinen – Allgemeine Gestaltungsleitsätze – Risikobeurteilung und Risikominderung

DIN EN ISO 13849: Sicherheit von Maschinen – Sicherheitsbezogene Teile von Steuerungen. Teil 1: Allgemeine Gestaltungsleitsätze. Teil 2: Validierung

DIN ISO/TS 15066: Roboter und Robotikgeräte – Kollaborierende Roboter

ECE/TRANS/WP.29/GRVA/2019/13: Proposal for the Future Certification of Automated/Autonomous Driving Systems. Veröffentlicht am 19. November 2018

Farshchi, S.: The Next Billion-Dollar Businesses In Autonomous Cars: Safety And Compliance. Forbes Magazin, 21. Mai 2018

Leveson, N.G.: A New Approach to Safety in Software-Intensive Systems. June 2010

Richtlinie 70/156/EWG: Richtlinie des Rates vom 6. Februar 1970 zur Angleichung der Rechtsvorschriften der Mitgliedstaaten über die Betriebserlaubnis für Kraftfahrzeuge und Kraftfahrzeuganhänger

Richtlinie 2007/46/EG: Richtlinie des Europäischen Parlaments und des Rates vom 5. September 2007 zur Schaffung eines Rahmens für die Genehmigung von Kraftfahrzeugen und Kraftfahrzeuganhängern sowie von Systemen, Bauteilen und selbstständigen technischen Einheiten für diese Fahrzeuge

VDI 2510: Fahrerlose Transportsysteme (FTS)

4 System Engineering und Sicherheit

Architektur- und Anforderungsmanagement sind die wesentlichen Merkmale des System Engineering. Ohne strukturierte, korrekte, konsistente und vollständige Spezifikationen wird es keine Produkte geben, die eine so heterogene Struktur von Anforderungen erfüllen müssen, wie die Produkte für die Mobilität im öffentlichen Verkehrswesen.

4.1 Aspekte der Architekturentwicklung

Architektur wird oft als das Rückgrat eines jeden Produktes gesehen. Die ISO 26262:2011, Teil 1, Kapitel 1.3 beschreibt die Architektur als Repräsentation eines Fahrzeugsystems, von Funktionen, Systemen oder Elementen, die durch Bausteine, deren Abgrenzungen, Schnittstellen und deren Zuordnung zu Elektronikhardware und Software identifiziert werden können.

ISO 26262, Teil 1, Chapter 3.1

3.1 architecture

representation of the structure of the item (3.84) or element (3.41) that allows identification of building blocks, their boundaries and interfaces, and includes the allocation of requirements to these building blocks.

Als Grundlage für die Definition des Fahrzeugsystems wird bereits das Funktionskonzept (ISO 26262, Teil 1, Kapitel 1.66) genannt. Das Funktionskonzept bilden gemäß Glossar die Spezifikation der beabsichtigten Funktionen und deren Interaktionen, um das beabsichtigte Verhalten zu erreichen.

ISO 26262, Teil 1, Chapter 3.66

functional concept

specification of the intended functions and their interactions necessary to achieve the desired behaviour.

Note 1 to entry: The functional concept is developed during the concept phase (3.110).

Diese zwei Definitionen der ISO 26262 zeigen, dass die Architektur wesentliche Anforderungen erfüllen muss:

- Strukturierung und Identifikation von Grenzen und Schnittstellen
- Zuordnung der Anforderungen an Schnittstellen und Elemente

Natürlich bilden die Elemente und ihre Schnittstellen die Grundlage zur Beschreibung des Verhaltens der Elemente untereinander und deren Interaktion mit der Umgebung. Wird ein System spezifiziert und die Verhaltensbeschreibung basiert auf anderen Grundlagen, wird das System nicht verifizierbar sein, da Vollständigkeit, Korrektheit und Konsistenz nicht argumentiert werden können.

Das beabsichtigte Verhalten als auch das Verhalten im Fehlerfall muss spezifiziert sein. Somit ist man gezwungen, sämtliche Abstraktionsebenen, Perspektiven, Schnittstellen sowie deren gewünschtes technisches Verhalten zu planen und im Voraus zu definieren. Ursprünglich wurde der Begriff der Sicherheitsarchitektur als weiterer Begriff zur Architektur in der ISO 26262 definiert. Hier konnte man sich aber nicht auf eine eindeutige Abgrenzung zur Produkt- und Systemarchitektur einigen. Gegenstand aller Analysen ist auch nicht das reine Sicherheitsintegritätssystem, sondern das gesamte zu betrachtende System inklusive der gesamten Systemumgebung. Insbesondere die Schnittstellen im Produkt müssen für den sicherheitsrelevanten Teil wie auch für alle anderen Teile des Produktes konsistent, korrekt und vollständig definiert sein. Wesentliche Anforderungen an die Architektur der Sicherheitsintegritätsstandards wie IEC 61508 oder ISO 26262 gelten also für das gesamte Produkt und damit auch für das funktionale Konzept, wie es in der ISO 26262 definiert ist, wie auch für das EUC inklusive Basissteuerungssystem.

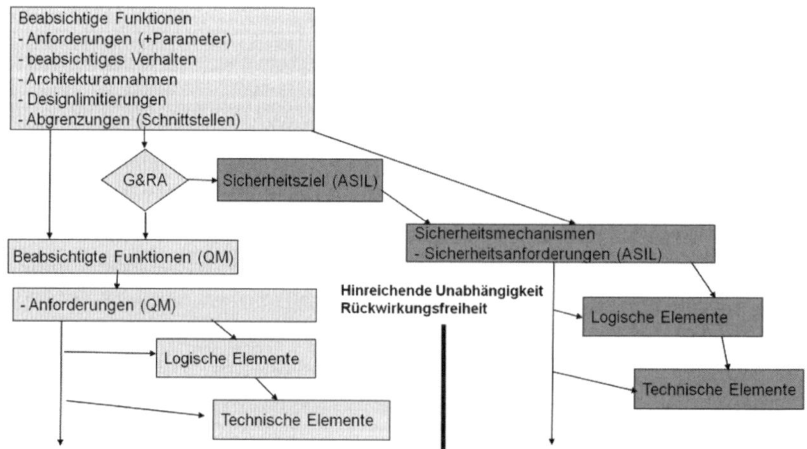

Bild 4.1 Beispiel für die Struktur als Grundlage für die Produktspezifikation inklusive Sicherheitsintegritätsanforderungen

Bild 4.1 zeigt einen klassischen Ansatz, wie man eine solche Struktur planen kann, jedoch zeigt es auch, wie stark die Anforderungen aus der Definition des Fahrzeugsystems durch alle Elemente der Architektur vererbt werden. Wird zum Beispiel die beabsichtigte Funktion, die also den Kundennutzen bringt, als nominale Steuerungsfunktion implementiert, so wird normalerweise diese Funktion nach den üblichen Regeln des gelebten Qualitätsmanagements implementiert und mit dem entsprechend vereinbarten Attribut (zum Beispiel QM) gekennzeichnet. Im selben technischen Element (zum Beispiel Mikrocontroller) werden bei Automotive-Systemen oft die Funktionen des Sicherheitsintegritätssystems implementiert (siehe VDA EGAS). Die erste Version der IEC 61508 hatte darauf verwiesen, dass eine solche Zuordnung über den Scope der Norm hinaus-geht und mit den Maßnahmen der Norm nicht hinreichend abgesichert werden kann – was zur Folge hatte, dass die nominalen Steuerungsfunktionen auch mit der jeweils höchsten Sicherheitsintegrität implementiert werden müssen. Eine hinreichende Trennung von nominaler Steuerungsfunktion und Sicherheitsintegritätsfunktion bei einem Sicherheitsziel mit geringer Sicherheitsintegrität ist noch denkbar. Solche Konzepte wurden mit überwachten Barrieren implementiert, bei denen die Sicherheitsintegritätsfunktion auch die möglichen Fehlereinflüsse der nominalen Steuerungsfunktion überwachte. Wurde diese Barriere als implementierte Basis der Sicherheitsintegritätsanforderung zur Laufzeit als defekt erkannt, schaltete das System den kompletten Mikrocontroller zum Beispiel über einen Watchdog ab. Was bei Systemen mit nur einem Sicherheitsziel und geringer Sicherheitsintegrität noch umsetzbar war, wird bei mehreren, insbesondere gegenläufigen Sicherheitszielen (fehlerhaft zu hoch für einen physikalischen Wert führt zu einer anderen Gefährdung als zu niedrig), Sicherheitszielen basierend auf verschiedenen physikalischen Größen oder gar verschieden hoher Sicherheitsintegrität zu Lösungen mit mehreren Mikrocontrollern führen.

Dies macht deutlich, dass die Planung von Schnittstellen eine wesentliche Aufgabe der Architektur darstellt. Werden jedoch die Nominalfunktionen auf einer anderen Abstraktionsebene oder gar ohne eine Hierarchisierung spezifiziert, wird der Sicherheitsnachweis für die gesamte Steuerungseinheit sehr komplex oder nahezu unmöglich. So gibt es heute in allen Branchen Lösungen, wie man auch in einem Mikrocontroller eine hinreichende Trennung von verschiedenen Sicherheitsintegritätsebenen umsetzen kann. Gibt es jedoch den weiteren Aspekt, dass der energielose Zustand für das EUC (zum Beispiel das Auto), dessen Steuerungssysteme und das Integritätssystem keinen sicheren Zustand bedeutet, wird man Redundanzen kaum vermeiden können. Weiter sollte die Architektur dringend darauf geprüft werden, ob in solchen Fällen Anforderungen zum Basissteuerungssystem und der Sicherheitsintegrität überhaupt in einem Steuerungsgerät implementiert werden können. Die gleiche Frage stellt sich danach, ob Steuerungsfunktionen und Schutzfunktionen im selben Steuerungsgerät unter bestimmten Bedingungen implementiert werden können.

Als Konsequenz daraus kommt man nicht umhin, die gesamte Produktarchitektur in der jeweiligen Integrationsumgebung vollständig zu analysieren.

Die ISO 26262 lässt auch zu, dass ein Fahrzeugsystem aus mehreren Systemen zusammengesetzt wird. Sollten in dem Fall die Schnittstellen der einzelnen Systeme nicht aufeinander abgestimmt sein, so wird man bei der Integration diese anpassen müssen, da sonst keine systematische Abstimmung der Schnittstellen stattfinden kann. Das heißt, wenn man nicht die Schnittstellen vorab plant, werden sich die Architekturen der verschiedenen Systeme ihre eigenen Schnittstellen festlegen. Es wäre reiner Zufall, wenn diese zu den beteiligten Systemen passen würden oder gemeinsam zu den Schnittstellen des Fahrzeugs, in das das jeweilige System integriert werden soll. Auf der Fahrzeugebene kann man ein elektronisches System inklusive der physischen Erkennung der Sensoren oder der Fahrzeugreaktion aufgrund der Ansteuerung durch einen Aktuator sehen, oder man betrachtet gemäß ISO 26262 nur die elektrisch oder elektronisch umgesetzten Funktionen. Genauso verhält es sich mit der Software, man kann die Software als eine Komponente in einem Mikrocontroller beschreiben. Alternativ kann man das funktionale Verhalten inklusive Mikrocontroller als Systemfunktion beschreiben und beschreibt die Software oder mehrere Softwarekomponenten und den Mikrocontroller als zwei oder mehrere Komponenten, aus denen das System besteht. In der aktuellen Diskussion zum Beispiel um künstliche Intelligenz wird oft vergessen, dass für Software-Funktionen keine unendlichen Ressourcen durch den Mikrocontroller oder Mikroprozessor bereitgestellt werden können. Für die nominale Steuerung des Fahrzeugs und die Ansteuerung der Aktuatoren sowie die eigentliche Sicherheitsintegritätsfunktion fallen daher solche Lösungen aus. Das heißt aber nicht, dass künstliche Intelligenz insbesondere für Schutzfunktionen einen wesentlichen Vorteil in Bezug auf Präzision und Güte bieten kann.

Diese Erkenntnisse führen zu dem Schluss, dass man insbesondere komplexe elektronische Systeme so planen sollte, dass durch die gewählte Gesamtarchitektur für zum Beispiel das gesamte Fahrzeug massive Gefährdungen durch EE-Fehler vermieden werden. Eine Beherrschung der Fehler in komplexen Systemen ohne Barrieren, die die Fehlerpropagation verhindern, wird technisch sehr aufwendig und die Argumente für den Sicherheitsnachweis werden nur sehr schwierig einem Assessor darzulegen sein.

In einem alten VW-Käfer gab es keine Elektronik außer dem Transistorradio, also keine sicherheitstechnischen Risiken, deren Ursache Fehler in der Elektronik waren.

4.1.1 Stakeholder von Architekturen

Welchen Zweck erfüllt eine Architektur und welche Personen, Gruppen von Personen oder welche Rollen im Rahmen von Prozessbeschreibungen liefern Informationen zur Architektur oder erhalten Informationen aus der Architektur?

Stakeholder (zum Beispiel die Nutznießer oder Kunden, aber auch die Gesellschaft) eines Systems oder Produktes formulieren ihre Anforderungen nur global oder allgemein; welche Anforderungen jedoch dann für die verschiedenen Elemente des Systems oder Produktes umgesetzt werden sollen, kann nur durch eine Struktur kommuniziert werden. In der Praxis werden also ein Lastenheft eines Kunden oder die Anforderungen von den Gesetzgebern, Betreibern, Versicherern weitgehend unabhängig von einer Produktstruktur formuliert sein. Sind diese Stakeholder-Anforderungen aber nicht bekannt, wird die Entwicklung des Produktes und dessen Architektur immer auf Annahmen beruhen, die hoffentlich für das Produkt zu keinem neuen Sicherheitsrisiko werden.

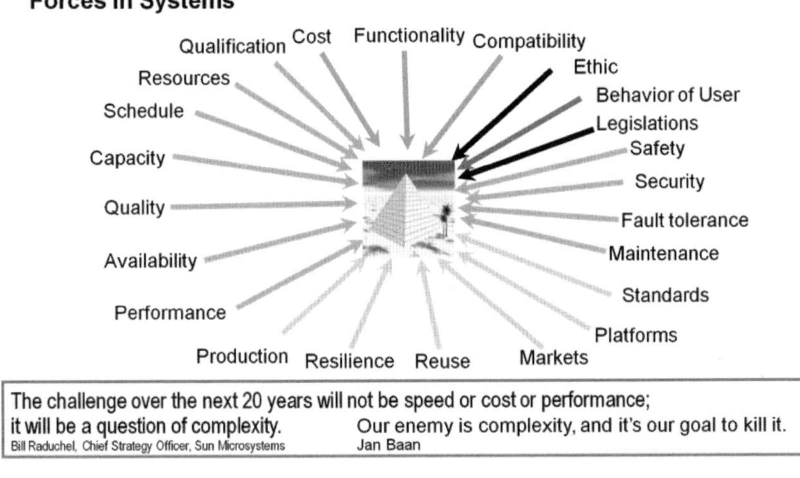

Bild 4.2 Treiber von technischen Architekturen (Quelle: IBM-Präsentation, 2005)

Die Treiber einer Architektur bilden sich aus all den genannten Aspekten heraus und können Anforderungen an ein Produkt ergeben. Hier gilt es natürlich in einer sehr frühen Phase in einer Produktentwicklung diese Treiber sowie im negativen Sinne die Risiken für ein Produkt zu identifizieren.

Bei den Kosten wird es sehr schnell transparent, aber wir werden sehen, dass fast alle Treiber in den verschiedenen Entwicklungen analoge Einflüsse und Risiken in sich bergen können.

Für eine Entwicklung benötigt man Geld für Entwicklungsressourcen, Werkzeuge, Laboreinrichtung, Produktionsmittel und so weiter. Selbst die großen Erfinder im Automobilbereich, wie Benz, Diesel, Otto und so weiter, kannten das Problem. Das Geld sorgt dafür, dass bestimmte Eigenschaften knapp an der Auslegungsgrenze definiert werden, dass man nach günstigen und einfachen Lösungen sucht oder dass Entwicklungen gar eingestellt werden müssen, weil das Geld fehlt.

Dies führte dazu, dass man sehr sensible Kosten-Nutzen-Rechnungen erstellt, bevor jemand in eine Produktentwicklung einsteigt. Selbst einzelne Eigenschaften werden heute per Wertanalyse betrachtet und man untersucht, welche Eigenschaft für welche Zielgruppe ein Grundbedürfnis oder einen Begeisterungsfaktor darstellt.

Entsprechende Beispiele können nun für diese Treiber betrachtet werden, es würde jedoch wahrscheinlich nur zu folgendem Fazit führen: Je nach Markt und Anforderungen dieser Architekturtreiber wird es Produkteigenschaften geben, welche ein Grundbedürfnis für die Akzeptanz des Produktes darstellen, und andere, die sogar so viel Begeisterung hervorrufen, dass das Produkt auch ein Erfolg in verschiedenerlei Hinsicht werden kann. Im Umkehrschluss ist jede Nichterfüllung ein Risiko.

Somit wird man nie eine Architektur für eine Produktentwicklung rein nach Sicherheitsanforderungen gestalten, sondern man wird auch die anderen Architekturtreiber betrachten müssen.

Das heißt, die Elemente, aus denen ein System zusammengesetzt wird, werden weder nach reinen Leistungsprinzipien noch nach reinen Sicherheitsaspekten definiert werden.

Doch es ist klar, das Geld ist wichtig. Verfügbarkeit von Materialien (Stichwort seltene Erden), Produktionskapazitäten, Know-how, Erfahrung, Transportwege, Lieferkette und so weiter werden jedoch eine entscheidende Rolle dafür spielen, wie die Elemente definiert und welche Position und Aufgabe diese im System haben werden.

Die ISO 26262 adressiert natürlich nur elektrische und elektronische sowie Software-Elemente, jedoch wird ein Kondensator und ein Widerstand alleine noch keine Tiefpassfunktion realisieren können. Die in der Norm adressierten Elemente anderer Technologien spielen immer eine Rolle. Spätestens bei der Analyse der Fehlerabhängigkeit (Analysis of Dependent Failure oder der bekanntere Aspekt, die Common-Cause-Analyse) wird man sehen, dass Stecker, Leiterplatten, Gehäuse einen großen Einfluss auf die Sicherheit haben können.

In der Automobilindustrie stellen Gehäuse immer noch eine Herausforderung für das Projektmanagement dar. Nicht nur, dass man diese bereits zu Projektbeginn bestellen muss, da die Gehäuse zu den sogenannten Langläufern gehören und damit den Bauraum für die Steuergeräte festlegen, sondern es muss auch die Anordnung von Platinen und Steckern dann bereits definiert sein. Was hat dies mit Sicherheit zu tun?

Die Metriken der ISO 26262 betrachten nur zufällige HW-Fehler. Es gibt zwar Stimmen, dass Leiterbahnen, Lötungen, Kabel und Stecker auch zufällige HW-Fehler haben können, jedoch werden wir sehen, dass dies nicht das vordergründige Problem ist. Meist sind es die systematischen Fehler, sprich die potentiellen

Auslegungsfehler, die uns hier vor besondere Aufgaben stellen. Stecker und Leiterbahnen müssen bestimmte Durchmesser haben, um bestimmte Ströme tragen zu können. Weiter sind die Abstände wichtig, besonders bei Spannungen über 60 Volt werden wir ganz neue Sicherheitsaspekte betrachten müssen. Die ISO 26262 verlangt zwar kein Derating (konservative Auslegung; sprich, die Betriebskennwerte liegen deutlich unterhalb der Nominalwerte der Bauelemente) wie die IEC 61508 (70 %), jedoch müssen die Eigenschaften hinreichend robust über die gesamte Lebensdauer ausgelegt sein. Dadurch werden eventuell Abstände von Steckerpins, Pingröße, Leiterbahnenabstände, Dicke und so weiter durch die Auslegung der Sicherheitsmechanismen bestimmt. Dies kann im Einzelfall zu Raumknappheit im Gehäuse führen. Dadurch gibt es in der Praxis ein weiteres Problem: Es fließt kein (außer Supraleitung) Strom ohne Verlustleistung. In jeder elektrischen Komponente entsteht Wärme, die nach außen abgeführt werden muss. Hier spielt die Wärmeleitfähigkeit des Gehäuses eine entscheidende Rolle. Überhitzung ist eine wesentliche Ursache für den Brand von Steuergeräten. Dies wird explizit von der ISO 26262 mit betrachtet, da es sich hier um einen systematischen Fehler bei der Elektronik handeln kann. Das Thema Wärme hat auch noch einen massiven Einfluss auf einen typischen Projektlangläufer; den Mikrocontroller. Je höher man einen Mikrocontroller taktet, desto wärmer wird er. Die Anzahl der Operationen pro Zeiteinheit hat auch Einfluss auf die Erwärmung. Sprich, ein richtig an die Grenze dimensionierter Mikrocontroller wird sehr warm. Kann man die Wärme schnell abführen, so kann man die Grenzen besser ausreizen, sind aber auch andere Bauelemente knapp ausgelegt oder zu nah aneinander angeordnet, riskiert man einen Wärmestau.

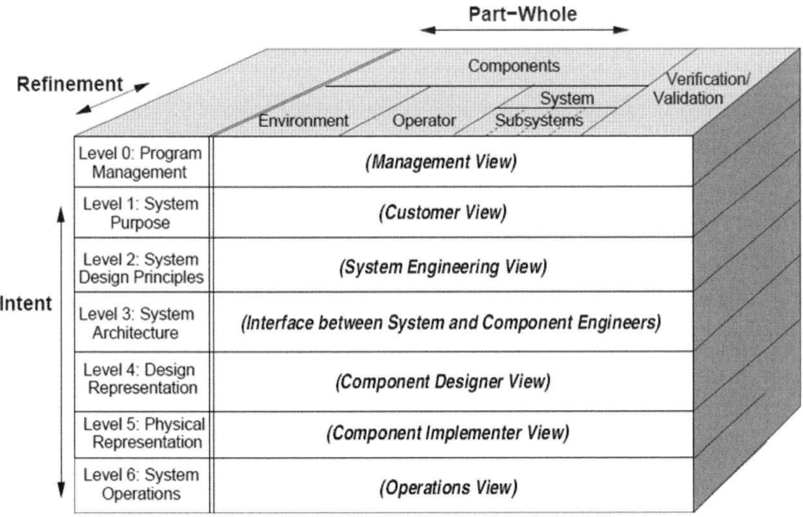

Bild 4.3 Struktur einer Spezifikation und deren Abhängigkeit von Organisation und Projektmanagement (Quelle: Leveson 2012, Figure 10.1)

Das zeigt, dass viele Faktoren einen Einfluss auf die Eigenschaften des Produktes haben können. Neben der Komplexität der Abhängigkeiten aus dem obigen Beispiel sehen wir, dass der Faktor Zeit einen gewichtigen Einfluss haben kann. Ein Gehäuse oder einen Mikrocontroller wechselt man nicht ohne gewichtigen Grund während der Entwicklung eines Produktes.

Das heißt aber, dass eine große Abhängigkeit zwischen Projektmanagement und Architektur besteht.

Nancy G. Leveson macht in ihrem Buch „Engineering a Safer World" (Leveson 2012) einen Vorschlag, der die Struktur für die verschiedenen Architektursichten und die Zuordnung der Anforderungen beschreibt. Die gesamten Zusammenhänge werden unter dem Begriff „Intent Specification" dargestellt (siehe Bild 4.3).

Im Deutschen würde man wohl das Wort „intent" mit Absicht oder Vorhaben übersetzen, somit würde die Bildunterschrift „Struktur einer Vorhabensspezifikation" heißen, was nichts anderes bedeutet als das Pflichtenheft, welches der Auftragnehmer für seine Auftragsbestätigung nutzt.

Die Kernaussage beruht darauf, dass die Produktstruktur, die Struktur der Organisation, die das Produkt erstellen soll, sowie die Managementstruktur aufeinander abgestimmt sein müssen. Damit die entsprechenden Organisationseinheiten miteinander arbeiten können, ist es notwendig, dass diese Struktur auch die Grundlage für die Spezifikationen darstellt.

Somit wird die Produktarchitektur in erster Linie die Grundlage für die Projektstruktur.

Als Konsequenz wird es der erste Schritt einer Projektplanung sein, einen Projektstrukturbaum zu erstellen, der folgende Aspekte berücksichtigen muss:

- Produkt-, Organisations- und Projektschnittstellen müssen miteinander harmonisiert werden. Je mehr Überschneidungen es mit den drei Schnittstellenklassen gibt, desto komplexer wird die Entwicklung des Produktes.
- Produkt-, Organisations- und Projektschnittstellen müssen definiert und durch Hierarchisierung gesteuert werden. Jede Schnittstelle muss in einer darüber liegenden Ebene definiert und gemanagt werden.

Die Produktstruktur und deren horizontale und vertikale Schnittstellen bilden die Basis für die Spezifikation der Elemente der Architektur und deren Verhalten beziehungsweise die Abhängigkeit untereinander.

Die Würfelstruktur von Nancy G. Leveson wird hier nicht weiterverfolgt, wobei auf Basis der Vorschläge eine Würfelsicht erzeugt werden könnte. Es werden auch nur die produkttechnischen Sichten weiter betrachtet, nicht die organisatorischen auf Kunden oder Zulieferer und so weiter. Diese Sichten müssen natürlich bei der Produktplanung, Projektplanung und Festlegung der Organisationsschnittstellen berücksichtigt werden. Diese Aspekte bilden jedoch die Grundlage für die Planung der Sicherheitsaktivitäten im Projektsicherheitsplan als Ableitung des Sicherheitslebenszyklus.

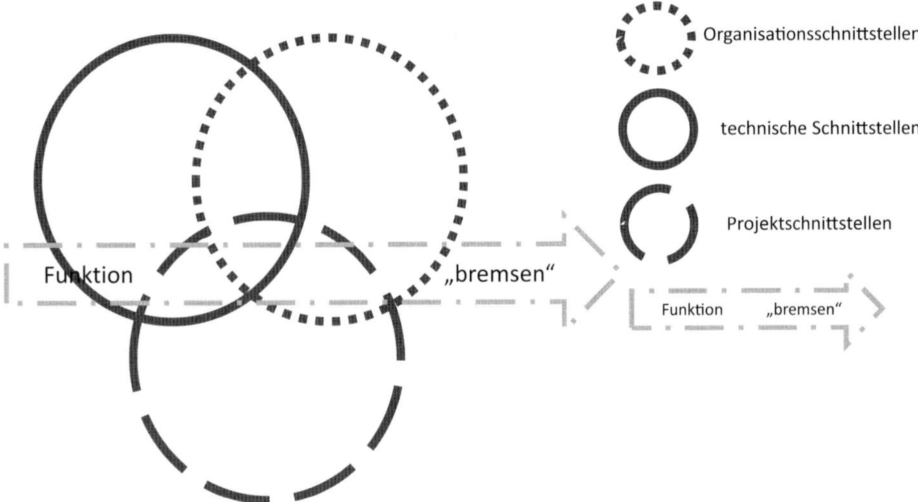

Bild 4.4 Schnittstellen einer Funktion im Kontext von Technik, Organisation und Projekten

Wenn man heute eine grundlegende Funktion des Fahrzeugs, wie zum Beispiel „bremsen" sieht, wird rein technisch zwischen der Basisbremse und dem elektronischen Bremssystem unterschieden. Die Basisbremse besteht meist aus

- Bremspedal,
- Bremskraftverstärker,
- Hydraulik und dem
- Bremssattel mit Scheibe und Belägen.

Die elektronische Bremse besteht allgemein aus Hydraulikventilen und einer Pumpe sowie der Elektronik und den Sensoren.

Die Funktionen werden in ihrer Ausprägung vom Fahrzeughersteller definiert und von verschiedenen Zulieferern umgesetzt. Auch innerhalb der Fahrzeughersteller und den verschiedenen anderen Herstellern gibt es beliebig viele Organisationsschnittstellen. Müssen die beteiligten Parteien nun im Rahmen einer Neuentwicklung bei einem Projekt zusammenarbeiten, wird die Komplexität aus technischen und organisatorischen Schnittstellen der an der Realisierung beteiligten Parteien bereits enorm. Wird dann noch eine Projektorganisation aufgestellt, die sich nicht an den technischen und organisatorischen Schnittstellen orientiert, werden solche Funktionen und ihre Schnittstellen nicht mehr beschreibbar sein. Betrachtet man nun auch den geänderten Kontext, den eine Funktionsentwicklung mit sich bringt, werden sich die Abhängigkeiten schnell auf unendliche Dimensionen vergrößern.

Der Wandel, der uns durch die Digitalisierung und Automatisierung erwartet, bringt wesentliche neue Anforderungen mit sich. So werden aus

- Steuergeräten für elektrische Schutzfunktionen wie ABS und ESP nun Steuergeräte für eine Basisbremsfunktion,
- eine elektrische Lenkunterstützung wird zu einer elektrischen Lenkung und
- Fahrerassistenzfunktionen werden zu aktiven Fahrfunktionen.

Diesen neuen Herausforderungen werden sich die beteiligten Parteien nicht nur technisch, sondern auch organisatorisch stellen müssen.

4.1.2 Sichten einer Architektur

Da es unterschiedliche Stakeholder einer Architektur gibt, muss es auch unterschiedliche Abstrahierungen der Beschreibung für den jeweiligen Stakeholder geben. Optimal wäre, wenn man je nach Profil des Stakeholders bestimmte Informationen aus dem Gesamtbeschreibungsmodell entnehmen könnte. Um dies dann vollständig umsetzen zu können, müsste man neben einer Standardisierung der Stakeholder und der jeweiligen Interessen dieser oft sehr unterschiedlichen Personen auch ein Basisdatenmodell haben, welches in der Lage wäre, die ganze Welt mit ihren Zusammenhängen beinhalten zu können. So lange wird niemand warten können. Selbst solche genialen Datenmanagement- oder Informationssysteme wie Google, Wikipedia und so weiter würden hier an ihre Grenzen stoßen.

Jeder, der sich mit einem Hausbau beschäftigt hat, kennt eine Bauzeichnung. Das Ziel dieser Bauzeichnung ist natürlich dem späteren Eigentümer zu zeigen, wie das fertige Haus aussehen soll. Neben dem späteren Eigentümer dient die Zeichnung dem Bauingenieur als Grundlage für die Baumaßnahmen. Meist gibt es besonders bei Häusern, die durch einen Bauträger gebaut werden, auch eine Baubeschreibung, aber die kann man ohne einen Anwalt nicht lesen.

Die Bauzeichnung zeigt meist eine Front-, Rück- und verschiedene Seitenansichten und Schnitte in der Vertikalen, damit man die Stockwerkaufteilung erkennt, sowie Schnitte in der Horizontalen, damit man zum Beispiel die Anordnung von Türen, Durchgängen und so weiter sehen kann. Wir schauen aber immer auf dasselbe oder das gleiche Haus. Unsere Erwartung ist natürlich, dass die Sichten konsistent sind und wir eine Haustür in der Frontansicht an derselben Stelle im Haus sehen können, wie wir es bei einem Horizontalschnitt erwarten würden.

Trotzdem müssen unterschiedliche Stakeholder einer Architektur identifiziert werden und diese wollen natürlich auch nur das in der Architektur sehen, was sie interessiert. Wenn man einem Schreiner für die Innentüren die Bauzeichnung sendet, wird ihn die Höhe des Estrichs interessieren, jedoch nicht die Auslegung der Türstürze und wie viel Eisen für welche Traglast verwendet wurde. Grundsätzlich müsste man hier auch auf die Perspektive des Controllers (Bauherr oder Bauträger) und des Projektleiters eingehen, da die eingesetzten Ressourcen schon über die hinreichende Sicherheit entscheiden.

Phillipe Kruchten hat bereits Ende der 60er Jahre seine vier Sichten beschrieben, die im Rahmen der UML-Entwicklung zu folgenden 4+1 Sichten führten:

- Die logische Sicht („Logical View") beschreibt die Funktionalität des Systems für den Endnutzer. Es werden logische Elemente genutzt, um unterschiedliche Abhängigkeiten der Elemente darzustellen. Als UML-Diagramme können Klassendiagramm, Kommunikationsdiagramm, Sequenzdiagramm verwendet werden.
- Die Entwicklungssicht oder Implementierungssicht („Development View") beschreibt das System vom Standpunkt eines Entwicklers aus. Als UML-Diagramme können Komponentendiagramm oder Paketdiagramm verwendet werden.
- Die Prozesssicht (Verhalten oder funktionale Sicht, „Process View") beschreibt die dynamischen Aspekte des Systems. Das Verhalten der Elemente an ihren Schnittstellen zueinander, in einer definierten Umgebung, wird hier dargestellt. Beziehungen können jegliche Art der Kommunikation (technisch, aber auch Mensch-Maschine etc.), zeitliches Verhalten sowie Allokations- und Strukturaspekte, wie Parallelität, Verteilung, Integration, Performanz und Skalierbarkeit sein. Als UML-Diagramme können Aktivitäten-, Sequenz- oder Timing-Diagramme verwendet werden.
- Die physikalische Sicht („Physical view") oder Realisierungssicht („Deployment View") beschreibt das System aus Sicht der Realisierung beziehungsweise des Planers der Realisierung. Hier soll man die Zuordnung der Komponenten, Module oder elektrischen Bauelemente und der Elemente, die zur Kommunikation (zum Beispiel Kabel, Bus, Stecker) untereinander realisiert oder beschafft werden müssen, vorfinden. Als UML-Diagramme können Verteilungsdiagramme verwendet werden.
- Die Szenariensicht („Scenario view") beschreibt die geplanten Anwendungsfälle, mögliche Konfigurationen, aber auch Verhaltensvarianten. Dies kann die Grundlage für das geplante Verhalten der Elemente untereinander sein. Die Architekturverifikation bildet später die Basis für die Integrationstests. Als UML-Diagramme können Anwendungsfalldiagramme (Use-Case-Diagram) verwendet werden.

Im Rahmen des Förderprojektes „Safe" wurden aus Definitionen des Projektes SPES2020 für die Automobilindustrie die in Bild 4.5 dargestellten Sichten beziehungsweise Perspektiven abgeleitet.

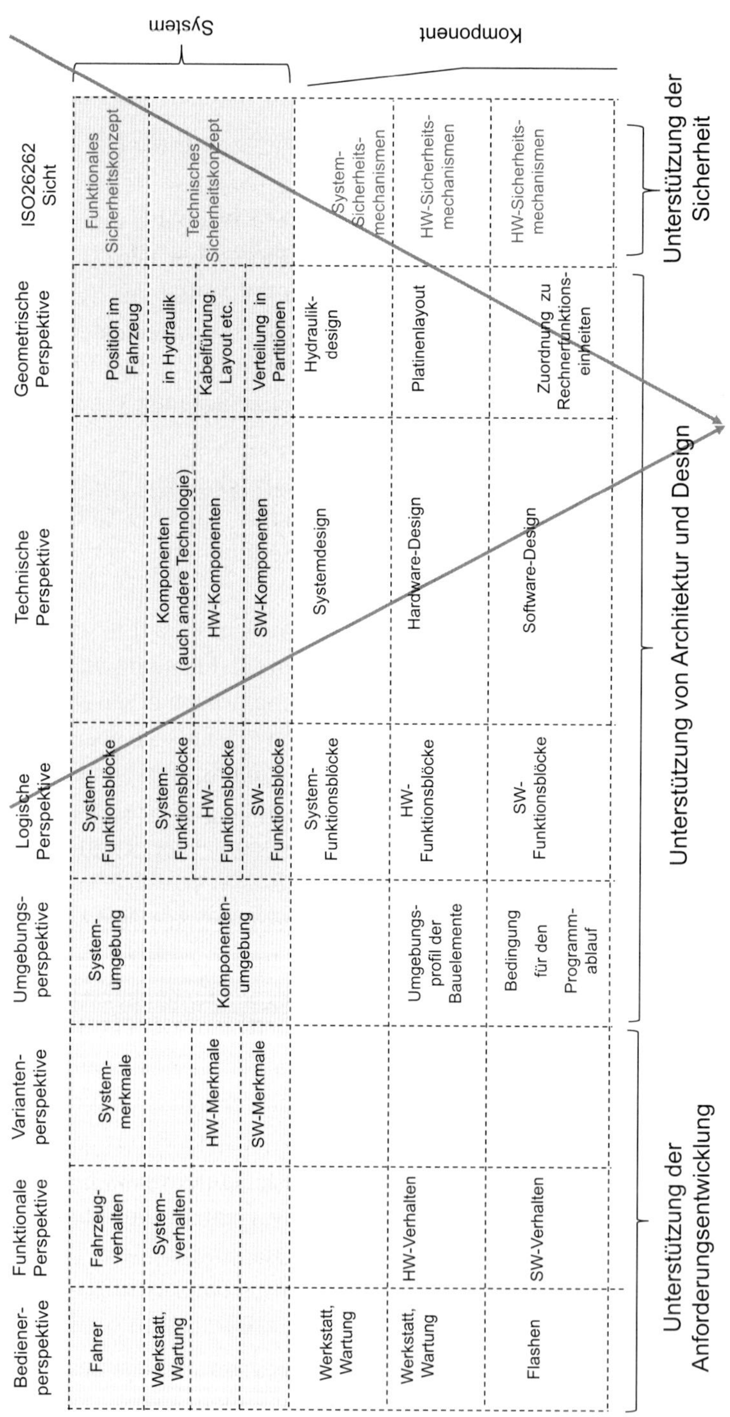

Bild 4.5 Perspektiven einer Architektur gemäß „Safe" (Quelle: ITEA2, Safe, 6 Guideline, 2010)

Die einzelnen Perspektiven können wie folgt beschrieben werden:

- Die Bedienerperspektive stellt die Verhaltensschnittstelle zwischen Menschen und technischen Systemen und deren Elemente dar.
- Die funktionale Perspektive stellt das beobachtbare technische Verhalten dar.
- Die Variantenperspektive beschreibt die Abhängigkeit oder Unterschiede von verschiedenen Ausprägungen oder Umsetzungen aus Sicht des jeweiligen Adressaten (Stakeholder) des Systems oder dessen Elemente, wobei ein solcher Stakeholder auch ein System oder Element sein kann.
- Die logische Perspektive nutzt logische Elemente, um Schnittstellen darzustellen oder das Verhalten an Schnittstellen zu beschreiben.
- Die technische Perspektive nutzt technische Elemente, um Schnittstellen darzustellen oder das Verhalten an Schnittstellen zu beschreiben.
- Die geometrische Perspektive zeigt die Position des Systems oder dessen Elemente in einem bestimmten Kontext oder einer Umgebung.
- Die Sicherheitsperspektive zeigt die sicherheitsrelevanten Aspekte einer Architektur.

4.1.3 Horizontale Abstraktionsebene

Abstraktion wird meist umschrieben als das Weglassen von Einzelheiten und das Überführen auf etwas Allgemeineres oder Einfacheres. Als horizontale Abstraktionsebene wird hier die Tiefe bezeichnet, bis zu der man praktisch in ein Auto hineinsieht. Die Floskel „man sieht vor lauter Bäumen den Wald nicht mehr“ wird bei der Entwicklung von Fahrzeugfunktionen zu einer treffenden Umschreibung der Herausforderung. Wenn man das Verhalten eines Fahrzeugs beschreiben will, wird es sicher Abhängigkeiten geben, die man bis in einzelne Zeilen des Softwarecodes, den Widerstand oder die Lötstellen der Bauelemente auf der Platine herunterbrechen kann. Sollte man diese Abhängigkeiten nicht kennen, wäre die Frage erlaubt, wofür braucht man die Elemente überhaupt.

Somit wird bereits in der Flugzeugtechnik von der Flugzeugebene, Systemebene und den Komponentenebenen gesprochen. Wäre dies auch in der Automobilbranche eine gewachsene Vorgabe für die Struktur, würde man sich bei der Entwicklung von Fahrzeugfunktionen sicher leichter tun. Offiziell wurden diese Ebenen auch nicht in der ISO 26262 eingeführt, doch die Norm lässt sich wesentlich besser verstehen, wenn man solche Ebenen in Erwägung ziehen würde.

Hier sieht man, dass die Umgebung für ein Fahrzeug und ein Flugzeug einen wesentlichen Einfluss darauf hat, wie man ein System entwickelt. Alleine die Freiheitsgrade bei einem Fahrzeug sind für ein Lenksystem wesentlich geringer als für ein Flugzeug. Aber selbst für ein Fahrzeug sind die Freiheitsgrade sehr unterschiedlich. Ein Motorrad kippt um, ein PKW wird zunächst nicht umkippen, es sei denn, man denkt an den Elchtest. An diesem Vergleich sieht man direkt, dass bestimmte Events eine designbedingte Eintrittswahrscheinlichkeit haben. Auf der Systemebene, auf der das Zusammenspiel der Komponenten dargestellt wird, werden auch Mechanik-, Elektronik- und Softwarekomponenten eingesetzt, jedoch werden sie auf Basis anderer Anforderungen als auch anderer Umgebungsparameter zu einem sehr unterschiedlichen Systemdesign führen. Betrachtet man die Komponentenebene, wird sich für Elektronikhardware und Software wieder ein ähnliches Bild ergeben, hier werden die Unterschiede in erster Linie tatsächlich in der Architektur liegen. Es gibt inhaltlich doch sehr starke Tendenzen, dass die Funktionen im Flugzeug sich mehr und mehr den Automobilarchitekturen annähern, weil man von den Erfahrungen in der Massenproduktion profitieren möchte. So setzt man im Automobil mehr auf funktionale Vergleiche als auf solche auf Geräteebene. Vergleicher oder Voter (zum Beispiel ein 2-von-3-Auswahlsystem) werden meist auf der Systemebene definiert und durch zum Beispiel drei unabhängige Komponenten (auch Geräteredundanz genannt) realisiert, in einem Fahrzeug wären es womöglich nur unterschiedliche Funktionen in einem Steuergerät. Die Realisierung im Steuergerät basiert auf einem unabhängigen Mehrheitsentscheider oder einer passiven Logik (Relais, Dioden, Schalter oder ähnlich), die Sicherheitsfunktionen umsetzen.

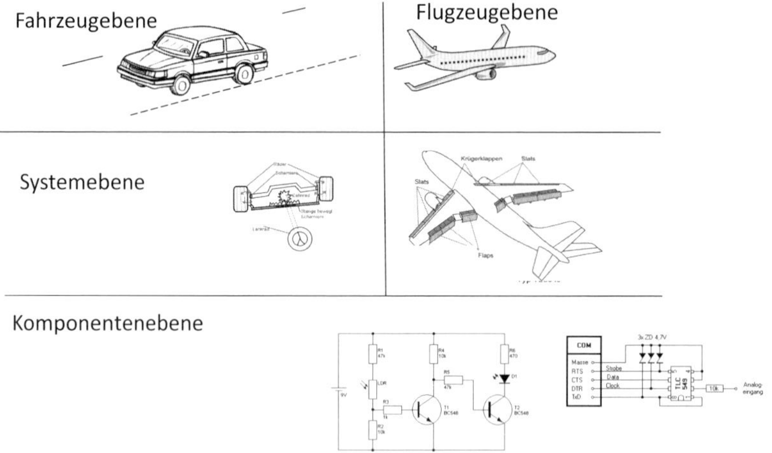

Bild 4.6 Horizontale Ebenen im Vergleich Flugzeug und Automobil

Für ein automotives Sicherheitsintegritätssystem geht die ISO 26262 von drei horizontalen Ebenen aus. Diese drei horizontalen Ebenen werden als Integrationsebenen betrachtet. Wenn diese drei Ebenen für die Integration betrachtet werden sollen, dann müssen diese natürlich auch für die horizontalen Ebenen entsprechend spezifiziert werden, sonst kann keine hinreichende Nachvollziehbarkeit und Verifizierung gewährleistet werden.

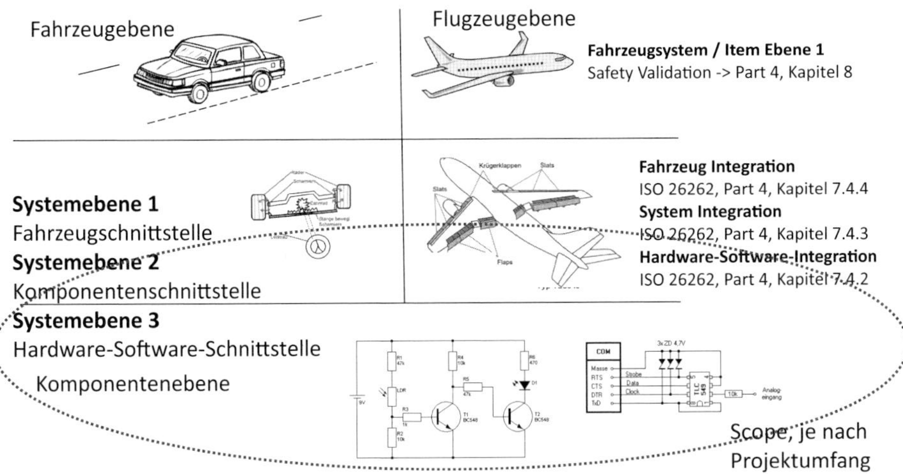

Bild 4.7 Integrationsebenen gemäß ISO 26262

Die ISO 26262 nennt in Teil 4, Kapitel 7 folgende Ziele für die verschiedenen Integrationsphasen:

ISO 26262:2018, Teil 4, 7.1 Objectives

The integration and testing phase comprises three sub-phases and three objectives as described below:

- The first subphase is the integration of the hardware and software of each element.

- The second subphase is the integration of the elements that comprise a system to form a complete item.

- The third subphase is the integration of the item with other systems within a vehicle.

The objectives of this clause are:

a) to define the integration steps and to integrate the system elements until the system is fully integrated;

b) to verify that the defined safety measures, resulting from safety analyses at the system architectural level, are properly implemented; and

c) to provide evidence that the integrated system elements fulfil their safety requirements according to the system architectural design.

Die erste Phase bezieht sich auf die Hardware-Software-Integration, diese Phase selbst wird in üblichen Projekten aus mehreren Phasen bestehen. Betrachtet man eine Integration in Anlehnung an eine Autosar-Architektur, so handelt es sich schnell um eine sehr komplexe Schnittstellenstruktur, bei der oft vier oder mehr Entwicklungspartner involviert sind.

Die zweite Phase betrachtet die unterschiedlichen Komponenten eines Steuergerätes bis hin zu verschiedenen Komponenten, die als ein ITEM, also ein Fahrzeugsystem gemäß ISO 26262 bezeichnet werden. Auch diese Phase kann oft aus mehreren Ebenen bestehen, in die auch häufig mehrere Entwicklungspartner involviert sind.

Die dritte Phase betrachtet dann die Schnittstellen zwischen den verschiedenen Fahrzeugsystemen (ITEMs) und die Schnittstellen, die von der jeweiligen Fahrzeug-EE-Architektur aus zu berücksichtigen sind.

Die jeweiligen Anforderungen in dem Kapitel haben die folgenden Ziele:

- Die Planung der Integrationsschritte bis hin zur vollständigen Systemintegration.
- Die Verifikation, dass alle Sicherheitsmaßnahmen aus den Sicherheitsanalysen an den Architekturschnittstellen ordentlich implementiert sind.
- Dass die Evidenz dargelegt werden kann, dass das integrierte System die Sicherheitsanforderungen aus der Architektur- und Design-Phase erfüllt.

Das bedeutet, dass ohne eine strukturierte, hierarchisch gegliederte Produktspezifikation, also das Systempflichtenheft für das gesamte Produkt, die hier formulierten Anforderungen nicht erfüllbar sind.

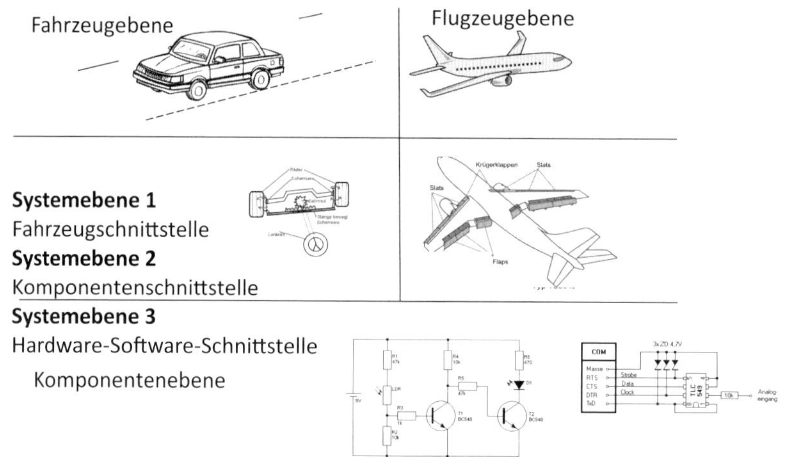

Bild 4.8 Minimale horizontale Systemebenen, um eine ISO-26262-konforme Integration sicherzustellen

Systemebene 1 orientiert sich an den Schnittstellen, die das Fahrzeug aus seiner EE-Architektur bereitstellt. Neben der geometrischen Perspektive werden oft das Kommunikationssystem, die Steuerungsspannungsversorgung (meist 12 V) sowie die Energieversorgung im Rahmen der Bordnetzarchitektur betrachtet. Oft werden auch die Fahrzeugsystemebenen weiter untergliedert in:

- Antriebssystem
- Fahrwerk, Chassis (inklusive Bremse, Lenkung)

- Interieur (inklusive HMI (Mensch-Maschinen-Interface), Insassenschutz)
- Assistenzsysteme

Hier sind die Schritte und Schnittstellen sehr unterschiedlich und bedürfen einer sehr detaillierten Planung, weil diese Schnittstellen in jedem Fahrzeug anders sind. Bei von Grund auf neu geplanten Fahrzeugen gilt es auch die einzelnen Systeme wie Hydraulik, Energienetze, Kommunikationssysteme und so weiter in verschiedenen Schritten und Phasen zu integrieren. Selbst die Nicht-EE-Systeme, wie die Getriebehydraulik, haben über Sensoren, Pumpen und Ventile Schnittstellen zur EE-Anlage, sodass hier oft die nominalen Steuerungsfunktionen der Steuergeräte betrachtet werden müssen.

Die Systemebene 2 betrachtet im Allgemeinen die Schnittstellen zu den Steuergeräten oder die ITEMs (Fahrzeugsysteme). Von der Fahrzeugseite leiten sich hier die Lastenhefte für die Tier 1 (Lieferanten und Hersteller, die direkt ihre Produkte an die Produktionslinie liefern) ab. Hier kann ein System nur aus einem Steuergerät bestehen, bei dem man den Steuergerätestecker als Komponentenschnittstelle sieht. Das Steuergerät kann z. B. folgendes sein:

- Steuerungssystem inklusive Sensoren,
- voll fahrzeugspezifisches Armaturenbrett inklusive Anzeigen und Bedienelementen
- vollständige Antriebseinheit
- Lenksystem inklusive Steuerungselektronik.

Die Systemebene 3 betrachtet meist den Mikrocontroller oder Prozessor und die Elemente der Basis-Software inklusive Betriebssystem, Treiber, Hardware-Abstraktionsebenen, Scheduler. Die Anwendungssoftware mit einer API (Applikationsprogramm-Interface) oder RTE (Run-Time-Environment, Laufzeitumgebung) wird in vielen Fällen als Software-Software-Schnittstelle betrachtet, jedoch werden diese Softwarekomponenten ebenfalls sinnvollerweise gemäß dieser Abstraktionsebene integriert. Auch die Integration von Kundensoftware durch einen Zulieferer sollte in dieser Abstraktion betrachtet werden.

Die verschiedenen Arten von Schnittstellen werden im Ford-FMEA-Handbuch in den Ausführungen zur Systemgrenzanalyse (Boundary Analysis) sehr gut adressiert.

Folgende vier Arten von Schnittstellen werden in einem Boundary Diagram (Schnittstellendiagramm) betrachtet:

Physikalische Schnittstellen

- geometrische Daten, die den Raum im Fahrzeug beschreiben, in den die Komponenten zu integrieren sind
- Umgebungsbedingungen, wie Vibrationen, Temperaturen, Verschmutzung
- physikalische Größen oder Begrenzungen, wie Kraft, Momente, Drehzahlen, Stellwinkel, Übersetzungsverhältnisse, deren Toleranzen
- elektrische Größen, wie Spannungen, Ströme, EMV

Informationsschnittstellen

- Art der Information, wie Datenformate, Dateninhalte
- Datenschnittstellen, Bus- oder Kommunikationssysteme (CAN, Flexray, Ethernet)
- Netztopologie (Stern, Knoten, Gateways)

Energieschnittstellen

- Art der Energie, wie elektrische, kinetische Energie oder als Druck, Vakuum
- Energietransfer, wie Spannungsklassen, Kurzschlussströme, Daten zum Leitungsschutz
- Energiemenge, wie Ladung von Batterien, Kondensatoren
- Art der Energiebereitstellung, wie über Kabel, Induktion

Materialtransfer (Schnittstellen)

- Kraftstoffförderung, Schmierstoffe, Kühlwasser
- Materialeigenschaften, Getriebe- oder Hydrauliköl
- Masseverschiebungen, Beladungszustände, Niederdruck/Hochdruck, Entspannungsleitungen

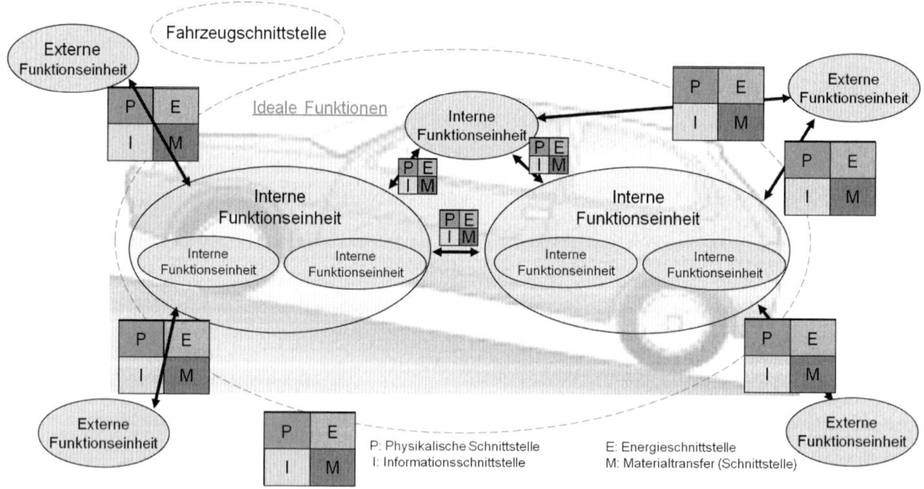

Bild 4.9 Schnittstellenanalyse abgeleitet von Ford-FMEA-Handbuch (Boundary Diagram)

Alle diese Schnittstellen können auch eine zeitliche Dimension oder Zustandsabhängigkeit aufweisen. Es ist beispielsweise wichtig, die Information zur Bremse zu leiten, dass das Fahrzeug bremsen soll, jedoch muss auch sichergestellt sein, dass dem Aktuator die Energie in hinreichender Form zur Verfügung gestellt wird. Dies ist bei einer hydraulischen Bremse weitgehend durch den Bremsdruck gewährleistet. Bei einer elektrisch betätigten Bremse müssen jedoch

- Informationen,
- Steuerspannung und
- hinreichend Energie

abhängig davon zur Verfügung stehen, wann, wie lange und wie intensiv die Bremse betätigt werden soll.

Die Systemebene 1 ist oft die Abstraktionsebene, auf der ein Automobilhersteller sein funktionales Sicherheitskonzept spezifiziert oder es auch im Rahmen eines Sicherheitslastenhefts an seine Lieferanten vorgibt.

Auf der Systemebene 2 können die Beschreibungen der Schnittstelle anders sein, auch die zeitlichen Anforderungen werden hier meist detaillierter und damit oftmals kürzer sein.

Ein Beispiel aus der Lenkung zeigt diese hierarchische Kaskadierung. Ein Lenksystem kann einen Fehler ab einer bestimmten Impulslänge und bestimmter Energie circa 20 Millisekunden tolerieren. Steht der fehlerhafte Impuls länger an, wird der Fahrer das Fahrzeug nicht mehr beherrschen können und er fährt womöglich in den Gegenverkehr. Das heißt, die Sicherheitstoleranzzeit beträgt für ein solches System angenommene zwanzig Millisekunden. Heruntergebrochen auf das Steuergerät kann sich diese Zeit zum Beispiel auf unter fünf Millisekunden reduzieren. Sprich, von Steckerpin zu Steckerpin muss das Steuergerät unter fünf Millisekunden eine sicherheitstechnisch korrekte Reaktion einleiten können. Um dies dann sogar auf der Systemebene 3 am Hardware-Software-Interface gewährleisten zu können, muss eventuell der Mikrocontroller in einer Zeitspanne von unter einer Millisekunde eine Softwarefunktion ausführen können, die am Pin des Mikrocontrollers eine adäquate Reaktion ausweisen kann.

Die Schnittstellen der Systemebene 2 könnten wie folgt detailliert werden:

Physikalische Schnittstellen

- geometrische Daten im Gehäuse, wie Anbau von Steckern, Platine
- Umgebungsbedingungen, wie Vibrationen, Temperaturen, Verschmutzung (diese Daten können variieren, da Sensoren, Steuergeräte oder der Aktuator an verschiedenen Stellen verbaut werden oder die Gehäuse vor Schmutz/Feuchtigkeit schützen, Vibrationen reduzieren, Wärme ableiten)
- physikalische Größen oder Begrenzungen, wie Kraft, Momente, Drehzahlen, Stellwinkel, Übersetzungsverhältnisse sowie deren Toleranzen (diese Größen können wieder unterschiedlich auf die Elemente des Systems heruntergebrochen oder aufgeteilt sein)
- elektrische Größen, wie Spannungen, Ströme, EMV (siehe oben physikalische Größen)

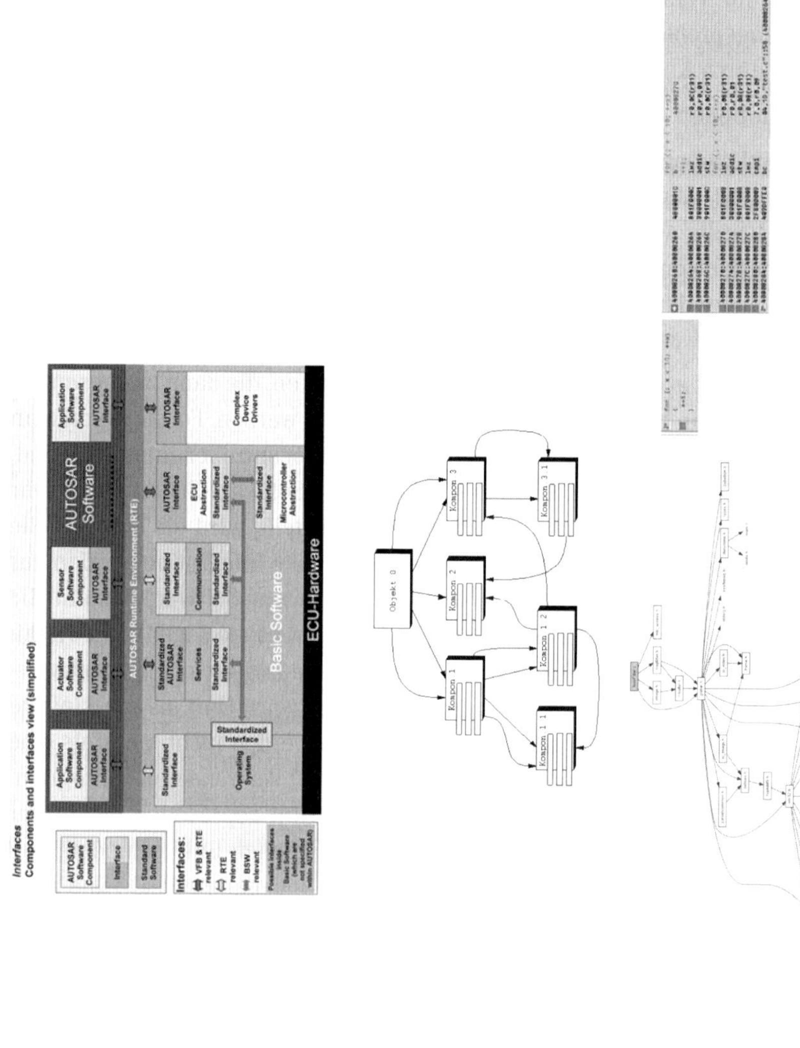

Komponentenebene

Architekturebene

Software-Design-Ebene

Bild 4.10 Software-Abstraktionsebenen

Bei der Elektronik beginnt man meist doch wieder bei der Mechanik. Hier gibt es zuerst Gehäuse, Stecker, Halter, Platinen, Lüfter, Kühlereinrichtungen. Diese geben natürlich schon einige Parameter und Designbeschränkungen für die Realisierung vor. Da ein Gehäuse auch sehr früh in einem Projekt bestellt werden muss, wird die gesamte Elektronikauslegung vom Gehäusedesign abhängig sein. Formal sprechen wir hier über die Abstraktionsebene der Elektronikarchitektur. Daher sollte man diese Designabhängigkeiten kennen, aber nicht als eine eigene Abstraktionsebene definieren. Sehr wohl können diese Mechanikkomponenten sinnvolle Trennungen für verschiedene Elektronikkomponenten sein: mehrere Elektronikkomponenten auf verschiedenen Leiterplatten, Trennung von Steuer- und Leistungselektronik, von verschiedenen Spannungsebenen oder auch technische Trennung von sicherheitsrelevanter und nicht sicherheitsrelevanter Elektronik. Bei Software trennt man auf jeden Fall sinnvoll, wenn verschiedene Software-Komponenten in verschiedene Mikrocontroller integriert werden. In der Elektronik wird man oft auch andere Kriterien finden müssen, wie man Komponenten, Funktionsgruppen und Bauelemente separiert. Daher würde man bei der Elektronik die drei Abstraktionsebenen als Komponentenebene, Funktionsgruppenebene und Bauelementeebene bezeichnen können. Halbleiter, wie Mikrocontroller, ASICs, FPGAs oder andere Hybride, auch wenn sie als ein Bauelement gelten, werden oft als Funktionsgruppe integriert.

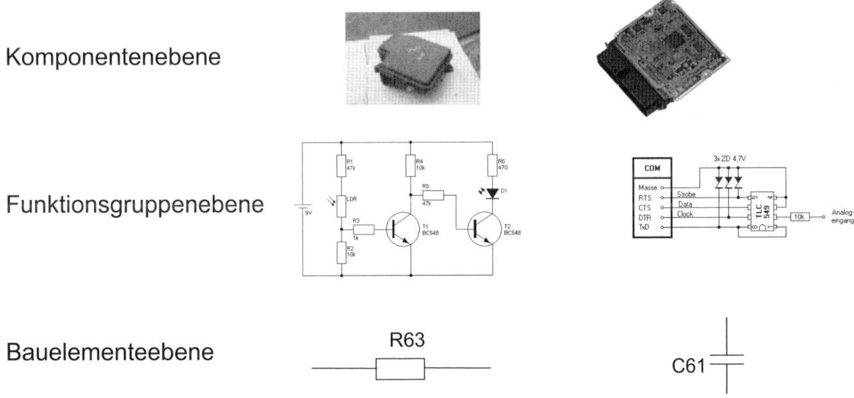

Bild 4.11 Abstraktionsebenen in der Elektronik

4.1.4 Hierarchie und Architektur

Die ISO 26262 sieht schon die Notwendigkeit zur Abstraktion, jedoch gibt es keine generischen Ebenen, wie die beschriebenen horizontalen Abstraktionsebenen.

ISO 26262, Teil 4, Kapitel 4 fordert zwar Modularität, adäquate Abstraktionsebenen und Vereinfachung und sieht die Hierarchisierung als eine der Lösungen, jedoch bezieht sich das ganze Kapitel nur auf die Spezifikation des technischen Sicherheitskonzepts.

ISO 26262:2018, Teil 4, Anforderung 6.4.4.6:

In order to avoid systematic faults, the system architectural design itself shall exhibit the following properties:

a) modularity;

b) adequate level of granularity; and

c) simplicity.

NOTE Aforementioned properties can be achieved by the use of design principles such as hierarchical design, precisely defined interfaces, avoidance of unnecessary complexity of components and interfaces, maintainability, and verifiability.

ISO 26262:2011, Teil 4, Anforderung 7.4.3.7:

This requirement applies to ASILs (A), (B), C, and D, in accordance with 4.3: In order to avoid failures resulting from high complexity, the architectural design shall exhibit all of the following properties by use of the principles in Table 2:

a) modularity,

b) adequate level of granularity, and

c) simplicity.

Tabelle 4.1 Modulares Systemdesign aus ISO 26262:2011, Teil 4, Tabelle 2

Properties		ASIL			
		A	B	C	D
1	Hierarchical design	+	+	++	++
2	Precisely defined interfaces	+	+	+	+
3	Avoidance of unnecessary complexity of hardware components and software components	+	+	+	+
4	Avoidance of unnecessary complexity of interfaces	+	+	+	+
5	Maintainability during service	+	+	+	+
6	Testability during development and operation	+	+	++	++

In der Referenz oben wird die Überarbeitung der Anforderungen der ISO 26262 von 2011 der Edition 2 von 2018 gegenübergestellt. Inhaltlich sind die Informationen kaum verändert, nur die Tabelle ist in eine Anmerkung übertragen worden. Dies zeigt, dass die Bewertung der Tabelle dazu, ob eine Maßnahme tatsächlich zu empfehlen ist oder normativ gefordert wird, mehr aus dem Kontext heraus festzulegen ist, als dass sie eine Abhängigkeit vom Sicherheitsintegritätslevel hat.

Worauf die Norm gar nicht eingeht ist, dass auch die Nominalfunktion in der gleichen Abstrahierung spezifiziert werden muss, sonst ist eine Verifikation des jeweiligen Sicherheitskonzeptes nicht möglich.

Weiter muss das komplette System in jeder Abstraktionsebene vollständig beschrieben werden, das heißt zum Beispiel, alle relevanten Wirkketten müssen von ihrem Beginn an einem Sensor oder einer externen Schnittstelle über die Verarbeitung zum Beispiel in einem Steuergerät bis hin zu ihrem physikalischen Wirken am Aktuator beschrieben werden.

4.2 Anforderungs- und Architekturentwicklung

Die Architektur sollte auch die Struktur der Anforderungsspezifikation vorgeben. Mit den beschriebenen horizontalen Abstraktionsebenen werden die oberen und unteren Schnittstellen für die jeweilige Detailbeschreibung vorgegeben, die durch die Horizontalschnitte der Architektur dargestellt werden sollten. Durch die Festlegung von logischen (oder einer Funktionseinheit) und technischen (oder physischen) Elementen werden weitere Schnittstellen innerhalb einer horizontalen Abstraktionsebene dargestellt. In einem System werden logische und technische Elemente definiert, die die Aufgabe haben, die geforderte Funktion zu tragen beziehungsweise zu implementieren oder zu realisieren. Die logischen oder technischen Elemente müssen eindeutig spezifiziert werden, damit man für sicherheitsrelevante Systeme ein korrektes Verhalten erwarten kann.

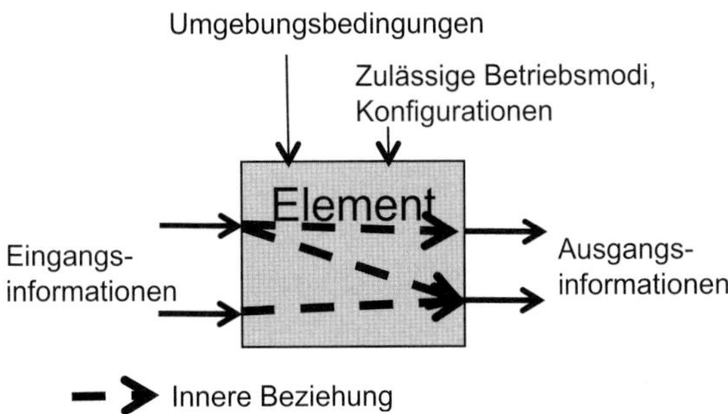

Bild 4.12 Spezifikation von Elementen für technische Systeme

Die folgenden Eigenschaften (Merkmale oder Fähigkeiten) sollten als Anforderung betrachtet werden:

- Die Umgebung, in die das Element eingebettet werden soll, muss so spezifiziert werden, dass alle Einflussfaktoren, die das Verhalten des Elements beeinflussen können, definiert sind. Welche Faktoren zu betrachten sind, ist das Ergebnis einer Schnittstellenanalyse (Boundary-Analyse).
- Die zulässigen Einsatzarten, Betriebsmodi (zum Beispiel Initialisierung, Monitoring, On-Demand, Stand-by, Regelbetrieb) oder zulässigen Konfigurationen (zum Beispiel nur für Analogwertverarbeitung, Aufruf mit bestimmten Parametern (zum Beispiel bei Softwareelementen), getakteter oder getriggerter Betrieb) müssen spezifiziert werden und ebenso die Art und Weise, wie die Informationen dem Element zugeordnet werden.
- Die Eingangsinformationen sollten so spezifiziert werden, dass definiert ist, wo diese generiert werden (also deren Quelle), in welchem Format diese übermittelt werden und in welchen Bereichen die Informationen gültig sind.
- Die Ausgangsinformationen sollten so spezifiziert werden, dass definiert ist, wohin diese adressiert werden (also der Konsument oder die Konsumenten)n, in welchem Format diese bereitgestellt werden und in welchen Bereichen die Informationen gültig sind.
- Die inneren Beziehungen sollen alle Ein- und Ausgabebedingungen in der spezifizierten Umgebungsbedingung unter den zulässigen Betriebsmodi oder Konfigurationen definieren. Sollte ein speicherndes Verhalten in den Elementen die inneren Beziehungen verändern können, so müssen diese ebenfalls durch die Spezifikation definiert werden. Speicherndes Verhalten innerhalb des Elementes führt zu geänderten Ein-/Ausgabebeziehungen. Ebenso bringt jedes Regelverhalten eine Veränderung der Eingabe-/Ausgabebeziehung, welche nur über eine vollständige Verhaltensbeschreibung des Regelalgorithmus inklusive der Störeinflussgrößen und ihrer Effekte verifizierbar wird.

Ohne diese vollständige Spezifikation der Nominalfunktion (oder Intended Function) wird man keine Analyse bezüglich möglicher systematischer Fehler und deren Einfluss auf die Sicherheit des Produktes durchführen können. Sprechen wir von Algorithmen oder Funktionen, die auf künstlicher Intelligenz beruhen, handelt es sich rein technisch auch nur um Regelschleifen oder Lernschleifen. Neuronale Netze bestehen aus Nervenzellen, die durch Synapsen miteinander verbunden sind. Die Nervenzellen, auch Neuronen genannt, kommunizieren über diese Synapsen, womit mit jeder neuen Synapse eine neue Schnittstelle entsteht. Durch diese neue Schnittstelle kann sich das Verhalten nach außen verändern, dies kann ein Reflex sein, der eine Bewegung initiiert. Genauso wie der Mensch lernen muss, seine Kräfte zu kontrollieren, müssen die möglichen Einflüsse von technischen Systemen auf den Aktuator ebenfalls kontrolliert werden.

Neben den funktionalen Eigenschaften werden bei den technischen Elementen folgende Eigenschaften einen Einfluss auf die elektrischen, elektronischen und mechanischen Hardwareelemente haben:

- Geometrie, Form, Volumen, Masse, Struktur, Oberfläche, Kennzeichnung, Farbe etc.
- Materialeigenschaften (Materialverträglichkeit, chemische Reaktionsfähigkeit)
- Verhalten und Reaktion bei physikalischer Beeinflussung, wie Temperatur, Strom, Spannung, Stressverhalten (Vibration, EMV, bestimmtes Verhalten gegenüber physikalischer Beanspruchung)
- Alterungseffekte (statistisches Alterungsverhalten (Weibull-, Binomial-, Chi-Verteilung))
- Wartungsanforderungen, Logistik
- zustandsabhängige und zeitliche Aspekte
- Aber auch technische Softwareelemente haben technische Eigenschaften, wie
- Größe des kompilierten Codes
- Verzweigungen, Speicherbedarf, Anzahl (Instruktionsaufrufe, Variablen, Adressen, Sprungbefehle, Interrupts) etc.
- realisierter Programmablauf, Task-Zugehörigkeit der Elemente

Kommerzielle, ideelle oder emotionale Aspekte sind hier nicht näher betrachtet, weil diese nicht in Zusammenhang mit der Sicherheit gebracht werden sollten. Ob all diese technischen Größen so oder anders definiert und spezifiziert werden müssen, ist allgemein wieder das Ergebnis einer Analyse. Man kann davon ausgehen, dass ein technisches Element bestimmte Eigenschaften hat, weil es sonst nicht die gedachte Eigenschaft oder Funktion erfüllen kann. Somit ist naheliegend, dass wenn diese Eigenschaften nicht mehr gegeben oder konsistent sind, eine Funktionsbeeinträchtigung eintreten kann.

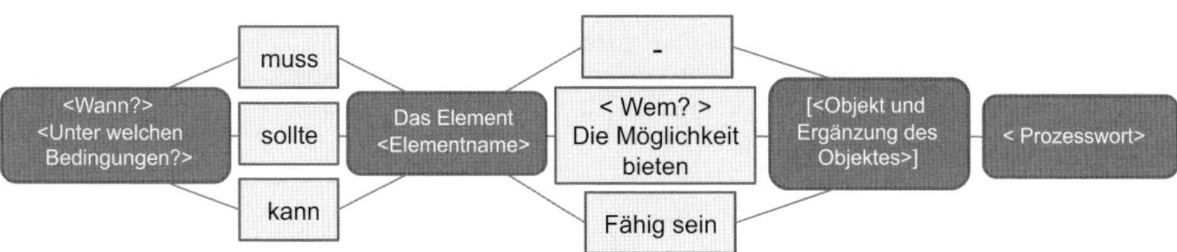

Bild 4.13 Anforderungsschablone frei nach Rupp

Für alle diese Anforderungsaspekte sollte man Schablonen entwerfen, so dass die Anforderungen in einem klaren Format vorliegen; somit wird man falsche Interpretationen vermeiden und die Konsistenz mit der Architektur gewährleisten können. Spezifikation in natürlicher Sprache heißt nicht, dass alle Listen von Eigenschaften in Prosa formuliert sein müssen. Besonders beim technischen Verhalten eignen sich semi-formale Methoden wesentlich besser und sind eindeutiger und damit unmissverständlicher als wohl formulierte Sätze. Bei einer gut strukturierten Architektur werden durch solche Templates oder Schablonen viele Anforderungen auch automatisiert aus der Architektur ableitbar sein. Oder die wesentlichen Inhalte lassen sich durch die Definition von Key-Worten entsprechend vorformulieren, sodass man nur noch Parameter oder bestimmte Eigenschaften ergänzen muss. Sämtliche Signalfluss- oder Datenflussaspekte müssen konsistent zur Architektur sein, das heißt, wenn diese Anforderungen systematisch aus der Architektur abgeleitet werden, kann man eine gute Konsistenz erwarten.

4.2.1 Anforderungs- und Designspezifikation

Sämtliche Anforderungen zum Anforderungsmanagement beziehen sich auf die Anforderungsspezifikation in der ISO 26262. Anforderungen zu einer Designspezifikation finden wir sehr selten in Normen und Standards. Hier gilt wohl nur die Anforderung, dass der Inhalt verstanden werden muss.

Die Kunst liegt darin, eine gesunde Mischung zwischen Anforderung und Design zu finden und dies hinreichend und korrekt zu spezifizieren.

Ziel: Realisiere ein Bild einer Frau
1. Das Bild soll auf einer Leinwand sein
2. Das Bild muss in Ölfarbe gemalt werden
3. Das Bild hat einen Holzrahmen
4. Das Bild bildet eine Frau ab
   4.1 Die Frau trägt ein schwarzes Kopftuch
   4.2 Das Tuch ist RAL 000 mit echt wirkenden Schattierungen
   4.3 ……

Anforderungsspezifikation

Ziel: Kopiere das Bild der Mona Lisa von Leonardo Da Vinci
1. Das Bild soll dem Original zum verwechseln ähnlich sehen.
2. Farben und Details zum Rahmen können diesem Bild entnommen werden.
3. Grundlage sollte das Original aus dem Louvre in Paris sein.

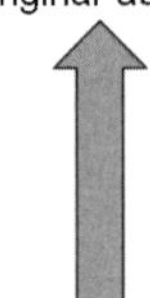

Anforderungsspezifikation

Designspezifikation

Bild 4.14 Anforderungs- und Designspezifikation

Dieses Beispiel zeigt, dass eine reine Anforderungsspezifikation sehr umfangreich werden kann. Der Adressat der Anforderungsspezifikation wird es aber schwer haben, aus dem Text das geforderte Bild umsetzen zu können. Eine gute Mischung aus Anforderungen und klar geforderten Designeigenschaften, die auch entsprechend illustriert werden, kann zielführender sein.

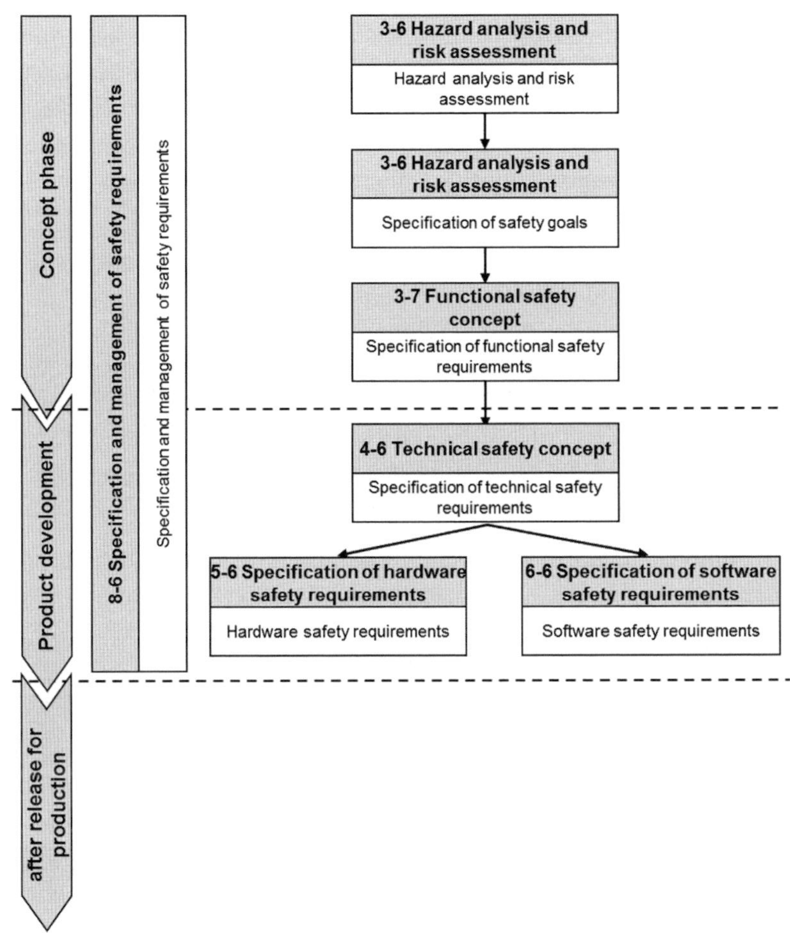

Bild 4.15 Struktur von Anforderungen gemäß ISO 26262, Teil 8, Kapitel 6

Für eine Mechanikkonstruktion würde niemand vorschlagen, eine M6-Schraube mit einer Anforderungsspezifikation zu spezifizieren. Weiter würde auch niemand freiwillig eine Anforderungsspezifikation für einen Widerstand mit 100 Ohm und einer Toleranz von 1 % schreiben wollen. Nun stellt sich die Frage: Wenn dies für Elektronik und Mechanik so eindeutig ist, wie definiert man die Grenze beim System oder bei der Software? Das Bild mit der Mona Lisa zeigt eindeutig, dass reine Anforderungsspezifikationen nicht unbedingt zielführend sind. Hier stellt sich allgemein wieder die Frage: Wie gliedert man Spezifikationen und an wen wird die

Spezifikation gerichtet? Die Spezifikation eines Fahrzeugsystems ist doch im Allgemeinen nicht an einen Autofahrer gerichtet, sondern sollte doch an einen Fachmann gerichtet sein. Das heißt, für einen Systementwickler sollten Timing-Diagramme, Tabellen, Sequenzdiagramme und so weiter aussagekräftige Informationen sein. Diese in Form von Anforderungen nochmals in natürlicher Sprache zu spezifizieren, ist nicht unbedingt ein effizienter Mehrwert. Das eindeutige Beschreiben von technischem Verhalten ist auch über Modelle oft einfacher erklärbar. Im Grunde genommen ist das Bild der Mona Lisa nichts anderes als ein Modell, welches die Anforderungen spezifisch ergänzt. Die Designkapitel im System (Teil 4, Kapitel 7) fordern eine Systemdesignspezifikation und die in der Software Kapitel 8 eine Softwaredesignspezifikation, aber keine Anforderungsspezifikation.

Die ISO 26262, Teil 8, Kapitel 6 „Specification and management of safety requirements" beschreibt, wie Anforderungen im Sinne der Norm behandelt werden sollen. Gemäß dem Sicherheitslebenszyklus müssen alle Anforderungen entsprechend den jeweiligen Aspekten entwickelt, hierarchisch detailliert und spezifiziert werden. Die Struktur und Abhängigkeiten werden durch das folgende Strukturbild dargestellt. Dieses Strukturbild ist ein Ausschnitt aus dem Sicherheitslebenszyklus und es zeigt, wie die Aktivitäten, Anforderungen und Arbeitsergebnisse von der Konzeptionierung in die Entwicklung einfließen.

Die Sicherheitsanforderungen werden den Elementen (der Architektur) zugeordnet, wobei die Unterstrukturen und Kaskaden der Produktspezifikation berücksichtigt werden müssen.

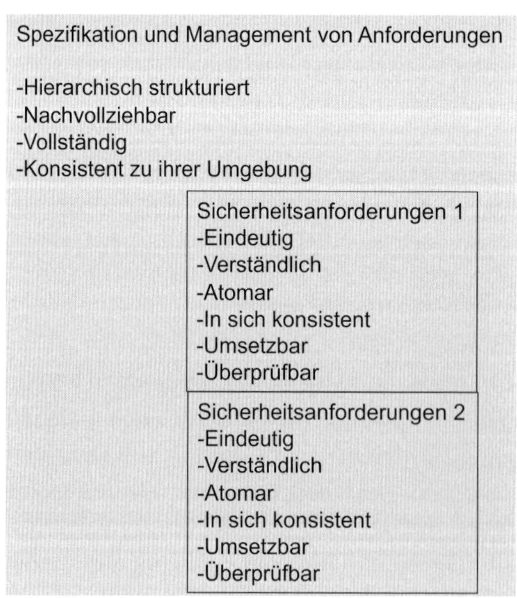

Bild 4.16 Beziehung zwischen Management von Sicherheitsanforderungen und den Anforderungen

Bild 4.16 verdeutlicht die Anforderungen und die Art und Weise, wie man diese ingenieurmäßig entwickelt (also gemäß den Regeln des „Requirement Engineering“) und wie man damit umgehen sollte beziehungsweise wie sie gemanagt werden sollten.

Es gibt keine Anforderungen in den gängigen Sicherheits- oder Entwicklungsstandards, die besagen, dass alle Eigenschaften von Designelementen in Form von Anforderungen spezifiziert werden müssen. In allen Architekturkapiteln spielen Anforderungen aber wieder eine wichtige und zentrale Rolle. Anforderungen werden an die Architektur allokiert (also Elementen oder Schnittstellen zugeordnet). Eine Software Unit und ein Elektronikbauelement müssen demnach nicht vollständig mit Anforderungen spezifiziert werden, aber worauf bezieht sich dann die Vollständigkeit? Die Kunst besteht jetzt darin, die Ebene zu finden, die ausreicht, um alle sicherheitsrelevanten Kenngrößen und das sicherheitstechnische Verhalten eindeutig und hinreichend zu definieren. Ohne eine Sicherheitsanalyse ist jedoch nicht bekannt, welche Kenngrößen und welches Verhalten etc. wie und in welcher Form zu Verletzungen von Sicherheitsanforderungen kommen können, daher gelten die Anforderungen für alle Produktanforderungen. Deshalb müssen diese Ebenen für das gesamte Produkt geplant werden und in einer Anforderungs- und Architekturstrategie eindeutig beschrieben werden.

4.2.2 Funktionale Architektur und Verifikation

Eine Funktion ist allgemein ein mathematischer Ausdruck oder ein Zusammenhang.

$f(x) = ay + bx$

Dies ist eine typische mathematische Funktion. Bei systemischen Funktionen gibt es folgende Darstellungen:

Funktion1 := Funktion1.1 v Funktion1.2 v Funktion1.3

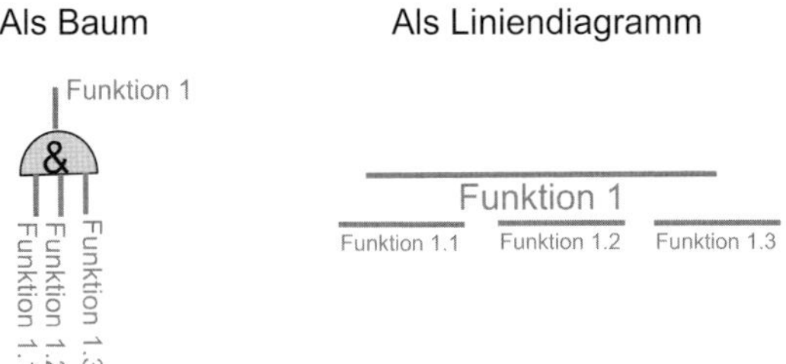

Bild 4.17 Funktionsdekomposition als Baum oder Liniendiagramm

Beide repräsentieren dasselbe Ergebnis, es handelt sich nur um eine andere Darstellung der Information, dass Funktion 1 sich aus den drei Teilfunktionen zusammensetzt. Funktion 1 repräsentiert die sequentielle Kette der drei Teilfunktionen. Diese rein funktionalen Perspektiven ermöglichen keine Identifikation der Schnittstellen, der System- oder Elementgrenzen. Es ist nur eine eingeschränkte Beschreibung des Verhaltens eines technischen Systems möglich.

Auch die mathematische Übertragungsfunktion beschreibt ein erwartetes Ausgangsergebnis auf Basis von definierten Eingängen.

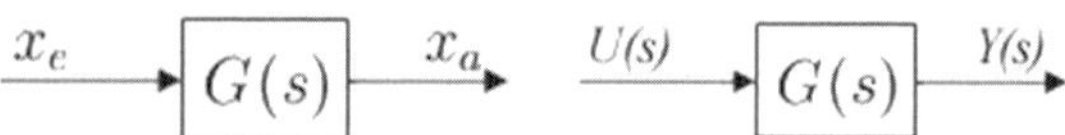

Bild 4.18 Mathematische Übertragungsfunktion

Die mathematische Übertragungsfunktion betrachtet bereits Ein- und Ausgänge, damit sind hier schon Schnittstellen verfügbar. Auch bei einem Matlab-Simulink-Modell sind die Eingangs-Ausgangs-Beziehungen die Grundlagen für die Schnittstellen in der Architektur.

Werden Anforderungen von einem Element auf eine innere Struktur abgeleitet, so entstehen durch die innere Struktur neue Vorgaben für Schnittstellen.

Die Allokation von Funktionen, Teilfunktionen und ihren Anforderungen (sog. funktionale Anforderungen) zu einem logischen Element ist die Hauptaktivität bei der Entwicklung des funktionalen Sicherheitskonzepts neben der Verifikation dieser Anforderungen. Ohne eine solche Allokation ist eine Verifikation nicht möglich. Die logischen Elemente E1 bis E4 sollen Funktion 1 und Funktion 2 umsetzen. Die Allokation könnte zu folgendem Resultat führen:

Logische Elemente haben eine Begrenzung und identifizierbare Schnittstellen, aber auch die Funktionen erhalten Schnittstellen und Begrenzungen durch die Zuordnung zu den logischen Elementen.

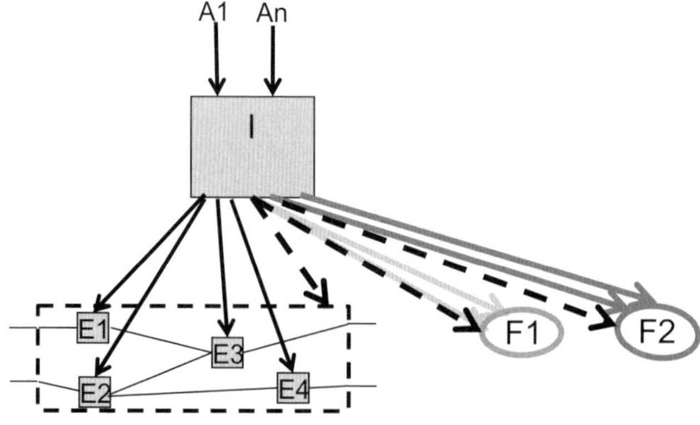

Bild 4.19 Allokation von Funktionen auf logische Elemente

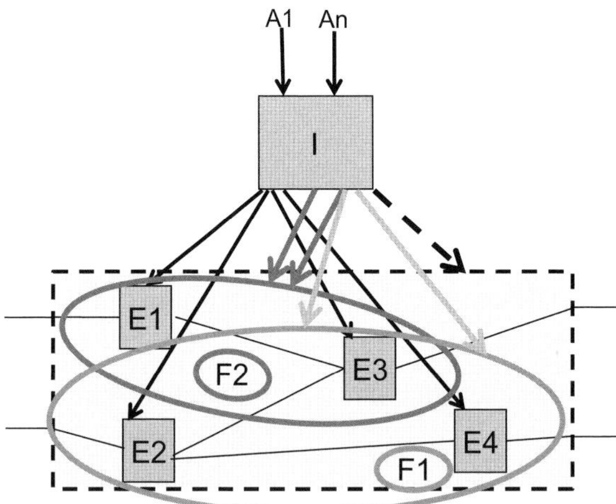

Bild 4.20 Allokation von Anforderungen auf logische Elemente

In dieser Struktur und mit den hier vorliegenden Informationen und Zusammenhängen können die Anforderungen verifiziert werden. Folgende Verifikationen der Anforderungen wären möglich:

- Wurden alle Anforderungen abgeleitet?
- Wurden die Anforderungen so klassifiziert, dass es eindeutig ist, ob es sich um Anforderungen an ein Eingangssignal, Ausgangssignal, eine Beziehung innerhalb eines Elementes, eine Beziehung zwischen zwei Elementen, an eine Funktion zwischen zwei Elementen, an die Umgebung der Elemente oder um Designannahmen oder Limitierungen handelt?
- Leiten sich wie im Bild die Anforderungen nur aus einem höheren Element ab oder gibt es weitere höhere Elemente zum Beispiel außerhalb der Systemgrenze, die die Anforderungen beeinflussen können?
- Ist die interne Struktur der abgeleiteten Elemente hinreichend beschrieben?

Diese Frage bildet die Grundlage zur Verifikation des funktionalen Sicherheitskonzepts. In jeder anderen Ebene, in der Anforderungen verifiziert werden, kann eine ähnliche Vorgehensweise für die Anforderungsverifikation angewendet werden. Bild 4.20 zeigt: Wenn Funktionen und die logischen, technischen oder die Elemente, die diese Funktionen realisieren sollen, keine gemeinsamen Schnittstellen haben, dann explodiert die Zahl der Schnittstellen exponentiell. Eine solche Vielzahl von Schnittstellen ist nicht mehr analysierbar und damit nicht mehr beherrschbar. Wir kommen zu dem Schluss, dass in jeder Abstraktionsebene die vollständigen Informationen abgebildet werden müssen gemäß den Details, die für die Abstraktionsebene vereinbart sind.

4.3 Systemengineering zur Entwicklung von Anforderungen und Architektur

Der aufsteigende Ast des V-Modells wurde in der Entwicklung von Fahrzeugkomponenten bereits immer sehr intensiv und auch systematisch umgesetzt. Methoden wie statistische Versuchsplanung (DoE, Design of Experiment) oder eine sehr intensive Validierung kann man als wesentliches Kennzeichen für die Automobilindustrie sehen.

Der abfallende Ast des Vs wurde gerne vernachlässigt. Spezifikationen schreiben ist nicht die Stärke eines Automobilentwicklers.

Wie wir schon aus den Sichten und den Abstraktionsebenen der Architektur erfahren haben, sind horizontale und vertikale Schnittstellen und auch verschiedene Sichten ein Strukturierungskriterium. Dies gilt im Besonderen für die Anforderungsentwicklung. Das heißt, legt man funktionale, technische logische Elemente fest, so müssen diese auch erklärt und spezifiziert werden. Kombiniert man solche Elemente und müssen diese kompatible Schnittstellen haben, damit sie zum Beispiel miteinander interagieren können, so benötigen wir dazu Anforderungen. Zumindest wird dies verlangt, wenn die Elemente integriert und die notwendigen Tests ermittelt werden, die eine korrekte Integration zeigen sollen.

Mit dieser Thematik hat sich die ISO 26262 auseinandergesetzt, aber sie nicht eindeutig in den jeweiligen Anforderungen dargestellt. Jedoch hat man dies in Teil 10 anhand von Informationsflüssen realisiert. Hier geht man aber nur auf die allgemeinen Abstraktionsebenen von System und Komponente ein und auch die unterschiedlichen Sichten, mit denen man ein System beschreiben kann, sind nicht adressiert.

Im DIS der ISO 26262:2011, Teil 10 (Figure 7 und 8) wurden Bild 4.21 bis Bild 4.23 veröffentlicht.

Für die Elektronikhardware wurde Bild 4.21 erarbeitet. Hier sieht man Interaktionen und Informationsflüsse in der Horizontalen und in der Vertikalen. Weitgehend erkennt man in der Darstellung in der Anforderungs- und Designphase die Pfeilrichtung für die Vertikale von oben nach unten. In der Integrations- und Testphase sind die Pfeile von unten nach oben eingezeichnet. Diese Darstellung beinhaltet keine Iterationen im Sicherheitslebenszyklus, die durch Musterphasen, Änderungsanforderungen oder Verifikations- oder Validationsmaßnahmen notwendig werden können.

Für die Software-Entwicklung wurde eine Ebene mehr dargestellt. Hier gibt es eine Architekturebene und eine Ebene, die der „Software Unit“ beziehungsweise dem Design der Software Unit zugeordnet ist (Bild 4.22).

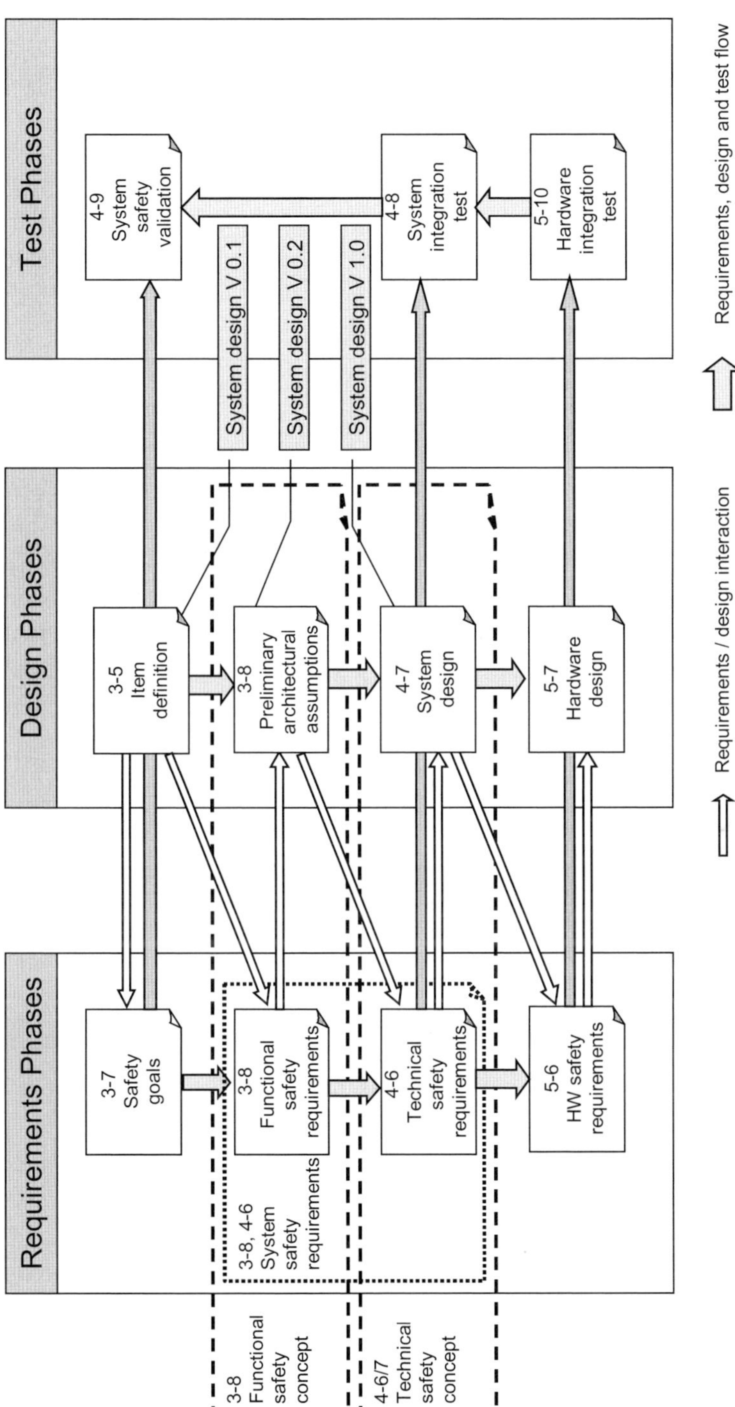

Bild 4.21 Informationsfluss in der Elektronik-Hardware-Entwicklung (Quelle: ISO DIS 26262, Teil 10)

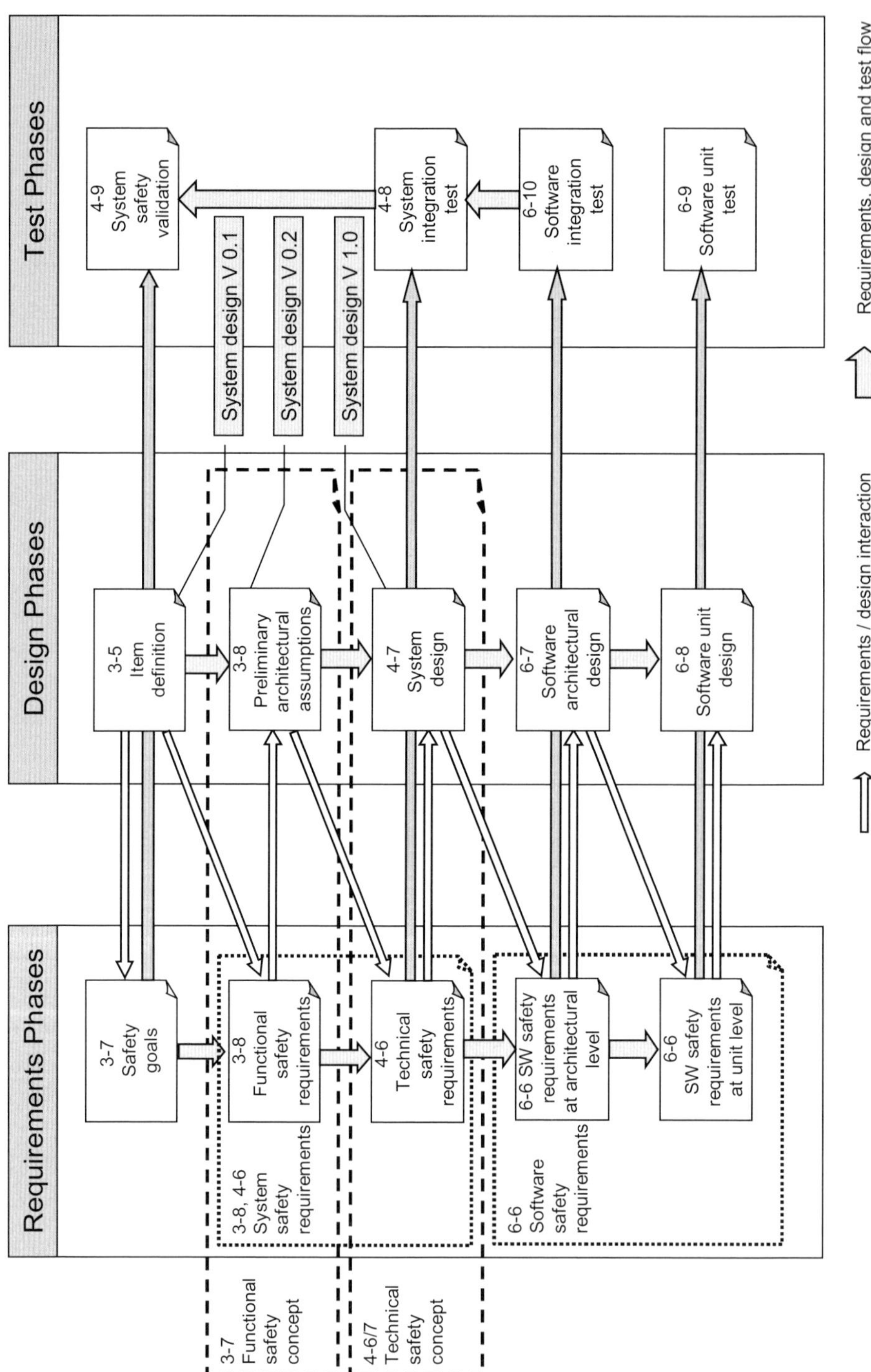

Bild 4.22 Informationsfluss in der Software-Entwicklung (Quelle: ISO DIS 26262, Teil 10)

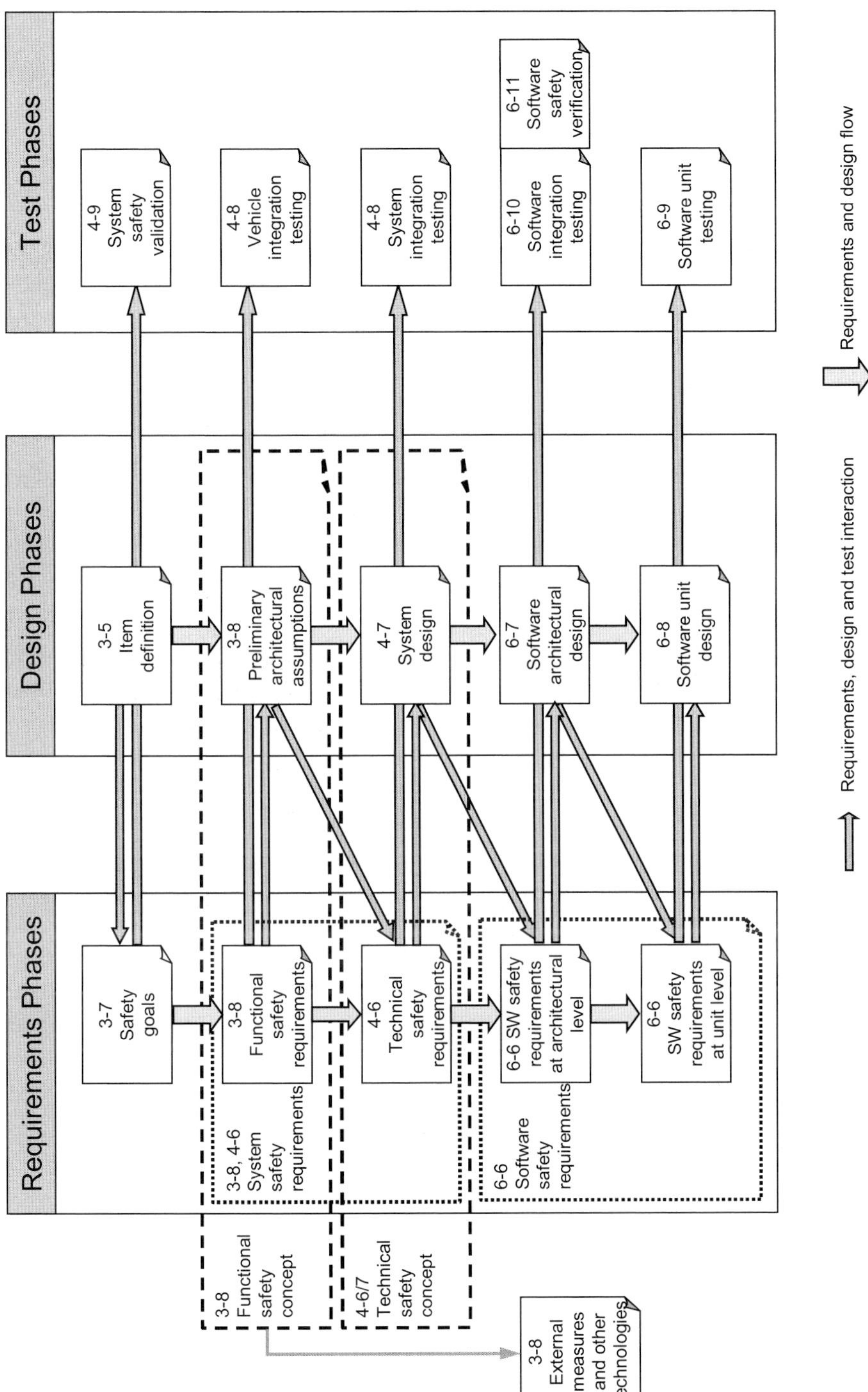

Bild 4.23 Finale Version aus Teil 10 für die Software-Entwicklung (Quelle: ISO 26262, Teil 10)

In der endgültigen Version wurden die Pfeile und auch die Legende wie in Bild 4.23 dargestellt geändert.

Der wesentliche Input für die Definition des Fahrzeugsystems (ITEM) ist das funktionale Konzept. Da die ISO 26262 formal die Gefahren, die sich aus einem korrekt funktionierenden System ergeben, nicht betrachtetet, muss das funktionale Konzept bereits vollständig die gefahrenfreie beabsichtigte Funktion und deren Struktur beschreiben. Dies wird in einem frühen Stadium der Produktentwicklung so nicht möglich sein. Somit ist man gezwungen, sämtliche Aktivitäten als kontinuierliche Iteration zu betrachten, bei der die gewonnenen Erkenntnisse immer wieder anhand der bisherigen Arbeitsprodukte und Ergebnisse geprüft werden müssen.

Für Fahrzeugebene, Systemebene, Komponentenebene, Strukturen in Silizium oder in anderen komplexen Komponenten oder Bauelementen sollte man einen ähnlichen deduktiven Entwicklungsprozess (abfallender V-Ast) wählen, um Anforderungen anhand der Abstraktionen und der Struktur der jeweiligen Ebene zu entwickeln. In all den Ebenen gibt es logische, technische und/oder funktionale Elemente, die miteinander interagieren. Durch ein gemäß der Spezifikation korrektes Interagieren der Elemente entstehen Funktionen. Diese Funktionen können meist dann induktiv, also wieder den abfallenden V-Ast hinauf verifiziert werden. Werden bei der Verifikation die in der Ebene darüber bereits verifizierten Sicherheitsanforderungen bestätigt und gezeigt, dass diese erfüllt werden, dann dient diese Verifikation als ein hinreichendes Argument zur Funktionssicherheit. Das heißt, auf jeder beliebigen Ebene kann man die gleichen Prinzipien des Systemengineerings verwenden und gelangt auch so zu einer höheren Konsistenz der Entwicklungsarbeit. Dass auf jeder Ebene dann die hinreichende Fehlerbeherrschung als ein weiteres Argument zur funktionalen Sicherheit notwendig ist, heißt nicht, dass alle Fehler in jeder Ebene für sich beherrscht werden müssen.

Ab ASIL C fordert die ISO 26262 auch die Beherrschung von Mehrfachfehlern; bei komplexen Systemen mit mehreren unabhängigen Sicherheitszielen kann eine systematische Fehlerbeherrschung nicht mehr umgesetzt werden. Somit müssen Sicherheitsziele mit zwei eingeplanten Sicherheitsmechanismen in verschiedenen horizontalen Ebenen abgesichert werden. Einfachfehler werden durch die Einplanung von Barrieren zu Mehrfachfehlern. Somit ist ein Einfachfehler in einem Subsystem im Gesamtsystemkontext oft nur ein Mehrfachfehler, wenn in der höheren Ebene über dem Subsystem eine Fehlerpropagation vermieden werden kann. Wenn mehrere Systemelemente zugleich versagen, entsteht ein Mehrfachfehler. Auch hier ist die Klassifizierung eines Fehlers nicht vorgegeben. Sie ist von der Systemdefinition abhängig, insbesondere von der Auswahl der Systemelemente. Die Auswahl wird i. d. R. so getroffen, dass man möglichst große Systemelemente wählt (weil dann die Komplexität des Gesamtsystems so klein wie möglich beschrieben werden kann), weiterhin sollte jedes Systemelement möglichst wenig Ausfallsverhalten aufzeigen können (idealerweise in einem sicheren degradierten Zustand). Es ist eine Herausforderung an die technische Realisierung von Systemkomponenten, sie so zu entwerfen, dass sie möglichst wenige verschiedene Ausfallszenarien zeigen können, die jedoch den zulässigen Systemdegradationen entsprechen. Diesen Umstand wird man bei höheren ASILs als Grundlage für die Architekturentwicklung nutzen. Ohne Barrieren, die das Fehlerverhalten in wenige definierte Fehlerzustände zwingen, wird ein solches System nicht mehr analysierbar sein. Die Varianz und die möglichen Fehlerpropagationen werden nicht beherrschbar sein.

4.3.1 Funktionsanalyse

Eine Funktionsanalyse sollte mit einer Funktionsdekomposition beginnen. Hier wird aufgezeigt, wie sich eine Funktion von einer höheren Abstraktionsebene in eine untere Abstraktionsebene herunterbrechen lässt.

In Bild 4.24 oben sieht man, dass drei Funktionen auf ein Systemelement abgebildet sind. In der zweiten Ebene ist zu sehen, dass die Funktionen sich aus verschiedenen Teilfunktionen zusammensetzen und auch aus mehr als nur einem Eingang oder Ausgang bestehen. Funktion 1 könnte eine normale Bremsfunktion sein mit zwei Aktivierungen (Fuß- und Handbremse) sowie zwei Aktuatoren (Vorderrad- und Hinterradbremse), Funktion 2 könnte eine Bremsaktivierung durch einen Sensor (zum Beispiel Radar bei ACC) sein und Funktion 3 wäre die Parkbremse, die durch dieselben Betätigungseinheiten (Fuß- und Handbremse) angesteuert wird. Demnach würden die Teilfunktionen im blauen Kreis von verschiedenen Funktionen gemeinsam genutzt.

Somit würde die Hand- und Fußbremse sowie die Vorderrad- und Hinterradbremse nur einmal realisiert. Wirkt nun auch das Bremspedal auf die Parkbremse, so wird man erkennen, dass die Funktion für beide Aktuatoren unterschiedliche Signale generieren muss, oder die dahinter gelagerte Funktionslogik muss die Signale unterschiedlich interpretieren.

Das gemeinsame Element muss nun alle Anforderungen von allen Funktionen erfüllen, die diesem Element zugeordnet sind. Dies können die Maximalanforderungen, aber es können auch sich widersprechende Anforderungen sein. In dem Fall, dass es sich widersprechende Anforderungen sind, müssen wohl verschiedene Ausgänge auf Basis der gemeinsamen Ausgänge generiert werden. Diese weiteren Ausgänge unterscheiden sich dann in den notwendigen Details, so dass sie über die entsprechenden Bedingungen korrekt angeschaltet werden. Eine solche Zerlegung und die im Systemverbund entstehende Konsolidierung werden in jeder Systemebene notwendig sein, weil in den Systemen nur endliche Ressourcen zur Verfügung gestellt werden können. Hierbei handelt es sich um eine Top-Down-Analyse, die später als Grundlage für die Analyse der Funktionsabhängigkeit dient. Um eine Sollfunktion und einen unabhängigen Sicherheitsmechanismus zu planen, ist eine solche Analyse unumgänglich.

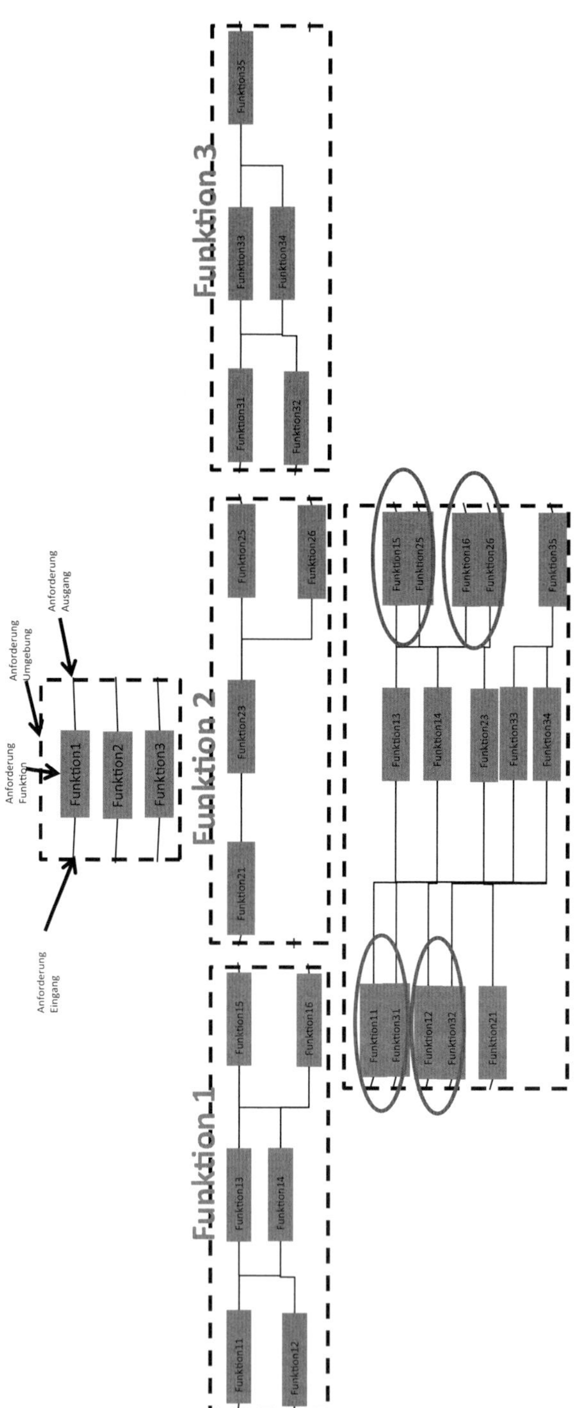

Bild 4.24 Drei Funktionen in drei logischen Perspektiven

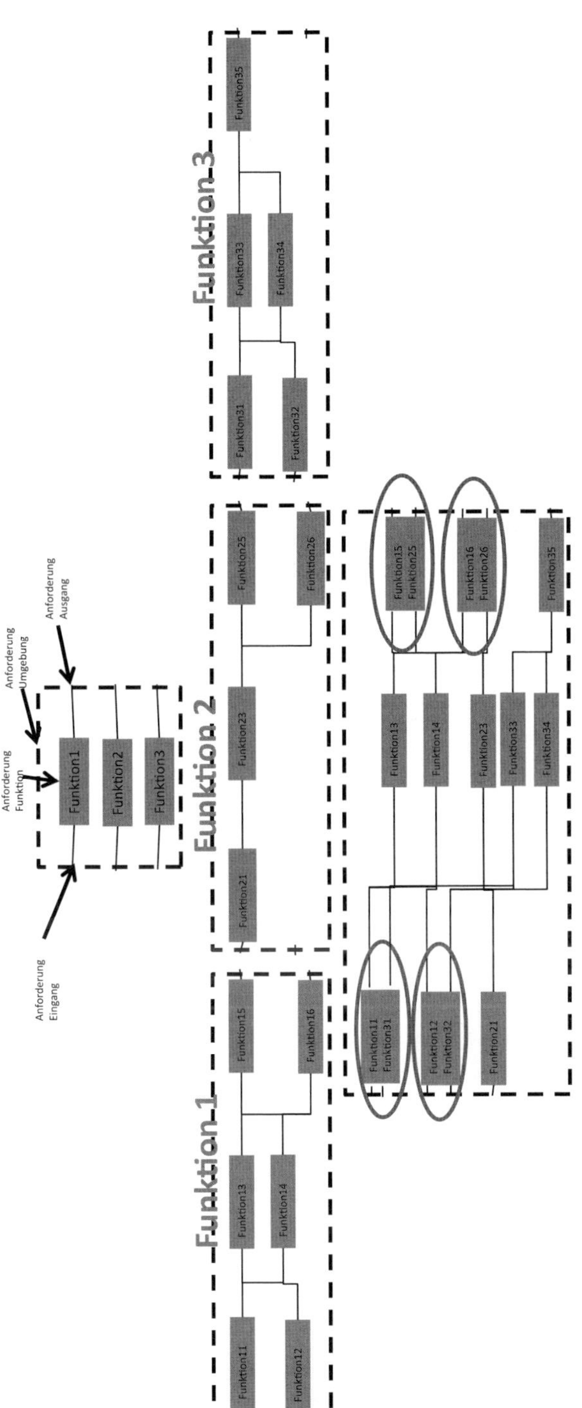

Bild 4.25 Nutzung von Elementen für verschiedene Funktionen

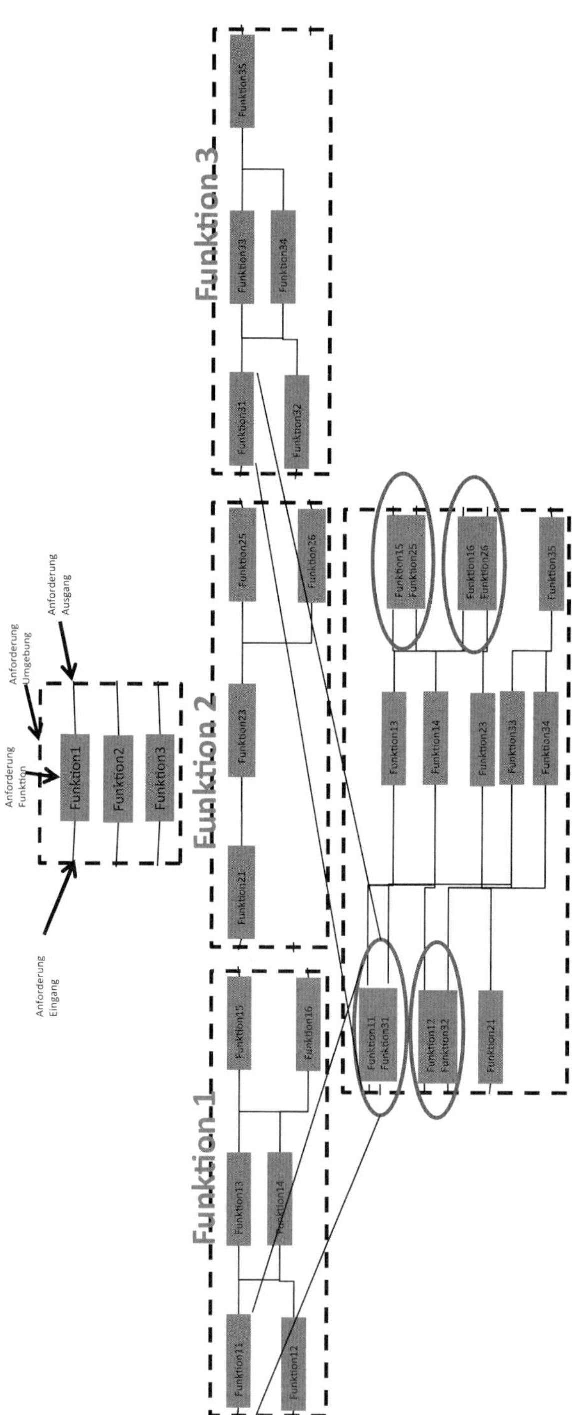

Bild 4.26 Anforderungsallokation von zwei Funktionen auf ein Element

4.3.2 Wirkkettenanalyse

Sämtliche Gefährdungen eines elektronischen Systems basieren auf den Reaktionen und Funktionen des Aktuators. Daher ist eine der wichtigsten Sicherheitsanalysen die Wirkkettenanalyse. Es gilt zu untersuchen, welche Funktionen, Eigenschaften oder welches Verhalten Effekte auf den jeweiligen elektrisch angesteuerten Aktuator haben kann oder auf eine Schnittstelle an der betrachteten Systemgrenze.

Eine Wirkkette sollte zuerst auf einer sehr hohen Abstraktionsebene spezifiziert werden, damit die Komplexität durch die Details nicht zu hoch wird.

Einen Fehler eines Sensors wird man in der Logikverarbeitungseinheit beherrschen oder seinen Einfluss so mindern, dass er sich nicht gefährlich auswirken kann. Gleiches kann für die Fehler der Logikeinheit oder des Steuergerätes gelten, wenn der Aktuator oder die nachfolgende Verarbeitungseinheit die Fähigkeit besitzt, die Fehler der vorherigen Elemente der Wirkkette beherrschen zu können.

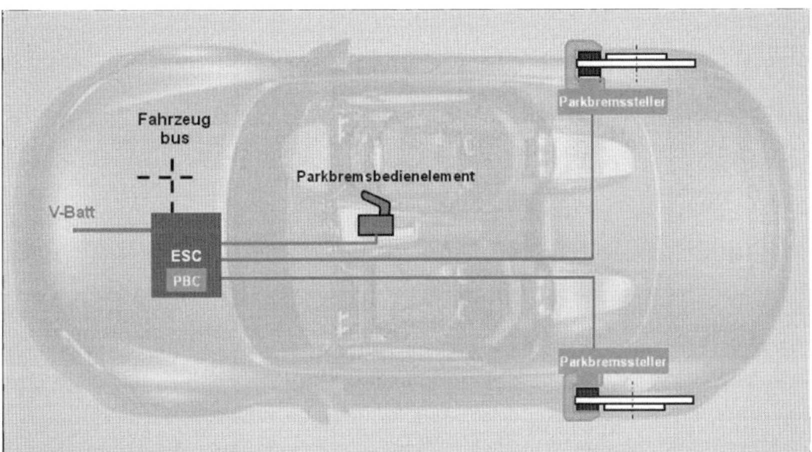

Bild 4.27 Schematische Darstellung der integrierten elektrischen Parkbremse (Quelle: VDA 305-100, Version aus dem Mai 2013)

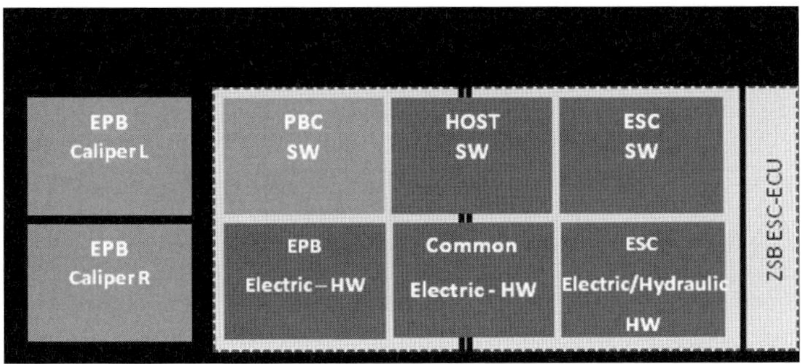

Bild 4.28 Detaillierung des grünen PBC-Blocks und des blauen ESC-Blocks (Quelle: VDA 305-100, Version aus dem Mai 2013)

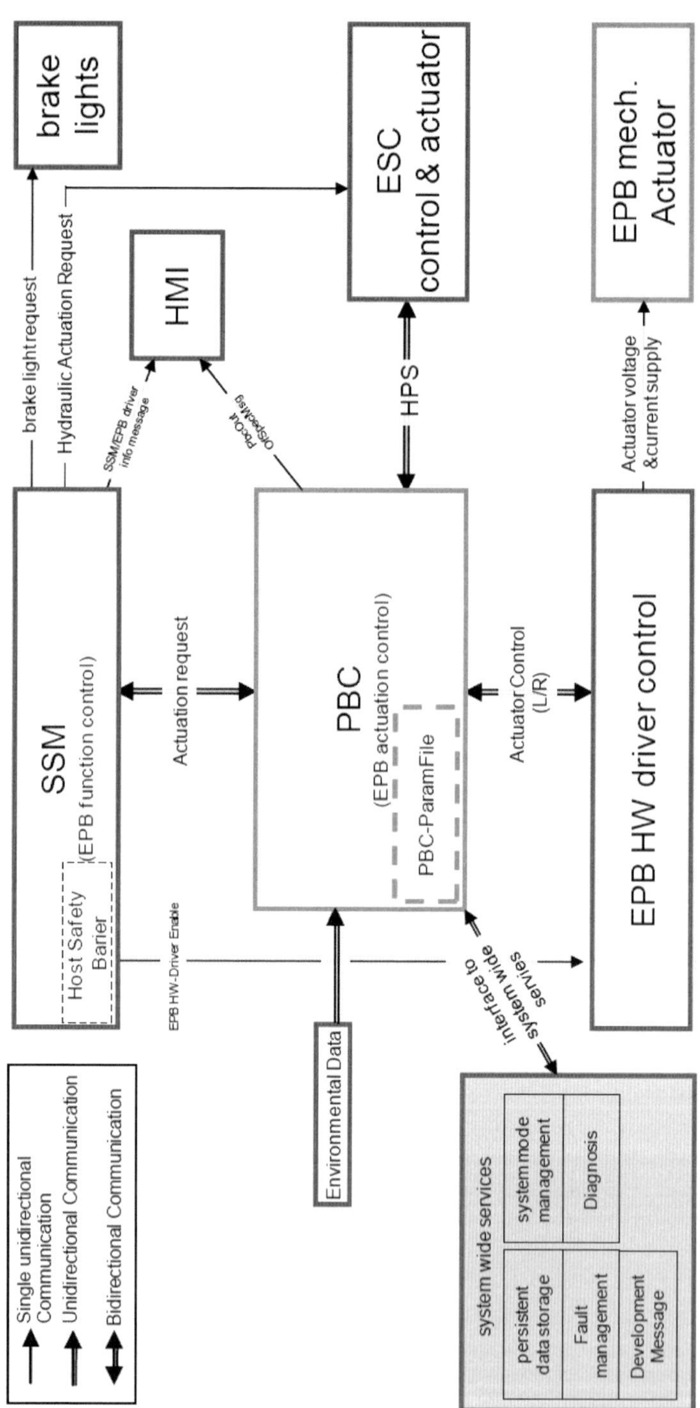

Bild 4.29 Abgeleitetes Blockdiagramm inklusive der Schnittstellen (Quelle: VDA 305-100, Version aus dem Mai 2013)

Dafür müssen im ersten Schritt die jeweiligen Wirkketten und die entsprechenden Einflussfaktoren identifiziert werden. Sinnvollerweise sollte man das Verhalten der Wirkkette in eine Simulation übertragen, damit der zweite Schritt erfolgen kann.

Im zweiten Schritt stellt man sich die Frage, wie verhält sich die Wirkkette in Bezug auf die jeweilige Umgebung. Dies können wie bei der Boundary-Analyse gemäß Ford-FMEA-Handbuch die Reaktionen auf sogenannte „Noises“, also Störungen, sein oder auch funktionale Effekte.

Ein sehr gutes Beispiel für das systematische Herunterbrechen von Anforderungen wurde durch das VDA-Papier VDA 305-100 „Empfehlungen für die Integration der elektrischen Parkbremse in ein ESC-Steuergerät“ gegeben.

Das oberste schematische Blockschaltbild zeigt auf der oberen Abstraktion alle Elemente, die bei dem System adressiert werden.

Rein virtuell wird praktisch in die jeweils grünen PBC-Blocks (PBC, Park-Brake-Controller) und die blauen ESC-Blocks (ESC, Electronic-Stability-Control) hineingezoomt, wobei man sich auf die SW-Komponenten beschränkt.

Die nächste Ebene identifiziert die Schnittstellen der einzelnen Elemente und detailliert auch die Art der Schnittstellen. In dem Papier selbst wird nun jede Schnittstelle mit Anforderungen und den notwendigen Details und Limitierungen spezifiziert. Sämtliche Zustände und ihre Zustände, sowie die Parameter. die die jeweilige Transition einleiten, werden für jede Abstraktionsebenen und alle relevanten Elemente und Schnittstellen spezifiziert.

Jede Software-Schnittstelle zwischen allen dargestellten Elementen wird mit Anforderungen und den Design-Parametern spezifiziert, sodass die jeweiligen Module von verschiedenen Entwicklungspartnern realisiert werden können.

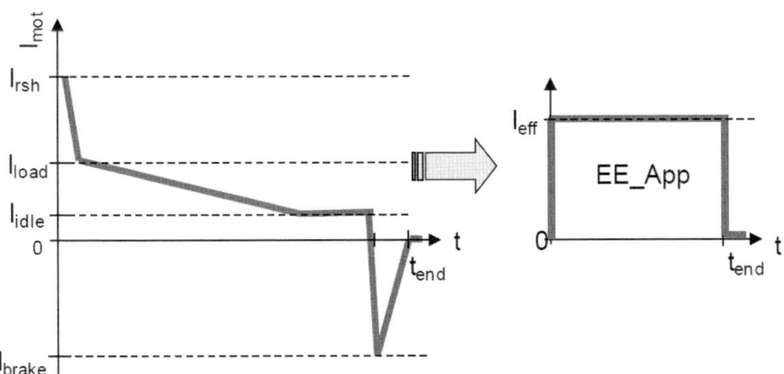

Bild 4.30 Detaillierung der Transitionen beim Öffnen der Parkbremse als Sicht auf die Ströme (Quelle: VDA 305-100, Version aus dem Mai 2013)

Das Beispiel für die Stromkurven beim Öffnen der Parkbremse zeigt, bis zu welchem Detaillierungsgrad die Sicherheitsbetrachtung geführt wird. Die jeweilige Integration der Elemente geschieht nun gemäß V-Modell von der detailliertesten Abstraktionsebene bis hin zur Systemintegration auf der Gesamtsystemebene mit Parkbremssystem und dem ESC. In den definierten Integrationstests muss gezeigt werden, dass die jeweiligen Anforderungen der entsprechenden Abstraktionsebene erfüllt werden.

4.3.3 Softwareentwicklung und Architektur

Die Norm DIN EN 62304 beschreibt einige interessante Aspekte zur Softwareentwicklung. Die IEC 62304 („Medizingeräte-Software – Software-Lebenszyklus-Prozesse") beschreibt in Anlehnung an die DIN EN ISO 14971, wie Software für Medizingeräte zu entwickeln ist und welche Rolle das Risikomanagement dabei spielt.

Sie stellt Anforderungen an die Dokumentation. Das spezifizierte Objekt sollte als Blackbox, d. h. über dessen Schnittstellen, beschrieben werden. Das gilt für Systeme ebenso wie für Komponenten solcher Systeme. Die Norm beschreibt drei Schnittstellentypen der Software:

- Benutzer-System-Schnittstellen (User Interface, GUI)
- System-System-Schnittstellen (Datenschnittstellen wie APIs, BUS-Systeme, Sensoren, Aktoren, Webservices)
- Schnittstelle zur Laufzeitumgebung

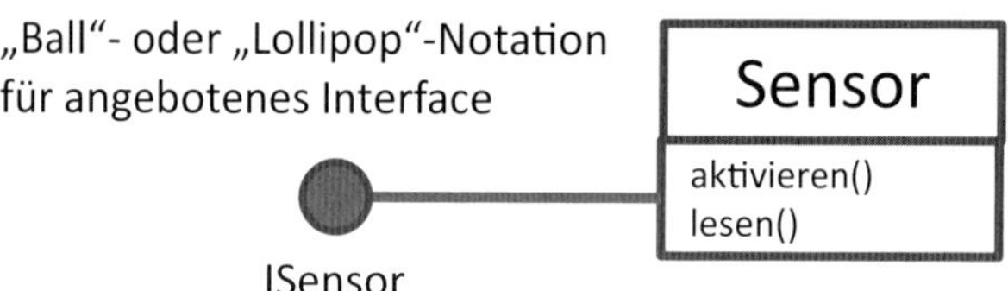

Bild 4.31 Beispiel einer Ball- oder Lollipop-Notation

Um Schnittstellen überhaupt in der Software-Architektur kenntlich zu machen, empfehlen sich zum Beispiel Komponenten-Diagramme oder Lollipop-Notationen (oder Ball-Notationen). Die Lollipops helfen Ihnen besonders gut zu visualisieren, welche Schnittstellen es gibt, welche Software-Komponenten die Schnittstellen implementieren und welche Komponenten die Schnittstellen anderer Komponenten nutzen.

Die Norm empfiehlt folgende Informationen zur Schnittstelle zu spezifizieren:

- Namen und Zweck der nach außen verfügbaren Funktionen/Methoden,
- Name, Bedeutung und Wertebereiche von Übergabe- und Rückgabeparametern,
- Verhalten der Komponente bei Nutzung einer Funktion/Methode. Dieses Verhalten kann sich nur über eine Schnittstelle der Komponente zeigen. Software-Kom-

ponenten haben nur folgende Schnittstellen-Typen: zum Anwender (UI), zu anderen Systemen (d. h. wieder über Funktionen/Methoden) und zur Laufzeitumgebung einschließlich Hardware bzw. Sensorik.

Weiter sollten die nichtfunktionalen Eigenschaften der Schnittstellen spezifiziert werden wie

- Performanz: Wie schnell muss die Komponente auf Aufrufe über die Schnittstelle reagieren? Wie ändert sich diese Geschwindigkeit in Abhängigkeit von der Anzahl der Aufrufe pro Zeiteinheit oder von der Größe der übertragenen Daten?
- Sicherheit: Werden die Daten verschlüsselt übertragen? Auf welcher Übertragungsschicht? Wie müssen sich andere Komponenten an der spezifizierten autorisieren?
- Zuverlässigkeit/Robustheit: Wie reagiert die Komponente auf fehlerhafte und fehlende Inputs oder auf Inputs in falscher Reihenfolge? Fehlerhaft beinhaltet: falsche Datentypen, falsche Wertebereiche, falsche Codierung (sowohl auf struktureller, syntaktischer und semantischer Ebene), falsche Datenmengen, falsche Aufrufgeschwindigkeit usw.

Die Norm weist darauf hin, dass alle externen Schnittstellen zur

- Kommunikation oder
- Hardware

für die Software auch interne Schnittstellen sind und damit auch mit den entsprechenden Anforderungen oder Attributen zu versehen sind.

Diese Empfehlungen wären auch für eine Automotive-Software sinnvoll zu beachten. Die Anforderungen zeigen, dass das Verständnis von Spezifikation, Anforderung und Architektur über das System systematisch in die Software und deren Architektur übergeht.

4.4 Fahrzeugsicherheit

Bei der Fahrzeugsicherheit geht es darum, dass das Fahrzeug dafür geeignet ist, sich sicher im öffentlichen Straßenverkehr zu bewegen. Dabei sind die zu schützenden Personen

- Insassen,
- Passanten im Verkehrsraum sowie
- andere Verkehrsteilnehmer.

Die Fahrzeugsicherheit hat sich evolutionär gebildet und ist nicht per Definition auf einmal da gewesen. Da sich die drei oben genannten Gruppen den Verkehrsraum teilen müssen, fallen für alle am Verkehr beteiligten Personen und Systeme die entsprechenden Aufgaben und Anforderungen an, damit eine sichere Koexistenz der drei Parteien gewährleistet werden kann. Die Fahrzeugsicherheit umfasst die Aufgaben und Anforderungen, die für die Fahrzeuge im öffentlichen Straßenverkehr gelten. Viele der Anforderungen haben sich über lange Jahre herausgebildet. Die Zulassungsrichtlinien und Standards beschreiben nur das allgemein Übliche. All die Erfahrungen, die die Hersteller über Fehler im Feld und Rückrufe machen und lernen mussten, sind in keinem der Lastenhefte systematisch spezifiziert. Oft gilt auch hier der Satz: „Erfahrung ist die Summe der gemachten Fehler".

Wesentliche Aspekte dieser Erfahrung haben das Aussehen, Design und auch die EE-Architektur unserer Fahrzeuge und das Straßenbild geprägt.

Neben Design- und Produktionsfehlern sind Instruktionsfehler und unzureichende Instruktionen ein Thema für die Produkthaftung. Hier sind neben dem typischen Fahrzeughandbuch mit vielen Sicherheitshinweisen die Werkstatthinweise bekannt. Für Rettungsdienste stellen die Fahrzeughersteller auch sogenannte Rettungsleitfäden oder Rettungsdatenblätter zur Verfügung. In denen wird erklärt, welche Schutzmaßnahmen im Fahrzeug verbaut sind und wie Rettungskräfte verschiedene Sicherheitsaktivitäten bei der Bergung zu berücksichtigen haben.

Dort gibt es Informationen zu

- den Materialien der Karosserie wie Chassis-Rahmen, A-, B- und C-Säule und deren Position,
- Airbags und deren Sub-Komponenten,
- Gurtsystemen,
- Massesystemen der Bordnetze und so weiter.

Bei Elektrofahrzeugen wird das HV-System im Kontext der Fahrzeuggeometrie erklärt und bei Gas-Fahrzeugen die Gasanlage, ihre Risiken und die empfohlene Handhabung bei der Rettung. Nicht nur zur Rettung, sondern auch zur Planung der Schutzmaßnahmen im Fahrzeug ist es für die EE-Architektur erforderlich, diese auch im Kontext der Fahrzeuggeometrie zu betrachten.

4.4.1 Historischer Überblick zur Fahrzeugsicherheit

Sicherheitsmaßnahmen haben sich aus der Erfahrung und der Notwendigkeit ergeben, daher mag die ein oder andere heute typische Sicherheitsanforderung gar nicht mehr offensichtlich sein.

Im Folgenden sind ein paar Meilensteine aufgeführt, die die Entwicklung der Fahrzeugsicherheit aufzeigen:

- 1902: Bosch-Hochspannungszündung und damit Beherrschung von Verbrennungsprozess und Überspannung beim Zündvorgang

- 1903 (manche Quellen sprechen von 1905): Die Amerikanerin Mary Anderson erfindet die Scheibenwischer.
- 1908: Giustino Cattaneo/Isotta Fraschini Company entwickelt ein Vier-Rad-Bremssystem.
- 1915: Der erste Einsatz einer elektronischen Komponente erfolgte im Jahre 1915 durch die Ford Motor Company mit dem Einbau von Scheinwerfern im Automobil.
- 1919/1921: Loughead (später Lockheed) erfindet die hydraulische Bremse (1919). Der Duesenberg Model A (1921) wird mit der hydraulischen Bremse serienmäßig ausgestattet.
- 1924: Das erste Serienautomobil der Welt mit Zweikreis-Bremssystem ist der Chrysler 70.
- 1929: Baron Rothschild entwickelt den elektrisch betriebenen Scheibenwischer.
- 1934: Zwillings-Hauptbremszylinder und doppelt verlegtes Leitungssystem (Bugatti/Lockheed 1938) kennzeichnen die „Zweikreisbremse“ mit Tandem-Hauptbremszylinder. Hier galt es den Fahrerbremswunsch bereits sicher an den Rädern umzusetzen. Loughead installierte bereits zwei Kreise, um im Falle einer Leckage in der Hydraulik das Fahrzeug sicher zum Stehen zu bringen. Es war eine Redundanz, um die Verfügbarkeit der Bremsanlage sicherzustellen. Im Bugatti erkannte man, dass zum sicheren Erkennen des Fahrerbremswunsches die Forderung nach Redundanz nicht mehr eingehalten werden konnte. Daher musste der Tandem-Hauptzylinder den auf einem Pedal beruhenden Fahrerbremswunsch auf zwei unabhängige hydraulische Bremskreise verteilen. Durch entsprechende Blenden in den Bremsleitungen konnte die Bremskraft an allen vier Rädern gleichmäßig verteilt werden, sodass eine gleichmäßige Verzögerung des Fahrzeugs gewährleistet wurde.
- 1950: Elektrische Lichter wurden als Fahrtrichtungsanzeiger eingeführt. Davor waren es seitliche Winker, die zuerst manuell und später mit einem Elektromagneten ausgefahren wurden.
- 1952: Der Daimler-Benz-Konstrukteur Béla Barényi lässt sich die Erkenntnis patentieren, dass Knautschzonen an Bug und Heck eines Autos die Insassen besser schützten als eine vermeintlich bombensichere Fahrgastzelle. Auch die Sicherheitslenksäule geht auf eine Idee des Ingenieurs zurück.
- 1951 meldete der Münchner Erfinder Walter Linderer den Airbag als Patent an. In den USA gilt Allen K. Breed (Breed Technologies) mit einem 1968 vorgestellten System als Pionier der modernen Airbag-Technik.
- 1958: Das Maxaret von Dunlop war das erste in größerem Umfang eingesetzte Antiblockiersystem (ABS). Das System wurde in den frühen 1950er Jahren eingeführt und verbreitete sich schnell im Bereich der Luftfahrt. Versuche zeigten einen um bis zu 30 % verkürzten Bremsweg und verhinderten Reifenplatzer sowie Bremsplatten durch blockierende Räder. Das Maxaret wurde neben dem Ein-

satz in der Luftfahrt auch für Straßenfahrzeuge weiterentwickelt. Experimentelle Umsetzungen gab es im Motorrad Royal Enfield Super Meteor (1958) sowie für Sattelanhänger.

- 1959: Das Dunlop Maxaret wird im Jensen FF sowie zuvor bereits versuchsweise in weiteren Straßenfahrzeugen eingesetzt.
- 1966: Der erste serienmäßige Dreipunktgurt wird vom Schweden Nils Bohlin erfunden.
- 1967: Die weltweit erste elektronische Benzineinspritzung wird entwickelt. Sie mindert den Verbrauch und den Ausstoß von Schadstoffen.
- 1978 kam das erste elektronische ABS von Bosch auf den Markt (mechanisches ABS gab es schon 1966).
- 1980 kam das erste deutsche Auto mit einem Airbag, der Mercedes-Benz W126 (S-Klasse) auf dem Markt. Als beste technische Lösung erwies sich ein textiler Beutel, der bei einem Unfall durch eine pyrotechnische Treibladung in wenigen Millisekunden aufgebläht werden kann, um den Fahrer sanft abzufangen. Die Treibladung aus Natriumazid übernahmen die Automobilentwickler aus der Raketentechnik.
- 1991 wurde folgendes Bosch-Patent angemeldet: System zur Steuerung eines Kraftfahrzeuges DE 4114999 A1. Ein solches System ist aus der DE-OS-35 31 198 bekannt. Dort wird ein System zur Steuerung einer Dieselbrennkraftmaschine beschrieben. Dieses System umfasst einen Hauptrechner und einen Ersatzrechner. Erkennt eine Überwachungseinrichtung einen Defekt im Hauptrechner, so wird auf den Ersatzrechner umgeschaltet. Dieses Patent gilt als Ursprung des VDA-EGAS-Sicherheitskonzepts, bei dem der mechanische Bowdenzug durch eine elektrische Leitung ersetzt wird.
- 1993: Als erster Autohersteller setzt Ford eine sensorische Einparkhilfe ein. Bosch und Mercedes-Benz entwickeln das ESP (Elektronisches Stabilitätsprogramm), mit dem durch gezielten Bremseingriff an einzelnen Rädern oder der Diagonalen einer Achse das Schleudern verhindert werden kann. Ersteinsatz war 1995 in der Mercedes-S-Klasse. Richtig populär wurde das elektronische Stabilitätsprogramm aber, als die Stuttgarter der bei einem sogenannten „Elchtest“ umgekippten A-Klasse ESP spendierten. Von November 2011 an müssen alle neuen Autos in der EU das ESP an Bord haben.

Die hier aufgezählten Beispiele zeigen, dass sich viele der Sicherheitseinrichtungen bedarfsorientiert im Laufe der Automobilgeschichte entwickelt haben. Parameter wie die größer werdende Verkehrsdichte, die schnellere Geschwindigkeit, steigende Schwere der Personenschäden und Verkehrsopfer haben die Entwicklung der Fahrzeugsicherheit vorangetrieben. Einzelne Hersteller und auch Zulieferer haben die Technik für ihre Fahrzeuge entwickelt, wovon viele dieser Sicherheitsmechanismen in die Zulassungsvorschriften wie UN ECE oder FMVSS aufgenommen worden sind. Insbesondere die Art und Weise, wie unsere heutigen

Autos aussehen und wie wir die Autos bedienen, stammt aus Sicherheitsbetrachtungen. Der Benz-Motorwagen war ein Dreirad; dass die vier Räder mit einer gelenkten Achse vorn wesentliche Grundlagen von vielen Sicherheitsmaßnahmen sind, wird nur bei Detailanalysen wirklich transparent.

Die heute übliche Achsschenkel-Lenkung wurde 1816 von Rudolph Ackermann patentiert und ist deshalb auch nach ihm benannt. Bei der Ackermann-Lenkung wird jedes Rad der gelenkten Achse für sich gedreht und hat unterschiedliche Lenkwinkel. In der Automobilindustrie werden die korrekten Lenkwinkel in der Regel über eine mechanische Anordnung, das Lenktrapez, realisiert. Der korrekte Lenkwinkel für jedes Rad (auch Ackermann-Winkel genannt) hängt von den Dimensionen des Fahrzeugs ab (Radstand, Spurweite, Lenkhalbmesser).

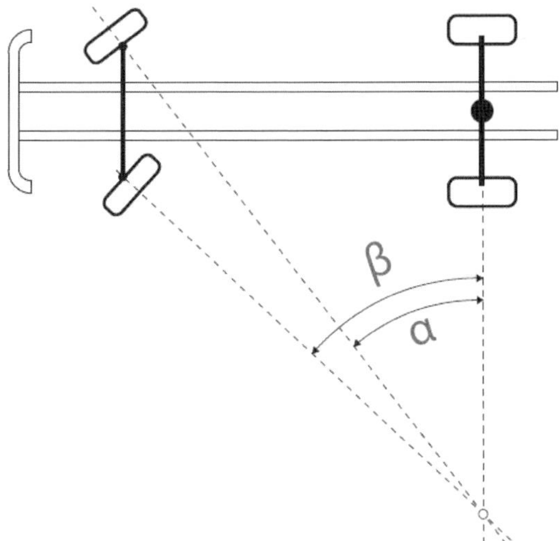

Bild 4.32 Prinzip der Ackermann-Lenkung (Quelle: http://www.portmanns.ch/Unterricht/Fahrwerk/AMN_Lenkung_po_24092013.pdf)

Beim Befahren einer Kurve mit Achsschenkellenkung rollen die Räder auf konzentrischen Kreisen. Das ist eine Voraussetzung für gutes Fahrverhalten und geringen Reifenverschleiß. Der Einschlagwinkel β des kurveninneren Rades ist stets größer als der äußere Winkel α.

Rudolph Ackermann hat aber bei seinem Patent noch an Pferdewagen gedacht und nicht an heutige Kraftfahrzeuge. Diese Grundlagen dienen neben dem Kammschen Kreis als Grundlage für die Fahrwerksstabilität.

Vektor 1 beschreibt die Beschleunigung oder die Verzögerung und Vektor 2 die Fliehkräfte. Die wichtigste Aussage des Kammschen Kreises ist daher, dass Längskraft und Seitenführungskraft voneinander abhängen und dass die aus diesen Kräften resultierende Gesamtkraft die zur Verfügung stehende maximale Reibungskraft nicht überschreiten kann. Dies folgt aus dem Satz des Pythagoras und dem Kräfteparallelogramm. Im Allgemeinen gilt, dass bei Erhöhung der Längskraft weniger Seitenführungskraft zur Verfügung steht, also der Bedarf an Seitenführungskraft eventuell nicht gedeckt werden kann. Umgekehrt gilt, dass maximale Beschleunigung bzw. Verzögerung bei nicht spurgeführten Fahrzeugen somit nur bei Geradeausfahrt möglich ist. Diese Theorie über die von einem Reifen auf die Fahrbahn übertragbaren Kräfte geht auf Wunibald Kamm zurück. Der gründet nach mehrjährigen Tätigkeiten bei Daimler und in der übrigen Industrie das Forschungsinstitut für Kraftfahrwesen und Flugmotoren an der Technischen Hochschule Stuttgart, wie es 1930 heißt.

Bild 4.33 Wirkvektoren und Fahrstabilität (Quelle: https://www.kfz-tech.de/Biblio/Fahrwerk/KammscherKreis.htm)

Die Erkenntnisse von Rudolph Ackermann und Wunibald Kamm sind heute wesentliche Grundlagen für die Fahrwerksstabilität und Grundlage für Schutzsysteme wie ESP (Elektronische Stabilitätsprogramme)

4.4.2 Grundlagen der Fahrzeugsicherheit

Die heutige Fahrzeugsicherheit beruht in erster Linie auf den gesetzlichen Grundlagen, wie 2007/46/EG, STVZO, den Zulassungsvorschriften wie UN ECE und FMVSS. Diese adressieren auch Aspekte, wie

- Insassenschutz (präventiv wie Fahrgastzelle und elektronische Maßnahmen wie Airbag),
- aktive und passive Sicherheits- und Schutzmaßnahmen,
- elektrische Sicherheit, Brandschutz, EMV (Elektromagnetische Verträglichkeit),

- Schutz von Personen bei Unfall, sodass Personenschäden so gering wie möglich sind (durch die Gestaltung der Fahrzeugfront, Stoßfänger usw.), aber auch Maßnahmen, damit Rettungskräfte selbst nicht gefährdet werden oder die Unfallopfer schnell bergen können.
- Ergonomie führte zu wesentlichen Gestaltungsmerkmalen der Pedale und Bedienelemente, der Anordnung der Instrumente, dem Design und der Ausprägung der Mensch-Maschinen-Schnittstelle, der Sitzgestaltung und so weiter.
- Die Sicht insbesondere des Fahrers wird durch viele Aspekte adressiert, sodass der Fahrer den Verkehrsraum optimal einsehen kann, Verkehrs-, Straßen- und Wetterbedingungen hinreichend einschätzen kann und er nicht durch bestimmte Einflüsse zu stark vom Fahren abgelenkt oder gar irritiert wird.

Natürlich spielt die Umweltsicherheit eine Rolle, die durch die relevanten Gesetze geregelt wird. Die heutige Diskussion zeigt, dass man insbesondere durch die Vielzahl der Fahrzeuge den Menschen im und um den Verkehrsraum herum auch über einen längeren Zeitraum in einem nicht tolerierbaren Maß schädigen kann.

Ein wesentliches Sicherheitsfeld ist die Unterweisung der Fahrzeugführer durch die Führerscheinausbildung, um zu lernen, wie man sich sicherheitsgerecht im Verkehrsraum zu verhalten hat. Ein weiterer Aspekt der Gebrauchssicherheit ist auch das Fahrzeughandbuch, worin der Halter und der Fahrer über die notwendigen Sicherheitsmaßnahmen, Einschränkungen, Warnhinweise und Verhaltensregeln instruiert werden.

Daneben sind die Aspekte der Produkthaftung wesentlich, hier ist besonders die Feldbeobachtung zu nennen. Die Gesetzgeber verlangen für die Fahrzeuge eine sehr intensive Feldbeobachtung durch die Fahrzeughersteller. Treten Störfälle, Unfälle oder Personenschäden auf, so sind diese zu untersuchen. Die nationalen Straßenverkehrsbehörden haben unterschiedliche Prozesse, wie die Ursachenanalyse zu führen ist und ab welchen Schwellen die Behörden über Sicherheitsmängel informiert werden müssen. Zusammen mit den Behörden wird im Schadensfall über Rückrufe und die notwendigen Nachbesserungen verhandelt, damit die Fahrzeuge weiter am Straßenverkehr teilnehmen dürfen.

Auch das Thema Security wird unter sehr unterschiedlichen Aspekten betrachtet, neben der Datenmanipulation, die zu Gefährdungen von Personen führen kann. Der klassische Diebstahlschutz weist zuerst nur auf materiellen Schaden hin, jedoch wird historisch in der unbefugten Benutzung ein weiterer Sicherheitsaspekt gesehen. Zum einen ist bei einem gestohlenen Fahrzeug nicht mehr auf den Fahrer als Unfallverursacher zu schließen, zum anderen sollen aber auch zum Beispiel Kinder davor bewahrt werden, durch unbefugtes Nutzen des Autos andere zu gefährden.

Durch Wartungseingriffe oder durch Software-Updates können Fahrfunktionen auf gefährliche Art und Weise beeinflusst werden. Dies kann durch Fehler und Irrtümer geschehen, aber auch durch aktiven Missbrauch. Der aktive Missbrauch wird auch strafrechtlich geahndet, was aber nicht hilft, den Schaden zu vermeiden. Heute ist es in vielen Fahrzeugen schon üblich, dass man für Software-Updates gar nicht mehr in die Werkstatt muss, sondern die Software über eine kabellose Verbindung ins Fahrzeug übertragen wird und beim Stillstand des Fahrzeugs in den relevanten Steuergeräten installiert wird. Nicht nur diese Maßnahmen öffnen potentiellen Hackern natürlich neue Wege, um die Fahrzeugfunktionen auch gefährlich zu manipulieren.

4.4.3 NCAP, „New Car Assessment Program"

Steigende Anforderungen an die Fahrzeugsicherheit haben in den letzten Jahren im Bereich der aktiven und der passiven Sicherheit zu rasanten Entwicklungen und bedeutenden Innovationen geführt. Dies ist auf die gesetzlichen Anforderungen in den USA (FMVSS 208, 214), die entsprechenden Zulassungsrichtlinien wie UN ECE oder die jeweiligen nationalen Zulassungsverordnungen, aber auch die verschärften Verbraucherschutz-Tests, wie Euro NCAP, U.S. NCAP, IIHS (Insurance Institute for Highway Safety), und auf die Gesetze zum Fußgängerschutz zurückzuführen.

US NCAP (U.S. NCAP) wurde im Jahre 1978 von der NHTSA (National Highway Traffic Safety Administration) ins Leben gerufen. Die IIHS gibt bereits seit 1959 Empfehlungen zur Fahrzeugsicherheit und bietet seit 1995 entsprechende Bewertungstabellen an.

Um eine herstellerunabhängige Bewertung von Crashergebnissen zu erhalten, wurde 1997 ein Konsortium aus verschiedenen europäischen Verkehrsministerien, Automobilclubs, Versicherungsverbänden, Forschungsinstituten und Testlaboren, die Euro NCAP, gegründet. Dies geschieht durch die Vergabe von maximal fünf „Sternen", die nur bei bestimmten Sicherheitsvorkehrungen eines Fahrzeugs durch NCAP vergeben werden. Die Anforderungen zum Erreichen der Höchstpunktzahl an die Hersteller werden immer wieder höher gestellt und somit der Anreiz zur Verbesserung der Sicherheitssysteme gegeben.

Man unterscheidet in vier Kategorien, in denen zunächst eine separate Bewertung erfolgt:

- Erwachsenen-Insassenschutz,
- Kindersicherheit,
- Fußgängerschutz,
- Fahrerassistenz/Sicherheitsunterstützung, zum Beispiel das autonome Notbremssystem(AEB), welches einem Auffahrunfall automatisch entgegenwirken soll.

2009 wurden die Inhalte des Euro NCAPs detailliert und erweitert um zum Beispiel Schutzmaßnahmen für Radfahrer.

Für den Erwachsenen-Insassenschutz gehen mehrere Ergebnisse in den Test mit ein: der Frontaufprall, der Seitenaufpralltest und der Pfahltest. Bei der Beurteilung wird auf die verschiedenen Personengrößen und Sitzpositionen Rücksicht genommen. Die Kindersicherheit basiert auf drei wichtigen Aspekten. Als Erstes werden Dummys in Kindergröße in bestimmten Kinderrückhaltesystemen bei den oben schon genannten Crashs eingesetzt, um den Schutz, der bei diesen Tests vorhanden ist, zu überprüfen. Das NCAP führt eine Kindersitz-Einbauprüfung durch, um Probleme mit der Inkompatibilität herauszufinden. Außerdem wird darauf geachtet, dass Vorrichtungen zum Einbauen von Kinderrückhaltesystemen vorhanden sind.

Der Fußgängerschutz ist extrem wichtig, da Fußgänger zu den leicht verletzlichen Verkehrsteilnehmern gehören. Deshalb führt die Euro NCAP mit den meist bei einem Crash mit einem Fußgänger beteiligten Frontstrukturen eines Fahrzeugs, wie Motorhaube, Windschutzscheibe etc., Tests durch. Da Fahrfehler eine der häufigsten Unfallursachen sind, sind die Sicherheitsunterstützungen, die dem Fahrer zu einer angemessenen und sicheren Fahrweise verhelfen sollen, ein wichtiges Kriterium des Aufprallschutzes.

4.4.4 Batterie-Sicherheit

Ein wesentlicher Aspekt der E-Mobilität ist die Sicherheit der Batterie. Insbesondere Brände von Lithium-Ionen-Batterien sind uns aus der Vergangenheit bereits sehr bekannt.

Die Risiken, die in dem Zusammenhang zu Gefährdungen führen, und deren Auswirkung sind neben den Fehlern von EE-Systemelementen im Wesentlichen:

- Vergiftung
- Explosion
- Brand, Feuer, Verbrennung, Temperatur
- Überspannung
- Überströme

Zu den Risiken von Lithium-Ionen-Batterien wurden auf der Website https://www.brand-feuer.de/index.php/Lithium_Batterien sehr viele Informationen zusammengetragen. Man verweist auch auf folgende Liste von Unfällen, die zu Rückrufen führten:

- Im Jahr 2013 kam es zum dritten Brand des Elektroautos Tesla Model S.
- Am 3. September 2010 stürzte der UPS-Airlines-Flug 6, eine Boeing 747-400 auf dem Weg vom Dubai International Airport zum Flughafen Köln-Bonn, in der Nähe des Flughafens Dubai ab, wobei zwei Besatzungsmitglieder ums Leben kamen. Als Absturzursache wurde ein Feuer in dem Bereich des Laderaums festgestellt, in dem sich Lithium-Ionen-Batterien und Lithium-Metall-Batterien befanden.

- Nach dem Flug einer Boeing 787 (Dreamliner) am 7. Januar 2013 von Narita/Japan nach Boston/USA entstand im Zielflughafen ein Brand aufgrund einer thermisch durchgehenden Lithium-Ionen-Batterie (Thermal Runaway).
- Am 12. Juli 2013 kam es auf dem London-Heathrow Airport ebenfalls in einer Boeing B787 zum Brand einer nicht wiederaufladbaren Lithium-Metall-Batterie in einem ELT (emergency locator transmitter).

Das größte Sicherheitsrisiko der Lithium-Ionen-Batterie ist ein sogenannter „Thermal Runaway (thermisches Durchgehen)". Das thermische Durchgehen ist eine sich selbst verstärkende, exotherme chemische Reaktion, wobei sehr schnell sehr hohe Temperaturen erreicht werden können, die selbst chemisch eingelagertes Lithium zur Zündung bringen können (Metallbrand).

Eine Voraussetzung für die Zulassung zum Transport von lithiumhaltigen Batterien ist eine Beurteilung des Gefährdungspotentials und der Nachweis gemäß UN-Anforderungen (UN 38.3: Tests and Criteria, Teil III, Abschnitt 38.3.):

- Test 1: Höhensimulation (Lufttransport unter Unterdruckbedingungen)
- Test 2: Thermische Prüfung (schnelle und extreme Temperaturänderungen)
- Test 3: Schwingung (Schwingungen während der Beförderung)
- Test 4: Schlag (Schläge während der Beförderung)
- Test 5: Äußerer Kurzschluss
- Test 6: Aufprall/Quetschung (mechanische Beschädigung)
- Test 7: Überladung
- Test 8: Erzwungene Entladung (Tiefentladung)

Im Automobilbau hat sich die Bewertungstabelle der EUCAR (European Council for Automotive R & D) stark verbreitet. Tabelle 4.1 gibt eine Übersicht über die Definition der Gefahrenklassen.

Tabelle 4.2 Gefahrenklassen gemäß EUCAR

Gefahrenklasse	Mögliche Gefährdung
0	Kein Effekt: keine Funktionsbeeinträchtigung
1	Passive Sicherungsvorrichtung löst aus: Zelle noch einsetzbar, Sicherungsvorrichtungen müssen repariert werden
2	Defekt, Beschädigung: Zelle ist irreversibel geschädigt und muss ausgetauscht werden
3	Leck, geringer Masseverlust: < 50 % Gewichtsverlust
4	Abblasen, hoher Masseverlust: > 50 % Gewichtsverlust

Tabelle 4.2 Gefahrenklassen gemäß EUCAR *(Fortsetzung)*

Gefahrenklasse	Mögliche Gefährdung
5	Flammenbildung: Offener Feuererscheinung
6	Bersten: Umherfliegende Teile der aktiven Elektrodenmassen
7	Explosion: Zertrümmerung der Zelle

Die Gefahrenklassen orientieren sich am möglichen Schadensausmaß. Die elektrische Sicherheit, der Berührungsschutz und auch die funktionale Sicherheit werden in den Kriterien nicht berücksichtigt. Diese Risiken müssen durch geeignete Regelwerke, wie die für

- die elektrische Sicherheit und den Berührschutz (z. B. ISO 6469, UN ECE 100) und
- die funktionale Sicherheit (z. B. ISO 26262)

ergänzend betrachtet werden.

Auch die amerikanische SAE (Society of Automotive Engineers; deutsch „Verband der Automobilingenieure") hat viele Normen und Empfehlungen zu dem Thema Batterie-Sicherheit zusammengetragen.

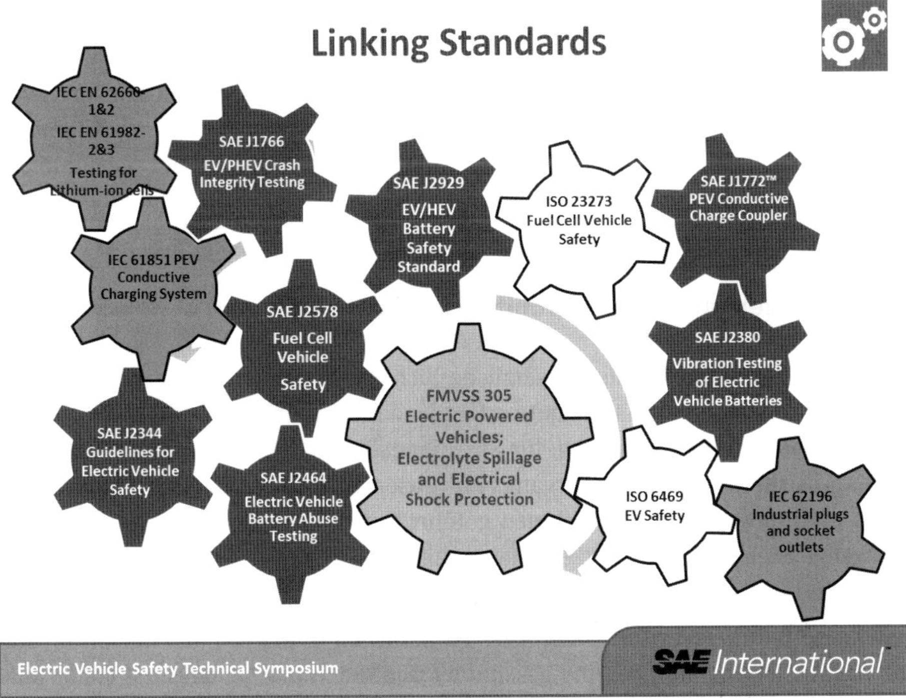

Bild 4.34 Aspekte der Batterie-Sicherheit gemäß SAE (Quelle: SAE International, Electric Vehicle Safety Technical Symposium)

5 Methoden der Systemsicherheit

Ein komplexes Produkt wie ein automatisiertes Fahrzeug in seinem vollständigen Anwendungskontext zu beschreiben, zu spezifizieren und zu verifizieren ist eine Aufgabe für ein sehr großes Entwicklungsteam.

5.1 Anforderungsentwicklung aus den Gefahren- und Risikoanalysen

Sämtliche Architektur- und Designschritte müssen von einem Analyse- und Verifikationsprozess begleitet werden. Dies gilt auch für die Phasen, in denen das Betriebskonzept und das Betriebssicherheitskonzept entwickelt werden.

Die einzelnen Endwicklungsaktivitäten könnten wie folgt aus einem erweiterten Sicherheitslebenszyklus abgeleitet werden:

- Definition der Kundenfunktionen und der zu betrachtenden Anwendungsfälle
- Analyse und Entwicklung der konzeptionellen Anforderungen und Architekturentwurf für das Betriebskonzept
- Analyse des Systemkontexts und der entsprechenden Umgebung
- Analyse des Standes von Wissenschaft und Technik sowie Erhebung der relevanten rechtlichen Anforderungen
- Gefahren- und Risikoanalyse und entsprechende Risikobetrachtung
- Gebrauchssicherheitsanalyse (z. B. morphologische Analyse, human factor analysis oder Wiki-Analysis)

Nach diesen Aktivitäten sollte klar sein, in welcher Umgebung welche Betriebsszenarien betrachtet werden sollen und wie sich die Personen in dem Umfeld verhalten beziehungsweise wie diese auf bestimmte Events reagieren.

Grundsätzlich sind die bisher erarbeiteten Informationen die Grundlagen des Betriebskonzepts. Sinnvollerweise sollte das Betriebskonzept nun verifiziert werden, damit für dessen Qualität eine gewisse gesicherte Grundlage existiert.

Es gilt die Fragen einer jeden Anforderungsverifikation zu beantworten nach

- Vollständigkeit,
- Korrektheit und
- Konsistenz

aller Arbeitsergebnisse der Aktivitäten zum Betriebskonzept.

Im nächsten Schritt gilt es das entsprechende Betriebssicherheitskonzept daraus zu entwickeln. Dazu sollten folgende Aktivitäten durchgeführt werden:

- Analyse der Funktionen und Anwendungsfälle des Betriebskonzepts und deren relevanter Einschränkungen und Grenzen (z. B. bezüglich Zeit, Ablauf (sequenziell, parallel, iterativ) oder logischen Konsistenz und Machbarkeit.
- Analyse der Anwendbarkeit, Gebrauchsfähigkeit, Verträglichkeit (miteinander und der Umgebung) und deren relevanter Einschränkungen und Grenzen (hier sollten auch die ersten Prognosen über mögliche systematische Fehler und Irrtümer erstellt werden, die während der Entwicklung der Produkte, Systeme und Komponenten denkbar wären).

  Analyse der notwendigen Instruktionen, Trainings, Ausbildungen und Regelungen sowie der daraus resultierenden Einschränkungen und Grenzen.
- Analyse der vorliegenden Bedingungen und vorhandenen Sicherungsmechanismen und deren Wirksamkeit, insbesondere der Maßnahmen anderer Technologie (Signalisierung (Anzeigen, Hinweise, Ampeln)), Barrieren, Korridore, Machbarkeit und Wirksamkeit von konstruktiven Maßnahmen.

  Analyse der elektrischen und elektronischen Schutzmaßnahmen (vergleichbar der Analyse des EUCs (Equipment-under-Control)).
- Analyse aller Funktionen, Schutzmaßnahmen bezüglich der Einschränkungen und Grenzen und Ermittlung der relevanten Kennwerte als Leistungsgrenzen, Designgrenzen, sicherheitsrelevante „Besondere Merkmale“ und Beschränkungen des Anwendungsbereichs.

Auch nach diesen Schritten sollten die üblichen Verifikationen stattfinden. Je nach Ergebnis sollten die Iterationen zu Beginn des Betriebskonzepts oder zu Beginn des Betriebssicherheitskonzepts erfolgen. Insbesondere sind die in der Analyse erkannten Risiken danach zu hinterfragen, ob diese zu neuen oder anderen Gefährdungen führen, oder ob die bisher angenommen Risiken weiterhin so eingeschätzt werden.

Das heißt, das Betriebssicherheitskonzept sollte ebenfalls bezüglich der Zielerreichung oder der Korrektheit der Schutzziele validiert werden. Das Ergebnis sollte bewertet, also einem Assessment unterzogen werden.

Bis zum Abschluss des Betriebssicherheitskonzeptes geht man von einem fehlerfreien Verhalten und von fehlerfreien Elementen und Komponenten aus. Die elektrischen und elektronischen Maßnahmen werden auch eher als Schutzfunktionen und nicht als Sicherheitsfunktionen bezeichnet. Aktiver Missbrauch, grobe Fahrlässigkeit und so weiter wurden bisher ebenfalls nicht in Betracht gezogen.

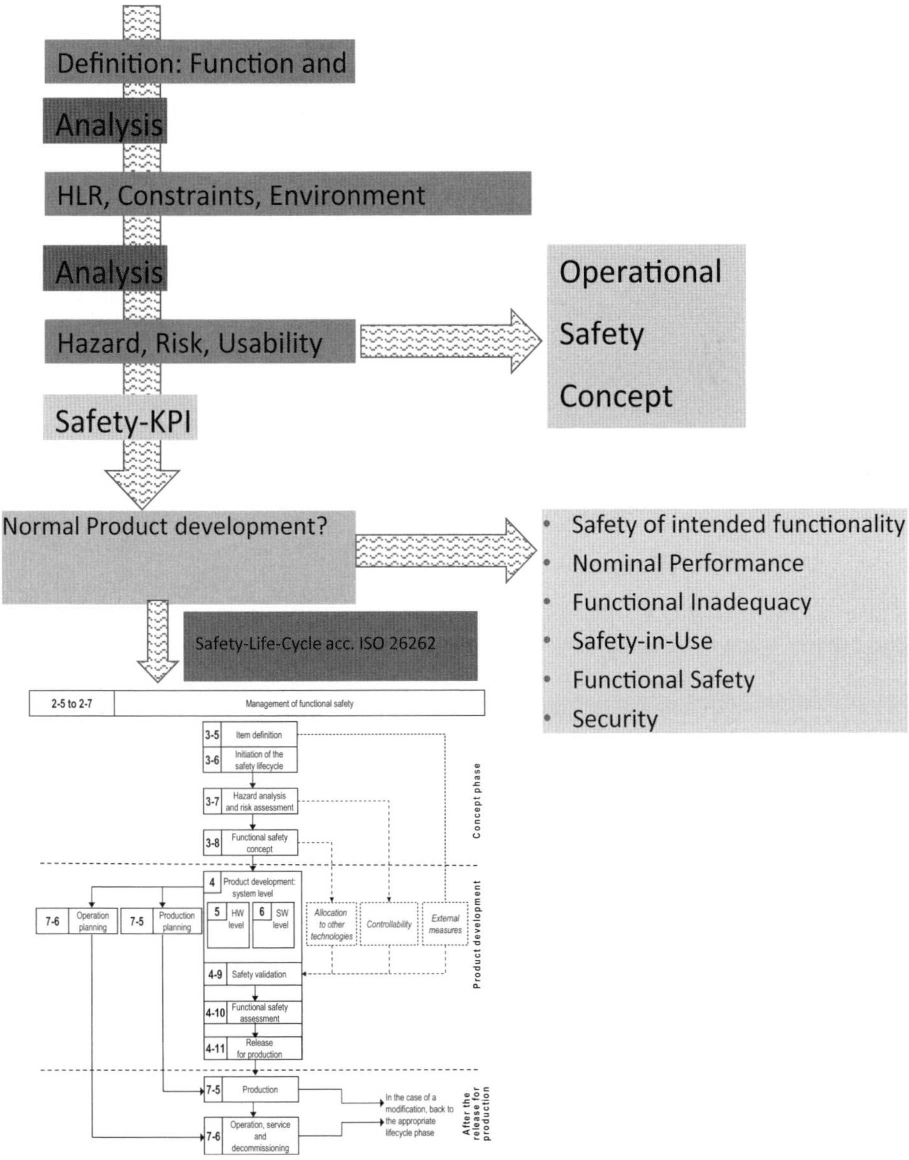

Bild 5.1 Analysen während der Entwicklung des Betriebssicherheitskonzeptes

Nun folgt der Schritt zu den typischen Gefahren- und Risikoanalysen, die die Ziele für die Sicherheitsintegrität ergeben. Dies wird für das Fahrzeug im Wesentlichen gemäß ISO 26262 erfolgen und für die Schnittstelle zur Infrastruktur oder auch dem System in der Infrastruktur gemäß IEC 61508 oder den jeweils abgeleiteten Standards. Auf Basis von Bedrohungsanalysen wird man auch die Security betrachten und in die entsprechenden notwendigen Aktivitäten einsteigen müssen.

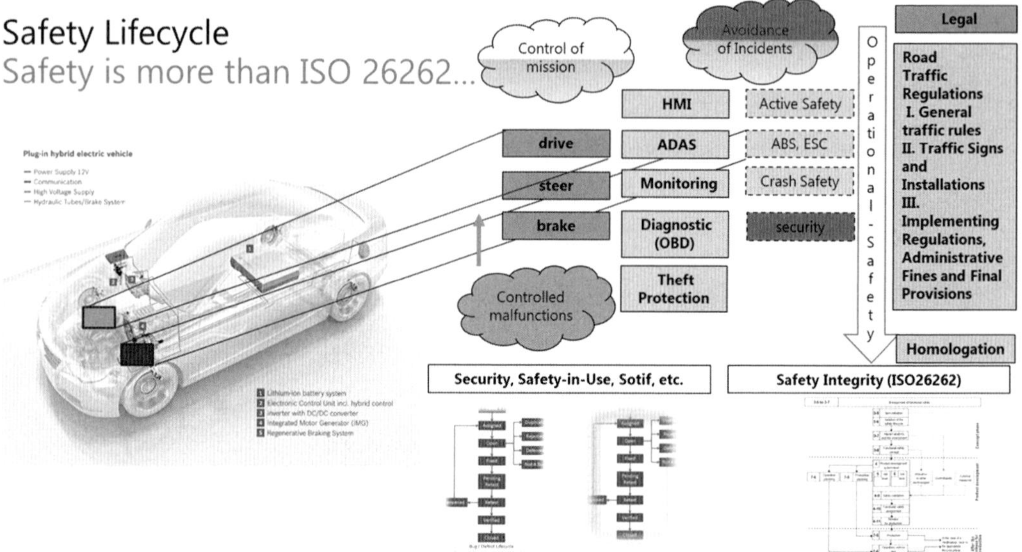

Bild 5.2 Übergang vom Betriebssicherheitskonzept in die Produkt- und Systementwicklung (Quelle: Rudolph et al. 2017)

Im Wesentlichen wird der Betreiber für das Betriebskonzept und das Betriebssicherheitskonzept verantwortlich sein. Die weiteren zu betrachtenden Risiken werden im Allgemeinen von den Herstellern und Produzenten

- der Fahrzeuge,
- der Systeme im Fahrzeug und
- der Systeme in der Infrastruktur und deren Schnittstellen zu den Fahrzeugen

im Rahmen der Produkthaftung zu berücksichtigen sein.

Die entsprechenden Systeme und deren Sicherheitsanforderungen, die sich aus dem Betriebssicherheitskonzept ableiten, gilt es nach dem jeweiligen Stand der Technik umzusetzen.

Traditionell bezeichnen wir die Fahrzeuge auch als Schutzsysteme, das sind zum Beispiel Insassenschutzmaßnahmen wie der Airbag. Er muss vorhanden und im Schadensfall wirksam sein. Das gibt der Gesetzgeber als Ausstattungsmerkmale für Fahrzeuge im öffentlichen Verkehr vor. Auf der Rückbank oder für Passagiere im Bus ist er nicht notwendig, weil er nicht so wirksam ist in den Augen des Gesetzgebers. Eine Leitplanke oder gar eine Straßenbegrenzungslinie ist eine Schutzeinrichtung, die die Infrastruktur bereitstellt. Genauso verhält es sich mit einer Geschwindigkeitsbegrenzung oder einem Lawinenschutz.

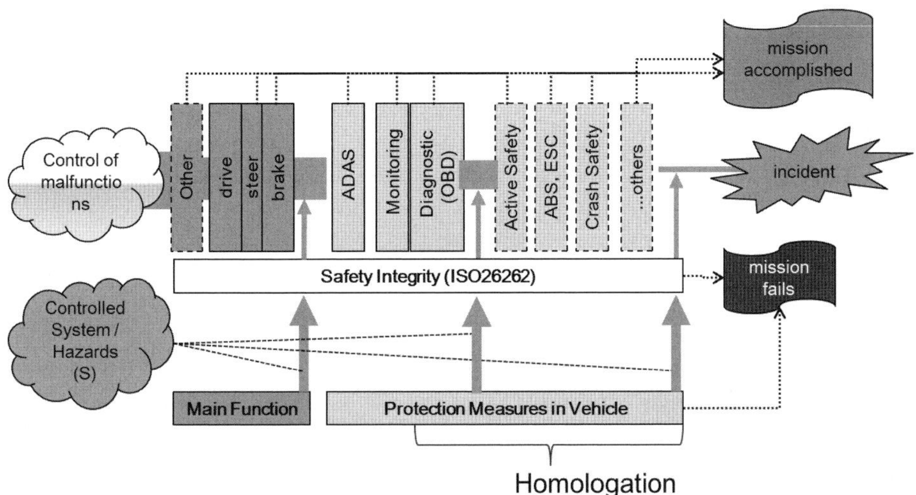

Bild 5.3 Maßnahmen zur Sicherheitsintegrität und Schutzmaßnahmen für das Fahrzeug (Quelle: Rudolph et al. 2017)

Schutzmaßnahmen leiten sich aus dem Betriebssicherheitskonzept ab und werden von der Infrastruktur oder von den Fahrzeugen bereitgestellt; wer was zu leisten hat, muss der Gesetzgeber den Errichtern der Betriebsumgebung, also des Verkehrsraums oder der Infrastruktur, vorgeben (Straßenbau, Linie, Ampeln, Leitplanken, Peileinrichtungen) oder den Herstellern der Fahrzeuge, die für den jeweiligen Verkehrsraum zulassungsfähig sind. Nur der Gesetzgeber kann Fußgänger auf Autobahnen verbieten.

Der Betreiber ist verpflichtet zu garantieren, dass der Personentransport nach den Verkehrsregeln, die in den USA oder in Deutschland gültig sind, stattfindet. Weiter ist der Betreiber dafür verantwortlich, dass er in dem jeweiligen Verkehrsraum nur Fahrzeuge einsetzt, die auch für diesen Verkehrsraum zugelassen sind.

Die Aufteilung von Schutzmaßnahmen und Maßnahmen zur Sicherheitsintegrität kann nach dem Modell der IEC61508, Teil 5 erfolgen. Je nachdem ob Schutzmaßnahmen für das EUC (Equipment-under-Control, Basis-Steuerungssystem und den Maschinenschutz) mit geringer oder hoher Anforderung notwendig sind, werden die Maßnahmen zur Sicherheitsintegrität aus der Gefahren- und Risikoanalyse ermittelt. In anderen Industrien (Maschinenrichtlinie, Eisenbahn, Luftraum und Luftfahrt) wird unterschieden zwischen Betriebssicherheit in der Verantwortung des Betreibers und Sicherheitsintegrität als Aufgabe der Hersteller.

5.1.1 Gefahren- und Risikoanalyse zur Sicherheitsintegrität

Die generelle Frage besteht, wie kommt man prozessmäßig hin zu einer Gefahrenanalyse und Risikobewertung gemäß ISO 26262. Der offizielle Start des Sicherheitslebenszyklus der ISO 26262 beginnt mit der ITEM-Definition.

Die ITEM-Definition liefert folgende Informationen laut ISO 26262 für die Gefahrenanalyse und Risikobewertung:

- die beabsichtigten Funktionen, Funktionalitäten und Eigenschaften,
- die Annahmen über die Architektur,
- die Limits, Einschränkungen und Grenzen und den Anwendungsbereich sowie
- die übliche Handhabung, das Anwendungsprofil etc.

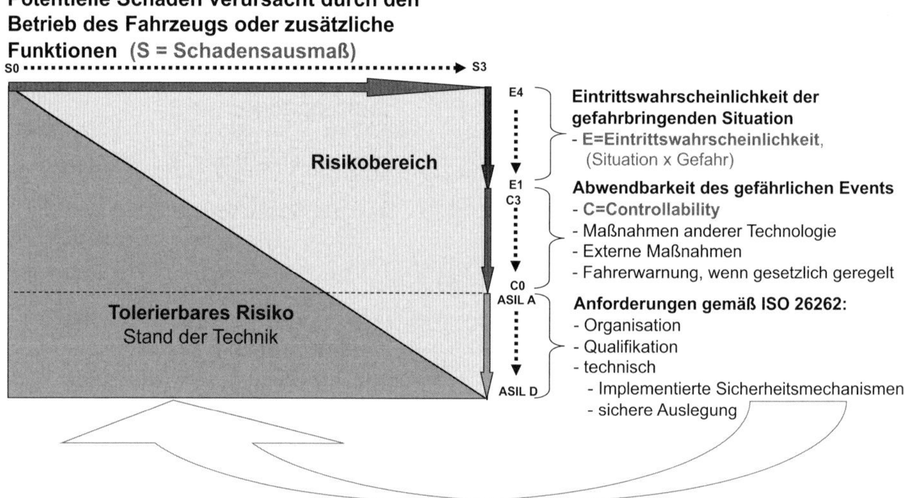

Bild 5.4 Risikozustände als Grundlage zur Gefahren- und Risikoanalyse

Eine Analyse, wie die Risikoanalyse der IEC 61508 zu einem EUC (Equipment-under-Control), ein Betriebssicherheitskonzept oder ein Fahrzeugsicherheitskonzept werden von der ISO 26262 nicht gefordert. Sollte einer dieser drei Prozesse vorgelagert sein, so sollten die üblichen Informationen, die zu den Definitionen von einem oder mehreren ITEMs oder Fahrzeugsystemen gefordert werden, vorliegen. Weiter ist jeweils bei einem der drei Prozesse auch das tatsächliche Risiko bekannt, sodass die Grundlage für die Entscheidung existiert, auf welchem Risikoniveau die Gefahrenanalyse und Risikobewertung aufsetzen müssen. Das Ergebnis der Risikobewertung (zum Beispiel ein SIL, ASIL oder Sicherheitsziel) soll ja das Maß dafür sein, in welchem Umfang die Maßnahmen der Sicherheitsintegrität das Risiko minimieren müssen.

Übersetzt gemäß ISO 26262 würde die Methode „Gefahrenanalyse und Risikobewertung“ heißen, da der zum Sicherheitsziel gehörige ASIL ein Maß der notwendigen Maßnahmen darstellen soll, um die erforderliche Risikoreduzierung zu erzielen. Eigentlich wird das Risiko nur am Rande bewertet und man untersucht mögliche Situationen und potentielle Fehlfunktionen des Fahrzeugsystems, die zu einer Gefährdung führen können. Es ist natürlich möglich, von der Gefährdung und eventuellen Fehlfunktionen auf Risiken zu schließen, aber zur Anwendung der Methodik ist eine Bewertung des tatsächlichen Risikos ohne Sicherheitsintegritätsmaßnahmen selbst nicht notwendig.

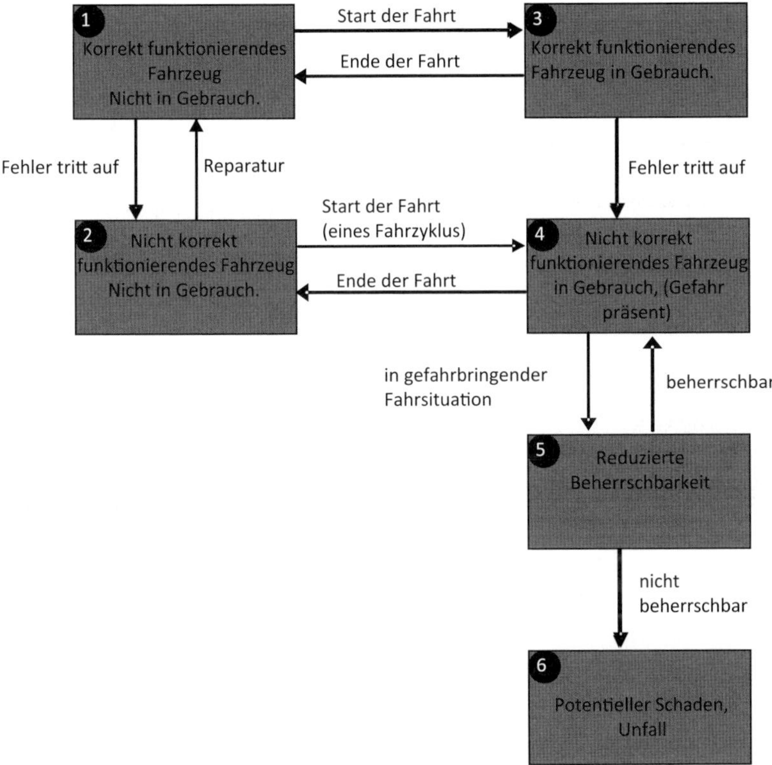

Bild 5.5 Situationen und Übergänge in bestimmten Zuständen

Betrachtet man nur das Risiko basierend auf Fehlfunktionen von EE-Funktionen, werden natürlich nur wenige Risikofaktoren wirklich berücksichtigt. Auch abgestellte Fahrzeuge können zum Beispiel durch Fehlfunktionen von elektrischen Bauelementen abbrennen, brennende Lithium-Ionen-Batterien sind auch von abgestellten Fahrzeugen bekannt. Trotzdem sieht man, dass für viele funktionale Fehler keine Gefährdungen bei korrekt abgestellten Fahrzeugen entstehen können und man oft diesen Zustand als „sicheren Zustand“ bezeichnet. Weiter geht man davon aus, dass auch die gefahrbringende Situation mit der Fehlfunktion zusammenkommen muss, sodass eine Gefahr entstehen kann. Wenn diese Fehlfunktion in der gefahrbringenden Situation durch den Fahrer (oder jemand Gefährdeten) nicht beherrscht werden kann, kommt es zu einem Unfall.

Diese Darstellungen in älteren Ausgaben der ISO 26262 zeigen, dass Situationen und Zustände sowie Übergänge in den Zuständen oder Situationen ebenfalls betrachtet werden müssen.

In anderen Branchen bezeichnet man vergleichbare Analysen oft als „Preliminary Hazard (Risk) Analysis, (PRA)“. Hier wird nach allen Analysen und Verifikationen während der folgenden Architektur- und Designmaßnahmen das Ergebnis auf die Risiken der Gefahren- und Risikoanalyse nochmals abgebildet. Wird mit den zu betrachtenden Maßnahmen keine hinreichende Reduzierung des Risikos erreicht, muss die Analyse so lange iterativ wiederholt werden, bis die Risikoreduzierung als hinreichend bewertet werden kann. Daher ist die Gefahrenanalyse so lange „Preliminary“, also vorläufig, bis die Maßnahmen als Argumente für den Sicherheitsnachweis als vollständig bewertet werden können.

5.1.2 Gefahrenanalyse und Risikobewertung gemäß ISO 26262

Ziel der Gefahren- und Risikoanalyse (HARA) gemäß ISO 26262 ist die Identifizierung und Kategorisierung der potentiellen Gefahren, die durch Fehlfunktionen des Items als des betrachteten Fahrzeugsystems hervorgerufen werden können. Ein wesentliches Ergebnis der Gefahrenanalyse und Risikobewertung sind die Sicherheitsziele, denen ein ASIL (Automotive Safety Integrity Level) als Maß der notwendigen Risikoreduzierung dient. Sicherheitsziele und ihr ASIL-Attribut werden durch eine systematische Ableitung der gefahrbringenden Events ermittelt, welche durch eine Fehlfunktion des ITEMs hervorgerufen werden können. Der ASIL wird ermittelt aufgrund von Einflussfaktoren, wie

- Schwere (des Schadensausmaßes),
- Wahrscheinlichkeit des Eintritts des gefahrbringenden Events,
- Beherrschbarkeit durch den Fahrer oder Abwendbarkeit bezüglich einer gefährdeten Person.

Dies basiert auf dem beabsichtigten funktionalen Verhalten des Fahrzeugsystems, daher muss das Detaildesign des Fahrzeugsystems nicht unbedingt bekannt sein.

Die ISO 26262 sieht bei der Gefahren- und Risikoanalyse alternative Vorgehensweisen:

- von der Produktidee und der beabsichtigten Funktion ausgehend und damit das Fahrzeugsystem als eine komplette Neuentwicklung ansehend oder
- den Einstieg über eine Einflussanalyse eines Vorgängerproduktes.

Für beide Vorgehensweisen ist eine systematische Abgrenzung notwendig, die auch im Rahmen einer Systemschnittstellenanalyse (Boundary Analysis) untersucht werden sollte. Allgemein ist dies schon vorab gefordert im Rahmen der Definition des betrachteten Fahrzeugsystems (ITEM). Ist das Fahrzeugsystem jedoch teilweise schon vorhanden, dann müssen die technischen Eigenschaften und deren Verhalten mit den neuen Fahrzeugsystemeigenschaften und dem beabsichtigten Verhalten abgeglichen werden und die neue Funktionsstruktur sollte definiert sein. In der Praxis gibt es im Automobilbau keine wirklich neuen Fahrzeugsysteme, selbst solche Funktionen wie ACC, Bremsassistenten oder Ausweichassistenten basieren auf oder sind Erweiterungen von existierenden Fahrzeugsystemen.

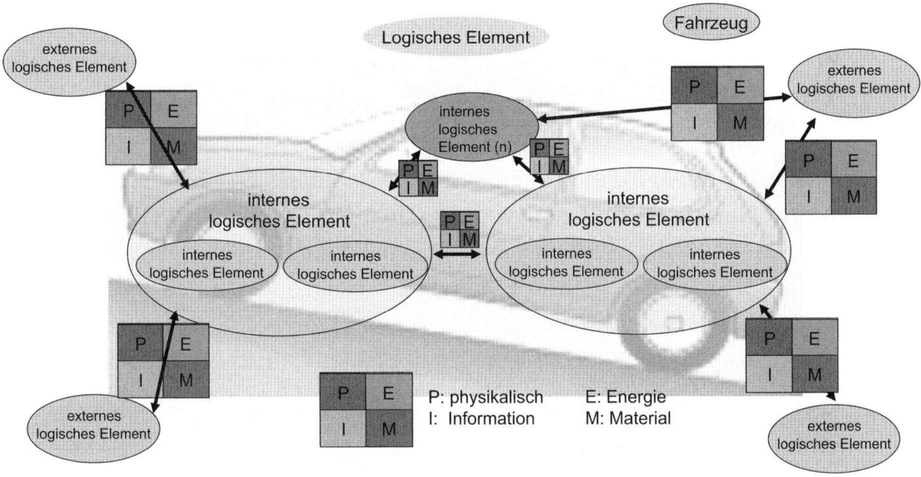

Bild 5.6 Systemgrenzanalyse angelehnt an das Ford-FMEA-Handbuch

Wenn nun eine neue Funktion (grün dargestellt in Bild 5.6) auf vorhandene Systeme aufsetzt, wird die Analyse zu dem vorhandenen System schnell sehr komplex werden. Eine Funktion, die ein Bremssystem und eine Lenkung unter bestimmten Bedingungen beeinflussen kann, muss den Einfluss der Funktion auf die beiden Systeme in jeder Fahrsituation und in jedem Betriebszustand untersuchen, da möglicherweise die Lenkung oder die Bremse dann als Aktuator für die neue Funktion agiert. Daraus ergeben sich mögliche neue Fehlfunktionen, die natürlich im Rahmen der Gefahren- und Risikoanalyse untersucht werden sollten. Die in dem System bereits implementierten Sicherheitsmechanismen dürfen durch die neue Funktion nicht eingeschränkt, überbrückt oder außer Kraft gesetzt werden. Daher ist eine eindeutige und vollständige Information über die bereits implementierten Sicherheitsmechanismen und ihre Wirkprinzipien notwendig.

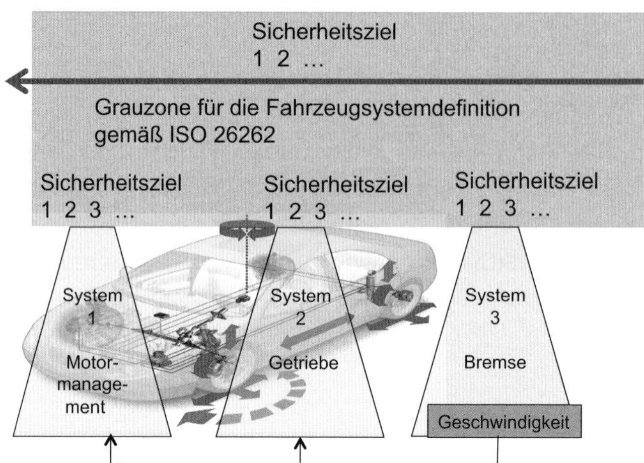

Bild 5.7 Funktionsebenen zur Definition der Sicherheitsziele

Sicherheitsziele werden für ein Fahrzeugsystem definiert, jedoch können mehrere Fahrzeugsysteme eine bestimmte Bewegungsrichtung des Fahrzeugs beeinflussen. Weiter werden oft in den Systemen gemeinsame Informationen genutzt, um die jeweilige Funktionalität umzusetzen (Beispiel: Geschwindigkeit in Bild 5.7). Dadurch können Sicherheitsziele auf verschiedenen Ebenen definiert werden. Auch die Fehlfunktionen können auf verschiedenen Ebenen betrachtet werden.

Um eine sinnvolle Perspektive zu wählen, stellt sich die Frage: Was ist das Ziel der Analyse?

Ist der Gegenstand der Analyse ein Steuergerät, kann es ausreichend sein, über ein Schnittstellendiagramm nur die äußeren Schnittstellen zu identifizieren und das Fahrzeug aus einer Froschperspektive zu betrachten. In der Froschperspektive sieht man meist nur einen Ausschnitt des Fahrzeugs.

Will man die gesamte EE-Architektur betrachten, wobei Gegenstand der HARA alle elektrischen Systeme des Fahrzeugs sind, so ist die normale Perspektive sinnvoll. Man betrachtet das gesamte Fahrzeug und die Geometrie dort, wo die elektrischen und elektronischen Komponenten inklusive der Schnittstellen erkennbar sind.

Will man automatisierte Fahrfunktionen analysieren, dann muss das Fahrzeug im Verkehrsumfeld betrachtet werden, in dem Fall ist eine Vogelperspektive in Betracht zu ziehen.

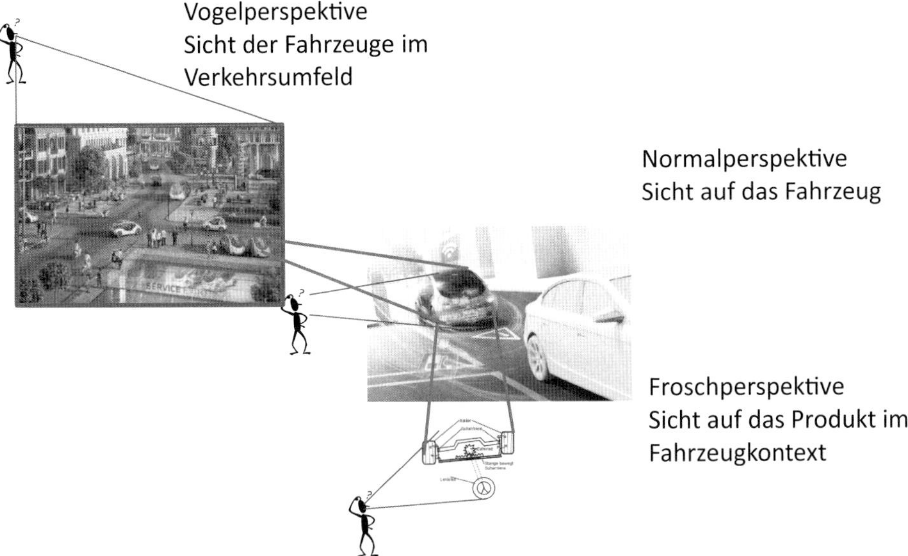

Bild 5.8 Perspektiven auf Fahrzeuge und ihr Kontext

Für eine allgemeine Gefahrenanalyse und Risikobewertung ist es sinnvoll, nicht nur die Grenzen des Steuergeräts zu betrachten. Um auch die Umgebung des Steuergerätes und die Maßnahmen anderer Technologie und insbesondere die externen Maßnahmen zu untersuchen, sollte man die Freiheitsgrade des Fahrzeugs betrachten und deren Fehlfunktionen, die durch die Aktuatoren des Fahrzeugs entstehen können. Für die meisten Systeme reicht es, die

- Längsachse und die
- Querachse

zu betrachten.

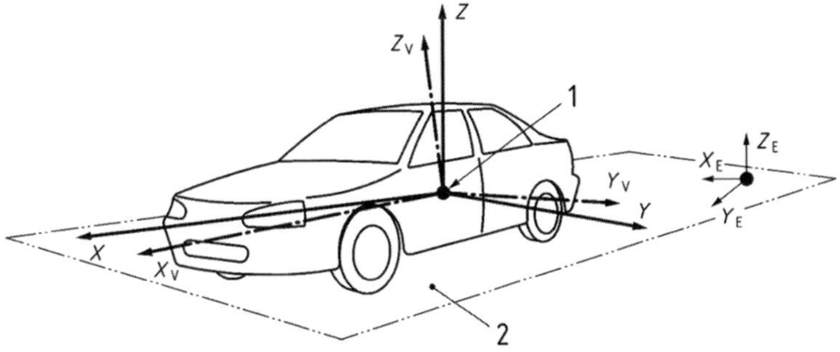

Bild 5.9 Freiheitsgrade des Fahrzeugs; Quelle: DIN ISO 8855 Straßenfahrzeuge - Fahrzeugdynamik und Fahrverhalten - Begriffe (ISO 8855:2011), November 2013

Entlang der Längsachse gibt es folgende Fehlfunktionen:

- höhere Beschleunigung als angefordert,
- geringere Beschleunigung als angefordert,
- höhere Verzögerung als angefordert,
- niedrigere Verzögerung als angefordert.

Daher sollten zuerst die relevanten Funktionseigenschaften und daraus die möglichen Fehlfunktionen des Fahrzeugsystems identifiziert werden. Dazu müssen die jeweiligen Funktionen der neuen Funktion und der bereits vorhandenen Funktionen strukturiert und gegliedert werden. Dadurch entsteht bereits eine Funktionshierarchie, wobei Fehlfunktionen in der unteren Hierarchie zu Beeinflussungen in der oberen Funktionshierarchie führen. Genauso hat man innerhalb einer horizontalen Funktionsebene gegenseitige Beeinflussungen.

Das heißt im Allgemeinen, dass man ein zusammenhängendes Feld von Funktionen und Fehlfunktionen bekommt, die in der Gefahren- und Risikoanalyse betrachtet werden müssen. In einem weiteren Schritt werden die Fehlfunktionen mit den Betriebszuständen und Fahrsituationen in eine Matrix überführt.

Tabelle 5.1 Fahrsituations- und Betriebszustandsmatrix

Funktion	Fehlfunktion	Betriebs-zustand	Fahrsituation	Gefahren-szenario	Gefährdung
Beschleunigen	höhere Beschleunigung als erwartet	aus dem Stand	Kurvenfahrt	Fahrt in den Gegenverkehr	Unfall mit Gegenverkehr
		während Gangwechsel	nasse Fahrbahn	Getriebeschaden führt zu Achsblockierer	Unfall mit Infrastruktur und Gegenverkehr
		während ACC-Regelung	Baustellenfahrt	Fahrer verreist Lenkrad wegen Effekt	Unfall mit Infrastruktur
		mit Anhänger	Kolonnenfahrt	Anhänger Destabilisierung	Auffahrunfall
	niedrigere Beschleunigung als erwartet	aus dem Stand	Kurvenfahrt	keine Gefährdung	–
		während Gangwechsel	nasse Fahrbahn	Motor stirbt ab	Auffahrunfall
		während ACC-Regelung	Baustellenfahrt	keine Gefährdung	–
		mit Anhänger	Kolonnenfahrt	keine Gefährdung	–

Tabelle 5.1 zeigt nur einen Ausschnitt der Kombinationen, die sich aus Funktionen und deren Fehlfunktionen in bestimmten Fahrsituationen und Betriebszuständen ergeben können. Jedoch zeigt das Beispiel, wie komplex und umfangreich eine solche Analyse werden kann, wenn Funktionen mit verschiedenen Funktionscharakteristiken zu untersuchen sind, die in bestimmten Kombinationen zu einer Gefährdung führen können. Fahrsituation, Betriebszustand und mögliche Fehlfunktionen treten nicht zeitlich abhängig auf. In der ISO 26262 werden zwei grundsätzliche Varianten betrachtet:

- Frequenzmodus, dies wird allgemein so betrachtet, dass eine Fehlfunktion anliegt oder präsent ist und man während des Anliegens der Fehlfunktion in die gefahrbringende Fahrsituation kommt.
- Dauermodus, dies wird allgemein so betrachtet, dass das Fahrzeug in einem bestimmten Betriebszustand oder einer gefahrbringenden Fahrsituation ist und dann tritt eine Fehlfunktion auf.

Grundsätzlich ist auch noch die Kombination möglich, dass in einer gefahrbringenden Fahrsituation ein Betriebszustand eintritt, der eine bereits fehlerhafte Funktion aufruft. Diese und andere Kombinationen sind, wenn es relevant sein kann, zwar auch zu betrachten, werden aber in der ISO 26262 nicht erwähnt.

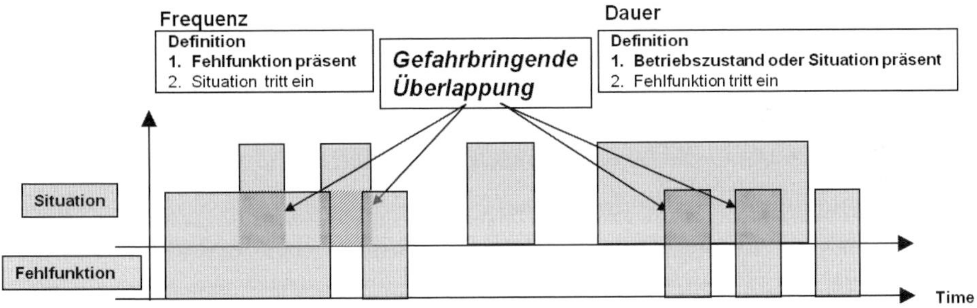

Bild 5.10 Frequenz und Dauer zwischen Fehlfunktion, Betriebszuständen und Fahrsituationen

Die Eintrittswahrscheinlichkeit des gefahrbringenden Events wird durch die Überlappung der gefahrbringenden Fahrsituation, Betriebszustände und der möglichen Fehlfunktion gebildet. Bei dieser Betrachtung wird nur der situative Zusammenhang ausgewertet. Weiter spielt es eine Rolle, mit welcher Intensität die Fehlfunktion in den verschiedenen Situationen und Zuständen auf das Fahrzeug wirkt. Dies wirkt sich dann meist auf das Schadensausmaß aus. Ist der Dynamikbereich eines Fahrzeugsystems bereits durch das Design oder die Energie, die zum Beispiel in eine bestimmte Richtung wirkt, nicht in der Lage die Gefahrensituation zu beherrschen, so hat dies meist Auswirkungen auf das Schadensausmaß. In der ISO 26262 wird das Schadensausmaß anhand der möglichen Verletzungen, denen Insassen oder andere Personen im Gefahrenbereich ausgesetzt sind, skaliert. Das heißt, die Intensität oder auch die Charakteristik der Fehlfunktion wird auf das Schadensausmaß übertragen. Die Intensität und die Charakteristik der Fehlfunktion fließen aber auch in einen anderen Faktor ein, der bei üblichen Gefahren- und Risikoanalysen als Anwendbarkeit der gefährlichen Situation bezeichnet wird. Da hier im Automobil in erster Linie der Fahrer gemeint ist, wurde das englische Wort „Controllability" für diesen Faktor gewählt. Jedoch werden durch die ISO 26262 auch Personen, die die gefährliche Situation zusätzlich zum Fahrer abwenden können, betrachtet. So zum Beispiel der Fußgänger, der bei einem auf ihn zurollenden Fahrzeug noch zur Seite gehen kann.

Über das Schadensausmaß (S) wird der maximale Risikobereich klassifiziert (verursacht durch EE-Fehlfunktionen bei ISO 26262). Über die Faktoren Eintrittswahrscheinlichkeit (E) und Abwendbarkeit des gefährlichen Events (C, Controllability) wird das Risiko reduziert. Den Differenzbereich zum tolerierbaren Risiko gilt es mit entsprechenden Sicherheitsmaßnahmen abzudecken. Werden für solche Maßnahmen Sicherheitsmechanismen basierend auf elektrischen und/oder elektronischen Systemen (E/E) umgesetzt, wird dieser Bereich mit einem ASIL bewertet. Der zu reduzierende Bereich kann auch über Maßnahmen anderer Technologie (nicht E/E) reduziert werden, dies könnte den ASIL für die E/E-Systeme weiter reduzieren.

Klassen des Schadensausmaßes

Eine Risikobetrachtung bei sicherheitsrelevanten Funktionen ist fokussiert auf die Entstehung von Schäden an Personen. Um eine Vergleichbarkeit der letztendlich zu bewertenden Risiken zu erreichen, muss in der Beschreibung der Schäden eine gewisse Kategorisierung verwendet werden. Deshalb wird für das Schadensausmaß eine Einteilung in die drei Kategorien verwendet:

- S1 > leichte und mäßige Verletzungen
- S2 > ernsthafte Verletzungen, u. U. lebensgefährlich, Überleben wahrscheinlich
- S3 > lebensbedrohliche Verletzungen (Überleben ungewiss) oder tödliche Verletzungen

Es ist dabei gleich, ob diese Schäden bei Fahrer, Beifahrer und Fondpassagieren des verursachenden Fahrzeugs oder anderen Verkehrsteilnehmern, wie Radfahrern, Fußgängern oder Insassen anderer Fahrzeuge, auftreten.

Kann bei der Analyse der potentiellen Schäden eine eindeutige Begrenzung auf Sachschäden ohne Personenschäden begründet werden, so würde dies nicht zu einer Einstufung als sicherheitsrelevante Funktion führen. Dieser Tatsache wird durch die Einführung einer Schadensklasse S0 Rechnung getragen. Bei einer entsprechenden Zuweisung zu der Schadensklasse S0 muss keine weitergehende Risikobewertung mehr durchgeführt werden.

Tabelle 5.2 Beispiele aus ISO 26262:2011, Teil 3, Anhang B zur Klassifizierung des Schadensausmaßes

Klasse	S0	S1	S2	S3
Bezeichnung	keine Verletzungen	leichte und mäßige Verletzungen	ernsthafte Verletzungen, u. U. lebensgefährlich, Überleben wahrscheinlich	lebensbedrohliche Verletzungen (Überleben ungewiss) oder tödliche Verletzungen
informative Beispiele	▪ Rempler mit Infrastruktur, z. B. Pfosten, Zaun ▪ leichter Auffahrunfall ▪ Rangierunfall ▪ leichter Streifschaden ▪ Ein-/Auspark-schaden ▪ Abkommen von der Fahrbahn ohne Kollision oder Überschlag			
Seitenkollision, z. B. Anprall an Baum (Anprall Fahrgastzelle) 15 < Δv < 25 km/h		Δv < 15 km/h	15 < Δv < 25 km/h	Δv >25 km/h
Seitenkollision Pkw (Anprall Fahrgastzelle)		Δv < 15 km/h	15< Δv < 35 km/h	Δv > 35 km/h
Heck-/ Frontal-kollision Pkw-Pkw		Δv < 20 km/h	20< Δv < 40 km/h	Δv > 40 km/h,
sonstige Kollisionen		Streifkollision mit geringer Überdeckung (< 10 %)		Dach- oder Seitenkollision mit erheblicher Verformung
Lkw-Unterfahrung		ohne Verformung der Fahrgastzelle		mit Verformung der Fahrgastzelle
Überschlag		ohne Kollision (max. 1 Umdrehung)	ohne Kollision, mehr als 1 Umdrehung	mit Kollision, z. B. gegen Baum
Fußgänger-/ Fahrradunfall			z. B. beim Abbiegen, innerorts	außerorts

Klasse der Eintrittswahrscheinlichkeit des gefahrbringenden Events

Die Fahr- oder Betriebssituationen von Fahrzeugen reichen vom alltäglichen Parken über alltägliches Fahren in der Stadt oder auf der Autobahn bis hin zu Extremsituationen, die eine Konstellation verschiedener Umgebungsparameter erfordern und dadurch auch extrem selten auftreten. Häufige Fahr- oder Betriebssituationen werden typischerweise durch ihren Anteil an der Gesamtbetriebszeit charakterisiert, seltene Ereignisse werden besser in Häufigkeiten ausgedrückt. Die Bewertungsgröße E soll dazu dienen, die unterschiedlichen Aufenthaltsdauern bzw. Häufigkeiten zu kategorisieren. Für die Bewertungsgröße E werden folgende Kategorien betrachtet:

- E0 > Eintrittswahrscheinlichkeit der gefahrbringenden Ereignisse bezogen auf die Fahrsituation ist nicht glaubhaft
- E1 > Eintrittswahrscheinlichkeit der gefahrbringenden Ereignisse bezogen auf die Fahrsituation ist sehr gering
- E2 > Eintrittswahrscheinlichkeit der gefahrbringenden Ereignisse bezogen auf die Fahrsituation ist gering
- E3 > Eintrittswahrscheinlichkeit der gefahrbringenden Ereignisse bezogen auf die Fahrsituation ist mittel
- E4 > Eintrittswahrscheinlichkeit der gefahrbringenden Ereignisse bezogen auf die Fahrsituation ist hoch

Die ISO 26262:2018 gibt in Teil 3, Anhang B Beispiele zu Aufenthaltsdauer und Frequenz:

Tabelle 5.3 Klassen für die Eintrittswahrscheinlichkeit bezüglich Dauer in Betriebssituationen (Fahrsituationen)

	Class of probability of exposure in operational situations			
	E1	E2	E3	E4
Description	Very low probability	Low probability	Medium probability	High probability
Duration (% of average operating time)	Not specified	< 1 % of average operating time	1 % to 10 % of average operating time	> 10 % of average operating time
Examples for road layout		▪ Country road intersection ▪ Highway exit ramp	▪ One-way street (city street)	▪ Highway ▪ Country road
Examples for road surface		▪ Snow and ice on road ▪ Slippery leaves on road	▪ Wet road	

Tabelle 5.3 Klassen für die Eintrittswahrscheinlichkeit bezüglich Dauer in Betriebssituationen (Fahrsituationen) *(Fortsetzung)*

	Class of probability of exposure in operational situations			
	E1	E2	E3	E4
Examples for vehicle stationary state	▪ Vehicle during jump start ▪ In repair garage	▪ Trailer attached ▪ Roof rack attached ▪ Vehicle being refuelled	▪ Vehicle on a hill (hill hold)	
Examples for manoeuvre	▪ Driving downhill with engine off (mountain pass)	▪ Driving in reverse ▪ Overtaking ▪ Parking (with trailer attached)	▪ Heavy traffic (stop and go)	▪ Accelerating ▪ Decelerating ▪ Stopping at traffic light (city street) ▪ Lane change (highway)

Tabelle 5.4 Klassen für die Eintrittswahrscheinlichkeit bezüglich Frequenz in Betriebssituationen (Fahrsituationen)

	Class of probability of exposure in operational situations			
	E1	E2	E3	E4
Description	Very low probability	Low probability	Medium probability	High probability
Frequency of situation	Occurs less often than once a year for the great majority of drivers	Occurs a few times a year for the great majority of drivers	occurs once a month or more often for an average driver	occurs during almost every drive on average
Examples for road layout		▪ Mountain pass with unsecured steep slope		
Examples for road surface		▪ Snow and ice on road	▪ Wet road	
Examples for vehicle stationary state	▪ Stopped, requiring engine restart (at railway crossing) ▪ Vehicle being towed	▪ Roof rack attached	▪ Vehicle being refuelled ▪ Vehicle on a hill (hill hold)	
Examples for manoeuvre		▪ Evasive manoeuvre, deviating from desired path	▪ Overtaking	▪ Shifting transmission gears ▪ Executing a turn (steering) ▪ Using indicators ▪ Driving in reverse

Ein typisches Beispiel für die Dauer wäre: Zwischen 1 und 10 % der Lebensdauer fährt ein Auto auf einer unbeleuchteten Straße während der Nacht.

Ein typisches Beispiel für die Frequenz wäre: Der durchschnittliche Fahrer überholt mindestens einmal pro Monat.

Derzeit gibt es sehr viele weitere Veröffentlichungen für diese Klassen. Um hier den aktuellen Stand der Technik verfolgen zu können, ist eine kontinuierliche Abfrage notwendig. Im Laufe der Jahre werden sich zwar die Einschätzungen annähern, aber auch das Fahrverhalten kann sich ändern.

Die Wahrscheinlichkeit des gefahrbringenden Ereignisses (E) ist ein Faktor, der zur ASIL-Ermittlung herangezogen wird. Genauso wie der Faktor Beherrschbarkeit (Controllability) wirkt auch dieser Faktor reduzierend auf das Schadensausmaß (S). Dies gilt jedoch nur für Funktionen, die Gegenstand des zu untersuchenden Fahrzeugsystems (Item) sind. Die erste Analyse ist notwendig, um mögliche Fehlfunktionen des Fahrzeugsystems zu identifizieren. Dazu müssen die jeweiligen Funktionen der neuen Funktion und der bereits vorhandenen Funktionen strukturiert und gegliedert werden. Dadurch entsteht bereits eine Funktionshierarchie, wobei Fehlfunktionen in der unteren Hierarchie zu Beeinflussungen in der oberen Funktionshierarchie führen. Genauso hat man innerhalb einer horizontalen Funktionsebene gegenseitige Beeinflussungen. Daher ist eine hierarchische Funktionsstrukturierung vor einer Gefahren- und Risikoanalyse empfohlen, sodass mögliche Fehlfunktionen auch beschrieben werden können. Dies ist ein weiterer Hinweis, warum in vielen Branchen das Wort „Preliminary (vorläufig)“ dieser Analyse zugeschrieben oder in ihrem Namen ergänzt wird.

5.1.3 Sicherheitsziele

Sicherheitsziele sind gemäß ISO 26262 ein Ergebnis der Gefahrenanalyse und Risikobewertung. Sie werden als Sicherheitsanforderungen auf oberster Ebene angesehen. Hierzu merkt die Norm an, dass sich ein Sicherheitsziel auf verschiedene Gefahren beziehen kann, aber sich auch mehrere Sicherheitsziele auf eine Gefahr beziehen können. Sinnvoll ist es, Sicherheitsziele wie folgt zu beschreiben:

„Vermeide Fehlfunktionen, die zu einer Gefährdung führen können“,

wobei die potentielle Gefahr nicht genannt wird.

Dies ist nicht immer die beste Formulierung. Besonders die nicht funktionalen Risiken, die aus nicht sicherheitsgerechter Auslegung resultieren, wie zum Beispiel der Brand von Elektronik, lassen sich nicht auf eine Fehlfunktion zurückführen, sondern auf eine unzureichend robuste oder unzulängliche Auslegung. Ein Brand wird auch oft als die Gefahr betrachtet. Hier werden zunehmend für die Elektromobilität und Spannungsebene über 60 V auch Sicherheitsmechanismen mit einem ASIL belegt. In diesen Fällen wird zum Beispiel die entstehende Wärme als potentielle Fehlfunktion gesehen, die durch entsprechende Sicherheitsmechanismen beherrscht werden muss. Im Allgemeinen gelten jedoch die Regeln des Berührungsschutzes, das heißt, man vermeidet, dass Personen mit der hohen Spannung in Berührung kommen. Beim Ausfall des Fahrlichts ist es meist nicht notwendig, die potentielle Gefährdung bei der Formulierung des Sicherheitsziels zu benennen. Jedoch wird hier auch unterschieden, ob zum Beispiel ein oder beide Frontlichter ausfallen. Anders würde man eine Fehlfunktion, wie unbeabsichtigtes Bremsen des Fahrzeugs, für ein Lichtsteuersystem nicht betrachten, da ein solches System diese Fehlfunktion glaubhaft nicht verursachen könnte. Im Rahmen der Gefahren- und Risikoanalyse würde eventuell die mögliche Reaktion des Fahrers auf den Ausfall des Lichts untersucht. Hier wäre natürlich ein denkbares Szenario, dass der Fahrer in bestimmten Situationen aus Panik übermäßig auf die Bremse tritt. Man würde jedoch nicht versuchen, einen Sicherheitsmechanismus für das Lichtsteuersystem aus diesem Szenario abzuleiten. Fehlfunktionen können jedoch in verschiedenen Umgebungen, verschiedenen Fahrsituationen und bei unterschiedlicher Performance auftreten oder die Impulscharakteristik kann unterschiedlich auf den Fahrer wirken, zu mehr oder minder schweren Gefährdungen führen. Somit müssen diese Rahmenbedingungen oder auch Annahmen, unter denen das Sicherheitsziel definiert wurde, eindeutig spezifiziert werden. Sicherheitsziele werden gemäß ISO 26262 auf der Fahrzeugsystemebene (ITEM) definiert. Hierbei gibt es keine Vorgabe, wie komplex oder auf welcher horizontalen Abstraktionsebene ein Ziel beschrieben wird. Ein Sicherheitsziel kann wie folgt formuliert sein: „Vermeide einen unzulässigen Druckaufbau des Bremsdrucks am Rad“, „Vermeide einen unzulässigen Momentenaufbau am Rad“ oder „Vermeide ein fehlerhaftes Blockieren am Rad“. Grundsätzlich mögen alle drei Formulierungen richtig sein. Benutzt man jedoch solche unterschiedlichen Beschreibungen für ein Fahrzeugsystem oder für mehrere Fahrzeugsysteme, die in ein Fahrzeug integriert werden müssen, dann wird es schwierig, da die Schnittstellen nicht zueinander passen.

Sicherheitsziele beschreiben oft gegenseitige Effekte von möglichen Fehlfunktionen. Zu viel Motormoment führt ab einem bestimmten Wert, einer bestimmten Intensität und einer bestimmten Dauer, mit der der Fehler anliegt, zu einem gefährlichen, vom Fahrer nicht mehr beherrschbaren Selbstbeschleunigen des Fahrzeugs, weniger eventuell zu einer gefährlichen ungewollten, durch den Fahrer nicht beherrschbaren Verzögerung oder Selbstbremsung. Daher ist die sichere Funktion meist ein Korridor, der über Designlimitierungen und/oder die Beherrschbarkeit durch den Fahrer bestimmt wird.

Betrachtet man die Funktion „Fahrzeug abbremsen“, so kann man dies unbeabsichtigt weniger als gefordert oder mehr als gefordert tun. Um das Sicherheitsziel tatsächlich fassen zu können, muss man wissen, wie viel und wann welche Momente als korrekt gelten. Weiter muss klar sein, dass nach einer Anforderung einer Bremsung auch in einem bestimmten Zeitfenster die Funktion abgefallen sein muss, da sonst wieder Restbremsmomente zu einer Gefährdung führen können. Das heißt, dieser Korridor der korrekten Funktion muss sehr präzise spezifiziert sein, da man sonst den gefahrbringenden Korridor gar nicht bestimmen kann. Die Alternative dazu ist wieder: Man analysiert das System und reduziert die Performance auf die sichere Auslegung des Systems. Dies kann aber zu ungewollten Kompromissen führen, wie zum Beispiel zu einem ESP, welches keine signifikanten Lenkeffekte bei bestimmten Geschwindigkeiten oder Beladungszuständen mehr erlaubt. Neben den Designlimitierungen ist auch die Güte der fehlerbeherrschenden Maßnahmen ein wesentliches Kriterium. Kann man eine gültige kritische Fahrsituation oder einen Betriebszustand nicht von einer Fehlersituation unterscheiden, dann wird man diese(n) als Funktion nicht zulassen können, ohne entsprechende Maßnahmen zu verbessern. Das heißt, wenn bei einem ESP eine Drift des Gierratensensors nicht vom tatsächlichen Gieren des Fahrzeugs unterschieden werden kann, darf damit kein sicherheitsrelevanter Eingriff realisiert werden.

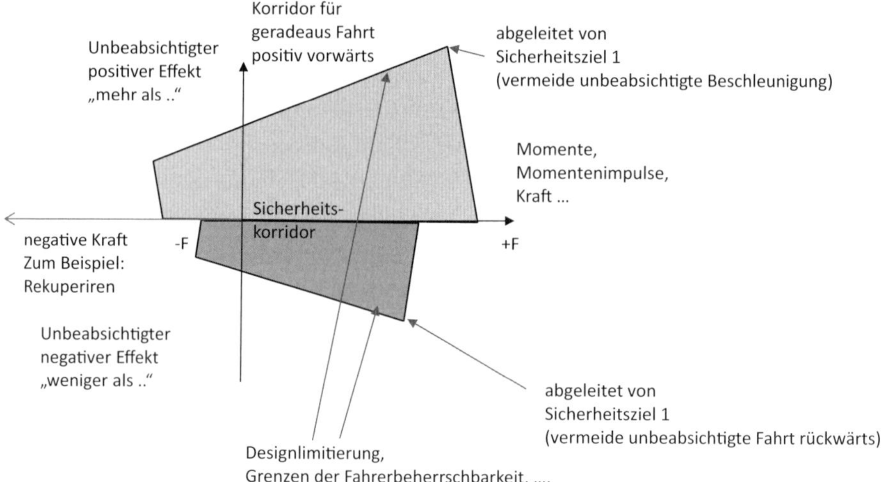

Bild 5.11 Korridor von zwei gegenläufigen Sicherheitszielen, die sich aus unterschiedlicher Ausprägung einer Fehlfunktion ableiten

Für eine Bremsanlage eines Autos bedeutet es im Grunde genommen, dass ein Fahrzeug nicht mehr oder nicht weniger als für die jeweilige Fahrsituation und das jeweilige Fahrzeug in seiner aktuellen Beladungssituation und so weiter spezifiziert bremsen darf. Da ein Bremssystem meist an allen vier Rädern bremst, gilt dies heruntergebrochen pro Rad. Da durch die Installation der Bremsanlage selbst, durch Alterungseffekte, durch Asymmetrien in der Gewichtsverlagerung der Fahrzeuge, durch unterschiedliche Fahrbahnbeschaffenheit, Laufzeiten von Daten im Bremssystem etc. sowie aufgrund der aktuellen Fahrsituation (zum Beispiel schnelle Kurvenfahrt) jedoch Asymmetrien der Bremskraft notwendig sein oder fälschlicherweise entstehen können, wird eine korrekte Spezifikation des zulässigen Korridors pro Rad am Fahrzeug nicht einfach sein. Noch schwieriger wird es sein, sämtliche Fehlerkombinationen auszuschließen, die ein solches asymmetrisches Bremsen verursachen können. Daher wäre die Spezifikation eines sicheren Längsdynamikmanagers (überwacht die sichere Verzögerung) und eines Querdynamikmanagers (stellt sicher, dass das Fahrzeug in der Spur bleibt) der einfachere Weg, um zu verhindern, dass Fehler die Sicherheitsziele verletzen. Systemfehler würden durch eine solche Überwachungsfunktion daran gehindert, nach oben zu den Sicherheitszielen durchzuschlagen.

Das Beispiel zeigt, das bereits die Formulierung der Sicherheitsziele wesentlich sein kann für die Sicherheitskonzepte. Eine sinnvolle Zusammenfassung der Sicherheitsziele kann die Komplexität des Sicherheitskonzeptes reduzieren.

5.2 Sicherheitskonzepte

Sicherheitskonzepte sind in erster Linie die Planungsgrundlage für die zu implementierenden Sicherheitsmechanismen und die Sicherheitsaktivitäten, die im Rahmen einer sicherheitsrelevanten Produktrealisierung in Betracht gezogen werden müssen. Im Grunde genommen ist es eine Hypothese, dass das umgesetzte Sicherheitskonzept die Sicherheitsziele hinreichend absichert. Es gibt viele Grundlagen für Sicherheitskonzepte. Allgemein steht die Frage im Raum: Welches Ziel möchte man mit einem Sicherheitskonzept erreichen? Die IEC61508:1998 sah in ihrer ersten Ausgabe pauschal den sicheren energielosen Zustand als Sicherheitsziel an. Formal wurden nur für die verschiedenen Anwendungen entsprechende Sicherheits- oder Schutzziele als oberste Sicherheitsanforderung formuliert. Im Maschinenbau gab es zu Beginn nur den sicheren energielosen Zustand. In der Öl- und Gasindustrie entwickelten sich bereits zwei typische Konzepte für die Sicherheitsintegritätssysteme. Es gab zwei grundsätzliche Systeme,

- die TMR-Systeme (Triple Modular Redundant), die auf einem 2-von-3-Voting beruhten, oder
- die redundanten Systeme, die auf Diagnose beruhten.

Die TMR-Systeme wurden mehr auf Verfügbarkeit ausgelegt, als dass die Redundanz zur Sicherheit genutzt wurde. Wobei ein plötzliches unkontrolliertes Abschalten einer Raffinerie wohl einen gefährlicheren Zustand darstellt als eine Fehlansteuerung von einem einzelnen Prozessventil. Hier standen bereits früh Konzepte im Vordergrund, die in der Basiselektronik (meist eine speicherprogrammierbare Steuerung) eine hohe Verfügbarkeit nutzen, um in jeder kritischen Situation, sicher und kontrolliert reagieren zu können. Durch das EGAS-Konzept wurde bereits vor 20 Jahren ein Basiskonzept im Automobil eingeführt, welches einfache klare Sicherheitsziele (nicht nur den Selbstbeschleuniger, für den es mal gedacht war) gut beherrschen konnte. Mit Autosar hat man weiter versucht, eine gewisse Austauschbarkeit von Anwendungssoftware zu erreichen; das Thema Funktionssicherheit kam dort erst sehr spät zur Diskussion. Daher wurde in der Ebene 1 nach den Anforderungen des allgemeinen Qualitätsmanagements die Basissteuer- und -regelfunktion implementiert. Die Ebene 2 fungierte wie ein Sicherheitsintegritätssystem für die Funktionen der Ebene 1, war also die Überwachung der Ebene-1-Funktionen. Je nach Ausprägung wurde das System, die Elektronik oder auch nur der Mikrocontroller in der Ebene 3 überwacht. Da dieses Konzept auf einem Mikrocontroller mit einem Rechenkern beruht, wird diese Ebene 3 durch einen intelligenten Watchdog ergänzt, der durch ein spezifisches Frage-Antwort-Spiel einen unabhängigen Abschaltpfad darstellt.

Das VDA-Sicherheitskonzept (EGAS), welches über die Jahre auch nach Japan und in die USA exportiert wurde, war vor der Veröffentlichung der ISO 26262 das Basissicherheitskonzept in der Automobilindustrie. Das EGAS-Prinzip wurde für verschiedene Anwendungen abgeleitet, selbst elektrische Lenksysteme werden über ein Sicherheitskonzept, welches aus EGAS abgeleitet wurde, heute abgesichert. Offiziell wurde das System immer nur gegen einen möglichen Selbstbeschleuniger, das heißt, ein Sicherheitsziel mit einer Sicherheitszeit, die weit über der Zykluszeit des Mikrocontrollers lag, ausgelegt. Das unbeabsichtigte Abschalten des Verbrennungsmotors als Sicherheitsziel wurde nie als solches formuliert, jedoch wurden in sämtlichen Motorsteuersystemen auch für dieses Ziel entsprechende implementierte Mechanismen realisiert. Der freilaufende Verbrennungsmotor ohne Momentenbeeinflussung wurde immer als „sicherer Zustand" angesehen.

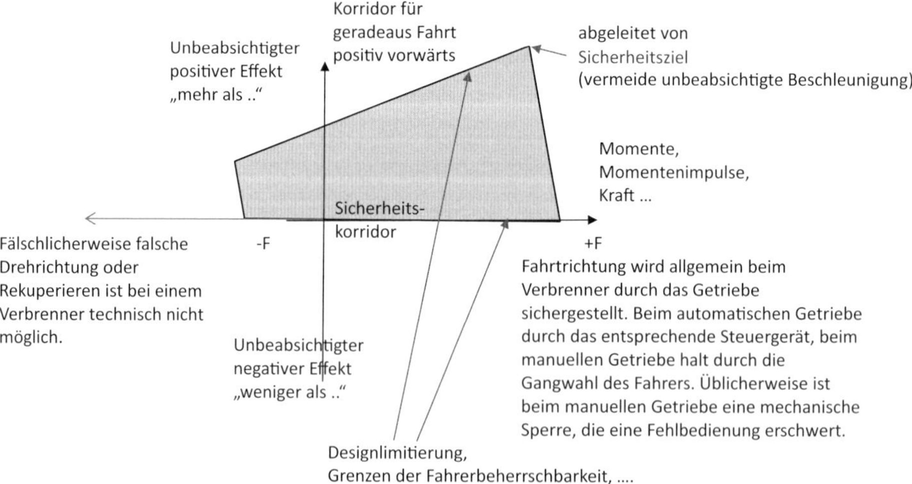

Bild 5.12 Sicherheitskorridor

Das VDA-Sicherheitskonzept (EGAS) lässt sich immer gut einsetzen, wenn die nominale Funktion auf einem Korridor beruht, wobei es eine obere Grenze und/oder eine untere Grenze geben kann, die

- nominal über- oder unterschritten,
- zeitweise oder oszillierend,
- in bestimmten Situationen

von einer Funktion verletzt werden und zu gefährlichen Situationen für Fahrzeugfunktionen führen können.

Erst ab Autosar Version 4 wurde strukturiert das Thema funktionale Sicherheit adressiert, dies reduziert sich meist auf eine Überwachung der Ablaufsteuerung und einige Grundregeln für die Partitionierung von Funktionen oder Funktionsbereichen.

Grundsätzlich gilt es sehr viel zu wissen über das betrachtete System in seiner Betriebsumgebung. Hierbei spielen viele Faktoren eine Rolle.

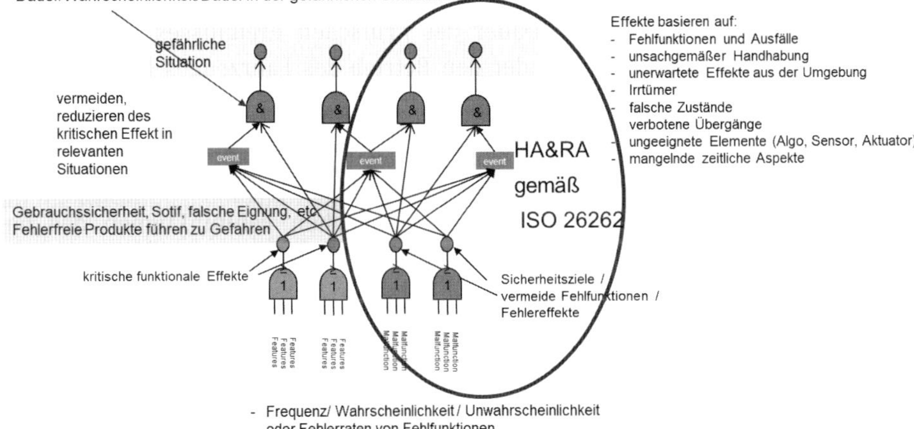

Bild 5.13 Ursachen für Gefahren bei mobilen Systemen

Jedes beliebige Element kann durch eigene innere Interaktionen, Interaktionen mit anderen Elementen und Interaktionen mit der Umgebung sein Verhalten ändern. Dies nutzen wir bis auf die atomare Ebene, ja sogar bis auf die Partikelebene oder Lichtquantenebene aus. Sprich, jedes Verhalten von Elementen, die nicht wie geplant untereinander oder mit der Umwelt interagieren können, kann zu unerwarteten Effekten führen. Wenn wir glauben, dass wir alle denkbaren Interaktionen in der Natur beherrschen, dann irren wir uns.

zwei Tonnen Gewicht, mit reiner Muskelkraft aus 120 km/h und mehr zu bremsen, ist eine Herausforderung. Ebenso erfordert das Vorhaben, ein Auto ohne Lenkunterstützung zu lenken, ausreichende Kraft und entsprechende Konzentration, wenn die Unterstützung plötzlich wegfällt. Das heißt, in der bisherigen Kraftfahrzeugtechnik gab es viele traditionelle Hilfsmechanismen, die nicht auf elektrischer Energie beruhten und das Autofahren sicherer machten. Das heißt aber, in der zukünftigen Elektromobilität und auch mit Zielen wie autonomem Fahren oder automatisiertem Fahren wird neben der Sicherheit auch das Thema Verfügbarkeit wichtig sein, um solche Systeme realisieren zu können. Was sind die generischen Anforderungen an ein solches Sicherheitskonzept für zukünftige Fahrzeugtechnologien? Die Sicherheitsziele werden nicht erreichbar sein, indem man einfach die Energie abschaltet. Weiter wird es sehr heterogene Sicherheitsziele geben, sodass wir immer abhängig von Fahrsituationen und Betriebszuständen aktiv oder passiv elektronische Aktuatoren schalten müssen. Die zu sichernden Funktionen werden in Abhängigkeit von verschiedenen Einflussparametern mal oberhalb oder unterhalb eines Korridors in verschiedene sichere Betriebs- oder Fahrzustände umschalten, wobei auch hier aktiv (mit Energie) oder passiv (ohne Energie) der sichere Zustand erreicht werden muss. Das Problem ist, wir werden nie scharf auf fixe Werte abschalten können, da bei der Massenproduktion von Personenwagen Fertigungstoleranzen immer eine gewisse Toleranzbandbreite erfordern. Das heißt, die meisten dynamischen Sicherheitsfunktionen müssen in ihren Abschaltpunkten während einer Fahrt oft erlernt werden, so dass die technischen Erfahrungswerte sicher gespeichert werden und eindeutig unterscheidbar sind von bekannten technischen Fehlern. Es versteht sich von selbst, dass die Datenkonsistenz über die gesamte Lebensdauer gesichert sein muss. Im Wesentlichen basieren solche Sicherheitskonzepte auf korrekter und zeitlich deterministischer Datenverarbeitung, und dies ohne gegenseitige negative Beeinflussung. Ein grundsätzliches Problem ist: Es gibt kein sicheres Element, wir werden weder im Periodensystem noch im Weltraum ein Element finden, welches bereits von Natur aus nach ISO 26262 (oder für Sicherheitsanwendungen) qualifiziert ist. Und selbst die, die wir finden, werden für einen bestimmten Anwendungsfall qualifiziert oder entwickelt worden sein, der nur per Zufall für die aktuelle Anwendung passen könnte. Oftmals sind Designentscheidungen und auch Risiken nicht so dokumentiert, da sie für den originären Anwendungsfall nicht relevant waren. Der damalige Entwickler kannte die neuen Entwicklungsziele nicht und schenkte daher den neuen Anforderungen auch keine Beachtung. Einflussfaktoren von einem Anwendungsfall, den man nicht kennt, kann man noch weniger analysieren und bewerten, als wenn man den Anwendungsfall nur unzureichend kennt.

Um einen Aktuator für eine nominale Funktion wie bremsen oder lenken für einen Zeitraum von mehreren Minuten mit mindestens 30 % der Leistung auch in einem beliebigen Fehlerfall gewährleisten zu können, werden unabhängige Redundanzen für

- die Kommunikation (damit man weiß wie, wann, wie viel oder wohin man lenken oder bremsen muss),
- die Steuerspannung (damit die Kommunikation und die Steuergeräte funktionieren),
- die Energie, um den Aktuator zu bewegen,

bereitgestellt oder vorhanden sein.

5.2.1 Funktionales Sicherheitskonzept

Die ursprüngliche Vorstellung von einem funktionalen Sicherheitskonzept und einem technischen Sicherheitskonzept war das Prinzip des Lastenhefts des Kunden und des Pflichtenhefts als Spezifikation des zu liefernden Produktes. Daraus leiten sich einige Prinzipien ab:

Der Kunde

- beschreibt den Lösungsraum so allgemein wie möglich und so konkret wie nötig.
- Die Realisierung soll dem Hersteller auf Basis seiner technischen Möglichkeiten überlassen werden,
- der Kunde muss seine Integrationsumgebung so präzise wie nötig spezifizieren und
- das erwartete Verhalten in der spezifizierten Umgebung hinreichend eindeutig definieren.

Weil die Normen in erster Linie auf Prinzipien eines gelebten Qualitätsmanagements basieren, sind solche Prinzipien und Regeln in Sicherheitsintegritätsnormen wie der ISO 26262 nicht beschrieben.

Ziel des funktionalen Sicherheitskonzeptes gemäß ISO 26262 ist es, funktionale Sicherheitsanforderungen von den Sicherheitszielen abzuleiten und diese in Architekturelemente des Fahrzeugsystems oder in externe Maßnahmen zu implementieren. Die ISO 26262 fordert, um die Sicherheitsziele zu erfüllen, im funktionalen Sicherheitskonzept Sicherheitsmaßnahmen wie zum Beispiel

- implementierte Sicherheitsmechanismen oder
- Aktivitäten, die die Erreichung der Sicherheitsziele unterstützen.

Das funktionale Sicherheitskonzept soll unter anderem folgende Aspekte berücksichtigen:

- Entdeckung, Vermeidung, Verminderung oder Beherrschung von Fehlern,
- Zustände oder Übergänge in jeweilige sichere Zustände sichern,
- Fehlertoleranzmechanismen, sodass ein Fehler (Fehlfunktion) nicht direkt zu einer Verletzung eines Sicherheitsziels führt und das System im sicheren Zustand gehalten werden kann (ohne oder mit Degradation),

- Fehlererkennungen und Fahrerwarnungen, um Risiken innerhalb eines zeitlich akzeptablen Intervalls zu reduzieren (Fehlermeldungen, wie Motorfehler oder ABS-Warnlampe). Allgemein weisen diese Anzeigen den Fahrer an, defensiver zu fahren, da signifikante Defekte angezeigt werden.
- Arbitrierungen, um bevorzugte Steuer- oder Regelfunktionen auszuwählen aus einer Mehrfachanforderung von verschiedenen Funktionen.

Wo die Grenze zwischen der Absicherung im Basissteuerungssystem (wie Ebene 1 im EGAS) oder der sicheren Implementierung einer steuernden Funktion, wie der Arbitrierung, verläuft, lässt die ISO 26262 offen. Grundsätzlich wäre es auch möglich, die Arbitrierung in der Ebene 1 zu implementieren und die möglichen Fehler in den Sicherheitsintegritätsebenen, zum Beispiel in Ebene 2 (Funktionsabsicherung) und Ebene 3 (System- und Hardware-Absicherung), abzusichern. Im Rahmen einer LoPA (Layer of Protection Analyse) oder LoD (Layer of Defence) kann man jedoch auch zu anderen Zuordnungen der Absicherungs- oder Schutzebenen kommen.

Das funktionale Sicherheitskonzept hatte den ursprünglichen Sinn, die notwendigen Sicherheitsanforderungen, unabhängig von der technischen Realisierung, beschreiben zu können. Da war es naheliegend, die Anforderungen auf funktionale Elemente zu allokieren. Im Kapitel über die Architektursichten wird empfohlen, die Eingabe-/Ausgabebeziehung von verschiedenen Elementen über funktionale Beschreibungen zu definieren. Solche Elemente nennt man in der SYSML logische Elemente. Natürlich werden auch die Interaktionen der Elemente untereinander funktional beschrieben. Die Designlimitierungen außerhalb des betrachteten Fahrzeugsystems müssen selbstverständlich genauso beachtet werden wie die geometrische Anordnung im Fahrzeug, jedoch nicht die Limitierungen, die aus der technischen Realisierung entstehen. Das heißt nicht, dass es verboten ist, diese in Betracht zu ziehen, aber formal nach Prozess wäre es nicht notwendig. Wenn in einem Projekt schon klar ist, welchen Rechner man einsetzen soll, dann wäre es doch sehr hilfreich, das Mikrocontrollersicherheitskonzept und auch das Konzept zur Basissoftware (inklusive Absicherung des Hardware-Software-Interface) zu berücksichtigen. Das heißt, man prüft, bevor man die Systemanforderungen an die Elektronik- oder Softwarekomponenten akzeptiert, ob es mit den beabsichtigten Konzepten überhaupt realisierbar ist. Weiter sollte man bereits ein Testkonzept haben, welches die sicherheitstechnisch korrekte Realisierung auch zeigen kann. Laut Prozess würde man jetzt nach der Verifikation fortfahren; wenn sich dann die Designeinschränkungen aus dem technischen Sicherheitskonzept auswirken, muss man Prozessiterationen in Kauf nehmen. Sicherheit reduzieren würde heißen, man dokumentiert schon mal für den Produkthaftungsfall das Schuldeingeständnis für den gegnerischen Gutachter oder Anwalt. Performance reduzieren ist meist genauso undenkbar wie Qualitätseinbußen oder höhere Produktkosten. Also werden die Auslegungsgrenzen bis an die technischen Limitierungen ausgereizt, die ISO 26262 schreibt ja kein Derating vor. Ob ein Mikrocontroller, der an der Temperaturgrenze oder mit der maximalen Taktfrequenz betrieben wird, tatsächlich die Qualitätsanforderungen über die Serienstreuung erfüllt, kann von dem einen oder anderen Techniker angezweifelt werden. Fragwürdig wird es, wenn man weiß, dass die elektrischen Bauelemente an der Auslegungsgrenze oft unbekannte technische Fehler produzieren, die aus keiner Datenbank ablesbar und damit nicht quantifizierbar sind. Wie Umgebungseinflüsse und Alterung einfließen, steht auf jeden Fall in keinem typischen Tabellenbuch mit Fehlerraten. Gerade die gesamte Über- und Unterspannungsthematik, die bei heutigen Fahrzeugen über die Lebensdauer nicht ausgeschlossen werden kann, kann hier zu sehr kritischen Fehlerkombinationen führen. Überspannungen in Kombination mit negativen EMV-Einflüssen oder hohen Temperaturen sind nicht vorhersehbar. Das Problem ist, man kennt das Fehlerverhalten nur aus einzelnen Fehlerbeobachtungen, kann diese Fehler aber nicht systematisch reproduzieren. Daher sollte man auch im funktionalen Sicherheitskonzept mit einer maximalen Ausreizung der Designlimitierungen von 70 % planen, damit bei der Realisierung noch hinreichend Ressourcen für die notwendigen Absicherungen der Fehlerarten, die sich aus der Analyse (zum Beispiel D-FMEA oder quantitativen Sicherheitsanalyse) für die Realisierungsdetails ergeben.

Als Beispiel wird wieder ein Motormanagementsystem (MMS) betrachtet, welches vier Sicherheitsziele erfüllen muss. Jetzt mag der eine oder andere sagen: Warum so kompliziert, wenn doch bisher jedes Motormanagementsystem nur ein Sicherheitsziel kannte? Die Frage ist wohl heute erlaubt, ob bei hochaufgeladenen Motoren diese alte Weisheit so wirklich noch gehalten werden kann. Da ein Motormanagementsystem formal nur zu viel Längsmomente oder zu wenig Längsmomente auf ein Fahrzeug geben kann, wären zwei Sicherheitsziele auf Fahrzeugebene hinreichend. Von einer funktionalen Absicherung der thermischen Gefahren oder gar Brandgefahr wird hier nicht ausgegangen. Es mag jedoch auch Sicherheitskonzepte geben, die ein Überhitzen eines Motors oder das Entzünden von brennbarem Kraftstoff ebenfalls mit Mitteln der funktionalen Sicherheit absichern. Auch Fehler bei der Realisierung dieser Sicherheitsmechanismen verletzen dann die gegebenen Sicherheitsziele, handelt es sich doch hier um die elektronische Absicherung von Fehlern einer mechanischen Einheit, wie des Verbrennungsmotors (inklusive von zum Beispiel Vergaser, Kompressor, Turbolader) oder der Kraftstofffördereinrichtung. Betrachtet man ein Motormanagement im Verbund mit dem Antriebsstrang, wird auch ein korrektes Moment in Verbindung mit einer falschen Drehzahl zu einer Gefahr. Somit sehen wir, dass es hier eine Frage der Definition des Fahrzeugsystems ist und wie die Sicherheitsziele und die daraus abgeleiteten Sicherheitsanforderungen auf die Elemente heruntergebrochen und allokiert werden. Das Wissen, dass Motormoment und Motordrehzahl nicht unabhängig sind, hilft dabei, die Maßnahmen, Sicherheitsmechanismen und die Sicherheitsaktivitäten zu planen beziehungsweise diese auch im Vorfeld im Rahmen der Verifikation auf deren Effektivität zu bewerten. Die hier beschriebene Vorgehensweise (Prozess) sollte keine Vorlage für ein funktionales Sicherheitskonzept sein, sondern eine Hilfestellung dazu, welche Aspekte bei der Erstellung zu berücksichtigen sind. Daher werden folgende vier Sicherheitsziele betrachtet:

- SG1: Vermeide eine gefahrbringende unbeabsichtigte Erhöhung des Motormoments für einen Zeitraum länger als t1 (ASIL C, Grenze entspricht einer Kurvenschar, die geschwindigkeitsabhängig ist).
- SG2: Vermeide eine gefahrbringende unbeabsichtigte Verringerung des Motormoments für einen Zeitraum länger als t2 (ASIL C, Grenze ist ein fahrzeugabhängiger Wert, der zu einem Blockieren der Antriebsachse führt).
- SG3: Vermeide eine gefahrbringende unbeabsichtigte Erhöhung der Motordrehzahl für einen Zeitraum länger als t3 (ASIL B, Grenze ist ein Wert, der zu einer durch den Fahrer nicht beherrschbaren Selbstbeschleunigung führt).
- SG4: Vermeide eine gefahrbringende unbeabsichtigte Verringerung der Motordrehzahl für einen Zeitraum länger als t4 (ASIL A, Grenze ist ein Wert, der zu einem durch den Fahrer nicht beherrschbaren Absterben des Antriebsmotors führt).

Die beschriebenen Grenzen sind Variablen. Es wird viele Fahrzeuge geben, bei denen ein Fehler des Motormanagements diese Grenze nie überschreiten kann, daher sind in bisherigen Motormanagementsystemen nie alle diese Sicherheitsziele betrachtet worden. Es ist hier auch nicht das Ziel, das funktionale Sicherheitskonzept für ein Motormanagementsystem zu definieren, sondern Anforderungen und Aspekte, die in der Praxis zu Herausforderungen führen, zu berücksichtigen. Die Funktionsdefinition oder das funktionale Konzept wurden aus der Definition des Fahrzeugsystems entnommen, inklusive korrekter Performancewerte für die Motormomente und die Motordrehzahl. Diese sind die Grundlage für die Auslegung des Antriebsstranges. Hier wird es bei der Realisierung oft auch Anpassungen und Variationen für diese Werte geben, weil bei der Realisierung immer wieder neue Designlimitierungen zu berücksichtigen sind. Weiter sind die Werte immer abhängig von Betriebszustand, Fahrsituationen und so weiter. Ein heißer Motor verhält sich ganz anders als ein kalter Motor; dass ein Motor auf Betriebstemperatur besser beschleunigt, hat man bei einigen Fahrzeugen bereits feststellen können. Somit sind wir bei Designlimitierungen. Heute wird mit modernen Turboladern mit sehr hohen Drücken gearbeitet. Dieser Druck kann zeitweise sehr ansteigen, das heißt, es gibt Druckfestigkeiten, die kurzfristig keine bleibende Beanspruchung des Drucksystems verursachen, und es gibt auch Beanspruchungen beziehungsweise Gradientenbegrenzungen. Das funktionale Konzept ermittelt die Anforderung auf Basis der Gaspedalstellung, unter Berücksichtigung von aktuellem Moment und Drehzahl für die Drosselklappenstellung und Einspritzdrücke, sodass das Fahrzeug wie gewünscht verzögert oder beschleunigt. Die Gaspedalstellung gilt als korrekte Information zum Fahrerwunsch.

Die Norm weist darauf hin, dass die Struktur hierarchisch gegliedert sein soll. Für die vier Sicherheitsziele heißt dies, wir müssen die Architektur des funktionalen Konzepts um die Sicherheitsmechanismen und so weiter ergänzen und in eine hierarchische Struktur überführen.

Bild 5.14 zeigt, wie man ein funktionales Sicherheitskonzept planen kann inklusive der Trennung der beabsichtigten Funktion von allen Sicherheitsmechanismen, sodass man die beabsichtigte Funktion gar keiner Sicherheitsanforderung zuordnen muss.

Allgemein wird die Kundenfunktion (beabsichtigte Funktion oder Nominalfunktion) mit den Mitteln des Qualitätsmanagements (QM) abgesichert und das funktionale Sicherheitskonzept als Sicherheitsintegritätssystem in einer parallelen Struktur in der gleichen hierarchischen Ebene spezifiziert.

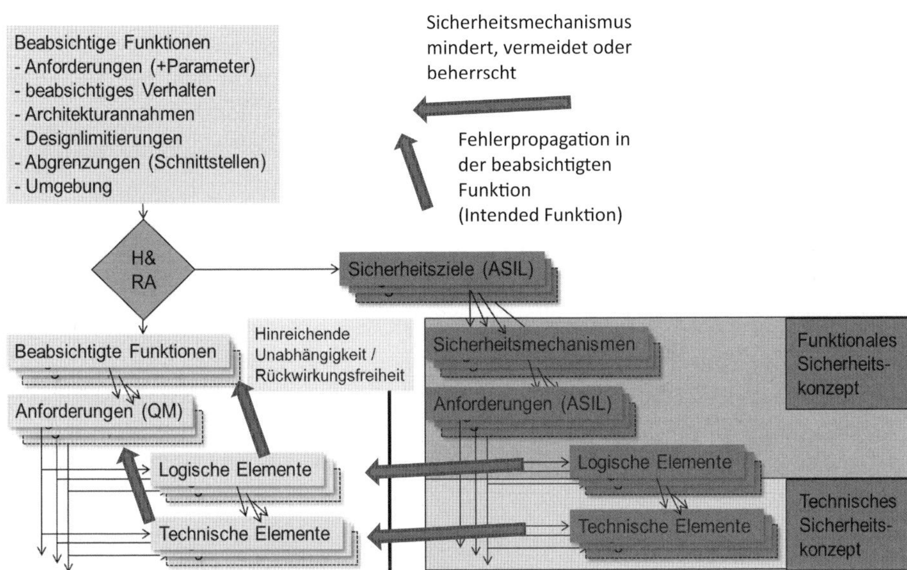

Bild 5.14 Strukturierung eines Sicherheitskonzepts

Natürlich kann man auch die Sicherheitsmechanismen in der Architektur ergänzen, wie es die ISO 26262 fordert. Jedes logische Element und jedes technische Element, welches eine Sicherheitsanforderung zugewiesen bekommen hat, wird auch mit seinen anderen Funktionen nicht mehr unabhängig sein. Somit werden wir in jedem Element die funktionalen und technischen Abhängigkeiten separat analysieren müssen, und dies bezogen auf jede Sicherheitsanforderung beziehungsweise jedes Sicherheitsziel. Dies führt recht schnell zu einer sehr heterogenen Abhängigkeit, sodass der Aufwand, ein solches System zu analysieren, ins Unermessliche wächst und ein Sicherheitsnachweis nicht mehr geführt werden kann.

Auch das VDA-Sicherheitskonzept EGAS beinhaltet neben elektrischen Funktionseinheiten die technischen und mechanischen Funktionseinheiten.

Die grundlegende Architektur und die Spezifikation des Motormanagementsystems soll die beabsichtigte Funktion beschreiben und die Grundlage für diese Funktion als Funktionsarchitektur hierarchisch zuordnen. Grundsätzlich wird bei einem Verbrennungsmotor wie auch bei einem Elektromotor die beabsichtigte Funktion ähnlich sein. Es geht darum, das Fahrzeug zu beschleunigen oder zu verlangsamen gemäß den Anforderungen, die der Fahrer am Gaspedal vorgibt. Bei einem Elektromotor wird die Momentenanforderung durch einen Inverter und dessen Leistungselektronik zu einem elektrischen Signal konvertiert. Bei einem Verbrennungsmotor werden Einspritzmengen, Drücke und so weiter zum geeigneten Zeitpunkt so eingestellt, dass sich am Verbrennungsmotor die geforderten Momente einstellen, Andere Funktionalitäten wie Momentenanhebungen, um den Momentensprung des Klimakompressors zu kompensieren, oder Traktionskontroller, um besser in Kurven oder auf Rollsplitt anfahren zu können, werden hier außer Acht gelassen. Trotzdem müssen wir das Getriebe betrachten, da der Fahrer über die Gangwahl dem Fahrzeug eine weitere Anforderung vorgibt, welche Drehzahl und welches Moment umgesetzt werden sollen. Gehen wir davon aus, dass das Getriebe den gewählten Gang digital zur Verfügung stellen kann und wir die Gaspedalstellung als Analogsignal einlesen. Somit besteht unser System aus folgenden Funktionsgruppen (logische Elemente):

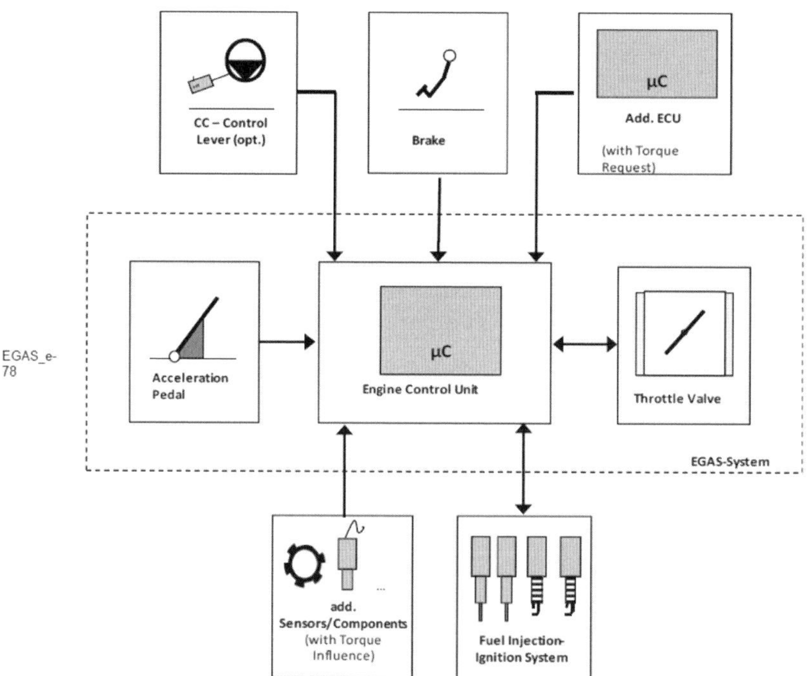

Bild 5.15 Systembild zum VDA-Sicherheitskonzept EGAS (Quelle: *Arbeitskreis EGAS:* Standardized E-Gas Monitoring Concept for Gasoline and Diesel Engine Control Units, Version 5.5)

- Logikverarbeitung,
- Fahrerwunscherkennung (G, liefert ein analoges Äquivalent der Gaspedalstellung),
- Geschwindigkeitsgeber (S, liefert Impulse als Äquivalent der Fahrzeuggeschwindigkeit),

- Drehzahlgeber (R, liefert als Sinus/Cosinus die Motordrehzahl an der Kurbelwelle),
- Übersetzungsgeber (Ü, liefert digital die Getriebeübersetzung),
- Drucksteller (P, Ventil inklusive Druckrücklesung),
- Drosselklappenmotor (Dk, inklusive Stromrücklesung).

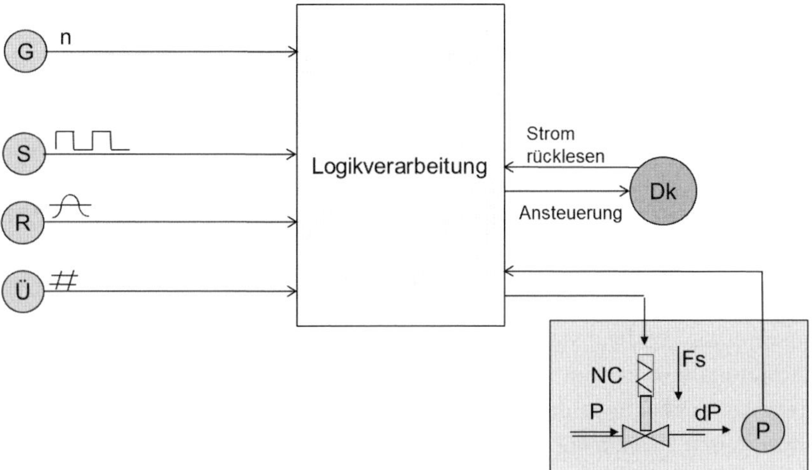

Bild 5.16 Blockschaltbild Motormanagementsystem inklusive Fahrerwunsch

In diesem Blockschaltbild gibt es bereits technische Informationen, wie die logischen Elemente realisiert werden können und welche Signale und Signaltypen zwischen ihnen ausgetauscht werden. Diese Annahmen sollten auch bereits dokumentiert werden, da man schon bei der Interpretation Zusammenhänge ausschließt oder suggeriert, dass es diese nicht gibt beziehungsweise sie später nicht mehr berücksichtigt werden. So ist der Drucksteller bei einem modernen Verbrennungsmotor bestimmt kein einfaches Magnetventil, welches federbelastet arbeitet (wahrscheinlich wird es durch die Steuerzeiten bestimmt und man spritzt mit gleichbleibendem Druck ein). Wir gehen auch davon aus, dass der Motor über die Drosselklappe und den Einspritzdruck eine Funktion erfüllt, ohne auf die Nockenwelle und Ventileinspritzzeiten zu achten, und wir über die Motormomentengeber ein entsprechendes Äquivalent zurücklesen können.

Die korrekte Drosselklappenstellung ergibt sich über folgende Funktion:

D = f(G, S, R, Ü)

wobei die entsprechenden Parameter als Annahmen und hier nur über die Funktion abgebildet werden.

Potentielle mögliche Fehlfunktionen aus der Funktion abgeleitet wären:

- Falsche Beschleunigungsanforderung am Gaspedal würde zu einer fälschlichen höheren Drosselklappenöffnung und/oder zu hohen Einspritzdrücken führen.

- Falsche Verzögerungsanforderung am Gaspedal (zum Beispiel Gas wegnehmen) würde zu einem Verschleißen der Drosselklappe führen beziehungsweise zur Reduzierung des Einspritzdruckes.
- Falsche Geschwindigkeit (falsche, zu hohe Geschwindigkeit könnte bedeuten, dass MMS die Drosselklappe zu weit öffnet, da bei hohen Geschwindigkeiten für die angeforderte Beschleunigung am Gaspedal diese Ansteuerung korrekt wäre; falsche, zu niedrige Geschwindigkeit könnte bedeuten, dass MMS mit höherem Druck einspritzt, da bei niedrigeren Geschwindigkeiten für die angeforderte Beschleunigung am Gaspedal diese Ansteuerung korrekt wäre).
- Falsche gemessene Werte der Motordrehzahl würden ähnlich wie die falsche Geschwindigkeit entsprechende Fehlansteuerungen der Drosselklappe beziehungsweise falsche Einspritzdrücke verursachen.
- Falsche Getriebeübersetzung würde ebenfalls zu möglichen Fehlfunktionen wie einer falschen Geschwindigkeit führen.

Das heißt, wenn wir die beabsichtigte Funktion in Teilfunktionen zerlegen, wird man über funktionale Fehler der Teilfunktion immer auf dieselbe kausale Fehlfunktion kommen. Als Konsequenz daraus wird man die Datenströme in das System in einem bestimmten Toleranzband überwachen müssen. Der jeweilige ASIL der oberen und unteren Toleranzbänder hängt sehr stark von den Designparametern der Realisierung des Fahrzeugs und des hier betrachteten Fahrzeugsystems ab. In der Folge führen aber alle diese Fehler der Teilfunktionen zu einer größeren oder kleineren Wahrscheinlichkeit einer Verletzung der hier betrachteten Sicherheitsziele. Ist die Wahrscheinlichkeit der Fehlerfortpflanzung bereits durch die Funktionsdefinition ausgeschlossen oder hinreichend unwahrscheinlich, so wird man im funktionalen Sicherheitskonzept vorerst auf Maßnahmen verzichten. Wenn später bei der Allokation auf die technischen Elemente beziehungsweise bei der Realisierung die Wahrscheinlichkeit wieder steigt, werden diese Fehler bei den weiteren Sicherheitsanalysen berücksichtigt werden. Grundsätzlich führt dies zur Erkenntnis, dass nur Fehler, die sich am Aktuator (auch „finales Element" gemäß einigen Sicherheitsstandards) auswirken, zu einer Sicherheitszielverletzung führen können.

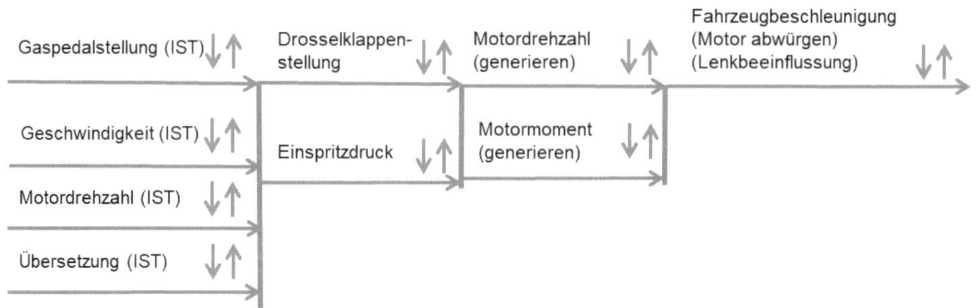

Bild 5.17 Beispiel für eine Funktionskette

Die roten Pfeile zeigen an, dass alle Informationen fälschlicherweise höher oder niedriger als korrekt sein können. Ob die Informationen zeitlich driften, oszillieren oder sporadisch falsch sind, wird erst die Detailanalyse nach den ersten Designschritten ergeben können. Das Problem ist nur, wie kommt man zu dem ASIL für die entsprechenden Teilfunktionen und damit über die Allokation zu dem ASIL der abgeleiteten Sicherheitsanforderungen? Die ISO 26262 definiert hier eine Iterationsschleife, sodass man so lange an dem funktionalen Sicherheitskonzept korrigiert, bis man eine positive Verifikation erreicht. Die Verifikation gibt mir Auskunft, ob ich Korrektheit, Nachvollziehbarkeit, Konsistenz und Vollständigkeit über die Fahrzeugsystemdefinition, die Sicherheitsziele, die abgeleiteten funktionalen Sicherheitsanforderungen und deren Allokation erzielt habe. Dies führt dazu, dass wir als funktionales Sicherheitskonzept eine Hypothese aufstellen müssen, die die Absicherung aller relevanten Sicherheitsziele gewährleisten soll. Diese Hypothese basiert auf Annahmen und Erfahrungen, aber kann auch auf gewisser Systematik beruhen. Die Korrektheit auf einer bestimmten horizontalen Abstraktionsebene wird man losgelöst von der Ebene darüber nicht bewerten können. Da die Sicherheitsziele die Sicherheitsanforderungen auf der höchsten zu betrachtenden Fahrzeugebene darstellen und die funktionalen Sicherheitsanforderungen sich daraus ableiten sollen, ist das Zerlegen der logischen Architektur ein probates Mittel, um zu guten Ergebnissen zu kommen. Das funktionale Konzept möge auf dem Blockschaltbild basieren. Und wir lesen einfach alle Signale mit ASIL B ein und nutzen die Abhängigkeiten der Systemfunktionsgruppen (der logischen Elemente) zur Plausibilisierung, um Dekomposition oder Sicherheitsmechanismen umzusetzen. Für die Ansteuerung der Drosselklappe und die Druckeinspritzung nutzen wir die Rücklesepfade als Maßnahme. Man könnte auch eine Dekomposition daraus machen, jedoch führt dies zu weiteren Anforderungen, die die Analyse zu komplex werden lassen würden. Durch die Rücklesepfade kann man für die Öffnung der Drosselklappe sowie auch den Einspritzdruck einen DCSPF von 99 % aller möglichen Fehler in den Funktionsblöcken erreichen. Ob aber die beabsichtigten Momente und Beschleunigungen damit umgesetzt werden, kann angezweifelt, aber ohne eine Realisierung auch nicht beantwortet werden; dasselbe gilt für die latente Fehlermetrik. Da wir als höchstes Ziel ASILC haben, könnten die Architekturmetriken durch die Rücklesung erreichbar sein. Die Logikverarbeitung müsste ebenfalls bezüglich zufälliger Hardwarefehler einen DC_{SPF} von 97 % und einen DC_{MPF} von 80 % erreichen. Dies traut man sich mit einem Single-Core (Mikrocontroller mit nur einem Rechenkern) durchaus zu, wenn man die Sicherheitsmechanismen redundant implementieren kann unter Berücksichtigung einer hinreichenden Unabhängigkeit dieser Redundanz. Theoretisch kann man nun auch alle Eingangssignale, Ausgangssignalkreise sowie die Verarbeitungseinheit analysieren und alle Fehlerbilder durchschnittlich mit einem DC von 97 % absichern. Neben den Architekturmetriken wird die PMHF (Wahrscheinlichkeit, basierend auf zufälligem Hardwarefehler, dass das Sicherheitsziel verletzt wird) erreicht werden können, wenn man bei den Basisfitraten auf Mikrocontroller und Bauelemente setzt, deren Werte für eine konservative Auslegung (zum Beispiel Betriebstemperatur unter 85 °C und geringe Sperrschichttemperaturen) aus den üblichen Tabellenwerken stammen. Jedoch möchten wir hier eine Sicherheitsarchitektur erarbeiten, die viele Varianten für die Umsetzung erlauben würde.

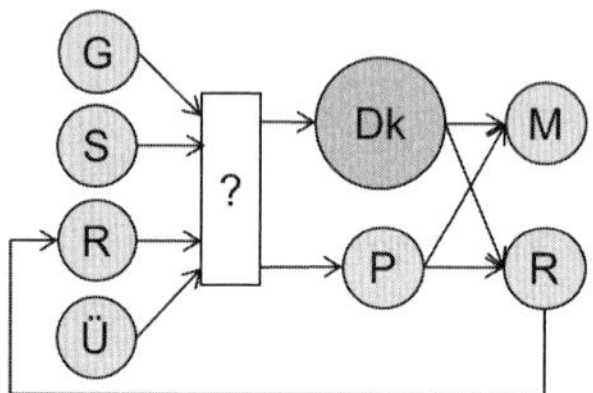

Bild 5.18 Entwurf eines Zuverlässigkeitsblockdiagramms für das Motormanagementsystem

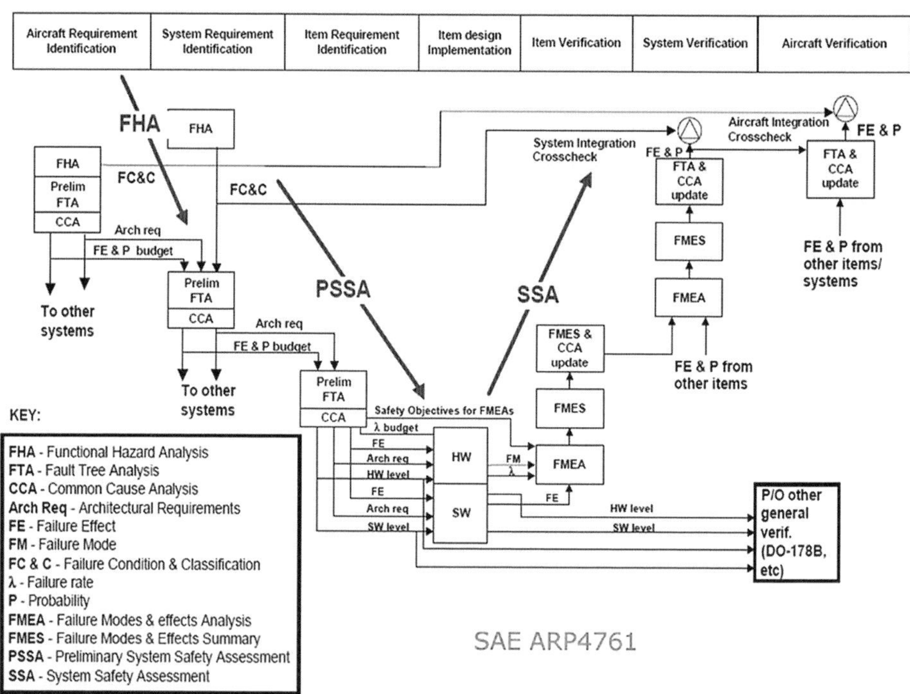

Bild 5.19 Methoden entlang des V-Modells gemäß SAE ARP4761

Zuverlässigkeitsblockdiagramme (RBD, Reliability Block Diagram) werden in der IEC 61508 in Teil 6 sehr gut erklärt und insbesondere die Tatsache berücksichtigt, wie man diese Blöcke in Elemente von Fehlerbäumen umwandeln kann. Heute findet man sehr viele Veröffentlichungen zu Komponentenfehlerbäumen, dies beruht auf denselben Prinzipien. In der ARP 4761 wird dies sehr gut beschrieben. Hier werden diese unterschiedlichen Blöcke ermittelt und den jeweiligen Blöcken dann Zuverlässigkeits-Budgets zugeordnet, wobei es nach der Realisierung oder Implementierung gilt nachzuweisen, dass diese Budgets nicht überschritten werden.

Das Zuverlässigkeitsblockdiagramm für das Motormanagementsystem zeigt, dass wir auch die Motordrehzahl, die als physikalische Größe direkt in zwei Sicherheitsziele münden kann, zurücklesen können. Das heißt, mit dieser Maßnahme sind wir in der Lage, Soll- und Ist-Wert für ein Sicherheitssystem direkt abzugleichen. Da die Motordrehzahl von Einspritzdruck und Drosselklappen abhängig ist, werden bestimmte Fehler auch für die falsche Momentenstellung (zu hohes Moment führt zu steilerem Anstieg der Drehzahl als erwartet) erkannt werden. Als Fazit würde je nach Auslegung der abgeleiteten Funktionen durch diese funktionale Architektur (logische Elemente) jedes Sicherheitsziel durch eine plausibilisierbare Information abgesichert sein mit der Ausnahme des Fahrerwunsches am Gaspedal. Hier stellt sich die Frage, ob der Fahrer die möglichen auftretenden Fehlfunktionen und deren Performance beherrschen kann. Diese Fragen wird man erst im Rahmen der Validation klären können und damit als Validationskriterien definieren. Daher wird man wohl bei der Konstellation vorerst konservativ die Gaspedalstellung als ASIL C gemäß dem höchsten Sicherheitsziel wählen. Als gesamte Sicherheitstoleranzzeit werden 150 ms angenommen. Dies leitet sich aus der geschätzten Reaktion der Systemkomponenten auf die merkbare Fahrzeugfunktion ab.

Zur Verifikation des funktionalen Sicherheitskonzeptes kann man einen Fehlerbaum anfertigen oder eine einfache FMEA entwerfen.

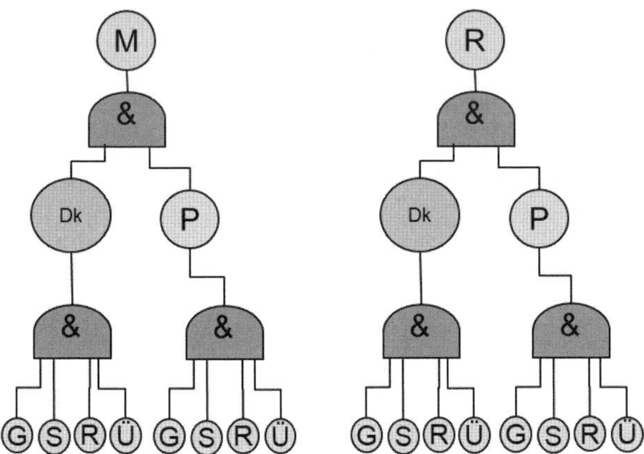

Bild 5.20 Positiv dargestellter Fehlerbaum

In der positiven Darstellung sieht der Fehlerbaum sehr übersichtlich aus. Will man nun wissen, ob eine falsche, zu hohe Geschwindigkeit zu „zu viel Druck“ oder „zu wenig Druck“ führt, muss man alle Fahrsituationen und alle Kombinationen der Logik mit allen Parametern erneut durchspielen, um sagen zu können, welche dieser Kombinationen tatsächlich zu einer Gefährdung führt. Dies wird sehr stark durch die spätere Realisierung geprägt. Da man in der Basisentwicklung meist mehrere technische Realisierungen und auch mehrere Fahrzeuge als Ziel für die Integration sieht, wird man hier mit der folgenden Lösung weitgehend alle möglichen Varianten abdecken können.

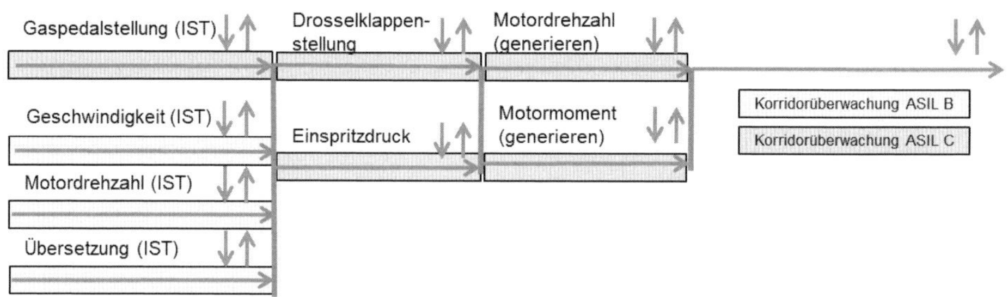

Bild 5.21 ASIL-Allokation im funktionalen Sicherheitskonzept

Da es beginnend mit ASIL B notwendig ist, implementierte Sicherheitsmechanismen zu dem funktionalen Konzept zu ergänzen, werden alle Sicherheitsanforderungen auf zu ergänzende Sicherheitsmechanismen allokiert. Bewusst wurde die Möglichkeit, die beabsichtigte Funktion selbst sicherheitsgerecht auszubauen, geschaffen, da es bei der Realisierung schwer zu gewährleisten sein wird, dass sich eine Funktion selbst effektiv überwachen kann. Gemäß dem Ziel des funktionalen Sicherheitskonzeptes wird nun eine Korridorüberwachung für alle Signalflüsse in der funktionalen Architektur ergänzt. Hierbei werden die Eingangssignale in ASIL B überwacht und die Gaspedalstellung in ASIL C. Alle internen Berechnungen in der Logik werden durch einen ASIL-C-Korridor überwacht. Da nun die beabsichtigte Funktion keine Sicherheitsanforderungen zugeordnet bekommen hat und das Element zur Verarbeitung (der Mikrocontroller) zwei Sicherheitsstufen besitzt, die beabsichtigte Funktion und die Überwachungsfunktionen in ASIL C, benötigt man für die Software-Realisierung zwei Partitionen (eine in QM und eine in ASIL C). Die Realisierungspfade zu den ASIL-B-Sensorsignalen (inklusive der Sensoren selbst) können in ASIL B realisiert werden. Im Vorgriff auf die technische Realisierung wird man die Berechnung für die Sollstellung des Druckstellers und die der Drosselklappe auch separieren. Dies könnte zu Reduzierungen von ASILs führen oder man würde hier schon Dekompositionen einplanen. Die Vor- und Nachteile sollten jedoch unter dem Applikationsaufwand hinterfragt werden.

Die Verifikation des funktionalen Sicherheitskonzeptes sollte durch eine Konzept-FMEA oder wie dargestellt über einen positiven Fehlerbaum unterstützt werden. Eine hierarchische gegliederte FMEA gemäß dem VDA-Ansatz würde die Verifikation sehr gut unterstützen können.

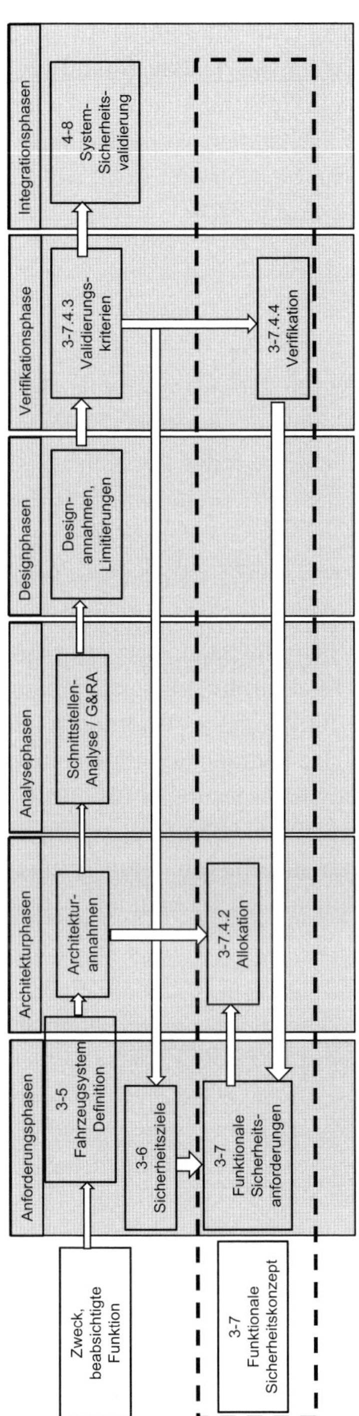

Bild 5.22 Informationsfluss im funktionalen Sicherheitskonzept

An die nächste Phase, das technische Sicherheitskonzept, werden nun die Anforderungen und die dazugehörigen Architekturen und Ergebnisse der Analyse übergeben. In den ersten Iterationen wird es garantiert keine vollständige Verifikation geben können, daher werden die offenen Punkte der Verifikation ebenfalls übergeben werden müssen, damit man im technischen Sicherheitskonzept weiß, welche Informationen tatsächlich positiv verifiziert sind und welche nicht.

5.2.2 Technisches Sicherheitskonzept

Das technische Sicherheitskonzept ist ideell gesehen die Antwort des Herstellers darauf, wie er die Anforderungen im Lastenheft des Kunden zu erfüllen gedenkt. Daher ist das technische Sicherheitskonzept (das Pflichtenheft des Herstellers) oft in derselben horizontalen Ebene beschrieben wie das Sicherheitslastenheft des Kunden, nur aus einer anderen Perspektive.

Ziel des technischen Sicherheitskonzeptes gemäß ISO 26262 ist es, die technischen Sicherheitsanforderungen zu spezifizieren. Die technischen Sicherheitsanforderungen leiten sich aus dem funktionalen Sicherheitskonzept unter Berücksichtigung des Funktionskonzepts und der Architekturannahmen ab. Weiter soll durch eine Analyse verifiziert werden, ob die funktionalen Anforderungen konsistent zu den technischen Anforderungen sind. Im Rahmen des allgemeinen Entwicklungszyklus sind die technischen Sicherheitsanforderungen (die Anforderungen, die notwendig sind, um das funktionale Sicherheitskonzept zu implementieren) als Systemsicherheitsanforderungen zu detaillieren. Eine Anmerkung gibt an, dass die Erhebung anderer Anforderungen nach der ersten Iteration des Systemdesigns erfolgen kann.

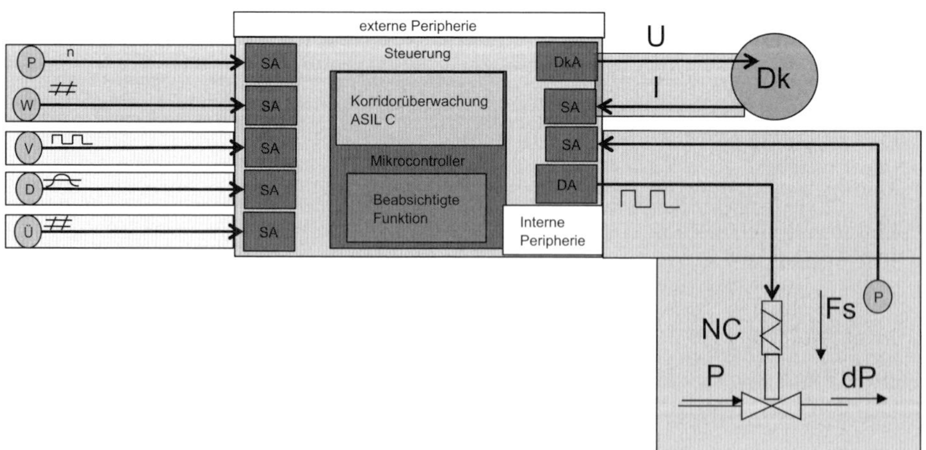

Bild 5.23 Allokation der ASIL-Attribute der Sicherheitsanforderungen auf technische Elemente

Die Grundanforderung besagt nun, dass aus dem funktionalen Sicherheitskonzept das Systemdesign abgeleitet werden soll, wobei die Architektur auch weiter die zentrale Rolle einnehmen sollte. In der Praxis führt dies dazu, dass verschiedene Funktionen des funktionalen Sicherheitskonzepts und deren Anforderungen wieder auf gemeinsame Elemente allokiert werden. Dies ist meist mindestens für den Mikrocontroller der Fall.

Natürlich sind für die Realisierung einer Steuerung Teile wie Gehäuse, Stecker, Spannungsversorgung (externe Peripherie) sowie auch interne Komponenten wie Platine, interne Versorgung und Spannungsverteilung (interne Peripherie) notwendig. Es muss jetzt eine Projektentscheidung getroffen werden, wie die Steuerung betrachtet wird. Betrachtet man eine Steuerung inklusive Gehäuse und Leitungen oder gruppiert man dies bereits bei der ersten Allokation? Weiter wäre es sinnvoll, die beabsichtigte Funktion von einer separaten Komponente der Funktions- oder Korridorüberwachung getrennt zu betrachten. Somit kann man zwei unabhängige Softwareelemente erhalten. Die Herausforderung besteht darin, die gemeinsam genutzten Ressourcen zu identifizieren und eine Lösung zu finden, die eine gegenseitige Beeinflussung der beiden Softwareelemente und ihrer Funktionen beherrschen oder gar vermeiden kann. Das Beispiel betrachtet folgende technische Elemente:

- Gaspedalsensor (P und W) bestehend aus zwei Messzellen, eine misst den Druck auf das Gaspedal und die zweite misst den Gaspedalwinkel. Der Druck wird als analoges Stromsignal übertragen; der Winkel wird als ein 16-Bit-digitales Datenwort übertragen. Die redundante Information soll eine ASIL C innerhalb von 10 ms der Steuerung am Pin zur Verfügung stellen.
- Die Geschwindigkeit (V) wird als 16-Bit-Datenwort (basiert auf Impulsen, konvertiert durch ein externes System) inklusive der Busabsicherung über eine definierte Buskommunikation zur Verfügung gestellt. Aktuelle Daten sollten am Businterface alle 10 ms zur Verfügung stehen.
- Die Motordrehzahl (D) wird als Sinus- und Kosinussignal übertragen, dies ist ein Äquivalent der Motordrehzahl.
- Die Getriebeübersetzung (Ü) wird als 16-Bit-Datenwort (durch ein externes System) inklusive der Busabsicherung über eine definierte Buskommunikation zur Verfügung gestellt. Aktuelle Daten sollten am Businterface alle 10 ms zur Verfügung stehen.
- Die Drosselklappe (Dk) besteht aus einer Ansteuerung und einer Stromrücklesung. Eine Ansteuerung der Drosselklappe am Steuergerät soll eine messbare Stromänderung am Steuergeräteeingangspin für den Strom innerhalb von 50 ms verursachen.
- Der Einspritzdruck (P) wird am Einspritzventil über Spannungsimpulse initiiert, innerhalb von 20 ms sollte ein Spannungsimpuls am Steuergerätepin das Ventil voll öffnen oder bei einem Impulsabfall von länger als 10 ms zum Schließen brin-

gen. Über unterschiedliche Pulspausenzeiten kann die Öffnung gesteuert werden. Der Druck wird als eingeprägter Strom und damit als Analogsignal übertragen.

Die Steuerung besteht aus internen und externen Peripherieelementen sowie aus den notwendigen Sensor- und Aktuatoradaptionen und einem Mikrocontroller, der zwei Partitionen für QM und eine für ASIL C hinreichend unabhängig zur Verfügung stellt. Die P2P-(Pin-zu-Pin)-Reaktionszeit soll kleiner 50 ms sein.

Alle dargestellten und in der aufgezählten Liste enthaltenen Größen inklusive der Redundanzen und Rückleseeinheiten werden als separate technische Elemente betrachtet und müssten mit allen Schnittstellen spezifiziert werden.

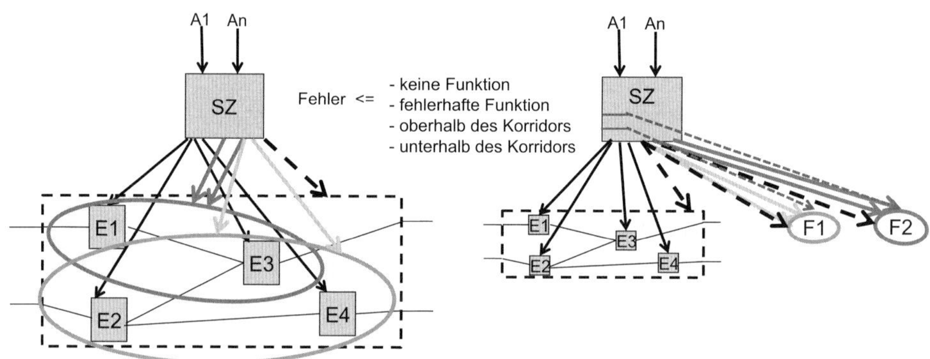

Bild 5.24 Ableiten von funktionalen und technischen Anforderungen

Neben der Tatsache, dass das funktionale Sicherheitskonzept aus einer anderen Stakeholder-Perspektive spezifiziert wurde und das technische Sicherheitskonzept aus der Perspektive des Herstellers, gibt es oft keine ursächlichen Gründe für die Unterschiede der beiden Sicherheitskonzepte. Technische und funktionale Anforderungen unterscheiden sich nicht grundsätzlich, sondern sie hängen von den definierten Quellen und dem Element oder den Schnittstellen ab, auf die sie angewendet werden sollen. Bild 5.24 zeigt, dass wenn man die logische und die technische Perspektive trennt, man die gemeinsame Nutzung von Element 3 (E3) nicht erkennt. Man kann funktionale Zusammenhänge von technischen Elementen wie von logischen Elementen beschreiben. Man kann auch von einem technischen Element die inneren Zusammenhänge funktional beschreiben. Daher ist es wichtig, eine Beschreibungsebene für die technische Systemarchitektur festzulegen und die genutzten Elemente und deren Schnittstellen zu spezifizieren. Als Konsequenz leitet man die Sicherheitsanforderungen aus dem funktionalen Sicherheitskonzept auf die Elemente und die Schnittstellen der technischen Architektur ab, wobei die Systemschnittstellen nicht unbedingt über technische Elemente beschrieben werden müssen. In den ersten Iterationen der Entwicklung wird man die technischen Elemente noch gar nicht kennen, daher wird man die Systemelemente als logische Elemente beschreiben und diese logischen Elemente immer mehr an die technischen Elemente annähern. Es ist wirklich selten, dass eine Architekturspezifikation tatsächlich mit keiner technischen Information beginnt. Somit wird es eine reine Designentscheidung sein, ob das Element der Funktionsgruppe F1 oder F2 angehört oder als separates Element betrachtet wird. Somit werden die Architekturentscheidungen abhängig von Projektgrenzen. Werden die Komponenten, aus denen das System zusammengestellt wird, nun von mehreren anderen oder externen Entwicklungsteams entwickelt, so sollten die Schnittstellen gemäß den Entwicklungsteams, die an dem System beteiligt sind, definiert werden. Wird man dies nicht gemäß der Projektorganisation definieren, wird es sehr komplexe Schnittstellen geben, die separat koordiniert werden müssen. Das heißt in der letzten Konsequenz, dass die technischen Sicherheitsanforderungen meist auf logische Elemente verweisen. Im Systemdesign wird erst in weiteren Iterationen auf eine technische Baugruppe oder Komponente allokiert.

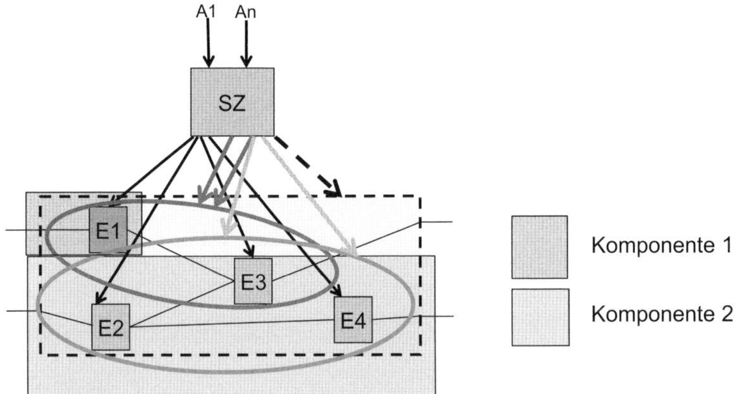

Bild 5.25 Technische Schnittstellen von logischen und technischen Elementen

Somit werden die Schnittstellen mehrdimensional, je nach Sicht oder Perspektive wie bei einer Bauzeichnung. Die Bank, der Architekt, der Bauingenieur, der Polier und der Bauherr schauen mit unterschiedlichen Augen und Hintergrund eventuell auf dieselbe Zeichnung. Bisher haben wir nur funktionale Schnittstellen betrachten müssen, nun sind die Schnittstellen von technischen Elementen überlagert, die neue Anforderungen mit sich bringen oder die geforderte Eigenschaft nicht alleine, sondern wieder nur im Verbund mit anderen logischen Elementen umsetzen können. Ein Sensor benötigt unter anderem eine Halterung, ein Gehäuse, eine Spannungsversorgung und Verdrahtung. Damit das Signal eingelesen werden kann, benötigt man ein Steuergerät, welches das verdrahtete Signal aufnehmen kann und so elektrisch aufbereitet, dass es in einen Mikrocontroller eingelesen werden kann.

Diese heterogenen Schnittstellen wird man anhand solcher einfachen Beispiele bereits nicht mehr überblicken können. Daher ist es sehr wichtig, diese Abhängigkeiten weitgehend zu reduzieren und zu entkoppeln. In der ersten Iteration der Architekturanalyse wird man sich nur auf funktionale Abhängigkeiten beschränken können. Daher wird man in einem Lastenheft für einen Komponentenlieferanten die Komponente nur mit logischen Elementen beschreiben, die Aufgabe der technischen Spezifikation wird man dem Komponentenlieferanten auferlegen.

Grundsätzlich wird branchenübergreifend bei allen Software-basierenden Systemen das sogenannte „EVA"-Prinzip angewendet.

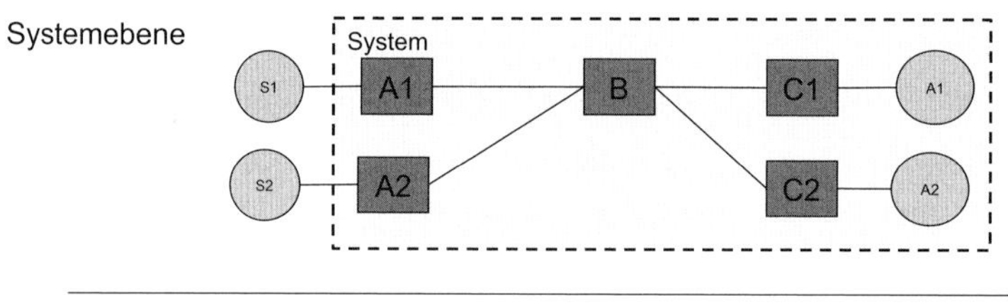

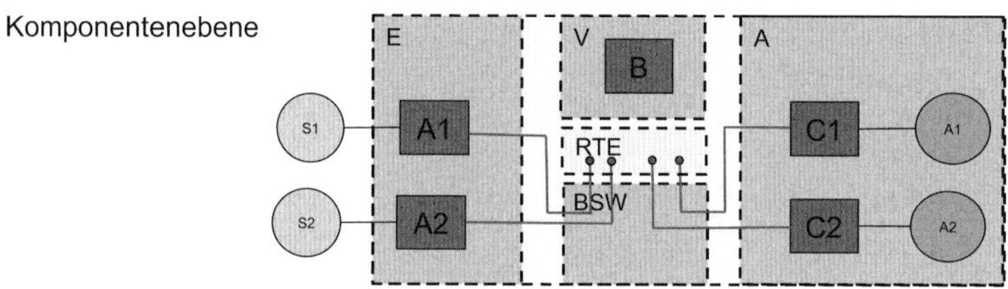

Bild 5.26 Das „EVA"-Prinzip

„**EVA**" steht für **E**ingabe, **V**erarbeitung, **A**usgabe.

Da normalerweise Sensorsignale und Aktuatoransteuerung auf sehr unterschiedliche Art und Weise realisiert werden, ist eine Signalanpassung in der Software notwendig. Diese Signalanpassung geschieht üblicherweise in der Basissoftware (BSW). Auf der sogenannten Laufzeitumgebung („Real Time Environment", RTE) werden die Signale oder Informationskanäle für die Verarbeitung bereitgestellt. In Anwendungen mit unterschiedlichem ASIL kann es natürlich für jeden ASIL eine separate RTE geben. Plant man das Hardware-Software-Interface (HSI) in die Basissoftware ein, so kann man Schnittstellen innerhalb der Software reduzieren. Man erhält jedoch in dem Fall bereits zwei Softwarekomponenten, die Basissoftware und die Anwendersoftware (die Verarbeitung). Insbesondere bei Komponenten mit verschiedenen ASILs sollte man die SW-Komponenten entsprechend planen. Formal werden dann die Softwarekomponenten als Systemelemente integriert.

5.2.3 Mikrocontroller-Sicherheitskonzepte

Die dritte typische System-Schnittstelle von Software-intensiven Systemen ist das Hardware-Software-Interface, auch HSI abgekürzt.

Das Mikrocontroller-Sicherheitskonzept gibt meist schon klare Grenzen für die Umsetzung von verschiedenen Anwendungen vor. Je nach Aufgabenstellung wird man unterschiedliche Sicherheitskonzepte in Betracht ziehen. Folgende Aspekte sollten daher bereits auf die Eigenschaften der Mikrocontroller geprüft werden:

- grundsätzliche Einbindung in ein Betriebs- oder Sicherheitsintegritätskonzept,
- ein oder mehrere Sicherheitsziele,
- flexible Sicherheitskorridore, die auch je nach Situation, Toleranzen und Betriebsmodi variabel sind,
- Sicherheitszeit,
- Anteil nicht- und sicherheitsrelevanter Funktionsanteile,
- Performanceanforderungen an nichtsicherheitsrelevante Funktionen,
- Komplexität der Nutzfunktion (zu realisierende Funktion).
- Anzahl der notwendigen Partitionen, um verschiedene ASIL und Dekompositionen realisieren zu können

Hier gibt es meist bereits aus der Definition des Fahrzeugsystems und den zu realisierenden Nutzfunktionen viele Hinweise und Anforderungen, die bestimmte Mikrocontroller-Sicherheitskonzepte ausschließen oder zumindest uneffektiv erscheinen lassen.

Auch bei speicherprogrammierbaren Steuerungen hat man das „EVA"-Prinzip angewendet. „EVA" stand für Eingabe, Verarbeitung, Ausgabe. Auf dieser Basis werden hier einige Grundprinzipien für rechnerbasierende Sicherheitskonzepte dargestellt und zur Diskussion gestellt. Daraus ergeben sich folgende Grundfragen für den Mikrocontroller:

- Wie kann man die Eingangsinformationen sicher der Verarbeitung zuführen?
- Wie verarbeitet man sicher Informationen?
- Wie initiiert und führt man eine sichere Aktion auf Basis der Verarbeitung aus?
- Wie sichert man die Schnittstellen zwischen Eingabe, Verarbeitung und Ausgabe?

Gehen wir nach dem Prozess vor, werden wir uns fragen: Welche Infrastruktur benötigt man für eine sichere Datenverarbeitung? Das heißt, man muss eine Umgebung schaffen, die in der Lage ist, die oberen vier Fragen zu argumentieren.

Der vereinfachte Mikrocontroller zeigt die wesentlichen Funktionselemente. Auch ein Mikroprozessor hat ähnliche Funktionselemente, die grundsätzlichen Annahmen beruhen im Nachfolgenden auf einem fiktiven, ideal funktionierenden Modell eines Mikrocontrollers.

Wie man sich die sicherheitsgerechte Integration von Automobil-Software in geeignete Mikrocontroller und die geeignete Software-Architektur vorstellt, orientiert sich heute im Wesentlichen am Autosar-Standard.

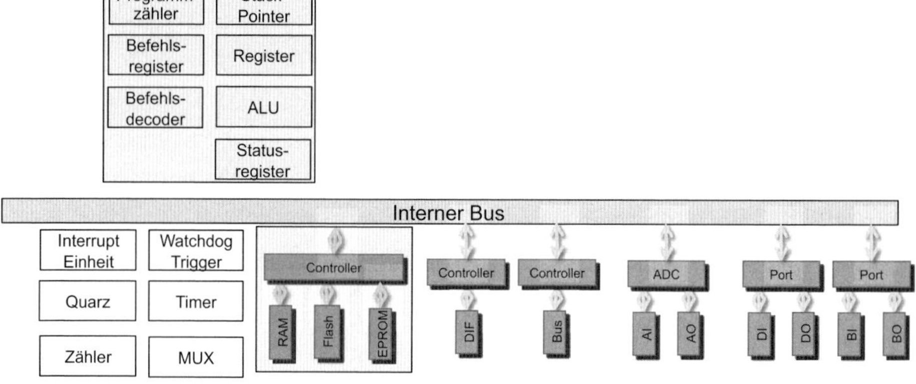

Bild 5.27 Schematische Darstellung eines vereinfachten Mikrocontrollers

In diesem Beispiel zeigt Autosar, aus welchen Funktionselementen eine Basis-SW besteht, um geeignete Applikations-SW-Elemente integrieren zu können. Für die Basis-SW empfiehlt Autosar den Supervisor-Mode und die Anwendungs-SW sollte im User-Mode betrieben werden.

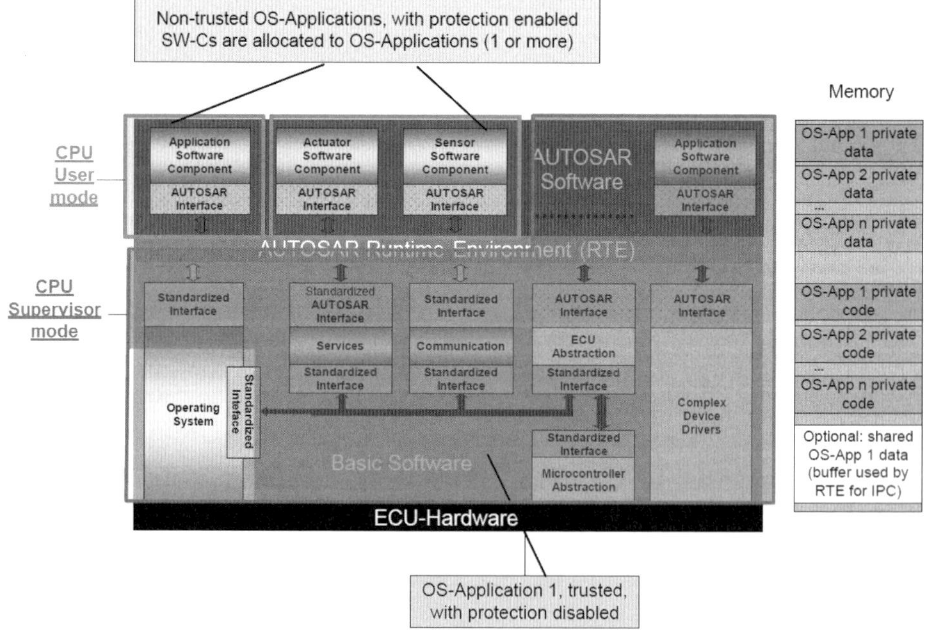

Bild 5.28 Speicher-Partitionen und definierte Betriebsmodi gemäß Autosar 4.1 (Quelle: *Autosar:* Technical Safety Concept Status Report V1.2.0 R4.1 Rev 1)

Das Zusammenspiel sowie auch die Aufgaben der einzelnen Elemente können natürlich sehr unterschiedlich sein. Grundsätzlich folgen weitergehend alle Automotive-Steuergeräte den Empfehlungen der Autosar-Spezifikationen in unterschiedlichen Detailgraden.

Für Sicherheitsanwendungen betrachtet man entsprechend Funktionsgruppen, die notwendig sind, um den Rechner überhaupt in Betrieb zu nehmen beziehungsweise ihn zu initialisieren und der Anwender-SW die Informationen der Eingabe/Ausgabe-Elemente des Mikrocontrollers in geeigneter Form (zum Beispiel Micro-Controller-Abstraction-Layer, MCAL, oder Hardware-Abstraction-Layer, HAL) zur Verfügung zu stellen. Diese Funktionsgruppen sind oft nur noch indirekt an der Realisierung der Hauptfunktion beteiligt, daher werden diese meist die Sicherheitsziele nur indirekt verletzen können. An der Hauptfunktion sind dann die Datenwege von und zu den Pins (meist über Portregister) sowie die ALU (Arithmetic Logic Unit, Rechenwerk) beteiligt. Verschiedene Zwischenspeicher, wie der Cache, werden unterschiedlich genutzt, um Daten vorläufig, aber auch für die gesamte Rechenzeit zu speichern. Allgemein wird das Programm in einem permanenten oder einem elektrisch ladbaren Speicher (flashen) abgelegt und dann in dynamischen Speichern oder RAM (Random Access Memory) während des Rechnerbetriebs für die verschiedenen Funktionen bereitgestellt. Sämtliche Registerspeicher werden genutzt, um Bereiche für Daten zu reservieren oder bestimmte standardisierte Informationen bereitzuhalten (Status-Flags in Flag-Registern). Zähler, Quarz, Trigger, Interrupt-Einheit, Multiplexer und so weiter werden je nach Programmierstil eingesetzt, um Daten aufzubereiten oder den Programablauf zu steuern oder zu überwachen. Werden diese Funktionselemente unterschiedlich genutzt, so können sie auch unterschiedliche Fehler erzeugen. Je mehr Elemente ich nutze, desto mehr Fehlerursachen, und je mehr Daten man zwischenspeichert, desto höher das Risiko, dass die Daten verfälscht oder zum falschen Zeitpunkt verarbeitet werden. Daher ist man weitgehend gezwungen, den Programmablauf und auch die Datenflüsse zu kontrollieren. Der Versuch, jede einzelne Funktion abzusichern, könnte zu einem guten Ergebnis führen, aber es wäre nicht unbedingt sicherer als der Rechner. Jedes einzelne Funktionselement des Rechners abzusichern würde genauso viele Schnittstellen wie Funktionselemente bedeuten. Da auch noch jede Funktion unterschiedliche Fehlerbilder aufweist, werden wir eine sehr große Anzahl von Sicherheitsmechanismen benötigen. Grundsätzlich wird diese Analyse sinnvoll sein, wenn der Mikrocontrollerhersteller dies nutzt und entsprechende Sicherheitsmechanismen oder sichere Konfigurationen vorschlägt. Mittlerweile gibt es von allen großen Mikrocontrollerherstellern im Automotive-Markt entsprechende Rechner, bei denen die Sicherheitsmechanismen bereits in Silizium eingebracht sind. Die Hersteller liefern entsprechende Software-Pakete und ein Handbuch dazu, wie der Mikrocontroller sicherheitsgerecht einzusetzen ist. Hier stellt sich die Frage: Benötigt man dies? Für eine ASIL-D-Anwendung mit mehreren Sicherheitszielen, bei der Details der Funktion noch nicht bekannt sind, ist es immer einfacher, mit einem „sicheren“ Rechner als Basis zu starten, als ein Rechnersicherheitskonzept selbst zu entwickeln. Auch wird es immer Argumente geben, für ASIL D zwei unabhängige Rechner einzusetzen. Hier stellt sich nur die Frage: Kann man dies, wenn man in einer kurzen Sicherheitszeit eine ASIL-D-Sicherheitsfunktion wegen der Fahrzeug- und Bauteiltoleranzen als Regelalgorithmus realisieren muss? Solche Regelfunktionen auf zwei asymmetrischen unabhängigen Rechnern werden sehr schwer zu synchronisieren sein. Hier gibt es in jeder Fahrsituation, bei jeder Messung und jeder möglichen Position der Aktuatoren unterschiedliche Datensätze für den Regler und diese Daten müssen synchron in beiden Rechnern in einem entsprechenden Zeitintervall abgearbeitet werden. Daher wird man bei Chassis-Funktionen zukünftig noch häufiger sogenannte Lockstep-Architekturen sehen, bei denen zwei Rechner oder neuerdings zwei Rechnerkerne taktsynchron dieselbe Software abarbeiten. Bis ASIL C war das VDA-Sicherheitskonzept (EGAS) eine gute Lösung, um Fahrzeugfunktionen abzusichern. Die Einbindung der Sensorsignale und die Aktuatoransteuerung wurden oft nicht hinreichend betrachtet.

Auf Basis eines vereinfachten Funktionsmodells für den Rechner unter Berücksichtigung von zwei zu sichernden unterschiedlichen Funktionen soll hier ein Sicherheitskonzept anwendbar bis ASIL C dargestellt werden. Da wir für eine ASIL-C-Funktion bereits auch in der Software plausibilisieren müssen, bevor wir eine ASIL-C-Aktion ansteuern, muss eine gewisse Redundanz der Sensoren vorhanden sein. Allgemein kann man sagen, dass ein einziges Analogsignal nicht mehr als bis ASIL B abgesichert werden kann. Bei der Aktuatoransteuerung wird meist ein Rücklesepfad dafür sorgen, dass wir die Information zur Ansteuerung durch den Mikrocontroller überprüfen können.

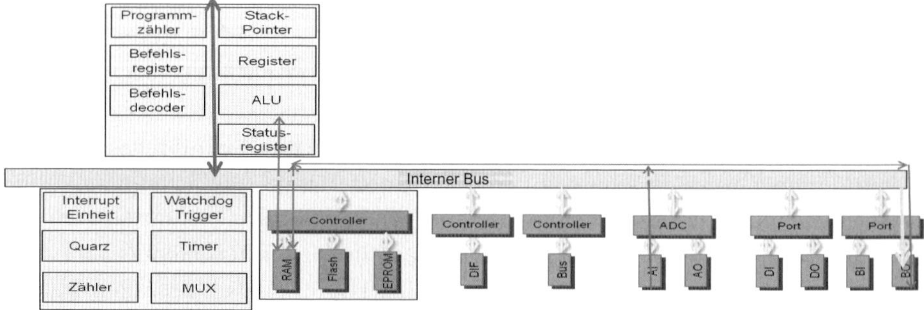

Bild 5.29 Signalflüsse durch den Mikrocontroller

Bei diesem einfachen Beispiel würde das Analogsignal über den Analog-Digital-Wandler (ADC) ins RAM eingelesen, von der ALU würden verschiedene Operationen dazu führen, dass ein binärer Ausgang (BO) einen Transistor durchschaltet und dieser ein Ventil öffnet. Gemäß dieser Beschreibung sind an einer solchen Sicherheitsfunktion nur wenige Funktionselemente direkt beteiligt. Wenn man weiß, dass für eine Multiplikation bereits Werte im RAM zwischengespeichert werden oder diese Multiplikation bereits mehrere Rechenoperationen bedeutet, dann sieht man, dass die wahren Funktionselemente für eine solche Operation gar nicht ermittelt werden können. Der Ansatz, den viele in die IEC 61508 hineininterpretieren, geht in die Richtung, einfach alle Funktionselemente mit dem DC für die entsprechende Integritätsstufe abzusichern. Dies wird wohl sicherer sein als gar nichts zu tun, effizient wird es bestimmt nicht sein. In dem Fall wird man die Hälfte der Rechnerleistung eventuell zur Absicherung nutzen und die Anwendungsfunktion wird am Limit ihrer Laufzeit realisiert sein. Daher wird es für einfache Sicherheitssysteme wenig sinnvoll sein, alle Funktionen des Mikrocontrollers mit dem höchsten ASIL abzusichern. Wesentlich problematischer ist auch, sicherzustellen, dass die SW-Konfiguration die Mikrocontroller-Funktionselemente auch tatsächlich so nutzt, wie man sich dies gedacht hat. Hier liegt das Risiko für die maximale Absicherung des Rechners. Die Performance wird massiv eingeschränkt und sicherzustellen, dass alle Sicherheitsmechanismen auch tatsächlich innerhalb der Sicherheitszeit effektiv arbeiten, wird nicht mehr möglich sein. Zumal oft nicht vorauszuahnen ist, welche Fehlermodi von den verschiedenen Funktionselementen tatsächlich den sicherheitsrelevanten Effekt zur Folge haben. Meist ist ein Stuck-at gut abzusichern, aber Datenverfälschungen, Maskeraden (Daten im korrekten Protokollrahmen oder Datenformat, aber inhaltlich falsch), falsche Adressierung, andere Datenreihenfolge oder falsche Zwischenspeicherung sind nur von Rechnerspezialisten nachvollziehbar, aber oft kritisch für die Anwendung. Wenn die Applikation dann fertig sein soll und man merkt, dass man bestimmte Fehler injizieren kann und diese nicht beherrscht oder nicht innerhalb der Sicherheitszeit in den definierten sicheren Zustand wechseln kann, muss man Kompromisse machen, einen größeren Rechner wählen oder meist auf Kosten der Performance die Sicherheitsfunktionen priorisieren.

Heute werden auch vermehrt in Sensoren kleine Mikrocontroller eingesetzt, die dann zur Filterung von Daten oder zur Linearisierung oder Digitalisierung genutzt werden. Auch hier ist eine detaillierte Analyse der Zielfunktion und der notwendigen Sicherheitsmaßnahmen notwendig, um eine pauschale Absicherung zu vermeiden. Fast alle Fehlermodi können hier als Fehlerursache für sicherheitsrelevante Effekte infrage kommen, aber den Rechner so abzusichern wie eine freiprogrammierbare speicherprogrammierbare Steuerung wird nicht zielführend sein. Daher wird nicht nur im Rahmen der Fahrzeugsysteme ein Sicherheitskonzept sinnvoll sein, sondern auch für bestimmte Funktions- oder Systemelemente, die später in ein Fahrzeugsystem integriert werden sollen.

5.3 Systemanalysen

Systemanalysen stellen auch Methoden der Systemtheorie dar. Je nach Abstrahierung können vergleichbare Methoden auf beliebige Systeme angewendet werden. Selbst um soziologische Abhängigkeiten zu untersuchen, werden Dekompositionen angewendet, um Eigenschaften von Personengruppen zu beschreiben, zu analysieren oder zu klassifizieren.

Gegenstand der Analyse ist meist ein Modell oder ein eingeschränktes Abbild der Wirklichkeit.

Das heißt, das System muss erst auf einer bestimmten Abstraktionsebene, unter einem betrachteten Kontext und erwarteten Verhaltensmuster beschrieben werden.

Allgemein wird auch hier von deduktiven und induktiven Analysen gesprochen.

Wobei die allgemeine Induktion vom Detail auf die Allgemeinheit schließt und die Deduktion vom Allgemeinen über bestimmte Prämissen die Details erklären möchte.

Um diese Begriffe in den Kontext einer technischen Systemanalyse zu übertragen, müssen wir wieder über horizontale Abstraktionsebenen in der Systemstruktur sprechen.

Im Kontext der ISO 26262 geht man von der allgemeinen Abstraktionsebene (höhere Abstraktionsebene), die meist ein System auf der Fahrzeugebene beschreibt, aus.

Die deduktive Sicherheitsanalyse hat nun die Aufgabe, basierend auf einem Sicherheitskonzept und den ermittelten Sicherheitszielen, eine Hypothese danach zu hinterfragen, welche Eigenschaften (positiv gesehen) oder Fehlfunktionen (oder deren Ursachen) identifiziert werden, die das Sicherheitsziel oder höhere Sicherheitsanforderungen negativ beeinflussen können. Weiter wird nach geeigneten Maßnahmen gesucht, die diese Beeinflussung verhindern, vermeiden oder verringern.

Die induktive Sicherheitsanalyse basiert auf Eigenschaften oder deren potentiellen Fehlern. Hier wird formal untersucht, ob diese potentiellen Fehler die Sicherheitsziele bei den beschriebenen Zusammenhängen im System verletzen können.

5.3.1 Methoden zur Systemanalyse

Historisch wird meist die NASA genannt, die 1963 die FMEA („Failure Mode and Effects Analysis") als erste Methode zur Fehleranalyse für das Apollo Projekt beschrieb. 1977 führte Ford eine Variante in die Automobilindustrie ein. In Deutschland wurde sie in der DIN 25 448 beschrieben. Fehlerbaumanalysen sowie Ereignisbäume wurden wenig später von der NASA und dann später in anderen Branchen beschrieben.

Jedoch hat man vorher schon Fehleranalysen betrieben. So sind besonders die Methoden, die deutsche Wissenschaftler nach dem Zweiten Weltkrieg mit in die USA genommen haben, die Basis dieser ersten Fehleranalysen. Wobei auch in anderen Branchen weiter Methoden sich aus unterschiedlichen Aspekten herausgebildet haben und so zu Standards wurden. In diesem Kapitel werden wir noch auf Zuverlässigkeitsblockdiagramme (die sich wohl direkt aus Lussers Gesetz ableiten lassen) sowie die HAZOP (Hazard and Operability) eingehen, die ihre Historie mehr in der chemischen Industrie sowie in der Öl- und Gasindustrie haben.

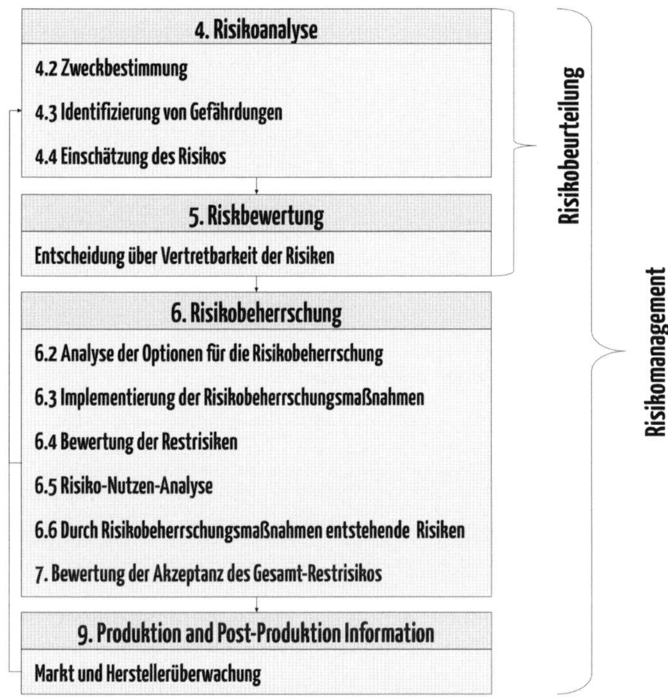

Bild 5.30 Risiko-Prozess gemäß ISO 14971

Einen typischen Risiko-Prozess findet man in der ISO 14971. Dieser Prozess soll u. a. folgende Schritte umfassen:

- Risikoakzeptanzkriterien festlegen: Dies geschieht oft in Form einer Risikoakzeptanzmatrix.
- Risikoanalyse, Teil 1: das Identifizieren aus der Zweckbestimmung ableiten, z. B. mit Hilfe der PHA, FMEA und FTA.
- Risikoanalyse, Teil 2: Wahrscheinlichkeiten, Schweregrade und damit Risiken abschätzen. Über die Vertretbarkeit dieser Risiken entscheiden.
- Maßnahmen zur Risikominimierung festlegen und umsetzen, falls die Risiken nicht vertretbar sind.

- Neue Risiken durch diese Maßnahmen analysieren.
- Über die Vertretbarkeit der Risiken (erneut) entscheiden.
- Einen Risikomanagementbericht erstellen.
- Das Produkt im Rahmen der nachgelagerten Phase beobachten, kontinuierlich Risiken analysieren und über die Risikoakzeptanz neu entscheiden.

FMEA (Failure Mode and Effect Analysis, Ausfallarten und Effektanalyse)

Die klassische Konstruktions-FMEA betrachtete die mechanische Komponente und hatte die hinreichende Auslegung der Eigenschaften zum Ziel. Man betrachtete die Teilkomponenten einer Konstruktion und leitete aus deren Teileigenschaften mögliche Fehlerfolgen ab.

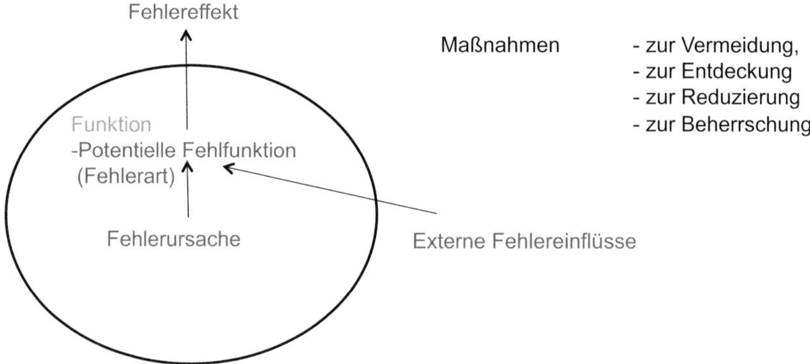

Bild 5.31 Grundprinzip einer FMEA

Unterschiedliche Methoden zur FMEA haben sich in der Praxis herausgebildet, die Automobilverbände VDA und AIAG haben hier die wesentlichen Methoden jeweils beschrieben. Auch in anderen Branchen haben sich die Standards aus den Industriebedürfnissen heraus entwickelt. Die FMEA gilt gemäß ISO 26262 als eine induktive Methode zur Sicherheitsanalyse. Weitgehend basieren jedoch alle FMEA-Methoden in der Automobilindustrie auf dem „Dreier-Schieber“ aus Fehlerursache, Fehlerart und Fehlerfolge. Die Art der Maßnahmen wird in den Standards unterschiedlich definiert und zugeordnet. Die Bewertungsfaktoren der Fehler heißen wie folgt:

- Schadensausmaß (S),
- Wahrscheinlichkeit des Fehlerauftretens (A),
- Wahrscheinlichkeit der Fehlerentdeckung (E).

Das Schadensausmaß wird allgemein von der Fehlerfolge bestimmt. Die Wahrscheinlichkeit des Fehlerauftretens und der Fehlerentdeckung beruht allgemein auf der Bewertung der Fehlerursache. Diese drei Faktoren bilden die Risikoprioritätszahl. Die beiden Faktoren S und A werden oft zur sogenannten Kritikalität kombiniert. Oft ist es jedoch sinnvoll, in den unterschiedlichen FMEA-Methoden die Faktoren für sich separat zu bewerten. Die Wahrscheinlichkeit der Fehlerfortpflanzung wird in den klassischen FMEAs oft nicht betrachtet.

Der VDA hat bereits vor 20 Jahren ein hierarchisches Konzept entwickelt, welches fünf Schritte für die Analyse fordert.

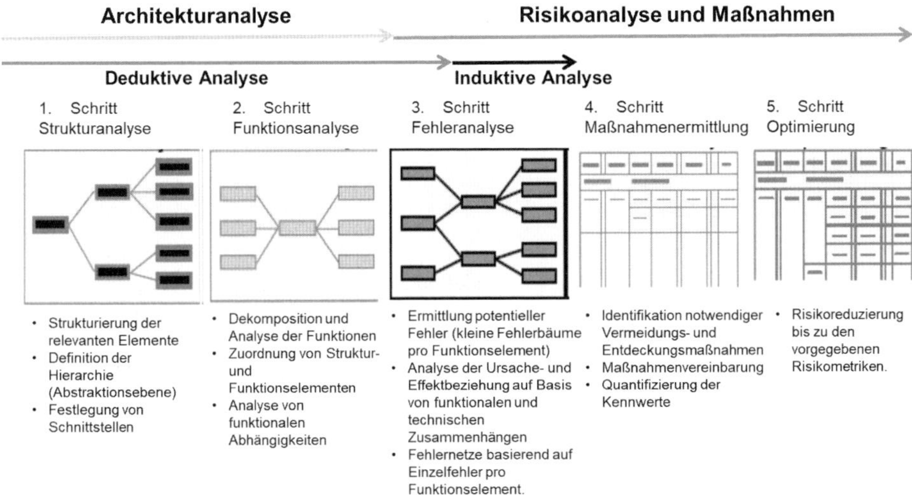

Bild 5.32 FMEA – in fünf Schritten in Anlehnung an die VDA4

VDA und AIAG haben eine Arbeitsgruppe gebildet, die die Vorteile der unterschiedlichen Methoden standardisieren soll.

Ein initialer Schritt „Betrachtungsumfang, Scope" wurde den bisherigen fünf Schritten vorgeschaltet.

Man erkennt, dass die Fehleranalyse selbst erst in einer sehr späten Phase der Analyse erfolgt. Der neue erste Schritt entspricht sehr stark der Schnittstellenanalyse (Boundary-Analyse), die zum Beispiel im Ford-FMEA-Handbuch beschrieben ist. Die weiteren zwei Schritte sind Analysen und Informationserhebung, um den Anwendungsbereich der FMEA für das Produkt, die Umgebung und die Anwendungsfälle zu ermitteln.

In den Flugnormen sind alle Fehleranalysen „bottom-up"-Hilfsmittel der Verifikation. Verifikationen erstrecken sich prinzipiell in den Standards von Base-Events oder Ursachen hin zum Top (Top-Event oder Top-Fehler). Eine Cutset-Analyse geht auch vom Base-Event aus.

Die ersten drei Schritte dieser VDA/AIAG FMEA sind keine klassische FMEA, sondern weitergehende Analysen, wobei die Analysen mehr dem Architekturverständnis dienen.

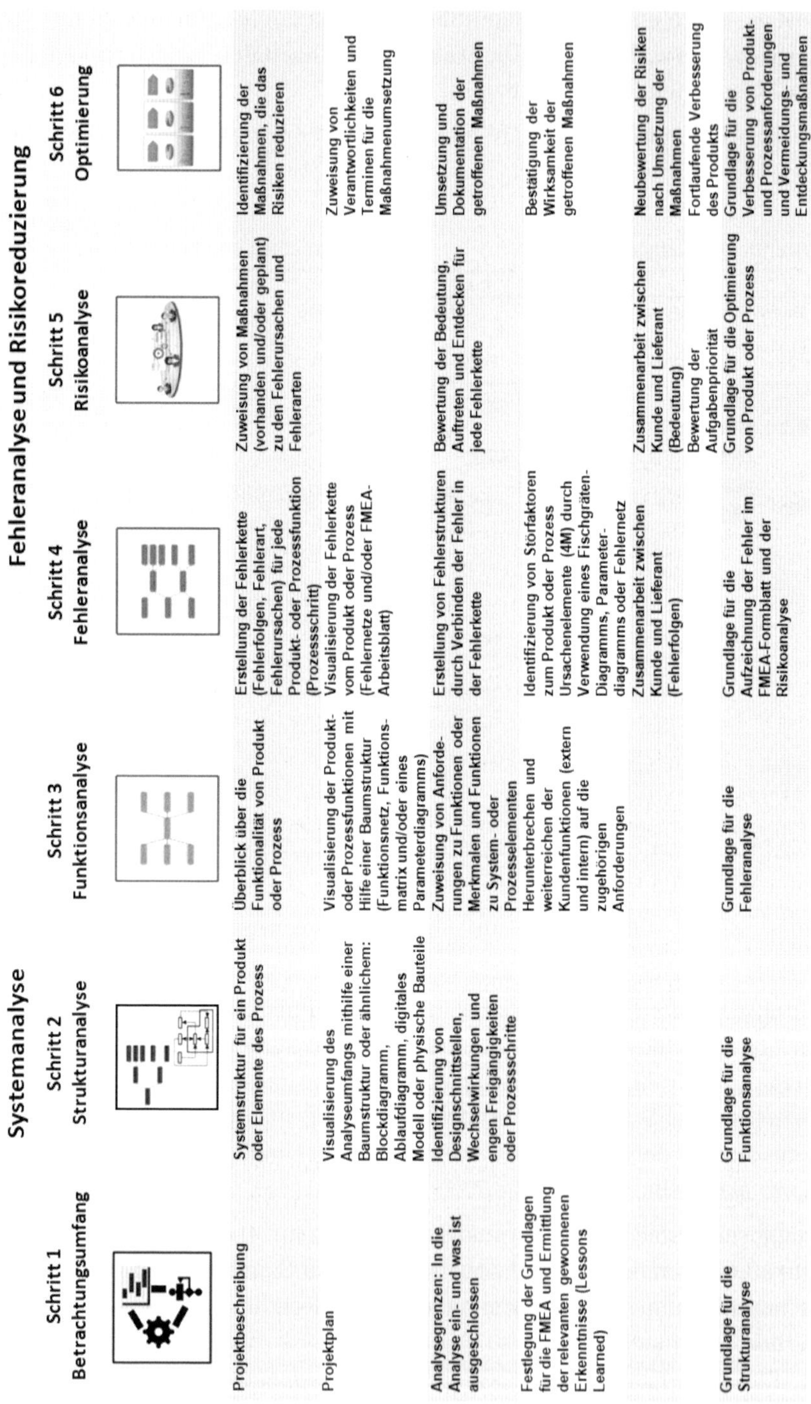

Systemanalyse			Fehleranalyse und Risikoreduzierung		
Schritt 1 Betrachtungsumfang	**Schritt 2 Strukturanalyse**	**Schritt 3 Funktionsanalyse**	**Schritt 4 Fehleranalyse**	**Schritt 5 Risikoanalyse**	**Schritt 6 Optimierung**
Projektbeschreibung	Systemstruktur für ein Produkt oder Elemente des Prozess	Überblick über die Funktionalität von Produkt oder Prozess	Erstellung der Fehlerkette (Fehlerfolgen, Fehlerart, Fehlerursachen) für jede Produkt- oder Prozessfunktion (Prozessschritt)	Zuweisung von Maßnahmen (vorhanden und/oder geplant) zu den Fehlerursachen und Fehlerarten	Identifizierung der Maßnahmen, die das Risiken reduzieren
Projektplan	Visualisierung des Analyseumfangs mithilfe einer Baumstruktur oder ähnlichem: Blockdiagramm, Ablaufdiagramm, digitales Modell oder physische Bauteile	Visualisierung der Produkt- oder Prozessfunktionen mit Hilfe einer Baumstruktur (Funktionsnetz, Funktionsmatrix und/oder eines Parameterdiagramms)	Visualisierung der Fehlerkette vom Produkt oder Prozess (Fehlernetze und/oder FMEA-Arbeitsblatt)		Zuweisung von Verantwortlichkeiten und Terminen für die Maßnahmenumsetzung
Analysegrenzen: In die Analyse ein- und was ist ausgeschlossen	Identifizierung von Designschnittstellen, Wechselwirkungen und engen Freigängigkeiten oder Prozessschritte	Zuweisung von Anforderungen zu Funktionen oder Merkmalen und Funktionen zu System- oder Prozesselementen	Erstellung von Fehlerstrukturen durch Verbinden der Fehler in der Fehlerkette	Bewertung der Bedeutung, Auftreten und Entdecken für jede Fehlerkette	Umsetzung und Dokumentation der getroffenen Maßnahmen
Festlegung der Grundlagen für die FMEA und Ermittlung der relevanten gewonnenen Erkenntnisse (Lessons Learned)		Herunterbrechen und weiterreichen der Kundenfunktionen (extern und intern) auf die zugehörigen Anforderungen	Identifizierung von Störfaktoren zum Produkt oder Prozess Ursachenelemente (4M) durch Verwendung eines Fischgräten-Diagramms, Parameterdiagramms oder Fehlernetz		Bestätigung der Wirksamkeit der getroffenen Maßnahmen
			Zusammenarbeit zwischen Kunde und Lieferant (Fehlerfolgen)	Zusammenarbeit zwischen Kunde und Lieferant (Bedeutung)	Neubewertung der Risiken nach Umsetzung der Maßnahmen
				Bewertung der Aufgabenpriorität	Fortlaufende Verbesserung des Produkts
Grundlage für die Strukturanalyse	Grundlage für die Funktionsanalyse	Grundlage für die Fehleranalyse	Grundlage für die Aufzeichnung der Fehler im FMEA-Formblatt und der Risikoanalyse	Grundlage für die Optimierung von Produkt oder Prozess	Grundlage für die Verbesserung von Produkt- und Prozessanforderungen und Vermeidungs- und Entdeckungsmaßnahmen

Bild 5.33 Sechs Schritte einer FMEA gemäß Joint-WG AIAG und VDA (Quelle: https://vda-qmc.de/fileadmin/redakteur/Publikationen/FMEA_Harmonisierung/FMEA_Harmonisierung_AIAG_und_VDA_-_DEU.pdf)

Wie komme ich von einer Funktion auf die möglichen Fehlfunktionen? Das ist die Kernfrage der VDA-FMEA im vierten Schritt. Bei einer klassischen Konstruktions-FMEA wird nach Eigenschaften von mechanischen Teilen gefragt. Welche Fehler und Fehlerfolgen werden erwartet, wenn eine Eigenschaft nicht hinreichend gesichert ist? Daher die Ableitung der „besonderen Merkmale“ aus der klassischen FMEA. Die typischen Fragen aus einer FTA oder HAZOP, „Welche Fehler sind bei welcher Funktion möglich?“, um von der Funktion zur möglichen Fehlfunktion zu kommen, sind im vierten Schritt prinzipiell auch ähnlich.

Fehlerbaumanalyse

Die Fehlerbaumanalyse ist ein zentraler Bestandteil bei der Entwicklung und beim Betrieb von sicherheitsrelevanten Systemen in fast allen Branchen wie auch Kernkraftwerke oder in der Luft-und Raumfahrt. Mit Hilfe der Fehlerbaumanalyse kann herausgefunden werden, in welcher Kombination einzelne Komponenten ausfallen müssen, damit ein unerwünschtes Ereignis, wie zum Beispiel der Ausfall des Antriebs, eintritt. Ziel der Fehlerbaumanalyse ist es, die minimale Anzahl der Ereignisse herauszufinden, die schon dieses Top Event auslösen können, und damit besondere Schwachstellen im System aufzuspüren.

Der geschichtliche Hintergrund der Fehlerbaumanalyse liegt im militärischen Bereich. Anfang der 1960er Jahre wurde diese Technik bei der U.S. Air Force zuerst eingesetzt und hat sich seitdem auf viele Bereiche der Luft- und Raumfahrt sowie Kernenergie ausgedehnt. Es werden viele Anstrengungen unternommen, immer umfangreichere und komplexere Systeme als Fehlerbäume abzubilden und zu analysieren.

Fehlerbäume basieren auf booleschen Funktionen, die anhand verschiedener Algorithmen mit unterschiedlicher Effizienz auf minimale Schnitte untersucht werden können. Besondere Ausprägungen der Methode sind Quine-McCluskey zur Minimierung boolescher Funktionen, der MOCUS-Algorithmus, der Algorithmus von Rauzy auf binären Entscheidungsdiagrammen, der Algorithmus von Madre und Coudert mit Metaprodukten und die Suchstrategie CAMP DEUSTO. Diese Algorithmen basieren auf unterschiedlichen Datenstrukturen und Vorgehensweisen zur Bestimmung der Primimplikanten bzw. der minimalen Schnitte. Die boolesche Algebra und graphische Fehlerbäume bilden allgemein die Grundlage zu solchen Analysen. Die Fehlerbaumanalyse wird in der ISO 26262 als deduktive Analyse angesehen, wobei man bei den höheren Analysen der Implikanten oder Schnitte dies so nicht sagen kann. Diese Analysen sind auch nicht notwendig für die Anforderungs- oder Architekturentwicklung am abfallenden Ast des Vs, sie würden mehr die Analysen zu Teil 5, Kapitel 9 unterstützen. Dies ist der aufsteigende Ast des Elektronik-Vs und fordert die Analyse, welche Fehler mit welcher Wahrscheinlichkeit die Sicherheitsziele verletzen.

Zuverlässigkeitsblockdiagramme (RBD, Reliability-Block-Diagram)

Sie werden wie die Fehlerbaumanalyse in der ISO 26262 als Beispiel für eine deduktive Analyse genannt. Die Blöcke können logisch über die boolesche Algebra in Beziehung gesetzt werden. Quantifiziert man die Blöcke, so können die Beziehungen auch mathematisch beschrieben werden, dabei dienen solche Beschreibungen als Grundlage für formale Beschreibungsmethoden. Die einfachste quantitative Methode ist ein einfaches Aufsummieren der Ausfallraten, der einzelnen Bauelemente einer Funktion. Die Methode nennt sich auch „Part-Count-Methode", sie addiert einfach die Fehlerraten von elektrischen Bauelementen.

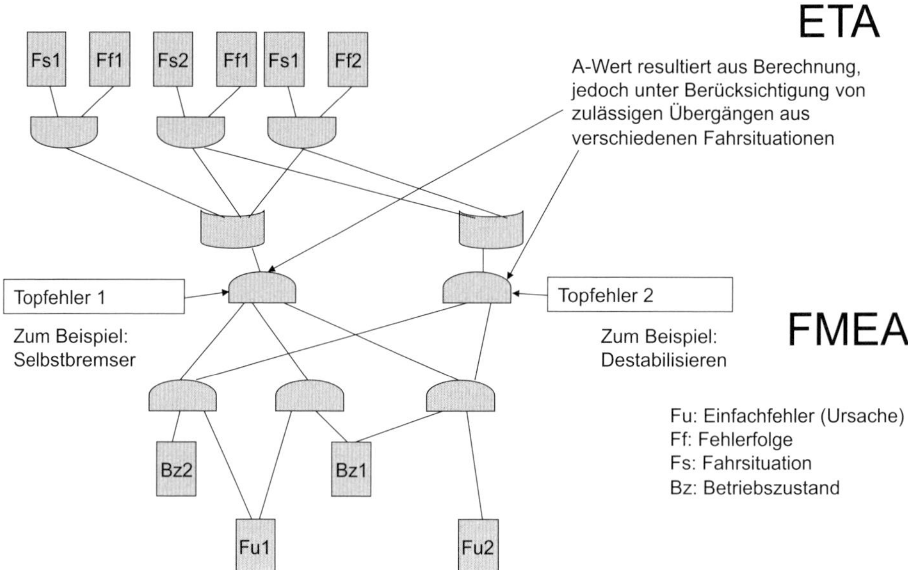

Bild 5.34 Kombination von Ereignisbaumanalyse und FMEA

Ereignisbaumanalyse (ETA, Event-Tree-Analysis)

Die ETA hat sich auch in der Automobilindustrie im Rahmen von Firmenstandards unterschiedlich herausgebildet. In den meisten Fällen versucht man Fahrsituationen in der System-FMEA zu ergänzen, was aber sehr schnell zu sehr komplexen Darstellungen führt. Um bestimmte Top-Fehler in den verschiedenen Fahrsituationen zu bewerten, kann die ETA eine sinnvolle Darstellung sein. Hier gibt es oft Überlappungen mit der Gefahren- & Risiko-Analyse (G&RA). In der alten DIN 25419 wurde in erster Linie die Darstellung der ETA beschrieben, jedoch nicht die Art und Weise, wie man zum Beispiel von bestimmtem Fehlverhalten auf gefährliche Events schließen kann. Die neuere DIN EN 62502 (VDE 0050-3): 2011 geht schon mehr auf die Methodik ein. Sie beschreibt aber eine andere Vorgehensweise als die Herstellernormen in der Automobilindustrie. Hier wird auch die Kombination zur FTA und zu Zuverlässigkeitsblockdiagrammen beschrieben. Die Darstellungsart ist auch anders als die Symbolbeschreibung in der DIN 25419. Ein wesentlicher Punkt, den die DIN EN 62502 (VDE 0050-3): 2011 adressiert, ist die Festlegung des Analysebereichs.

Anhand dieser Darstellung erkennt man, dass diese Beziehung aus Fehler, Betriebssituation und Fahrsituation bei elektronischen Produkten schnell sehr komplex werden kann.

Markov-Analyse

Die Markov-Analyse wird in erster Linie verwendet, um den Übergang von einem Zustand in einen anderen Zustand zu bewerten. Aus solchen Modellen wurden die Formeln für Sicherheitsarchitekturen im informativen Teil 6 der IEC 61508 abgeleitet. Gerne werden diese Formeln für EE-Sicherheitsarchitekturen benutzt. Jedoch sind die Bedingungen und Annahmen, unter denen die Modelle entworfen und die Formeln dann abgeleitet wurden, oft nicht bekannt oder nicht für die realisierte Architektur anwendbar. Es wird meist nur von einem Fehler gleichzeitig ausgegangen, somit sind Alterungseffekte, Fehlerkombinationen, abhängige, transiente oder latente Fehler aus diesen Formeln nicht ableitbar. Für Annäherungen oder als Hilfe zur Quantifizierung sind diese Formeln anwendbar, wenn die entsprechenden weiteren Analysen durchgeführt werden.

HAZOP (Hazard and operability studies or analysis)

HAZOP, zu Deutsch PAAG, steht für: Prognose, Auffinden der Ursache, Abschätzen der Auswirkungen, Gegenmaßnahmen. Die PAAG ist eine qualitative Analyse des Gefährdungspotentials von Fehlbedienungen oder Fehlfunktionen einzelner technischer Elemente. In interdisziplinären Teams, z. B. Architekt, Systemanalyst, Tester, wird aus einer ausführlichen Beschreibung des Untersuchungsobjektes auf die Sollfunktion (auch auslegungsgemäße Funktionsweise) sowie durch strukturiertes Infragestellen der Sollfunktionen auf mögliche Fehlfunktionen oder Fehlverhalten und mögliche Maßnahmen geschlossen.

Die HAZOP gemäß DIN EN 61882 sieht einen kompletten Prozess vor, um systematisch auf Fehlverhalten und Auswirkungen auf ein mögliches Versagen zu untersuchen.

Der HAZOP-Prozess beginnt auch mit der Definition des Scopes in Analogie zum ersten neuen Schritt der FMEA nach AIAG und VDA und wie die ISO 26262 mit der ITEM-Definition. Auch die vorbereitenden Maßnahmen zur Analyse sind vergleichbar. In der Analyse selbst findet man die Zerlegung der Betrachtungseinheit und die Definition der Zielfunktion (Itended Function) als wesentlichen Schritt. Als letzter Hauptschritt wird auf die Dokumentation und die nachfolgenden Arbeiten hingewiesen.

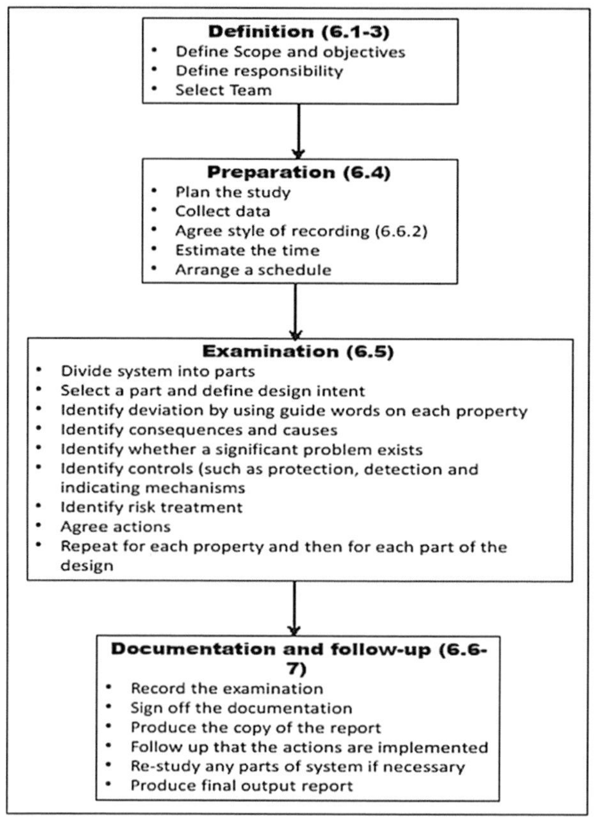

Bild 5.35 HAZOP-Prozess gemäß DIN EN 61882

Tabelle 5.5 Leitworte zur HAZOP (PAAG)

Leitworte	Bedeutung	Aspekt
NEIN, NICHT, KEIN	die Verneinung der Sollfunktion	kein Teil der Sollfunktion wird ausgeübt, aber es geschieht auch nichts anderes
MEHR	quantitativer Zuwachs	physikalische Größe: Gewicht, Geschwindigkeit zeitliche Aspekte: zu spät, zu früh Bezüge: zu spät, zu kurz, zu hoch, zu tief Eigenschaft: Material, dynamisch, Wärmeleitfähigkeit Dynamik: Erwärmen, Druckaufbau, bewegen, drehen
WENIGER	quantitative Abnahme	
SOWOHL ALS AUCH	qualitativer Zuwachs	Funktionsziel wird erreicht, Nebeneffekte entstehen wie: ▪ dynamische Effekte: Wärme, Widerstandserhöhung, Kapazitätsreduzierung, Überschwingen ▪ materielle Effekte: Verunreinigung, Verschleiß, Korrosion, Kontaktbrand

Tabelle 5.5 Leitworte zur HAZOP (PAAG) *(Fortsetzung)*

Leitworte	Bedeutung	Aspekt
TEILWEISE	qualitative Abnahme	Partielle Funktion: ▪ Performance wird nicht erreicht ▪ Schwingungen (Signal bricht immer ein) ▪ Information oder Signal unvollständig ▪ Teilfunktionen oder Teilelemente ohne Funktion
UMKEHRUNG	Negation der Sollfunktion	Richtung, Vorzeichen, Wirkprinzipien
ANDERS ALS	Betriebszustände	Zündungslauf, Sequenzen, Zustandsmaschinen, Speicherorganisation im Mikrocontroller, Generierung von Datenfeldern

Ähnliche Fragestellungen wie bei der PAAG/HAZOP werden auch in der Fehlerbaumanalyse betrachtet, um Fehlerursachen für bekanntes Versagen zu finden.

5.3.2 Sicherheitsanalysen gemäß ISO 26262

Sicherheitsanalyse ist der Begriff, mit dem die ISO 26262 Methoden zur Risiko- und Fehleranalyse nennt, die um die Belange der Norm erweitert oder ergänzt werden.

Weder in diesem Buch noch in der ISO 26262 sollen diese Methoden neu definiert werden, die ISO 26262 nennt in Teil 9, Kapitel 8, die einzelnen Methoden und gibt allgemeine Ziele für diese Methoden vor. In den einzelnen Entwicklungsteilen werden die Sicherheitsanalysen dann unter ihrem entsprechenden Kontext mit den spezifischen Anforderungen für diese Methoden aufgerufen. In Teil 9 gibt es nur einen Hinweis zur Unterscheidung zwischen deduktiver und induktiver Sicherheitsanalyse.

- Die induktive Sicherheitsanalyse wird als Bottom-up-Methode beschrieben. Es werden bekannte Fehlerursachen und deren unbekannte Fehlereffekte untersucht. Als Beispiel nennt die ISO 26262 die FMEA, ETA und Markov-Analyse.
- Die deduktive Sicherheitsanalyse wird als Top-down-Methode beschrieben, bei der von bekannten Fehlereffekten deren unbekannte Fehlerursachen untersucht werden. Als Beispiel nennt die ISO 26262 die FTA und Zuverlässigkeitsblockdiagramme.

Allgemein ist es so, dass man als Top-Down-Ansatz in dem Sinne nur eine funktionale Analyse durchführen kann, da man zuerst die Funktion bestimmter Hardwareelemente kennen muss, bevor man auf eine Fehlerursache schließen kann. Dagegen wird man bei Fehlerbetrachtungen rein technischer (realisierter) Elemente, wie Komponenten oder Bauelemente, von den Eigenschaften der Elemente auf die Fehler der Elemente schließen können und damit auch auf zufällige Hardwarefehler. Die Fehlerauswirkungen und deren Effekte können dann als induktive Analyse bezeichnet werden. Daraus würde jedoch folgen, dass nur die induktive

Analyse wirklich die Auswirkungen gegen zufällige Hardwarefehler adressiert. Dies wird weitgehend auf eine Mischung hindeuten, wobei man die untere Ebene induktiv gestaltet und in der mittleren Ebene die technischen Fehler funktional beschreibt, damit die Durchgängigkeit gewährleistet wird.

Neben induktiver und deduktiver Sicherheitsanalyse unterscheidet man noch zwischen qualitativer und quantitativer Sicherheitsanalyse. Die quantitative Sicherheitsanalyse soll auch die Frequenz von Fehlern betrachten, aber zu beiden muss man die Fehlertypen und Fehlermodi kennen. Generell sagt die Norm natürlich, dass die quantitativen Sicherheitsanalysen dazu dienen, die quantitativen Metriken aus Teil 5, Kapitel 8 und 9, zu erfüllen.

Folgende qualitative Sicherheitsanalysemethoden werden aufgezählt:

- qualitative FMEA auf System-, Design- oder Prozessebene,
- qualitative FTA,
- HAZOP,
- qualitative ETA.

Folgende quantitative Sicherheitsanalysemethoden werden aufgezählt:

- quantitative FMEA,
- quantitative FTA,
- quantitative ETA,
- Markov-Modelle (Markov-Analyse),
- Zuverlässigkeitsblockdiagramm.

Auf diese Unterscheidung wird nicht weiter eingegangen, weil jede dieser Methoden auf quantitativen Untersuchungen basiert, die je nach Ziel und Bedarf quantifiziert werden können. Weiter stellt sich die Frage, ob mit diesen Methoden tatsächlich die Systematik oder Methodik beschrieben wird oder die Darstellung des Ergebnisses.

Die Anforderungen in der ISO 26262:2018, Teil 9, Kapitel 8 adressieren folgende Aspekte:

8.4.1: Die Sicherheitsanalyse soll gemäß den ursprünglichen Methoden und Standards erfolgen und den Zielen des Sicherheitsplans folgen.

8.4.2: Das Ergebnis der Sicherheitsanalyse soll den Bezug zu den Sicherheitszielen oder Sicherheitsanforderungen anzeigen oder transparent machen, dass es keinen Bezug gibt.

8.4.3: Wenn identifiziert wird, dass Sicherheitsziele oder Sicherheitsanforderungen nicht erreicht oder erfüllt werden, sollen Maßnahmen zur Vermeidung, Entdeckung oder Minderung der Fehler, Fehlereffekte oder Fehlerpropagation erarbeitet werden.

8.4.4: Maßnahmen als Ergebnis der Sicherheitsanalyse sollen bei der Entwicklung auf System-, Hardware- oder Software-Ebene einfließen.

8.4.5: Neue Gefahren (also Risiken, die zu Gefahren führen oder auf andere Weise zu Gefahren führen als bisher betrachtet), die in einer Sicherheitsanalyse identifiziert werden, müssen iterativ in der Gefahrenanalyse und Risikobewertung betrachtet werden.

8.4.6: Die Fehlerarten (also die Ausprägung von Fehlern) müssen der Betrachtungsebene entsprechen und in dieser konsistent verwendet werden.

8.4.7: Relevante Testfälle müssen durch die Sicherheitsanalyse identifiziert werden.

8.4.8: Die Sicherheitsanalyse muss verifiziert werden.

8.4.9: Eine qualitative Sicherheitsanalyse muss Folgendes erfüllen:

a) Systematische Identifikation von Fehlern, die zur Verletzung von Sicherheitszielen oder Sicherheitsanforderungen führen. Dabei sollen Fehler betrachtet werden innerhalb des ITEMS, Fehler durch die Interaktion mit anderen ITEMs oder Elementen. Überraschenderweise werden in der Norm keine Effekte von außerhalb des ITEMs adressiert.

b) Die Konsequenzen der Fehlerpropagation von allen identifizierten Fehlern in Bezug auf das Potential, Sicherheitsziele oder Sicherheitsanforderungen zu verletzen, muss untersucht werden.

c) Fehlerursachen müssen identifiziert werden.

d) Potentielle Schwächen des Sicherheitskonzepts oder unzureichende Effizienz von Sicherheitsmechanismen und Behandlung von Anomalien in Bezug auf latente oder Mehrfachfehler, Fehler gemeinsamer Ursache, kaskadierende Fehler usw. Weiter gibt es Hinweise auf hinreichende Rückwirkungsfreiheit oder Unabhängigkeit.

8.4.10: Quantitative Analysen ergänzen die qualitativen Analysen, sie müssen zusätzliche Aspekte betrachten:

a) die quantitativen Daten sollen die Architekturmetriken und die Top-Fehlermetrik unterstützen,

b) eine systematische Identifikation von Fehlern, die die Sicherheitsziele oder Sicherheitsanforderungen verletzen können,

c) potentielle Schwächen des Sicherheitskonzepts oder unzureichende Effizienz von Sicherheitsmechanismen,

d) Diagnose, Testintervalle, der Zeitraum für den Notlaufbetrieb oder die Zeit zwischen Fehlerentdeckung und Fehlerkorrektur, Fehlerbehebung oder Reparatur müssen betrachtet werden.

Die Norm gibt hier gute Ratschläge, wie die typischen FMEA-Methoden (qualitativ und quantitativ) für eine Sicherheitsanalyse angewendet werden sollten. Um Normkonformität zu zeigen, sollte man sich hier unbedingt an dem Wortlaut der Norm in englischer Sprache orientieren. Diese Anforderungen sind für andere Methoden zur Sicherheitsanalyse weitgehend nicht erfüllbar. Trotzdem sollte man im Rahmen der Methodenentwicklung über die Anforderung 8.4.1 nachdenken und eine geeignete Abwandlung der jeweiligen Methode gegenüber dem Analyseziel kritisch hinterfragen. Eine Analyse ist grundsätzlich auch eine Verifikationsmaßnahme, daher wäre eine Betrachtung der Anforderungen zur Verifikation aus Teil 8 der ISO 26262 zu empfehlen.

Die Ausprägung der Methoden ist in erster Linie durch ihren Aufruf in den Entwicklungsteilen 4 (System) und 5 (Elektronik-Hardware) der ISO 26262 relevant. Die Darstellungen in den folgenden Bildern zeigen den Informationsfluss für System und Elektronik-Hardware sowie für System und Software. Hier sieht man, wie die ISO 26262 die Sicherheitsanalysen aufruft und wo die Ergebnisse einfließen. Diese Darstellung hat nicht den Anspruch auf Vollständigkeit des Informationsflusses; eine vollständige Darstellung kann nur bezogen auf eine bestimmte Realisierung gezeigt werden und weist je nach Reifegrad der Entwicklung sehr unterschiedliche Iterationen des Informationsflusses auf.

Grundsätzlich verläuft der Informationsfluss in der horizontalen Ebene zum Beispiel über die Wirkkette

- Sensor,
- Verarbeitung,
- Aktuator

oder basierend auf einem Ausschnitt der Wirkketten, also vom betrachteten Element mit

- Eingangsinformationen,
- logischer Relation von Eingangs- zu Ausgangsinformationen und
- Ausgangsinformationen.

Außerdem müssen immer die gültigen Umgebungsbedingungen und Konfigurationen in der entsprechenden Betrachtungsebene des jeweils relevanten Elements berücksichtigt werden.

In jeder horizontalen Abstraktionsebene gibt es jedoch die folgenden Aktivitätenphasen:

- Anforderungsphase,
- Architekturphasen,
- Analysephasen,
- Designphasen,
- Verifikationsphasen.

In der Grundidee des V-Modells bilden die Integrationsphasen auf derselben horizontalen Ebene bei der jeweiligen Implementierung oder Realisierung gemäß Anforderungen die Grundlagen für die Integrationsaktivitäten.

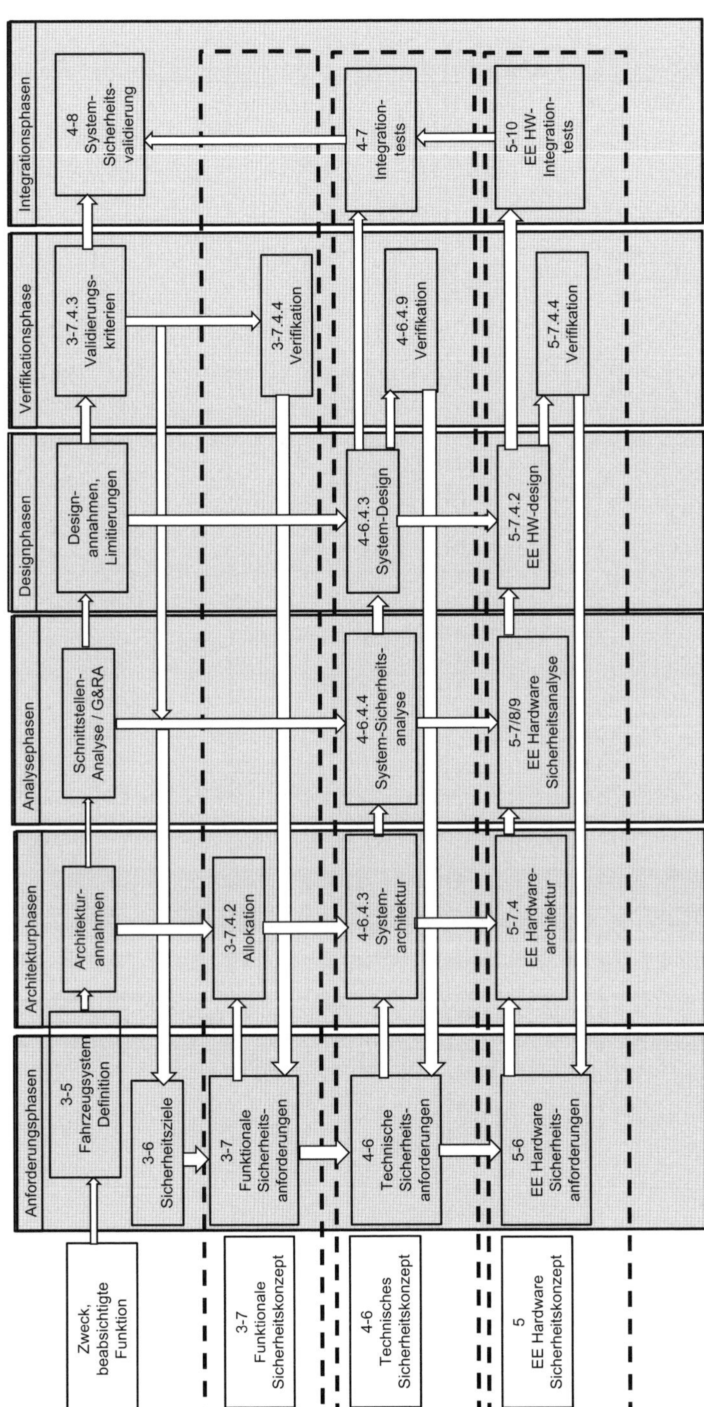

Bild 5.36 Informationsfluss im System und Elektronik-Hardware-Entwicklung gemäß ISO 26262-Aktivitäten

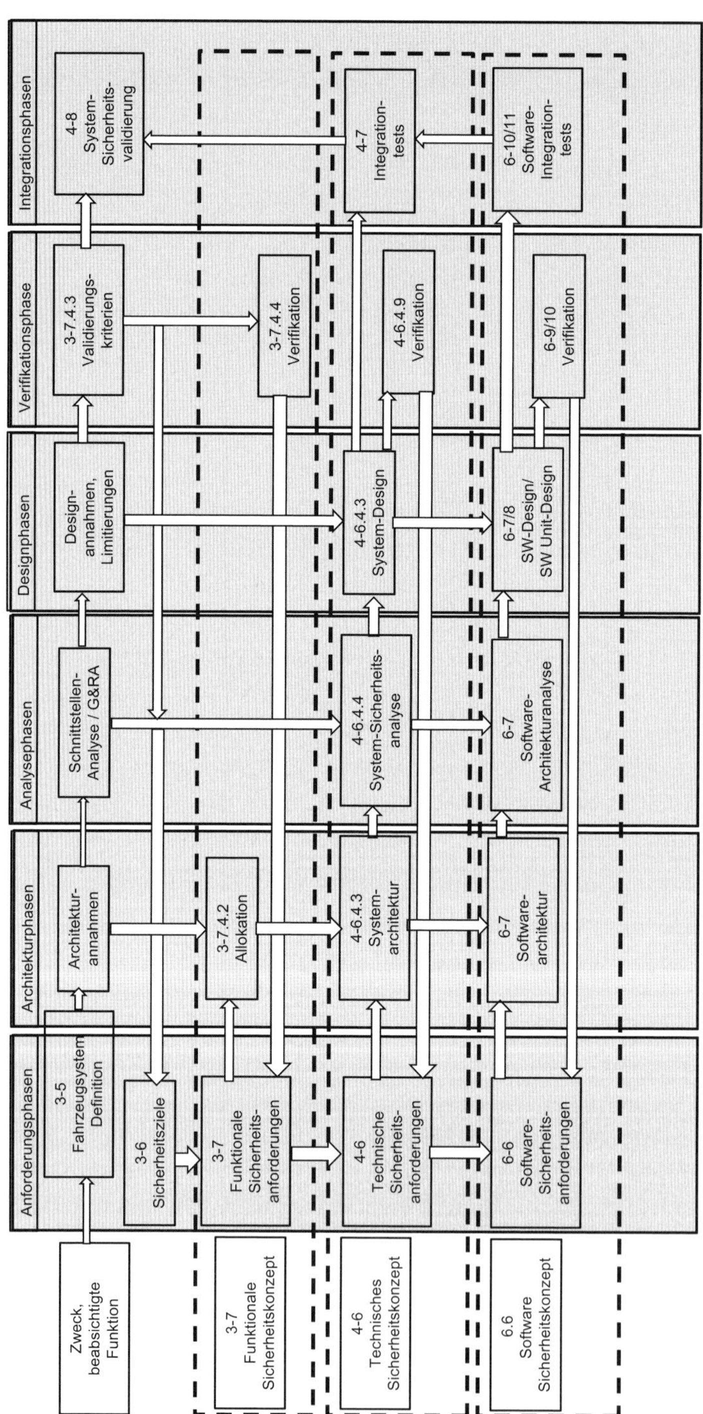

Bild 5.37 Informationsfluss im System und Software-Entwicklung

Die Validation gemäß ISO 26262 und auch die Prüfung der

- korrekten,
- vollständigen und
- konsistenten

Ableitung der Anforderungen, der Architektur, des Designs, der Einschränkungen etc. von einer höheren Ebene in eine untere Ebene wird als Verifikation in der ISO 26262 beschrieben. Methodisch eignen sich oft Validierungsmethoden besser, um die genannten Ziele zu erreichen. Die Validierung wird nur für das gesamte betrachtete Fahrzeugsystem (das ITEM) im Fahrzeugkontext in der ISO 26262 adressiert.

Grundsätzlich werden die induktiven und deduktiven Sicherheitsanalysen in den Architekturkapiteln aufgerufen. Hier wird meist die induktive Analyse für alle ASIL-Anforderungen verlangt und die deduktive Analyse nur für die ASIL-C- und D-Sicherheitsanforderungen.

In der Systementwicklung werden deduktive und induktive Sicherheitsanalysen aufgerufen, um Bedarf und Sicherheitsmaßnahmen zur Vermeidung von systematischen Fehlern zu untersuchen. Weiter gibt es Anforderungen, dass die quantitativen Metriken aus Teil 5 als Kriterium genutzt werden für Sicherheitsmaßnahmen, die während des Fahrzeugbetriebs wirksam sind. Diese Sicherheitsmechanismen sollen vordergründig zufällige Hardware-Fehler beherrschen. Somit muss für ASIL D jeweils eine deduktive und induktive Sicherheitsanalyse durchgeführt und eine dieser Sicherheitsanalysen mindestens quantifiziert werden, um die Systemarchitektur (Architekturmetriken) zu bewerten und die Wahrscheinlichkeit der Sicherheitszielverletzung (Top-Fehler-Metrik oder Fehlerursachenmetrik) zu untersuchen.

In der Elektronik-Hardware-Entwicklung werden die induktiven und deduktiven Analysen in Teil 5, Sicherheitsanalysen, aufgerufen. Die Norm fordert hier insbesondere die qualitative Untersuchung der Ursache-Wirkungs-Beziehung. Weiter sollen die Fehlerursachen und die Effektivität der Sicherheitsmechanismen zur Vermeidung von Einzel- und Mehrfachfehlern nachgewiesen werden. Die korrekte Auslegung der elektrischen Bauelemente oder die hinreichende Robustheit wird ebenfalls adressiert, auch unter dem Aspekt der Verifikation von Hardware-Design. Dies wird üblicherweise in der Automobilindustrie über eine Design-FMEA unterstützt. Das heißt klassisch, man wählt hier einen risikobasierenden Ansatz, wohingegen die ISO 26262 zusätzlich eine Verifikation unter Berücksichtigung aller relevanten Elektronikanforderungen verlangt. Wenn man keine hinreichende Unabhängigkeit argumentieren und nachweisen kann, dann sind auch Komponenten, die nicht an der Realisierung der sicherheitsrelevanten Funktionen beteiligt sind, bei der Design-Verifikation zu berücksichtigen.

In der Software-Entwicklung wird die Software-Architekturanalyse in Teil 6, Software-Architektur-Design aufgerufen. Hier ist das Ziel, sicherheitsrelevante Softwareteile zu überprüfen oder zu identifizieren und die Spezifikation und Verifikation der Effizienz der Software-Sicherheitsmechanismen zu zeigen. In diesem Kapitel werden Ziele für die notwendigen Sicherheitsmechanismen aufgezeigt. Folgende Sicherheitsmechanismen werden gefordert:

- Bereichsüberwachungen für Eingabe- und Ausgabedaten (für alle ASIL gefordert),
- Plausibilitätschecks (für ASIL D gefordert, sonst empfohlen),
- Detektion von Datenfehlern (für alle ASIL empfohlen),
- externe Überwachungseinrichtung (für ASIL D gefordert, für ASIL B und C empfohlen),
- Überwachung des Steuerflusses (für ASIL C und D gefordert, für ASIL B empfohlen),
- diversitäres Software-Design.

Weiter werden folgende Mechanismen zur Fehlerbehandlung auf Architekturebene gefordert:

- statische Wiederherstellmechanismen (für alle ASIL empfohlen),
- selektive Degradation (für ASIL C und D gefordert, sonst empfohlen),
- unabhängige Redundanz (für ASIL D gefordert, für ASIL C empfohlen),
- Datenkorrekturmechanismen (für alle ASIL empfohlen).

Wichtig ist hier, dass es um die Sicherheitsanalyse der Software-Architektur geht, nicht um eine Analyse, die in die SW-Unit hineingeht. In der Praxis heißt dies, dass die Analyse nicht die inneren Strukturen, Aufrufe und Realisierungen innerhalb zum Beispiel eines C-Files betrachtet. Weiter wird davon ausgegangen, dass diese Software-Sicherheitsmechanismen auf der Architekturebene implementiert und damit auch dort wirksam sind. Beachtet man diese Empfehlung, bekommt man meist separate C-Files, die die gewünschte Funktionalität realisieren, und solche, die die Sicherheitsmechanismen realisieren. Durch geschickte Partitionierungen (Trennung von Funktion und Funktionsüberwachung mittels Sicherheitsmechanismen), die auch schon auf der Systemarchitekturebene eingeführt werden können, kann die Komplexität stark reduziert werden. Eine Mischung von sicherheitsrelevanten Funktionen und nicht sicherheitsrelevanten Funktionen auf der Software-Design-Ebene, sprich innerhalb einer SW-Unit, wird in der ISO 26262 eigentlich gar nicht betrachtet. Diese SW-Unit müsste dann nach dem höchsten ASIL entwickelt werden. Dies würde dann wieder zu einem Problem bei ASIL D führen, da hier die unabhängige Redundanz beziehungsweise die Implementierung einer diversitären Software gefordert wird.

In der Überarbeitung der ISO 26262:2018 wurde der Aspekt der Partitionierung intensiver betrachtet als in der ursprünglichen ISO 26262:2011. Bei den heutigen komplexen Rechner-Systemen werden eine Modularisierung und eine geeignete Trennung der Funktionselemente dringend notwendig.

5.3.3 Fehlerpropagation

Die ISO 26262 geht von einer Fehlerpropagation aus, die über die drei englischen Begriffe „Fault, Error, Failure" definiert ist.

In einer FMEA kann man der Fehlerursache eine Abweichung (Fault), einer Fehlerart einen Fehler (Error) und der Fehlerfolge ein Versagen (Failure) zuordnen. Unterscheidet man die Ursachen-, Fehler- und Fehlerfolgeebene auch als unterschiedliche horizontale Abstraktionsebenen, erfüllt man sehr leicht die Anforderungen der ISO 26262, Teil 9, Kapitel 8. Hier wird gefordert, dass sich die Sicherheitsanalysen wie FMEAs an der Architektur orientieren.

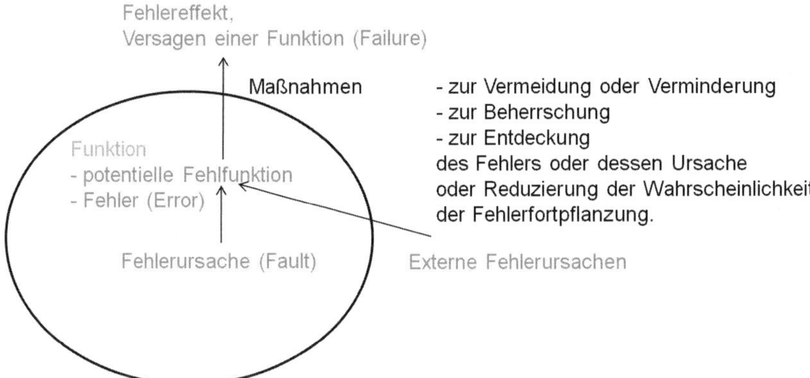

Bild 5.38 Fehlerfortpflanzung

Insbesondere der erste Schritt, der in der gemeinsamen Beschreibung der Arbeitsgruppen von VDA und AIAG aufgezeigt wird, weist auf die besondere Relation der FMEA mit dem Betrachtungsumfang hin. Hier gibt es auf der Ursachenebene Abweichungen vom erwarteten Verhalten, die auf inneren Einflüssen, und solche, die auf äußeren Einflüssen beruhen. Der Fehlereffekt wird bei der FMEA meist außerhalb des Betrachtungsumfangs gesehen, zum Beispiel bei einem System die Auswirkung für das Fahrzeug oder auf den Kunden. Dabei realisiert das System mit seinen Komponenten selbst Funktionen, die dann in Kombination oder durch das Zusammenwirken mit anderen Systemen oder Komponenten im Fahrzeug eine Fahrzeugfunktion ergeben. Ein Bremssystem ist immer abhängig von den Reifen eines Fahrzeugs; ohne ein korrektes Funktionieren der Reifen kann keine Bremse richtig funktionieren. Daher werden die Funktionen gemäß VDA FMEA jeder Fehlerklasse zugeordnet. Das heißt, zu jeder Fehlerklasse gibt es eine Funktion. Allgemein wird die Fehlerebene als die Ebene angesehen, in der ein Produkt (System, Komponente, Element) spezifiziert wird. Somit wird man auch hier gegen die Anforderungen testen können, die durch die implementierten Funktionen realisiert werden sollen.

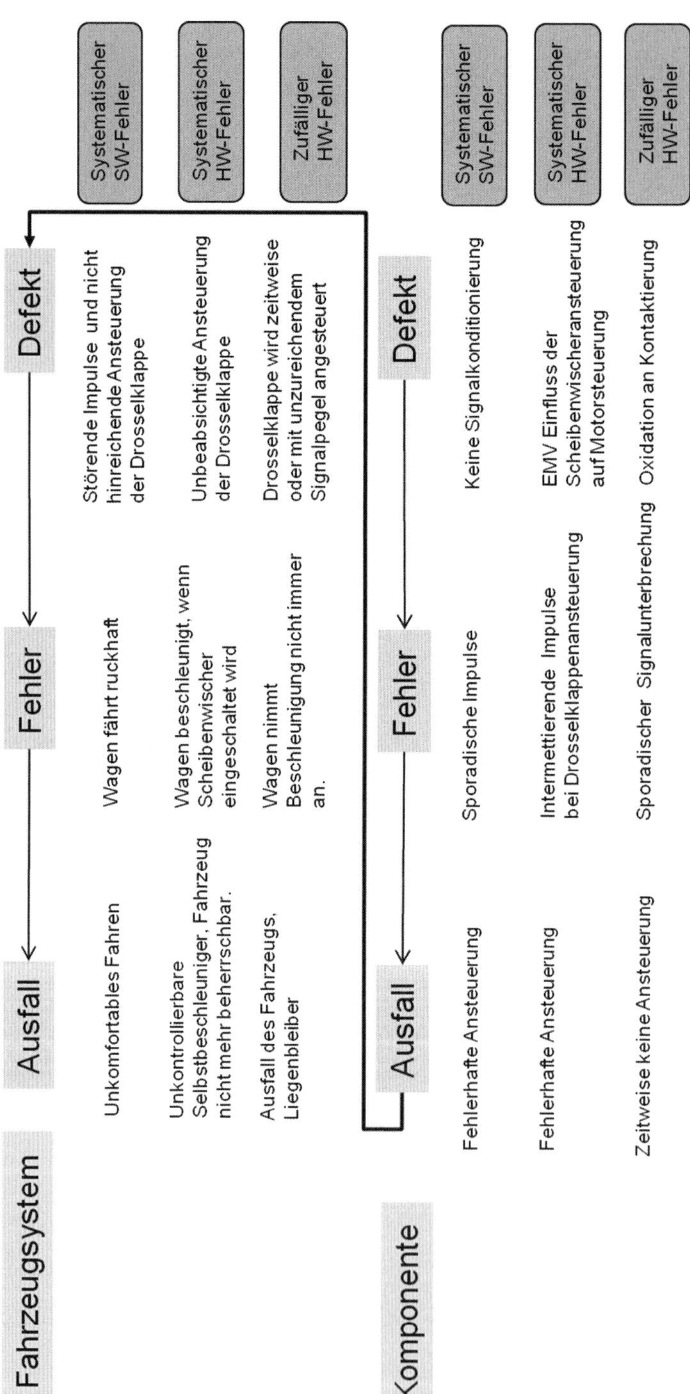

Bild 5.39 Beispiele Fehlerfortpflanzung über mehrere Ebenen

Das Diagramm zeigt, dass die Wahrscheinlichkeit der Fehlerfortpflanzung sehr stark von der Auslegung der Signale, Abstände, Dimensionierung und so weiter abhängig ist. Ob Korrosion zu einem Ausfall führt, hängt von sehr vielen Einflussfaktoren ab, bis zu dem Effekt, dass bei hohen Strömen die Kontakte sogar geeinigt werden können und damit Korrosion an den Kontakten vermieden werden kann. Korrosion kann aber auch zu überhöhten Übergangswiderständen führen, damit zur Erwärmung bis hin zum Brand von Steuergeräten. Ob der geringe Strom, der einen Scheibenwischer ansteuert, tatsächlich eine Drosselklappe ansteuern oder vielleicht aufhalten kann, ist auch fragwürdig, aber pauschal wird man solche Effekte nicht ausschließen können. Das Beispiel zeigt weiter, dass je nach Position des Betrachters zu der jeweiligen Ebene die Fehlerklassen unterschiedlich beschrieben werden. Als Bezugspunkt kann immer die Spezifikation genommen werden, da man im Rahmen seiner Verifikationen auch zeigen möchte, dass die eigene Spezifikation korrekt ist, das heißt, alle beobachtbaren, messbaren oder berechenbaren Anforderungen am Produkt korrekt umgesetzt werden. Über Negativtests (zum Beispiel injizieren von Defekten) kann man korrektes Verhalten im Fehlerfall oder mit Stresstests die Designbeschränkungen überprüfen. Das heißt, wenn man den rechnerischen Nachweis erbringt, dass die Störabstände für die Scheibenwischeransteuerung den EMV-Anforderungen entsprechen und damit keine unzulässige Überlagerung der benachbarten Signale entstehen kann, dann wird man das glaubhaft nicht im oben gezeigten Beispiel beobachten können. Es sei denn, die Berechnungen beruhen auf falschen Annahmen.

Die Fehlerursache wirkt sich sehr stark auf die Fehlercharakteristik aus, oft wird man eine Ursache nicht erkennen können. Wenn man jedoch die Ursache eingrenzen kann, dann wird man weitere mögliche Maßnahmen finden, die eine Fehlerbeherrschung ermöglichen. Diese Analysen beziehen sich mehr auf die klassische Design-(Auslegungs-)FMEA. Sie hinterfragt, ob die Eigenschaften des gewählten Designs den Anforderungen entsprechen. Mit dieser Methode werden in der Mechanik Fragen beantwortet wie: „Ist eine M6er-Schraube geeignet, die Konstruktion zu sichern?“ oder in der Elektronik untersucht, ob der 100-Ohm-Widerstand der richtige Widerstand ist. Die FMEA dient hier in erster Linie dazu, die richtigen und notwendigen Tests (risikobasierender Ansatz) für die Komponentenauslegung zu finden.

In der klassischen Design-FMEA wird man jedoch seltener auf typische horizontale Abstraktionen der Architektur achten als mehr auf problemorientierte Zusammenhänge.

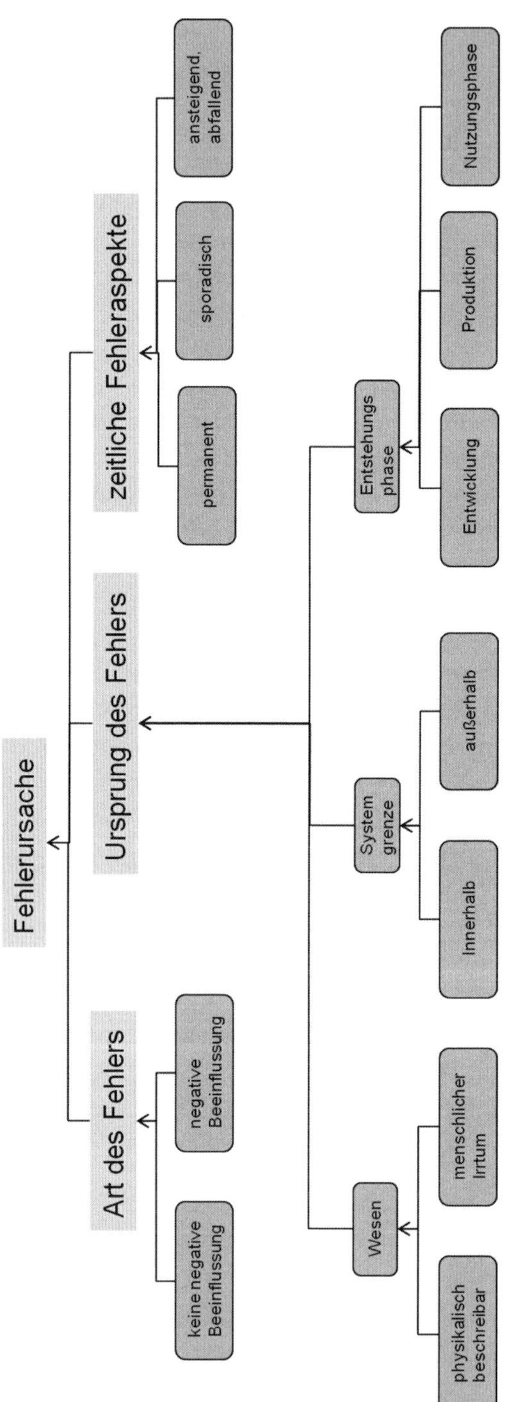

Bild 5.40 Alternative Zusammenhänge von Ursache-Wirkungs-Beziehungen

Es steckt oft die japanische Methode „5 Why" dahinter, die besagt, dass man nach spätestens fünfmaligem Fragen „Warum?" auf den Ursprung eines Fehlers gelangt. Geht man von einem Defekt aus, muss sich dieser Defekt nicht unbedingt negativ auf die Sicherheit auswirken. Trotzdem könnte ein solcher Defekt natürlich je nach Perspektive des Nutzers zu einer Einschränkung der Anwendbarkeit führen; leichte Geräusche etwa können bereits bewirken, dass ein Autokäufer von seinem Kaufvertrag zurücktreten kann. Weiter werden permanente Fehler zu einer anderen Fehlerfolge führen können als sporadisch auftretende Fehler oder Drifts, die über eine bestimmte Transiente ein kritisches Fehlverhalten verursachen können. Das Wesen einer Fehlerursache kann auf einen unbekannten oder falsch bewerteten physikalischen Einfluss zurückgehen, aber auch durch einen (menschlichen) Irrtum kann ein Einfluss falsch und daher nicht korrekt bewertet werden. Noch schwieriger ist es, wenn die Designentscheider oder die Designentscheidungen unbekannt sind. Oft wird zwar die Designentscheidung auf einer höheren Abstraktionsebene kommuniziert, aber welche Einflüsse durch die Entscheidung als unkritisch und welche als relevant betrachtet wurden, wird meist nicht kommuniziert. Ähnlich ist es mit Designentscheidungen von anderen Fahrzeugsystemen oder designbeeinflussenden Maßnahmen in der Produktion der Komponenten. Gerade bei der E-Mobilität sieht man, dass das Nutzungsverhalten der Fahrzeuge gar nicht so einfach vorhersehbar ist. Welche Funktion oder welche Komponenten hier wirklich über welchen Zeitraum und mit welcher Intensität beansprucht werden und wie sich das auf die Alterungseffekte der Bauelemente auswirkt, ist oft nur schwierig abschätzbar. Dies zeigt, dass die Fehlerzusammenhänge nur sehr schwierig bewertbar sind. Wenn wir in der ISO 26262, Teil 5, die Anforderungen sehen, dass die Fehlerzusammenhänge, die zu einer Verletzung eines Sicherheitsziels führen, gar quantitativ bewertet werden sollen, dann wird dies eine besondere Herausforderung darstellen. Formal werden mit den in Teil 5, Kapitel 9 geforderten Metriken nur die zufälligen Hardwarefehler betrachtet, aber die Entscheidung, inwiefern diese zufälligen Hardwarefehler tatsächlich das Sicherheitsziel verletzen können, wird weitgehend durch die oben beschriebenen Einflussfaktoren bestimmt. Daher kann man die Ergebnisse aus den Quantifizierungen zu den Architekturmetriken als konservativ betrachten. Fehlerkombinationen werden quantitativ weitgehend über die Wahrscheinlichkeit des gemeinsamen Auftretens bestimmt. Handelt es sich um unabhängige Fehler, so wird die Wahrscheinlichkeit gegen unendlich gehen, handelt es sich um abhängige Fehler, so wird der Grad der Abhängigkeit dies bestimmen (Grundlage des Axioms von Kolmogorov). Der Grad der Abhängigkeit wird jedoch gemäß ISO 26262 nicht quantifiziert, da es keine allgemein bekannten Methoden oder Prinzipien gibt, mit denen sich diese Abhängigkeiten quantifizieren lassen.

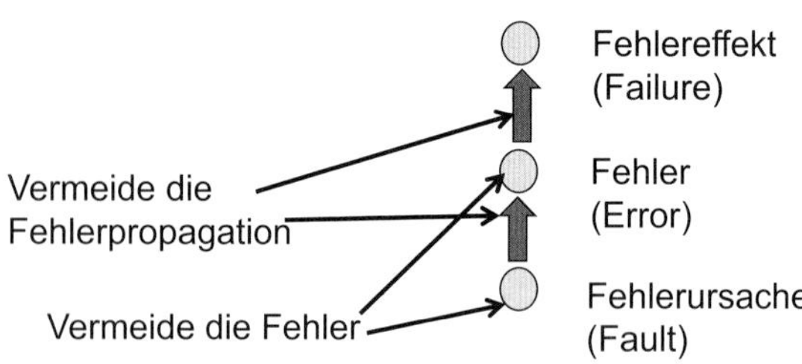

Bild 5.41 Fehlervermeidung und Fehlerbeherrschung

Grundsätzlich kann man Fehler vermeiden oder die Auftretenswahrscheinlichkeit reduzieren beziehungsweise die Fehlerpropagation vermeiden oder deren Wahrscheinlichkeit mindern. Die Vermeidung oder Reduzierung der Fehlerwahrscheinlichkeit geschieht über hinreichend robuste Auslegung, die Vermeidung oder Reduzierung der Fehlerpropagation geschieht über die Architektur. Bei der Fehlerpropagation unterscheidet man zwischen der Fehlerfortpflanzung von einer Ebene in die höheren Abstraktionsebenen, zum Beispiel von der Komponente über das System zum Sicherheitsziel, oder die Fehlerfortpflanzung innerhalb einer horizontalen Ebene.

In der oberen Abstraktionsebene wird dieselbe Beziehung zwischen Eingang und Ausgang betrachtet wie in der Ebene darunter. In der Ebene darunter wird praktisch nur das eine Element in zwei Elemente unterteilt, damit die Schnittstelle zwischen den zwei Elementen analysiert werden kann.

Die Fehlerpropagation innerhalb einer horizontalen Ebene kann folgende Beziehungen betreffen:

- von einem Element zu einem weiteren Element (zum Beispiel zwischen Sender und Empfänger),
- von einem Eingang zu einem Ausgang (wird an einem Eingang eines Elementes ein falscher Wert eingelesen, dann kann durch eine korrekte Verarbeitung ein falscher Ausgangswert entstehen).
- Durch fehlerhaftes Einlesen von Konfigurationen oder Betriebsmodi können trotz korrekter Verarbeitung fehlerhafte Ausgangswerte entstehen,
- durch unzulässige Umgebungsbedingungen können falsche Ausgangswerte entstehen (Mikrocontroller produziert zufällige Ausgangsreaktionen am Ausgang bei Überhitzung oder erhöhter EMV).

Weiter ist es für die Fehlerpropagation in eine höhere Abstraktionsebene wichtig, wie die Fehler zum Beispiel in bestimmten Betriebssituationen auftreten können. Hierzu gibt es bei den Fehlerbaumanalysen den Begriff der Importanzen. Birnbaum- oder Fussel-Vesely-Importanzen beschreiben, wie Fehler und Situationen zueinander in Beziehung stehen und wie hoch die Überlappung auch bei Fehlerkombinationen ist. Hier gibt es folgende Aspekte:

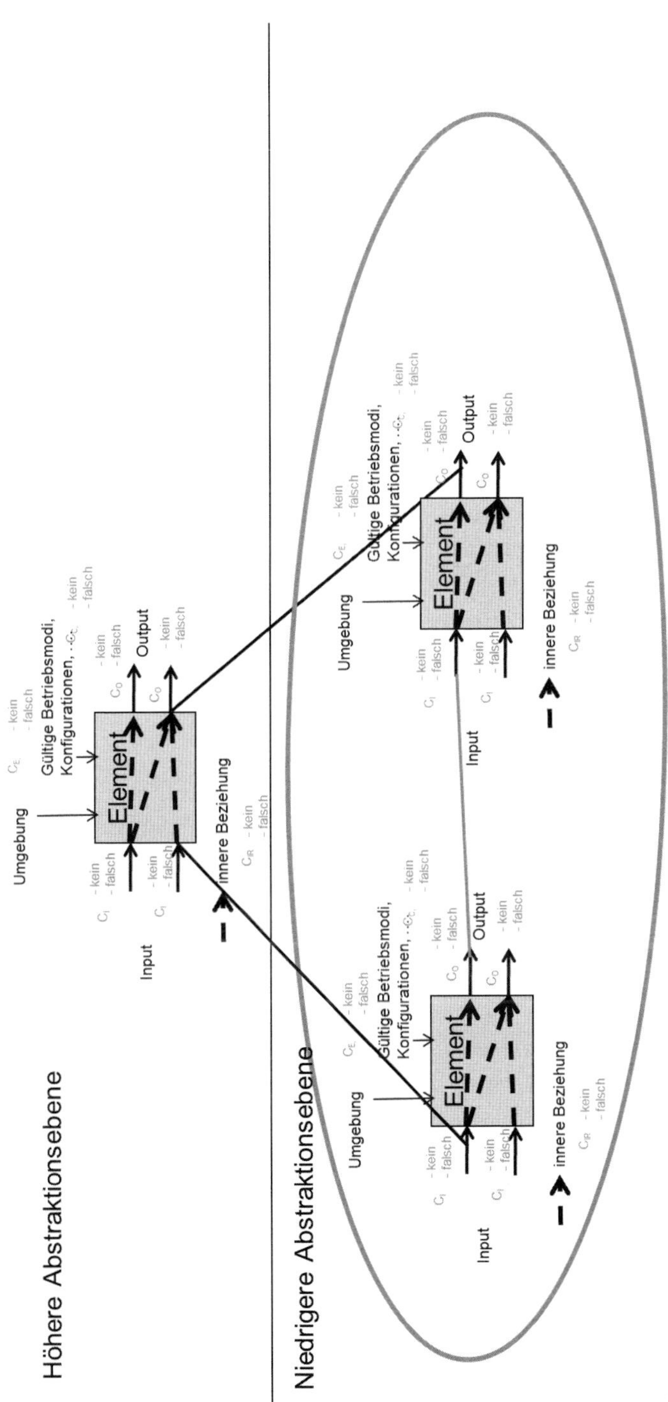

Bild 5.42 Fehlerbeschreibung auf unterschiedlichen horizontalen Architekturebenen

- Ist die Situation oder der Betriebszustand bereits vorhanden, wenn der Fehler auftritt (zum Beispiel Fehler während der Regelung), oder kommt man in einen Betriebszustand oder eine Situation und der Fehler ist bereits vorhanden (zum Beispiel Abschaltpfad kann im Fehlerfall nicht abschalten)?
- Fehler treten sporadisch ein und andere Fehler werden nur gefährlich zu einem Zeitpunkt, wenn der sporadische Fehler auch anliegt.
- Fehler sind nur in bestimmten Situationen oder Betriebszuständen gefährlich, können aber nicht in allen Situationen und Betriebszuständen beherrscht werden.

Diese Abhängigkeiten der Fehler und die Möglichkeiten der Fehlerpropagation müssen analysiert werden, damit man bei Bedarf entsprechende geeignete Maßnahmen einplant.

5.3.4 Fehlerpropagation in der Horizontalen und Vertikalen

Typischerweise wird zwischen Propagationen von Funktionen und Fehlern in der Horizontalen oder in der Vertikalen unterschieden.

Horizontale Signalketten sind typischerweise vom:

- Sensor oder einem Eingang der Betrachtungseinheit
- über die Verarbeitung zum
- Aktuator oder dem Ausgang der Betrachtungseinheit

zu sehen.

Vertikal wäre der Verlauf von einer unteren Betrachtungsebene zu einer höheren Betrachtungsebene zu sehen, wie es typischerweise von der

- Implementierung und Realisierung in HW oder SW ausgehend
- in die entsprechenden höheren Systemebenen wäre.

Unter Berücksichtigung von horizontalen Ebenen und verschiedenen Perspektiven kann man auch von einer Fehlerpropagation in der horizontalen Ebene sprechen und von der Fehlerpropagation noch oben zum Sicherheitsziel. Durch die Vererbung von Anforderungen und die horizontale Struktur werden natürlich systematische Fehler auch nach unten (zum Beispiel vom System zur Komponente) propagiert, dies wird in erster Linie durch die Funktionsanalyse begleitet und führt im Rahmen einer Fehleranalyse relativ schnell zu einer unendlichen Komplexität.

Die mögliche Fehlerpropagation in der horizontalen Ebene kann auch nur bedingt eingeschränkt werden, da jeder systematische Fehler beim Spezifizieren zum Beispiel eine potentielle Fehlerquelle sein kann. Um so etwas wie mehr Fehlersicherheit zu erreichen, benötigt man in den horizontalen Ebenen entsprechende Barrieren, die ein weiteres Fehlerpropagieren verhindern. Dazu hat man zum Beispiel in der ersten Version der IEC 61508 vorgeschlagen, dass man sicherheitsrelevante Software nicht mit Software, die nach einem QM-Standard entwickelt wurde, oder Software nach verschiedenen Integritätsstufen in einem Mikrocontroller implementieren sollte. In anderen Sicherheitsstandards fordert man dazu sogar getrennte Steuergeräte, weil besonders die Umwelteinflüsse ebenfalls die elektronischen Funktionen beeinflussen können und bei getrennten Steuergeräten man davon ausgehen kann, dass die Funktionen in verschiedenen Steuergeräten nicht gleichzeitig durch Umwelteinflüsse in der gleichen Art gefahrbringend beeinträchtigt werden. Dies lässt man aber in der ISO 26262 alles zu, jedoch gibt die Norm vor, dass man entsprechende Ersatzmaßnahmen implementieren muss.

Das heißt, es stellt sich die Frage: Wie erreicht man zum Beispiel, dass die Software in einem Mikrocontroller nicht von der umgebenden Hardware oder durch die zu realisierenden Funktionen negativ beeinflusst wird? Um hinreichende Sicherheit auch bis hin zu den höchsten Sicherheitsintegritätsstufen zu erreichen, ist es heute gängige Praxis, redundante Mikrocontroller in ein Steuergerät zu integrieren. Auch wenn die redundanten elektronischen Bauelemente an einer Spannungsversorgung, auf einer Platine und in gemeinsamen Kabelsträngen geführt werden, kann man durch hinreichend robuste Auslegung diese Unabhängigkeit absichern. Hat man jedoch eine hochverfügbare Sicherheitsanforderung, so wird die Anforderung an eine unabhängige Energiezuführung, dass im Fehlerfall die Funktion noch umgesetzt werden kann, unumgänglich. Über die Abhängigkeitsanalyse (besonders die Common-Cause-Analyse) wird man auf der Hardwareseite aufzeigen können, dass die gewählten Komponenten in den spezifizierten Umgebungen hinreichend robust sind, so dass die Hardware keinen negativen Einfluss auf die redundant implementierte Sicherheitsfunktion hat. Das heißt, alle Einzelfehler, die sich aus der Umgebung negativ auf die Funktion auswirken können, sind so fehlertolerant ausgelegt, dass dieser Einfluss ausgeschlossen werden kann. Kann man durch eine hinreichend robuste Auslegung des Systems zu den Anforderungen, die sich für die Umgebung und die Designlimitierungen ergeben, bestimmte Fehler ausschließen, so wird innerhalb der horizontalen Ebene nur noch die Fehlerpropagation durch die Funktion relevant.

Für funktionale Rekursionen, wie Regler, kann jedoch diese Analyse bereits zu einer beliebigen Komplexität führen.

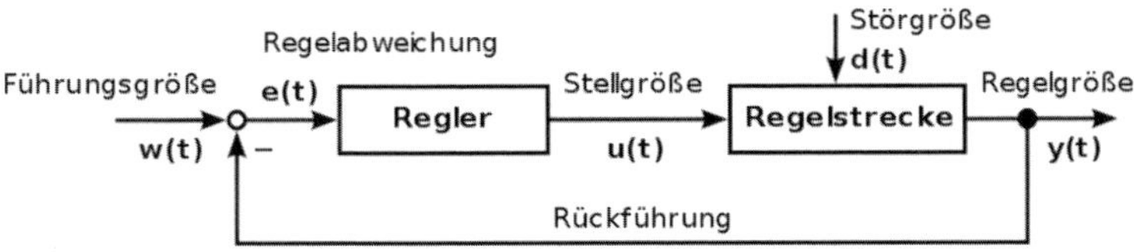

Bild 5.43 Allgemeine Regelstrecke

Eine solche Regelstrecke lässt sich über standardisierte Elemente darstellen. Über die Rückführung erkennt man, dass alle Eigenschaften der Elemente Einfluss auf die Stellgröße haben können. Über einen Vergleich der Eingangs- und Ausgangszustände kann die korrekte Funktion des Reglers nicht überwacht werden. Fehler an und zwischen den Ein- und Ausgängen bei den zulässigen Konfigurationen sowie bei der zulässigen Umgebung können zu Fehlern in der Führungsgröße, in der Regelabweichung der Stellgröße, bei den Störgrößen, bei der Regelgröße und in der Rückführung führen.

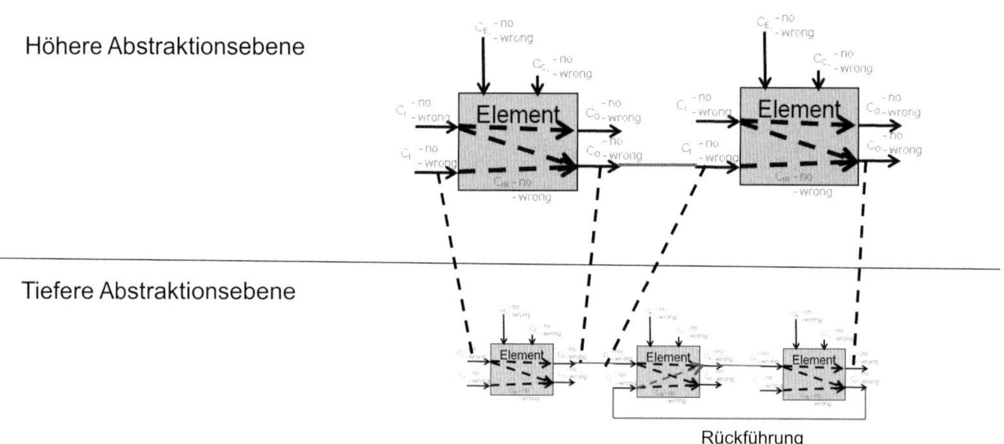

Bild 5.44 Fehlermöglichkeiten in einer allgemeinen Regelstrecke

Da es bei einem Regler im Allgemeinen noch mehr als eine Anforderung pro Funktion gibt, die erfüllt sein muss, wird man eine solche Rekursion nicht nur über eine funktionale Redundanz oder eine Funktionsüberwachung absichern können.

Bei einem Rücklesen eines Ventilstroms können bereits speichernde Effekte zu einer hohen Komplexität der Analyse führen. Wird der Strom zum Ventil digital gesehen, so wird man erkennen, ob der Strom, der angesteuert wird, ausreicht, um das Ventil zu öffnen. Hierzu muss man die physikalische Umgebung des Ventils und die entsprechende Federkraft betrachten, die als Gegenkraft für die elektrische Auslegung der Spule eine Rolle spielt. Typische Alterungseffekte, wie nachlassende Federkraft, Druck oder temperaturabhängige Einflüsse oder Schwergängigkeit durch Schmutzanlagerung können über hinreichend gute Toleranzgrenzen kompensiert werden. Ventilansteuerungen werden jedoch oft so realisiert, dass nach einem kurzen hohen Strom auf den Ventilhaltestrom reduziert wird. Dies hat Vorteile bei der Energie beziehungsweise der Wärmeentwicklung durch das Ventil und der Ansteuerelektronik und man kann eventuell schnellere Öffnungszeiten erzielen. Die Herausforderung besteht jedoch darin, dass es nicht eine Stromschwelle beim Stell-/

Istwert-Vergleich gibt, sondern es wird einen zustandsabhängigen Vergleich geben. Der Öffnungsimpuls muss so hoch sein und so lange dauern, dass das Ventil sicher öffnet. Oft kann man am Strom- oder Spannungsverlauf (durch Induktionseffekte beim Bewegen des Ventilkolbens durch das Spulenmagnetfeld) sehen, ob das Ventil geöffnet ist. Dann kann man auf den geringeren Haltestrom umschalten. Jedoch kann der Ansteuerstrom auch so hoch sein, dass zu große Spannungen induziert werden und dadurch Leitungsisolierungen, EMV-Sicherungsmaßnahmen oder andere signalführende Elemente negativ beeinflusst werden. Schließt das Ventil zum Beispiel durch Vibrationen unerkannt, liegt weiter der Haltestrom an und das geschlossene Ventil kann nie entdeckt werden. Weiter ist die Frage, ob ein Rücklesen des Stromes so schnell erfolgen kann, dass die Auflösung der Eingangsfilter an einem ADC (Analog-Digital-Converter) eines Mikrocontrollers überhaupt solche Ansteuervarianten zulässt. Mit einer Analyse auf der oberen Ebene wird man diese gesamte Fehleranalyse nicht durchführen können, da diese ganzen Detailabhängigkeiten erst in den unteren Ebenen transparent werden.

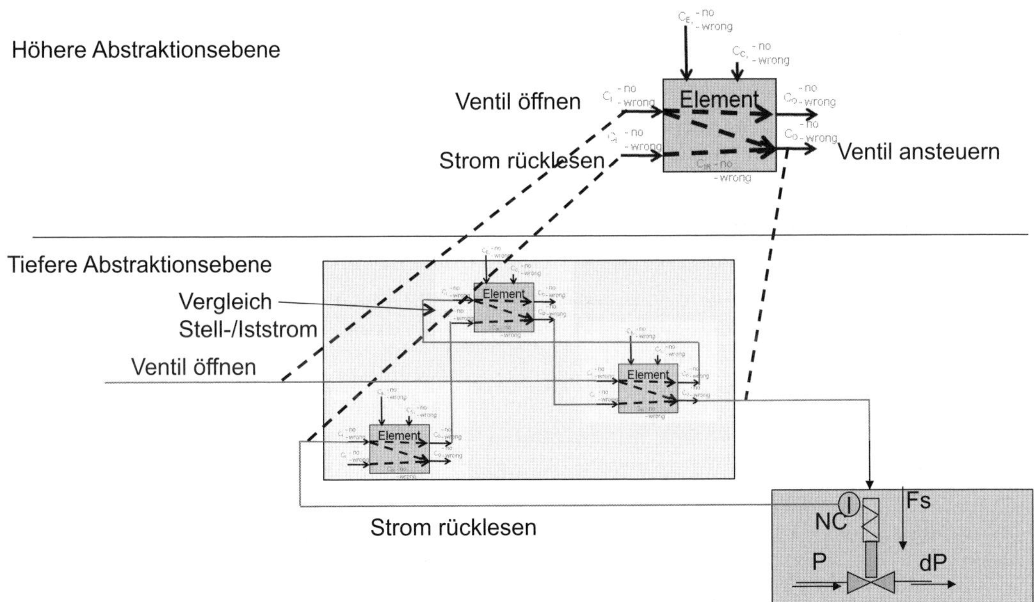

Bild 5.45 Ventilansteuerung mit Stromüberwachung

Laufen solche Überwachungen oder Regelungen auf einem Mikrocontroller ab, können auch alle internen Fehler im Mikrocontroller zu ähnlichem Fehlverhalten führen. Besonders diese speichernden Effekte, die zu einem Signalprellen oder einem Verharren in einem Zustand (stuck-at) führen können, sind nur auf der Detailebene analysierbar.

Hier bietet sich die Alternative an, dass diese möglichen Fehler innerhalb der horizontalen Ebene bereits in der Ebene darüber abgefangen werden, so dass im Fehlerfall eine Fehlerpropagation nach oben hin zum Sicherheitsziel vermieden werden kann. Dies kann zu einer höheren Fehlertoleranz führen, da sich Fehlerketten, die sich gegenseitig aufheben, nicht unbedingt zur Aktivierung der Sicherheitsmechanismen führen müssen. Das würde bedeuten, dass man, wenn man keine eindeutigen sicherheitskritischen Zustände ausschließen kann, in der oberen Ebene eine Signalimpulsüberwachung und eine Zeitüberwachung implementieren sollte. Die Spezifikation für solche Überwachungen hängt dann von den Sicherheitszielen und den möglichen Fehlern ab, die in den unteren Ebenen entstehen können.

5.3.5 Induktive Sicherheitsanalyse

Die induktive Sicherheitsanalyse wird als Bottom-up-Methode beschrieben, man untersucht von bekannten Fehlerursachen ausgehend deren unbekannten Fehlereffekte.

Die FMEA kann wohl in der Automobilindustrie als die Analysemethode schlechthin betrachtet werden, sie hat sich über annähernd zwanzig Jahre in verschiedensten Ausprägungen entwickelt. Als wirklich induktive Sicherheitsanalyse kann man die klassische Formblattanalyse bezeichnen, wobei auch hier die Ursache oft deduktiv ermittelt wurde. Das heißt, man sucht nach potentiellen unbekannten Ursachen. Alle neueren FMEA-Methoden gehen von der Funktion, Aufgabe oder Eigenschaft aus und suchen nach potentiellen Ursachen. In einem nächsten Schritt findet die Ermittlung von Fehlerfolgen statt, so dass der Fehlereffekt bestimmt werden kann. In der ISO 26262 adressiert man drei Arten der FMEA, die System-, Design- und die Prozess-FMEA. Je nach Standard wurde damit die Ebene, der Bereich oder die Methodik unterschieden. In den neueren AIAG-Standards wird daher von der Design-FMEA auf Systemebene und der Design-FMEA auf Komponentenebene gesprochen. Bei der Verifikation des funktionalen Sicherheitskonzeptes fehlt weitgehend die Sicherheitsanalyse. Hier wird in den verschiedenen Firmenstandards oft auf eine Entwurfs-FMEA oder eine Konzept-FMEA verwiesen. Dies ist eine Methode, die die Verifikation des funktionalen Sicherheitskonzepts sinnvoll unterstützen könnte. Der VDA-Standard beschreibt allgemein eine Produkt-FMEA, die je nach Produktschwerpunkt die Ursachen-, Fehler- und Fehlerfolgeebene variabel festlegt. Hier unterscheidet man nach Maßnahmen in der Entwicklung oder Maßnahmen im Kundenbetrieb. Die Prozess-FMEA beschreibt die Analyse im Produktionsprozess, wobei die Prozess-FMEA oft verzahnt mit der Design-FMEA ist. Ein funktionaler Fehler (meist die Fehlerebene) kann seine Ursachen im Design oder in der Produktion haben. Im Sinne der ISO 26262 wird praktisch das Design eines Produktes durch die Design-FMEA untersucht und entsprechende Maßnahmen werden in der Entwicklung vereinbart, die ein Fehlerauftreten vermeiden, mindern oder das Fortpflanzen von Fehlern positiv beeinflussen sollen. Sämtliche Anforderungen der ISO 26262 aus Teil 5, Kapitel 7 könnten über die Design-FMEA abgedeckt sein, wenn man den Schritt von der Funktion zur Fehlerursache als deduktive Analyse anerkennt. Die Frage stellt sich nur, ob man mit einer Design-FMEA auch die Fehlerklassen nach Einzelfehlern, Mehrfachfehlern und sicheren Fehlern unterscheiden kann. Einzelfehler wird man in der Design-FMEA sehr gut identifizieren können, weil hier eine Fehlerfolge zu einem Sicherheitsziel identifiziert werden kann. Ist dies der Fall, so handelt es sich um einen „Single-Point Fault“. Gibt es einen Sicherheitsmechanismus für diesen Single-Point Fault, so handelt es sich um einen „Residual Fault“. Führt der Fehler zu einem sicheren Ausfall oder wird bei dem Fehler ein sicherer Zustand erreicht, ohne dass der Übergang zu einer Gefährdung führen kann, so kann der Fehler als "sicherer Fehler" identifiziert werden. Gibt es für einen Fehler weder funktionale Abhängigkeiten zu sicherheitsrelevanten Funktionen oder einen Effekt, der zu einer Sicherheitszielverletzung führt, dann kann man solche Fehler als nicht sicherheitsrelevante Fehler klassifizieren. Es sei denn, die Analyse der abhängigen Fehler weist doch wieder bestimmte Einflüsse aus. Bei den Mehrfachfehlern weist die Norm auf weitere Klassifizierungen, wie die Wahrnehmung durch den Fahrer, die technische Entdeckbarkeit oder die Latenz, hin. Es wird damit schon eine generische Fehlerkombination vorgegeben. Wenn ein Fehler bei der Funktion auftritt, der selbst ein Einzelfehler ist, der ein Sicherheitsziel verletzen kann und gleichzeitig eine implementierte Maßnahme zur Vermeidung, dann handelt es sich hier um eine sicherheitsrelevante Fehlerkombination, welche als Mehrfachfehler betrachtet wird. Die Mehrfachfehler, die durch die Art der Realisierung entstehen, werden meist nur über Tests und Modellierungen identifiziert werden können. Daher ist eine Fehlerbaumanalyse als deduktive Analyse zwar eine Form, wie man Mehrfachfehler in ihrer Abhängigkeit darstellen kann, aber in Rahmen einer reinen Top-down-Analyse lassen sich nur Fehlerkombinationen aus Funktionsabhängigkeiten ableiten. Besonders Kombinationen aus systematischen Fehlern untereinander oder systematische Fehler in Verbindung mit zufälligen Hardwarefehlern können nur durch Simulationen und Erfahrung beziehungsweise logische Abhängigkeiten abgeleitet werden. Fehlersimulationen, Prototypentest und so weiter sind mögliche Maßnahmen in der Entwicklung in einer Design-FMEA.

Ob man gemäß VDA nun wirklich die Design-FMEA und System-FMEA oder Maßnahmen im Kundenbetrieb und in der Entwicklung in einer Analyse betrachtet oder separat in unterschiedlichen Analysen untersucht, hängt in erster Linie von der Komplexität des Produktes ab. Hier sollte eine enge Planung mit der System- und Elektronikarchitektur angestrebt werden, so dass die Transparenz und Konsistenz der Arbeitsprodukte gewährleistet werden kann.

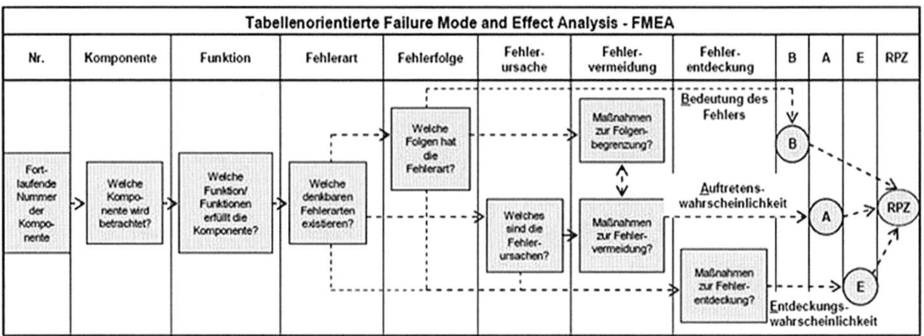

Bild 5.46 Klassische FMEA-Methode (Quelle: VDA FMEA 1996)

In der klassischen Formblatt-FMEA sieht man, dass auch hier nicht rein induktiv vorgegangen wurde, die Fehlerursache wird auf Basis einer bekannten Fehlerart gesucht.

Hierarchisiert man die FMEA über die klassischen Dreierschieber (Fehlerursache, Fehlerart, Fehlerfolge) hinaus beim Betrachten mehrerer Systemebenen, kann die Fehlerpropagation in verschiedenen Ebenen vermieden werden.

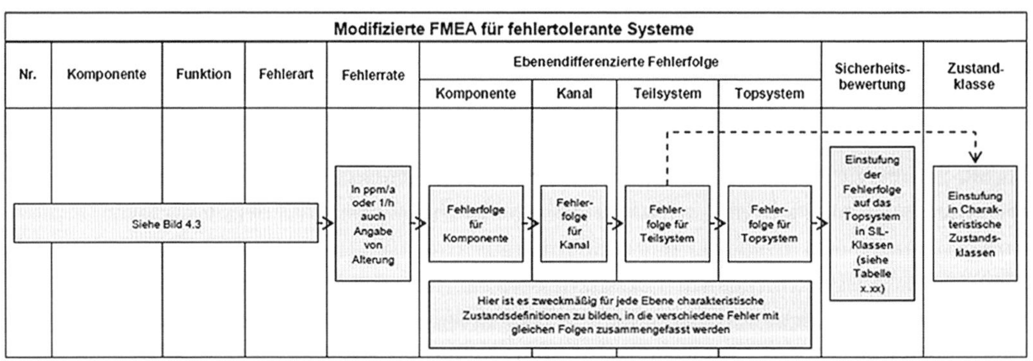

Bild 5.47 FMEA über mehrere Systemebenen zur Absicherung von Mehrfachfehlern

In einer FMEA kann man auch Mehrfachfehler analysieren; dazu müssen in unteren Ebenen die entsprechenden Funktionen definiert werden, die nur in Kombination zu einer Sicherheitszielverletzung führen. In dem Fall muss in einer weiteren Analyse gezeigt werden, dass zwischen den beiden Funktionen keine Fehler gemeinsamer Ursache zur Verletzung beider Funktionen führen. Dies ist neben der funktionalen Abhängigkeit durch gemeinsame Nutzung von Hardwareressourcen oder gemeinsame Energiequellen (Batterie, Spannungsversorgung etc.) zu analysieren.

5.3.6 Deduktive Sicherheitsanalyse

Die deduktive Sicherheitsanalyse wird als Top-down-Methode beschrieben, man untersucht von bekannten Fehlereffekten ausgehend deren unbekannte Fehlerursachen.

Wie bei den alten Normen zur ETA zeigt die alte DIN 25424 die Darstellung der Fehlerbaumanalyse. Es wird im Wesentlichen normiert, wie boolesche Abhängigkeiten in Symbolen dargestellt werden. Zuverlässigkeitsblockdiagramme beschreiben die logischen Abhängigkeiten in Blockdiagrammen, diese Blockdiagramme und ihre Verkettung werden analysiert. Das Ergebnis oder die Ergebnisse werden meist dann auch in boolescher Algebra dargestellt. Das quantifizierte Ergebnis in FTAs wird oft als Wahrscheinlichkeit für die Unverfügbarkeit berechnet, es kann aber auch positiv berechnet und betrachtet werden.

Die deduktive Analyse wird immer mit der induktiven Analyse in der ISO 26262 aufgerufen und für ASIL C und D gefordert. Ziel ist es hier, eine zweite unabhängige Analysemethode zu haben, die jeweils unabhängig von Top-down und von Bottom-up die Architektur analysiert. Daher wird die Kombination der induktiven Analyse in einem Arbeitsschritt mit der deduktiven Analyse nicht gerne akzeptiert. Eine automatische Umwandlung des einen Analyseergebnisses in eine andere Darstellung ist aber auch nicht zielführend für die Sicherheit, daher wird hier eine alternative Vorgehensweise auf Basis von Zuverlässigkeitsblockdiagrammen beschrieben.

Das Ziel der deduktiven Analyse besteht in erster Linie darin, bevor man Designentscheidungen trifft, auf mögliche Fehler zu schließen. Die induktive Analyse wäre folglich die Prüfung, ob eine Designentscheidung hinreichend ist. Das heißt, in der ersten Iteration der deduktiven Analyse gibt es nur die Informationen, die aus der höheren Abstraktionsebene auf den Anwendungsbereich der Analyse abgeleitet werden. Dies sind die Umgebungsbedingungen, die Anforderungen und die Architektur- beziehungsweise Designentscheidungen oder Annahmen. Diese deduktive Analyse wird für ASIL C und D in der Systemebene als Ableitung der Sicherheitsziele sowie der Definition des Fahrzeugsystems und in den darunterliegenden Ebenen als Ableitung aus der jeweilig darüber liegenden Abstraktionsebene gefordert. Da Systeme beliebig häufig in hierarchische Subsysteme gegliedert oder heruntergebrochen werden können, ist diese Analyse auch auf den jeweiligen Ebenen anzuwenden. Eine Analyse über mehrere horizontale Ebenen würde zu einer sehr komplexen Darstellung der Fehlerpropagation führen.

Grundsätzlich geht man bei Zuverlässigkeitsblockdiagrammen auch von einem systematischen Herunterbrechen der Funktionsblöcke über die verschiedenen Abstraktionsebenen aus. Hier nutzt man meist logische Gruppen, die mit ihren funktionalen Zusammenhängen über die Ebenen analysiert werden. In den verschiedenen Ebenen werden Wirkketten herausextrahiert, die einen durchgängigen funktionalen Zusammenhang darstellen. Ein Beispiel ist der Sicherheitsmechanismus für ein bestimmtes Sicherheitsziel.

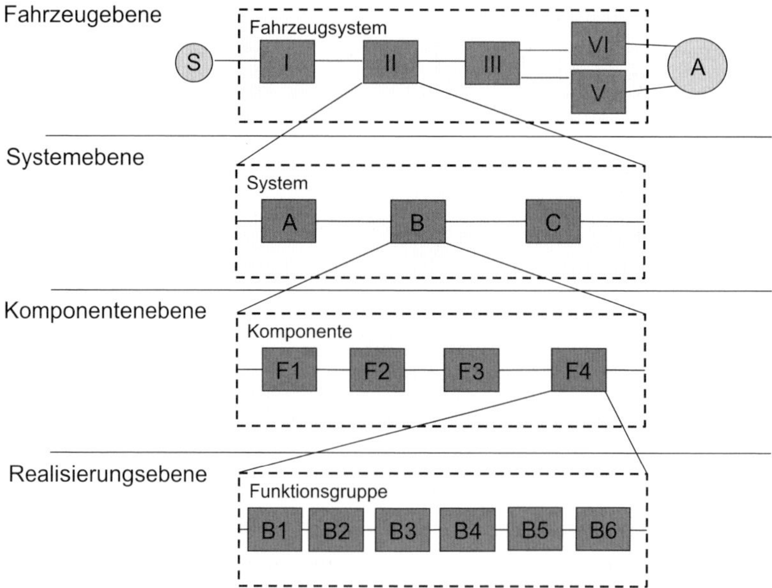

Bild 5.48 Herunterbrechen von Zuverlässigkeitsblockdiagrammen

Auf der unteren Realisierungsebene werden die kleinsten Bauelemente identifiziert.

Die Realisierung auf der unteren Ebene kann man bis auf einen Schaltplan herunteridentifizieren, bei dem man einzelne Bauelemente betrachtet und bei Bedarf auch Lötstellen und Leiterbahnen.

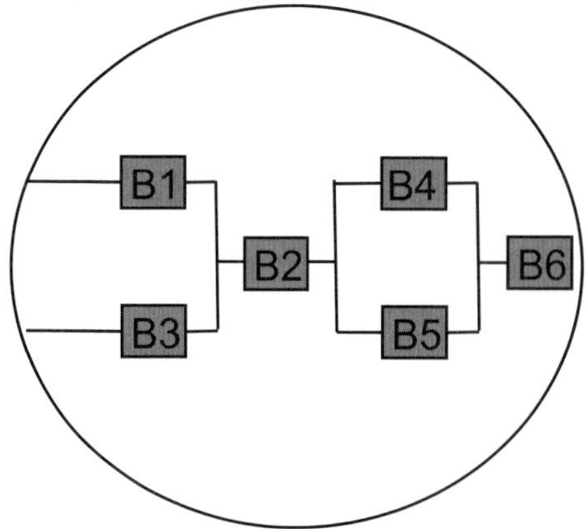

Bild 5.49 Realisierung als vereinfachter Schaltplan

Die einzelnen Bauelemente kann man in Logikketten darstellen, die als Zuverlässigkeitsblockdiagramme betrachtet werden.

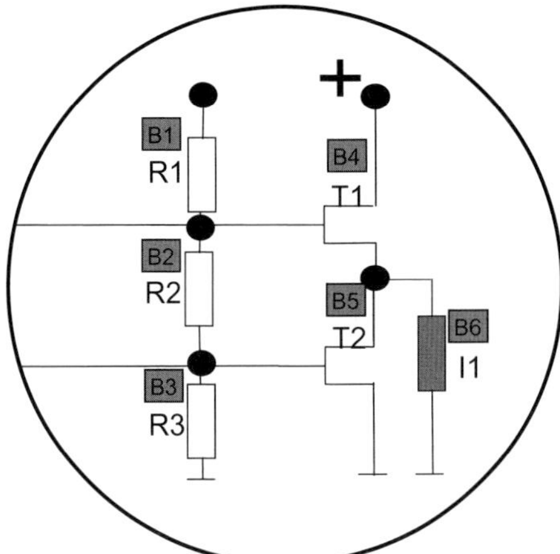

Bild 5.50 Logikkette zur Realisierung gemäß Schaltplan

Diese Logikkette kann nun analysiert werden, wobei das Analyseziel aus dem Kontext beziehungsweise über die Architekturkette vom Sicherheitsziel abgeleitet werden muss. In dem Fall würde man für die Spule B6 einen sicheren energielosen Zustand für folgende Einzelevents erhalten:

- hochohmiger Ausfall der Spule B6 selbst,
- hochohmiger Ausfall des Widerstands B2,
- hochohmiger Ausfall der redundanten Widerstände B1 und B3,
- hochohmiger Ausfall der redundanten Transistoren B4 und B5.

Würde die abgeleitete Sicherheitsanforderung nun lauten, dass ein unbeabsichtigtes Zuschalten von der Induktivität B6 zu vermeiden ist, so würden bestimmte Fehlermodi unterschiedlich gefährlich auf die Funktionsgruppe einwirken können. Alle weiteren niederohmigen Ausfälle der Bauelemente würden als Mehrfachfehler angesehen. Die folgende Argumentation zeigt, wie wichtig die korrekte Auslegung der Bauelemente selbst bei so einer einfachen Schaltung sein kann. Je nach Auslegung können unterschiedliche Fehlermodi zu Einzel- oder Mehrfachfehlern werden.

R1 und R3 würde man so auslegen, dass die Transistoren bei einem Einzelfehler nicht beide gleichzeitig durchschalten können. Drifts auf bestimmte Werte von R2 könnten dazu führen, dass T1 und T2 fälschlicherweise durchgeschaltet würden. Genauso könnte ein niederohmiger Fehler von T1 zu einer fälschlichen Aktivierung der Induktivität L1 führen. Damit wären die gefährlichen Einzelfehler identifiziert. Unter diesen Randbedingungen wären die sicheren sowie Einfach- und Mehrfachfehler identifiziert. Bei dieser Auslegung wäre trotz Redundanz der Transistoren der niederohmige Ausfall von T1 ein Einfachfehler.

Die Quantifizierung der Zuverlässigkeitsblockdiagramme wird sehr detailliert in der Literatur beschrieben. Es gibt mathematische Ansätze und die Möglichkeit das Ergebnis über boolesche Algebra darzustellen. Folgende Basiselemente sind in der Lage, alle möglichen Sicherheitsstrukturen in den verschiedenen Strukturen darzustellen. Die mathematischen Ableitungen sind so beschrieben, dass man von einem einfachen reparierbaren System ausgeht.

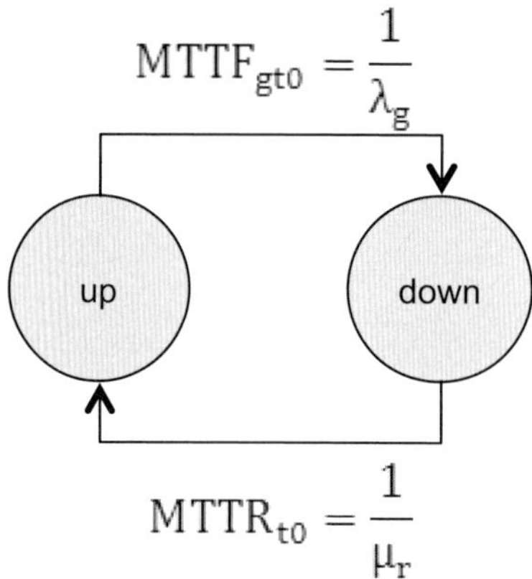

Bild 5.51 Einfaches Modell für ein reparierbares System

Die Fehlerraten λ und μ bilden sich demnach aus dem Kehrwert der MTTF (statistischer Erwartungswert für ein Versagen, Mean Time To Failure) beziehungsweise aus der MTTR (statistische Wiederherstellungszeit, Mean Time To Restore). Der Index „g“ bedeutet hier „gesamt“, „t0“ bedeutet, vom Zeitpunkt T = 0 beginnend.

Somit werden die Grundfunktionen wie folgt quantifiziert:

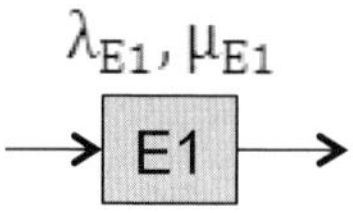

λ_{E1}, μ_{E1} → E1 →

$$PA_{E1} = \frac{1}{1 + \frac{\lambda_{E1}}{\mu_{E1}}} \approx 1 - \frac{\lambda_{E1}}{\mu_{E1}}$$

Bild 5.52 Ausfallwahrscheinlichkeit eines Einzelelementes

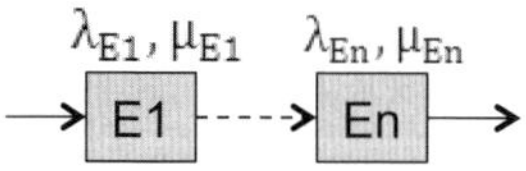

λ_{E1}, μ_{E1} → E1 - - - → En → λ_{En}, μ_{En}

$$PA_g \approx 1 - \left(\frac{\lambda_{E1}}{\mu_{E1}} + \ldots + \frac{\lambda_{En}}{\mu_{En}}\right) \quad \lambda_g = \lambda_{E1} + \ldots + \lambda_{En} \Rightarrow \mu_g = \frac{\lambda_g}{1 - PA_g}$$

Bild 5.53 Ausfallwahrscheinlichkeit von Serienelementen

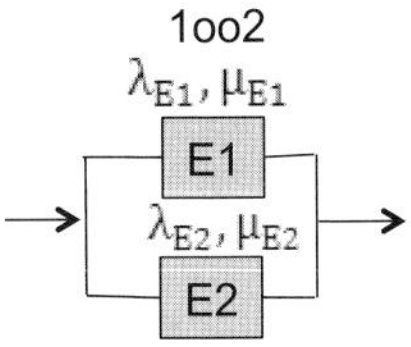

1oo2

λ_{E1}, μ_{E1} E1

λ_{E2}, μ_{E2} E2

$$PA_g \approx 1 - \frac{\lambda_{E1} \cdot \lambda_{E2}}{\mu_{E1}^2 \cdot \mu_{E2}^2} \cdot (\mu_{E1}^2 + \mu_{E2}^2)$$

$$MTTF_{gt0} = \frac{1}{\lambda_g} \approx \frac{\mu_{E1} \cdot \mu_{E2}}{\lambda_{E1} \cdot \lambda_{E2} \cdot (\mu_{E1} + \mu_{E2})}$$

$$\lambda_g = \frac{\lambda_{E1}\lambda_{E2} \cdot (\mu_{E1} + \mu_{E2})}{\mu_{E1} \cdot \mu_{E2}}$$

Bild 5.54 Ausfallwahrscheinlichkeit von Parallelelementen

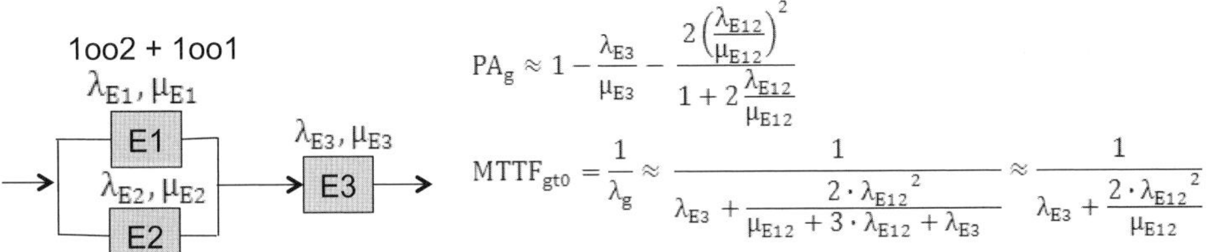

$$PA_g \approx 1 - \frac{\lambda_{E3}}{\mu_{E3}} - \frac{2\left(\frac{\lambda_{E12}}{\mu_{E12}}\right)^2}{1 + 2\frac{\lambda_{E12}}{\mu_{E12}}}$$

$$MTTF_{gt0} = \frac{1}{\lambda_g} \approx \frac{1}{\lambda_{E3} + \frac{2 \cdot \lambda_{E12}^2}{\mu_{E12} + 3 \cdot \lambda_{E12} + \lambda_{E3}}} \approx \frac{1}{\lambda_{E3} + \frac{2 \cdot \lambda_{E12}^2}{\mu_{E12}}}$$

Bild 5.55 Ausfallwahrscheinlichkeit von Elementkombinationen

Zuverlässigkeitsblockdiagramme können sehr gut aus der Architektur und ihren funktionalen Zusammenhängen abgeleitet werden. Da man durch einen einfachen mathematischen Zusammenhang die Funktion und deren sicherheitsrelevante Eigenschaften sehr gut in die Ausfallrate überführen kann, stellt sich die Frage, ob eine Negation überhaupt Sinn macht auf der Systemebene, auf der sich die Fehler aus systematischen Fehlern in erster Linie auswirken. Welchen Mehrwert erhält man durch die Negation? Ist es nicht wichtiger, die Identifizierung der Datenflüsse durch die Elemente zu prüfen sowie die funktionalen Fehlermodi, die die Funktion gefährlich beeinflussen können? Weiter wird man funktionale Abhängigkeiten identifizieren können, da man Fehlerinjektionen in den Netzen einfach bewerten und damit nicht nur die Fehlerfortpflanzung im Verhältnis zu den Sicherheitszielen bewerten kann, sondern auch Kaskaden, die innerhalb der horizontalen Ebene zu abhängigen Fehlern führen. Dies ist laut ISO 26262 Aufgabe der Abhängigkeitsanalyse. Somit haben wir die Möglichkeit, die Blockdiagramme zur funktionalen Abhängigkeitsanalyse zu nutzen. Die Abhängigkeiten durch die technische Realisierung werden wieder sinnvollerweise über eine deduktive Analyse zu betrachten sein.

Ein wesentlicher Punkt basiert auf der Analyse der Fehlermodi, hier gibt die ISO 26262 in den jeweiligen Anhängen der Teile 5 und 6 in Bezug zu den zu implantierenden Sicherheitsmechanismen Hinweise. Für eine deduktive Analyse kann man nur die möglichen Fehlermodi aus der Funktion, den Charakteristiken der Funktion (Parameter) sowie deren Bezug zur Umgebung ermitteln. Keine Funktion, eine falsche Funktion, eine zu niedrige oder zu hohe Funktion oder Drifts leiten sich aus dem DC-Fehlermodell ab. Weiter werden sporadische (intermittierende oder transiente) Fehler, Oszillationen oder andere dynamische Fehler aus der spezifizierten Zielfunktion und ihren Charakteristiken abgeleitet. Wie und in welcher Form sich die Fehler dann fortpflanzen, hängt auch von den Umgebungsbedingungen ab. So kann sich in einer kalten Umgebung ein Fehler anders auswirken als in einer heißeren Umgebung, wenn zum Beispiel Bauelemente an ihrer Spezifikationsgrenze betrieben werden. Daher wird in der ISO 26262 ein robustes Design gefordert oder in anderen Sicherheitsnormen ein sogenanntes Derating (Abstand zur maximalen oder nominalen Auslegung der Bauelemente). Spätestens hier sieht man, dass man die Ergebnisse zur Bewertung der induktiven und deduktiven Analyse zusammenführen muss. Welche technischen Fehler sich auf welche Art, wie wahrscheinlich, mit welcher Intensität und so weiter nach oben hin zum Sicherheitsziel fortpflanzen, das ergibt dann die Bewertung.

Die deduktive Analyse beginnt jedoch dann nicht an der Stelle, an der die ISO 26262 sie das erste Mal fordert, sondern bereits in der Anforderungsanalyse. Die Kapitel 6 der Teile 4, 5 und 6 fordern jeweils eine Verifikation der Anforderungen. Zusätzlich wird in Teil 8, Kapitel 6 gefordert, dass die Sicherheitsanforderungen in natürlicher Sprache und in formalen oder semi-formalen Notationen spezifiziert werden sollen. Wobei gemäß Glossar der ISO 26262 die formale Notation eine syntaktisch und semantisch, die semi-formale Notation nur eine syntaktisch vollständige Notation ist. Die Semantik beschäftigt sich typischerweise mit den Beziehungen zwischen Zeichen und Bedeutungen dieser Zeichen und der damit verbundenen Aussage, die Syntax definiert die Regeln. Ähnlich einer Sprache können wir aus der Menge vorgegebener Symbole (Worte) Sätze bilden. Die Regeln für das Bilden gültiger Sätze aus diesen Symbolen (=„Grammatikregeln") definieren die Regeln für die Syntax. Wenn wir beispielsweise einer Variablen einen Wert zuweisen oder eine Zählschleife verwenden, dann müssen wir uns an die Grammatikregeln halten. Falsche Syntax führt zu Fehlermeldungen. Die Bedeutung der gültigen Sätze einer Programmiersprache nennt man Semantik. Es geht um die Frage, was die Zeichenfolgen auf dem Rechner bewirken: „2 + 4 = 7" ist in der Sprache der Mathematik syntaktisch richtig, aber semantisch falsch. Als Konsequenz könnte die semi-formale Methode trotz korrekter Beschreibung inhaltlich falsche Ergebnisse liefern. Warum dann die formale Notation nicht bevorzugt wird, ist auf den ersten Blick nicht ersichtlich. Wird eine formale Methode unter einem falschen Kontext aufgerufen, so wird sie für den falschen Kontext auch semantisch und syntaktisch vollständig mögliche falsche Ergebnisse liefern. Daher ist in der ISO 26262 die semi-formale Notation auch nur eine Möglichkeit neben der natürlichen Sprache, die Anforderung zu formulieren. Die hinreichende Vollständigkeit und Korrektheit wird gemäß ISO 26262 über die Verifikation ermittelt.

Nutzt man die semi-formale Notation zur Beschreibung der Anforderungen, so ist es sinnvoll, dies auch zur Basis für die Modellbeschreibung zu nutzen. Dadurch, dass in der ISO 26262 hinter jedem Schritt die Verifikation verlangt wird, können systematische Fehler vermieden werden und die Konsistenz der Arbeitsschritte und damit auch der Arbeitsergebnisse wird gefördert. Da man auch das Modell gemäß ISO 26262 als Testreferenz nutzt, reift ein Modell formal entlang des Entwicklungsprozesses. Ein Modell basiert meist auf logischen Elementen und beschreibt die Struktur und funktionalen Zusammenhänge der Elemente oder verhält sich entsprechend. Somit sollten die Architektur, die Sicherheitsanalyse und das Modell eine weitgehend gemeinsame Basis haben oder aber bezüglich der sicherheitsrelevanten Eigenschaften auch konsistent sein.

5.3.7 Quantitative Sicherheitsanalyse

Es gibt zwei Kapitel in der ISO 26262, die sich mit quantitativen Sicherheitsanalysen auseinandersetzen. Beide Kapitel haben unterschiedliche Ziele. Zum einen werden die Architekturmetriken betrachtet, diese haben im Sinne der Norm folgende Zielsetzung:

> *Das Ziel der Hardware-Architekturmetriken ist es, die Architektur des Fahrzeugsystems (also des ITEMs und nicht nur der EE-Hardware) zu untersuchen bezüglich der Anforderungen zur Beherrschung von zufälligen Hardware-Fehlern.*

Hierbei ist darauf hinzuweisen, dass es um eine Bewertung für das gesamte betrachtete Fahrzeugsystem geht und die Hardware-Architekturmetriken nur die Darstellung verkörpern entsprechend den Anforderungen zur Fehlerbehandlung.

Die allgemeine Beschreibung des Kapitels ergänzt Folgendes:

> *Dieses Kapitel beschreibt zwei Architekturmetriken zur Untersuchung der Effektivität der Architektur des Fahrzeugsystems bezüglich des Umgangs mit zufälligen Hardwarefehlern. Diese Metriken und deren Zielwerte werden für das gesamte Fahrzeugsystem angewendet. Sie bilden eine komplementäre Untersuchung zur Verletzung der Sicherheitsziele, basierend auf zufälligen Hardwarefehlern (PMHF, Top-Fehlermetrik).*

Die beiden Architekturmetriken zu Einzelfehlern (SPFM, Single-Point-Fault-Metrik) und Mehrfachfehlern LFM, Latent-Fault-Metrik) fokussieren auf die Eignung der Architektur, die möglichen Hardware-Fehler zu beherrschen, und die zweite Metrik adressiert den resultierenden Einfluss von zufälligen Hardware-Fehlern auf die Sicherheitsziele der Betrachtungseinheit, des ITEMs.

Die Norm gibt der zweiten Metrik folgende Ziele:

> *Zwei alternative Methoden (siehe Absatz 9.4) werden vorgeschlagen, die untersuchen sollen, ob das Restrisiko der Sicherheitszielverletzung (durch zufällige Hardware-Fehler) hinreichend gering ist.*
>
> *Beide Methoden untersuchen die Sicherheitszielverletzung auf Basis von zufälligen Hardware-Fehlern, Restfehlerwahrscheinlichkeiten und plausiblen Doppelfehlern. Mehrfachfehler können auch betrachtet werden, wenn sie durch das gegebene Sicherheitskonzept relevant sind. Bei dieser Analyse werden die Abdeckung von Si-*

cherheitsmechanismen gegen Restfehler- und Doppelfehler sowie die Auftretensdauer oder -wahrscheinlichkeit von Doppelfehlern geprüft.

Die erste Methode nutzt eine Wahrscheinlichkeitsmetrik, die sich „PMHF" („Probabilistic Metric for random Hardware Failures", probabilistische Metrik gegen zufällige Hardwarefehler) nennt. Um zu untersuchen, inwiefern das betrachtete Sicherheitsziel verletzt werden kann, können zum Beispiel quantifizierte Fehlerbäume genutzt werden, um diese mit den quantitativen Zielwerten zu vergleichen.

Die zweite Methode betrachtet jeden einzelnen Restfehler, Einzelfehler oder Doppelfehler daraufhin, inwiefern diese dazu beitragen können, ein betrachtetes Sicherheitsziel zu verletzten. Dies kann auch als Cutset-Analyse betrachtet werden.

Hinweis: Im Kontext einer Zuverlässigkeitsanalyse ist eine Cutset-Analyse in einem Fehlerbaum zu finden, die Untersuchung der Fehlerfortpflanzung von Basisevents führt zu einem Top-Event.

Im Wortlaut hat sich der Text in der ISO 26262:2018 leicht geändert, die Metriken in der Struktur und Zielsetzung haben sich nicht geändert. Die Architekturmetriken werden auch oft als relative Metriken bezeichnet und die Top-Fehlermetriken als absolute Metriken. Auch die Top-Fehlermetriken basieren auf zufälligen Hardwarefehlern wie die Architekturmetriken (Festlegung aus ISO 26262, Part 5, AnnexC).

Die ISO 26262 betrachtet also folgende Metriken:

- Single-Point Fault Metric (SPFM),
- Latent (Dual-Point) Fault Metric (LFM),
- Probabilistic Metric for random Hardware Failures (PMHF) or evaluation of Each Cause of Safety Goal Violation (ECSGV).

Die zufälligen Hardware-Fehler sind gemäß ISO 26262 wie folgt zu klassifizieren:

Die Fehlerraten λ eines jeden sicherheitsrelevanten Hardwareelements (es wird dabei angenommen, dass die Fehler unabhängig sind und einer exponentiellen Verteilung folgen) können wie folgt gruppiert werden:

- Fehlerrate basiert auf Einzelfehleranteil des Hardwareelements (Single-Point Faults): λ_{SPF};
- Fehlerrate basiert auf Restfehler eines beherrschten Einzelfehlers des Hardwareelements (Residual Faults): λ_{RF};
- Fehlerrate basiert auf Mehrfachfehleranteil des Hardwareelements (Multiple-Point Faults): λ_{MPF};
- Fehlerrate basiert auf Mehrfachfehleranteil des Hardwareelements, der vom Fahrer wahrgenommen oder technisch beherrscht wird (Perceived/Detected Multiple-Point Faults): $\lambda_{MPF\,DP}$;
- Fehlerrate basiert auf Mehrfachfehleranteilen des Hardwareelements, die durch keine Maßnahme abgedeckt sind (Latent Faults): $\lambda_{MPF\,L}$;

- Fehlerrate basiert auf Fehleranteilen des Hardwareelements, welche zu keiner Gefährdung des Sicherheitsziels beitragen (Safe Faults): λ_S.

Es gelten dann folgende Beziehungen der Fehlerklassen zueinander: $\lambda = \lambda_{SPF} + \lambda_{RF} + \lambda_{MPF} + \lambda_S$ und $\lambda_{MPF} = \lambda_{MPF\,DP} + \lambda_{MPF\,L}$.

Die ISO 26262 stellt in Teil 5, Anhang C, diese Zusammenhänge als Kreisdiagramm sowie auch die oben beschriebenen Summenformeln dar.

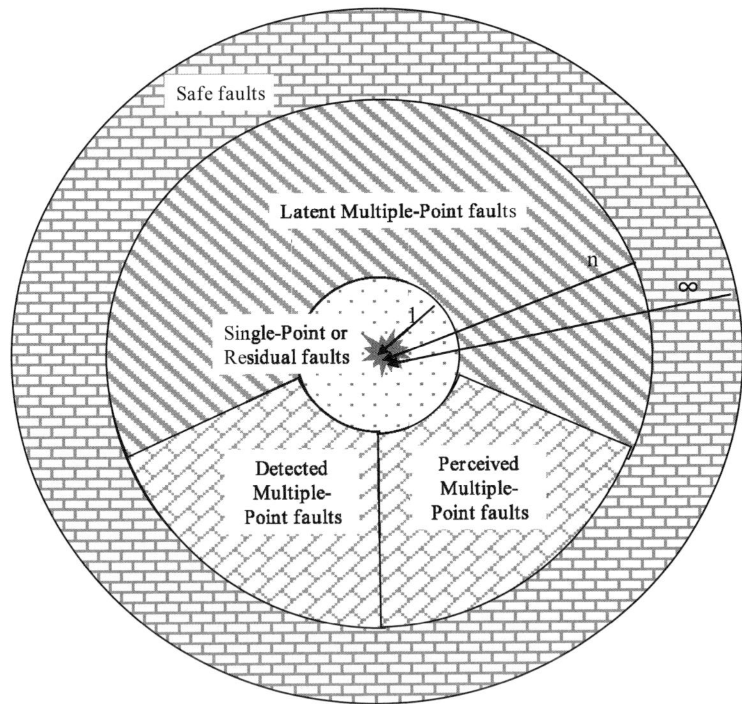

Bild 5.56 Kreisdiagramm zur Fehlerklassifizierung

Die Metriken werden bereits in Teil 4 der ISO 26262 eingeführt. Ähnlich wie in der ARP 4761 gefordert, sollen entsprechende Zuverlässigkeits-Budgets für alle Elemente der Architektur definiert werden. Ebenso werden die Architekturmetriken herangezogen, um die Architektur auf Systemebene zu bewerten. Auf der Systemebene werden die Architekturmetriken nur als Hilfsmaß zu betrachten sein, da bei einem softwareintensiven System die systematischen Fehler die Architektur dominieren.

Ebenso wird in Teil 4 das Systemdesign adressiert, das technische Sicherheitskonzept und die Verifikation; auch das Systemdesign (nicht nur der Teil, der mit einem ASIL bewertet ist, sondern das ganze Sicherheitsintegritätssystem) muss den Anforderungen, die sich aus dem funktionalen und technischen Sicherheitskonzept ableiten, gerecht werden. Dazu werden induktive (für alle ASILs) und deduktive (für die höheren ASILs) Sicherheitsanalysen gefordert. Hier geht es in erster Linie um die Analyse der systematischen Fehler, man gibt nur den Hinweis, dass eine quantitative Analyse die Ergebnisse unterstützen kann. Systematische Fehler werden gemäß ISO 26262 jedoch nicht quantitativ betrachtet. Lediglich die Ziele und Budgets für die Metriken sollen festgelegt werden. Dies wird auch verständlich, wenn man die Ergebnisse der Analyse der Fehlerabhängigkeit sieht. Hier entdeckt man bei Fehlern gemeinsamer Ursache oder insbesondere Fehlerkaskaden, dass daraus wesentliche Schwächen im Design abgeleitet werden können. Die große Herausforderung besteht nun darin, dass man die Fehleranalysen so strukturiert, dass man auch die verschiedenen Abhängigkeiten der Komponenten und des Systemumfeldes betrachten, bewerten und zuordnen kann. Um eine hinreichende Separierung von Basis-Control-System (in QM) und Sicherheitsintegritätssystem eventuell auch für verschiedene Sicherheitsintegritätsstufen (verschiedene ASIL) zu erreichen, müssen aktive Barrieren eingeplant werden, die üblicherweise zur Laufzeit überwacht werden. Dies gilt nicht nur für die Software, zum Beispiel bei Planung einer Partitionierung. Auch in der Hardware gibt es viele Abhängigkeiten, die in ihrem vollen Umfang nicht betrachtet werden können. Typische Mechanismen wie Memory-Protection-Mechanismen werden im Allgemeinen auch von der Hardware unterstützt. Reine Software-Mechanismen wie in der ARINC 653 beschrieben werden in der Automobilindustrie bisher selten verwendet.

Die IEC 61508 hat einige Modelle zur Quantifizierung des Abhängigkeitsfaktors (Beta-Faktor) veröffentlicht. Diese konnten jedoch in der ISO 26262 nicht übernommen werden, da die Allgemeingültigkeit in Frage gestellt wurde. Die Frage ist: Wie kann man in der Hardware sicher einplanen, dass eine hinreichende Trennung der Abhängigkeit insbesondere von Funktionen und Signalleitungen gewährleistet ist? Für die Quantifizierung gemäß ISO 26262 müssen auf jeden Fall die Einzelfehler und die glaubhaft möglichen Fehlerkombinationen ausgeschlossen werden. Im Hardwaredesign wird dies nur durch robuste und fehlertolerante Auslegungen möglich sein.

Konsequenterweise muss man tatsächlich bei der Verteilung der Budgets beziehungsweise beim Spezifizieren der quantitativen Sicherheitsanforderungen darauf achten, dass man von unabhängigen Fehlern ausgehen kann. Bekannterweise können Fehler sich anhand von allen Abhängigkeiten fortpflanzen. Die Fehlerabhängigkeitsanalyse (DFA, Dependant Failure Analysis) hat die Aufgabe, solche Abhängigkeiten zu analysieren. Es ist eine gute Empfehlung, diese Analyse während der gesamten Architekturentwicklung begleitend durchzuführen.

5.3.8 Architekturmetriken

Die üblichen Ziele der Architektur sind:

- strukturieren,
- hierarchisieren,

- Schnittstellen identifizieren und definieren,
- unterschiedliche Sichten und Perspektiven bereitstellen,
- Unterstützung von Verhaltensmodellierung,
- Basis für ein Traceability-Konzept (Nachvollziehbarkeit) darstellen,
- Grundlage für Konsistenz-, Vollständigkeitsargumente bilden.
- Als Grundlage für die Struktur der Spezifikation ist die Architektur auch die Basis für die Korrektheitsargumentation.

Die Architekturmetrik der ISO 26262 bezieht sich auf zufällige Hardwarefehler. Im Wesentlichen soll sie Argumente dafür bereitstellen,

- ob die Fehlermodi der Hardware hinreichend identifiziert wurden,
- wie die Fehlermodi der Hardware vertikal (von einer unteren Abstraktionsebene, dem Hardwarelayer, zu Effekten auf System- oder Fahrzeugebene) propagieren,
- wie die Fehlermodi der Hardware horizontal (z. B. Wirkkette, vom Sensor zum Aktor) propagieren,
- wie ihre Abhängigkeit zu systematischen Fehlern ist, damit man auf die Propaga der systematischen Fehler schließen kann,
- auf welcher Ebene die Sicherheitsmechanismen wirken,
- welchen Fehleranteil die Sicherheitsmechanismen abdecken,
- wie und wie effizient die Sicherheitsmechanismen wirken und
- als Grundlage zu Funktional Safety Assessments die notwendigen Argumente für den Sicherheitsnachweis bereitstellen.

Da jegliche Methoden wahrscheinlich diese Ziele nicht erfüllen können, können die Aspekte in der Aufzählung recht gut als Teil einer Review-Check-Liste für die Architektur verwendet werden.

Die Architekturmetriken haben die Aufgabe, die Sicherheitsarchitektur bewertbar und auch vergleichbar zu machen.

Die Architekturmetriken sind wie folgt definiert:

Single-Point Fault Metric

$$SPFM = 1 - \frac{\sum_{\text{safety-related HW elements}}(\lambda_{SPF}+\lambda_{RF})}{\sum_{\text{safety-related HW elements}}\lambda} = \frac{\sum_{\text{safety-related HW elements}}(\lambda_{MPF}+\lambda_{S})}{\sum_{\text{safety-related HW elements}}\lambda}$$

Um zum Beispiel bei der Qualifikation von Komponenten oder über eine Monte-Carlo-Simulation den DC zu ermitteln, kann die Formel wie folgt umgestellt werden:

$$DC_{\text{with respect to residual faults}} : \text{Diagnostic Coverage as a percentage}$$

$$DC_{\text{with respect to residual faults}} = \left(1 - \frac{\lambda_{\text{RF estimated}}}{\lambda}\right) \times 100$$

$$\lambda_{RF} \leq \lambda_{\text{RF estimated}} = \lambda \cdot \left(1 - \frac{DC_{\text{with respect to residual faults}}}{100}\right)$$

Latent-Fault Metric

$$LFM = 1 - \frac{\sum_{\text{safety-related HW elements}}(\lambda_{\text{MPF Latent}})}{\sum_{\text{safety-related HW elements}}(\lambda - \lambda_{\text{SPF}} - \lambda_{\text{RF}})} = \frac{\sum_{\text{safety-related HW elements}}(\lambda_{\text{MPF perceived or detected}} + \lambda_{S})}{\sum_{\text{safety-related HW elements}}(\lambda - \lambda_{\text{SPF}} - \lambda_{\text{RF}})}$$

Auch hier kann die Formel analog umgestellt werden, um einen DC zu ermitteln:

$DC_{\text{with respect to latent faults}}$: Diagnostic Coverage as a percentage

$$DC_{\text{with respect to latent faults}} = \left(1 - \frac{\lambda_{\text{MPF L estimated}}}{\lambda}\right) \times 100$$

$$\lambda_{\text{MPF }L} \leq \lambda_{\text{MPF L estimated}} = \lambda \cdot \left(1 - \frac{DC_{\text{with respect to latent faults}}}{100}\right)$$

Diese Architekturmetriken dienen dazu, die fehlerbeherrschenden Maßnahmen transparent und bewertbar zu machen. Als Grundlage für die Daten dienen die zufälligen Hardwarefehler der elektrischen Bauelemente. Grundsätzlich zwingen die Architekturmetriken dazu, die Funktionswirkketten durch das Fahrzeugsystem zu identifizieren, das heißt, die sicherheitsrelevanten Funktionen, die Sicherheitsmechanismen und die Funktionen zur Entdeckung und Beherrschung von Fehlern werden transparent. Durch die Quantifizierung werden die Fehlerwahrscheinlichkeiten und die Wirksamkeit der jeweiligen Sicherheitsmechanismen vergleichbar und damit wird eine Bewertung erst möglich. Auf welcher Ebene man die untere Grenze für die Bewertung ansetzen soll oder die Wirkketten verlaufen, ist nicht eindeutig in der ISO 26262 festgelegt. Die Basisdaten können aus bekannten Tabellenbüchern, Felddaten oder Expertenschätzungen entnommen werden. In Kapitel 8 wird jedoch bewusst nicht auf den Teil 5, Anhang F verwiesen, da die präzise Quantifizierung hier nicht zielführend ist. In Hinweisen wird versucht einige Zusammenhänge zu erklären:

Hinweis 1: Für Fahrzeugsysteme mit verschiedenartigen Bauelementen und signifikanten unterschiedlichen Größenordnungen der Fehlerraten besteht die Gefahr, dass die Bauelemente mit den höheren Fehlerraten die möglichen Fehlermodi der anderen Bauelemente bei den Architekturmetriken aus der relevanten Betrachtung nehmen. (Zum Beispiel kann die Einzelfehlermetrik durch die Berücksichtigung von Kabeln, Sicherungen, Steckern dazu führen, dass die Fehlerrate der kritischen Bauelemente nicht mehr signifikant in das Ergebnis der Metrik einfließt). Eine Betrachtung aller relevanten Fehler von Bauelementen kann diesen Effekt vermeiden.

Grundsätzlich ist es bei den Architekturmetriken tatsächlich sinnvoll, nicht auf das Ergebnis der Metriken zu schauen, sondern auf die Fehler, die nicht oder nicht hinreichend durch Maßnahmen gesichert sind. Daher ist eine Verteilung der Fehlermodi der Bauelemente im Detail gar nicht so wichtig. Deshalb hat es für die Architekturmetriken auch keinen Sinn, wirklich andere Fehlerverteilungen zu nutzen als Alexandre Birolini sie in seinem Buch veröffentlicht hat. Bei einem Fehleranteil eines Bauelementes unter 10 % wird ein möglicher Assessor wohl kritisch und könnte prüfen, welchen Einfluss ein höherer Wert auf das Ergebnis haben kann. Natürlich gibt es zum Bespiel kurzschlussfeste Kondensatoren, aber hier kann man dann auch entsprechend glaubhafte Argumente anführen. Die Effektivität der Maßnahmen wird im Allgemeinen in Analogie zu den Tabellen in Teil 5, Anhang D betrachtet. Auch hier wird eine Diagnosedeckung von deutlich unter 90 % den Assessor mehr interessieren als die Fehler, die mit 99 % der Maßnahmen abgedeckt sind. Bei komplexen Mikrocontroller-basierenden Systemen werden sogar die 1 % von den 99 % beherrschten Fehlern die wesentlichen Risiken bedeuten. Eine geringe Fehlerrate sagt nicht aus, dass der Fehler nicht zu jeder Zeit auftreten kann, insbesondere bei hoher Anforderung, heute im Giga-Hertz-Bereich und bei hohen Stückzahlen kann die tatsächliche Wahrscheinlichkeit im Feld signifikant anders sein. Auch die typischen Methoden und Maßnahmen zur Diagnose sind rein generisch zu betrachten; ob die Fehler auch wirklich so propagieren oder auch so wie von Alexandre Berolini abgeschätzt auftreten, sollte hinterfragt werden. Insbesondere die von außen wirkenden Common-Cause-Effekte, wie Temperatur, Vibration, hohe Spannungen, Ströme und EMV, werden nicht immer die gleichen Auswirkungen auf die elektrischen Bauelemente haben. Die Spezifikationsgrenzwerte sagen sowieso aus, dass die Bauelemente nicht bei anderen Bedingungen geprüft sind, das heißt, ob es eine elastische Beanspruchung oder eine permanente Schädigung bei einem Common-Cause-Effekt gibt, kann keiner sagen.

Die Zielwerte für die Architekturbewertung können auch aus einem vergleichbaren Design abgeleitet werden, jedoch würde man insbesondere bei verteilten Entwicklungen keine abgestimmten Ergebnisse erzielen können.

Die Norm empfiehlt die Architekturmetriken für ASIL B und fordert die latente Fehlermetrik nur für ASIL-D-Funktionen. Ob die Metriken in den typischen FMEDA-Formblättern, wie im Beispiel in Teil 5, Anhang E gezeigt, dargestellt werden oder andere Methoden zur Darstellung gewählt werden, sollte eine Fallunterscheidung sein. Normativ sind nur die Erfüllung der Anforderungen und die darin geforderten Kennzahlen, nicht die Form der Darstellung. Grundsätzlich wird es aber immer eine induktive quantitative Analyse sein, die die Fehlerpropagation hin zum Sicherheitsziel betrachtet. Deduktiv können die Fehlerursachen an den Bauelementen in einer Schaltungsgruppe ermittelt werden. Über die qualitative Fehlerpropagation von den relevanten Fehlern zu den höheren funktionalen Fehlern könnte eine Quantifizierung durch Berechnungen oder eine Monte-Carlo-Simulation ermittelt und klassifiziert werden. Somit würde die Wirkkette nicht über die Bauelemente führen, sondern über die untere Fehlfunktionsebene. Dies hat den Vorteil, dass in der Betrachtung auch die Schaltungsgruppe gemäß hinreichend robuster Auslegung zum Beispiel in einer Design-FMEA geprüft wird und somit die Stressfaktoren (Pi-Faktoren) für die Fehlerraten überprüft sowie die Anforderungen aus dem Teil 5, Kapitel 7 weitgehend erfüllt werden. Ohne eine hinreichend robuste Auslegung, die in Kapitel 7 gefordert wird, ist eine Sicherheitsarchitektur auch selbst nicht hinreichend robust. Weiter hat es Vorteile, wenn man sieht, dass man mit den Tabellen im Anhang D und den Vorschlägen zur Quantifizierung der Diagnosedeckung auch systematische Fehler in der Bauteilumgebung absichert. Wird ein Widerstand gegen Unterbrechung überwacht, sind auch die Platine in der Umgebung und die Lötstelle des Widerstandes gegen eine mögliche Unterbrechung abgesichert. Besonders Sicherheitsmechanismen, die auf höheren Ebenen, wie zum Beispiel im System, wirksam sind, können dazu führen, dass auch die systematischen Fehler in der Wirkkette mit abgesichert sein können. Durch geschickte Auslegung kann dann auch die Verfügbarkeit und/oder die Fehlertoleranz erhöht werden. Ein implementierter Sicherheitsmechanismus kann immer nur auf ein Fehlverhalten von Bauelementen oder diagnostizierten Fehlfunktionen reagieren.

Wird selbst eine ASIL-A-Funktion in einer ASIL-Dekomposition für ASIL D eingesetzt, wird die Funktionskette wohl auch quantifiziert werden müssen. Kann man für alle möglichen Fehler einer ASIL-B-Funktion mit einer Fehlerbeherrschung mit einer Diagnosedeckung besser als 90 % argumentieren, wird man durch den Anteil der sicheren Fehler eine Erreichung der Zielwerte von besser als 90 % auch ohne die Quantifizierung der einzelnen Fehlermodelle argumentieren können. Oft werden die Architekturmetriken genutzt, um ein Abbruchkriterium zu haben, da Teil 4 für alle möglichen systematischen Fehler fordert, entsprechende Sicherheitsmechanismen in Betracht zu ziehen. Würde man auf der Systemebene bereits Sicherheitsmechanismen gegen alle möglichen systematischen Fehler einsetzen, so wären alle zufälligen Fehler in der E/E-Hardware die Ursachen für die systematischen Fehler auf Systemebene.

Zusammenfassend geht es bei den Architekturmetriken darum, die Wirkketten der sicherheitsrelevanten Funktionen beziehungsweise der Sicherheitsmechanismen transparent zu machen. Frei nach Robert Lusser müssen die Wirkketten der Sicherheitsmechanismen identifiziert werden. Diese bestehen allgemein aus einem Teil, der eine Anomalie oder einen Fehler erkennen (Fehlererkennung) kann, und einem Teil, der bei erkannten Fehlern das System in einen sicheren Zustand überführen (Fehlerbeherrschung) kann. Dazu müssen die gesamte Wirkkette und ihre Elemente (Kettenglieder) identifiziert werden. Die Quantifizierung nach Erich Pieruschka dient dazu, die Stärke der Kettenglieder vergleichbar zu machen. Wichtig: Die sicherheitsrelevante Funktion ist zuerst Gegenstand der Analyse. Das korrekte Funktionieren der sicherheitsrelevanten Funktion muss in erster Linie sichergestellt werden. Wird dies durch Maßnahmen sowie implementierte Erkennungs- und Beherrschungsmechanismen gewährleistet, so bildet dieses Konstrukt die Sicherheitsarchitektur. Die Güte der Erkennung und der Grad der Beherrschung wird dann durch den Diagnosedeckungsgrad (DCxx) definiert. Durch die Einführung der Diagnosedeckung werden die Fehler der sicherheitsrelevanten Funktion in eine quantitative Beziehung zu den Entdeckungs- und Beherrschungsmaßnahmen gebracht. Somit wird die Sicherheitsarchitektur vergleichbar und bewertbar.

Die identifizierten schwachen Kettenglieder der Sicherheitsarchitektur sind dann der wesentliche Input für die Top-Fehlermetrik. Diese schwachen Glieder gilt es nun anhand des realisierten Designs zu bewerten.

Die Architekturmetriken nutzen im Allgemeinen den Ursprung in der Part-Count-Methode. Hier wurde dann jedem Bauelement ein typischer Zuverlässigkeitswert aus einem Tabellenbuch zugeordnet. Die Auswahlarten der Bauelemente wurden identifiziert, damit man auch den Effekt der möglichen Fehler ermitteln kann. Im Allgemeinen werden zur Laufzeit von Elektronik der Fehler selbst und die Fehlerart des einzelnen Bauelementes nicht entdeckbar sein. Man geht davon aus, dass permanente Fehler nicht nur die eine Fehlerart eines Bauelementes verursachen, sondern dass das gesamte Bauelement (Baugruppe, Funktionsgruppe im ASIC etc.) defekt sein wird. Sprich, die Sicherheit für die unentdeckten Fehler kommt daher, dass die entdeckbaren Fehlerarten der Bauelemente bereits den Defekt anzeigen und man somit die Bau- oder Funktionsgruppe abschalten kann.

Die Ziele der Architekturmetriken sind quantitative Analysen, um Bewertungskriterien für die Architektur zu finden. Ob da wirklich gigantische Excel-Listen mit Hardware-Fehlermodi das richtige Medium sind, sollte man genauso hinterfragen wie das Thema, ob so eine Metrik wirklich nur induktiv (was immer das auch wirklich meint), bottom-up (also von unten nach oben) für eine Architektur dargestellt werden kann.

Die Architekturmetrik mit den Merkmalen zu sicheren und tolerierbaren Fehlern sollte man nicht bei Verfügbarkeitsanforderungen nutzen. Zum Beispiel sind sichere Fehler im Silizium auch Fehler einer Funktion; ob diese Funktionen wirklich keinen Nutzen gegenüber einer nominalen Funktion haben (vielleicht sogar einer QM-Funktion), kann ein Hardware-Entwickler nicht wissen. Insbesondere die Annahme, dass bei Energielosigkeit ein sicherer Zustand erreicht wird, ist bei Verfügbarkeitsanforderungen nur selten korrekt.

Bei der ursprünglichen Quantifizierung der „Part-count-Methode" wurden die Bauelemente gezählt und jedem elektrischen Bauelement auf einer Platine wurde eine Fehlerrate aus einem Tabellenbuch zugeordnet. Das war die einfachste Methode, um eine Abschätzung für die Zuverlässigkeit einer Elektronikeinheit zu erhalten. Um einen Ausfall zum Beispiel eines Widerstands im Betrieb zu entdecken, musste man dessen mögliche Ausfallarten kennen, denn jede Ausfallart kann sich unterschiedlich im Schaltungsverbund auswirken. Da man meist nur den Fehlereffekt im Betrieb entdecken konnte, sind oftmals unterschiedliche Monitorings für die jeweiligen Ausfälle notwendig. Mit den Architekturmetriken versucht man somit, eine quantitative Metrik zu erhalten, die zu guten Ergebnissen führt, wenn man alle möglichen Ausfallarten der Hardware-Bauelemente, die das Potential haben Sicherheitsziele zu verletzen, zur Laufzeit entdecken oder beherrschen kann.

5.3.9 Top-Fehlermetrik

Die Top-Fehlermetrik der IEC 61508 hatte ursprünglich ein anderes Ziel. Sie sollte die Maßnahmen gegen systematische Fehler quantifizierbar machen. Das heißt, wenn die Gefahren- und Risikoanalyse eine notwendige Risikoreduzierung um einen Faktor (zum Beispiel 10E8 oder negativ 10E-8) erfordert, so wird dieser Wert einer Sicherheitsintegritätsstufe zugeordnet. Dieser Sicherheitsintegritätsstufe werden Anforderungen und Maßnahmen zugeordnet, die laut der definierten Norm und den jeweiligen Anwendungsfällen (zum Beispiel niedrige oder hohe Anforderungsrate der Sicherheitsfunktion) umgesetzt werden müssen, um eine hinreichende Risikoreduzierung zu erreichen. Auf der Nachweisseite werden dann Fehlerraten und deren Cutsets (wie die Fehler unter bestimmten Abhängigkeiten propagieren) angesetzt, um eine hinreichende Reduzierung der zufälligen Hardware-Fehler zu argumentieren.

Die ISO 26262 beschreibt zwei alternative Methoden, um den Einfluss von Designfehlern auf die Sicherheitsziele zu bewerten. Alternativ geht man davon aus, dass man pro Sicherheitsziel etwa einhundert Einzel- oder Restfehler in einem sicheren Design finden wird. Daher setzt man pro Einzelfehler oder möglicher Fehlerkombination 1 % der Zielwerte für jeden Einzel- oder Restfehler im sicherheitsrelevanten System fest. Dies ist ein interessanter Ansatz für eine Komponentenentwicklung, bei der man die Systemintegration nicht kennt. Er führt im Allgemeinen zu sehr konservativen Analysen. Werden die Schnitte auf den höheren Systemebenen dann detaillierter analysiert, propagieren sich die Fehler meist mit weitaus geringerer Wahrscheinlichkeit zum Sicherheitsziel. Die Methode ist jedoch recht beliebt, wenn man neben Sicherheit auch ein sehr verfügbares System erreichen möchte. Diese Methode setzt weitestgehend darauf, dass das Fehlerauftreten vermieden wird.

Die Top-Fehlermetrik wird mit PMHF (Probabilistic Metric for random Hardware Failures, probabilistische Metrik für zufällige Hardwarefehler) abgekürzt. Sie stellt eine vergleichbare Metrik wie die PFH (Probabilistic Failure per Hour) der IEC 61508 dar. Bei der Top-Fehlermetrik gemäß ISO 26262 geht es um die Fehlerwahrscheinlichkeit, mit der ein Sicherheitsziel verletzt werden kann, wobei es bei der PFH gemäß IEC 61508 um die Wahrscheinlichkeit einer Gefährdung durch das System geht. Beide Zielwerte der Metriken werden in Fehlern pro Stunde (Fehler in der Zeit, FIT = 10E-9/h) angegeben. Auch hier geht man weitgehend von einer exponentiellen Verteilung der Basisfehlerraten aus.

Laut Norm gibt es drei verschiedene Alternativen für die quantitativen Ziele. Die Norm beschreibt dies in der Anforderung Teil 5, 9.4.2.1 wie folgt:

Diese Anforderung soll für ASIL-C- und D-Sicherheitsziele angewendet werden und ist für ASIL-B-Sicherheitsziele empfohlen. Quantitative Zielwerte für die Wahrscheinlichkeit der Verletzung eines jeden Sicherheitsziels, verursacht durch zufällige Hard-

warefehler, wie in ISO 26262:2011, Teil 4, Kapitel 7.4.4.3, gefordert, sollten auf folgenden Quellen basieren:

- abgeleitet von Tabelle 6 oder

- abgeleitet von Felddaten von vergleichbaren bekannten Designprinzipien oder

- abgeleitet von quantitativen Analysetechniken, angewendet auf bekannte Designprinzipien unter Nutzung von Fehlerraten gemäß Anforderung 8.4.3 in diesem Teil der Norm.

Hinweis 1: Quantitative Zielwerte gemäß den genannten Quellen haben keine absolute Signifikanz und dienen nur dem Vergleich von neuen mit bekannten Designs. Sie sollen Richtlinien geben und die Evidenz, dass das Design den Anforderungen der Sicherheitsziele entspricht.

Hinweis 2: Zwei vergleichbare Designs haben vergleichbare Funktionalitäten und Sicherheitsziele mit demselben ASIL.

ASIL-C- und D-Systeme sind noch nicht so lange und unverändert im Feld bei gleichen Einsatzbedingungen. Ohne eine solche Felderfahrung irgendwelche statistischen Hypothesen zur Quantifizierung anzusetzen, sollte auch sehr ambitioniert sein. Daher kommt in der Praxis meist nur die Tabelle in Frage.

Table 6 — Possible source for the derivation of the random hardware failure target values

ASIL	Random hardware failure target values
D	$<10^{-8}\ h^{-1}$
C	$<10^{-7}\ h^{-1}$
B	$<10^{-7}\ h^{-1}$
NOTE The quantitative target values described in this table can be tailored as specified in 4.1 to fit specific uses of the item (e.g. if the item is able to violate the safety goal for durations longer than the typical use of a passenger car).	

Bild 5.57 Zielwerte für die Top-Fehlermetrik (aus ISO 26262:2011)

Bei dieser Metrik geht man nicht mehr von der Architektur aus, sondern vom realisierten Design. Daher ist es fragwürdig, ob dieselben Werte für die zufälligen Hardwarefehler wie bei den Architekturmetriken verwendet werden dürfen. Hat die EE-Hardware eines Fahrzeugsystems tatsächlich 100 Minimalschnitte, sprich hundert Einzelfehler, beherrschte Einzelfehler (Restfehleranteil) oder glaubhafte Doppelfehlerkombinationen, so beginnt für das Design natürlich eine sehr intensive Nachweisarbeit. Die Identifikation aller relevanten Schnitte ist durch die Architekturmetriken und die Analyse der abhängigen Fehler formal gegeben. Eine Quantifizierung ist oft schwierig, da bei der Realisierung zum Beispiel in Siliziumhalbleitern durch Kaskaden, die die Fehlerraten verschlechtern, oder durch Wärme oder EMV-Einflüsse nicht quantifizierbare systematische zusätzliche Stressfaktoren die Wahrscheinlichkeit für zufällige Hardwarefehler in elektrischen Bauelementen signifikant erhöhen können. Somit kommt man in vielen Applikationen selbst mit gutem Willen nur zu einer Expertenabschätzung und/oder zu ergänzenden statistischen Stresstests. Die zweite Alternative, nur die Basisfehlerrate zu betrachten, ist dann zielführend, wenn die Analyse der abhängigen Fehler die zu betrachtenden Fehlerursachen tatsächlich als unabhängige Fehler identifiziert. Handelt es sich um Systeme mit mehreren Sicherheitszielen, bei denen sich die Fehlerfortpflanzung zu den Sicherheitszielen unterschiedlich darstellt, so wird es schwer, ohne die Minimalschnitte unter den Sicherheitszielen zu bewerten. Meist liegen die Minimalschnitte bei solchen Systemen nicht auf der EE-Komponente, sondern auf der Systemebene. Somit ist die Wahrscheinlichkeit der Fehlerfortpflanzungen eher durch systematische Einflüsse bestimmt als durch die quantitative Wahrscheinlichkeit des Auftretens der zufälligen Hardwarefehler. Oft wird diese Analyse auch Sensitivitätsanalyse oder Importanz-Analyse (Fussell-Vesely-Importanz, Birnbaum-Importanz etc.) genannt. Durch die Analyse und Definition des relativen Einflusses einzelner Basisevents auf die Ausfallwahrscheinlichkeit eines Top-Events ist auch eine Quantifizierung möglich. Ob das Ergebnis einer solchen Analyse der Importanzen tatsächlich in Form eines Baumes dargestellt wird oder übersichtlicher in Form einer Tabelle, sollte sich aus der konkreten Aufgabenstellung ergeben. Formal wird bei dieser Analyse nicht die Position in der Hierarchie bestimmt, diese sollte man eigentlich über die Architekturmetriken bereits eingeplant haben. Weiter wird in Kapitel 9 nicht mehr darüber diskutiert, ob hier induktiv oder deduktiv analysiert wird. Hier geht es nur um die Bewertung der Schnitte im System. Vorsicht ist in dem Zusammenhang bei Fehlerkombinationen von systematischen und zufälligen Hardwarefehlern geboten. Besonders solche designbedingten Fehler wie Signalübersprechen, EMV- oder Wärmeeinflüsse verändern wesentlich die Importanzen und damit die Top-Fehlerwahrscheinlichkeit. Diese Einflüsse sind aber sehr schwierig zu quantifizieren. Bei einer Analyse der abhängigen Fehler schreibt die ISO 26262 für die unteren ASIL sowie auch dort, wo keine funktionalen Redundanzen vorliegen, formal eine solche Analyse nicht vor.

Die Architekturmetriken dienen in erster Linie dazu, die Architektur zu bewerten. Die Top-Fehlermetrik beruht auf dem realisierten Design, dem tatsächlichen Produkt. Daher gibt es wesentlich tiefergehende Anforderungen an die Genauigkeit der Fehlerraten. Ihre Einflussfaktoren und die Beziehung der Ergebnisse beruhen auf verschiedenen Datenquellen.

Die ISO 26262, Teil 5, Anhang F schlägt folgende Umrechnung für die unterschiedlichen Datenquellen für die Top-Fehlerwerte und die Fehlerursachen vor:

Es wird ein Pi-Faktor definiert, der für die jeweilige Korrektur der Daten verwendet wird. Dieser wird wie folgt indiziert: $\pi_{Fi \to Fj}$, der Pi-Faktor errechnet sich dann nach:

$$\pi_{Fi \to Fj} = \frac{\lambda_{k.Fj}}{\lambda_{k.Fi}},$$

wobei $\lambda_{k.Fj}$ eine Fehlerrate für ein Hardwarebauelement ist, welches Fj als Quelle für die Fehlerrate nutzt.

$\lambda_{k.Fi}$ ist die äquivalente Fehlerrate für ein Bauelement, welches die Datenquelle Fi nutzt.

In diesem Fall stellt man sicher, dass durch die entsprechenden Skalierungsfaktoren vergleichbare Bauelemente mit unterschiedlichen Datenquellen aus Fi und Fj auch vergleichbare Fehlerraten haben:

$$\lambda_{l,Fj} = \pi_{Fi \rightarrow Fj} \times \lambda_{l,Fi}$$

Tabelle 5.6 gibt einen Überblick für die unterschiedlichen Pi-Faktoren.

Tabelle 5.6 Korrekturfaktoren der Wahrscheinlichkeiten für Fehlerursachen und Fehlerfolgen

		Datenquelle für Top-Fehlerwerte		
		Tabelle 6 aus (9.4.2.1a)	Felddaten (9.4.2.1b)	Quantitative Analyse (9.4.2.1c)
Datenquelle für Fehlerraten von Hardwarebauelementen	Tabellenbücher (8.4.3a)	$\lambda_{k,Fa}$ (1)	$\lambda_{k,Fb} = \pi_{Fa \rightarrow Fb} \times \lambda_{k,Fa}$	(2)
	Statistische Erhebung (8.4.3b)	$\lambda_{k,Fa} = \pi_{Fb \rightarrow Fa} \times \lambda_{k,Fb}$	$\lambda_{k,Fb}$	(2)
	Expertenbewertung (8.4.3c)	$\lambda_{k,Fa} = \pi_{Fc \rightarrow Fa} \times \lambda_{k,Fc}$	$\lambda_{k,Fb} = \pi_{Fc \rightarrow Fb} \times \lambda_{k,Fc}$	(2)

Diese Tabelle würde bei einer quantitativen Analyse für die Bauelemente auch eine quantitative Analyse für die Zielzahlen für das gesamte Fahrzeugsystem vorschlagen, dies stellt schon mal eine große Bürde dar. Für die meisten Systeme im Auto wird niemand dasselbe Fahrzeugsystem mit derselben Auslegung nochmals in ein neues Fahrzeug implementieren. Daher bleibt für die Datenquelle für die Zielwerte nur die Tabelle 6 aus Teil 5 relevant. Die Norm gibt noch ein Beispiel zur Umrechnung:

Beispiel 1:

Es ist glaubhaft, dass eine Fehlerrate von $10^{-8}/h$ mit einem Konfidenzlevel von 99 % vergleichbar ist mit einer Fehlerrate von $10^{-9}/h$ mit einem Konfidenzlevel von 70 %. Daher kann man eine Fehlerrate eines industriell anerkannten Tabellenbuches mit einer Konfidenz von 99 % auf eine statistisch ermittelte Fehlerrate mit einer Konfidenz von 70 % mit folgender Formel skalieren:

$\pi_{Fa \rightarrow Fb} = \frac{10^{-9}/h}{10^{-8}/h} = \frac{1}{10}$ oder umgekehrt.

Hinweis 3:

Erfahrungsgemäß kann man bei industriell anerkannten Tabellenbüchern (gemäß Kapitel 8.4.3) annehmen, dass die angegebenen Fehlerraten bereits eine Konfidenz von 99 % beinhalten.

Beispiel 2:

Für ein vorheriges Design stehen berechnete Daten aus dem Feld und Daten aus Tabellenbüchern bereit. Wir wissen, dass

$$\frac{\lambda_{handbook}}{\lambda_{warranty}} = \pi_{Fb \rightarrow Fa} = 10$$

ergibt, wobei $\lambda_{handbook}$ die berechneten Fehlerraten aus Tabellenhandbüchern und $\lambda_{warranty}$ die Fehlerraten aus den Garantiedatenbanken sind. So ist $\pi_{Fb \rightarrow Fa}$ der Skalierungsfaktor.

Aus diesen Annahmen ergibt sich in der Praxis, dass für die Top-Fehlerwahrscheinlichkeit, die üblicherweise aus der Tabelle 6 stammt, Fehlerraten aus anerkannten Tabellenbüchern skaliert eingehen und Felddaten mit dem Faktor 10 aufgeschlagen werden können. Bei den Felddaten wird man in der Norm noch weiter auf die Problematik der Beobachtungsmenge hingewiesen. Weiter ist nicht wirklich für alle Felddaten das Umfeld- beziehungsweise das Beanspruchungsprofil so dokumentiert, dass es hier zu wirklich präzisen Aussagen kommt. In der Überarbeitung der ISO 26262:2018 hat sich inhaltlich nichts an der Metrik geändert, obwohl dies in Fachkreisen sehr kontrovers diskutiert wird.

5.3.10 Fehlermetriken bei Sensoren oder anderen Komponenten

Sämtliche Metriken sind auf ein Fahrzeugsystem und die jeweiligen Sicherheitsziele ausgelegt. Wie ein einzelner Sensor oder eine andere Komponente verwendet wird, kann man nur in den seltensten Fällen vorprognostizieren, zudemwerden die Komponenten immer auf dieselbe Art und Weise integriert. Daher ergibt sich schon die Frage: Woher nimmt man die Zielwerte für die Metriken von einzelnen Komponenten? Bei den Architekturmetriken ist es für ein einkanaliges System meist klar, dass bei einer ASIL-D-Komponente weitgehend ein DCSPF von 99 % erreicht werden muss. Ob man den Wert nur mit Maßnahmen innerhalb der Komponentengrenzen oder aber auch mit externen Maßnahmen erreichen darf, wird eine schwierige Diskussion. Maßnahmen beziehungsweise implementierte Sicherheitsmechanismen kosten Geld, Ressourcen und Laufzeit, was immer schwierig zu realisieren ist, wenn man es nicht eingeplant hat. Noch schwieriger wird es, wenn solche Komponenten in einer ASIL-Dekomposition betrieben werden; hier sind dann eventuell drei Parteien beteiligt, die sich bei der Fehlerbeherrschung abstimmen müssen. Zwei diversitäre Sensoren und eine unabhängige Auswerteelektronik würden eine häufig realisierte ASIL-Dekomposition darstellen. Es geht aber nicht nur darum die Maßnahmen auf die involvierten Parteien zu verteilen, sondern es ist notwendig herauszubekommen, welche Maßnahmen gegen welche Fehler überhaupt nötig sind. Dazu benötigt man die Fehleranalyse der beiden Sensorwirkketten und die Spezifikation der möglichen Fehlereffekte an deren Schnittstelle. Wird die Maßnahme in der Auswerteelektronik umgesetzt, so bildet die Spezifikation der Fehlereffekte an den Schnittstellen der Sensorwirkketten die Grundlage für die Umsetzung der Sicherheitsmechanismen in der Auswerteelektronik. Die meisten dieser Dekompositionen leben von der Tatsache, dass es sehr unwahrscheinlich ist, dass ein bestimmter Fehlereffekt gleichzeitig an der Schnittstelle auftritt; somit fällt der Vergleich negativ aus. Solche Fehlereffekte zu quantifizieren und danach zu spezifizieren, wie sie sich an der Schnittstelle, in der entsprechenden Betriebssituation und unter den vorliegenden Betriebsbedingungen auswirken, kann zu komplexen Spezifikationen führen. Ohne eine solche Spezifikation der Fehlereffekte kann nicht beurteilt werden, ob durch einen Vergleicher mit dem redundant implementierten Pfad der Fehler sicher und zuverlässig entdeckt werden kann. Vorteil bei dieser Vorgehensweise ist, dass der Vergleicher so ausgelegt werden kann, dass er dann tatsächlich nur abschaltet, wenn die auftretenden Fehler ansonsten zu einem Sicherheitsziel hin propagieren würden.

Würde eine ASIL-Dekomposition aus diesen zwei Sensorketten (S1 und S2) sowie der Auswerteelektronik (ECU) bestehen, müssten alle Fehler (MFxx, Malfunction) je nach ASIL hinreichend beherrscht werden. Die Architekturmetriken (Einzelfehlermetrik (SPFM) und latente Fehlermetrik (LFM)) würden sich aus der Sicherheitsarchitektur ergeben und wären eine mathematische Funktion aus den Fehlerraten (MFxx) und den implementierten Sicherheitsmechanismen (DCxx).

Die Top-Fehlermetrik (PMHF) muss nach anderen Spielregeln budgetiert oder verteilt werden. Hier wird oft pro Sicherheitsanforderung an der Schnittstelle ein Budget von 1 Fit für einen Sensor vergeben. Die 1 Fit ergeben sich aus 10 % des Gesamtanteils einer Fahrzeugfunktion, die auf einen Sensor budgetiert werden. Oft gibt man auch an, dass es keine Einzelfehler geben darf, die mehr als 1 % der Zielwerte für die Gesamtzielwerte der Fahrzeugfunktion haben. Dies wäre bei einem ASIL-D-Sicherheitsziel 1 % von 10 Fit, also 0,1 Fit. Der Ursprung dieser Zielwerte ergibt sich dann aus der zweiten alternativen Metrik in Kapitel 9 von Teil 5 der ISO 26262. Dies kann bei Redundanzen zu sehr niedrigen Zielwerten und damit zu einer sehr konservativen Quantifizierung führen. Da es aber immer wieder vorkommt, dass man dann innerhalb des spezifizierten Anwendungsraums nicht alle Vergleicher auf 99 % auslegen oder gar bestimmte Fehlerbereiche gar nicht absichern kann, kommt es selbst bei einer solch konservativen Vorgabe zu einem enormen Feilschen bei den Fitraten.

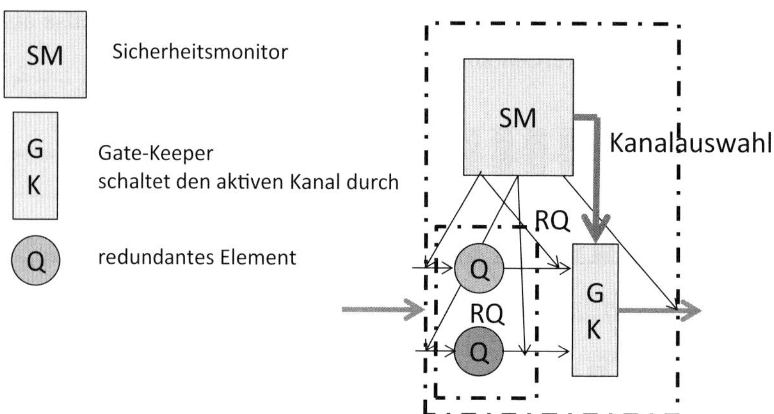

Bild 5.62 Grundarchitektur mit beliebigen redundanten Funktionselement

Das Beispiel des Quarzes kann natürlich für jedes beliebige homogene redundante Element gelten. Die möglichen Fehlerarten und die Fehlerraten und Fehlerwahrscheinlichkeit werden zwar anders sein, aber der Effekt zur Verbesserung der Verfügbarkeit der Impulse oder einer anderen Nutzfunktion kann gleichermaßen demonstriert werden. Die einzelne Redundanz benötigt eine Grundzuverlässigkeit. Hat das einzelne Element nur eine MTBF (Mean-time-between-Failure) von einer Stunde, so muss man innerhalb von einer Stunde mit einem Ausfall rechnen. Die Wahrscheinlichkeit, dass eines von beiden ausfällt, liegt statistisch bei einer halben Stunde. Statistisch verkürzt sich sogar die Zeit. Betrachtet man nun eine Reparaturzeit (MTTR, Mean-time-to-Restore), die signifikant unter der MTBF liegt, so ergibt sich die Wahrscheinlichkeit, dass beide Redundanzen gleichzeitig ausfallen aus der Relation zwischen MTTR und MTBF.

Der Safety-Monitor schaltet über den Gate-Keeper (dies kann man auch als ein Relais betrachten) immer nur den jeweils fehlerfreien Kanal auf die weiterverarbeitende Schaltung oder Funktionsgruppe.

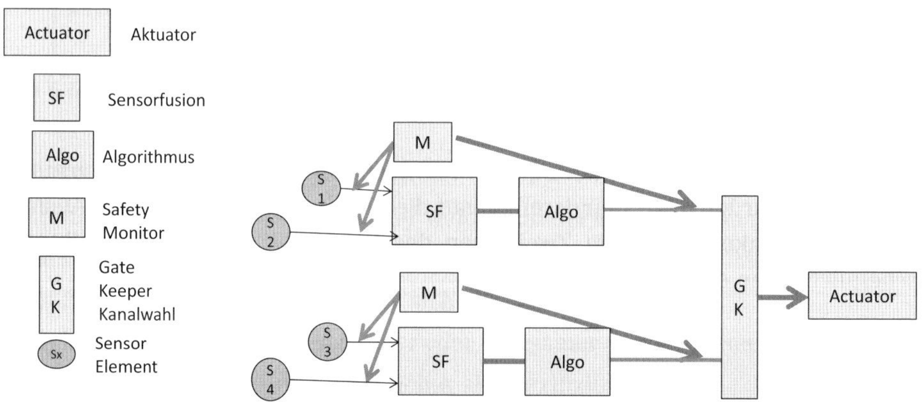

Bild 5.63 Erweiterte redundante Funktionsgruppe

Grundsätzlich lässt sich das Beispiel auf eine komplette Wirkkette für eine automatisierte Fahrfunktion ausweiten. Betrachtet man

- zwei diversitäre redundante Sensoren, zum Beispiel jeweils ein Lidar und eine Kamera,
- eine homogene redundante Sensorfusion,
- eine homogene redundante Steuerung, die sämtliche Algorithmen für die Fahrzeugführung und Verkehrsraumbeobachtung beinhaltet,
- einen homogenen redundanten Monitor, der sämtliche Fehlerzustände erfasst,
- einen Kanalwächter (Gate-Keeper) vor der Aktuator-Ansteuerung,

so kann das Prinzip des redundanten Quarzes auch auf sehr komplexe Funktionssysteme erweitert werden. Natürlich sind in diesem System jede Menge systematische Fehler und alle Mechanismen zur Synchronisierung der redundanten Pfade stellen hohe Anforderungen an die qualitative Sicherheitsanalyse. Aber auch in einem solch komplexen System kann man davon ausgehen, dass zufällige Hardwarefehler nicht gleichzeitig bei der Abwesenheit von abhängigen Fehlern auftreten. Handelt es sich um sporadische Fehler oder sind die redundanten Systeme mit Recovery-Mechanismen versehen, so kann der Kanalwächter auf den fehlerfreien Kanal schalten und das fehlerhafte System kann in dieser Zeit sein System in den fehlerfreien Betrieb zurückführen. Somit steigert man enorm die Verfügbarkeit des Systems bei gleichzeitiger Verbesserung der Diagnose durch den Redundanzvergleich der zwei Kanäle untereinander.

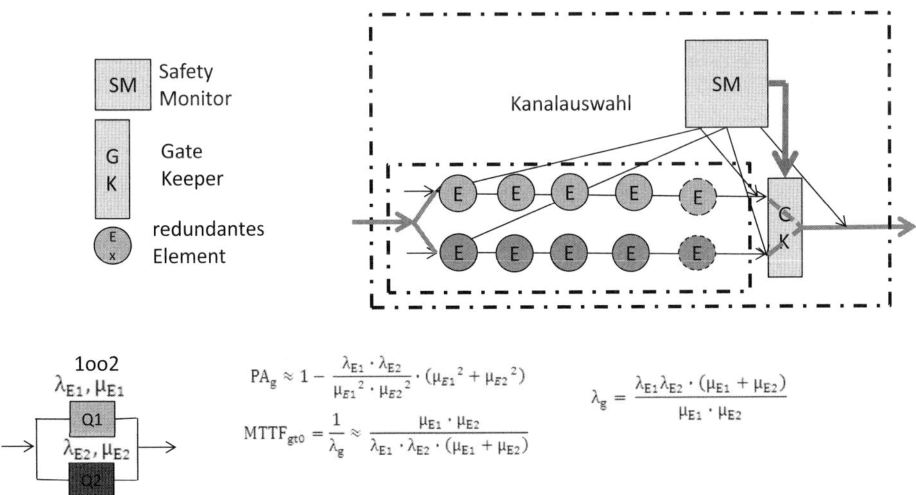

Bild 5.64 Beliebige redundante Wirkkette mit verschiedenen Funktionselementen

Somit lässt sich die homogene redundante Kette verallgemeinern, was im Anlagenbau zum typischen Design für eine hochverfügbare Steuerung führt.

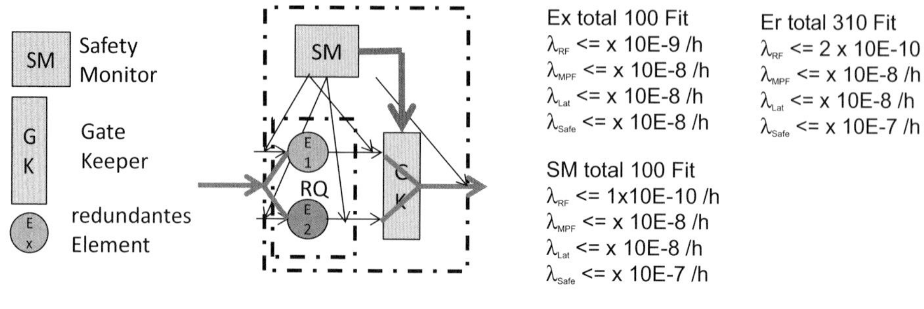

1oo2

λ_{E1}, μ_{E1} Q1

λ_{E2}, μ_{E2} Q2

$$PA_g \approx 1 - \frac{\lambda_{E1} \cdot \lambda_{E2}}{\mu_{E1}^2 \cdot \mu_{E2}^2} \cdot (\mu_{E1}^2 + \mu_{E2}^2)$$

$$MTTF_{gt0} = \frac{1}{\lambda_g} \approx \frac{\mu_{E1} \cdot \mu_{E2}}{\lambda_{E1} \cdot \lambda_{E2} \cdot (\mu_{E1} + \mu_{E2})} \qquad \lambda_g = \frac{\lambda_{E1}\lambda_{E2} \cdot (\mu_{E1} + \mu_{E2})}{\mu_{E1} \cdot \mu_{E2}}$$

Bild 5.65 Quantitative Betrachtung der homogenen redundanten Kette

Wesentlich ist, dass die nominale Funktion (also die Nutzfunktion) kein Einzelfehler mehr im Sinne der Metrik der ISO 262626 ist. Nur durch den Kanalwächter (Gate-Keeper) und durch die abhängige Fehleranalyse wird man den Safety-Monitor als Quelle für Einzelfehler identifizieren können.

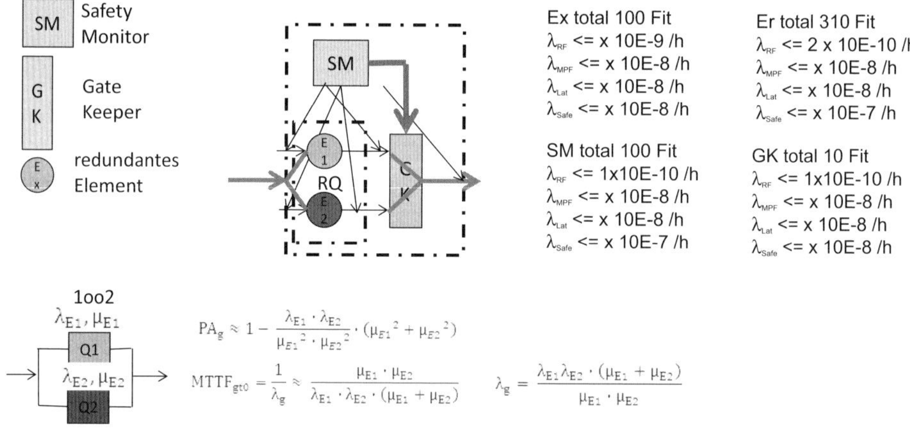

Bild 5.66 Kaskadieren der Redundanz auch auf verschiedenen horizontalen Ebenen

Eine Dual-Duplex-Architektur im Flugzeug würde den Mechanismus auf der Geräteebene (Hardware-Redundanz also innerhalb eines Steuergerätes) implementieren und die zweite Redundanz dann auf der Systemebene realisieren. Somit würde die Nutzfunktion vierfach homogen redundant ausgeführt. Weiter wäre der Kanalwächter (Gate-Keeper) die einzige Quelle für Single-Point-Faults (Einzelfehler, die ein Sicherheitsziel verletzen können). Die Sicherheitsmonitore (Safety-Monitore) wird man so gestalten können, dass Einzelfehler sich nicht auf ein Sicherheitsziel auswirken können.

Der wesentliche Vorteil der Dual-Duplex-Architektur basiert auf der einfacheren Synchronisierfähigkeit und der schnelleren und präziseren Überwachbarkeit durch einen Kreuzvergleich der redundanten Funktionskanäle.

5.3.12 Analyse der abhängigen Fehler

Abhängige Fehler (Ausfälle) sind Versagensfälle, deren Wahrscheinlichkeit des gleichzeitigen oder sukzessiven Auftretens (PAB) nicht als Produkt der Wahrscheinlichkeiten jedes Einzelnen (PA, PB) von ihnen ausgedrückt werden kann (PAB≠PA×PB).

Dies bezeichnet man auch als das Kolmogorovsche Null-Eins-Gesetz. Es handelt sich dabei um eines der Gesetze der großen Zahlen, weil es nach dem Gesetz nur Abhängigkeit oder keine Abhängigkeit gibt. Da wir bereits gelernt haben, dass eine vollständige Unabhängigkeit meist nicht erreicht wird, spricht man in der ISO 26262 von einer hinreichenden Unabhängigkeit. Fehler gemeinsamer Ursache oder Fehlerabhängigkeiten zwischen Funktionen, die sich über verschiedene Mechanismen auswirken können, sind mit den klassischen Methoden meist nicht analysierbar. Hier hilft oft nur Erfahrung, bei funktionalen Abhängigkeiten kann man aus den Funktionsketten und deren Ableitung in den verschiedenen horizontalen Abstraktionsebenen einiges systematisch analysieren.

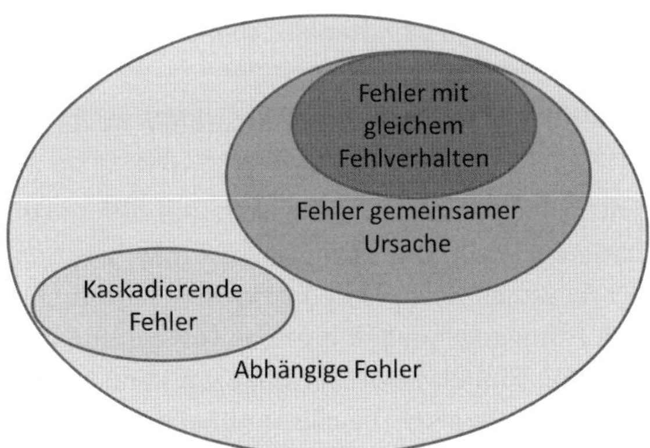

Bild 5.67 Abhängige Fehler nach ISO 26262:2011

In der Überarbeitung der ISO 26262:2018 sind bei der Analyse der abhängigen Fehler (DFA) wesentlich mehr Informationen und normative Anforderungen an die Analyse selbst eingeflossen.

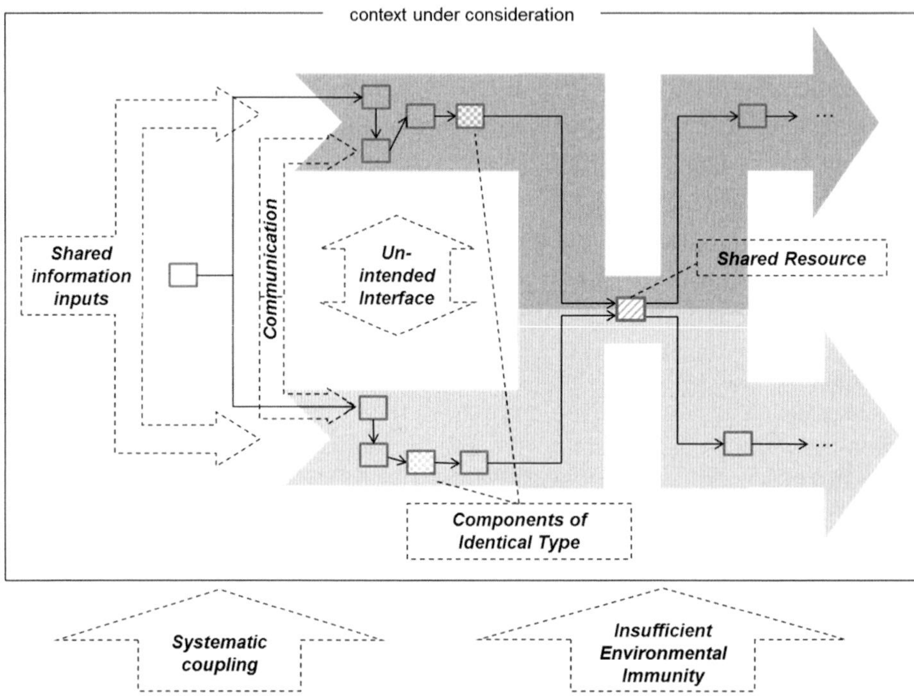

Bild 5.68 Typen der Kopplungsmechanismen (Quelle: ISO 26262:2018, Teil 10)

In dem neuen Verständnis der Norm geht man davon aus, dass man ein Element hat, welches Gegenstand der Fehlerabhängigkeitsanalyse ist.

Von außen werden die zwei Faktoren aufgezählt:

- systematische Kopplungen (dazu zählen auch funktionale Abhängigkeiten wie bei Wirkketten) und
- unzureichende Immunität gegen Einflüsse aus der Umgebung (EMV ist da ein sehr typisches Beispiel).

Innerhalb des betrachteten Elements wird von der Eingangsseite auf alle möglichen Effekte durch gleiche Informationen von gemeinsamen Eingängen, wie Sensoren, aber auch vorgelagerten Verarbeitungsprozessen hingewiesen. Jedoch sind auch die Umgebungsbedingungen der Eingangsquellen typische Quellen für Fehlerkaskaden, die sich in der betrachteten Einheit selbst fortpflanzen können. Das heißt also: Überspannung, EMV, aber auch signalspezifische physikalische Effekte, wie Lichtreflexionen bei Lidar und Kamera, können zu einem Fehler gemeinsamer Ursache führen.

Dies pflanzt sich über die Kommunikation in dem Element ebenso fort wie auch

- ungewünschte Schnittstellen zwischen Elementen (Kontaktierungen bis hin zu Elektronenwanderung im Silizium),

- gemeinsam genutzte Ressourcen (wie Masseleitung oder Spannungsversorgung) und
- Komponenten von einem ähnlichen Typ, die gleichartiges Fehlerverhalten zeigen.

Insbesondere das gleichartige Verhalten im Fehlerfall von ähnlichen Bauelementen wird insbesondere bei Verfügbarkeitsanforderungen zu einem komplexen Thema. Ein Mikrocontroller ist zum Beispiel ein Bauelement mit vielen ähnlichen Komponenten, die im Fehlerfall gleiches Ausfallverhalten zeigen.

Auch wenn es zu dem Fehler beruhend auf gleichem Ausfallverhalten (Common Mode Failure) schon einige weitere Hinweise in der ISO 26262:2018 gibt, ist die Komplexität der Thematik noch nicht umfänglich beschrieben. Auch sind die funktionalen Kopplungsmechanismen, die sich aus inneren Effekten und äußeren Effekten erschließen können, nur sehr rudimentär beschrieben.

Der kaskadierende Fehler (cascading Failure) ist ein Fehler, der in seiner Folge weitere Fehler verursacht. Ein kaskadierender Fehler ist kein Fehler gemeinsamer Ursache, wenn einer der beiden Fehler ein Einzelfehler ist; somit kann auch der abhängige Fehler zum Einzelfehler werden.

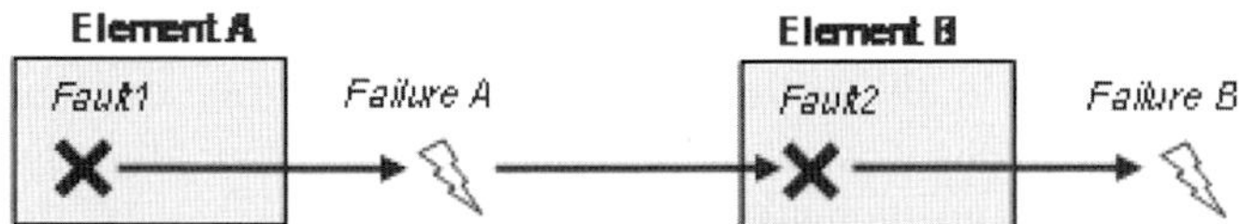

Bild 5.69 Darstellung der Fehlerkaskade gemäß ISO 26262

Ein Fehler gemeinsamer Ursache (Common Cause Failure, CCF) verursacht in zwei oder mehr Elementen einen Fehler, der auf eine Ursache oder auf ein einziges Event zurückführbar ist. Eine besondere Form ist der Fehler mit gleichem Fehlverhalten (Common Mode Failure, CMF), dieser Fehler wird oft auf gleiche Elemente zurückgeführt, die bei einem einzigen Event in beiden Redundanzzweigen dasselbe Fehlverhalten verursachen. Dies könnten auch zwei verschiedene Elemente sein, die zum Beispiel bei Überhitzung beide in dieselbe Fehlerrichtung driften. Somit wäre die Redundanz weder rückwirkungsfrei noch hinreichend unabhängig für zum Beispiel eine Dekomposition.

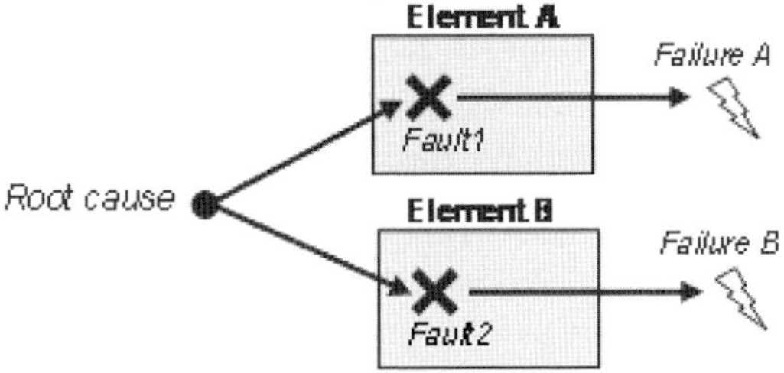

Bild 5.70 Darstellung des Fehlers mit gemeinsamer Ursache gemäß ISO 26262

Gemäß ISO 26262, Teil 9 ist es Ziel der Analyse der abhängigen Fehler, einzelne Events oder einzelne Ursachen zu identifizieren, die eine geforderte Unabhängigkeit oder Rückwirkungsfreiheit zwischen zwei Elementen verletzen oder überbrücken können, sodass eine Sicherheitsanforderung oder ein Sicherheitsziel verletzt wird. Das hier in der ISO 26262 beschriebene Ziel der Analyse der abhängigen Fehler würde viele Kaskaden nicht adressieren. Zum Beispiel kann ein Elektrolytkondensator, der zu EMV-Zwecken in die Gate-Strecke eines Transistors integriert wird, bei einem alterungsbedingten Kapazitätsverlust den Arbeitspunkt dieses Transistors so negativ beeinflussen, dass der Transistor mit zu großen Spannungstransienten oder mit zu geringem Strom angesteuert wird. Dadurch kann dieser Transistor entgegen seinem üblichen Fehlverhalten zu einem Kurzschluss in der Drain-Source-Strecke führen. Dieser Kurzschluss könnte eine Fehlansteuerung verursachen, die ein Sicherheitsziel verletzt. In diesem Fall wäre selbst der Verlust der Kapazität im Kondensator ein Einzelfehler, es gäbe aber keine definierte Anforderung, dass die zwei Elemente unabhängig oder rückwirkungsfrei sein müssen. Simulationen basierend auf PSPICE (PC-Version von SPICE (Simulation Program with Integrated Circuit Emphasis)) können Fehleranalysen hinsichtlich Fehlerkaskaden sowie Fehlerreaktionen auf beliebige Elektronikfunktionen unterstützen. Hier werden alle elektronischen Bauelemente mit ihren Kenndaten und Kennlinien simuliert. Das heißt, alle auslegungsbedingten (designbedingten) abhängigen Fehler müssen auf solche Kaskaden hin untersucht werden. Meist ist das Erkennen von Kaskaden nur über langjährige und oft auch schmerzhafte Erfahrung möglich. Trotzdem gibt uns die Norm einige Hinweise darauf, wo man nach abhängigen Fehlern suchen sollte. Die Norm empfiehlt folgende Architekturstrukturen zu untersuchen:

- homogene oder diversitäre Redundanzen,
- verschiedene Funktionen, die in identischen Software- oder Hardwareelementen implementiert sind,
- Funktionen und ihre zugehörigen Sicherheitsmechanismen,
- Partitionierung von Funktionen und Softwareelementen,
- physikalische Abstände zwischen Hardwareelementen ohne hinreichende Trennung,
- gemeinsame externe Ressourcen.

Gemäß den Definitionen in Teil 1 der ISO 26262 erreicht man hinreichende Unabhängigkeit durch Freiheit von kaskadierenden Fehlern und von Fehlern gemeinsamer Ursache. Für Rückwirkungsfreiheit muss nur die Freiheit von kaskadierenden Fehlern gezeigt werden. Man geht hier davon aus, dass ein Element, das mit einem höheren ASIL entwickelt wurde, durch Erfüllung der Normanforderungen zu einer hinreichenden Absicherung führt. Alle Fehler, die durch Funktionen entstehen, die ein niedrigerer ASIL hat, werden ausgeschlossen. In Teil 4 weist die Norm auch auf die ungewollte Wechselwirkung von Nominalfunktion und Sicherheitsmechanismus hin. Wenn die Nominalfunktion und Sicherheitsmechanismen oder zwei Sicherheitsmechanismen völlig anderen Wirk- und Funktionsprinzipien entsprechen, dann entstehen auch in beide Richtungen negative Beeinflussungen. Diversitäre Funktionen sind sehr typisch für ein solches Verhalten, daher sollte bei der Analyse der Beeinflussung immer auf alle Faktoren geachtet werden.

Diese Anforderung zur Vermeidung von gegenseitigen Beeinflussungen kann unterschiedlich interpretiert und übersetzt werden. Sie könnte verlangen, dass interne und externe Schnittstellen von sicherheitsrelevanten Elementen definiert werden sollen, um nachteilige sicherheitsrelevante Effekte auf andere sicherheitsrelevante Elemente zu vermeiden. Ohne eine Analyse wird man die Anforderung nicht erfüllen können. Diese Anforderung steht in Teil 4, welcher die Systementwicklung adressiert. Es besteht aber keine Einschränkung dahingehend, für welche Elemente man diese Anforderung anwenden soll. Positiv gesehen, weist diese Anforderung auf die oben beschriebene Abhängigkeit zwischen Kondensator und Transistor hin, da auch Bauelemente Elemente gemäß ISO 26262 sind. Auf der anderen Seite würde es heißen, dass man alle Bauelemente, selbst die kleinsten Softwareelemente (die Software-Unit), auf störende gefahrbringende Beeinflussung von anderen Elmenten untersuchen muss.

Folgende Aspekte sollen bei einer Analyse der abhängigen Fehler gemäß ISO 26262, Teil 9 berücksichtigt werden:

a) Zufällige Hardwarefehler
Beispiel 1: Fehler von gemeinsam genutzten Ressourcen, wie Taktbaustein, implementierte Prüflogik oder interne Spannungsregler, in größeren integrierten Halbleitern, wie Mikrocontroller, ASICs und so weiter.

b) Entwicklungsfehler
Beispiel 2: Spezifikations-, Design- und Implementierungsfehler sowie Fehler, die durch die Nutzung neuer Technologien oder durch Modifikationen entstehen können.

c) Produktionsfehler
Beispiel 3: Fehler aus dem Produktionsprozess selbst, fehlerhafte Anweisungen, Unterweisungen oder Ausbildung sowie Fehler im Produktionslenkungsplan, Handhabung von „besonderen Merkmalen“, beim Software-Flashen oder beim Flashen an der Produktionslinie.

d) Fehler beim Verbau
Beispiel 4: Fehler im Kabelbaum oder beim Verlegen, beim Teiletausch oder mit benachbarten Komponenten.

e) Reparaturfehler
Beispiel 5: Fehler, verursacht durch den Reparaturvorgang, fehlerhafte Anweisungen, Unterweisungen oder Ausbildung sowie Fehler während Notreparaturen, nicht vollkompatible Ersatzteile.

f) Umwelt- oder Umgebungsfaktoren
Beispiel 6: Temperatur, Vibration, Druck, Feuchtigkeit, Kondensat, Umweltverschmutzung, Korrosion, Kontaminierung, EMV.

g) Fehler durch gemeinsame externe Ressourcen
Beispiel 7: Energieversorgung, Eingangsdaten, Daten aus dem Systemverbund und deren Kommunikation.

h) Stressfaktoren
Beispiel 8: Alterung, Abnutzung.

Dies entspricht weitgehend einer Detaillierung der Kopplungsmechanismen.

Die ISO 26262 empfiehlt hier die Abfrage basierend auf Check-Listen, da weitgehend die Erfahrung nur auf solche Fehler und deren Auswirkungen hinweist. Auch verweist die ISO 26262 auf die IEC 61508, aber diese Listen können nicht als vollständig betrachtet werden. Die ISO 26262 weist noch auf Folgendes hin: Wenn man die Ursache nicht vermeiden kann, so kann man auch versuchen, den Kopplungsmechanismus zu beeinflussen. Hierzu ist dann ein tiefes Wissen um funktionale Abhängigkeiten und die Wirkmechanismen der Elemente für die Realisierung notwendig. Weiter gibt die ISO 26262 noch den Hinweis, dass eine Fehlerbaumanalyse oder eine FMEA auch Informationen zu abhängigen Fehlern liefern kann. Wenn die innere Struktur unbekannt ist, kann man über den Kolmogorov-Smirnow-Test Abhängigkeiten nachweisen. Mit Hilfe von Zufallsstichproben kann geprüft werden, ob zwei Zufallsvariablen die gleiche Verteilung besitzen oder eine Zufallsvariable einer zuvor angenommenen Wahrscheinlichkeitsverteilung folgt. Die Zufallszahlen können systematische Fehlersimulationen sein. Dies spielt in der Medizintechnik oder Biologie eine große Rolle, aber wenn wir diskrete Schaltungen sehen, so wird man durch die Realisierung wesentlich schneller Hinweise finden, warum Abhängigkeiten von Fehlern entstehen. Bei mehreren unabhängigen Systemen oder bei Mikrocontrollern werden solche Tests sinnvoll sein. Hier kann man bestimmte Parameter wie Überspannung, EMV und so weiter injizieren und anhand der Reaktion Aussagen zu möglichen Abhängigkeiten machen können. Der Beta-Faktor wird gemäß der ISO 26262 nicht quantifiziert, es sei denn, die Fehlerabhängigkeit beruht auf zufälligen Hardwarefehlern. Gemäß ISO 26262 werden systematische Fehler nicht quantifiziert, sämtliche bekannten Herleitungen von Beta-Faktoren gehen von erfahrenen Abhängigkeiten aus. In der Praxis oder bei Realisierungen wirken diese sich nicht immer gleich aus.

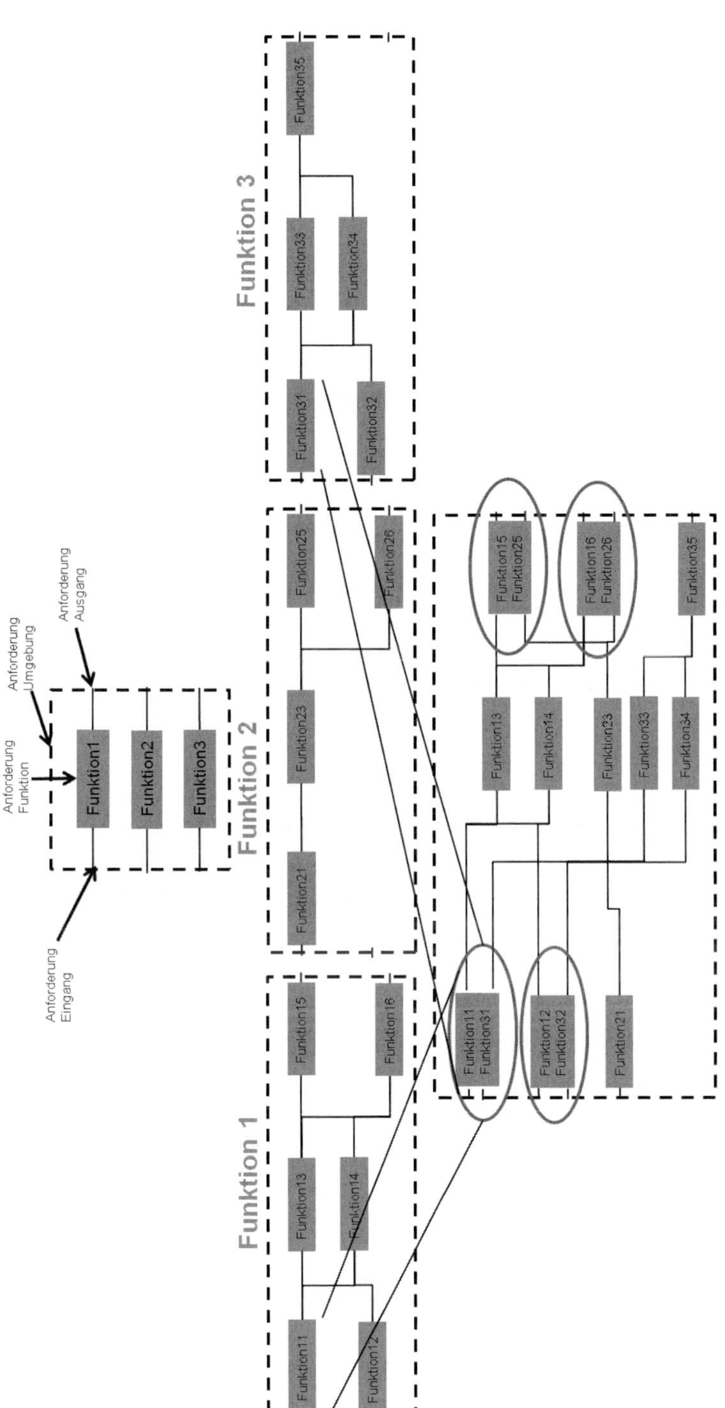

Bild 5.71 Abhängigkeit in den unteren Abstraktionsebenen

Dieses Bild der Allokation zeigt: Wenn man in den unteren Ebenen, insbesondere bei der Realisierung, gemeinsame Funktionen, Ressourcen, Energiequellen oder örtlich nahe beieinanderliegende Realisierungselemente nutzt, dann wird man in den höheren Ebenen der Architektur dazu keinen Hinweis finden. Diese Informationen werden durch die Abstrahierung in den oberen Ebenen nicht verfügbar sein. Dies gilt auch für Software, die in derselben Task abläuft, genauso wie für zwei Bauelemente, die bei Erwärmung beide die Informationen verfälschen können. Bei Wärmeeinfluss wird man davon ausgehen, dass in beiden Bauelementen irgendwann die Informationen nicht mehr bereitstehen können. Somit wird ein einfacher Vergleich hier keine sinnvolle Maßnahme sein. Dass eine Information von zwei verschiedenartigen Bauelementen fälschlicherweise so verändert wird, dass beide denselben falschen Wert liefern, kann für die meisten Realisierungen ausgeschlossen werden. Die Wahrscheinlichkeit, dass es doch passieren kann, ist dann die Wahrscheinlichkeit für die Fehlerfortpflanzung.

5.4 Sicherheitsanalysen im Sicherheitslebenszyklus

In der Entwicklung des funktionalen Konzeptes oder gemäß ISO 26262 bei der Definition des Fahrzeugsystems (ITEM) benötigt man bereits die ersten Analysen, die helfen, eine gefährdungsfreie beabsichtigte Funktion zu beschreiben. Das heißt, man sucht nach einer Methode zur Analyse der Funktions- und Betriebssicherheit. Da man hier noch wenige Informationen über die beabsichtigten Umgebungsbedingungen und die technischen Einflussgrößen sowie die beabsichtigte Realisierung hat, wird bereits diese Analyse iterativ über den gesamten Produktlebenszyklus Veränderungen erfahren. Die klassischen Fehleranalysen fallen für diese Analyse aus, somit ist man auf Positivanalysen angewiesen. Insbesondere werden hier die Wirkprinzipien in den einzelnen Gefahrensituationen im Vordergrund stehen. Analysen wie die Schnittstellenanalyse (Boundary-Analysis), HazoP (Hazard and Operability), PHA (Process Hazard Analysis), FHA (Functional Hazard Analysis) sind in der Phase zu empfehlen, werden aber in der Norm nicht für diese Phase vorgesehen.

Grundsätzlich würde man hier die klassische Ereignisbaumanalyse (Event Tree Analysis, ETA) sehen. Auf Basis von deduktiv ermittelten Fehlfunktionen und Effekten der beabsichtigten Funktionen werden in verschiedenen Fahrsituationen mögliche Gefährdungen analysiert.

Die positiven Effekte, die zu Gefährdungen führen, werden genauso weiterhin nicht in der ISO 26262 betrachtet, weil man diese der nominalen Funktion (Intended

Funktion) zuordnet. Diese werden gerade in den Arbeitsgruppen zu SotiF (Safety-of-the-intended-Functionality) diskutiert. Die Arbeitsgruppe hat einen ISO/PAS 21448 veröffentlicht, dem man die Aspekte der Arbeitsgruppe entnehmen kann.

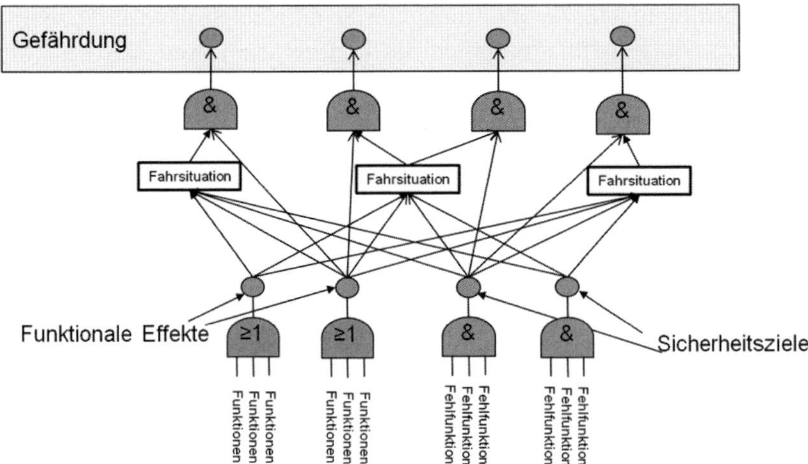

Bild 5.72 Ereignisbaum für positive und negative Effekte

Neben den Themen zu Sotif wird auch die nominale Performance oft unter dem Begriff Sotif betrachtet, aber auch auf diese Zusammenhänge geht die ISO 26262 nicht ein.

Weiter betrachtet die ISO 26262 keine Risiken, wie

- Eignung der verwendeten Komponenten, Algorithmen oder physikalischen Prinzipien,
- Risiken aus Fehlern von anderer Technologie,
- Risiken aus unsachgemäßer Verwendung (und auch andere Aspekte der Gebrauchssicherheit),
- Missbrauch und Datensicherheit (Security).

Es wird zwar in der ISO 26262 darauf hingewiesen, dass vorhersehbarer Missbrauch sowie auch Brand, verursacht durch EE-Fehler, zum Scope der Norm gehören, wie aber ein sinnvolles Anpassen des Sicherheitslebenszyklus dazu aussehen könnte, geht nicht aus der Norm hervor. Die wesentlichen Aspekte sind in den vorangegangenen Kapiteln des Buches schon adressiert.

Als Konsequenz benötigt man als verantwortliche Partei für die Fahrzeugfunktion eine detaillierte Analyse, wie sich die einzelnen Funktionen in den verschiedenen Fahrsituationen unter den gegebenen Umgebungsbedingungen, bei entsprechenden Betriebssituationen und im Hinblick auf mögliche Fehlfunktionen verhalten. Auch für einen Zulieferer sollten alle Informationen aus dem Fahrzeugsicherheitskonzept bekannt sein, sonst wird bei der Integration ins Fahrzeug und der Sicherheits-Validierung ein normkonformer Sicherheitsnachweis (Safety Case) nicht gelingen. Üblicherweise werden diese beiden Schritte auch immer noch weitgehend von den Fahrzeugherstellern selber durchgeführt.

Die Umgebungsbedingungen, die verschiedenen Schnittstellen der Fahrzeugsysteme und die notwendigen Hilfsfunktionen im Kontext der Fahrzeugarchitektur müssen bekannt sein. Diese Matrix der Betriebsbedingungen, Fahrsituationen und möglichen Fehlfunktionen wird auch die Grundlage sein für die Gefahren- und Risikoanalyse. Jedoch werden hier nur die potentiellen Fehlfunktionen und die Worst-Case-Szenarien mit den Faktoren S, E und C bewertet.

In der ISO 26262:2018 wird die HARA nicht als Sicherheitsanalyse betrachtet. Da auch für die Betriebsfunktionen, Betriebszustände und Fehlereffekte ähnliche Analysen ergänzend betrachtet werden und auch angewendet werden müssen, zählt hier die HARA zu den Sicherheitsanalysen.

Diese Ereignisbaumanalyse muss während der gesamten Produktentwicklung kontinuierlich überprüft werden, da alle neuen Fehlfunktionen, alle Änderungen der Umgebungsbedingungen sowie alle Änderungen der Funktionen und des Designs zu neuen Effekten in bestimmten Fahrsituationen führen können (siehe auch Preliminary Hazard (Risk) Analysis, PRA).

Vorteil dieser systematischen Analyse ist, dass diese einen direkten Übergang zu den System-Sicherheitsanalysen (zum Beispiel RBD, FTA, FMEA) aufzeigt. Zur Verifikation des funktionalen Sicherheitskonzeptes würden sich eine tiefergehende Fehlerbaumanalyse, Zuverlässigkeitsblockdiagramme oder eine auf funktionalen Fehlern basierende Entwurfssystem-FMEA anschließen. In der Entwurfs-FMEA könnten alle potentiellen funktionalen Fehler der logischen Elemente, die Effekte der betrachteten logischen Elemente zueinander und abweichende Umwelteinflüsse (aus der Schnittstellenanalyse) hinsichtlich der Sicherheitszielverletzung untersucht werden. Bezogen auf funktionale Fehler könnte man hier mit einer Vollständigkeit der Sicherheitszielabsicherung argumentieren. Korrekte und hinreichende Spezifikation der funktionalen Sicherheitsanforderungen und deren Verifikation kann über eine deduktive Positivanalyse erfolgen. Sie kann bis auf die unterste Ebene durchgeführt werden, bei der die entsprechenden funktionalen Fehler ergänzt werden. Sind alle Fragen vollständig und hinreichend beantwortet, kann die Analyse des technischen Sicherheitskonzepts angeschlossen werden. Die deduktive Analyse unterstützt damit die Verifikation der technischen Sicherheitsanforderungen bezüglich systematischer Fehler und deren Allokation auf technische Elemente, die die Grundlage für das Systemdesign bilden. Folgende Aspekte können hinterfragt werden:

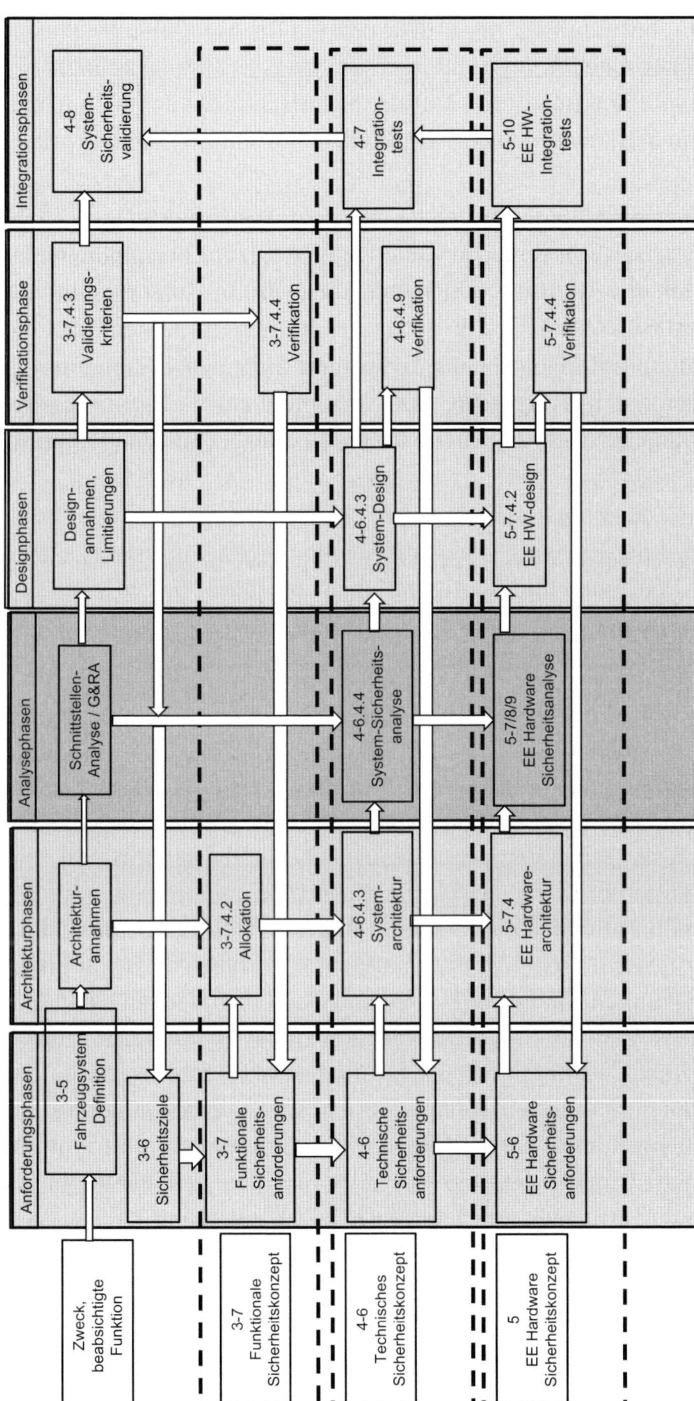

Bild 5.73 Sicherheitsanalysen im Sicherheitslebenszyklus

- Sind die technischen Sicherheitsmechanismen vollständig aus den funktionalen Sicherheitsmechanismen abgeleitet?
- Wurden alle möglichen funktionalen Fehler der technischen Elemente und Fehlfunktionen aus dem Wirken der technischen Elemente untereinander berücksichtigt?
- Wurden alle funktionalen Abhängigkeiten bezüglich Funktion, funktionaler Fehler und Fehlverhalten sowie technische Abhängigkeiten (zum Beispiel gemeinsame Ressourcen, Energie, technische Elemente, die mehrere Funktionen unterstützen müssen) betrachtet?
- Sind alle Sicherheitsmechanismen vollständig über technische Elemente beschrieben? (vollständige Beschreibung der Sicherheitsmechanismen bezüglich einer horizontalen Abstraktionsebene inklusive aller technischen Schnittstellen)?
- Sind die technischen Elemente bezüglich der Eingänge, Ausgänge, der Beziehung zwischen Ein- und Ausgang, Umgebungsbedingungen, zulässigen Umgebungsbedingungen, Varianten und Konfigurationen vollständig beschrieben?
- Kann die Fehlerpropagation durch Fehlersimulationen (Fehlerinjektion) nachvollzogen werden?
- Sind die beschriebenen Validierungskriterien geeignet, die Erfüllung der Sicherheitsziele zu zeigen?

Sind alle Fragen vollständig und hinreichend beantwortet, kann das Systemdesign als vollständig und hinreichend spezifiziert betrachtet werden. Das System müsste somit in der Lage sein, die notwendigen Sicherheitsmechanismen hinreichend zu implementieren. Diese technische Sicherheitsanalyse sollte auf Basis der Eigenschaften der technischen Elemente in ihrer Integrationsumgebung (Fahrzeugumgebung) als induktive Analyse betrachtet werden. Als Empfehlung müssten alle Anforderungen an die logischen und auch technischen Elemente deduktiv analysiert werden. Dazu ist die Positivanalyse vollkommen hinreichend. Das Ziel der deduktiven Analyse ist es, die notwendigen Eigenschaften zu identifizieren, jedoch nicht deren Werte (oder Parameter) zu verifizieren. In den FMEA-Methoden (weil auch diese Methoden die FMEA nicht als reine induktive Analyse sehen) gemäß VDA oder der AIAG werden hier ebenfalls die „besonderen Merkmale“ ermittelt. Auch die ISO 26262 adressiert die „sicherheitsrelevanten besonderen Merkmale (safety-related special characteristics)“ für produktionsbedingte Sicherheitsaktivitäten oder Sicherheitsanforderungen an mechanische Elemente (oder Elemente anderer Technologie). Einen Stecker für ein ASIL-B-Signal gemäß einem ASIL zu entwickeln, wird für den Entwickler keine hinreichende Information bedeuten. Daher sollte man ihm die Eigenschaft als Sicherheitseigenschaft eindeutig erkenntlich machen und die Eigenschaften entsprechend hinreichend fehlertolerant, zuverlässig und robust auslegen. Generell werden in den Automotive-FMEA-Standards in der unteren Ebene der

Design-FMEA die „besonderen Merkmale“ oder andere Produkt- oder Prozessmerkmale identifiziert. Prozessmerkmale sind Merkmale, die durch den Produktionsprozess zu sichern sind. Produktmerkmale sind Merkmale, die durch die Konstruktion gesichert sind, aber in der Produktion geprüft werden müssen. Diese Produkt- oder Prozessmerkmale werden an die Prozess-FMEA übergeben. Somit kann sichergestellt werden, dass die geforderte Eigenschaft (Merkmal) gegen konstruktive Fehler und Produktionsfehler abgesichert oder hinreichend robust ausgelegt ist. Bei der deduktiven Analyse sollten nur potentielle Fehler eine Rolle spielen, die durch diese (wichtigen) Eigenschaften (Merkmale) identifiziert werden, die diese bei der Realisierung oder Implementierung der sicherheitsrelevanten Funktion negativ beeinflussen können. Dies gilt auch für funktionale Einschränkungen, die sich durch das Funktionsdesign und Designbeschränkungen, durch eine höhere Abstraktionsebene oder durch die Integrationsumgebung ergeben. Die Verifikation der technischen Eigenschaften und deren Fehlerpropagation kann nur durch eine induktive Analyse durchgeführt werden. Das heißt, in der deduktiven Analyse werden die Eigenschaften hinterfragt, die notwendig sind, um die Funktion auf dem untersuchten System (den betrachteten logischen und technischen Elementen in ihrem geforderten funktionalen Verhalten) wie vorgesehen durchführen zu können. Diese haben damit Anforderungscharakter. Bei der induktiven Analyse geht man von allen technischen Eigenschaften aus, somit werden die Eigenschaften, die notwendig sind, damit das System die Funktion tragen kann, bestätigt. Die anderen Eigenschaften und die Eigenschaften, die sich durch das Verhalten der technischen Elemente zueinander ergeben, dürfen die weiteren Eigenschaften nicht so beeinflussen, dass sie nicht mehr in der Lage sind, die geforderte Funktion zu realisieren.

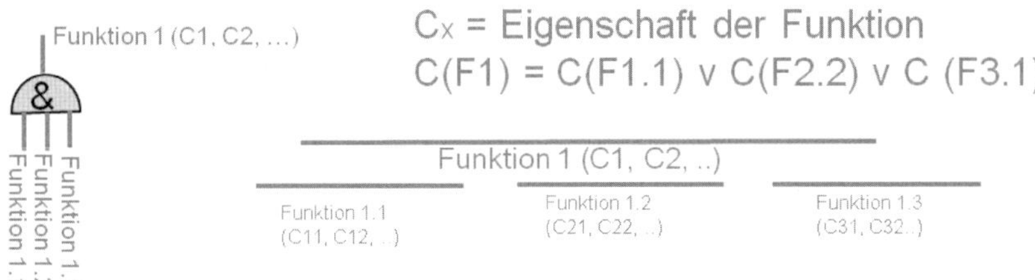

Bild 5.74 Funktionsanalyse in unterschiedlicher Darstellung

In der Positivanalyse können alle Eigenschaften, die zur Realisierung der Funktion (oder des Sicherheitsmechanismus), deren Abhängigkeit zu anderen Funktionen und deren Ableitung über mehrere horizontale Ebenen wichtig sind, ermittelt werden.

Die negative Perspektive, gemäß dem DeMorgan´schen Gesetz einfach umgewandelt, führt zu hochkomplexen logischen Zusammenhängen.

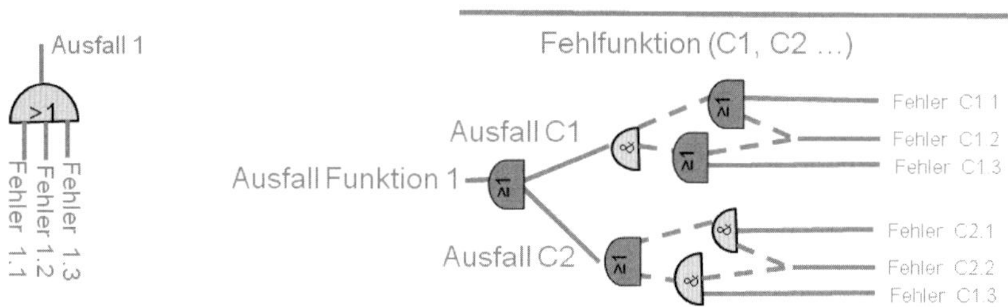

Bild 5.75 Generierung der negativen Sicht aus der Funktionsanalyse

Auch gibt es im Ford-FMEA-Handbuch die vergleichbare Konvertierung. Hier spricht man von der idealen Funktion, also der Funktion, wie sie ideal implementiert gedacht ist. Hieraus werden die typischen Fehlerarten:

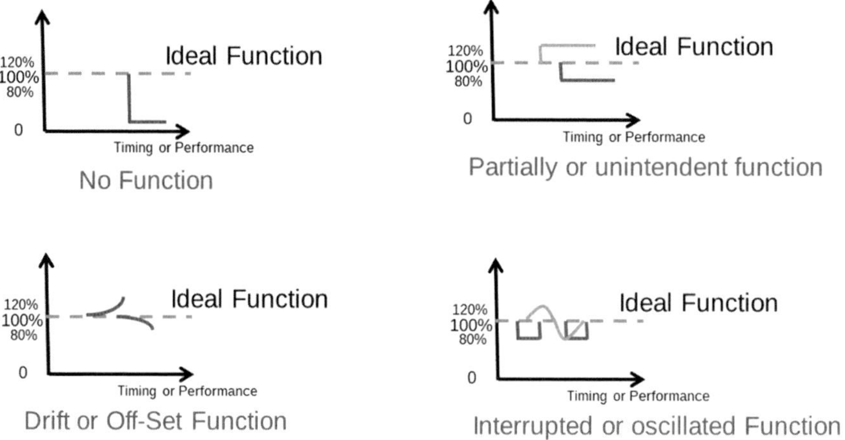

Bild 5.76 Fehlerbilder generiert aus der „Idealen Funktion" (Quelle: *Ford Motor Company:* Failure Mode and Effects Analysis. FMEA Handbook (with Robustness Linkages)

- keine Funktion,
- teilweise oder unbeabsichtigte Funktion,
- Signal-Drifts oder Off-Sets innerhalb der Funktion oder
- Unterbrechungen oder Oszillationen innerhalb der Funktion.

Jede Ableitung oder andere Gruppierung ist denkbar.

Die Fehlerpropagation kann aber ohne die technische Realisierung gar nicht beurteilt werden. Schwingungen und Oszillationen können nur entstehen, wenn diese durch zum Beispiel Induktivitäten und Kapazitäten erregt werden und es eine Energie gibt, die hinreichend dafür ist, ein solches System auch signifikant zu stören. Genauso ist es mit Drifts von Signalen: Drifts nach oben benötigen Energie, die, wenn nicht vorhanden, auch nicht zu einer Drift von Signalen führen kann.

Durch die Realisierung kann für ein Signal Energie abgeleitet werden, dies würde bei der Realisierung sogar zu Drifts ins Negative führen, was eventuell funktional gar nicht in Betracht gezogen worden ist.

Bei der Komponentenentwicklung gibt es dieselben Zusammenhänge. In der Software ist es sinnvoll, auch während der Anforderungsentwicklung deduktiv und funktional zu analysieren und somit die Kerneigenschaften (die ideale Funktion mit ihren wesentlichen Eigenschaften) der Elemente zu ermitteln, die zur korrekten Umsetzung der Funktion notwendig sind. Ist das Software-Design definiert, sollte die induktive Analyse prüfen, ob alle systematischen Fehler, die noch in der Software verblieben sind, durch hinreichende Maßnahmen abgesichert sind.

Bei der Elektronikentwicklung geht man historisch etwas anders vor, trotzdem ist es sinnvoll, auch hier die Eigenschaften, die zur Realisierung der Funktion notwendig sind, deduktiv zu erarbeiten. Viele FMEA-Standards haben dies auch entsprechend so empfohlen. Im Allgemeinen wird dies im Rahmen einer Design-FMEA geschehen, wobei diese Kerneigenschaften auf der mittleren Fehlerebene ermittelt und Ursachen im Design oder in der Produktion untersucht werden. Will man im klassischen Dreier-Schieber bleiben (Ursache-Fehler-Fehlerfolge), fehlt oft eine Ebene, daher wird die Kerneigenschaft auch oft auf der Ursachenebene definiert. In dem Fall würde die Prozess-FMEA unterhalb der Ursachenebene der Design-FMEA ansetzen. Die Design-FMEA erfüllt weitgehend die Forderungen der ISO 26262, Teil 5, Kapitel 7, jedoch wird zur Identifizierung der Einzelfehler, Mehrfachfehler und sicheren Fehler auch eine Betrachtung als System-FMEA notwendig sein. Die implementierten Sicherheitsmechanismen sind dann die Maßnahmen im Kundenbetrieb. Die in ISO 26262, Teil 5, geforderten Architekturmetriken nutzen dann die Quantifizierung der Fehlermodi und der Effizienz der Sicherheitsmechanismen (Diagnosedeckung gegen Einzelfehler oder latente Fehler) als Maßstab zur Bewertung der Sicherheitsarchitektur.

Die in ISO 26262, Teil 5 geforderte Cut-Set-Analyse zur Ermittlung der PMHF (Wahrscheinlichkeit der Sicherheitszielverletzung durch zufällige Hardwarefehler) kann nur am fertigen Design erfolgen. Hier gehen die Informationen der Architekturmetriken und der Abhängigkeitsanalyse ein. Bereits bei Doppelfehlern kann man hinterfragen, ob diese überhaupt eine quantifizierbare Verletzung eines Sicherheitsziels bewirken können. Handelt es sich um unabhängige zufällige Hardwarefehler, so wird die Beeinflussung des Sicherheitsziels durch die Multiplikation der beiden Fehlerraten (Fit-Werte) errechnet, das heißt, es kommen sehr kleine Werte heraus. Sind die beiden Fehler nicht unabhängig (was sehr oft der Fall ist bei Automobilelektronik), dann bestimmt der Grad der Abhängigkeit (siehe Axiom von Kolmogorov) die Wahrscheinlichkeit, dass diese beiden Fehler gemeinsam auftreten und dann das Sicherheitsziel verletzen. Dies würde der Quantifizierung des Beta-Faktors entsprechen. Handelt sich bei der Abhängigkeit um ein technisches Bauelement, so fordert die ISO 26262 auf, dieses so auszulegen, dass der

Grad der Kopplung hinreichend gering ist. Der Fehleranteil dieses Bauelementes würde als Einzelfehler in die Berechnung eingehen. Da es meist jedoch auslegungsabhängige und damit systematische Abhängigkeiten sind, die oft ursächlich auf sehr komplexen Kombinationen (cutsets) von Einflussfaktoren beruhen, fordert die ISO 26262 keine Quantifizierung des Beta-Faktors, sondern nur eine Identifizierung der Einflussfaktoren und entsprechende Maßnahmen zur Beherrschung dieser Abhängigkeiten. Die Fehlerraten für die Architekturmetriken sind mit anderen Anforderungen in der ISO 26262 belegt als die Fehlerraten für die PMHF. Bei den Architekturmetriken steht die Balance der Daten zueinander im Vordergrund, damit man mit schlechten sicheren Fehlern oder diagnostizierten Fehlern nicht die Absicherung von wesentlichen Funktionselementen (oder Funktionen) gesundrechnet. Das heißt, hier nutzt man einfach Fehlerraten aus Tabellenbüchern und nimmt eine generische Fehlerverteilung (zum Beispiel Birolini) an. Bei der PMHF stehen die Fehlerpropagation und die notwendigen Einflussfaktoren im Vordergrund, hier wird auch verlangt, die auf der Realisierung basierenden Fehlerraten zu ermitteln und den Einfluss an den Cutsets zu bewerten.

5.5 Verifikation während der Entwicklung

Verifikationen werden in der ISO 26262 mehrfach aufgerufen, zum Beispiel, wenn man von einer höheren in eine abgeleitete niedrigere Abstraktionsebene übergeht. Dabei wird die Verifikation als Abschluss der höheren Ebene gesehen, die tiefere Ebene beginnt mit einer Anforderungsanalyse. Oft wird vor der Verifikation noch die Allokation aufgerufen, das heißt, Anforderungen werden den darunterliegenden Ebenen zugeordnet. Dabei sollte man die Beziehung der beiden Ebenen betrachten. Nur wenn das Ergebnis einer Verifikation uneingeschränkt positiv ist, leitet eine Verifikation keine Prozessiteration ein. Je nachdem, wie man Abweichungen während einer Verifikation bewertet und welche Maßnahmen man zur Wiederholung der Verifikation einleitet, muss man zur entsprechenden Aktivität zurückspringen. Dies können die Anforderungen, das Design oder auch die Testfallspezifikation innerhalb einer horizontalen Ebene sein, wie auch ein Rücksprung in eine andere horizontale Ebene (zum Beispiel von einer Komponente ins System). Die tieferliegende Ebene beginnt allgemein immer mit der Anforderungsanalyse. Damit steht die Frage im Raum: Leiten sich die Anforderungen aus der unteren Ebene nun aus den verifizierten Anforderungen der oberen Ebene oder aus den Anforderungen und dem Design der oberen Ebene ab?

Anforderungen aus der oberen Ebene leiten sich aus allen Mitteln der Spezifikation aus der oberen Abstraktionsebene ab. Architektur und Design sowie alle Limits oder Einschränkungen können neue Anforderungen in den unteren Ebenen ergeben.

Anforderungen, Architektur wie auch Design liefern durch die verschiedenen Ebenen immer mehr und detailliertere Informationen und steigern die Anzahl an geforderten Eigenschaften. Diese sollten jedoch, bevor sie an die anderen Nutzer dieser Informationen weitergeleitet werden, überprüft bzw. verifiziert werden. Dies zeigt, dass es unterschiedliche Wege gibt, Arbeitsergebnisse auszubauen. Grundsätzlich wird zwischen einer Anforderungsspezifikation und einer Designspezifikation unterschieden. Jedoch gibt es verschiedene Ausprägungen und Definitionen, wie beide Spezifikationsarten aufgebaut sein können. An dieser Stelle soll die Anforderungsspezifikation die Rahmenbedingungen vorgeben, die als Grundlage für das Design notwendig sind. Die Designspezifikation beschreibt die umgesetzten, am Produkt messbaren Eigenschaften. Hier stoßen wir dann an die Grenze dessen, was ein Vorgehensmodell wirklich leisten kann. Findet die Verifikation wirklich nur bei der Entwicklung der Anforderungen statt? Ist die Anforderungsentwicklung vor der Realisierung beendet? Natürlich nicht! Wenn das Ergebnis validiert ist und alle Anforderungen korrekt am Produkt umgesetzt sind, werden immer neue Aspekte auch in der Nutzungsphase auftreten können, die man nicht hinreichend betrachtet hat. Auch hier laufen permanente Iterationsschleifen, gerade bei den heutigen kurzen Innovationszyklen werden Produkte erst über Jahre der Nutzung wirklich reif. Wobei jede Änderung auch für andere Eigenschaften zum Risiko wird. Dies ist natürlich unvertretbar, wenn es um Sicherheitseigenschaften eines Produktes geht. Es ist Realität, dass ein unerfahrenes Entwicklungsteam oft die Einflussfaktoren nicht kennt, aber ein erfahrenes Entwicklungsteam kann auch Einflussfaktoren falsch einschätzen. Leider steckt in dem Vorgehen sogar ein systematisches Risiko. Wenn man Anforderungen systematisch entwickelt und sauber nach Prozess ableitet, werden Einflussfaktoren, die man kennt, auch einfließen. Werden hier die vorherigen Analysen von erfahrenen Personen durchgeführt, werden auch Aspekte in die Analyse einfließen, die über die Anforderungen und die Erfahrung der Designer hinausgehen. Auch bei der Verifikation kann durch den Testplaner entsprechende Erfahrung eingebracht werden. Auch über die jeweiligen Analyse- oder Verifikationsmethoden werden systematisch ergänzende Einflussfaktoren in Betracht gezogen. Aber zu sagen, dass alle Einflussfaktoren betrachtet werden oder gar alle Anwendungsszenarien und Bedingungen, ist sehr schwer, allgemein wohl sogar unmöglich. Wenn man nun gemäß Vorgehensmodell zu jeder Anforderung einen Testfall hat, der zeigt, dass die Anforderung richtig umgesetzt ist, dann kann es schon Zweifel geben, ob ein solcher Test die entsprechende Aussagekraft haben kann. Wie viele Tests notwendig sind, hängt von sehr vielen Faktoren ab, bis hin zur Sorgfalt, mit der man die Anforderungsanalyse zu Beginn der Bearbeitung der Abstraktionsebene durchführt. Anforderungs- und Designspezifikation soll formal so gelagert sein, dass es tatsächlich nur einen Parameter in der Anforderung gibt, aber durch die weitere Ableitung der Designinformation wesentlich mehr Parameter erzeugt werden, da ansonsten die tieferen Ebenen nicht hinreichend mit Informationen versorgt werden. Das prägnanteste Beispiel zeigt sich am Hardware-Software-Interface. Das Design des Mikrocontrollers gibt die wesentlichen Software-Anforderungen vor, nicht die Anforderungen aus der oberen Ebene. Daher gibt es zwar gemäß ISO 26262 die SW-Anforderungen zu verifizieren, jedoch kann man diese wirklich nicht direkt aus Softwareanforderungen ableiten. Sämtliche Grundstrukturen des Mikrocontrollers müssen in die Anforderungen des Hardware-Software-Interface einfließen, die oft die gewünschten Systemanforderungen an die Softwarekomponente nicht erfüllen können. Dies ist jedoch nur ein sehr prägnantes Beispiel, aber bei weitem keine Ausnahme.

Neben den Sicherheitsanalysen und Tests sind immer weitere Verifikationen zur Bestimmung der Sicherheitsreife für die Entwicklungsprodukte notwendig. An jeder organisatorischen Schnittstelle und allen horizontalen Schnittstellen sowie zwischen Elementen sollten alle Eigenschaften am Ende des Entwicklungsschrittes verifiziert sein.

5.6 Verifikation von Anforderungen

Im Gegensatz zu Automotive SPICE fordert die ISO 26262 keine Analyse der Anforderungen, sondern eine Verifikation.

Um die Anforderungen des funktionalen Sicherheitskonzeptes und ihre Allokation prüfen zu können, müssen auch die Eingangsbedingungen nach Norm durch die ITEM-Definition oder die vereinbarten System- und Projektgrenzen überprüft werden. Sind diese

- inkorrekt,
- unvollständig oder
- inkonsistent,

so ist eine Überprüfung der nachgelagerten Prozesse nicht möglich.

Somit sind schon die eingehenden Aspekte (was ist der Gegenstand des Projektes oder der Entwicklung) zu hinterfragen. Ohne ein Grundgerüst und die Strukturierung der funktionalen Anforderungen ist eine Überprüfung sehr komplex. Daher muss ein funktionales Konzept dem Prozess vorgelagert werden, damit der Entwicklungsgegenstand bewertbar wird. Hier wird auch die Grenze von Verifikationen und Validationen transparent und deren Abgrenzung zu Assessments. Alle Fragen, die sich hinreichend formulieren und nicht mit ja oder nein beantworten lassen, müssen bewertbar gemacht werden. Eine mögliche Übersetzung des Wortes „bewerten" ins Englische ist das Wort „Assessment".

Bezüglich der Vollständigkeit der funktionalen Anforderungen könnten folgende Fragen relevant sein:

- Wurde der Stand der Technik bewertet? Muss der Stand von Wissenschaft und Technik bewertet werden?
- Sind alle relevanten gesetzlichen Standards ermittelt und wurden deren Anwendbarkeit und Relevanz geprüft?
- Wurden die gesetzlichen Anforderungen nachvollziehbar in den funktionalen Anforderungen abgeleitet?
- Werden bewährte Design-Prinzipien und -Methoden für den relevanten Markt, die Technologie und den relevanten Entwicklungsbereich ermittelt?
- Gibt es ein Verhaltensmodell, das die beabsichtigte Funktionalität auf Fahrzeugebene beschreibt?
- Sind übergeordnete Zustände und die zulässigen Zustandstransitionen beschrieben?
- Ist die beabsichtigte Funktionalität, die durch das Element oder die Elemente innerhalb der Grenze bereitgestellt wird, hierarchisch strukturiert?
- Werden die Signalketten der beabsichtigten Funktionen aus dem beabsichtigten Verhalten des Artikels oder der Elemente abgeleitet?
- Werden die Signalketten der beabsichtigten Funktionen aus dem beabsichtigten Verhalten der Komponenten oder den Elementen abgeleitet?
- Sind die parallelen und/oder sequentiellen abgeleiteten Funktionen der Signalketten identifiziert?
- Haben die Signalketten einen identifizierten Start an einem Sensor und ein Ende an einem Aktuator oder einer externen Schnittstelle der Grenze?
- Sind die funktionalen Anforderungen den Signalketten zugeordnet?
- Behandeln die funktionalen Anforderungen vollständige Signalketten vom Anfang an einem Sensor oder an einer Schnittstelle bis zu einem Ende an einem Aktor oder an einer Schnittstelle?
- Berücksichtigen die funktionalen Anforderungen alle parallelen und sequentiellen Teile der Signalkette?
- Sind für alle funktionalen Anforderungen Grenzwerte und Randbedingungen festgelegt und sind die Grenzwerte und Randbedingungen auf die Signalketten zurückführbar?
- Beschreiben die funktionalen Anforderungen das beabsichtigte Verhalten in allen relevanten Fahrzeugumgebungsbedingungen vollständig?
- Beschreiben die funktionalen Anforderungen das beabsichtigte Verhalten in allen relevanten Fahrsituationen vollständig?
- Sind die funktionalen Anforderungen vollständig ausreichend, um alle relevanten gesetzlichen Anforderungen zu erfüllen?
- Werden die relevanten Funktionen identifiziert, um die Sicherheit bei der Verwendung des Produkts zu gewährleisten?

Diese Fragen sind sehr generisch und müssen natürlich dem Entwicklungsgegenstand angepasst werden, dies gilt insbesondere, wenn der Entwicklungsgegenstand ein Fahrzeug ist, welches durch ein System gesteuert wird und nicht von einem Menschen.

Bezüglich der Korrektheit der funktionalen Anforderungen könnten folgende Fragen im Raum stehen:

- Sind die funktionalen Anforderungen ausreichend atomar (z. B. im Sinne der Eindeutigkeit), damit ihre Zuordnung nachvollziehbar ist?
- Werden die funktionalen Anforderungen von einem Verhaltensmodell abgeleitet?
- Wird ein Kriterium zur Verifizierung der beabsichtigten Funktionalität ermittelt?
- Werden Fähigkeitskriterien identifiziert, damit Sensor und Aktuator die beabsichtigten Funktionen erfüllen können?
- Könnten alle funktionalen Anforderungen überprüft und ihre Erfüllung getestet werden?
- Könnte der Adressat der funktionalen Anforderungen die Anforderung erfüllen?

Die Korrektheit kann auch auf die Anwendbarkeit oder Umsetzbarkeit abgebildet werden.

Zur Konsistenz wären folgende Fragen möglicherweise relevant:

- Sind funktionale Anforderungen und deren Zuordnung zu Signalketten, Schnittstellen oder Elementen innerhalb der Systemgrenzen eindeutig und auf derselben horizontalen Abstraktionsebene?
- Sind alle Einschränkungen und Grenzen auf funktionale Anforderungen und deren Zuordnung zurückzuführen?

Die Konsistenzfragen sind in erster Linie auf eine Struktur und hierarchische Gliederung angewiesen, damit über die Nachvollziehbarkeit die anderen Eigenschaften wie Korrektheit und Vollständigkeit überhaupt eine Grundlage haben.

Die zusätzlichen Fragen zu den funktionalen Sicherheitsanforderungen (FSR) werden, wenn die Fragen zu den funktionalen Anforderungen positiv beantwortet sind, recht einfach klingen.

Folgende Fragen würden ergänzend zu den funktionalen Sicherheitsanforderungen (FSR) zu stellen sein:

- Ist die Ableitung der funktionalen Sicherheitsanforderungen zu den Sicherheitszielen nachvollziehbar?
- Wurden auch Sicherheitsanforderungen hinreichend berücksichtigt, die nicht relevant sind gemäß ISO 26262 (Sotif, QM etc.)?
- Ist die Relation der FSRs zu den Nominalfunktionen (Kundenfunktionen) oder dem abgeleiteten funktionalen Konzept nachvollziehbar und hinreichend transparent?

Um diese Fragen zu beantworten, müssen die FSR der gleichen hierarchischen Struktur folgen wie das funktionale Konzept. Dazu wären folgende Fragen relevant:

- Sind alle möglichen Fehlfunktionen der vorgesehenen Funktionen identifiziert?
- Werden alle denkbaren Ausfälle, Fehlfunktionen, Fehlverhalten bei Gefahrenanalyse und Risikobewertung berücksichtigt?
- Sind die Sicherheitsziele auf die relevanten Fehlfunktionen zurückzuführen?

Im Detail wird es noch viele andere Fragen geben, insbesondere, wenn es um die anderen Sicherheitsdomänen, wie Hochvolt, Gebrauchssicherheit, Eignung von Funktion und System und die notwendigen Kriterien zu Performance und so weiter geht.

Dieser Prozess der Verifikationen von Anforderungen ist auf jeder Abstraktionsebene bis hin zur Implementierung und Realisierung relevant. Das heißt, auch bei der Softwareentwicklung muss die Konsistenz und Nachvollziehbarkeit von funktionalen Anforderungen und funktionalen Sicherheitsanforderungen (FSR) überprüft werden.

5.7 Analyseprozess in Anlehnung an die ARP 4761

Die Flugnormen sehen weitgehend ähnliche Aktivitäten und Methoden wie im Automobil vor.

Die Norm ARP4761 „Guidelines and Methods for Conducting the Safety Assessment Process on Civil Airborne Systems and Equipment" wird von der SAE International veröffentlicht. ARP4761 dient dazu, die Umsetzung der 14 CFR 25.1309 gemäß U.S. Federal Aviation Administration (FAA) „airworthiness regulations for transport category aircraft" und den harmonisierten internationalen Luftfahrtregularien (airworthiness regulations), wie denen der EASA (European Aviation Safety Agency) und deren Äquivalent CS-25.1309 zu sichern.

Die Systementwicklung für den elektrischen Teil lässt sich sehr gut an dem ITEM der ISO 26262 darstellen. Das typische Equipment-under-Control (ECU, in Anlehnung an IEC 61508) bildet das Gesamtsystem inklusive Hydraulik, Mechanik und so weiter.

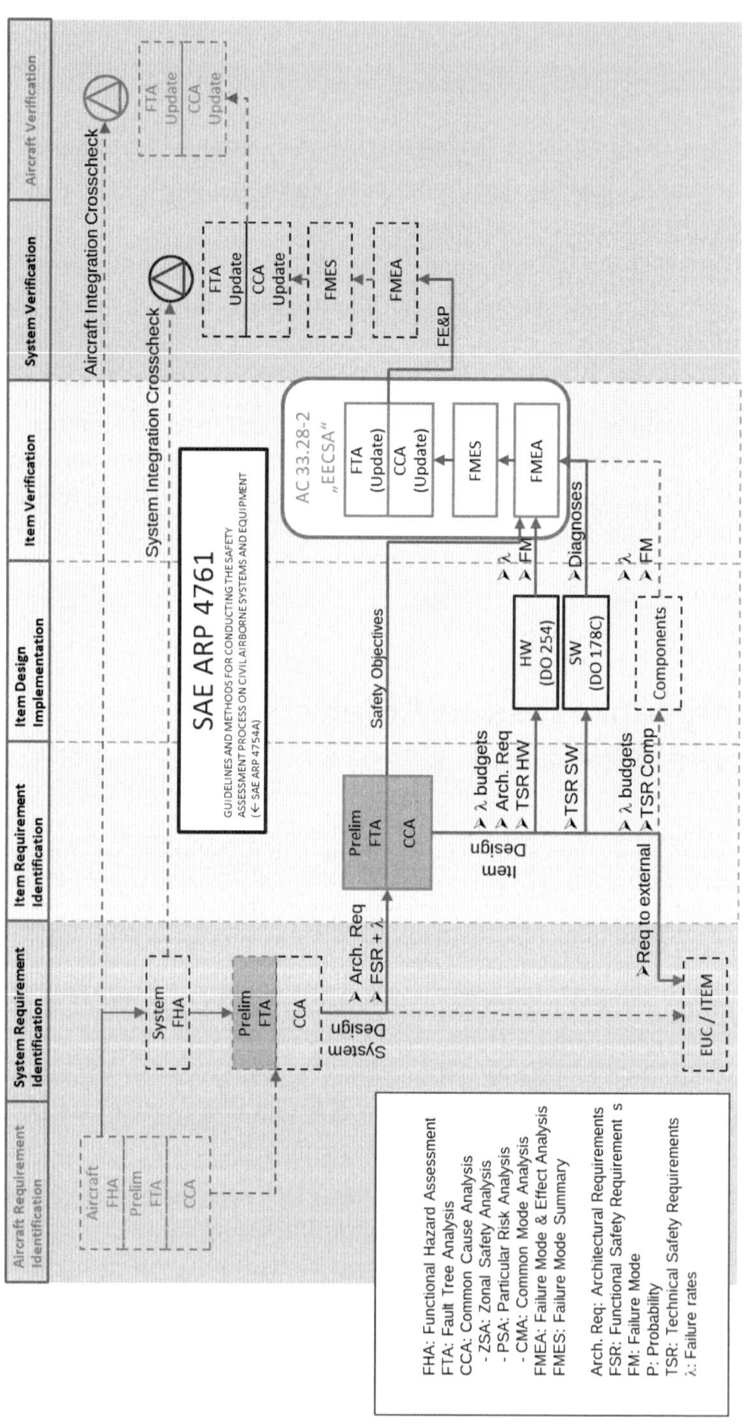

Bild 5.77 SAE ARP 4761 in Anlehnung an ISO 26262

Die Norm adressiert zum Beispiel folgende Methoden:

- Functional Hazard Assessment (FHA), Gefahrenanalyse und deren Bewertung,
- Preliminary System Safety Assessment (PSSA), vorläufige Systemsicherheit und deren Bewertung,
- System Safety Assessment (SSA), Systemsicherheit und deren Bewertung,
- Fault Tree Analysis (FTA), Fehlerbaumanalyse,
- Failure Mode and Effects Analysis (FMEA),
- Failure Modes and Effects Summary (FMES), gesamtheitliche Fehlereffekt-Bewertung,
- Common Cause Analysis (CCA), vergleichbar mit der DFA (Dependant Failure Analysis) der ISO 26262 bestehend aus:
- Zonal Safety Analysis (ZSA), Betrachtung der Hauptfunktionsgruppen und deren Abhängigkeiten eines Flugzeugs auch unter dem Geometriekontext,
- Particular Risks Analysis (PRA), Betrachtung der verschiedenen Systeme ähnlich dem Scope der ISO 26262,
- Common Mode Analysis (CMA), Betrachtung von Zuständen und Transitionen und Ausfallszenarien.

Der Prozess sieht folgende Aktivitäten vor:

- Umsetzung der FHA auf Flugzeugebene parallel zur Entwicklung der funktionalen Anforderungen,
- Umsetzung der FHA auf Systemebene parallel mit Zuordnung der Funktionen auf Flugzeugebene und Ableitung auf die Systemebene sowie die Initiierung der CCA,
- Umsetzung der PSSA parallel mit der Systemarchitektur-Entwicklung und Anpassung an die CCA,
- iterative Überarbeitung der CCA und PSSA aus dem System und Ableitung auf Hard- und Software,
- Umsetzung der SSA und Betrachtung der Implementierung und Realisierung parallel und Vervollständigen der CCA,
- Analysen und Aktivitäten zur Integration,
- Kommunikation mit dem Zertifizierungsprozess.

Auch in diesem Prozessrahmen werden die wesentlichen Merkmale der Hierarchisierung, der Architektur- und Design-Entwicklung, von Analysen sowie der Implementierung und Integration in einem V-Modell betrachtet. Die jeweiligen Zertifizierungsstandards der Luftfahrtbehörden, wie FAA und EASA, detaillieren die Aktivitäten und Methoden entsprechend.

Literatur

Arbeitskreis EGAS: Standardized E-Gas Monitoring Concept for Gasoline and Diesel Engine Control Units, Version 5.5

Autosar: Technical Safety Concept Status Report V1.2.0 R4.1 Rev 1

Birolini, A.: Reliability Engineering. Theory and Practice. Springer

Ford Motor Company: Failure Mode and Effects Analysis. FMEA Handbook (with Robustness Linkages)

ISO 26262:2018, Teil 10: Straßenfahrzeuge – Funktionale Sicherheit. Teil 10: Leitfaden für die Anwendung der ISO 26262

Rudolph, A.; Ross, H.-L.; Rad, T.: Ein praxisorientierter Ansatz zur Lieferung von Argumenten für die Sicherheit von automatisierten Fahrzeugen. Safetronic 2017. Stuttgart, 7. und 8. November 2017

VDA, Band 4, Teil 2: Qualitätssicherung vor Serieneinsatz. System-FMEA. 1996

6 Produktentwicklung auf Systemebene

Aus Marketing-Sicht sind Produkte jene Mittel, die ein Bedürfnis beim Kunden befriedigen und dadurch einen Nutzen stiften. Dieser Nutzen kann materiell und/oder immateriell sein. Der Produktkern wird zum Beispiel ein technischer Nutzen sein und Zusatznutzen wird vom Kunden persönlich empfunden (dies sind zum Beispiel Qualitätseigenschaften, wie schön, anmutig und so weiter). Weiter wird der Nutzer bei technischen Systemen auch mit Lasten konfrontiert, wie zum Beispiel, dass ein Produkt, um den Nutzen zu erfüllen, Energie benötigt, Wärme ableitet und so weiter. Daher wird man nun auch nicht mehr rein hierarchisch von oben nach unten schauen können, sondern man wird sich jetzt mit den Eigenschaften der Komponenten, aus denen man das System zusammensetzen möchte, auseinandersetzen müssen und prüfen, welche Eigenschaften den Anforderungen des funktionalen Konzepts und den weiteren Stakeholder-Anforderungen sowie dem technischen Sicherheitskonzept entsprechen und mit welchen Zusatzeigenschaften man einen positiven Nutzen (besonders hinsichtlich der Performance-Anforderungen) und mit welchen Eigenschaften man ungewollte negative Lasten erzeugt.

Grundsätzlich besteht immer eine gewisse Diskussion darüber, wo die Grenze zwischen Architektur und Design liegt. Es gibt Vor- und Nachteile für die eine oder andere Festlegung, aber schwieriger für die Produktentwicklung ist es, wenn dies gar nicht definiert ist. Daher werden hier folgende Grundsätze und Analogie verwendet.

Die Architektur legt die Struktur und damit die Schnittstellen der betrachteten Elemente fest. Elemente können logische oder technische Elemente sein, deren Verhalten miteinander die gewünschte Funktionalität ergibt. Ein System ist eine begrenzte Anzahl von solchen logischen oder technischen Elementen, welche durch ihre Interaktion gewünschte Funktionen oder Funktionalitäten realisieren. Ein System ist auch durch die horizontale Abstraktionsebene begrenzt. Eigenschaften und auch das technische Verhalten werden spezifiziert. Die Eigenschaften und das beschriebene technische Verhalten können in natürlicher Sprache sowie über semi-formale und formale Notationen spezifiziert werden. Ein Modell ist danach weitgehend eine Beschreibung von spezifizierbaren Eigenschaften und dem Verhalten von Elementen unter Berücksichtigung der Architektur. Das Design ist eine Darstellung der technischen Eigenschaften aus verschiedenen Perspektiven.

Folgende Analogie erschließt sich für die horizontalen Ebenen aus diesen Festlegungen:

- Das **Systemdesign** ist damit die Darstellung der technischen Eigenschaften der Komponenten, aus denen das System besteht. Die Systemdesignspezifikation beschreibt Eigenschaften, die sich aus dem Zusammenwirken der Komponenten ergeben. Die Komponenten können aus logischen oder technischen Elementen gebildet werden und haben Eigenschaften, die sich aus dem Zusammenwirken dieser Elemente ergeben. Diese Elemente müssen ebenfalls spezifiziert sein. Dies wäre im Allgemeinen die Komponentenspezifikation. Technische Komponenten können aus mechanischen, elektrischen oder aus Software-Elementen bestehen, wobei die Kombinatorik und die Auswahl, welche Elemente zur Komponente gehören, eine Designentscheidung ist. Eine Komponente ist damit ein Subsystem des Systems, welches die abgegrenzten Eigenschaften aus der Interaktion mit anderen Komponenten bildet.
- Das **Mechanikdesign** ist damit die Darstellung der technischen Eigenschaften der mechanischen Elemente (Komponenten), aus denen ein mechanisches System besteht. Die Mechanikdesignspezifikation beschreibt Eigenschaften, die sich aus dem Zusammenwirken der mechanischen Elemente ergeben. Die mechanischen Elemente können aus logischen oder technischen Elementen gebildet werden und haben Eigenschaften, die sich aus dem Zusammenwirken dieser Elemente ergeben. Diese mechanischen Elemente müssen ebenfalls spezifiziert sein. Dies wäre im Allgemeinen die Komponentenspezifikation. Mechanische Komponenten bestehen aus mechanischen Elementen, wobei die Kombinatorik und die Auswahl, welche Elemente zur Komponente gehören, eine Designentscheidung ist.
- Das **Elektronikdesign** ist damit die Darstellung der technischen Eigenschaften der elektronischen Elemente (Komponenten, Bauelemente), aus denen ein elektronisches System besteht. Die Elektronikdesignspezifikation beschreibt Eigenschaften, die sich aus dem Zusammenwirken der elektronischen Elemente ergeben. Die elektronischen Elemente können aus logischen oder technischen Elementen gebildet werden und haben Eigenschaften, die sich aus dem Zusammenwirken dieser Elemente ergeben. Diese elektronischen Elemente müssen ebenfalls spezifiziert sein. Dies wäre im Allgemeinen die Komponentenspezifikation. Mechanische Komponenten bestehen aus mechanischen Elementen, wobei die Kombinatorik und die Auswahl, welche Elemente zur Komponente gehören, eine Designentscheidung ist.
- Das **Softwaredesign** ist damit die Darstellung der technischen Eigenschaften der Softwareelemente (in Software realisierte Elemente), aus denen eine Softwarekomponente (nur software-basierendes System) besteht. Die Softwarekomponentenspezifikation beschreibt Eigenschaften, die sich aus dem Zusammenwirken der Softwareelemente ergeben. Die Softwareelemente können aus logischen oder technischen Elementen gebildet werden und haben Eigenschaf-

ten, die sich aus dem Zusammenwirken dieser Elemente ergeben. Diese Softwareelemente müssen ebenfalls spezifiziert sein; diese Spezifikation wird meist als Softwaredesignspezifikation bezeichnet. Softwarekomponenten bestehen aus Softwareelementen, wobei die Kombinatorik und die Auswahl, welche Elemente zur Komponente gehören, eine Designentscheidung ist.

Ziel einer Verifikation ist die Vertrauenswürdigkeit der verifizierten Einheiten und betrachtet die

- Konsistenz (auch Anforderungen, Architektur und Design),
- Vollständigkeit (bezogen auf den betrachteten Umfang),
- Korrektheit (bezogen auf die spezifizierten Kriterien).

Daher sollte jede Designentscheidung verifiziert werden, damit die spezifizierten Eigenschaften und damit die implementierten Anforderungen als korrekt beschrieben werden können. Eine allgemeine Verifikation kann nur durch Falsifikation erfolgen. In der deduktiven Sicherheitsanalyse sollten alle möglichen funktionalen Fehler analysiert werden. In der induktiven Analyse betrachtet man die spezifizierten Elemente auf der jeweiligen horizontalen Abstraktionsebene und hinterfragt deren mögliche Fehlereinflüsse. Dadurch kann eine systematische Falsifikation sichergestellt werden. Einflüsse und Kombinatorik, die für den Entwickler nicht vorstellbar sind, sind jedoch auch hier nicht verifizierbar. Durch die verschiedenen horizontalen Integrationsebenen, die Verifikation durch Tests und die Validation sollten die Eigenschaften des Produktes am Ende der Entwicklung als gesichert gelten.

Eine reine Softwarekomponente gibt es nur, da dies so definiert ist. Die Low-Level-Treiber, die die Information aus der Mikrocontrollerhardware auslesen und den Softwarekomponenten zur Verfügung stellen, werden als Softwareelemente definiert. Reine Elektronikkomponenten wird es nicht geben können, weil die elektronischen Bauelemente nicht in der Luft hängen. Das heißt, egal auf welcher horizontalen Abstraktionsebene man die Elektronik betrachtet, wird man Mechanikschnittstellen haben. Selbst das Bonding (Verbindung zwischen Silizium und Pin) in einem Mikrocontroller oder ASIC ist in erster Linie abhängig vom Produktionsprozess, der die mechanische Verbindung erstellt. Am Beispiel des Hardware-Software-Interface sieht man, wie tief man tatsächlich in die Details der Komponenten mit dem Systemengineering eintreten muss, um eine Absicherung der Schnittstelle zu gewährleisten. Alle elektronischen Bauelemente benötigen Energie (meist eine Spannungsversorgung); steht diese Energie nicht zur Verfügung, wird dies eine der ersten Ursachen sein, warum eine Funktion versagt. Damit ist jedoch nicht definiert, dass die Spannungsversorgung die Sicherheitsanforderung vererbt bekommt. Wird ein sicherheitsrelevantes Bauelement den zugewiesenen sicheren Zustand bei einem Spannungsausfall uneingeschränkt erreichen, so kann man von einem sicheren Fehler ausgehen. Ob dieser Zustand auch erreicht wird in Kombination mit anderen Fehlern und man daher mit einem

Doppelfehler rechnen muss, ist damit nicht ausgesagt. Weiter gibt es viele Halbleiter, die nur in einem bestimmten Spannungsbereich korrekt arbeiten; auch hier ist zu prüfen, ob dieser Spannungsbereich über separate Sicherheitsmechanismen abgesichert werden muss. All diese Fragen wird nur die deduktive Sicherheitsanalyse beantworten können und damit auch, bis zu welchen Peripherieelementen sich die Sicherheitsattribute (zum Beispiel ASIL) vererben werden. Auch auf der Systemebene wird in Kombination mit einer Hydraulik nur eine Funktion gegeben sein, wenn an einem Ventil ein gewisser hydraulischer Vordruck ansteht. Steht dieser nicht an, so wird nach dem Ansteuern des Ventils die Hydraulik eine mögliche sicherheitsrelevante Funktion nicht erfüllen können.

Die Iterationen können in den Darstellungen des Informationsflusses gar nicht transparent gemacht werden. Man wird in der ersten Iteration einen Sensor als logisches Element anlegen und sukzessive weiter Teilelemente (Spannungsversorgung, Halter, Gehäuse, Verdrahtung und auch die Gegenstelle auf dem Steuergerät (Verarbeitungseinheit), die die Sensorinformation einliest) so lange ergänzen, bis man eine Designentscheidung getroffen hat. Dann wird man prüfen müssen, ob das technische Element tatsächlich alle Anforderungen erfüllt, dies sollten die Tests in der Verifikation entsprechend bestätigen. In der deduktiven Sicherheitsanalyse werden wir feststellen, ob die weiteren Eigenschaften zu Fehlern führen können, die bestimmte Sicherheitsanforderungen oder Sicherheitsziele beeinflussen oder verletzen können. Neben dem funktionalen Verhalten werden die Schnittstellen durch technische Informationen (Geometrie, Materialeigenschaften, Temperatureigenschaften, Stressverhalten (Robustheit)) angereichert. Somit wird im Laufe der Designphase aus einem logischen Element sukzessive ein technisches Element. In den Zeichnungen (Layouts, Ansichten, Schnitte und so weiter), Stücklisten und Designspezifikationen dokumentierte Designeigenschaften werden mit jeder Verifikation und jeder Iteration weiter bestätigt, bis ein hinreichendes, für die Anwendung eindeutiges Element übrigbleibt. Aus Prozesssicht wird das V-Modell in den letzten Designphasen auf den Kopf gestellt, die Designentscheidungen in den unteren Ebenen müssen nochmals verifiziert und analysiert werden, so dass bei der Integration in den oberen horizontalen Ebenen die Tests auf gesicherten und korrekten Spezifikationen durchgeführt werden können. Da man im Design meist eine für die Anwendung konservative Annahme spezifiziert, werden kleine Änderungen keine massiven Einflüsse mehr auf die oberen Designspezifikationen haben. Grundsätzlich ist es wichtig, bereits in einer frühen Designphase die Schnittstellen hinreichend robust einzuplanen, damit bei Änderungen die Abhängigkeit und der Einfluss auf andere Elemente eingeschränkt werden kann. Dies ist auch wichtig, wenn man mit Varianten für das Produkt plant; es müssen Schnittstellen für die variablen Elemente eingeplant werden, die Abhängigkeiten und Einflüsse zu den anderen Elementen entkoppeln können.

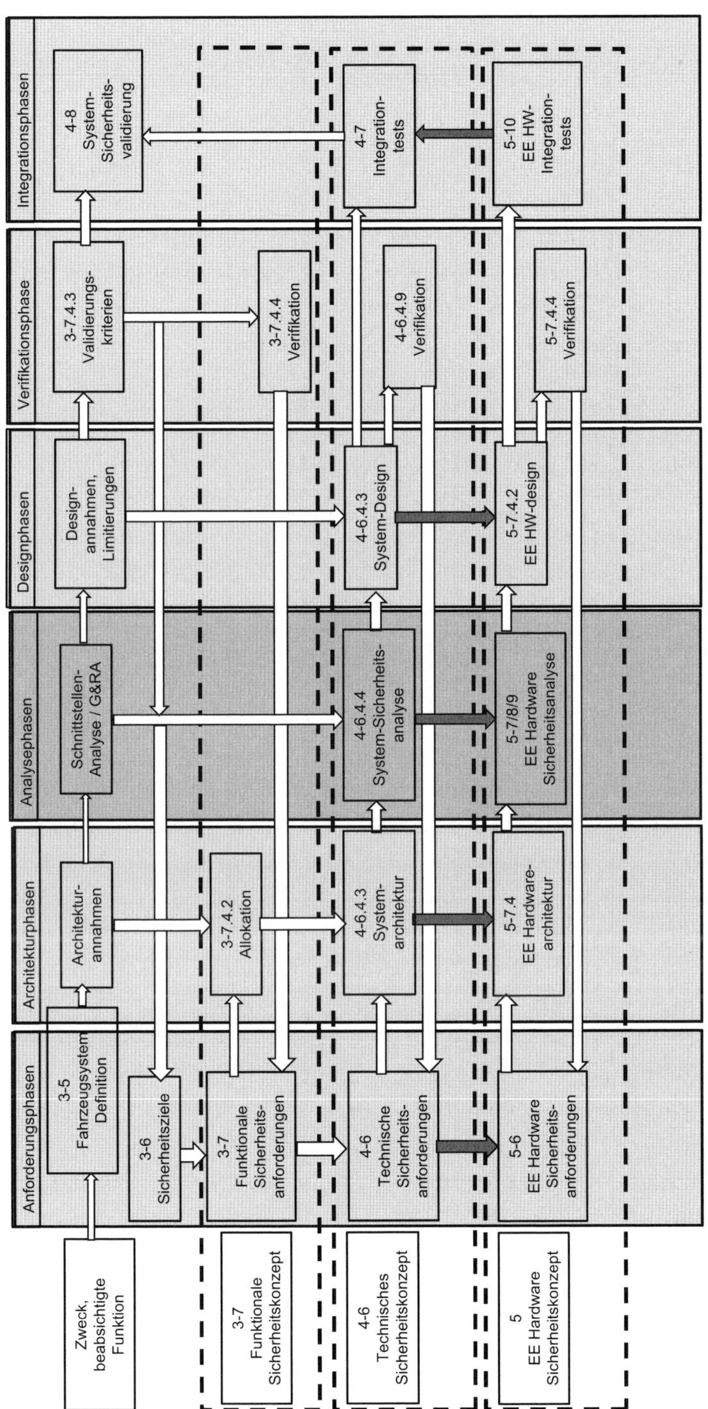

Bild 6.1 Informationsfluss zwischen System und Elektronik-Hardware-Entwicklung

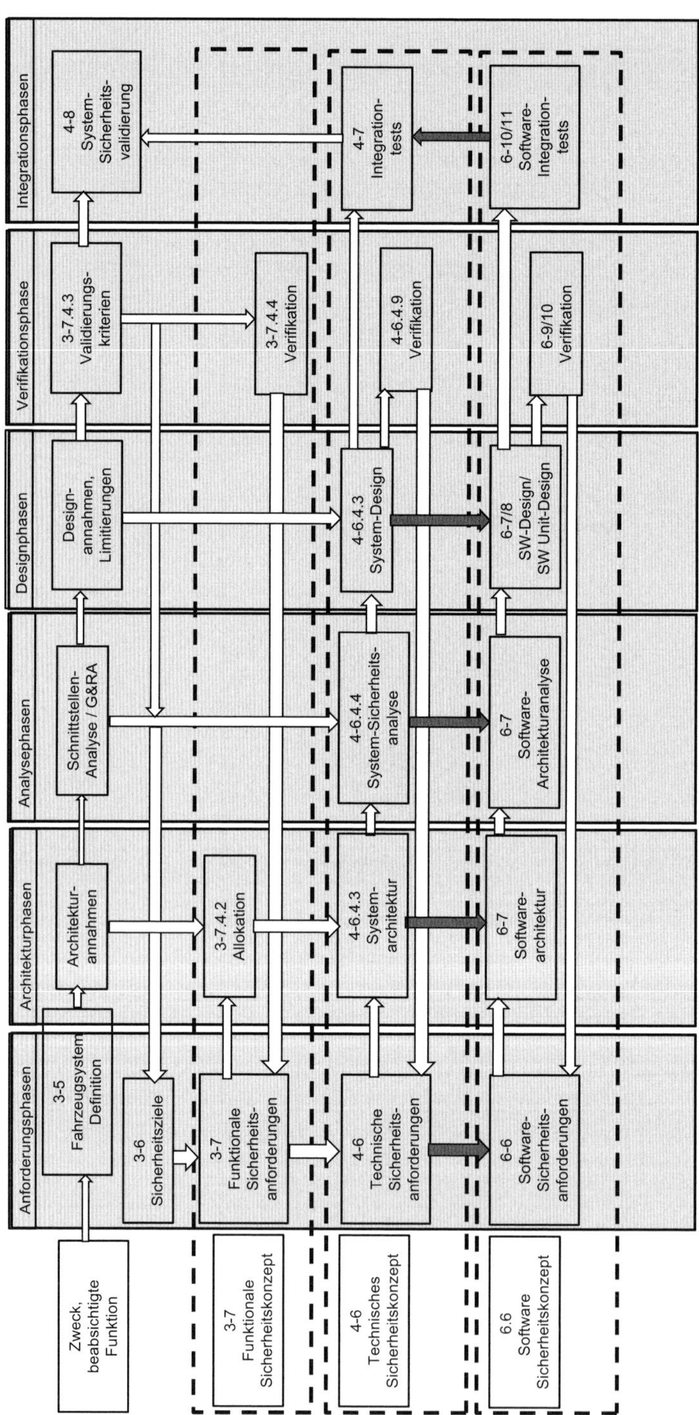

Bild 6.2 Informationsfluss bei der Software-Entwicklung

Ein rein softwarebasierendes Produkt wird man zwar vermarkten können, jedoch wird der Wert immer am Kundennutzen gemessen. Sobald es um Mobilitätssysteme geht, will der Nutzer ein Gut oder eine Person von A nach B transportieren.

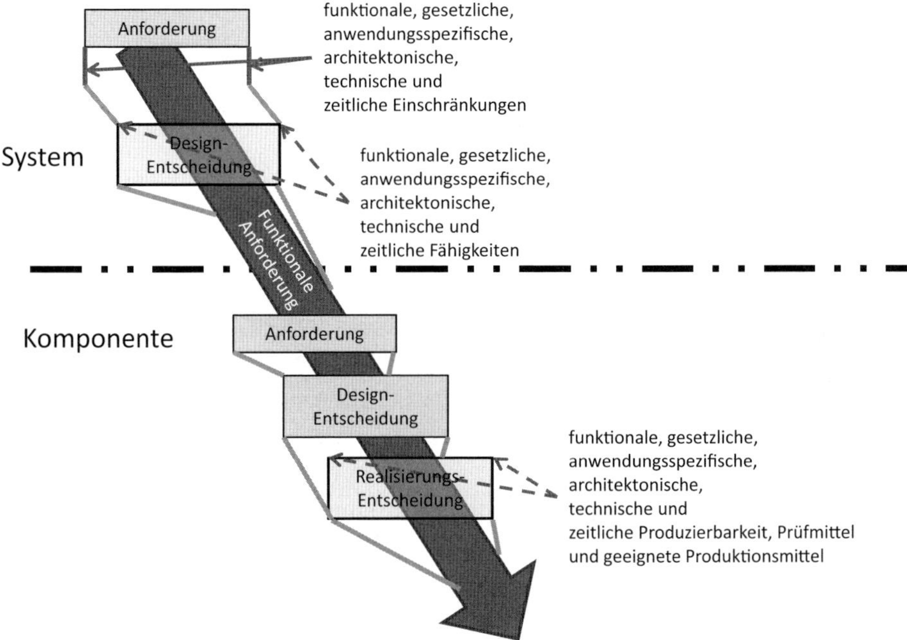

Bild 6.3 Funktionale Anforderung in Abhängigkeit von Einschränkung und Fähigkeit beim Design

Aus einer puren funktionalen Anforderung wird über die verschiedenen Design-Phasen ein Kompromiss aus Einschränkungen und Fähigkeiten der Komponenten oder Elemente, mit denen das Produkt realisiert werden soll. Alle Komponenten müssen auch realisiert werden, somit kommt am Ende auch die Frage dazu, ob man die Prüfmittel und die entsprechenden Produktionsmittel bereit stellt, um die Gesamtheit der Anforderungen zu erfüllen. Durch Produktionstoleranzen und Toleranzen, die sich durch die Variabilität (auch Temperatureinfluss auf die Performance eines Mikroprozessors) der Umgebung ergeben, wird die funktionale Anforderung in ihren Parametern immer weiter eingeschränkt. Die Art und Weise wie sich Design- und Produktionseigenschaften auf die gewünschte Funktion oder Handhabung des Produktes auswirken, kann bei einem bewährten Produkt natürlich besser eingeschätzt werden als bei einem neuen Produkt. Daher erzielen bewährte Produkte einen besseren Kompromiss bezüglich der Erfüllung der funktionalen Anforderungen auf Basis des Designs oder des angewendeten Produktionsprozesses. Die Fähigkeit, die durch das gewählte Design und den angewendeten Produktionsprozess erzielt werden, können in einem bekannten Kontext besser beurteilt werden.

6.1 Produktentwicklung auf Komponentenebenen

Um den Anforderungen eines hierarchischen Designs gerecht zu werden, wird man auch innerhalb der Komponente einen Systementwicklungsansatz weiterführen müssen. Da man bei der Realisierung auch Schnittstellen zwischen Software, Elektronik und Mechanik betrachten muss, sollte dieser Ansatz auch genauso wie auf der Systemebene fortgeführt werden. Grundsätzlich wird man auch bis zur letzten Designentscheidung offene technische Elemente als logische Elemente beschreiben. Einen Mikrocontroller wird man nie wirklich als technisches Element vollständig beschreiben können, da die Funktionen der einzelnen Transistoren im Silizium mehr über eine Wahrscheinlichkeitsverteilung definiert sind als über wirkliche technische Funktionalitäten, wie man sich diese beim Zusammenwirken von einer Mutter und einer Schraube vorstellt. Fast jedes technische Verhalten wird über mehr oder weniger gefestigte Modelle beschrieben. In der Mechanik gibt es die Newtonschen Gesetze, in der Elektronik wird man sich auf das ohmsche Gesetz verlassen, bis man bei hohen Frequenzen doch eine differenzierte Sicht durch die Maxwellschen Gleichungen als Beschreibungsgrundlage nutzen muss.

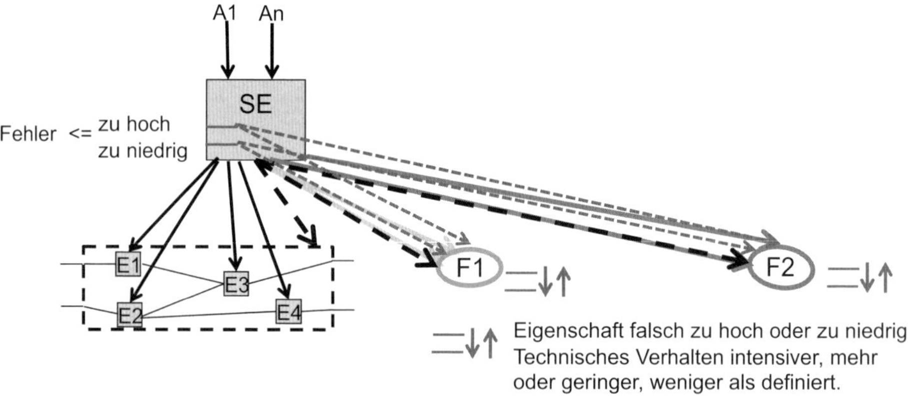

Bild 6.4 Ableiten von Anforderungen an Funktionen und deduktive Fehlerbetrachtung

Somit wird parallel zum Ableiten der Anforderungen an ein Systemelement zu einem logischen Element eine deduktive Analyse durchgeführt, die prüft, wie das Systemelement seine Eigenschaften und sein Verhalten gegenüber seiner Umwelt verändert, wenn die definierten Eigenschaften nicht erfüllt werden. Im zweiten Schritt werden diese logischen Elemente auf technische Elemente abgebildet (gemappt) und damit Designentscheidungen getroffen. Diese Designentscheidungen werden nun durch die deduktive Analyse hinterfragt und geprüft, ob die in der deduktiven Analyse ermittelten Einflüsse oder Effekte sich bestätigen oder verändern bzw. neue Effekte und Einflüsse dazukommen. Dadurch, dass nun technische Elemente (die kaputtgehen können) betrachtet werden, kann man durch Analysen, Simulationen, Berechnungen und Tests die einzelnen Eigenschaften und das Verhalten bewerten.

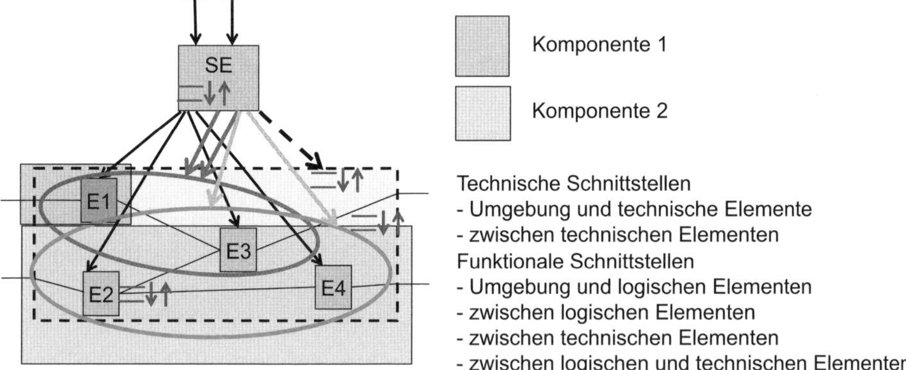

Bild 6.5 Ableiten von Anforderungen und verschiedenen Arten der Schnittstellen

Überführt man nun logische Elemente in technische Elemente, so erkennt man, dass man ohne Finden einer 1-zu-1-Zuordnung damit eine Potenzierung von Schnittstellen erreicht. Werden zwei verschiedene Funktionen den gleichen Elementen zugewiesen, so müssen diese die Anforderungen von beiden Funktionen erfüllen. Im Mikrocontroller werden den vorhandenen Ressourcen durch Handler, Scheduling und andere Multiplex-Mechanismen die Funktionen zugeordnet. Bei passiver Elektronik ist ein entsprechender Engineering-Aufwand notwendig, um dies zu erreichen. Komplexer wird es an den verschiedenartigen Schnittstellen, hier müssen die Schnittstellen aus der Stakeholder-Perspektive analysiert werden und es gilt zu überprüfen, ob die Schnittstellen die Anforderungen erfüllen können. Für alle Elemente und Schnittstellen ist eine zeitliche Limitierung eine besondere Herausforderung.

Technische Schnittstellen existieren

- zwischen der Umgebung und technischen Elementen,
- zwischen technischen Elementen und funktionalen Schnittstellen,
- zwischen der Umgebung und logischen Elementen,
- zwischen logischen Elementen,
- zwischen technischen Elementen,
- zwischen logischen und technischen Elementen.

Diese Schnittstellen müssen betrachtet werden, da alle Eigenschaften und deren mögliche Fehler an diesen Schnittstellen und alles erwartete Verhalten der Elemente untereinander dort zu Fehlern oder Abweichungen gegenüber den darüber liegenden Anforderungen an das Systemelement führen können. Die Toleranz, dass mögliche Fehler oder Abweichungen nicht unbedingt zu einer Verletzung der darüber liegenden Anforderungen führen, kann als Robustheit betrachtet werden.

Zeichnungen, Platinenlayouts, Stücklisten, Datenblätter und Designspezifikation beschreiben die erwartete Sicht auf das realisierte Produkt. Im Rahmen des Produktdesigns sollten die Eigenschaften des Produktes dokumentiert sein. Die Architektur gliedert strukturiert das Produkt und legt die Schnittstellen für solche Betrachtungen fest. Im Rahmen der Produkthaftung ist es wichtig, dass auch auf Risiken bei der Handhabung oder Nutzung der Produkte im Rahmen der Produktbeschreibung hingewiesen wird.

Die Automobilindustrie nutzt die Design-FMEA, um das Design und die Risiken der Designfehler zu analysieren. Die Design-FMEA ist ein risikobasierender Ansatz, welcher die Auslegung der Komponenten analysiert. Die Metriken, wie die Risikoprioritätszahl, geben an, ob das Design mit hinreichenden Maßnahmen gesichert wurde. Die System-FMEA prüft die Architektur; im Wesentlichen die Schnittstellen. Daher geht die Design-FMEA oft eine Ebene tiefer.

Der Automobilhersteller Ford fordert auch eine Design-FMEA auf der Systemebene, damit die Komponenten richtig ausgelegt sind. Ebenso sehen es diverse Flugzeughersteller. Theoretisch unterstützt auch der VDA die Forderung. Da hier oft mehrere Zulieferer unter der Regie des OEM koordiniert werden müssen, spart man sich jedoch oft diesen Prozess.

Mit der Design-FMEA identifiziert man die Produkt- und Prozessmerkmale; dies sind die Eigenschaften, die an der Schnittstelle zum Werk kommuniziert werden müssen. Wenn sie rechtlich relevant, sicherheitsrelevant oder wirtschaftlich besonders wichtig sind, nennt man sie „besondere Merkmale“.

Einige Informationen hierzu sollten archiviert werden, damit man diese im Produkthaftungsfall nachweisen kann, dies sind dann auch dokumentationspflichtige Merkmale.

Ein solcher System-Engineering-Ansatz sollte die Basis für die Entwicklung eines jeden softwareintensiven Produkts sein. Produktentwicklung und System, was haben diese Begriffe für eine Beziehung zueinander? Unter einem System versteht man meist die mehrfache Sicht, dass es um Technik und um Funktion geht. Allgemein sieht man Elemente, die in einer gezielten Art und Weise so kombiniert werden, dass die gewünschte Funktion umgesetzt wird. Betrachtet man die Elemente wie auch die Komponenten, aus denen das System und damit das Produkt besteht, mit denselben Prinzipien, so kann man auch die Konsistenz im technischen Verhalten und die Beziehung zu den Eigenschaften der Komponenten unabhängig davon, auf Basis welcher Technologie diese realisiert werden, erreichen. In Luftfahrtstandards und der Informationstechnologie nennt man das technische Verhalten und insbesondere die Informationsflüsse zwischen Komponenten oder anderen Elementen Prozesse. Dies ist ein wichtiger Aspekt für die Systemsicherheit und das korrekte Funktionieren der Produkte – neben der strukturierten hierarchischen Gliederung und den Design-Limitierungen.

6.1.1 Mechanikentwicklung

Die ISO 26262 adressiert Mechanik nicht explizit. Die meisten rein mechanischen Produkte waren über Zeichnungen eindeutig definiert, daher findet man nicht zu jedem mechanischen Produkt eine Spezifikation. Ein Datenblatt kann auch vollständig ausreichend sein. Im Zusammenhang mit der Elektronik können wir die Mechanik aber nicht vollständig vernachlässigen. Stecker, Gehäuse, Platinen sind mechanische Elemente; wo die Grenze zwischen elektrischen und mechanischen Elementen bei einem Ventil oder Motor ist, wird intensiv diskutiert. Bei den Spulen und Wicklungen gibt es die große Tendenz, diese als elektrische Komponenten zu bezeichnen. Wenn es um mechatronische Systeme geht, wird man um einen Systementwicklungsansatz schon nicht mehr herumkommen, da Schnittstellen von sehr unterschiedlichen technischen Elementen aufeinander abgestimmt werden müssen. Bei rein hydraulischen oder pneumatischen Systemen spielt das korrekte Zusammenspiel der verschiedenen Elemente eine wesentliche Rolle. Man wird über die Eigenschaften der Elemente alleine eine Funktion nicht definieren können. Die geforderten Eigenschaften der Funktion werden nur effektiv erreicht, wenn die Elemente mit ihren Eigenschaften bezüglich dieser Anforderungen optimiert werden. Mechanische Elemente können genauso wie elektronische Elemente versagen aufgrund von zufälligen Hardwarefehlern und systematischen Fehlern. Diese zufälligen Hardwarefehler nach den Metriken der ISO 26262 zu betrachten, ist jedoch nicht zu empfehlen. Rein mechanische Systeme können zwar elektronisch überwacht werden, jedoch sind die bekannten Datenbasen doch zu unterschiedlich, um auf korrekte mechatronische Funktionen oder auf vergleichbare Fehlerraten zu schließen.

Ein klassischer Bremskraftverstärker kann als logisches Element in ein Bremssystem eingeplant werden. Es ist auch ohne weiteres möglich, anhand der spezifizierten Integrationsumgebung mögliche Anforderungen an Ventile, Federn oder andere logische Elemente herunterzubrechen, ohne diese Elemente als technische Elemente zu betrachten. Eine Feder kann in einem Mechanikmodell rein über die Federkonstante beschrieben werden und man kann Aussagen über die hinreichende Federkonstante dieser Feder machen. Wird man aber über Beanspruchung, Alterungsverhalten, Stress, Elastizität der Feder Aussagen machen, wird man die Feder als technisches Element betrachten müssen. Ob nun Spezifikationen in natürlicher Sprache oder Datenblätter für die gesamte Komponente oder die Teilelemente notwendig sind, um die sichere Funktion gewährleisten zu können, wie die

ISO 26262 dies für elektronische Elemente und Komponenten fordert, kann infrage gestellt werden. Besonders bei hydraulischen und pneumatischen Funktionen gibt es normierte Darstellungen, die einem Fachmann wesentlich mehr und präzisere Informationen liefern als eine Anforderung in natürlicher Sprache. Trotzdem wird man die mechanischen Komponenten nach systematischen Fehlern analysieren, um die hinreichende Auslegung zu hinterfragen (zum Beispiel mit einer D-FMEA), und auch die Schnittstellen und deren korrektes Verhalten im Kundenbetrieb im Rahmen von zum Beispiel einer System-FMEA analysieren. Natürlich kann man das Ableiten von Anforderungen und Designentscheidungen durch deduktive Analysen unterstützen. Besonders die Auswahl geeigneter Teilkomponenten kann durch eine deduktive Analyse unterstützt werden. Allgemein werden die funktionalen Zusammenhänge einfacher analysierbar und auch darstellbar sein als bei softwareintensiven Komponenten.

6.1.2 Elektronikentwicklung

Einen Systementwicklungsansatz bei der Elektronikentwicklung anzuwenden ist nicht unbedingt der historische Weg, elektronische Komponenten zu entwickeln. Dabei wird die digitale Busleitung als elektronische Verbindung betrachtet und die uncodierte Stromverbindung als elektrische Verbindung. Da die Diskussion, ob etwas elektrisch oder elektronisch ist, keine Veränderung der Anforderungen oder einen Vorteil für die Sicherheit bringt, wird der Begriff „Elektronik" als Überbegriff verwendet. Dies sollte nicht mit der Abgrenzung von elektrischer Sicherheit und funktionaler Sicherheit verwechselt werden, auch Fehler von elektronischen Bauelementen können zu Gefährdungen, die der elektrischen Sicherheit zugeordnet werden, führen. Dies gilt insbesondere für Leistungselektronik im Spannungsbereich über 60 V. Die ISO 26262 hat aber bei der Beschreibung der Anforderungen für die Elektronik trotzdem ein V-Modell als Referenzmodell gewählt. Bei der horizontalen Abstraktionsebene stellt sich die Frage: Wo fängt die Elektronikentwicklung an und wo hört die Systementwicklung auf? Beim Hardware-Software-Interface taucht man bereits tief in die Elektronik ein und man wird auf dieser Ebene keine durchgängige horizontale Schnittstelle beschreiben können. Daher ist unklar, ob man nicht die gesamte Elektronik auch als eine Systementwicklung betrachten sollte, sodass man mechanische Elemente und auch Softwareelemente in beliebiger Ebene integrieren kann. Weiter stellt sich die Frage, ob ein 100-Ohm-Widerstand, um die notwendige Funktionssicherheit zu gewährleisten, in natürlicher Sprache spezifiziert werden muss oder ob nicht Datenblätter hinreichend sind. Hier wird man Anforderungen an diskrete Bauelemente meist gar nicht als sicherheitsrelevante Elemente betrachten, erst durch die Kombination mit entsprechenden anderen Bauelementen wird eine sicherheitsrelevante Funktion realisiert werden können. Daher sollte man kritisch prüfen, ob nicht die funktionale Anforderung an die Elektronik als Sicherheitsanforderung hinreichend ist. Soll ein RC-Glied als Filter oder als Tiefpass arbeiten, so wird man die Filterfunktion oder das geforderte Tiefpassverhalten und die notwendige Zeitkonstante (T) als Sicherheitsanforderung oder sicherheitsrelevante Funktion spezifizieren, aber nicht die Daten des Widerstandes oder des Kondensators.

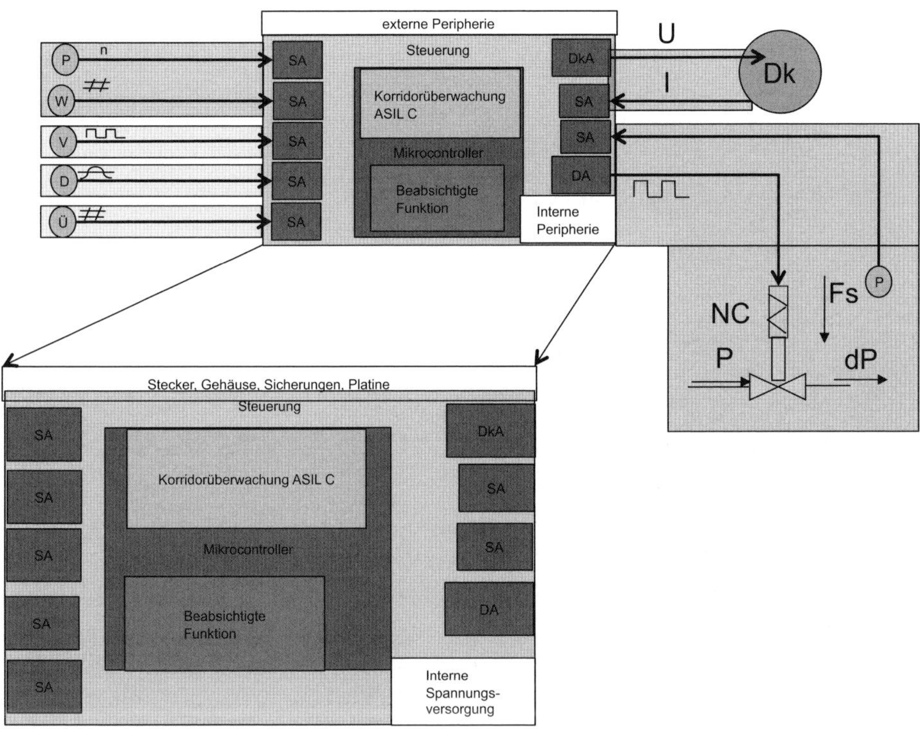

Bild 6.6 Elektroniksystemgrenzen und Funktionsgruppen in der Elektronik

In den ersten Iterationen wird das System nur funktionale Anforderungen, bekannte Designlimitierungen oder Architekturannahmen auf die Elektronik herunterbrechen, die sich aus den Systemgrenzen ergeben. Die Elektronik wird in den weiteren Iterationen die Elemente präzisieren. So werden die mechanischen Anforderungen zuerst analysiert, sodass Stecker, Gehäuse, Platinen, Sicherungen und so weiter ausgelegt werden können. Ein konkretes Schaltungskonzept wird meist auf der Basis von vergleichbaren Produkten abgeschätzt, sodass interne Spannungsversorgungskonzepte definiert werden können. Weiter wird man sich über die Leiterbahnenführung für höhere Spannungen und Ströme Gedanken machen müssen. Da Gehäuse meist sehr früh festgelegt werden müssen, wird man Analysen zu Wärmebilanz, Strombelastung (zulässige Kurzschlussströme etc.), Platzbedarf (Gehäusevolumen, Größe und Abstände zum Beispiel zwischen Pins, Leiterbahnen, mechanische Halterung (Stecker, Leiterplatten)), Energiebilanz durchführen. Durch diese resultierenden Festlegungen entstehen dann die meisten Designlimitierungen, die bei der Auslegung der elektrischen Bauelemente berücksichtigt werden müssen.

Beim Elektronikdesign muss man elektronische Bauelemente definieren, diese sollten sich innerhalb der Grenzen der funktionalen Elemente herunterbrechen lassen.

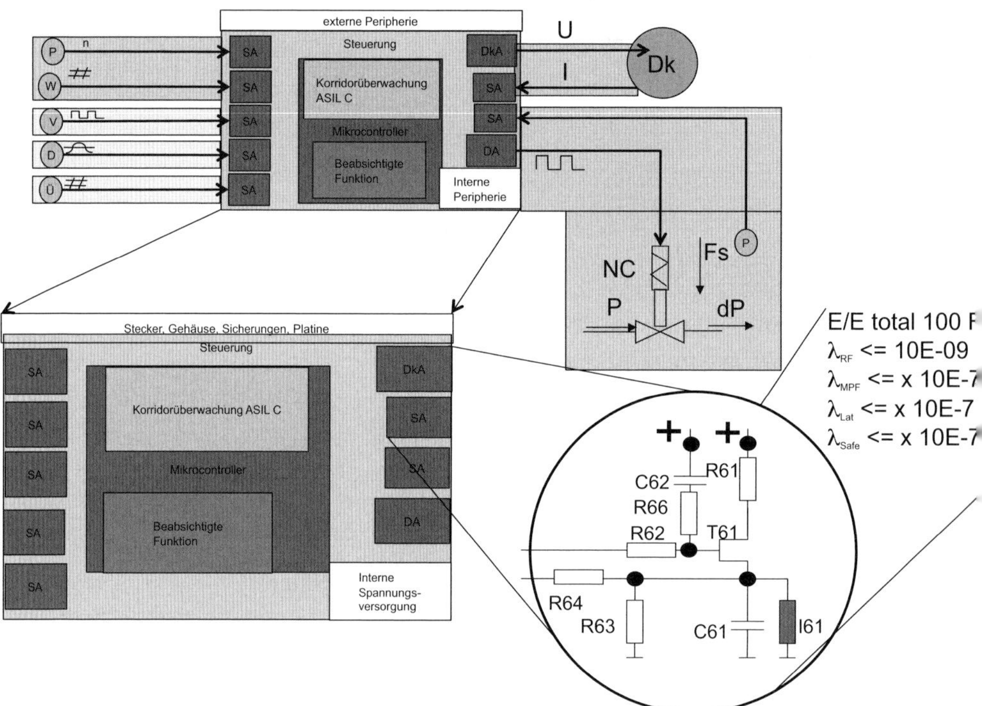

Bild 6.7 Ableitung der Anforderungen an elektronische Bauelemente inklusive quantitative Analyse

Die vorgeschlagene Realisierung zeigt, dass zwei funktionale Elemente auf eine Schaltungsgruppe abgebildet werden. Die Motorwicklung (I61) ist physikalisch nicht im Steuergerät, sondern im Motor, aber als elektrische Baugruppe wird sie Anforderungen an die Elektronik erfüllen müssen. Dies ist eine vereinfachte Schaltungsgruppe, für eine Sicherheitselektronik wird die Realisierung wahrscheinlich anders aussehen. Solange diese Schaltungsgruppe korrekt funktioniert, wird die Rückleseleitung über den R64 in bestimmten Grenzen den Strom durch die Spule (I61) messen können. Liegt jedoch ein Fehler im Kondensator (C61) vor, so wird man nicht direkt unterscheiden können, ob es sich tatsächlich um einen Fehler im Kondensator oder eine Fehlansteuerung der Spule handelt. Das Beispiel zeigt jedoch, dass eine Trennung von logischen Elementen bei der Realisierung eingeplant beziehungsweise bei den späteren Sicherheitsanalysen oder Analysen der abhängigen Fehler betrachtet werden muss.

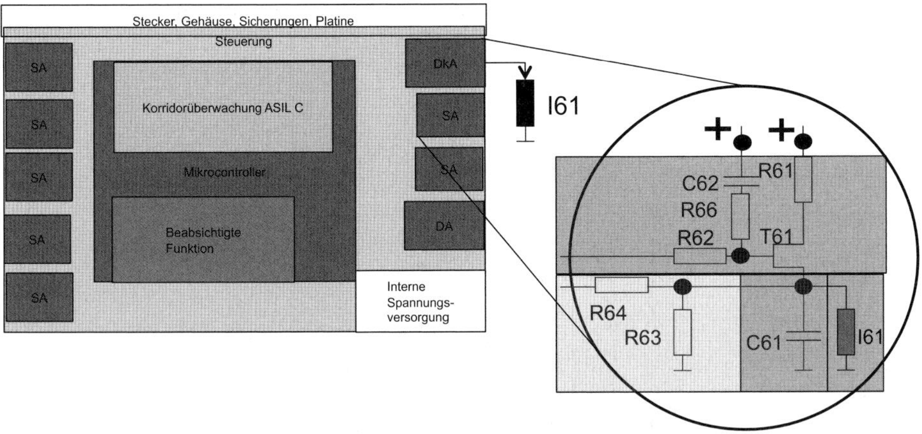

Bild 6.8 Zoomen von einem Blockschaltbild zu einem Schaltplanausschnitt

Als Architekturentscheidung haben wir für die geplante Realisierungsidee zwei Möglichkeiten. Wir können diese Schaltungsgruppe als ASIL-Dekomposition betrachten, da Fehler, die zum sicherheitsrelevanten Ausfall der Spule führen, über zwei Wege beherrscht werden können. Man kann die Spule korrekt und sicher ansteuern und über die Stromrücklesung im erkannten Fehlerfall die Spule in den sicheren Zustand überführen. Alternativ lässt sich die Ansteuerung am Funktionspfad ansehen und die Stromrücklesung als Maßnahme betrachten. In beiden Fällen wird ein einzelner Fehler nicht zu einer Sicherheitszielverletzung führen. Jedoch werden wir in der Analyse der abhängigen Fehler den Kondensator C61 als einen potentiellen Einzelfehler (SPF) identifizieren können. Die Spule könnte auch als Einzelfehler (SPF) angesehen werden. Eine redundante Implementierung kann man nicht erkennen, daher wird die Spule wohl nicht in der ASIL-Dekomposition sein können. Jedoch wird man durch den Strom über den Transistor sehr gut auf den Strom durch die Spule schließen können. Bei dieser Lösung werden zwei Anforderungen betrachtet:

- x.1: Bei positiver Spannungsansteuerung der Treiberstufe muss die Spule ein magnetisches Feld generieren, welches das Ventil sicher zum Öffnen bringt.
- x.2: Der Strom durch die Ventilspule muss über die Treiberstufe als Analogwert in den Mikrocontroller zurückgelesen werden.

Welchen Vorteil oder welchen Sicherheitsnutzen bringt es in diesem Beispiel, die Anforderungen in natürlicher Sprache weiter herunterzubrechen? Für das Design würden einige Berechnungen dazu führen, dass adäquate Kondensatoren, Widerstände und Transistoren ausgewählt würden könnten. Diese Bauelemente würden aber alleine durch das Ableiten der Anforderungen korrekt ausgewählt werden. Prinzipiell wird durch „Trial and Error“ eine sinnvolle Kombinatorik ermittelt, die dazu führt, dass wir energieoptimiert, gemäß den Lebensdaueranforderungen, zu einer geeigneten Realisierung kommen.

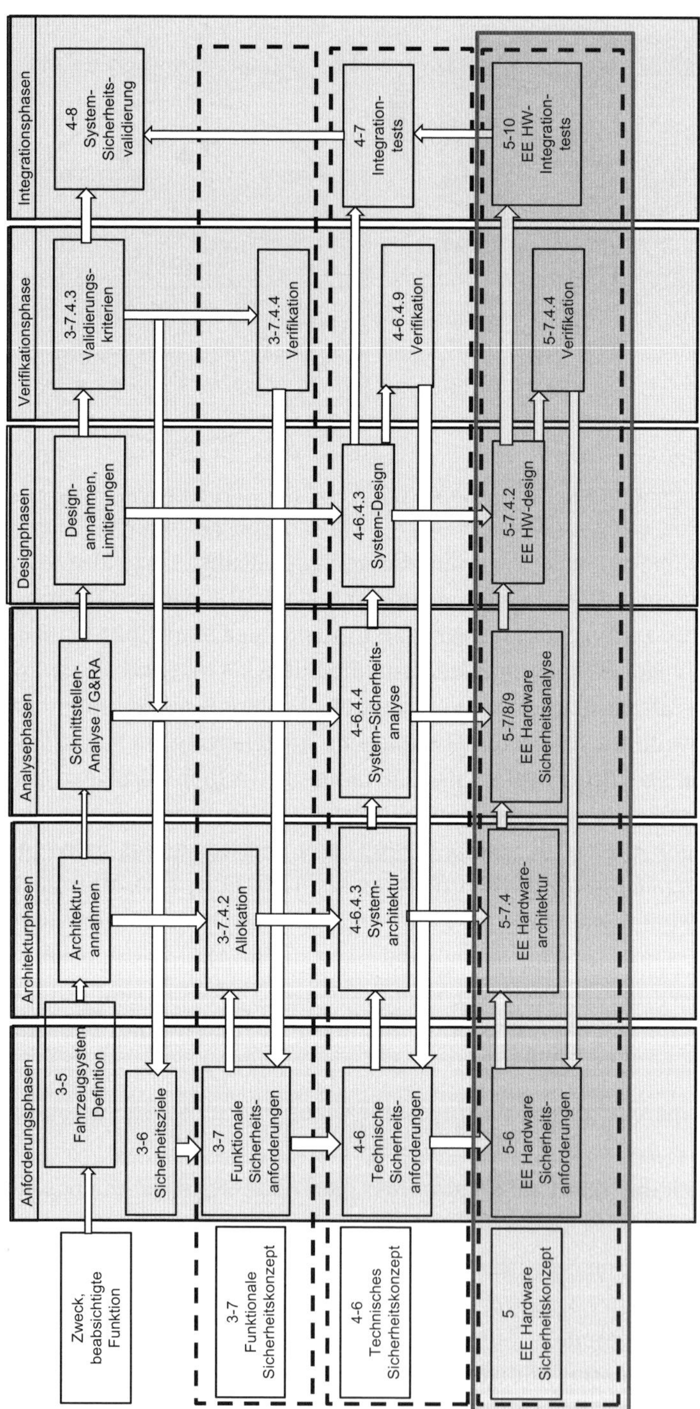

Bild 6.9 Informationsfluss in der EE-Entwicklung

Formal bekommen wir aus der Systementwicklung Anforderungen, Architekturvorgaben (zum Beispiel Schnittstellen), Analyseergebnisse (Fehlerbeschreibungen, Fehlerbewertungen (B-Bewertung in der FMEA)) und Designvorgaben (Zeichnungen, Geometrievorgaben). Gemäß dem Beispiel wird man die Anforderungen, die nun auf der EE-Komponente zugeordnet sind, an der Systemarchitektur spiegeln. Das heißt, die Systemarchitektur gibt bereits Strukturanforderungen vor, die jetzt innerhalb der Elektronik weiter heruntergebrochen werden müssen. Dies kann schon die erste Iteration bedeuten, jedoch würde durch eine begleitende Sicherheitsanalyse gewährleistet, dass die Funktionsstrukturen konsistent erhalten bleiben. Auf Basis der Architekturanalyse kann man bereits gefestigte Aussagen treffen, ob die Architekturableitungen somit konsistent, vollständig und nachvollziehbar sind. Mit diesem Ergebnis kann man nun die Anforderungen verifizieren. Sprich, man kann prüfen, ob es für alle Eingänge der Elemente (Informations- und Konfigurationseingänge), für alle Ausgänge und für alle zulässigen Eingabe-/Ausgabebeziehungen hinreichende Anforderungen gibt. Im nächsten Schritt wird das Design aus dem System abgeleitet, zu diesem Zeitpunkt sollten Anforderungen, Architektur und Analyseergebnisse vorliegen. Hier ist es besonders wichtig, dass gesicherte Informationen, Annahmen und nicht gesicherte Informationen dem Designer kommuniziert werden, damit er seinen Entscheidungsfreiraum einschätzen kann. Neben diesen horizontalen Informationen bekommt der Designer die Informationen aus dem System (Designlimitierungen, Geometrie), die ihm Grenzen aufzeigen, in denen er seine Designentscheidung treffen kann. Mit nun abgeleiteten Designentscheidungen gehen wir in die Verifikation. Hier werden alle horizontalen Informationen hinterfragt, wobei insbesondere die Ergebnisse der Analysen, zum Beispiel über Tests, bestätigt werden sollten.

Folgende Verifikationsmethoden können betrachtet werden:

- **Positivtests** (anforderungsbasierende Tests): Da über die Analyse bereits die Vollständigkeit der Anforderungsspezifikation bezogen auf die abgeleitete Struktur bestätigt werden kann, wird in der Verifikation die korrekte Implementierung der Anforderungen im Design geprüft. Da in der Designspezifikation alle relevanten Parameter, die sich aus den technischen Elementen und dem zulässigen Verhalten dieser zueinander ergeben, bekannt sind, wird man hier auch die korrekte Implementierung unter Beachtung der Designvorgaben bestätigen können. Zur formalen Designverifikation wird in fast allen Qualitätsstandards die Design-FMEA vorgeschlagen. Hier hinterfragt man die Designeigenschaften (Characteristics) in ihrem Verbund und gegenüber ihrer Umgebung. Im Automotive-Sprachgebrauch wird hier über Designverifikation (Erfüllung gegenüber Anforderungen) beziehungsweise Designvalidation (gegenüber den aus oberen Ebenen abgeleiteten Anforderungen (auch Kundenanforderungen)) gesprochen, meistens wird nur die Abkürzung „DV“ für beides verwendet. In Ergänzung dazu gibt es auch die „PV“ (Produktverifikation, Produktvalidation), die die Toleranzen aus der Fertigung von Zulieferteilen auch auf Lebensdaueranforderungen bestätigen soll. Die Design-FMEA prüft formal, welche Fehlerfolge eintritt, wenn eine Eigenschaft nicht erfüllt ist. Wie solche Fehler sich dann in die oberen Ebenen hin zu einer möglichen Sicherheitszielverletzung propagieren, kann aus den Analysen und den Architekturen der darüber liegenden Ebenen beurteilt werden.

- **Negativtests** (Fehlerinjektion, Grenztests, Toleranzkettentests, Stresstests (inklusive EMV)) zeigen weitgehend die Robustheit der Komponenten. Durch Fehlerinjektionen wird die korrekte Funktion der Sicherheitsmechanismen gezeigt, die korrekte Annahme über die Fehlerpropagation, die hinreichende Robustheit, das Verhalten bei unzulässigen Konfigurationen und die Einhaltung von funktionalen und technischen Limitierungen bestätigt.

Diese Zuordnung zu Negativ- und Positivtests ist nicht absolut zu sehen. Besonders EMV-Spezialisten werden auch die Grenzwerteinhaltung bei korrektem Design prüfen oder es werden auch Toleranzketten über vorgegebene Budgets positiv bewertet. Ob man einen Test vorsieht mit den tatsächlich verwendeten technischen Elementen oder ob man anhand von Modellen Berechnungen durchführt, ist eine Entscheidung der Verifikationsplanung (Testplanung). Wird man logisch-schlüssig die Verifikation über Modelle oder Berechnungen begründen, so wird man sich teure Testaufbauten sparen können. Meist wird man eine Kombination wählen, da man oft ohne zu testen nicht zeigen kann, dass die Modelle oder die Berechnung auch tatsächlich den Anforderungen an die Realisierung entsprechen.

6.1.3 Softwareentwicklung

Die Softwareentwicklung über einen V-Modell-basierenden Ansatz zu betrachten, ist wohl mittlerweile ein sehr verbreiteter Weg. Aber bricht man Anforderungen wirklich einfach herunter oder sind nicht auch hier andere Überlegungen, die sich aus dem Zusammenspiel von Umgebungsbedingungen und dem System ergeben, auf dem die Software abläuft, notwendig? Tools wie der Compiler, Testtools, Editoren, die gewählte Programmiersprache (inklusive Einschränkungen für die Verwendung) werden Rahmenbedingungen sein, die ebenfalls die Möglichkeiten für die Softwareentwicklungen beeinflussen.

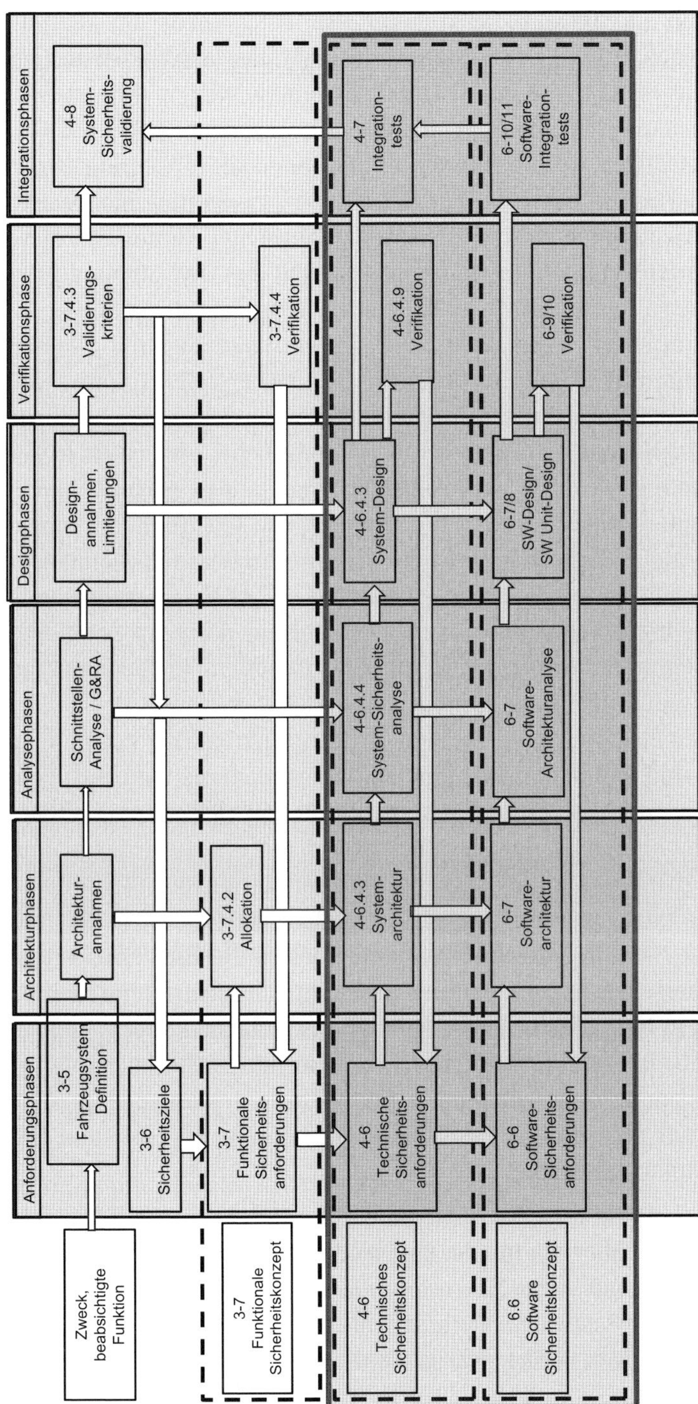

Bild 6.10 Software-Sicherheitskonzept als Detaillierung des technischen Sicherheitskonzeptes

Die Anforderungen an die Softwarekomponenten leiten sich wiederum nicht direkt aus den funktionalen Ableitungen der aus dem System allokierten Sicherheitsanforderungen ab, sondern in erster Linie aus dem Softwarearchitekturentwurf, der aus allen Anforderungen entstanden ist und nicht nur aus den funktionalen Anforderungen. Weiter müssen die funktionalen Einschränkungen und die Designlimitierungen aus den Umgebungsbedingungen und den Designentscheidungen aus den oberen Abstraktionsebenen abgeleitet werden. All diese nichtfunktionalen Anforderungen entstehen meist nicht aus der Ableitung der Anforderungen, sondern durch Entwürfe, die dann bezogen auf die Anforderungen analysiert und verifiziert werden müssen. Daher wird hier auch die Anforderungs- und Architekturentwicklung im Gegensatz zur ISO 26262 als Softwaresicherheitskonzept betrachtet. Natürlich werden auch hier wieder unterschiedliche Perspektiven, jedoch auf einer niedrigeren Abstraktionsebene, betrachtet. In der Software und bei Mikrocontrollern wird folgende Frage jedoch noch sensibler: Worin besteht der Unterschied zwischen funktionalen und technischen Elementen? Beschreibt man die ALU (Rechenwerk) des Mikrocontrollers funktional oder technisch? Wahrscheinlich werden fast alle Elemente des Mikrocontrollers rein als logische Elemente beschrieben und wir müssen hier nur noch den Detailgrad der Elemente diskutieren und die Frage, welche Eigenschaften der Elemente tatsächlich spezifiziert und beschrieben werden müssen. Dies gilt auch für alle Elemente der Software selbst, weil diese nur durch ihre funktionalen Zusammenhänge beschreibbar sind. Betrachten wir eine Softwareeinheit als realisiert, geht man dann von einer technischen Einheit aus. Die ISO 26262 gibt zwar als weitere unterstützende Informationen bei der Spezifikation von Softwaresicherheitsanforderungen (ISO 26262, Teil 6, Kapitel 6.3.2) die Hardwaredesignspezifikation und Methoden-Guidelines (aus externen Quellen) an, jedoch folgen erst in der ISO 26262, Teil 6, Kapitel 7.4.5 im Software-Architektur-Design die Hinweise, welche statischen und dynamischen Aspekte bei der Architektur berücksichtigt werden müssen. Jedoch wird es hier keinen sequentiellen Prozess geben können, da man einen Architekturentwurf benötigt, um überhaupt Softwaresicherheitsanforderungen ableiten zu können. Auch anhand der Abbildungen aus ISO 26262:2018, Teil 4, Bild B1 erkennt man die vielen Einflussfaktoren, die nur aus dem HSI (Hardware-Software-Interface) wirken.

Die Kapitelzuordnung in Bild 6.11 hat sich von der Version ISO 26262:2011 zur ISO 26262:2018 geändert, aber die Inhalte sind weitgehend gleich geblieben. Neben den Hardware-Eigenschaften des Mikrocontrollers kommen auch die Architekturentscheidungen aus der Basic-Software hinzu, die bei der Entwicklung der Softwaresicherheitsanforderungen berücksichtigt werden müssen.

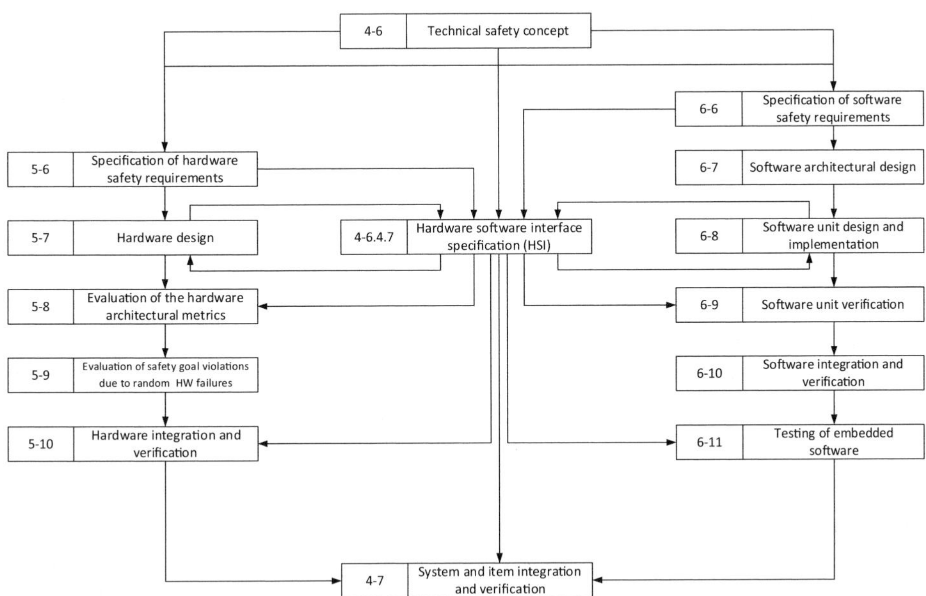

Bild 6.11 Einfluss auf das HSI gemäß ISO 26262:2011 (Quelle: ISO 26262:2018, Teil 4, Bild B1)

Die ISO 26262 beschreibt zwar zufällige Hardware-Fehler, dass es aber auch sporadische Effekte in der Software gibt, die bei einem hoch getakteten System wesentlich wahrscheinlicher werden als sporadische Effekte, wie intermittierende oder transiente Hardware-Fehler, wird gerne vergessen. Die Ursache ist ohne Zweifel ein systematischer Fehler. Den Fehler macht der Software-Ingenieur, wenn er denkt, dass eine Software in unendlich kurzer Zeit Daten aus den Hardware-Registern lesen kann.

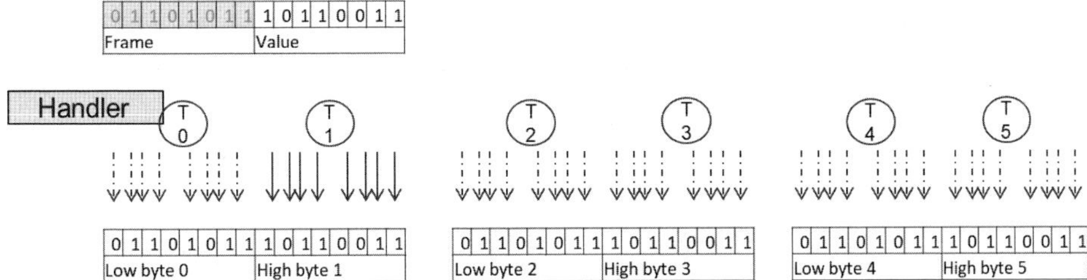

Bild 6.12 Beispiel für einen einfachen Daten-Handler in der Basis-Software

Die Anzahl der Hardware-Register in heutigen Mikrocontrollern ist wesentlich größer, als der Controller Ressourcen zur Verarbeitung bereitstellen kann. Daher setzt man zum Beispiel in der Basis-Software sogenannte Handler ein, die etwa zum richtigen Zeitpunkt Daten aus den Hardware-Registern auslesen und diese dann für die Weiterverarbeitung in der Hardware-Abstraktion oder in der Anwender-Software bereitstellen. Diese Art des Multiplexens findet in allen anderen Funktionsgruppen am Hardware-Software-Interface mit der möglichst höchsten Frequenz statt. Da man heute keine richtigen Echtzeitsysteme mehr einsetzt, wird der Zeiger auf die Hardware mit den minimalen Zeit-Ressourcen auf die jeweiligen Register zeigen. Einen unterbrechungsfreien Zyklus wird man zeitlich normalerweise so legen können, dass die Zeit zum Daten-Handling hinreichend ist und keine Fehler erwartet werden. Wird der Prozess jedoch durch Interrupts oder Ähnliches im Ablauf unterbrochen, kann es zu Störungen kommen, die dazu führen, dass die Daten durch die Handler-Funktion verfälscht werden. Durch Stresstests kann man hier eine hinreichende Robustheit erzielen, aber alle Hardware-Software-Schnittstellen entsprechenden Stresstests zu unterziehen, würde eine sehr lange Testreihe erfordern. Daher wird man bei sehr an Temperatur-, Ressourcen- oder Spannungsgrenze arbeitendem Mikrocontroller sporadisch mit vergleichbaren Effekten rechnen müssen. Insbesondere bei Mikroprozessoren mit virtuellen Speichern wird der Effekt erst gar nicht mehr messbar oder nachvollziehbar sein. Bitte vergessen Sie nicht, dass es um ein sehr vereinfachtes Bild für die möglichen Ursachen von sporadischen Softwarefehlern handelt.

Die Herausforderung bei der SW-Architekturanalyse besteht darin, den Einfluss des Mikrocontrollers auf die SW-Architektur zu erkennen und geeignete Maßnahmen zu finden, um diesen Einfluss kontrollieren zu können. Vermeiden wird technisch nicht funktionieren, somit können nur Toleranzmechanismen erarbeitet werden, die idealerweise den Spagat zwischen Verfügbarkeit der Funktion und Sicherheit erfüllen.

Man muss es schaffen, dass für die Anwendersoftware eine standardisierte Umgebung geschaffen wird, die durch technische Einflüsse des Mikrocontrollers nicht mehr beeinflusst werden kann. Versucht man mit der SW-Architekturanalyse alle tatsächlich möglichen Fehlereinflüsse des Controllers auf die SW zu analysieren, wird man weitgehend jede Eigenschaft des Rechners prüfen müssen. Dies hat direkten Einfluss, wenn man einen Mikrocontroller wechselt, aber auch möglicherweise, wenn der Hersteller des Mikrocontrollers die Produktionstechnik oder verwendete Materialien ändert. Sollte man Software auf verschiedenen Rechnern verwenden wollen, muss das Entwicklungsziel für die Basissoftware sein, eine eindeutige Umgebung für die Anwendersoftware zu schaffen, so dass die Anwendersoftware von den technischen Änderungen des Mikrocontrollers nicht gefahrbringend verändert werden kann. Das heißt aber, dass wir hier sehr detaillierte Informationen über den Mikrocontroller benötigen, da man ja durch neue Rechnerarchitekturen zumindest die Performance erhöhen möchte. Das heißt, gar kein Einfluss kann kein Entwicklungsziel sein, sondern die in der Anwendersoftware verwendeten Sicherheitsmechanismen müssen auch für die geänderte Umgebung weiterhin wirksam sein.

Grundsätzlich gibt es folgende Fehler, die tatsächlich vom Rechner auf die Anwendersoftware wirken können:

- Informationen können verfälscht werden, dazu kommt auch, dass Informationen fälschlicherweise generiert werden.
- Informationen können zeitgerecht nicht verfügbar sein (stuck-at, basierend auf SW-Funktionen wie Scheduling/Programmablauf und auf Fehlern der Hardwarefunktionen im Mikrocontroller).

Alle anderen Fehlereinflussmöglichkeiten des Mikrocontrollers auf die Anwendersoftware müssen durch die Basissoftware bereits beherrscht werden. Es ist jedoch eine Frage der bevorzugten Softwarearchitektur, wo die beiden Fehler abgesichert werden. Es wäre durchaus denkbar, dass dies auch im Rahmen der Basissoftware geschieht. Dadurch, dass oft die Sicherheitsziele auch bestimmten Veränderungen unterliegen, sollten die Sicherheitsmechanismen gegen diese Fehler in einem unabhängigen Bereich implementiert werden.

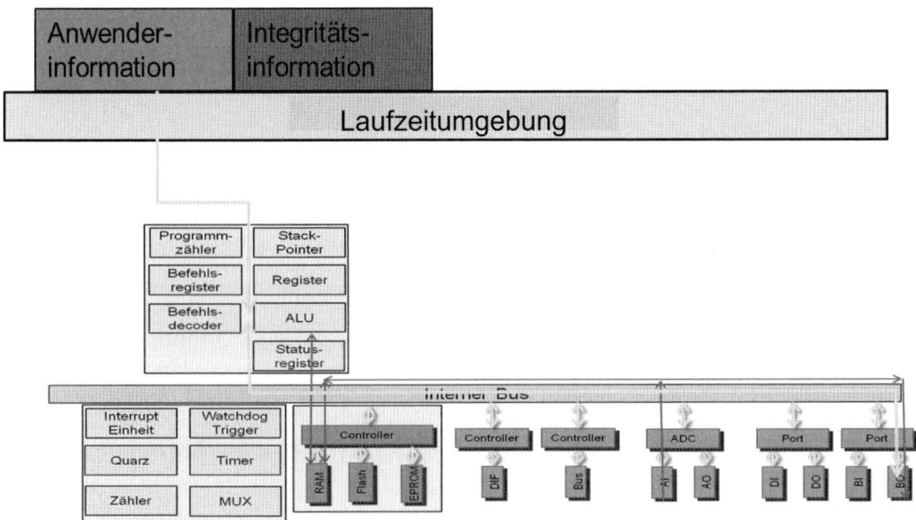

Bild 6.13 Beispiel: Datenfluss der Hardware-Software-Schnittstelle

Um dieses Ziel zu erreichen, muss für Anwendersoftware neben der Anwenderinformation auch die Integritätsinformation zur Verfügung stehen. Diese Integritätsinformation gibt dann entsprechende Informationen über die Korrektheit und die Aktualität der Information für die Anwendersoftware. In welcher Tiefe diese Diagnoseinformationen zur Verfügung stehen, ist abhängig vom höchsten ASIL. Für den Informationsfluss zum Aktuator müssen die internen Diagnosen innerhalb der Anwendersoftware bereitgestellt werden, sodass die sicherheitsrelevante Aktion auch eingeleitet werden kann.

Als Konsequenz wird ein Ausgang des Mikrocontrollers in dem Fall nur für eine sicherheitsrelevante Funktion freigeschaltet, wenn der Datenflussweg zu dem Pin einen zeitgerechten und korrekten Datenfluss anhand der implementierten Diagnosen gewährleisten kann.

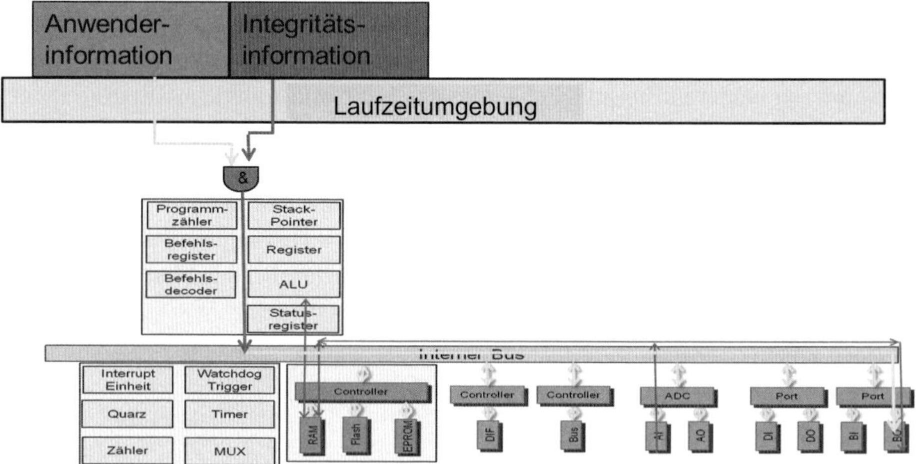

Bild 6.14 Beispiel für Einbindung eines Sicherheitsmechanismus

Die grundsätzlichen Sicherheitsmechanismen sind hier auch:

- Redundanz-Vergleich (nur zufällige und sporadische Effekte, systematische Fehler können in beiden Zweigen der Redundanz vorkommen),
- Vergleich mit einem Erwartungswert (durch Modelle oder andere logische Zusammenhänge gebildet),
- Diagnose auf Spezifikationskonformität (im Allgemeinen kann so nur ein Korridor überwacht werden, aber keine inhaltliche Korrektheit der Information in bestimmten Zuständen, Modi oder Situationen).

Die notwendigen Diagnosen, um eine bestimmte Information auf den Aktuator zu schalten, basieren auf der Integritätsinformation. Diagnosen der SW-Elemente, die die Ausgangsinformation generiert haben, zählen mit den internen Sicherheitsmechanismen zu den Integritätsinformationen, die die Information zum Aktuator übertragen. Diese Integritätsinformationen sollten unabhängig von den Anwendungsinformationen verarbeitet werden. Dies kann für Anwenderdaten, Diagnosedaten und Sicherheitsmechanismen über Signaturen oder Verschlüsselungen geschehen.

Für die Anwendersoftware genügt es dann, die Datenformate zu definieren. Das Hardware-Software-Interface wird über die Basissoftware abgearbeitet. Somit beschränkt sich die Software-Architekturanalyse auf mögliche systematische Fehler, die sich nur auf die möglichen systematischen Fehler der Anwendersoftware reduzieren. Wenn in einer hinreichenden horizontalen Abstraktionsebene (wie bei

EGAS bereits auf der Systemebene) entsprechende Redundanzen und Diagnosen eingeführt sind, können diese natürlich als fehlerbeherrschende Maßnahmen für die Anwendersoftware und auch die Datenwege zur Anwendersoftware herangezogen werden. Ob es im Einzelfall sinnvoll ist, insbesondere für die Verfügbarkeit des Systems, hängt oft von anderen Faktoren ab.

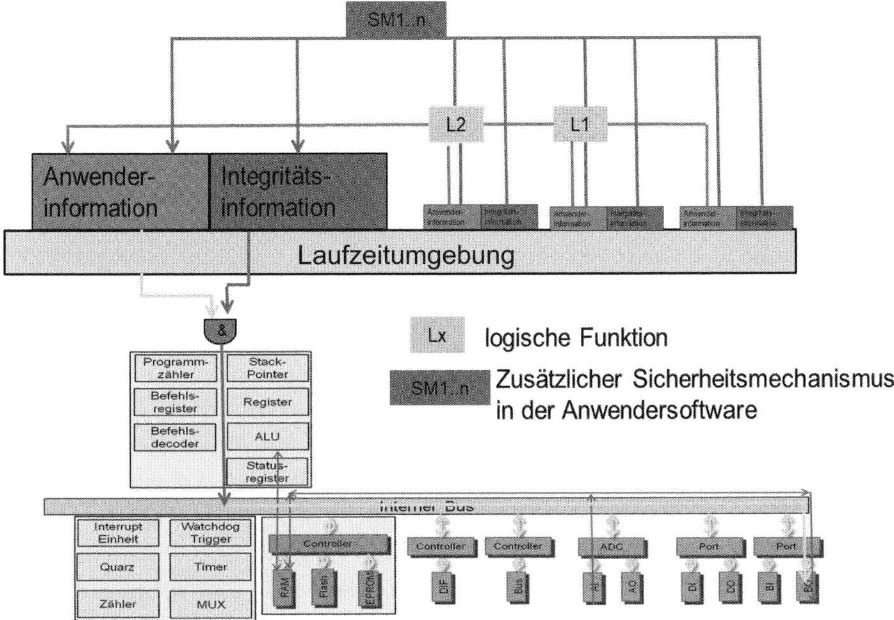

Bild 6.15 Schnittstelle Funktion und Funktionsabsicherung

Generell gibt es noch weitere Risikoquellen innerhalb der Software, die durch diese Vorgehensweise nicht abgesichert werden können. Innerhalb einer Software-Unit können Routinen aufgerufen werden, die außerhalb der abgesicherten Hardwarebereiche ablaufen, diese können wiederum zu Laufzeitfehlern und zur Datenverfälschung führen. Diese Routinen müssen über Codierrichtlinien ausgeschlossen werden. Ist zum Beispiel der Cache-Speicher nicht abgesichert, dann sollte man diesen für die sicherheitsrelevanten Funktionen nicht verwenden. Stellen die Basissoftware und der Mikrocontroller eine hinreichende Absicherung des Cache-Speichers für die beabsichtigten Funktionen bereit, können solche Funktionen natürlich in der entsprechenden Anwendersoftware bis zu dem abgesicherten ASIL auch verwendet werden. Die Coverage-Tests, die auf der Softwaredesignebene in der ISO 26262 vorgegeben sind, würden solche potentiellen Risiken nicht verhindern oder aufdecken können. Über Integrationstests und Fehlerinjektionen würden wir nur bekannte Fehlerszenarien prüfen können.

Somit wird man für die höheren ASILs weiter eine Funktionsabsicherung auch über die sicherheitsrelevanten Softwarefunktionen implementieren müssen. Hier gibt es dann mehrere Ansätze, bei denen die Funktionsabsicherung tatsächlich greift. Die Funktionsabsicherung kann folgende drei Funktionsgruppen absichern:

- die reine Softwarefunktion für die Anwendersoftware,
- die Anwendersoftware und die Basissoftware,
- die gesamte Software und die Datenpfade des Mikrocontrollers.

In einer verteilten Entwicklung wird es schwer, Mischformen zu verwenden, da es hier zu einer Explosion von Schnittstellen für die Funktionsentwicklung und die Fehleranalyse kommt.

Legt man die Schnittstelle so fest, dass die gesamte Hardware unterhalb der RTE abgesichert ist und man an der RTE (runtime environment, Laufzeitumgebung) die Anwenderdaten und die Integritätskennung für diese Anwendungssoftware zur Verfügung stellt, so entsteht eine eindeutige Schnittstelle.

Wird die Basissoftware und eventuell auch die Hardware durch die Funktionsüberwachung abgesichert, kann das System fehlertoleranter werden, jedoch wird die Sicherheitsanalyse hochkomplex. Ob zu ASIL-D-Funktionen tatsächlich noch eine Doppelfehlerbeherrschung dargestellt wird, kann durch die Anzahl der möglichen Fehlerkombinationen wohl nicht mehr realisierbar sein. Gibt es mehrere Sicherheitsziele, die eine Fehlerreaktion in verschiedene Richtungen (zu hoher Wert und zu niedriger Wert verletzt unterschiedliche Sicherheitsziele) erfordern, dann wird eine Planung von Degradationen nicht mehr möglich sein. Da man nur noch im Fehlerfall abschalten kann, wird der Vorteil der Fehlertoleranz auch wieder die Zuverlässigkeit des Systems einschränken.

6.2 Funktionale Sicherheit und zeitliche Einschränkungen

Zeitliche Einschränkungen haben sehr unterschiedliche Quellen, diese können sich

- aus dem Kontext ergeben (Geschwindigkeit, mit der eine Person sich auf das Fahrzeug zubewegt),
- aus der Wirkkette (wie schnell muss eine Information am Aktuator verfügbar sein?),
- aus den vorhandenen Ressourcen (wie viel Zeit gibt der Scheduler der Funktion, dem Prozess o. Ä.),
- aus der Art eines möglichen Fehlers (wo und welcher Fehler propagiert wie schnell zu einer Gefährdung)

und vielen anderen Ursachen und Zusammenhängen ableiten.

6.2.1 Sicherheitsaspekte des Fehlerreaktionszeitintervalls

Fahrzeugsicherheitssysteme betrachten zeitliche Aspekte im Wesentlichen als zeitliche Beschränkungen einer funktionalen Anforderung, beispielsweise der maximalen Zeit zwischen dem Eintritt eines Ereignisses bis zur Systemreaktion. Ähnlich wie Anforderungen, die sich aus einer ASIL-Dekomposition ergeben, wie ausreichende Rückwirkungsfreiheit oder hinreichende Unabhängigkeit, geben die Systemanforderungen keine funktionale Vorgabe für die Ableitung der Anforderung. Das Design, die Realisierung oder Implementierung muss in solchen Grenzen funktionieren oder mit solchen Einschränkungen die vorgegebenen Anforderungen erfüllen. Design, Realisierung oder Implementierung muss in solchen Grenzen oder mit solchen Einschränkungen die gegebenen Anforderungen erfüllen. Grundsätzlich sind die Produkteigenschaften des Serienproduktes nur prüfbar, wenn sie mit den Produktionsmitteln gefertigt sind, die für die Serienproduktion vorgesehen sind. Während der Verifizierung, insbesondere während des Stresstests, der Fehlerinjektion, des Über-Limit- oder des Worst-Case-Tests, könnten solche Einschränkungen analysiert und eine potentielle Verletzung dieser Einschränkungen ermittelt werden. Beispielsweise müssen Echtzeitprogramme eine Antwort innerhalb strenger Zeitvorgaben garantieren, die eine hinreichende zeitliche Robustheit zu kritischen Schwellen aufweisen.

Folgende Aspekte können in sicherheitsrelevanten Kraftfahrzeugsystemen berücksichtigt werden, um innerhalb eines definierten Zeitintervalls verarbeitet zu werden:

- Typische fehlersichere Systeme (energieloser Zustand wird als sicherer Zustand angesehen) erfordern nach dem Auftreten eines sicherheitsrelevanten Fehlers ein Herunterfahren oder einen stromlosen Zustand.
- Berechnungen, Funktionen, eine eingebettete Simulation oder ein Prozess müssen beendet werden, damit weitere Aktionen eingeleitet werden können. Wenn innerhalb des definierten Zeitintervalls keine korrekten Daten bereitgestellt werden, kann das System ausfallen.
- Ein geschlossener Regelkreis oder auch eine Steuerung (z. B. Einfluss der Zeitkonstanten des Reglers) können zu falschem Timing-Verhalten führen, so dass die Stellgröße des Reglers oder der Eingriff zu langsam, zu hoch oder zu spät erfolgt.
- Die Daten müssen gefiltert werden. Falls der Filter eine falsche Zeitbasis hat, werden plötzliche sicherheitsrelevante Ereignisse herausgefiltert, weil sie vom Reglerrauschen nicht unterschieden werden können.
- Beim Vergleich von zwei verschiedenen Daten (z. B. Signalen von einem Sensor) können die Daten ein unterschiedliches Alter haben und zwei physikalische Events werden durch die unterschiedliche Datenlaufzeit falsch oder zu spät verarbeitet (Gierrate steht nur alle 200 ms zur Verfügung und der Lenkwinkel könnte alle 10 ms bereitgestellt werden; in der Zeit könnte der Fahrer bereits die Fahrtrichtung geändert haben).

- Kommunikationssysteme müssen Daten bereitstellen, ohne dass ein sicherer Zeitstempel einzelner Daten vorliegt. Das Alter der Daten kann nicht berücksichtigt werden, womit die Sequenzen von Ereignissen verfälscht werden (Ein typisches Kaskadenproblem: Welches Ereignis war das ursprüngliche?).
- Die Laufzeitumgebung (RTE, Run-Time-Environment) stellt Daten nicht rechtzeitig in richtiger Sequenz etc. für die Anwendersoftware bereit.
- und so weiter.

Einige der aufgeführten Funktionen und möglichen Fehlfunktionen sind nicht immer oder typische sicherheitsbezogene Funktionen, auch bei Synchronisierungsaufgaben oder wenn Daten für die Weiterverarbeitung nicht rechtzeitig bereitgestellt werden, fallen die Aspekte ins Gewicht. Im Fehlerfall würde das Sicherheitsintegritätssystem aber nur abschalten können.

6.2.2 Sicherheitsaspekte und Echtzeitsysteme

Echtzeit ist nicht immer ein Aspekt von kurzen Zeitintervallen, manchmal erlaubt ein solches Intervall Sekunden oder sogar Minuten. Das Einschalten des Abblendlichts muss beispielsweise während des Fahrzeugstarts nicht in Sekundenschnelle erfolgen. Der Fahrer sollte wissen, wann sich das Licht einschaltet, und die korrekte Funktion der Lichtanlage sollte vor dem Fahren geprüft und verfügbar sein. Selbst das Einschalten des Fahrbetriebs bei einer verzögerten Reaktion für einige Sekunden würde nicht zu einem sicherheitsrelevanten Einfluss führen, da die Dunkelheit in den meisten Regionen der Welt nicht so schnell auftritt. Das Ausschalten und Einschalten von Leuchten ist sicherheitsrelevant, aber die Zeit von der Anforderung bis zur Beleuchtung erfordert nur eine bestimmte Größenordnung von etwa 1 Sekunde. Eine Ausnahme könnte das Fernlicht sein. Es sollte innerhalb von weniger als 1 Sekunde auf Abblendlicht umschalten, um Blendung des Gegenverkehrs zu vermeiden.

Häufig wird die folgende Definition für Echtzeitsysteme gegeben:

Ein System wird als Echtzeitsystem betrachtet, wenn die Korrektheit einer Operation nicht nur von der logischen Korrektheit abhängt. Es bezieht sich auch auf die Zeit, in der es ausgeführt wird.

Bei der Echtzeit geht es um die Rechtzeitigkeit, welche in jedem Kontext anders sein kann.

Echtzeitsysteme im Kontext der funktionalen Sicherheit können nach verschiedenen Aspekten unterschieden werden. Bei „Nichteinhaltung einer Frist" kann wie folgt klassifiziert werden:

- Harte Echtzeitsysteme: Das Versäumen einer Frist bedeutet einen direkten Ausfall einer wesentlichen Sicherheitsfunktion. Bei einem sicherheitsrelevanten Echtzeitsystem führt das Nichteinhalten der Frist zu einer Verletzung eines Sicherheitsziels. Lenk- und Bremssysteme werden üblicherweise dieser Kategorie zugeordnet.

- Softe (weiche) Echtzeitsysteme: Terminüberschreitungen sind tolerierbar, können jedoch die Systemqualität oder -leistung beeinträchtigen, ohne jedoch die einschlägigen Sicherheitsanforderungen zu verletzen. Ein Motormanagementsystem könnte als typisches Beispiel betrachtet werden.

Der Aspekt der Soft-Deadlines wird auch über den Abstand zur kritischen Schwelle definiert. Die Toleranzen für die Schwellen sind jedoch so weit von den üblichen Betriebswerten entfernt, dass Sicherheitsauswirkungen oder sogar Verstöße gegen Sicherheitsanforderungen oder -ziele nicht glaubhaft gemacht werden können. Oft werden vor Ablauf der Frist dem Fahrer Warnungen ausgegeben, die Systeme überprüfen zu lassen. Hier spricht man auch von zeitlicher Robustheit. Alternativ kann man bei redundanten Systemen auf einen anderen Funktionspfad umschalten. Diesen Effekt nutzt man insbesondere bei hochverfügbaren Systemen im Zusammenspiel mit prädiktiver Wartung (Predictive Maintainance) und implementierten Recovery-Mechanismen.

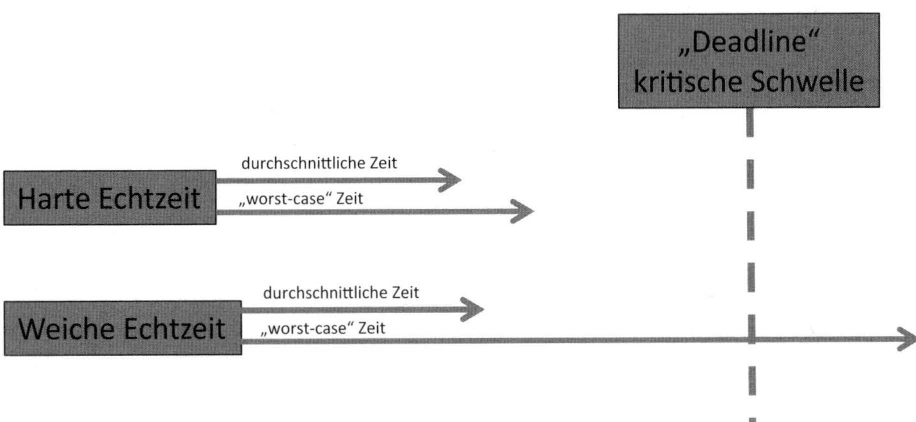

Bild 6.16 Harte und weiche (softe) Echtzeitanforderungen

Harte und weiche Echtzeitsysteme werden oft in Bezug auf

- den Abstand der durchschnittlichen Betriebszeit zur Dead-Line (kritischen Frist) und
- die Entfernung der Worst-Case-Zeit von der Dead-Line

betrachtet.

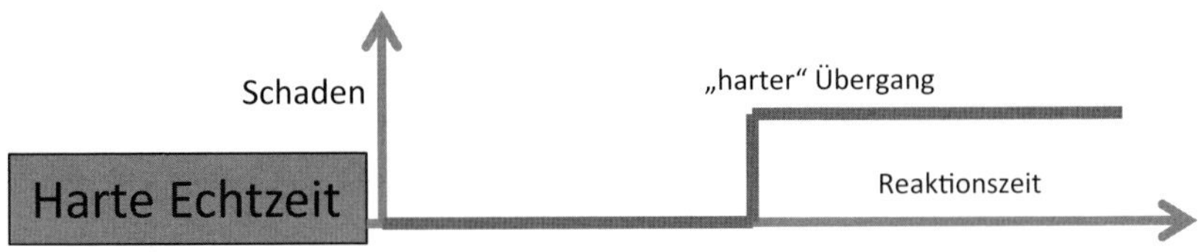

Bild 6.17 Harte Echtzeitschwelle

Auch der Verlauf, das heißt, wie eine Eigenschaft zeitlich auf die kritische Schwelle zuläuft, wird als Endscheidungskriterium für Echtzeitanforderungen gesehen.

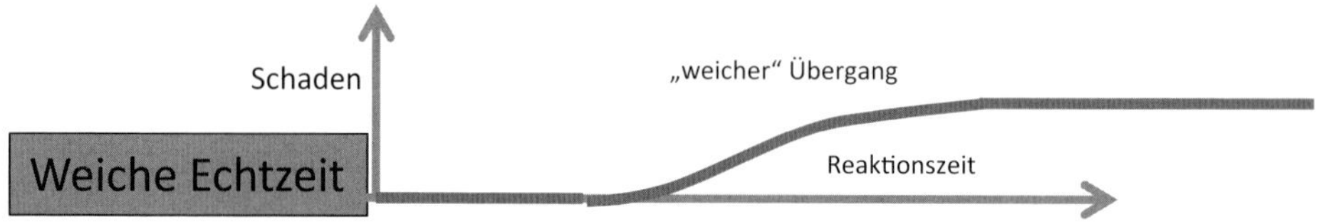

Bild 6.18 Weiche Echtzeitschwelle

Wenn eine Echtzeitfrist für die sicherheitsrelevante Funktion gegeben wird, muss sie unabhängig von der Systemlast eingehalten werden. Dies führt zu gravierenden Auswirkungen auf die Softwarearchitektur, das Scheduling, das Design, die Realisierung und Implementierung.

Die folgenden Effekte können in Betracht gezogen werden, um zwischen harten und weichen Echtzeitanwendungen zu unterscheiden:

- Folgen von Fristüberschreitungen,
- Verhältnis von durchschnittlicher und Worst-Case-Ausführungszeit,
- Abstand von Worst-Case-Ausführungszeit zur Frist,
- Art der Schwelle (steil oder flach ansteigend),
- Toleranzzeitintervall, das zum Ausfall des Systems führt.

Alle Effekte könnten zu unterschiedlichen Designkriterien für die Implementierung von Software führen.

6.2.3 Timing und Determinismus

In Echtzeitsystemen ist der Determinismus eines der Schlüsselmerkmale für das Design. Ein System oder eine Kommunikation könnte aufrufbestimmend (call deterministic) sein, wenn die maximale Antwortzeit vorhergesagt werden könnte. Dies bedeutet, dass es keine Auswirkungen darauf gibt, ob systematische Fehler oder zufällige Hardwarefehler oder andere Auswirkungen diese maximale Antwortzeit, Datenaktualisierungszeit oder andere periodische Auswirkungen verletzen könnten. Die Periodizität, Datenaktualisierungszeit oder Antwortzeit bedeutet nicht in jedem Fall eine kurze Zeit, aber ähnlich wie bei der durchschnittlichen Ausführungszeit im Vergleich zur Worst-Case-Ausführungszeit für harte Echtzeitsysteme ist die Vorhersagbarkeit das Schlüsselkriterium. Es kann vorhersagbar schnell oder vorhersehbar langsam sein. Die serielle Datenkommunikation ermöglicht sehr oft deterministisches Verhalten. Zum Beispiel ist Standard-Ethernet nicht echtzeitfähig, weil es nicht deterministisch ist. Der fehlende Determinismus beruht auf der

Tatsache, dass das traditionelle Carrier-Sense-Prinzip des Multiple Access/Collision Detection (CSMA/CD) Kollisionen erkennt, diese jedoch nicht vermieden werden. Aufgrund der Punkt-zu-Punkt-Kommunikation kann eine Vollduplexübertragung mit Switched-Ethernet die Wahrscheinlichkeit von Kollisionen erheblich verringern. Das Wiederholen von Datenpaketen kann auch die Verfügbarkeit verbessern. Systeme, die sich auf eine sichere Verfügbarkeit der Kommunikation verlassen, benötigen unabhängige redundant implementierte Kommunikationsleitungen. Wenn Ethernet redundant ausgelegt ist, kann eine logische Ringstruktur die sichere Verfügbarkeit solcher Kommunikationssysteme verbessern.

Die Notwendigkeit eines Determinismus von Ethernet wurde viel diskutiert, es gäbe dadurch aber auch starke Abhängigkeiten zum Determinismus von Algorithmen, Sensoren oder anderen Elementen in einem System. Typische Zeitintervalle sind:

- Ein Sensor muss alle 5 Millisekunden einen neuen Datensatz bereitstellen,
- ein Simulationsmodell in einem eingebetteten System muss alle 50 Millisekunden aktualisierte Werte liefern,
- ein Positionssensor in einem bürstenlosen Motor muss die Motorposition kontinuierlich in einem festen Zeitrahmen bereitstellen etc.

Ein Lenkwinkel eines Fahrzeugs könnte immer nur bei Änderungen übertragen werden. Während des Einparkens eines Autos oder auch während der Geradeausfahrt müssen keine Daten übertragen werden. Die Verwendung eines Lenkwinkelsensors in einem sicherheitsbezogenen System kann zu Echtzeitanforderungen und zum erforderlichen deterministischen Verhalten von Steuerungsalgorithmen und Kommunikationssystemen führen. Wenn ein Lenkeingriff des Fahrers nicht oder zu spät erkannt werden konnte, könnte ein sicherheitsrelevanter Effekt oder ein Ausfall in Betracht gezogen werden. Die heutigen Systeme implementieren dazu eine deterministische periodische Übertragung des Lenkwinkels auf Fahrwerkssysteme wie Servolenkung oder elektronische Bremssysteme. Durch Ausschneiden der maximal angegebenen Übertragungszeit soll der Wert vom Sensor gesperrt werden oder ein redundantes Modell oder ein virtueller Sensor könnte innerhalb des maximalen Zeitintervalls korrekte Daten liefern.

Isochrone Datenkommunikationssysteme wie Flexray arbeiten exakt periodisch, beispielsweise in einem Zeitintervall von 1 Millisekunde. Der Buszyklus-Jitter ist sehr niedrig und liegt im Allgemeinen weit unter der nominellen 1 Millisekunde. Bit-Übertragungsjitter und so weiter führen zu weiteren Effekten, die eine deterministische Übertragung negativ beeinflussen können.

Synchronisierte Kommunikations- und Steuerungsalgorithmen werden so koordiniert, dass die eingegebenen Daten erfasst, kommuniziert, die Steuerausgabe berechnet, anschließend kommuniziert und zuletzt aktiviert wird.

Viele Kommunikationssysteme laufen nicht in einem festen Determinismus. Mechanismen wie Zeitmonitore und Nachrichtenzähler liefern hinreichende Beweise dafür, dass weiche Terminvorgaben nicht eingehalten werden. Bei harten Echtzeitsystemen kann die Überschreitung einer Frist nur zu einem Systemausfall führen. Bei Fahrgestellsystemen würde eine Bremsanforderung, ein Lenkeingriff oder eine Kurve der Straße in einem erforderlichen Zeitintervall nicht vom System erkannt, was zu einer Verletzung eines Sicherheitsziels oder sogar zu einem Unfall führen könnte.

Die Synchronisation von Kommunikationssystemen kann auf verschiedene Arten erfolgen. Folgende Prinzipien können in Betracht gezogen werden:

- Bei einer Zeitschlitzmethode (time-slot-method) kann die Synchronisation aus dem zyklischen Protokoll abgeleitet werden. Die Synchronisation basiert auf dem Senden eines Synchronisationssignals, das von allen Netzwerkteilnehmern zyklisch empfangen und ausgewertet wird. Um eine bestmögliche Synchronisation zu gewährleisten, ist es erforderlich, dass das Signal in einem festen Zeitintervall mit minimalen Timing-Abweichungen gesendet und empfangen wird.
- Aufgrund der Erhöhung der zeitlichen Genauigkeit und der Synchronität kommen insbesondere Ethernet-Systeme infrage, die auf dem Prinzip verteilter Uhren basieren (siehe auch IEC 61588, Precision Time Protocol (PTP)), die über entsprechende Telegramme miteinander synchronisiert werden. Verteilte Uhren bieten eine genaue Zeitbasis, die unabhängig von Laufzeiten und Schwankungen des Kommunikationsmediums ist. Da diese Zeitbasis aber keinen Determinismus für die Datenübertragung sicherstellen kann, müssen die Nachrichten immer mit ausreichender Vorlaufzeit übertragen werden, damit sie zur Synchronisationszeit zur Verarbeitung zur Verfügung stehen. In Echtzeit verteilte Ethernet-Uhren sind Protokolle, um das bei der zyklischen Übertragung auftretende Jitter zu reduzieren. Das Kommunikationssystem ist nicht deterministisch, die Datenübertragung könnte jedoch so gesteuert werden, dass Sender und Empfänger einen deterministischen Datenaustausch haben.

6.2.4 Scheduling-Aspekte

Der Scheduler eines Echtzeitbetriebssystems verwaltet die Zeit eines Mikroprozessors oder Mikrocontrollers. Auch bietet ein RTOS (Real-Time-Operating-System) eine Multitasking-Umgebung, in der mehrere Dinge jeweils gleichzeitig ablaufen. Dazu wird ein Programm in mehrere Tasks unterteilt. Diese Maßnahme gaukelt dem System vor, es stünden mehrere Recheneinheiten (CPUs) zur Verfügung. Ein Echtzeitbetriebssystem bietet solche Dienste oder Funktionen wie

- Verzögerungen, dies dient dem Schutz gemeinsam genutzter Ressourcen,
- eine Kommunikation zwischen einzelnen Tasks sowie
- eine Synchronisation.

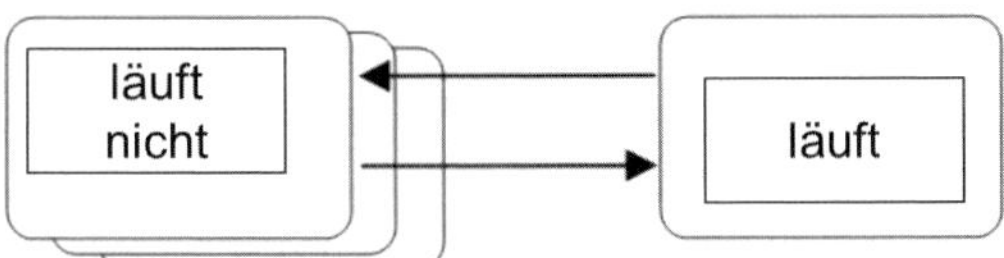

Bild 6.19 Zustände von Tasks

Grundsätzlich läuft immer eine Task und die anderen laufen nicht.

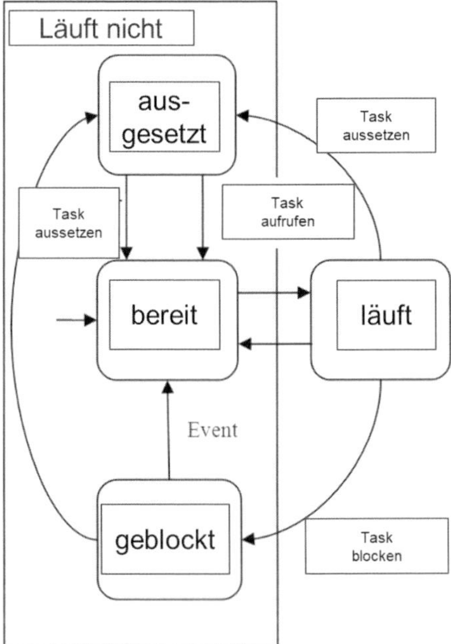

Bild 6.20 Lebenszyklus einer Task

So führt zum Beispiel ein System eine Task mit niedriger Priorität aus, während eine Task mit höherer Priorität blockiert oder ausgesetzt ist, weil sie auf ein Signal von einer ISR (Interrupt-Service-Routine) wartet. Sobald der Interrupt auftritt und die ISR ausgeführt wird, unterbricht das Betriebssystem die Task mit niedriger Priorität. Nach Ende der ISR springt die Programmausführung dann nicht etwa zur Task mit niedriger Priorität zurück, sondern arbeitet zunächst die Task mit der hohen Priorität ab. Die Task mit hoher Priorität hat also Vorrang vor der Task mit niedriger Priorität erhalten.

Präemption (Vorwegnehmen) trägt dazu bei, dass ein Echtzeitbetriebssystem schnell reagieren kann, weil die betriebsbereite Task mit der höchsten Priorität vom RTOS zur Ausführung in den Schedule übernommen und auf der CPU ausgeführt wird.

Ein Kontext-Switch ist ein Prozess, bei dem das Betriebssystem eine Task anhält (oder aussetzt) und eine andere ausführt. Der Kontext einer Task besteht aus dem Inhalt der CPU-Register einschließlich des Stack-Zeigers (stack pointer) und des Programmzählers (program counter) der jeweiligen Task. Tritt ein Kontext-Switch auf, verschiebt das RTOS den Inhalt der CPU-Register in den Stack einer Task, stellt den Task-Zustand entweder auf „bereit", „ausgesetzt" oder „blockiert" und speichert den Wert des Task-Zeigers im Task-Control-Block der entsprechenden Task ab. Anschließend stellt das Betriebssystem den Kontext der Task, die auf der CPU ausgeführt werden soll, wieder her. Dazu stellt es den Stack-Pointer anhand der Daten aus dem Task-Control-Block wieder her. Dann liest Task-Control-Block den Inhalt der CPU-Register aus dem Stack der Task in die CPU zurück. Den Zustand der entsprechenden Task stellt das RTOS auf „aktiv", die wiederhergestellte Task wird nun weiter ausgeführt.

- Blockiert (blocked): Die Task wartet auf den Eintritt eines Ereignisses.
- Ausgesetzt (suspend): Die Task wartet auf den Ablauf eines Timeouts.
- Bereit (ready): Die Task ist bereit zur Ausführung und wartet darauf, dass sie das RTOS für die Ausführung durch die CPU übernimmt (aktiviert).
- Aktiv (running): Die Task wird aktuell auf der CPU ausgeführt; es kann sich jeweils immer nur eine Task in diesem Zustand befinden.

Folgende architektonische Merkmale kennzeichnen ein Echtzeitbetriebssystem:

- Ausführung eines Befehls in einem Zyklus,
- keine Interrupts,
- kein Cache,
- effiziente E/A-Logik für eine 100-fach niedrigere Latenz,
- mehrere Kerne ermöglichen die gleichzeitige Ausführung unabhängiger Aufgaben,
- der Hardware-Scheduler führt „RTOS-ähnliche" Funktionen aus,
- Timing-fähige Entwicklungs- und Simulationswerkzeuge.

Es gibt verschiedene Scheduling-Algorithmen:

- prioritätsbasiertes Scheduling,
- FIFO (first in, first out),
- „Round-Robin" (Reihum-Abfolge) und
- Zeitscheibe (time slice).

Weiter gibt es verschiedene Arten von Echtzeit-Schedulern:

- Online/Offline-Scheduler; Online: Die Planung wird vor oder zur Ausführungszeit berechnet.
- Statischer/dynamischer Prioritäts-Scheduler; Dynamisch: Prioritäten ändern sich zur Ausführungszeit.
- Preemptive oder Non-Preemptive Scheduler; Preemptive: Vorhalten von Ressourcen.
- Aspekte des Preemptive Scheduler:

- Preemptive Scheduler sind zuverlässiger als non-preemptive Scheduler (z. B. verpasste Fristen, Deadlines).
- Non-Preemtive Scheduler nutzen die vorhandenen Ressourcen besser aus.
- Viele Kontextwechsel sorgen für großen Overhead.

Typische Auswahlkriterien für Scheduler:

- Machbarkeitsprüfungen (algebraische Werkzeuge, auch als Schedulability-Tests bezeichnet): Können wir nachweisen, dass die Ressourcen so vorgehalten werden, dass keine Fristen verletzt werden?
- Komplexität: Können wir Machbarkeitstests für große Systeme durchführen (z. B. große Anzahl Tasks etc.)?
- Optimalität: Ein optimaler Scheduler ist ein Scheduler, der bei Bedarf immer eine Scheduling berechnen kann.
- Eignung: Können wir den ausgewählten Scheduler in einem Echtzeitbetriebssystem implementieren?
- Übliche Echtzeit-Scheduler.
- Festgelegter Prioritäten-Scheduler, auch „Rate Monotonic“: monotone Prioritätszuordnung, Planung oder Analysis (vor der Ausführung im Controller oder bereits während der Entwicklung).
- Dynamischer Prioritätsplaner: Frühester Termin (oder EDF).

Folgende Varianten existieren:

- Task-Prioritätszuordnung „Rate monoton“: Je kleiner die Periode ist, desto höher muss die Priorität sein. Prioritäten werden offline berechnet (z. B. zur Entwurfszeit, vor der Ausführung).
- Feste Prioritätsplanung „Fixed priority scheduling“: Ausführung der jeweiligen verfügbaren Tasks gemäß der höchsten Prioritätsstufe.

6.2.5 Gemischte Kritikalität in harten Echtzeitsystemen

Fahrzeugsteuergeräte sind in den letzten Jahren oft mit unterschiedlichen ASIL-Anforderungen realisiert und implementiert worden. Ob eine Vielzahl von verschiedenen ASILs in einem Steuergerät nicht eine der größten Ursachen für systematische Fehler ist, muss jeder aus seinem Kontext heraus entscheiden, aber generell die Entwicklung von Steuergeräteplattformen nach dem höchsten ASIL durchzuführen, ist sehr ratsam. Wenn eine der sicherheitsrelevanten Funktionen auch zeitliche Einschränkungen erfordert, ist die Gewährleistung einer ausreichenden Unabhängigkeit schwer nachzuweisen. Es gibt zwei Prinzipien, die unterschiedliche ASILs in einem Mikrocontroller ermöglichen:

- Multitasking,
- Multi-Core.

Eine Zuordnung der Tasks mit dem höheren ASIL zu einem Core und mit niedrigerem ASIL zu einem anderen Core würde das oben beschriebene Problem zwar reduzieren, da aber die heute verfügbaren Multi-Core-Controller auch jede Menge Ressourcen, wie auch Speicher gemeinsam nutzen, wird die Software wohl auf jeden Fall mit dem höchsten ASIL zu integrieren sein.

Um in einer Analyse auf abhängige oder auch auf systematische Fehler schließen zu können, muss man das Design und die Bedingungen zur Laufzeit in den jeweiligen Mikrocontrollern sehr detailliert kennen. Insbesondere alle Schnittstellen zur Laufzeit zu beurteilen ist sehr schwierig und heutige Werkzeuge dazu sind nicht jedem Entwickler vertraut oder verfügbar.

6.2.6 Programmablaufkontrolle und Mechanismen zu Steuer- und Datenfluss-Monitoring

Um die verschiedenen Aufgaben wie Tätigkeiten oder Aktivitäten, aber auch Aufgaben im Sinne von Tasks während der Entwicklung zu kontrollieren, benötigt man

- Steuerungsmechanismen (Control Mechanism) und
- Überwachungsmechanismen (Monitoring Mechanism).

Während der Entwicklung wird man sich auf verschiedenen Ebenen die Anforderungen und die möglichen Lösungen für das Design anschauen und auch bezüglich der Umsetzung und der späteren Implementierung im Controller analysieren müssen. Diese Datenfluss- und Steuerflussanalysen führen dazu, dass auch einige Unwägbarkeiten (Quellen für systematische Fehler) nach dem Designen bleiben, die zu unvermeidlichen Fehlern während der Laufzeit im Controller führen. Deshalb implementiert man auch in die Programme Steuerungsmechanismen, die mit geeigneten Maßnahmen überwacht werden.

Um sinnvoll solche Steuerungen und Überwachungen durchzuführen, müssen diese während der Entwicklung geprüft werden. Heute gibt es auch schon sehr viele Werkzeuge, die bei der Aufgabe vom Programmentwurf bis hin zur Integration die notwendigen Maßnahmen begleiten.

Neben dem Datenfluss und seiner inhaltlichen, zeitlichen, physikalischen und geometrischen (zur rechten Zeit am richtigen Ort) Korrektheit können

- Konfiguration (Software-Elemente werden zu verschiedenen Aufgaben mit verschiedenen Konfigurationen aufgerufen),
- Kalibrierung (Software-Elemente können bezüglich der korrekten Kalibrierung geprüft werden),
- Daten aus Tabellen oder im Programm integrierte Werte, Zählerstände, Sequenzmerkmale und so weiter,
- Sequenzen, Prioritäten,

- Verfügbarkeit von Ressourcen,
- Zulässigkeit von Events,
- zeitliche Aspekte,
- Interrupts, Hooks oder andere Steuermechanismen

zur Laufzeit im geforderten Kontext geprüft werden.

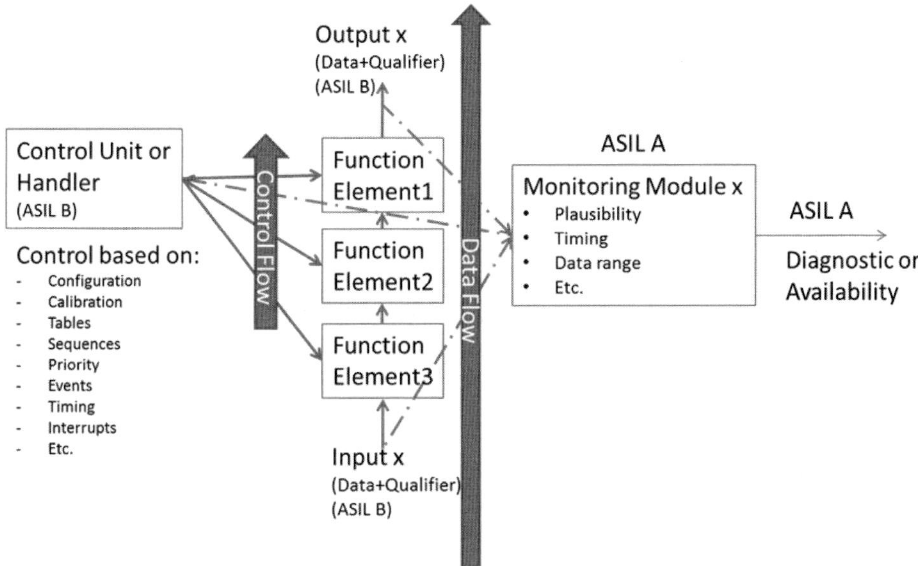

Bild 6.23 Steuer- und Datenflussmechanismen

Um den Dateninhalt während der Übertragung gegen Fehler zu schützen, werden oft zyklisch redundante Überwachungsmechanismen implementiert, wovon der CRC (cyclic redundancy checks) der bekannteste ist. Um auch gegen nicht autorisierten Dateneingriff (Security) gesichert zu sein, verwendet man oft höhere Verfahren wie „Hashing" und so weiter. Da aber diese Mechanismen nur einen Schutz während der Übertragung bieten, aber nicht beim „Sender" oder beim „Empfänger" der Information, müssen alle Kommunikationspartner zusätzlich entsprechend selbst gegen die Fehler oder Bedrohungen abgesichert werden.

Fehler in der Software werden oft anders betrachtet als in Hardwareteilen, die kaputtgehen oder defekt sind.

Bei Software findet man oft auch folgende Terminologie:

- Debugging (Fehlerbehebung, entwanzen): der Prozess, den Defekt zu finden und zu korrigieren, der einen beobachteten Fehler verursacht,
- Defekt (defect, fault): eine schadhafte Stelle in einem Software-Element (Komponente, Module, Funktion etc.),

- Fehler (error): eine Abweichung der tatsächlichen Ergebnisse von den erwarteten/richtigen Ergebnissen.

Ein Fehler kann durch eine Kombination mehrerer Defekte verursacht werden oder derselbe Defekt kann sich in mehreren Fehlern manifestieren. Die Ursache für den Fehler (oder die Wanze, „bug") ist meist kein Defekt, sondern der Entwickler der Software selber. Wie aber vorher bereits beschrieben, kann sich auch so ein systematischer Fehler kontinuierlich zeigen oder auch nur in Kombination und bestimmten Konfigurationen und I/O-Bedingungen zur Laufzeit, oder wenn Interrupts in kurzer Zeit sehr häufig einen Kontext-Switch verursachen und so weiter.

6.2.7 Betriebssysteme im Automobil

Der größte Teil der Automobilanwendung basiert auf der C-Programmierung und die Betriebssysteme basieren auf dem OSEK-Standard. OSEK ist die Abkürzung für „Offene Systeme und ihre Schnittstellen für die Elektronik in Kraftfahrzeugen". Teile von OSEK werden in der ISO 17356 standardisiert.

OSEK wurde 1993 von einem deutschen Automobilfirmenkonsortium bestehend aus BMW, Bosch, Daimler, Opel, Siemens, Volkswagen Gruppe und der Universität Karlsruhe gegründet. 1994 sind die französischen Autohersteller Renault und PSA, die das ähnliche Projekt VDX (Vehicle Distributed Executive) verfolgten, dem Konsortium beigetreten. Deshalb ist der offizielle Name OSEK/VDX.

OSEK betrachtet folgende Hauptkomponenten:

- OSEK-OS: Das OSEK-Betriebssystem ist für den Programmablauf innerhalb des Steuergerätes zuständig. Es stellt die Schnittstellen für den Benutzer bereit, durch die er seine Applikationen für das entsprechende Steuergerät entwickeln und implementieren kann.
- OSEK-Netzwerkmanagement (Network Management): Es stellt nun standardisierte Funktionen bereit, um intern und mit anderen Steuergeräten ein Netzwerksystem zu verwalten und zu überwachen.
- OSEK-Kommunikationssystem: Das OSEK-Kommunikationssystem stellt die für den Datenaustausch benötigten Funktionen und Protokolle bereit.
- OSEK-OIL (OSEK Implementation Language): Der OSEK-Standard und speziell die Spezifikation des Betriebssystems soll hardwareunabhängig sein. OESK-OIL stellt Systemfunktionen und Entwicklungsschnittstellen (APIs) zur Verfügung.

Das OSEK-OS definiert vier Übereinstimmungsbaugruppen für verschiedene Systemvoraussetzungen, die dem Benutzer erlauben, das Betriebssystem für verschiedene Ziel-Hardware-Systeme zu konfigurieren. Modifikationen während der Laufzeit werden von OSEK-OS nicht definiert.

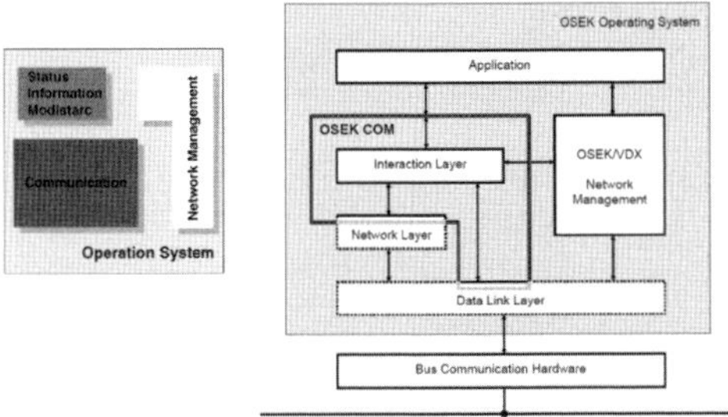

Bild 6.24 OSEK/VDX-Betriebssystem (Quelle: ISO 17356-3:2005)

OSEK/VDX COM stellt mehrere Ebenen (orientieren sich am ISO/OSI-Schichtenmodell) für die Kommunikation bereit:

- OSEK/COM Device Driver Interface: Data Link Layer
- OSEK/COM Standard Protocol: Protokoll-Basis für den Netzwerk-Layer
- OSEK/COM Standard API: Applikationsschnittstelle

Es gibt heute noch sehr wenige COM-Schnittstellen, die im Inneren gemäß ISO 26262 oder einem anderen Sicherheitsintegritätsstandard implementiert sind. Daher wird weitgehend in Steuergeräten und auch zwischen Steuergeräten eine E2E-(End-to-End)-Überwachung mit Zeit- und Sequenzinformation genutzt.

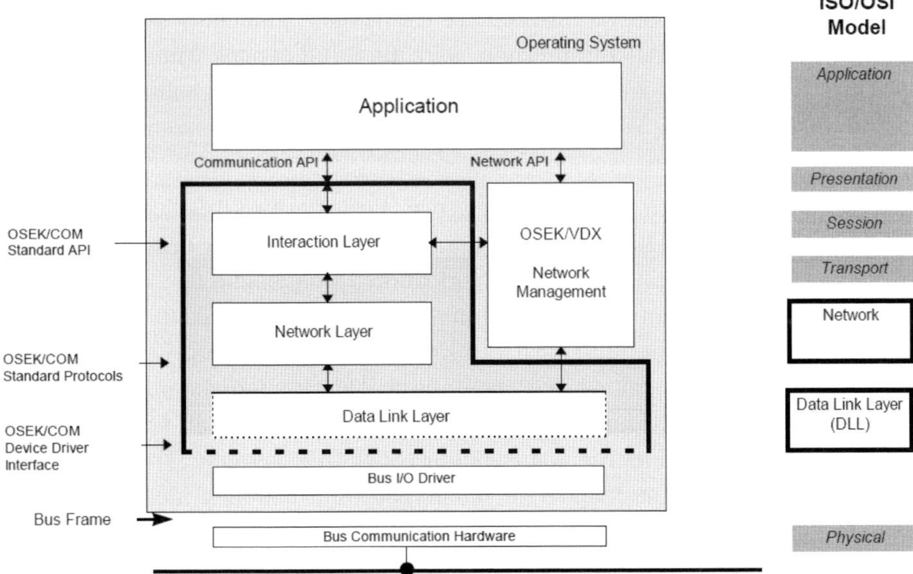

Bild 6.25 Funktionsgruppen im OSEK/COM gemäß ISO/OSI-Schichtenmodell (Quelle: ISO 17356-3:2005)

6.2.8 Sichere Datenverarbeitungsumgebung (Safe Computing Environment)

Im Allgemeinen ist es Ziel einer jeden Basis-Software, der Applikation eine Laufzeitumgebung bereitzustellen, die frei von Einflüssen aus

- der Umgebung,
- der Hardware und anderen Systemkomponenten

sein soll.

Auch die unterschiedlichen Einflüsse der verschiedenen Komponenten und auch Tasks sollten sich idealerweise gegenseitig nicht beeinflussen. Bei Echtzeitanwendungen sollten auch Laufzeitunterschiede der Signale selbst und aller externen Funktionen keinen Einfluss auf die Anwender-Software, also auf die Applikation, haben.

Sicherheitstechnisch wäre es natürlich ideal, wenn die Applikation auch fehlerfreie Daten von der Basis-Software zugeführt bekommen würde und es sichergestellt würde, dass die Ausgangsdaten dem weiteren Konsumenten fehlerfrei übergeben würden, also auch die fehlerfreie Ansteuerung des Aktuators gewährleistet wäre. Für ASIL-C- und ASIL-D-Anwendungen würde dann auch noch die Freiheit von Mehrfachfehlern sinnvoll sein und das idealerweise für alle möglichen Fehlerpropagationen und denkbaren Sicherheitsziele.

Auch wenn wohl alle Software-Ingenieure solche oder ähnliche Wünsche um die Weihnachtszeit gerne mal aussprechen, wäre die Erfüllung des Wunsches weitaus unwahrscheinlicher als Weihnachten und Ostern an einem Tag. Sollte jemand von einem Hersteller solche Versprechen bekommen, so sollte er dringend die Integrität des Anbieters prüfen.

Dies wird natürlich auch lange noch die große Hürde für die künstliche Intelligenz sein, dass diese keine ideale Laufzeitumgebung bereitgestellt bekommt. In der Anwendersoftware selbst sind solche Maßnahmen weitgehend fast unmöglich zu implementieren, da man vom Prozessinterface (API) oder der Laufzeitumgebung keine Informationen über alle positiven Einflüsse und negativen Fehlereinflüsse bereitstellen kann. Handelt es sich um einfache Algorithmen, die nur „ja“, „nein“ oder weniger oder mehr Entscheidungen hervorrufen, setzt man seit vielen Jahren sogenannte Voter (Mehrheitsentscheider) oder TMR-Systeme (Tripel-Modular-Redundant) ein, um eine fehlerfreie Quelle von Informationen identifizieren zu können. Handelt es sich jedoch um komplexe Datenfelder, wird man nicht so viel Redundanz einsetzen können, dass die relevanten Kombinationen von positiven und negativen Einflussfaktoren durch die Anwendersoftware beherrschbar sein könnten.

In sehr komplexen Systemen wird man also den klassischen Ursache-Wirkungs-Bezug wegen der Vielzahl und immensen Kombinatorik aus Situationen und Zuständen nicht mehr im Einzelnen „hinreichend“ überwachen beziehungsweise empirisch beherrschen können.

6.2.9 Prädiktive Zustandsüberwachung

In anderen Branchen, insbesondere der Luftfahrt, und auch bei anderen Transportsystemen, wie der Raumfahrt, betrachtet man Alternativen zu dieser 1:1-Zuordnung von Fehlermechanismus, Ursache und Effekt. Man entlehnt sich Methoden der Medizin und setzt auf die Prinzipien des Prognostizierens und Erkennens von Symptomen. In der Fachwelt findet man die Abkürzung PHM, was oft als

- Predictive Health Management oder
- Prognostic Health Management

im Englischen gebraucht wird. In der deutschen Sprache nutzt man meist auch die englischen Begriffe. Es wird praktisch ein „gesundes System“ beschrieben beziehungsweise spezifiziert, welches nicht nur

- frei von Fehlern, sondern auch
- fähig ist, die geforderte Leistung (Performance) zu bringen,
- Ursachen für Zweifel an der Leistungsfähigkeit zu melden,
- Angriffe und unerwartete Einflüsse von außen zu melden,
- die eigenen Leistungsreserven zu kommunizieren und
- die „gesunden“ und „fähigen“ Ressourcen dem System bereitzustellen.

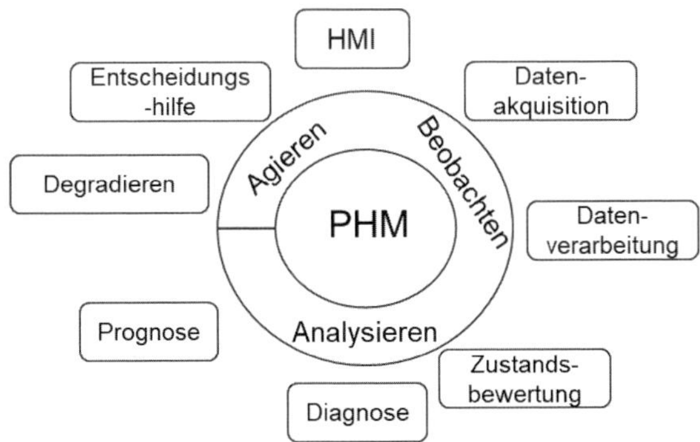

Bild 6.26 Maßnahmen zur Prognostik und zum präventiven Health-Management

Über einen solchen Kreis werden oft Analogien aus der Gesundheitsmedizin zu Maßnahmen in technischen Systemen in Bezug gesetzt.

Heruntergebrochen auf ein Software-basierendes technisches System kann ein solches System Informationen während der Laufzeit bereitstellen über:

- den Kontroll- und Datenfluss bezüglich Genauigkeit, Güte, Margen zu den Systemgrenzen,
- zeitliche Informationen bezüglich Genauigkeit, Güte, Margen, Synchronizität,
- Informationen zum Grad der Sicherheitsintegrität (wie zur Diagnose des Deckungsgrades während der Laufzeit),
- zur Fähigkeit von Barrieren (Partitionierung oder fehlerhafte Bereiche gegen Fehlerpropagation in „gesunde" Bereiche zu schützen; „Fault Containment"),
- zur Fähigkeit, Bereiche gegen Datenzugriff zu blockieren oder zu sperren (auch im Sinne von Security, auch infizierte Bereiche abzusichern),
- zur Korrektheit der Daten bezüglich relevanter Kriterien,
- zum Bedarf von Wartung,
- über vorbeugende kritische Zustände (prädiktive Maintainance),
- Fähigkeit und Margen, um die aktuelle Leistungsfähigkeit zu erhöhen,
- Robustheitsmargen,
- Qualität von Diensten und auch Gütekriterien von Regelkreisen und anderen Algorithmen,
- den Zustand der Umgebung (Temperatur, Spannung, EMV, bei Umfeldsensoren auch Blenden, Interferenzen, Wetterbedingungen etc.)
- und so weiter.

Eine der wichtigsten Aufgaben bei hoch verfügbaren Systemen ist die Auswertung, welche Ressourcen oder Elemente für eine „sichere Funktion" noch zur Verfügung stehen. Der „sichere Zustand" ist bei komplexen Systemen meist nicht mehr der energielose Zustand, daher wird diese Information den Anforderungen der höchsten Sicherheitsintegritätsstufe des Systems entsprechen.

6.3 Systemengineering in der Produktrealisierung

Grundsätzlich wird hier der Ansatz verfolgt, dass die Realisierung auf Basis der Spezifikation umgesetzt wird. Das heißt, die zu realisierenden Elemente entsprechen den technischen Elementen, und wenn die bisherigen Analysen und Verifikationen alle korrekt und hinreichend waren, dann sollten auch die integrierten Elemente wie spezifiziert funktionieren und die geforderten Eigenschaften bezüglich Performance und anderer Funktionalitäten den geforderten Erwartungen entsprechen. Aus den Anforderungen, wann das Produkt und wie es realisiert wird, ergeben sich die Zeitpunkte, wann bestimmte Sicherheitsaktivitäten durchgeführt werden müssen. Die Realisierung des Produktes ist in den meisten Darstellungen der V-Modelle der Boden des Vs.

Produktrealisierung

Eine Designbeschreibung ist noch kein realisiertes Produkt. Wenn eine Platine bestückt wird, wenn verschiedene Mechanikkomponenten zusammengefügt werden, wenn verschiedene Softwareelemente integriert werden, diese generiert oder realisiert werden, oder Komponenten basierend auf unterschiedlicher Technologie zusammengeführt oder integriert werden, wird dies Einfluss auf das korrekte Verhalten oder Funktionieren haben. Besonders die Aspekte der Realisierung selbst bis hin zur Integration von Elementen oder Komponenten verschiedener Technologien sind in der ISO 26262 nur partiell adressiert. Grundsätzlich wird jedoch hier auch für diese Aspekte ein vergleichbarer Systemansatz vorgeschlagen.

Produktdesign zur Realisierung

Weitgehend gehen alle Prozessmodelle davon aus, dass Realisierung, Produktion und auch Implementierung auf Basis der gültigen Spezifikation umgesetzt werden. Hierbei ist jedoch darauf zu achten, dass die Spezifikation mindestens aus zwei Arbeitsprodukten besteht, nämlich der Anforderungs- und der Designspezifikation. Da Anforderungen auch überprüfbar sein müssen, gilt für das realisierte Produkt konsequenterweise auch die Anforderung, dass eine Prüfspezifikation vorliegen muss, die zeigt, dass die Anforderungen unter den gegebenen Designvorgaben erfüllt werden. In der klassischen Mechanikentwicklung stand am Ende des Entwicklungsprozesses die Konstruktionszeichnung. Diese erhielt nach einigen Prüfungen (Verifikation) und der Fertigstellung der Produktionseinrichtung eine Freigabe zur Produktion. Setzt man voraus, dass das Design auf Basis der Anforderungen entstanden ist und daraufhin auch verifiziert und validiert wurde, dann gilt dieser Weg auch noch heute für softwarebasierende Systeme oder Produkte. In der Flugzeugindustrie wird dies durch eine behördliche Freigabe des Designs und der Produktionsmittel realisiert. Grundsätzlich gibt es in der Flugzeugindustrie diese behördliche Zulassung auch für Systeme und Komponenten, in der Automobilindustrie wird derzeit noch ein Bremssystem nur im Kontext des Fahrzeuges homologiert oder zugelassen. Mit dem Prozess für Produktion und Design prüfen die Behörden in der Flugzeugindustrie auch die Fähigkeit des Designers und des Herstellers, das entsprechende Systeme oder die Komponente angemessen zu entwickeln beziehungsweise zu produzieren. Der Designer oder der Produzent erhält ein Siegel, mit dem er die entsprechenden Produkte markieren darf. Dieses Siegel, die Markierung oder Ähnliches wird bei jedem Vorfall oder Verkehrsunfall bei der Untersuchung der Flugsicherheitsbehörden überprüft.

Den Prozess hin zur Realisierung kann man als abfallenden Ast eines oder mehrerer Vs, aber auch über Spiralen (Musterzyklus in der Automobilindustrie) oder als ein Wasserfallmodell beschreiben. Als Grundlage für die Reifegradbestimmung für Produkte, aber auch die Projekt- und Prozessreife können verschiedene Vorserien-Status definiert werden. Wenn das Projekt oder der Prozess nicht vollständig, konsistent und nachvollziehbar bis hin zur Produktrealisierung abgearbeitet ist, wird man immer mit systematischen Fehlern im Produkt rechnen müssen. Welchen Einfluss solche Projekt- oder Prozessfehler auf die Eigenschaften des Produktes haben, lässt sich allgemein nicht beurteilen oder prognostizieren. Daher wird in der ISO 26262 der aufsteigende Ast des Vs genutzt, um durch systematisches Integrieren und weitere Tests zur Validation und Verifikation zu einer Produktbeurteilung zu kommen. Die Realisierung von Hardwareteilen, egal ob Mechanik, Hydraulik, Elektrik oder Elektronik, hängt dann sehr stark von den Produktionsmitteln und deren Reifegrad bezüglich der Serienfertigung ab. Die Software wird mehr in einer Laborumgebung realisiert. Um in Analogie zur Hardwareproduktion auch hier die Umsetzung und Erfüllung von nichtfunktionalen Anforderungen wie Sicherheit, Qualität und Zuverlässigkeit und so weiter zu gewährleisten, spricht man oft auch von der sogenannten Softwarefabrik (Software-Factory). Die Betrachtungsweisen sind im Grunde genommen tatsächlich sehr ähnlich.

Mechanik

Die Eigenschaften (Merkmale, Fähigkeiten) wurden im Rahmen der Anforderungsentwicklung identifiziert. Die technischen Elemente können nun durch Normteile (Schrauben, Muttern, Stecker etc.) oder für den Anwendungsfall bestimmte Mechanikteile realisiert werden. In allen Fällen gilt es, die als wichtig identifizierten Eigenschaften über den vollständigen Spezifikationsraum zu sichern. Das heißt, bei der Schraube und der Mutter kann der Gewindegang als relevant angesehen werden, jedoch werden auch die anderen Eigenschaften von Bedeutung sein. Hat man kein Werkzeug, weil man einen passenden Schraubenschlüssel für die Schraube benötigt, dann kann dies für die Sicherheit tolerierbar sein. Würde jedoch das Anzugsmoment für die Schraube als wichtige Eigenschaft identifiziert, dann wird die Wahl des Werkzeugs oder die Überwachung der Arbeit mit dem Werkzeug womöglich zu einer Sicherheitsaktivität. Die Produktion (zum Beispiel die Realisierung der Verbindung durch Einschrauben der Schraube) muss in der Linie überwacht werden, um zu zeigen, dass die Anforderungen umsetzbar sind (meist bei den ersten Prototypenbauten) und auch korrekt umgesetzt werden. Für sicherheitsrelevante Eigenschaften der Spitzenprodukte werden meist „besondere Merkmale“ festgelegt. Diese werden oft in der Serienproduktion für jedes einzelne Produkt geprüft und die Prüfergebnisse in Datenarchiven abgelegt.

Traditionell hat man vier Musterphasen in der klassischen Entwicklung der Automobilindustrie gesehen. Für diese Muster werden folgende Ziele bei mechanischen Teilen betrachtet:

- A-Muster: belegen die Geometrie, Haptik oder Funktionserfüllung,
- B-Muster: stellen Funktionalität und Dauerlauffähigkeit auf dem Prüfstand und im Prototyp sicher,
- C-Muster: stellen Funktionalität, Dauerlauffähigkeit, Kompatibilität und Integrationsfähigkeit in der Zielanwendung (Motor, Fahrzeug) sicher,
- D-Muster: (Erstmuster) freigabefähiges Muster.

Allgemein werden auch Entwicklungsprozesse in Phasen beschrieben, die sich an den historischen Musterphasen orientieren.

- Das A-Muster (Konzeptphase) wird oft bereits in sehr frühen Phasen der Entwicklung betrachtet und mit dem Angebot des Zulieferers bereits eingefordert.
- Das B-Muster (Designphase) ist oft das Muster, an dem das Design verifiziert und validiert (DV) wird, das heißt, alle Eigenschaften sollen bereits gesichert sein. Als Konsequenz daraus sollten alle Anforderungen verifiziert vorliegen, die Architektur und das Design müssen ebenfalls analysiert und verifiziert sein. Für die Produktion müssen die Konzepte detailliert bereitstehen, sodass man üblicherweise die Prozess-FMEA vorliegen hat und die sicherheitsrelevanten Aktivitäten bereits auch in der Produktion einplant. Sämtliche Sicherheitsfunktionen, Sicherheitsmechanismen und Merkmale müssen also korrekt implementiert, realisiert, getestet und verifiziert sein.
- Das C-Muster (Industrialisierungsphase) soll die Integrationsfähigkeit und Kompatibilität in der Zielumgebung zeigen können; damit müssen zum Beispiel alle Toleranzen von Zulieferteilen und die möglichen Toleranzen, die sich aus der Produktion ergeben, gesichert sein. Es wird daher oft gefordert, dass das C-Muster bereits auf der Serienproduktionsanlage produziert wird. Bei Neuprodukten sind die Anlagenteile jedoch noch nicht verkettet, sodass nicht alle Schnittstellen in der Produktion als abgesichert betrachtet werden können.
- Das D-Muster (Serienphase) muss in bestimmter Stückzahl, in einer dem Serienstand entsprechenden Produktionsanlage und in einer der Serie entsprechenden Taktung der Arbeitsschritte produziert werden. Das produzierte Muster ist dann allgemein die Grundlage des Fahrzeugherstellers für die Serienfreigabe des Produktes.

Als Schluss für die Sicherheit müssten alle Produktmerkmale, die als sicherheitsrelevant identifiziert sind, bereits in der B-Musterphase mit ihren Eigenschaften gesichert sein. In heutigen Entwicklungszyklen ist dies sehr selten möglich, jedoch leiten sich aus den Eigenschaften der mechanischen Komponenten oft erst die Anforderungen und Eigenschaften für die Elektronik und Software ab. Auch für die mechanischen Teile der elektronischen und elektrischen Elemente, wie Stecker, Gehäuse, Platine und so weiter, ist diese Vorgehensweise sehr zu empfehlen.

Grundsätzlich sieht es die ISO 26262 nicht als ihre Aufgabe an, Fehler von Komponenten „anderer Technologie“, also Mechanik, zu beherrschen oder gar zu vermei-

entstehen, da sämtliche Eigenschaften und auch die Design- und Leistungsdaten, die durch das Zusammenwirken der Elemente gefordert werden, bereits Gegenstand der Sicherheitsanalyse und der Verifikationen in den verschiedenen horizontalen Ebenen waren. Da ja auch schon in unterschiedlichen Musterphasen die Elemente miteinander getestet wurden, sind meist die Änderungen, die in den vorherigen Musterphasen nicht berücksichtigt waren, das größte Risiko. Für ein vollständiges softwarebasierendes Fahrzeugsystem gibt es folgende drei Integrationsebenen:

- Fahrzeugintegration,
- Komponentenintegration (Systemintegration),
- Integration der Software in die Hardware.

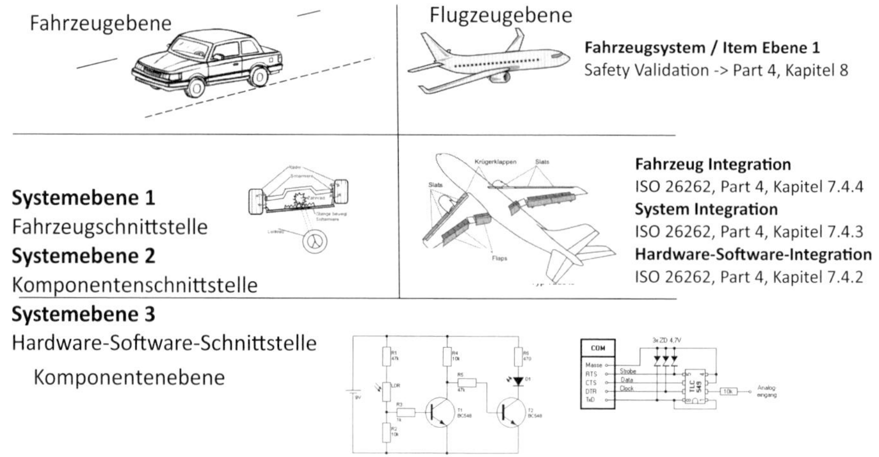

Bild 6.28 Integrationsebenen gemäß ISO 26262

In der Elektronikebene wird man ebenfalls eine mehrstufige Integrationsstrategie wählen, wobei hier die Halbleiterelemente (Bustreiber, Mikrocontroller, Leistungstreiber, Multiplexer etc.) als technische Elemente im Wesentlichen diese Strategie vorgeben.

In der Software werden folgende Elemente (Gruppen von Elementen, Komponenten) bei der Integration betrachtet werden müssen:

- Low-Level-Treiber (MCAL, Schnittstelle zum Mikrocontroller),
- Betriebssystem,
- Scheduler (Programmablauf, Steuerung, Überwachung, Datenflussüberwachung),
- Laufzeitumgebung,
- Anwendungssoftware,
- Ebenen mit unterschiedlichem ASIL,
- Degradationsebene,

- Datenaufbereitung (Datenanpassung),
- Kommunikationsdatenaufbereitung,
- Fehlermanager,
- Diagnoseschnittstelle,
- fehlerbeherrschende Maßnahmen (Sicherheitsmechanismen).

Wie und in welcher Reihenfolge diese Elemente integriert werden sollen, hängt meist mehr von organisatorischen als von technischen Aspekten ab.

6.5 Verifikationen und Tests

Verifikationen dienen in erster Linie zur Überprüfung von Korrektheit, Konsistenz sowie Vollständigkeit und damit Nachvollziehbarkeit von Anforderungen und deren Abbildung auf Funktionen sowie auf logische und technische Elemente. Sind diese Kriterien hinreichend erfüllt, so kann man auch von einer hinreichenden sicherheitstechnischen Durchgängigkeit als Basis für die Sicherheitsvalidierung sprechen. Verifikationen finden nicht nur während der Integration (aufsteigender Ast im V-Modell) statt, sondern spielen auch während der Produktentwicklung (beziehungsweise während der Anforderungsentwicklung im absteigenden Ast des V-Modells) eine wesentliche Rolle. Wann immer ein Arbeitsergebnis als Grundlage für weitere Architekturentscheidungen dienen soll, ist eine vorherige Verifizierung empfohlen, ansonsten sind die folgenden Arbeitsergebnisse nur so sinnvoll wie die zugrunde liegenden Voraussetzungen.

Die ISO 26262 unterscheidet zwischen folgenden Verifizierungsmethoden:

- Reviews oder Analyse-Checklisten,
- Simulationen,
- Tests (Gegenstand der Verifikation können Testfälle, Testdaten oder Testobjekte sein).

Die Sicherheitsanalysen fallen formal auch unter die Verifikationsmethoden.

Verifikationen müssen geplant werden, dabei sollten folgende Punkte beinhaltet sein:

- Inhalt der Arbeitsprodukte, der verifiziert werden soll,
- die Verifikationsmethode (siehe Aufzählung im letzten Absatz),
- eindeutige Akzeptanzkriterien (zum Beispiel die Risikoprioritätszahl einer Design-FMEA als Merkmal für Robustheit),
- die Verifikationsumgebung (Randbedingungen, Realumgebung, getätigte Annahmen),
- Verifikationswerkzeuge,

- Maßnahmen, die eingeleitet werden bei Auffälligkeiten (zum Beispiel auch Maßnahmen in der Entwicklung bei Design-FMEAs),
- Definition einer Regressionsstrategie, wie zum Beispiel bei Änderungen vorzugehen ist.
- Bei der Planung sollten folgende Kriterien berücksichtigt werden:
- Eignung und Angemessenheit der Verifikationsmethode,
- die Komplexität der Verifikationsgegenstände (daher auch zum Beispiel hierarchische Struktur auch in der Design-FMEA),
- vorhandene Erfahrung mit dem Verifikationsgegenstand und den verwendeten Materialien (Argument für die A-Bewertung in der Design-FMEA aus der Service-Historie für vergleichbare Komponenten (Elemente) in vergleichbaren Anwendungsfällen),
- Reife der verwendeten Technologie und deren Risiken bei der Verwendung (vergleichbar auch mit Erkennbarkeit oder Kenntnis über Fehlerpropagation und Fehlerverhalten im Rahmen der D-Bewertung der Design-FMEA).

Die Beispiele sind anhand der Design-FMEA beschrieben, um darzustellen, dass bei einer Anforderung der ISO 26262 nach Verifikationen die Ergebnisse oder die Methoden der Design-FMEA auch genutzt werden können.

Die Spezifikation der Testfälle sollte Folgendes adressieren:

- eindeutige Testfallidentifikation,
- Referenz zur Version, Ausgabe oder Baseline des Testobjektes,
- Voraussetzungen und gewählte Konfigurationen, Varianten, Verwendung von Grenzmustern, Worst-Case- oder Best-Case-Mustern,
- Testumgebung auch bezüglich physikalischer Eigenschaften (auch Temperaturzyklen, betrachtete Beschleunigungsfaktoren für Alterung oder Ähnliches),
- Testdaten, Testsequenzen oder andere Teststimuli,
- erwartetes Verhalten inklusive Ausgangsdaten oder -werte, Akzeptanzkorridore, zeitliche Aspekte, Referenzdatensätze, Modelle inklusive definierter Abstraktion der Modelle.

Zu den verwendeten Testmethoden sollte Folgendes beschrieben sein:

- Testumgebung (auch Einstellung oder Konfiguration der verwendeten Werkzeuge),
- logische und zeitliche Abhängigkeiten,
- verwendete oder genutzte Ressourcen (Testproband, Verbrauchsmaterialien beim Test etc.).

Hier empfiehlt es sich, ein Template oder eine Checkliste für die Testfallverifikation anzulegen, welche all diese Kriterien beinhaltet.

Die ISO 26262 weist in Teil 8 speziell nochmals darauf hin, dass die Verifikationen gemäß der Verifikationsplanung auch durchgeführt und die oben genannten Kriterien erfüllt und bewertet werden müssen.

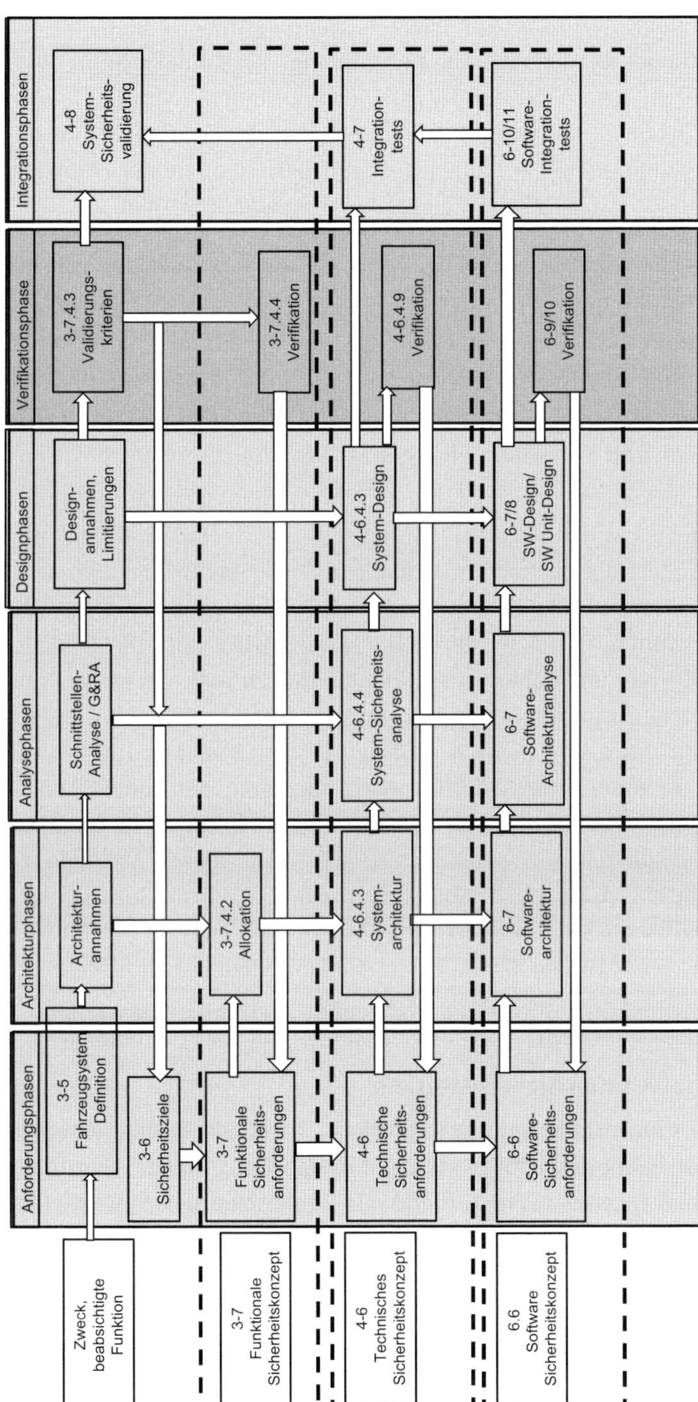

Bild 6.29 Verifikationen zwischen Anforderung und Integration

Eine systematische Integration kann nur erfolgen, wenn verifizierte Elemente bei der Integration verwendet werden. Da dies nicht immer der Fall sein kann, wird die Integration immer entsprechend iterativ erfolgen wie auch die Verifikationsergebnisse vorliegen. Daher ist die Rekursionsstrategie für die Tests nicht nur auf die Komponenten- beziehungsweise Elementtests zu beziehen, sondern mindestens die Integration in die nächsthöhere Ebene muss eingeplant werden.

6.5.1 Verifikation basierend auf Sicherheitsanalysen

Sicherheitsanalysen sind prinzipiell nur besondere Methoden zur Verifikation. Besonders die unterschiedlichen Ausprägungen der FMEA-Methoden können die Verifikation von Systemen und Komponenten ergänzen oder unterstützen.

Eine System-FMEA unterstützt in erster Linie die Verifikation der Anforderungen und deren Allokation an Funktionen sowie an logische oder technische Elemente. Eine Design-FMEA hinterfragt die korrekte Auslegung, also das Design oder auch die Realisierung beziehungsweise die Produzierbarkeit. Hier wird meist mit den Designentwürfen begonnen, in den späteren Iterationen wird dann die Realisierung immer mehr eingebunden. Daher unterstützt die Design-FMEA in erster Linie die Designverifikation und wird mit einem Designreview (dies weist auch stark auf die sogenannte Toyota-FMEA hin, DRBFM – Design Review Based on Failure Modes) abgeschlossen. In einer Prozess-FMEA wird allgemein der Industrialisierungs- und Produktionsprozess analysiert, also auch die Produktionsplanung. Formal wäre es aber möglich, jeden beliebigen Prozess mit dieser Methode zu analysieren. In jedem FMEA-Standard gibt es die zusätzliche Anforderung, dass das Ergebnis einer FMEA nochmals hinsichtlich des Ziels der Analyse geprüft werden muss. Ein Review der FMEA ist formal Bestandteil einer jeden FMEA-Methode.

Folgende Verifikationen können durch Sicherheitsanalysen unterstützt werden:

Vollständigkeit der relevanten Sicherheitsziele

In erster Linie werden Sicherheitsziele so formuliert: „Vermeide, dass eine mögliche Fehlfunktion des Fahrzeugsystems zu einer Gefährdung führt.“ Sämtliche Fehlfunktionen können in einer System-FMEA als Fehlerfolge der Systemfehler strukturiert werden, somit kann man sämtliche Fehlerfolgen gegen die definierten Fehlfunktionen, die zu einer Sicherheitszielverletzung führen, abprüfen, sodass man zu einer Vollständigkeitsaussage kommt.

Vollständigkeit der adressierten Elemente, die für eine sicherheitsrelevante Funktion notwendig sind

Diese Analyse basiert auf den Funktionsnetzen der VDA-FMEA. Hier würden jedoch automatisierte Tests in den Architekturtools wesentlich effektiver sein. Diese

Prüfung kann in der horizontalen Abstraktionsebene stattfinden. So wie man eine System-FMEA auf Komponentenebene durchführen wird, kann die Verifikation nach der Methode auf Systemebenen oder auch in den Software- und Hardwarekomponentenebenen stattfinden. Selbst innerhalb von Halbleiterstrukturen ist diese Analyse zu empfehlen. Das Grundprinzip der Analyse ist die Identifizierung der Wirkkette, welche von Robert Lusser bereits vor über 80 Jahren beschrieben wurde. Weiter gibt es eine Methode „FAST, Functional Analysis System Technique", die diese Ableitung von Funktionen auf eine untere Elementstruktur und deren induktive Prüfung beschreibt.

Prüfung, ob eine Funktion in einer unteren horizontalen Ebene vollständig aus einer oberen horizontalen Ebene abgeleitet wurde (Funktionsdekomposition)

Hier bezieht man sich nicht wie in der Analyse zuvor auf die Elemente, die eine Funktion abbilden, sondern auf die Funktion selbst. In einer VDA-FMEA könnte man über die Funktionsnetze wieder prüfen, ob die Funktionen in den Komponenten (SW oder HW) vollständig auf der Systemebene abgebildet sind. Diese Analyse unterstützt auch die Analyse der abhängigen Fehler, da Abhängigkeiten in unteren Ebenen in Bezug zur Abhängigkeit in oberen Ebenen gebracht werden. Dies ist nicht nur für funktionale Abhängigkeiten machbar, auch physikalische Abhängigkeiten (zum Beispiel Temperatureinfluss, EMV) oder Energieabhängigkeiten können so analysiert werden. Auch hier sind die Architekturtools mit entsprechenden Prüfalgorithmen wesentlich besser geeignet als eine VDA-FMEA. Auch diese Prüfung kann in Anlehnung an die Methode „SADT - Structured Analysis Design Technique" zu einer systematischen Funktionszerlegung und deren Nachvollziehbarkeit genutzt werden.

Konsistenzprüfung der Schnittstellen (Produktdekomposition)

In der VDA-FMEA werden durch die Strukturnetze die Schnittstellen für die gesamte Produktstruktur beschrieben. Hier gibt es die Herausforderung, dass funktionale und technische Schnittstellen nicht immer deckungsgleich sind. Das heißt, man kann durch den Vergleich der funktionalen Struktur deren Abhängigkeit und deren Konsistenz bezogen auf die horizontalen Ebenen analysieren. Eine Dekomposition von funktionalen oder logischen Elementen führt zu anderen Schnittstellen als eine Dekomposition von technischen Elementen. Sind Schnittstellen oder Abhängigkeiten im System anders als auf der Komponentenebene, führt dies zu Inkonsistenzen. Auch hier sind Architekturtools und mögliche Prüfroutinen wesentlich effektiver als eine VDA-FMEA.

Vollständigkeit der betrachteten Fehlermöglichkeiten

Insbesondere bei der deduktiven Analyse ist es wichtig, eine gewisse Vollständigkeit der Fehleranalyse zu argumentieren. Natürlich ist jeder gefundene mögliche Fehler gut zur Verbesserung der nichtfunktionalen Eigenschaften eines Produktes, aber für eine Sicherheitsargumentation wird Vollständigkeit gefordert. Daher wird in der VDA-FMEA die Fehleranalyse erst als dritter Schritt nach der Produkt- und Funktionsdekomposition gesehen. Das heißt, für jede Funktion eines Strukturelementes müssen die möglichen Fehlfunktionen ermittelt werden. Für die Verifikation der sicherheitsrelevanten Anforderungen gilt es erstens zu prüfen, ob die möglichen Fehlfunktionen, die zu einem Fehlverhalten der Funktion führen können, vollständig betrachtet wurden. Dies kann man bei einer rein funktionalen Analyse dadurch sicherstellen, dass man sagt, ein Signal kann nicht ankommen oder falsch sein. Somit kommt man mit den beiden Fehlfunktionen „keine Information" oder „falsche Information" bereits zu einer Vollständigkeitsaussage. In den tiefergehenden Analysen kann man die Vollständigkeit der Fehlfunktionen dahingehend prüfen, ob folgende Fehlfunktionen betrachtet wurden:

- keine Funktion,
- unerwartete Funktion (übersprechen von anderen Systemen),
- systematisch verfälschte Funktion oder Informationen (zum Beispiel Signaldrift),
- sporadisch oder unerwartet falsche Funktion oder Informationen,
- Modul oder Element wurde nicht ausgeführt, adressiert oder betrachtet,
- Funktion oder Element verläuft nicht kontinuierlich oder wird nicht kontinuierlich berücksichtigt (kein unterbrechungsfreier Betrieb, Oszillationen),
- falsches Zeitverhalten.

Diese Fragen bilden meist den Kontext für die deduktiven Methoden, wie HAZOP und Fehlerbaumanalyse. Im Wesentlichen bilden sie auch die Fehlfunktionen in den Tabellen von Teils 5, Anhang D der ISO 26262 ab, die die Grundlage für die Diagnosedeckung darstellen. Diese Betrachtungen sind meist kontextabhängig sowie abhängig von den Anforderungen, die an die Funktionen gestellt sind. Daher wird in dieser Tiefe nicht mehr nur die Architektur analysiert, sondern das Design und die Realisierung. Somit sind diese Analysen oft Bestandteil der Design-FMEAs und im Wesentlichen unterstützen diese Prüfungen die Anforderungsverifikation.

Vollständigkeit der betrachteten Einfachfehler

Dies ist die klassische Domäne der FMEA, hier werden alle möglichen Fehlfunktionen einer entsprechenden Ebene darauf geprüft, ob sie zu einem Sicherheitsziel propagieren können.

Vollständige Betrachtung von Doppelfehlern

Mehrfachfehler bilden immer hohe Permutationen bezogen auf ihre Einflussfaktoren, daher wird bei einfachen Systemen bereits eine Mehrfachfehleranalyse zur Herausforderung. Baut man aber Sicherheitsmechanismen in Form von Barrieren auf, die eine Fehlerpropagation verhindern sollen, so sind Durchbrüche durch Barrieren, die direkt unter dem Sicherheitsziel angeordnet sind, wie Einfachfehler zu betrachteten. Muss man Mehrfachfehlersicherheit wie bei ASIL-C- und ASIL-D-Systemen aufzeigen, wird man über eine einzelne Analyse nicht zum Ziel kommen. In der ISO 262626 wird die Möglichkeit eingeräumt, dass man Fehler eines Sicherheitsmechanismus als Doppelfehler ansehen kann, wenn der Fehler des Sicherheitsmechanismus selbst kein Sicherheitsziel verletzen kann. Das heißt, man untersucht die Fehler der Sicherheitsmechanismen zweimal, einmal bezüglich ihrer Verletzung des Sicherheitsziels selbst und dann bezüglich ihres Potentials, das zum Versagen des Sicherheitsmechanismus führen kann. Somit ist auch eine gewisse Vollständigkeit der Betrachtung der relevanten Doppelfehler argumentierbar.

Korrektheit des Sicherheitsziels selbst

Dies ist nur möglich bezüglich vorab definierter Gefahren, die als vollständig und korrekt angesehen werden. Es geht nunmehr in die Domäne der Ereignisbaumanalyse, es kann jedoch geprüft werden, welche Fehlfunktionen der Sicherheitsziele in welchen Situationen zu welchen Gefahren führen. Ein weiterer offener Punkt ist, wie man die Vollständigkeit der zu betrachtenden Fahrsituationen und deren Kombinatorik im Verhältnis zu den Gefahren oder Fehlfunktionen argumentieren kann. Gibt es jedoch Fehler oder Fehlerursachen, die auch zu einem Verhalten führen, welches als Fehlereffekt nicht betrachtet wurde, sollte geprüft werden, ob aus diesem Fehlereffekt keine Gefährdung oder gefährliche Situation bei den verschiedenen Umgangsszenarien entstehen kann.

6.5.2 Testmethoden

Die Ziele des Teils 4, Kapitel 8 wurden bereits bei der Planung der Architektur diskutiert.

Die Integrations- und Testphasen bestehen aus drei Phasen und zwei vorrangigen Zielen: Die erste Phase ist die Integration der Hardware und Software von jedem Element, aus dem das Fahrzeugsystem besteht. Die zweite Phase ist die Integration der Elemente eines vollständigen Systems, welche das Fahrzeugsystem bilden. Die dritte Phase ist die Integration des Fahrzeugsystems mit anderen Systemen des Fahrzeugs und deren Integration in das Fahrzeug selbst. Diese Ebenen können zur Reduzierung der Komplexität, aber auch wegen organisatorischen Schnittstellen beliebig erweitert werden.

Daraus entstanden drei horizontale Systemebenen, in denen Elemente hierarchisch bis zur Fahrzeugintegration integriert werden. Mit der Methode, wie diese Integration erfolgen soll, stehen dann diese beiden Ziele im Zusammenhang:

Das erste Ziel des jeweiligen Integrationsprozesses ist die Erfüllung jeder Anforderung gemäß ihrer Spezifikation für den jeweiligen Betrachtungsumfang (in ISO 26262 das „ITEM") und der ASIL-Klassifikation.

Das zweite Ziel ist die Verifikation, dass das Systemdesign die Sicherheitsanforderungen korrekt für das gesamte Fahrzeugsystem (also gemäß ITEM-Definition) abdeckt.

Die Norm gibt hier den Hinweis, dass alle Anforderungen umgesetzt sein müssen und die Verifikation final das Design des gesamten Fahrzeugsystems abdecken muss. Um die korrekte Integration zu zeigen, schreibt die ISO 26262 die Methode des Tests vor. Das heißt, eine reine Modellintegration ist nicht hinreichend, bestimmte Tests müssen die korrekte Implementierung des Systemdesigns gemäß den Anforderungen nachweisen. Wesentlich ist, dass während der Anforderungsentwicklung bereits die notwendigen inneren und äußeren Schnittstellen spezifiziert wurden.

Da es sich bei einem System gemäß ISO 26262 um ein hierarchisch gegliedertes System handeln muss, ergeben sich zwei grundsätzliche Arten von Tests:

- Elementtests,
- Integrationstests.

In vielen Standards geht man davon aus, dass bei Integrationstests vorab verifizierte Elemente mit eindeutig spezifizierten und verifizierten Schnittstellen den Testgegenstand ergeben. Hier wurde bisher nur die ISO 26262 für das System zitiert, im Prinzip gilt das hierarchische Design auch für die Software- und Hardwarekomponenten. Daher kann man die Methoden für Element- und Integrationstests weitgehend unabhängig von den horizontalen Ebenen, auf denen sie angewendet werden, beschreiben. Die ISO 26262 empfiehlt beziehungsweise fordert bereits bei der Anforderungsentwicklung, aber spätestens bei deren Verifikation, die Planung beziehungsweise die Testbarkeit der korrekten Implementierung durch die Realisierung der Anforderungen zu prüfen. Das heißt, wenn man eine Anforderung entwickelt, muss man bereits ein Konzept haben, wie man am realisierten Produkt die korrekte Umsetzung der Anforderungen nachweisen kann. Würde man die Testplanung zu einem späteren Zeitpunkt in der Entwicklung beginnen, so könnte man systematisch wohl eine Änderung der entwickelten Anforderungen hervorrufen. Solche Schlagworte, wie „Design2Test", DoE (Design of Experiment), anforderungsbasierendes Testmanagement oder risikobasierendes Testen, beschreiben mögliche Testmethoden.

6.5.3 Integration technischer Elemente

Die verschiedenen Stufen der Integration dienen zum Verifizieren der Schnittstellen der relevanten Elemente. Die Grundlage dazu bilden wieder die typischen Verifikationskriterien für die Schnittstellen. Es wird geprüft, ob die Schnittstellen vollständig, konsistent, korrekt und hinreichend für den Sicherheitsnachweis nachvollziehbar realisiert wurden.

Neben den Komponenten aus Software, Elektronikhardware und den Komponenten andere Technologie gibt es noch drei weitere Gruppen von Elementen oder Komponenten, die in ein sicherheitsrelevantes Fahrzeugsystem integriert werden müssen, ohne dass sie nach dem Standard ISO 26262 entwickelt wurden. Die Herausforderung besteht darin, die Schnittstellen zur Integration und ihre Fehlerpropagation an diesen Schnittstellen hinreichend korrekt beschreiben zu können. Auch für Komponenten, die außerhalb des Kontexts der Norm oder des jeweiligen Fahrzeugsystems entwickelt worden sind, besteht dieses Schnittstellenrisiko. Sämtliche Design- und Architekturannahmen müssen harmonisiert werden, damit die Fehlerpropagation dieser Komponenten zu den Sicherheitszielen bewertet werden kann. Ein prägnantes Beispiel für die Herausforderung ist ein Mikrocontroller, der vielleicht für ein System, welches energielos immer den sicheren Zustand erreicht, nun für ein System eingesetzt wird, bei dem Verfügbarkeit auch eine Sicherheitsanforderung darstellt. In der ISO 26262 findet man folgende Klassen von Elementen, die unterschiedliche Anforderungen an die Integration solcher Elemente stellen.

Sicherheitselement, das außerhalb des Scopes des Fahrzeugsystems entwickelt wird (SEooC, Safety Element out of Context)

Hierunter fallen fast alle Elemente und Komponenten, die in ein Fahrzeug integriert werden. Grundsätzlich ist eine Fahrzeugplattform-Entwicklung, wie sie heute durch VW MQB (Modularer Querbaukasten) realisiert wird, auch eine SEooC-Entwicklung. Wesentliche Parameter für die Lenkungs- und Bremssystemauslegung und auch für den Antrieb basieren auf Annahmen, die dann für das konkrete Fahrzeug überprüft und angepasst werden müssen. Die ISO 26262 sieht vom Mikrocontroller über Software-Komponenten bis hin zu Bremssystemen als SEooC verschiedene Beispiele für ein SEooC vor. Es werden selten bestimmte Fahrzeuge mit bestimmten Fahrdynamikkenndaten entwickelt, sondern historisch gemäß den Marktanforderungen diese evolutionär kontinuierlich angepasst. Dies ist auf der einen Seite ein Vorteil der neuen Marktteilnehmer, andererseits eine große Hürde.

- Zum einen muss der etablierte Fahrzeughersteller für alle Systeme und deren Schnittstelle die Historie bedienen und will auch nicht bei einer Neuauflage von einem Fahrzeug alle Eigenschaften und Fahrzeugsysteme neu zulassen. Dies erkauft er sich mit vielen Abhängigkeiten insbesondere im Bordnetz, die in der Zukunft nicht erwünscht sind, aber zu massiven Kaskaden führen.
- Zum anderen ist der neue Fahrzeughersteller in der Situation, dass er die Probleme der etablierten Hersteller ja nicht auf dem Silbertablett serviert bekommt und diese erst am Ende seiner Fahrzeugentwicklung erkennt.

In anderen Branchen sind deswegen viele Schnittstellen auch als elektrische Schnittstellen normiert. Das ist insbesondere bei elektrischen Schnittstellen in der Auto-

- englisch „valid" wird im Deutschen oft mit „gültig sein" übersetzt,
- Validation ist eine Methode zur Kommunikation mit Demenzpatienten,
- Validierung: Nachweis, dass ein Prozess, ein System und/oder die Produktion eines Wirkstoffes reproduzierbar die Anforderungen im praktischen Einsatz erfüllen,
- Validierung bei einem Halbleiter sagt aus, dass der Halbleiter gemäß Spezifikation produziert werden kann,
- Validierung: externe Prüfung von Großprojekten und deren Nachhaltigkeitsberichten,
- Validierung in der Informatik stellt den Nachweis dar, dass ein System die Anforderungen in der Praxis erfüllt,
- Validation bezeichnet eine Methode oder ein Programm, welches die Überprüfung gegenüber einem Standard bestätigen soll,
- Validierung oder Prüfung der Gültigkeit von Werten in der Statistik oder deren Plausibilität,
- Methodenvalidierung weist nach, dass eine analytische Methode für ihren Einsatzzweck geeignet ist,
- Validierung beschreibt oft einen statistischen Nachweis,
- Validierung von Bildungsleistung.

Modellvalidierung soll zeigen, dass bei einer Implementierung des Modells durch das entstandene System die Realität ausreichend genau wiedergegeben wird.

Die hier adressierten Interpretationen stellen auch alle Aspekte dar, die in der Funktionssicherheit eine Rolle spielen. Durch diesen Facettenreichtum des Begriffes war es jedoch schwierig, eine Definition des allgemeinen Validationsbegriffes zu finden. Somit hat man in der ISO 26262 den Begriff wesentlich enger gefasst. Alle anderen Validierungsaspekte wurden mit Verifikation oder Analyse umschrieben.

In Teil 4 der ISO 26262 werden die Ziele der Sicherheitsvalidierung wie folgt beschrieben:

- Das erste Ziel ist aufzuzeigen, dass die Sicherheitsziele erfüllt werden und dass das funktionale Sicherheitskonzept angemessen ist, um die Funktionssicherheit des Fahrzeugsystems zu erlangen.
- Das zweite Ziel ist aufzuzeigen, dass die Sicherheitsziele korrekt, vollständig und umfassend auf der Fahrzeugebene erreicht werden.

Hier in der Übersetzung wird der Begriff „aufzeigen" verwendet, weil der Nachweis als solcher formal im Sicherheitsnachweis erbracht wird.

Weiter wird in der Norm Folgendes beschrieben:

> *Die vorgelagerten Verifikationsaktivitäten (wie Designverifikation, Sicherheitsanalysen, Hardware-, Software- und Fahrzeugsystemintegrationen und Tests) dienen dem Zweck, dass die Ergebnisse der jeweiligen Aktivitäten die spezifizierten Anfor-*

derungen erfüllen. Die Validierung des integrierten Fahrzeugsystems soll die Angemessenheit für die beabsichtigte Verwendung und die Sicherheitsmaßnahmen für eine Fahrzeugklasse oder ein Fahrzeug aufzeigen. Die Sicherheitsvalidierung bietet die Sicherheit auf Basis von Untersuchungen und Tests, dass die Sicherheitsziele ausreichend abgedeckt sind.

Das heißt, alle Verifikationen sind Eingangsbestätigungen, dass alle relevanten Anforderungen und Spezifikationen korrekt für ein bestimmtes Fahrzeugsystem in einem bestimmten Fahrzeug oder einer Fahrzeugklasse umgesetzt sind. Die Validierung selbst basiert wiederum auf darauf aufbauenden Untersuchungen und Tests.

Validierungskriterien

In der ISO 26262 wird der Begriff der Sicherheitsvalidierung sehr eng um die Sicherheitsziele und den Scope der Norm gefasst. Schaut man nach üblichen Validierungskriterien und wie dort

- Fehler von EE-Systemen (Scope der ISO 26262),
- Fehler von Nicht-EE-Komponenten/Systemen, etc.,
- Fehler durch Interaktionen mit Systemen außerhalb des Betrachtungsumfangs

hinreichend vermieden oder beherrscht werden, ist man noch weitgehend im erweiterten Scope der ISO 26262.

Folgende Validierungskriterien leiten sich aus anderen Sicherheitsdomänen ab und werden nicht unbedingt in Beziehung zum Scope der Norm gesehen, oder es wird bei ihnen die Aussage getroffen, dass sie ohnehin durch ein ordentliches Qualitätsmanagementsystem bereits gefordert werden:

Gebrauch

- Gebrauchssicherheit, wie die Fähigkeit des Fahrers oder anderer Personen im Umgang mit und bei der Handhabung von fahrzeugspezifischen Funktionen und Eigenschaften
- vorhersehbarer Missbrauch
- aktiver Missbrauch (auch Security); Datensicherheit ist nur ein Aspekt hiervon; dies öffnet natürlich ein sehr weites Feld
- unsachgemäßer Gebrauch

Aktive Schutzfunktionen

- gesetzlich geforderte, wie ABS, Airbag etc.
- Schutzfunktionen aus NCAP oder anderen Quellen zum Stand von Wissenschaft und Technik

Unzureichende Performance oder unzureichende oder fehlende Funktionalität

- in der Aktuatorik
- in der Systemleistung
- in der Sensorik

- in der Algorithmik
- nicht geeignete Prozessinterfaces

Unzureichende Verfügbarkeit

- Nominal-Funktion (Bremsen, Lenken etc.)
- von Systemen, Sensoren, Aktuator etc.
- bedingt durch System, logische Zustände, Betriebszustand, Verkehrssituation etc.
- EE-Architektur (Hochvolt, Niedervolt, Kommunikation etc.), auch Geometrie, falsche Verbauung im Fahrzeug oder fehlerhafte Integration

Umgebungs- und Umfeldeinflüsse

- EMV, Überspannung, Ströme, Temperatur, Blitz etc.
- Störungen von Sensorik
- unerwarteter Systemeinfluss, unerwartete Kombinatorik von Events, Zustände etc.

Zeitliche Kriterien

- unzulängliche Systemreaktionsfähigkeit
- nicht rechtzeitige Aktion oder Informationserfassung etc.

All diese Kriterien mögen in vielen Fällen auch überlappend sein und bei verschiedenen Risiken nochmals durch den Kontext zu ganz anderen Aspekten führen. Betrachtet man die Kriterien unter dem Aspekt der Security oder eines Crash, werden die relevanten Parameter nochmals eine ganz andere Ausprägung bekommen.

6.7 Freigaben

Freigaben werden bereits in der ISO 9000 und damit auch in der ISO TS 16949 adressiert.

Aus der ISO 9001:2008, Kapitel 7.3.3 „Entwicklungsergebnisse“:

> *Die Entwicklungsergebnisse müssen eine Form haben, die für die Verifizierung gegenüber den Entwicklungseingaben geeignet ist, und vor der Freigabe genehmigt werden.*

Auch der Begriff „Produktfreigabe“ wird in unterschiedlichen Bezügen verwendet. Das heißt, dass bestimmte Aktivitäten sowie das Produkt einer Freigabe bedürfen. Wie eine solche Freigabe erfolgen soll, lässt die ISO 9001 offen. Es ist wiederum Aufgabe des jeweiligen Managementsystems, die Art und Weise, wie eine solche Freigabe durchgeführt wird und was Gegenstand der jeweiligen Freigaben ist, zu definieren.

Dokumentierte Freigaben verlangen von dem Freigebenden, dass er sich der Korrektheit und Angemessenheit der relevanten Aktivitäten und der erreichten Eigenschaften vergewissert hat und bestätigt, dass diese eingehalten werden. Das setzt voraus, dass er die hinreichende Kompetenz für diese Freigabe hat. Führt eine fahrlässig oder gar grob fahrlässig durchgeführte Freigabe zu einer Schädigung oder einer Gefährdung, so kann es sein, dass der Gesetzgeber oder auch Versicherungen aktiv werden. Was eine Fahrlässigkeit oder eine grobe Fahrlässigkeit im Einzelfall für rechtliche Folgen für das Unternehmen oder auch die Einzelperson selber haben kann, sollte hier nicht diskutiert werden. Hier sollte nur darauf aufmerksam gemacht werden, dass es weitergehende Regularien und Gesetze gibt, insbesondere, wenn es sich bei der Freigabe um eine eindeutig gekennzeichnete Sicherheitsaktivität beziehungsweise um ein sicherheitsrelevantes Produkt handelt.

6.7.1 Prozessfreigaben

In vielen APQP-Standards wird zuerst das Produkt und dann der Prozess freigegeben. Dies baut auf der Vermutung auf: Wenn das Produkt den Anforderungen und Zielen entspricht, dann kann der Prozess nicht vollkommen falsch gewesen sein. Wird der Prozess zuerst freigegeben, dann handelt es sich weitgehend um die Produktionsprozessfreigabe, die dann die Voraussetzung für ein marktgerechtes Produzieren des Produktes ist. Weiter vermutet man, dass, wenn der Prozess gut abgelaufen ist, auch das Produkt eine entsprechende Qualität vorweist. Dies kann im Einzelnen zu gewaltigen Irrtümern führen.

Daher schlägt der VDA in seinem Band eine Prozess-, Produkt- und Projektfreigabe vor.

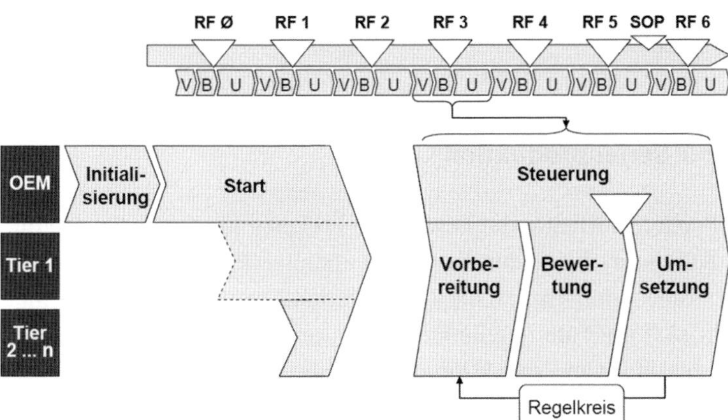

Bild 6.30 Phasenmodell der Reifegradabsicherung aus VDA-Band (Quelle: VDA-Band „Reifegradabsicherung für Neuteile")

Dies zeigt die entsprechende Reifegradabhängigkeit bei mehrstufigen Lieferketten.

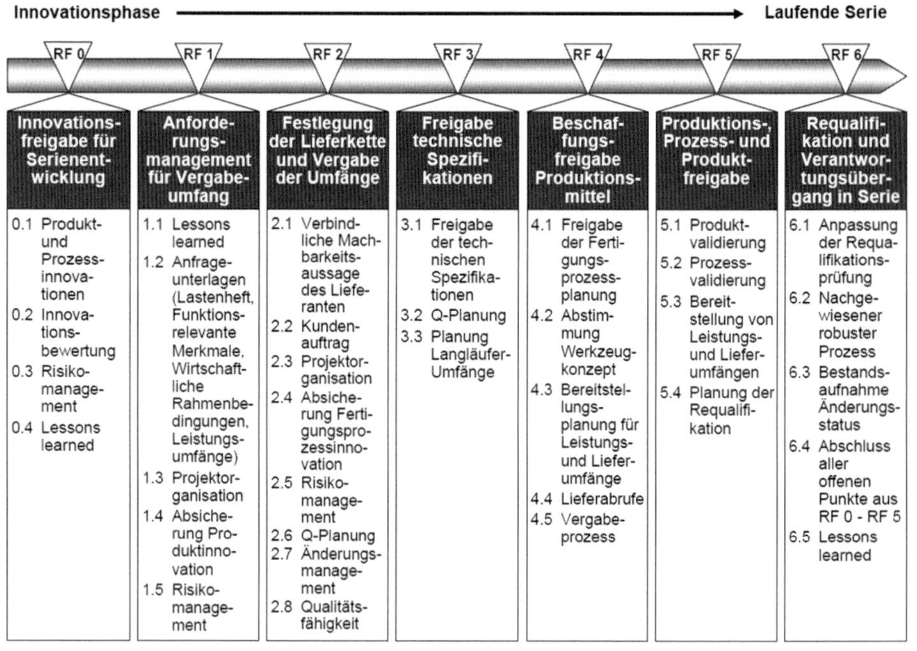

Bild 6.31 Übersicht über die Reifegradinhalte RF 0 bis RF 6 und deren Reichweite (Quelle: VDA-Band „Reifegradabsicherung für Neuteile“)

Man sieht hier Arbeitsergebnisse und Meilensteine für die Lieferkette und die Projekte und Produkte, die die Lieferkette stützen.

Diese Meilensteinkonzepte und deren Prozessabsicherung dienen in erster Linie der Früherkennung von Projektrisiken, wobei Sicherheitsmängel am Produkt eines dieser Risiken sind.

6.7.2 Freigabe zur Serienproduktion

Gemäß allen APQP- oder PPAP-Standards wird die Freigabe für die Serienproduktion, auch an die Zulieferer, durch den Fahrzeughersteller oder den Verantwortlichen in der darüberliegenden Hierarchie der Lieferkette gegeben. Aber in allen Standards behalten sich die Fahrzeughersteller vor, auch bei Sublieferanten von Lieferanten die Korrektheit von Produktion und Produkt prüfen zu können.

Die ISO 26262:2018 hat einige Ergänzungen zu diesem Prozess formuliert und diesen nun in Teil 2 der Norm aufgenommen. Die Norm versteht den Prozess wie folgt:

Freigabe zur Produktion

Ziel von diesem Kapitel ist es, die Freigabekriterien zur Produktion nach Fertigstellung der Fahrzeugsystementwicklung zu spezifizieren. Die Freigabe zur Produktion bestätigt, dass das Fahrzeugsystem die Anforderungen zur Funktionalen Sicherheit auf der Fahrzeugebene erfüllt.

Die Freigabe zur Produktion bestätigt, dass das Fahrzeugsystem für eine Serienproduktion und einen Serienbetrieb geeignet ist.

Das Vertrauen in eine Serienentwicklung folgt aus

- der vollständigen Verifikation und Validierung von Hardware, Software, System, Fahrzeugsystem und der Fahrzeugebene und
- einem allumfassenden erfolgreichen Assessment der funktionalen Sicherheit.

Diese Freigabedokumentation bildet die Basis für die Produktion von Komponenten, Systemen oder Fahrzeugen. Die Freigabe sollte von einer Person unterschrieben werden, die für diese Freigabe verantwortlich ist.

Besonders die letzte Anforderung, dass eine solche Freigabe von Personen unterschrieben werden soll, ist zwar üblich in der Automobilindustrie. Ein Produkthaftungsanwalt würde der Person jedoch nicht uneingeschränkt raten, eine solche Freigabe zu unterschreiben.

6.8 Bestätigung der funktionalen Sicherheit

Die ISO 26262 sieht drei Maßnahmen vor, die zur Erfüllung der Anforderungen zur funktionalen Sicherheit im Scope der ISO 26262 für ein Produkt notwendig sind (aus ISO, Teil 2-6.2, General):

- Prüfung (und Bewertung) der Implementierung der notwendigen Prozessaktivitäten zur Erlangung der Funktionssicherheit (Functional Safety Audit),
- Prüfung der relevanten Arbeitsergebnisse bezüglich Einhaltung der ISO-26262-Anforderungen (Confirmation Reviews),
- Beurteilung, ob die Funktionssicherheit für das Fahrzeugsystem erreicht wird.

Die ISO 26262:2011 benutzt die englischen Worte „evaluate“ im Zusammenhang mit Functional Safety Audit und Functional Safety Assessment und „check“ für die Confirmation Reviews. Den Bewertungscharakter bei den Functional Safety Audits würde man darin sehen, dass die Sicherheitsaktivitäten wie geplant durchgeführt wurden.

Die Norm verlangt nur eine Beurteilung, ob die Funktionssicherheit für das gesamte Fahrzeugsystem gemäß den gegebenen Sicherheitszielen erreicht wurde. Eine Teilbeurteilung von Elementen (Systeme, die kein Fahrzeugsystem bilden,

Komponenten oder Bauelemente, z. B. Mikrocontroller) kann auch in ihren Systemgrenzen bezüglich der funktionalen Sicherheit erfolgen. Man wird hier jedoch nicht die Angemessenheit oder vollständige Erfüllung der Sicherheitsziele für ein konkretes Fahrzeug beurteilen können. Die ISO 26262 empfiehlt eine entwicklungsbegleitende Bewertung der funktionalen Sicherheit.

Nach der Aufzählung der drei Bestätigungsmaßnahmen wird ergänzt, dass zusätzlich Reviews zur Verifizierung durchgeführt werden sollen. Diese Reviews, die in anderen Teilen der Norm gefordert werden, sollen verifizieren, dass die relevanten Arbeitsprodukte die Projektanforderungen erfüllen und die technischen Anforderungen die Anwendungsfälle und Fehlermodi hinreichend berücksichtigen.

Allgemein wird man nie beschreiben können, welche Sicherheitsaktivitäten für welche Risiken geeignet sind. Auf jeden Fall war es nicht Ziel der ISO 26262, konkrete Sicherheitsmaßnahmen für bestimmte Fehlerszenarien normativ vorzugeben. Daher wird man jedoch auch nicht allgemein sagen können, welche Bestätigungsmaßnahmen für welche Sicherheitsaktivität notwendig oder geeignet sind. Die Bestätigungsmaßnahmen müssen auf Basis des Sicherheitskonzeptes geplant werden.

In dem weiteren Kapitel werden Beispiele genannt, wie man eine sinnvolle Planung der Bestätigungsmaßnahmen vorsehen kann.

6.8.1 Reviews zur Bestätigung der Normerfüllung

In der Überarbeitung der ISO 26262:2018 werden zu den Reviews zur Normerfüllung, den sogenannten „Confirmation Reviews“, hier insbesondere Aspekte hinzugefügt wie der, dass qualifizierte Personen diesen Prozess planen und durchführen sollen.

Die Kernaufgabe bleibt, dass die Konsistenz und Normerfüllung gegenüber der ISO 26262 gewährleistet werden soll und dass dies aus den Arbeitsergebnissen hervorgeht. Es wird auch immer wieder auf die Verifikation gemäß Teil 8 verwiesen, die Konsistenz, Korrektheit und Vollständigkeit der wesentlichen Arbeitsergebnisse zeigen soll. Wesentlich wäre jedoch eine Konsistenzprüfung aller Arbeitsergebnisse, wie es später für den Sicherheitsnachweis (Safety Case) gefordert wäre. Die Tabellen rufen die Bestätigungsreviews nach den wichtigen Arbeitsergebnissen auf:

- Gefahren- und Risikoanalyse,
- Projektsicherheitsplan,
- Fahrzeugsystemintegration und Testpläne,
- Validierungsplan,
- Sicherheitsanalysen,
- Tool-Qualifizierung,
- Argumentation zur Betriebsbewährtheit (Proven-in-Use, PIU),
- Vollständigkeit des Sicherheitsnachweises.

Je nach Bedarf und Scope müssen auch die Definition des Fahrzeugsystems, das funktionale Sicherheitskonzept, die Komponentenintegrationen und deren Tests, die Sicherheitsvalidierung und die Qualifikationen von Hard- und Softwarekomponenten nicht einem Bestätigungsreview unterzogen werden.

Da die Bestätigungsreviews zwischen den Verifikationen und der Beurteilung der funktionalen Sicherheit platziert sind, wäre es empfehlenswert, diese Aktivitäten so gut wie möglich zu kombinieren. Da man bei den Verifikationen die notwendige Unabhängigkeit schon durch eine andere Person erreichen kann, sollten alle Inhalte, die spezifisches Fachpersonal verlangen, über Verifikationen eingeplant werden. Über die Bestätigungsreviews würde man dann mangelnde Unabhängigkeit gegenüber der Norm ergänzend prüfen. Wird durch die sinnvolle Kombination von Bestätigungsreviews und Verifikationen eine fachlich hinreichende Prüfung auf Konsistenz, Vollständigkeit, Nachvollziehbarkeit und Korrektheit festgestellt, würde man durch eine gestufte Vorgehensweise wesentlichen Input für die Sicherheitsbeurteilung liefern. Geht man mit den Bestätigungsreviews bis zur Fertigstellung des Sicherheitsnachweises, wäre das finale Assessment zur funktionalen Sicherheit eine Prüfung. Diese ergänzt den Sicherheitsnachweis, die Sicherheitsvalidierung und die Feststellung der Angemessenheit der Sicherheitsziele und deren Erreichen zur Bestätigung der funktionalen Sicherheit für das Fahrzeugsystem.

6.8.2 Prozessanalyse zur funktionalen Sicherheit

Die Beziehungen von CMMi Appraisal und Assessment zu Automotive SPICE werden immer in diesem Zusammenhang erwähnt, wobei es hier im Rahmen der ISO 26262 nicht um die Ermittlung von Prozessverbesserungspotential geht. Ob die Sicherheitsaktivitäten angemessen zur Sicherheitszielerreichung sind, wird im Assessment zur funktionalen Sicherheit bewertet. Das heißt auch: Um den Sicherheitslebenszyklus gemäß dem vereinbarten Sicherheitskonzept zuzuschneidern (tailoring), braucht es keinen SPICE-Assessor, sondern mehr einen Sicherheitsspezialisten. Das heißt nicht, dass man nicht auch über den Prozess gewisse Sicherheitsaspekte argumentieren kann, sollte oder darf. Dies ist besonders beim Anpassen der Aktivitäten wegen bestimmter Werkzeuge oft der Fall oder als verschlankter Prozess beim Applizieren oder der Entwicklung von Varianten eine sinnvolle Vorgehensweise. Dazu muss ein solcher Sicherheitsprozess (auch als Sicherheitshandbuch) jedoch in der Konzeptphase auch entsprechend geplant werden. Zur Planung eines solchen Prozesses ist wiederum ein Sicherheitsspezialist notwendig.

Der Sicherheitsprozess muss sehr eng an die Aufgabenstellung, die Sicherheitsziele und die Sicherheitskonzepte angepasst werden, da man ansonsten aus den unterschiedlichen Aktivitäten nicht die notwendigen Arbeitsergebnisse für den Sicherheitsnachweis erhält. In einem Projektsicherheitsplan werden nicht nur die

Ziele der Aktivitäten beschrieben, sondern auch die Ziele für die einzelnen Methoden. Somit kann zum Beispiel eine Fehlerbaumanalyse zur Anforderungsanalyse, zur Identifizierung der Cutsets, zur Definition der Sicherheitsarchitektur oder zur Identifizierung von Fehlern gemeinsamer Ursache dienen. Selbst bei demselben Produkt würde der Fehlerbaum, je nach Zielsetzung und danach, welche Anforderungen der ISO 26262 man zu erfüllen beabsichtigt, sehr unterschiedlich aussehen. Diese Art von Prozessanalyse basiert auf vielen einzelnen Aktivitäten, die hervorgehend aus der ISO/IEC12207 auch in SPICE oder CMMi abgewandelt wurden. Aber die Strategie oder die Zielsetzung besteht darin, den Sicherheitsnachweis bezogen auf korrekte Sicherheitsziele zu führen.

6.8.3 Verifikation der Sicherheitsaktivitäten

Die ISO 26262 stellt wenige Anforderungen an den Prozess. Leider sind die Bestätigungsmaßnahmen in der Norm sehr unpräzise beschrieben worden, sodass die Verifikation der Sicherheitsaktivitäten, die sich durch die Verschachtelung der Arbeitsergebnisse zwar ergeben kann, nie beschrieben wurde. Nur bei der Tool-Sicherheitsanalyse findet man einen Hinweis, dass der Prozess, der der ISO 26262 zugrunde liegt, in sich sicher sein sollte. Da es die Norm nie entsprechend beschrieben hat, kann man bei der Projektplanung leider diese Ketten zerstören.

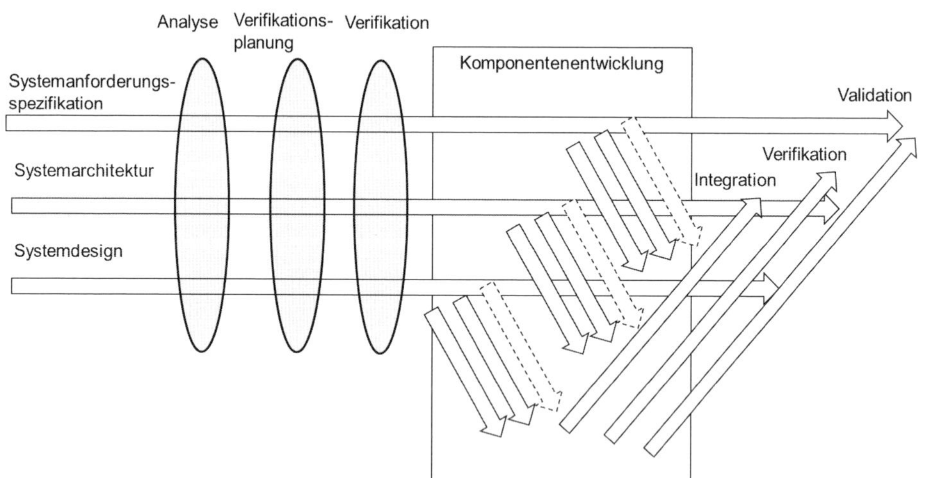

Bild 6.32 Prozessverifikation in Anlehnung an die ISO 26262

Diese Muster für die Prozessstruktur der ISO 26262 ziehen sich weitgehend durch die gesamten Anforderungen der Norm. Den Prozess könnte man auch um den Problemlösungs- und Änderungsprozess, das Konfigurations- und Dokumentationsmanagement sowie den Variantenmanagementprozess erweitern. Grundsätzlich wird die Verifikation an allen horizontalen Schnittstellen aufgerufen. Oben ist das Beispiel für die System-Komponentenschnittstelle dargestellt. Aber auch zwischen funktionalem Sicherheitskonzept und technischem Sicherheitskonzept soll genauso verifiziert werden wie an den horizontalen Architekturschnittstellen in den Komponenten. Bei mehreren horizontalen Systemebenen wird die Verifikation nach jeder Schnittstelle aufgerufen. Der Vorteil und damit die Sicherheit entstehen dadurch, dass die Arbeitsergebnisse nach der Verifikation wieder Input für die nächste Phase sind. Das heißt, wenn man zum Beispiel die Systemarchitektur inklusive der allokierten Anforderungen verifiziert und in einer weiteren Verifikation später das Systemdesign auf Basis der vorherigen Anforderungen und Architekturen verifiziert wird, entsteht eine Schleife. Das bedeutet, man prüft den Input von allen Aktivitäten gegen den entstandenen Output der Aktivitäten. Die Verifikation läuft aber prozesstechnisch parallel mit, somit werden Anforderungen, Architektur und Design kontinuierlich überprüft, und zwar gegen den Output aus Anforderungen, Architektur und Design der vorherigen Phase. Somit würde jeder Prozessfehler bei der Verifikation durch den Vergleich des vorliegenden Outputs gegen den jeweiligen Input aufgedeckt werden müssen. Eine Grundanforderung nicht nur für Sicherheitsanforderungen heißt, dass der Output auf Basis des definierten Inputs reproduzierbar generiert werden muss. Da man bei jeder Verifikation auch noch die Konsistenz, Vollständigkeit und Korrektheit feststellen muss, wird man auch durch diese Prüfung Prozessfehler bei Anforderungs-, Architektur- oder Designentwicklung aufdecken können. Hat man diese Prozessfehler bei der Verifikationsplanung nicht berücksichtigt, dann ist die Aussage, dass der Prozess der ISO 26262 in sich sicher ist, nicht haltbar. Ursprünglich wurden diese Aspekte einmal in den Reviews zur funktionalen Sicherheit (Funktional Safety Reviews) beschrieben. Bei der Umbenennung in die Bestätigungsreviews (Confirmation Reviews) in der späteren endgültigen Form ging leider viel von diesen Aspekten verloren. Da systematische Fehler, die durch Prozessfehler, Toolfehler oder auch menschliche Irrtümer verursacht werden, zu Inkonsistenzen führen können, sollten diese bei gut geplanten Verifikationen entdeckbar sein. Da die Idee der Entwicklungsprozesse aus den Produktionsprozessen abgeleitet wurde, findet man dort auch gute Beispiele für die Prozessverifikation. In der Produktionstechnik nennt man eine solche Prozessverifikation ein Verriegelungskonzept. Hier weist man nach, dass selbst bei inkorrektem Input der Produktionsprozess in der Lage ist, diese Fehler durch die Produktionsüberwachung aufzudecken. Auch hier wird das Produkt durch die Verifikation nicht verändert. Die Veränderung entsteht z. B. durch eine Nachbehandlung oder es werden fehlerhafte Teile aussortiert. Das nachbehandelte Teil muss jedoch wieder die Verifikationsstelle passieren, bevor es weiterbearbeitet werden darf. In der Produktionstechnik gilt die Maxime, je früher man eine Inkonsistenz entdeckt, umso kostengünstiger ist die Nachbehandlung. Auch diese Maßnahme kann man sehr gut auf die Entwicklungsprozesse übertragen. In der ISO 26262 gibt es ein Kapitel in Teil 8, welches sich mit der Tool-Qualifikation beschäftigt. Da es derzeit noch wenige Tools gibt, die danach entsprechend qualifiziert sind oder, wenn sie qualifiziert sind, so angewendet werden, sollten die Verifikationen entsprechend geplant werden. Das heißt, wenn die Aktivitäten, die durch Tools gestützt werden, sicherheitsrelevante Produkteinflüsse hervorheben können, dann sollten die Verifikationen zu Inkonsistenzen führen. Rein von der Methodik her sind sich Prozess- und System-FMEAs sehr ähnlich. Sprich, interpretiert man die System-FMEA so, dass sich systematische Fehler auf die Funktionen des Produkts auswirken können, so sind gegen deren Ursachen Maßnahmen zu ergreifen. Bei einer möglichen Fehlfunktion in der Prozess-FMEA führt man eine Überprüfung an der Produktionslinie ein, bei der System-FMEA wäre es ein Sicherheitsmechanismus. Ob man bei jedem möglichen systematischen Fehler, der sich auf ein Fehlverhalten des Produktes oder auf wichtige Eigenschaften des Produktes auswirken kann, mit Sicherheitsmechanismen kompensieren muss, geben die FMEA-Methoden oder die ISO 26262 weitgehend in den weiteren Anforderungen vor. Die ISO 26262 hat an zwei Stellen solche Verifikationen nicht erwähnt. Die erste Verifikation, die dringend empfohlen werden sollte, ist die Prüfung der Zielfunktion als beabsichtigte Funktion, die als Grundlage für das Fahrzeugsystem gilt. Diese Prüfung gibt Hinweise, ob die Funktion, auch wenn sie korrekt arbeitet, nicht schon zu Gefährdungen führt. Man spricht hier von der Gebrauchssicherheit. Weiter sollte die Definition des Fahrzeugsystems verifiziert werden. Ist diese inkorrekt, muss man auch mit unentdeckten Inkonsistenzen in der Gefahren- und Risikoanalyse rechnen.

Wichtig ist, dass die Planung der Analysen und Verifikationen diesen Umstand berücksichtigt und entsprechende Prozessverriegelungen auch wirksam eingeplant werden. Besonders wird dies deutlich bei der Planung von diversitären Funktionen zum Beispiel für eine ASIL-Dekomposition. Lässt man den einen Algorithmus in Australien und den anderen Algorithmus in Skandinavien entwickeln, so ist dies noch lange kein Indiz dafür, dass man nicht die gleichen systematischen Fehler produziert. Plant man jedoch als Prozessvorgabe eindeutig unterschiedliche Entwicklungsziele ein, die aber das gleiche Sicherheitsziel abdecken, so kann man dann durch die sicherheitstechnische Inkonsistenz die systematischen Fehler entdecken. Hierzu gibt es das Beispiel, dass man den einen Algorithmus mit realen Zahlen und den anderen mit ganzen Zahlen rechnen lässt oder die eine Funktion durch Summation integriert und die andere Funktion wie in einer Laplace-Transformation multipliziert. Es gibt aber auch die Möglichkeit, in der Produktentwicklung asymmetrische Konzeptionen zu den Testkonzepten einzuplanen, die dann zu den gewünschten Inkonsistenzen führen. Durch Fehlerinjektionen oder Grenzmustertests über mehrere Serien kann man, wie bei Produktionssystemen die Prozessfähigkeit, auch bei Produkten die Prozessfehlertoleranz prüfen.

6.8.4 Bewertung/Assessment der funktionalen Sicherheit

Das Assessment der funktionalen Sicherheit wird in Teil 2 unter den Bestätigungsmaßnahmen und in Teil 4 der ISO 26262 zum Abschluss der Systementwicklung nach der Sicherheitsvalidierung behandelt. Das Assessment zur funktionalen Sicherheit wird als ein wesentlicher Input für die „Freigabe zur Serienproduktion" gesehen. Der Bezug zum Sicherheitsnachweis ergibt sich in erster Linie auch aus den Beschreibungen in Teil 2. Die Anforderungen, wie das Assessment zur funktionalen Sicherheit in den Entwicklungsablauf eingeordnet wird, stehen in Teil 4 der ISO 26262.

Die ISO 26262 nennt folgende Ziele und Anforderungen an das Assessment zur funktionalen Sicherheit:

> *Ziel der Anforderungen in diesem Kapitel ist es, dass die Bewertung der funktionalen Sicherheit für das betrachtete Fahrzeugsystem erreicht werden kann.*

Was in den konkreten Entwicklungsauftrag als notwendiger Input für das Assessment der funktionalen Sicherheit eingehen muss, ist oft auch ein Thema, was man sehr früh mit dem potentiellen Assessor klären sollte.

Als Arbeitsergebnis des Assessors wird ein Bericht zur funktionalen Sicherheit gefordert.

Grundsätzlich sagen diese zwei Anforderungen aus, dass der gesamte Sicherheitslebenszyklus bei der Bewertung der funktionalen Sicherheit betrachtet werden muss. Das beinhaltet ausdrücklich damit auch, dass die korrekte Planung der Sicherheitsaktivitäten (Tailoring des Sicherheitslebenszyklus) in die Bewertung bereits einfließt. Weiter wird ein direktes Assessment der funktionalen Sicherheit nur für ASIL B empfohlen und für ASIL C und D gefordert. Dies ist der reine Standpunkt der Norm und betrifft auch nur die Anforderungen, die die Norm an die Umsetzung des Assessments zur funktionalen Sicherheit stellt. Da die Sicherheitsvalidierung und die notwendigen Verifizierungen auf jeden Fall für alle ASIL durchgeführt werden müssen, kann man jedem nur empfehlen, hier eine sinnvolle Lösung innerhalb der relevanten Organisationen zu finden. Eine Bewertung von sicherheitsrelevanten Produkten muss schon aus produkthaftungstechnischen Gründen durchgeführt werden. Welche Abstufung hier im Einzelfall möglich ist, kann nur die jeweilige Organisation für sich bestimmen. Wie in der Validierung kommen auch die Aspekte zur Bewertung, die außerhalb des Projekt- oder Betrachtungsumfang sind und die Maßnahmen die zur Sicherheitsargumentation herangezogen werden, dies gilt genauso für Maßnahmen anderer Technologie.

6.9 Sicherheitsnachweis

Ziel des Sicherheitsnachweises ist es, die sichere Funktion des Fahrzeugsystems zu argumentieren. Das heißt, es geht um die sicherheitstechnisch korrekte Funktion und deren deterministisches Verhalten im Fehlerfall.

In der ISO 26262 wird dies weitgehend als eine zusammenfassende Argumentation auf Basis der Arbeitsergebnisse der geplanten Sicherheitsaktivitäten gesehen.

Der Sicherheitsnachweis gemäß ISO 26262 baut die Sicherheitsargumentation mit folgenden Aspekten auf:

- Sind der Betrachtungsumfang und die Arbeitsergebnisse der einzelnen Sicherheitsaktivitäten konsistent?
- Wurden die Fehler- und Sicherheitsanalysen hinreichend und korrekt durchgeführt?
- Wurden für die relevanten Fehler oder Fehlfunktionen sicherheitstechnisch adäquate Maßnahmen umgesetzt?
- Verifikation aller relevanten Arbeitsergebnisse
- Validierung der Sicherheitsziele (Sind diese korrekt, hinreichend und erfüllt worden?)
- Beurteilung aller Aktivitäten und Arbeitsergebnisse inklusive des Sicherheitsnachweises

Der Sicherheitsnachweis für ein komplettes Fahrzeug adressiert wesentliche weitere Aspekte und es wird verlangt, dass Argumentationen zu folgenden Fragen vorliegen:

- Werden alle Aspekte der Fahrzeugzulassung hinreichend berücksichtigt?
- Entspricht das Fahrzeug dem Stand der Technik?
- Sind die Aspekte der Gebrauchssicherheit berücksichtigt?
- Sind weitere Sicherheitsaspekte wie EMV, Berührschutz (Hochvoltsicherheit) und so weiter berücksichtigt?
- Entspricht das Fahrzeug den Sicherheitsanforderungen für die jeweiligen Märkte?

Die Sicherheitsvalidierung für das Fahrzeug geht weit über diesen Scope hinaus, tatsächlich werden bis zur Serienfreigabe für ein Fahrzeug mehrere Winter- und Sommertests und damit viele Kilometer auf öffentlichen Straßen, Prüfständen, Simulatoren und Versuchsstrecken zu fahren sein, bevor man das Fahrzeug als sicher bezeichnen kann.

■ 6.10 Modellbasierende Entwicklung

Modellbasierende Entwicklung wird viel diskutiert. Die Definitionen gehen weit auseinander. Ein Modell ist eine Abstrahierung der Wirklichkeit. Daher wird der Begriff der modellbasierenden Entwicklung in Zusammenhang mit der Architekturentwicklung gebracht. Hier sind die unterschiedlichen Sichten und Perspektiven der Architektur modellhafte Abbildungen des Entwicklungsvorhabens. Häufig versteht man darunter auch die automatisierte Codegenerierung. Simulationen werden jedoch im Kontext der Funktionssicherheit insbesondere für Verifikationsaktivitäten genutzt. Da man zum Verifizieren den Gegenstand der Verifikation in abstrahierter Form eingeben muss, empfiehlt es sich, ein Modell entlang der Produktentwicklung reifen zu lassen. Ob man wirklich ein vollkommenes Modell, welches das gesamte Produkt in seiner Integrationsumgebung wiedergibt, erstellen möchte oder die Modelle für ihre Anwendungszwecke anpassen oder gar unabhängig entwickeln sollte, hängt von vielen Faktoren ab. Wichtig sollte es jedoch sein, dass Modelle, die in der Entwicklung genutzt werden, auch im Rahmen der Projektplanung betrachtet werden. Es stellt sich die Frage: „Was kann man von den notwendigen Aktivitäten automatisieren und welchen Zweck erfüllt das Modell?“

Auf der Fahrzeugebene wird ein Modell sehr sinnvoll sein, da man in der Entwurfsphase bereits sämtliche Annahmen am Modell validieren kann. In der Anfangsphase der Entwicklung wird es ganz deutlich, dass Modelle dazu dienen, die Anforderungen besser zu verstehen oder das dynamische Verhalten überhaupt beschreiben zu können. Auf dem aufsteigenden Ast sind Modelle meist Abstrahierungen der entsprechenden Produktrealisierungen, an denen man dann prüfen kann, ob die Produkte hinreichend integriert werden können. Diese Modelle haben im Fokus die Realisierung so zu beschreiben, dass das Verhalten dem realisierten Produkt entspricht. Neben der Fehleranalyse dienen diese Modelle oft als Grundlage für Prüfstände (zum Beispiel HIL, (Hardware-in-the-Loop)), um automatisiert testen zu können. Das Realisierungsmodell wird oft nicht aus dem Anforderungsmodell abgeleitet, sondern unabhängig entwickelt. Dies hat den Vorteil, dass Tester nicht in die Anforderungsentwicklung eingebunden sein müssen und somit ein unabhängiges Testen gewährleistet sein kann. Geht es aber um die Verifizierung oder Validierung der Modelle oder um deren Konsistenz, so wird man sehen, dass die Aussagekraft solcher Modelle eingeschränkt ist. Weiter wird die Verifizierung der Anforderungen bezüglich korrekter Implementierung bei inkonsistenten Modellen nicht einfach sein. Die Vorteile solcher unabhängig entwickelten und validierten Modelle sind die Erkenntnisse bei einer Konsistenzprüfung. Hier werden natürlich die entsprechenden systematischen Fehler augenscheinlich. Eine parallele Entwicklung und Reifung des Modells und die systematische Verifikation oder Validation des Modells gegenüber den Anforderungen sowie den bereits realisierten Eigen-

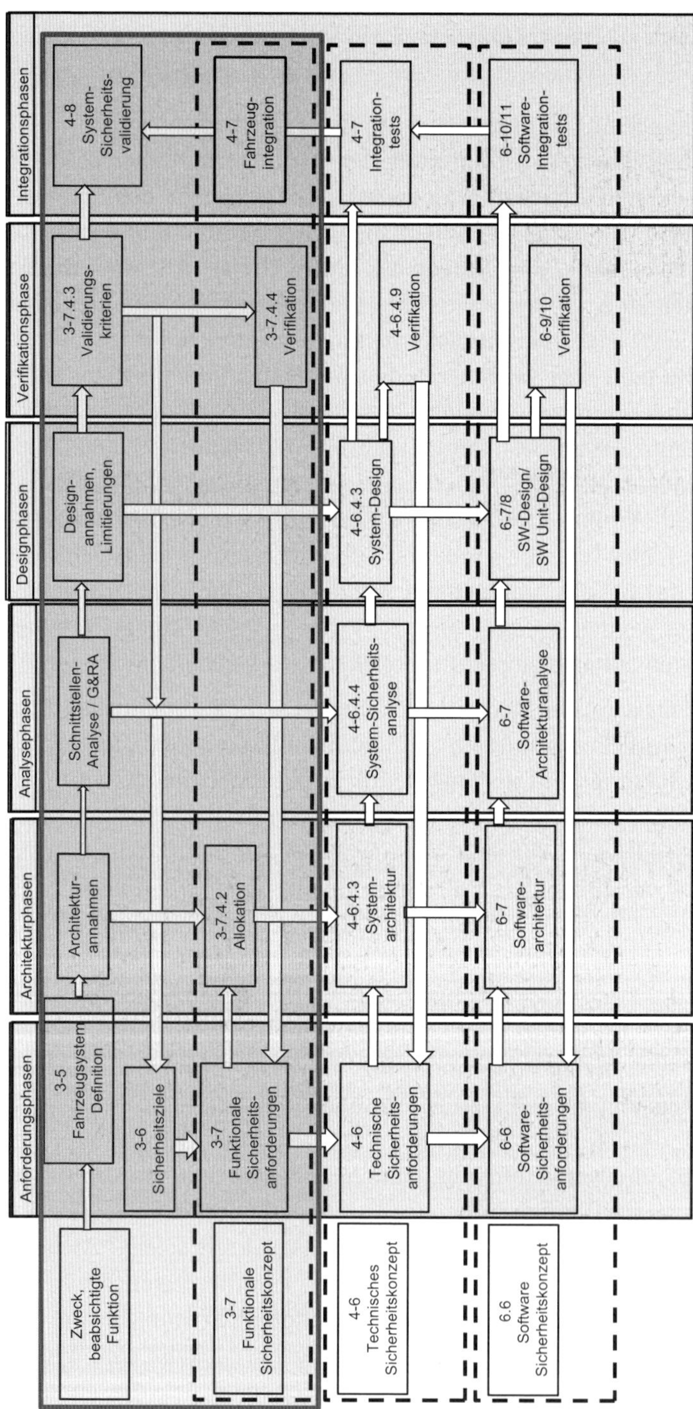

Bild 6.33 Aktivitäten auf Fahrzeugebene mit den Schnittstellen zu den Fahrzeugsystemen

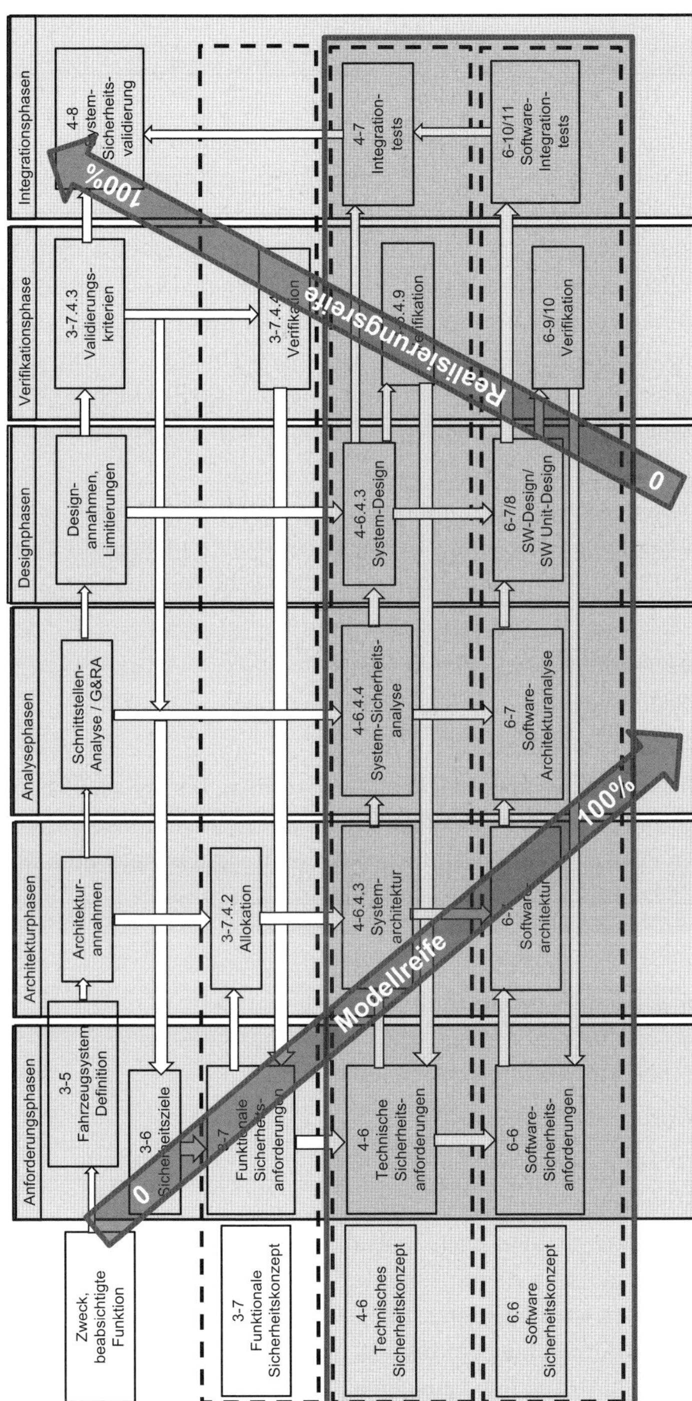

Bild 6.34 Modellreife gegenüber Reife des realisierten Produktes

schaften wäre empfehlenswert. Dies kann natürlich nur für reduzierte Abstraktionen gelten. Eine vollständige Modellierung der Elektronik oder gar des verwendeten Mikrocontrollers ist heute möglich, aber doch sehr aufwendig.

Das Modell muss bis zur Realisierung der einzelnen Komponenten die beabsichtigte Zielreife erreicht haben. Das heißt, das Modell sollte den relevanten Anforderungen zu 100 % entsprechen. Die Integration der Komponenten, die anhand des Modells geplant und deren Korrektheit mit Hilfe des Modells argumentiert werden kann, erreicht ihre vollständige Reife mit der finalen Validierung. Diese Aussagen können jedoch nur gelten, wenn keine Änderungen in den Anforderungen während der Entwicklung zugelassen werden. Auf Basis der Architektur lassen sich aber wieder die Einflüsse der Änderungen erklären. Das Modell wird hier die Einflussanalyse, insbesondere für das technische Verhalten und die dynamischen Effekte, unterstützen.

Insbesondere bei automatisierten Fahrfunktionen geht es darum, ob die Annahmen zum Umfeld, zu Fahrsituationen und so weiter überhaupt repräsentativ oder gültig sind. Insbesondere die Kombinatorik aus möglichen Fehlern und ihren Auswirkungen in den

- unterschiedlichen Situationen,
- unterschiedlichen Bedingungen,
- unterschiedlichen Systemzuständen

und so weiter muss für Prüfungen am Modell validiert werden. Dazu sind Tests in der realen Umgebung unumgänglich. Ob man jedoch die richtigen Tests durchführt und die richtigen Prüfkriterien gewählt wurden, ist an Simulationen und Modellen jedoch wesentlich einfacher und nachvollziehbarer zu ermitteln.

6.10.1 Modelle für die funktionale Sicherheit

In den heutigen typischen Entwicklungszyklen kennt man

- MIL – Model-in-the-Loop,
- SIL – Software-in-the-Loop/System-in-the-Loop und
- HIL – Hardware-in-the-Loop,

wobei auch hier insbesondere die jeweiligen Tools die Abgrenzung bestimmen und nicht unbedingt eine systematische Abgrenzung der Modelle in den Namen steckt. Viele HIL-Systeme betrachten ein Steuergerät inklusive der Anwendersoftware in einer gewissen abstrahierten Anwendungsumgebung. Man kann jedoch auch Modelle im Rahmen der horizontalen Abstraktion betrachten, bei der oft die Wirkzusammenhänge, also die Abhängigkeiten der Wirkketten, analysiert und geprüft werden.

Fahrzeugmodell: Ein solches Modell kann das Verhalten des Fahrzeugs im Kontext der Fahrsituationen zeigen, weiter kann es die Fahrzeugreaktion auf Basis möglicher Fehlfunktionen des zu integrierenden Fahrzeugsystems verdeutlichen. Solche Modelle unterstützen die Analyse und Verifikation der Fahrzeugsystemgrenzen sowie die Anforderungsanalyse für die beabsichtigten Funktionen. Im Wesentlichen können sie die Gefahren- und Risikoanalyse unterstützen und auch zu deren Verifikation wesentliche Hinweise liefern. Ein solches Modell kann um das funktionale Sicherheitskonzept ergänzt werden, sodass die Ableitung der funktionalen Sicherheitsanforderungen aus den Sicherheitszielen gegenüber der Sicherheitsarchitektur auf dieser horizontalen Ebene und damit die Allokation verifiziert werden. Auf einer funktionalen Ebene ist auch die Art und Weise simulierbar, wie bestimmte funktionale Sicherheitsmechanismen auf die möglichen Fehlfunktionen der Fahrzeugsysteme reagieren. Durch entsprechende zeitliche Simulationen ist auch die Intensität der Fehlfunktion während verschiedener Fehlertoleranzzeiten simulierbar, so dass die Fehlertoleranzzeitintervalle analysiert und definiert werden können. Weitgehend können diese Modelle auch die Integration des Fahrzeugsystems und deren Verifikation und Validation unterstützen.

Fahrzeugsystemmodell: Dieses Modell würde das Verhalten des Fahrzeugsystems darstellen, aber nicht das Verhalten und die Effekte des Fahrzeugsystems beziehungsweise die Fahrzeugreaktion im Verkehrsumfeld verdeutlichen können. Daher wäre das Modell geeignet, die relevanten Fehlfunktionen der Gefahren- und Risikoanalyse zu verifizieren. Es wäre nicht in der Lage, die Sicherheitsziele selbst zu verifizieren oder gar zu validieren. Die Fahrzeugsystemgrenzen könnten analysiert und verifiziert werden, somit würde das Fahrzeugsystemmodell einen wichtigen und verifizierbaren Input für die Gefahren-und Risikoanalyse liefern. Auch bei der Integration des Fahrzeugsystems und der Verifikation würde ein Fahrzeugsystemmodell unterstützen können. Bei der Sicherheitsvalidierung wäre dieses Modell wieder nur eingeschränkt nutzbar, weil die Korrektheit der Sicherheitsziele nicht hinterfragt werden könnte. Mit heutigen Modellierungswerkzeugen kann man sehr gut Fahrzeugsystemmodelle in Fahrzeugmodelle überführen.

Systemmodell: Schwerpunkte eines Systemmodells bilden die Schnittstellen zu den Komponenten. Ein Systemmodell kann verschiedene horizontale Ebenen beschreiben, daher sollten die Ebenen, auf denen das Modell abstrahiert ist, klar definiert sein.

Je nach dem Betrachtungsumfang wird man Modelle anders in ihren Kontext bringen müssen. Bei Verkehrssystemen wie Flugzeugen, Eisenbahnen und Fahrzeugen ist der Kontext die Umgebung, in der die Systeme betrieben werden. Dort gibt es betriebliche Belange, die in erster Linie die Handhabung und die Interaktion mit den anderen Verkehrsteilnehmern abbilden. Das sind im öffentlichen Straßenverkehr die Anforderungen aus dem Straßenverkehrsgesetz und den abgeleiteten Werken wie Straßenverkehrsordnung und so weiter. Weiter gibt es direkte Anforderungen, die die Fahrzeuge (im Englischen als „road-worthiness", bei Flugzeugen als „air-worthiness“ bezeichnet) erfüllen müssen, damit sie im öffentlichen Straßenverkehr betrieben werden dürfen; dies sind die verschiedenen Anforderungen aus Zulassungsbestimmungen oder Gesetzen.

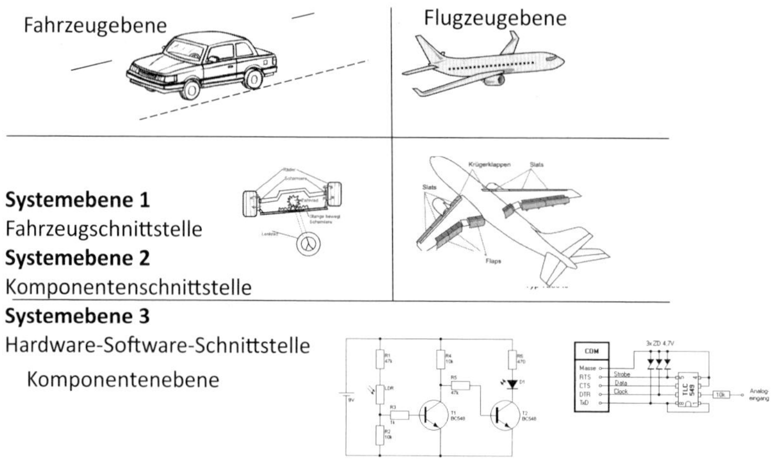

Bild 6.35 Horizontale Systemebenen im Vergleich Fahrzeug zu Flugzeug

Um die Eignung eines Fahrzeugs oder Flugzeugs in dem jeweiligen Kontext zu prüfen, muss der Kontext erarbeitet werden. Bei Fahrzeugführungsfunktionen (wie fahren, lenken und bremsen) und bei automatisierten Fahrfunktionen betrifft dies alle relevanten Fahrsituationen, Betriebszustände und Wetterbedingungen und sämtliche denkbaren Handhabungsszenarien (Use-Cases).

Das Systemmodell kann die Fahrzeugschnittstellen beschreiben, somit wären die unter dem Punkt des Fahrzeugsystemmodells beschriebenen Aspekte gültig. Die Komponentenschnittstellen können auf dieselbe Art und Weise definiert werden, sodass das Verhalten der Komponenten und ihrer Funktionen beziehungsweise Funktionalitäten beschrieben beziehungsweise analysiert oder verifiziert werden kann. Ebenso könnte ein Modell des Microkontrollers genutzt werden, um die Hardware-Software-Schnittstelle und das Verhalten der Software im Mikrocontroller zu beschreiben, zu analysieren oder zu verifizieren. Selbst im Silizium benutzt man heute weitgehend Modelle zur Beschreibung der Halbleiterfunktionalitäten und validiert diese gegen die verschiedenen realisierten Muster. Das heißt, man nutzt einen Systemansatz, um das Innenleben des Siliziums darzustellen. Spezifikationen, Analysen und deren Verifikation und Validation (Validation als Prüfen gegen Kundenanforderungen) können auf Modellebene argumentiert werden. Bei der Fehleranalyse am Modell kann man wieder genauso vorgehen wie bei anderen Hardwaresystemen. Als Fehlerartenebene sollte man die Ebene der gewünschten Funktionalität und ihre Fehler sehen. Die Ursachenebene sollte die Ebene sein, auf der messbare oder beobachtbare Anomalien der realisierten Muster sowie die typischen systematischen Fehler beschreibbar sind. Wichtig ist hierbei in erster Linie, dass das Modell und die Realisierung kontinuierlich reifen, sodass das Modell mit jeder realisierten Eigenschaft auch entsprechend validiert wird. Korrekterweise würde nach ISO 26262 die Modellvalidierung auch eine Verifikation sein, aber auf diese für die Halbleiterindustrie branchenuntypische Bezeichnung wird hier verzichtet. Ein gutes Modell ist als Referenz für die technische Beschreibung reproduzierbar und hinreichend valide (gültig, geeignet), um die Analysen und Verifikationen am Modell zu argumentieren.

Grundsätzlich sind alle Modelle in der Sicherheitstechnik „Systemmodelle". Die gesamte ISO 26262 beruht auf der Struktur, dass die Software- und Hardwarekomponenten auch über einen systemischen Ansatz beschrieben werden. Somit wird aus den Systemelementen immer eine solche Kombination gewählt, dass die gewünschte Funktionalität umgesetzt werden kann.

Modell der Elektronik: Modellierung der Elektronik ist eine recht alte Disziplin. Bis heute hat sich SPICE (Simulation Program with Integrated Circuit Emphasis) als Grundlage erhalten. SPICE wurde 1973 ursprünglich am Electrical-Engineering-and-Computer-Sciences-(EECS)-Fachbereich der University of California in Berkeley, entwickelt. Ein vergleichbarer, noch älterer Algorithmus ist CANCER (Computer Analysis of Nonlinear Circuits Excluding Radiation). Kontinuierlich wurden diese Algorithmen verbessert und sie dienen heute noch als Grundlage zur Beschreibung von Elektronik inklusive der Halbleiter. Bekannte Systemmodellierungswerkzeuge haben die SPICE-Algorithmen integriert. Der Begriff SPICE hat nichts mit der Prozessbewertungsmethode zu tun, auf der zum Beispiel heute Automotive-SPICE beruht. Es ist nur ein Beispiel dafür, dass Elektroniker und „Softwerker" keine systematische Kommunikation führen. Solche SPICE-Algorithmen können grundsätzlich in jede Systemumgebung eingebettet werden, sodass auch die System- und Softwareschnittstellen beschrieben werden können. Die SPICE-Algorithmen können das Temperatur-, Spannungs-, Stromverhalten sowie mechanische Einflüsse auf das Verhalten der elektrischen Bauelemente zueinander simulieren. Besonders aussagekräftig werden die Modelle dadurch, dass es für weitgehend alle elektrischen Bauelemente entsprechende Modellbibliotheken gibt, die auch das Verhalten der Bauelemente in ihrer Integrationsumgebung zeigen. Somit sind sogar Antenneneffekte durch EMV-Störungen oder Drifts an Transistoren simulierbar, die als solche selbst mit Oszilloskopen nicht messbar sind. Weiter sind auch verschiedene Arten des Wärmeverhaltens und deren Propagationen innerhalb von Bauelementen und Steuergeräten simulierbar. Insbesondere bei der Analyse der abhängigen Fehler kann eine solche Simulation sinnvolle Ergebnisse liefern. Da die Fehlerpropagation basierend auf unterschiedlichen Effekten simuliert werden kann, erkennt man Fehlerkaskaden. Hier hat man zum Beispiel die Möglichkeit die Ursachen der Fehlerkaskaden oder das Propagieren der Fehlerkaskaden mit adäquaten Maßnahmen zu reduzieren. Das heißt, die grundsätzlichen Prinzipien des Systemengineerings inklusive der Fehlerpropagation sind auch für diese Elektronikmodelle auf der Elektronik- und Halbleiterebene anwendbar. Werden die Zuverlässigkeitsmethoden, die Prinzipien der statistischen Fehlerverteilung sowie der Umgebungs- oder Integrationsprofile in die Modellierung (zum Beispiel Arrhenius-Ansatz) einbezogen, so sind sogar quantitative Sicherheitsanalysen oder Analysen der Importanzen (Cut-Set-Analysen) am Modell darstellbar.

6.10.2 Grundlagen für Modelle

Die Grundlagen der Modelle gehen eigentlich wieder auf die Fragen von Paramides zurück, der vor 2.500 Jahren bereits darauf hinwies, dass nicht alles so erklärbar ist, wie man es beobachtet. Sobald Einflussparameter dazukommen oder weggelassen werden, kann das beobachtete Verhalten sich ändern. Somit zeigt es sich, dass die Art der Abstraktion des Modells eine wesentliche Grundlage für die Aussagekraft bezüglich der Realisierung oder der Realität das Modells bilden kann.

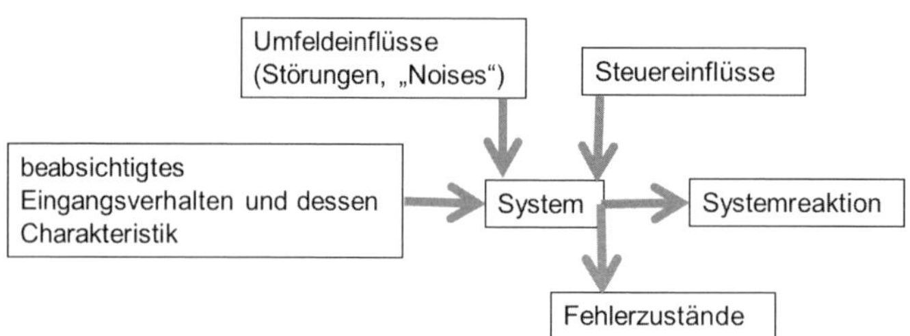

Bild 6.36 P-Diagramm

Bereits in den 50er Jahren wurde das P-Diagramm in der oben abgebildeten Form diskutiert. Die Basis bildet die Idee des Energietransfers. Die Eingangsgröße wird mit 100 % als die ideale Funktion angesehen. Könnten 100 % der Eingangsgröße zu 100 % der Ausgangsgröße transformiert werden, würde es sich um ein ideales System handeln. Dies gibt es in der Realität nicht. Der zweite Satz der Thermodynamik bestätigt, dass eine 100-prozentige Transformation nicht möglich ist, es gibt kein „Perpetuum mobile“. Das heißt, man prüft, welche Einflüsse auf das abgeschlossene System aus der Umgebung für welche Abweichung am Ausgang sorgen. Durch diese 100-%-Regel kann die Referenz zu den Anforderungen (wurde das Modellverhalten zu 100 % spezifiziert) sowie zur Realisierung (sind die beobachtbaren Verhaltensweisen der Realisierung zu 100 % am Modell erklärbar) argumentiert werden, sodass Aussagen über den Grad der Abstrahierung und zur Modellreife möglich sind. Dies wurde methodisch zum Beispiel im Ford-FMEA-Handbuch inklusive der Auswertung der Störeinflüsse (Robustheitsmatrix) beschrieben. Dieses P-Diagramm dient als Grundlage für alle Metamodelle, die auch das Fehlverhalten von Systemen beschreiben können. Das heißt, alle Beschreibungen und auch Verhaltensmodelle weisen eine solche oder vergleichbare Struktur auf. Über den 100-%-Abgleich kann eine Vollständigkeitsargumentation geführt werden, sodass hier ein wesentliches Ziel der Verifizierung erreichbar wird. Diese Parameter des P-Diagramms müssen jedoch konsistent durch das gesamte Modell geführt werden. Ist das Modell nicht aus vergleichbaren (konsistenten) Metamodellen entstanden, so werden Konsistenz- und Vollständigkeitsaussagen aus dem Modell nicht ableitbar sein. Da beide Verifikationsziele die Grundlage für sicherheitstechnische Korrektheit bilden, ist ohne ein konsistentes Metamodell auch keine sicherheitstechnische Korrektheit aus einem Modell ableitbar. Sämtliche Parameter des Produktes bezüglich Anforderungen, Designeigenschaften, Architektur und die Realisierung selbst, inklusive aller Maßnahmen am Produkt, sowie sekundär die Verifikationen und Validationen müssen sich auf P-Diagramme beziehen, technisch konsistent abgespeichert und archiviert werden. Ansonsten ist ein Change-Management, Konfigurationsmanagement, Variantenmanagement oder Base-lining (eine bestimmte Referenz zu schaffen, um zum Beispiel die Reife oder den Projektfortschritt zu definieren, zu bewerten und/oder messbar zu machen) für sicherheitstechnische Systeme nur bedingt möglich. Wird jedes Produkt, egal auf welcher horizontalen Abstraktionsebene, durch solche P-Diagramme beschrieben, ist auch der systemische Ansatz in jeder horizontalen Ebene konsistent, so dass die System-Engineering-Prinzipien auch auf der Software- und Hardwareebene angewendet werden können. Oberhalb der Systeme oder auch des Fahrzeugs im betrachteten Verkehrsumfeld ist eine Erweiterung des P-Diagramms notwendig.

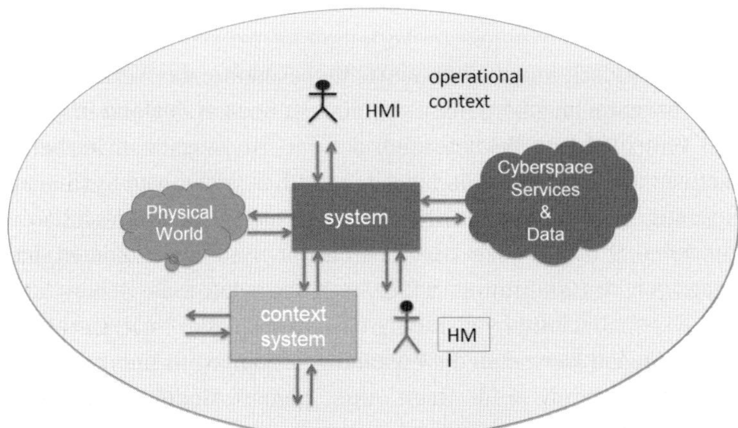

Bild 6.37 Systemmodell aus SPES 2020 (Quelle: Manfred Broy, SPES 2020 Projekthighlights, http://spes2020.informatik.tu-muenchen.de/praesentationen/SPES%202020%20Uebersicht%20Broy.pdf)

Wenn man das P-Diagramm mit dem Systemmodell aus SPES 2020 vergleicht, dann sieht man viele Analogien. SPES 2020 betrachtet zusätzlich

- Cyber-Space Service und Daten sowie das
- HMI und die Menschen im Umfeld der Systeme.

Dies ist in der allgemeinen Kontextanalyse auch wichtig ergänzend zu betrachten, jedoch muss man bei einer Systembetrachtung doch die Einflüsse von außen über die möglichen Schnittstellen berücksichtigen. So wird ein Software-Update aus der Cloud dann einfach eine Datenschnittstelle, die über eine drahtlose Schnittstelle dem System oder allgemeiner dem Fahrzeug zur Verfügung gestellt wird. Dass diese Schnittstelle der Hauptangriffspunkt für Hacker ist, erfordert aber eine Analyse der konkreten Schnittstelle.

6.10.3 Modellbasierende Sicherheitsanalyse

Da klassische deduktive und induktive Analyseverfahren wie die FMEA oder Fehlerbaumanalyse nur begrenzt die Anforderungen oder die Realisierung wiedergeben können, sind modellbasierende Sicherheitsanalysen wichtige Methoden zur Erfüllung der Anforderungen der ISO 26262. Natürlich kann man nur automatisiert analysieren, was man auch automatisiert oder ins Modell eingebracht hat. Wie man aus der Idee der P-Diagramme sieht, sind Analysen und Verifikationen nur so gut, wie die Grundlagen, die zur Analyse oder Verifikation zur Verfügung stehen, auch eine Basis dazu liefern. Der Vorteil der modellbasierenden Analyse liegt nur darin, dass man die Vorgänge automatisieren und auch Ergebnisse automatisiert weiteren Analysen zuführen kann.

Ein wesentlicher Vorteil der modellbasierenden Analyse beruht darauf, dass man mit heutigen Rechnern auch das dynamische Verhalten formalisiert darstellen und somit auch sicherheitstechnisch analysieren kann. Insbesondere das Verhalten im Fehlerfall sowie das Verhalten im Übergang von einem statischen Zustand in einen anderen, wie es bei verschiedenen Betriebsmodi der Fall ist, müssen sicherheitstechnisch betrachtet werden. Fehlverhalten bei solchen Übergängen von Systemzuständen führt bei heutigen hochdynamischen Systemen oft zu unbeherrschbaren Effekten. Selbst die Effekte, die bei den Übergängen der Systemzustände in den einzelnen Fahrsituationen zu Gefährdungen führen, können mit klassischen Analysemethoden nicht systematisch und vollständig beschrieben oder analysiert werden. Bei einem validen Modell kann man die Zustandsübergänge mit unterschiedlichen Parametern konfigurieren und über eine ganze Modellierungsreihe automatisiert auf jeder horizontalen Abstraktionsebene (zum Beispiel im Mikrocontroller, auf Komponentenebene oder auf beliebigen Systemebenen) modellieren. Die Beobachtung der Ausgangszustände und Abweichungen sowie die Fehlerreaktionen, wie am P-Diagramm beschrieben, erlauben eine systematische Auswertung.

Somit sind Fehlerkombinationen und sogar Kombinationen von dynamischen und statischen Fehlern darstellbar. So kann zum Beispiel ein Parametersatz von verschiedenen Drifts eines Kondensators am Eingang eines Transistors das veränderte Schaltverhalten bezüglich verschiedener Parameterfelder aufzeigen. Dieses Beispiel für eine Fehlerkaskade kann einen Doppelfehler oder gar einen Einzelfehler aufzeigen, der ohne eine solche Simulation nur durch aufwendige Tests und Berechnungen darstellbar wäre. Dies zeigt, dass die Simulation wesentlich mehr Transparenz bei der Analyse der abhängigen Fehler sowie der Mehrfachfehlerbetrachtung bietet. Dieses Beispiel aus der Elektronik ist natürlich auch auf Mechanik- oder Softwarekomponenten übertragbar sowie auf die Systemebene. Auf Systemebene sind insbesondere Fehlerkombinationen im Zusammenhang mit EMV-Einflüssen sehr schwer zu beschreiben, hier kann die Simulation eine wesentliche Unterstützung bieten. Ob die klassischen Sicherheitsanalysemethoden nun auf das Anforderungsmodell, das Realisierungsmodell oder auf die Realisierung selbst angewendet werden, sollte von der Verifikations- und Validierungsstrategie abhängen. Man sollte jedoch die modellbasierende Sicherheitsanalyse zuerst nur als Ergänzung für die klassischen Analysemethoden sehen. Es wäre eine Überlegung wert, die modellbasierende Sicherheitsanalyse als deduktive Analyse bevorzugt zu betrachten und die klassische FMEA als weiterhin induktive Analyse. Somit kann wiederum der systematische Ansatz eines konsistenten System-Engineerings von der Fahrzeugebene bis hinunter in Siliziumstrukturen und die Software-Realisierung angewendet werden.

6.10.4 Modellierung zur Komplexitätsreduzierung

Die Vision von SPES 2020 wird heute oft als Referenz verwendet, um Abstraktionen und Sichten zu strukturieren.

Um ein komplettes Fahrzeug im Verkehrskontext zu modellieren, wird es komplett andere Prozesse und daraus abgeleitete Methoden geben müssen. Wie bereits beschrieben, wird die Simulation ein wesentlicher Bestandteil der Zulassung werden, weil durch reines Testen kein hinreichender Nachweis über die korrekte und hinreichende Performance, die Eignung von Funktionen, Algorithmen und System sowie die Wirksamkeit von Schutz- und Sicherheitsmechanismen mehr gewährleistet werden kann. Auch wenn große Teams an der Entwicklung von steuergeräteübergreifenden Funktionen arbeiten, wird eine rein anforderungsbasierte Entwicklung nicht funktionieren. Die Anforderungen in natürlicher Sprache sind auch immer Formulierungen, die nur im spezifischen Kontext verstanden werden. Genauso wie ein Jäger und ein Schreiner unter bestimmten Begriffen verschiedene Assoziationen haben, wird es zwischen System-, Software- und Hardwareentwicklern sehr unterschiedliche Vorstellungen für bestimmte Begriffe und Formulierungen geben. Wenn unterschiedliche Sprachen oder unterschiedliche Stakeholder-

Perspektiven dazukommen, wird das Ganze nicht mehr eindeutig kommunizierbar. So gibt es heute schon viele Ansätze dafür, durch Virtual Reality (virtuelle Realität) den unterschiedlichen Stakeholdern die Perspektive durch sogenannte Virtual-Reality-Brillen transparent zu machen. Eine Sammlung von einer Million Anforderungen in natürlicher Sprache wird kein Beitrag dafür sein, die Zusammenhänge im Fahrzeug wirklich transparenter zu machen. Betrachtet man nun, dass Systeme und Funktionen in verschiedensten Kontexten und Fahrzeugen mit ihren Teilfunktionen in sehr vielen Situationen, Perspektiven, Sichten und Abstraktionen von Menschen mit den verschiedensten Hintergründen verstanden werden müssen, ist klar, dass dies nur mit Hilfe von technischen Hilfsmitteln geschehen kann.

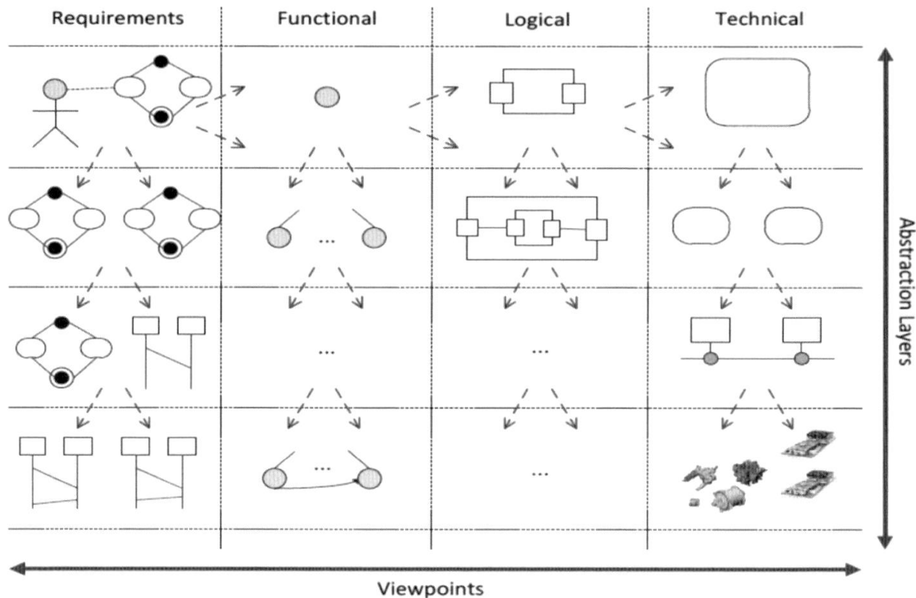

Bild 6.38 Sichten und Abstraktionen aus SPES 2020 (Quelle: SPES 2020 Projekthighlights, Manfred Broy, http://spes2020.informatik.tu-muenchen.de/praesentationen/SPES%20 2020%20Uebersicht%20Broy.pdf)

Unsere Sensorik, wie Radar, Lidar, Ultraschall, wird nie ein 3D-Bild wie eine Stereokamera liefern können. selbst die Generierung eines 3D-Bildes auf Basis heutiger Kameratechnik in einem kurzen und präzisen Echtzeitfenster ist eine Herausforderung. Dies aus Sicht der funktionalen Sicherheit und der möglichen Aspekte von Effekten aus dem Umfeld und den Systemgrenzen der Technik als solches zu betrachten, ist eine weitere Herausforderung. Fehler (fault-positive) im Anwendungskontext und technische Fehler (fault-negative) der Systemspezifikation oder der Komponente selbst zu unterscheiden und zu erkennen, ist meist ohne technische Hilfsmittel nicht möglich. Dies dann rechtzeitig im Betrieb bei einem fahrenden Auto mit Geschwindigkeiten über 100 km/h sicherzustellen ist weitgehend, selbst mit heutiger Rechenleistung, unmöglich. Damit Informationen von Radar und Lidar vergleichbar mit der optischen Information einer Kamera werden, generiert man heute auch schon 3D-Bilder aus den Sensordaten und vergleicht diese in einem virtuellen 3D-Raum; hierzu wird natürlich eine Rechenleistung benötigt, die wir aus den High-End-Computer-Spielen kennt. Welche Rechenleistung heutige Spielecomputer benötigen, ist um mehr als den Faktor eine Million höher als die Rechenleistung eines ESP-Steuergerätes.

Es geht also nur mit Hilfe von Abstraktionen, sodass Systeme und Funktionen in die verschiedenen Kontexte gebracht werden, damit auf Basis von unterschiedlichen Sichten und Perspektiven die Systeme bewertbar werden. Werden die Schnittstellen, egal ob horizontale, vertikale, innere oder äußere, auf unterschiedlichen Abstraktionen betrachtet, wird man nie eine konsistente Sicht oder Perspektive erhalten. Also ist man gezwungen, sich bei einem Vorhaben auf gemeinsame Abstraktionen zu einigen.

Eines der größten Vorhaben dazu ist die Automatisierung unserer Mobilität im öffentlichen Straßenverkehr.

Literatur

Broy, M.: SPES 2020 Projekthighlights. Der akademische Beitrag. SPES (Software Plattform Embedded Systems) 2020. Präsentation. http://spes2020.informatik.tu-muenchen.de/praesentationen/SPES%202020%20Uebersicht%20Broy.pdf

ISO 9001:2008: Qualitätsmanagementsysteme – Anforderungen

ISO 17356:2005, Teil 3: Straßenfahrzeuge – Offene Software-Schnittstelle für eingebundene Fahrzeuganwendung. Teil 3: OSEK/VDX Betriebssystem (OS)

ISO 26262, Teil 1 bis 12: Straßenfahrzeuge – Funktionale Sicherheit

Teil 1: Vokabular

Teil 2: Management der Funktionalen Sicherheit

Teil 3: Konzeptphase

Teil 4: Produktentwicklung auf Systemebene

Teil 5: Produktentwicklung auf Hardwareebene

Teil 6: Produktentwicklung auf Softwareebene

Teil 7: Produktion und Betrieb

Teil 8: Unterstützende Prozesse

Teil 9: Automobiles Sicherheitsintegritätsniveau (ASIL)-orientierte und sicherheitsorientierte Analyse

Teil 10: Leitfaden für die Anwendung der ISO 26262

Teil 11: Leitfaden für die Anwendung der ISO 26262 auf Halbleiter

Teil 12: Anpassung für Motorräder

VDA: VDA-Band „Reifegradabsicherung für Neuteile“

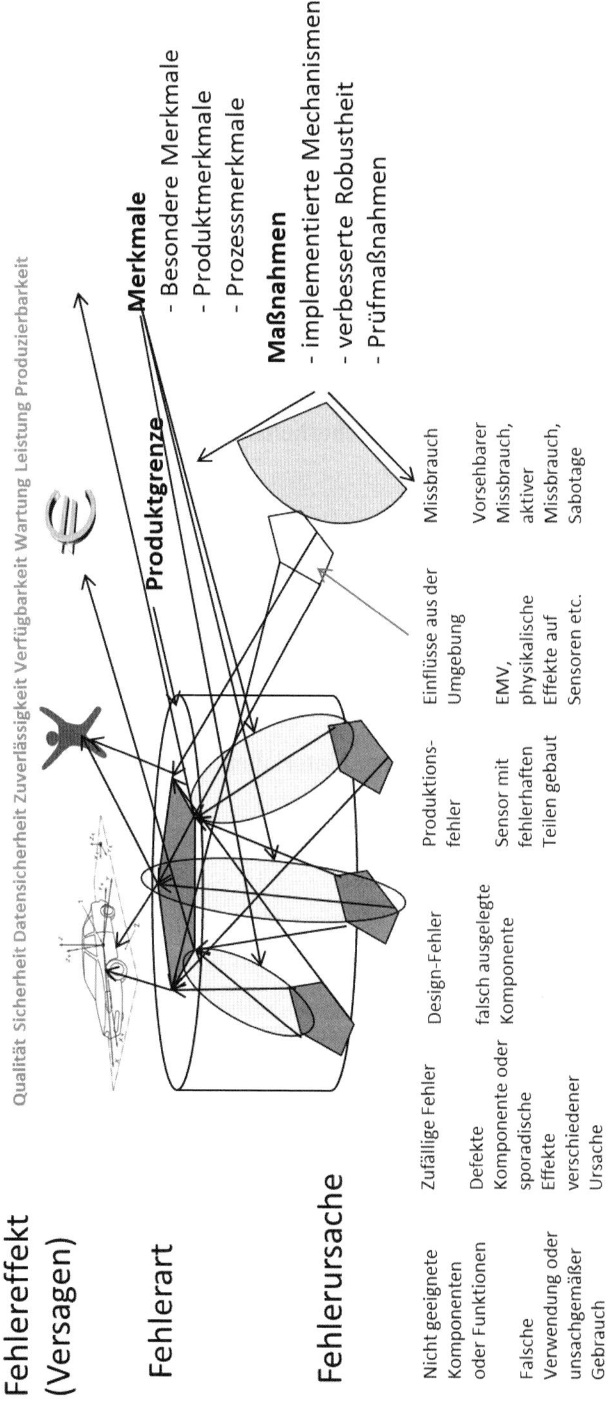

Bild 7.1 Einfluss und Ursachen für Sicherheitsrisiken

Alle Aspekte können je nach Handhabung, Verwendung, Anwendungsbereich zu Risiken für

- Sicherheit und
- Privatsphäre,
- Missbrauch,
- monetären Risiken, also wirtschaftlichem Schaden,
- Leistungsverlust

und so weiter führen, die von der Gesellschaft, den Herstellern, Betreibern und so weiter nicht getragen werden möchten.

Daher gibt es für alle Aspekte unterschiedliche Prozesse, Methoden und Maßnahmen, um ein tolerierbares Maß an Sicherheit und anderen Parametern zu finden. Ein Patentrezept für alle Sicherheitsfragen wird es nie geben.

7.1 Sicherheit in der Cloud

Datenintegrität in Netzwerken ist eine etablierte Domain und wird wie selbstverständlich mit dem Begriff Security ins Englische übersetzt. Werden solche Daten jedoch direkt oder indirekt zur Fahrzeugsteuerung genutzt, unterstützen den Fahrer bei der Verkehrsraumbeobachtung oder können ihn bei der Fahrzeugführung behindern und irritieren, so müssen auch die Aspekte der funktionalen Sicherheit betrachtet werden.

Verschiedene Systeme und Funktionen werden heute bereits in der Öffentlichkeit diskutiert, die weit über die Fahrerinformationen, wie bei Verkehrsinformationen und Positionsdaten aus Navigationssystemen, hinausgehen.

Insbesondere steht das serviceorientierte Fahrzeug im Raum, das heißt, man kann aus der Infrastruktur mehr digitale Dienste und Fähigkeiten für das Fahrzeug während der Nutzungszeit oder beim Parken abrufen und man muss für solche Dienste nicht mehr in die Werkstatt.

7.1.1 Flashing over the Air

Generell versucht man immer mehr Dienstleistungen über die Software den Fahrzeugnutzern zur Verfügung zu stellen. Es gibt bereits Hersteller, die Fahrzeuge für Software-Updates nicht mehr in die Werkstatt rufen, sondern diese per Funksignal (zum Beispiel über WLAN) auf die Fahrzeuge übertragen, sogenanntes OTA oder FotA (Flashing-over-the-Air). Steht das Fahrzeug an einem sicheren Ort, zum Beispiel in der Garage oder an der Ladesäule, so wird die neue Software auf die jeweiligen Steuergeräte geflasht. Dass das Fahrzeug nach einem Fehler nicht mehr fahrbereit ist, wird wohl das kleinste Risiko bei diesem Vorgang sein, dass Fehlfunktionen sich erst beim Gebrauch von Sicherheits- oder Schutzfunktionen bemerkbar machen, kann zu weitaus größeren Risiken führen.

Um solche Funktionen wie FotA umsetzen zu können, müssen für den gesamten Software-Logistik-Prozess adäquate Maßnahmen umgesetzt werden. Das heißt, es werden beim Generieren der Flash-Pakete Sicherheitsmechanismen eingebunden, die eine Verfälschung der Information beim Datentransport erkennen lassen. Weitere Sicherheitsmechanismen werden auf das Zielsteuergerät abgestimmt, damit mögliche Fehler beim Flashen der Software erkannt werden. Wird jedoch beim Datentransport oder beim Flashen im Zielsteuergerät ein Fehler erkannt, wird der Datentransport und/oder das Steuergerät abgeschaltet und damit in einen sicheren Zustand gebracht. Durch systemtechnische Redundanzstrukturen könnte punktuell hier auch eine höhere Verfügbarkeit erreicht werden. Diese Mechanismen können je nach Robustheit der verfügbaren Systemelemente an den jeweiligen Schwachpunkten ergänzt werden.

Es können die Flash-Pakete diversitär redundant abgelegt werden, die im Fehlerfall für einen zweiten Flash-Vorgang verfügbar sind. Durch eine sinnvolle Diversität können denkbare Fehler, insbesondere aus dem Anwendungsumfeld von FotA, die auf beide Flash-Pakete gleichzeitig abzielen, vermieden werden. Meist ist es aber nur bedingt möglich, dass die Elemente des Übertragungssystems durch Vergleich der diversitären Flash-Pakete inhaltliche Datenverfälschungen identifizieren können. Hier ist es allgemein hinreichend, implementierte Prüfsummen o. Ä. zu prüfen.

Mehrfach-Flashen desselben Flash-Paketes kann bei temporären oder zufälligen Umwelteinflüssen (Alpha-Strahlung, EMV, Datenüberlast, Wärme etc.) schon eine hinreichenden Fehlerbehandlungsmaßnahme sein.

Redundante Datenübertragungssysteme sind meist keine effektive Maßnahme, da eine Mehrfachversendung auf dem gleichen Sicherheitssystem auch nur den gleichen Effekt erzielen kann. Bei FotA hat die Verfügbarkeit des Datenübertragungssystems im Allgemeinen keinen Einfluss auf die Sicherheit.

Redundant diversitäre Flash-Mechanismen in den Zielsteuergeräten können jedoch neben der Verfügbarkeit der Steuergeräte auch durch weitere Sicherheitsvergleiche (zum Beispiel beim Hochfahren, wenn die Flash-Speicher ihre Inhalte entsprechend handhaben können) das Sicherheitsniveau erhöhen.

Das Flash-Objekt (Flash-Paket) selbst muss neben der Tatsache, dass es von verantwortlicher Stelle korrekt zur Verfügung gestellt wird, auch eindeutig identifizierbar sein und einen entsprechenden Mechanismus besitzen, der eine inhaltliche Verfälschung des Flash-Objektes erkennen lässt.

Das Flash-Objekt muss für den Transport durch die „Luft" in einen Container gepackt werden, der für das Transportsystem geeignet ist. Der Container muss zusätzlich folgende Sicherheitsmechanismen zur Verfügung stellen:

- jederzeitige Authentifizierung des Flash-Objekts,
- eindeutige Kennung von Adressaten und Absender, inklusive zeitliche Informationen (wann Transport, wann beim Empfänger etc.) und Informationen über die Lokalität (d. h. von wo nach wo).

Das Transportsystem muss den Transport sowie den Empfang und die Übergabe an den Adressaten gewährleisten. Dazu wird das Transportsystem überwacht hinsichtlich:

- seiner Verfügbarkeit (stellt es die Fähigkeit bereit, das Flash-Objekt gemäß Anforderungen zu transportieren),
- es überprüft kontinuierlich die Korrektheit der Daten des Flash-Objektes, des Containers und des Empfängers und Senders,
- es prüft die zeitlichen Anforderungen.

Das Zielsteuergerät bestätigt den korrekten und rechtzeitigen Empfang des Flash-Objektes und meldet nach dem Flash-Vorgang seine funktionale und technische Verfügbarkeit gemäß seinem Zweck, seiner Aufgabe oder Funktion im Fahrzeugverbund.

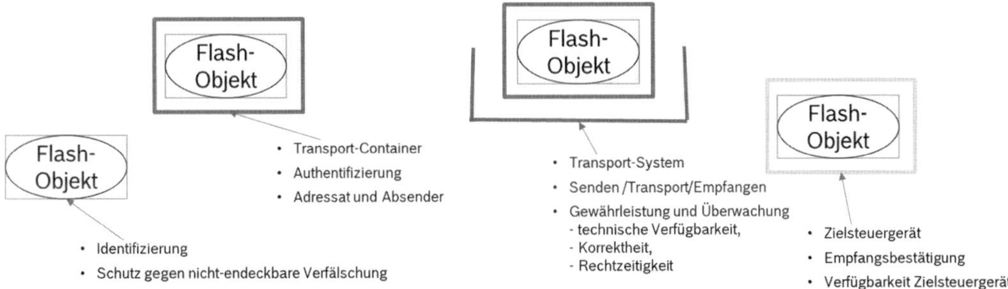

Bild 7.2 Sicherheitsmechanismen am Beispiel von FotA

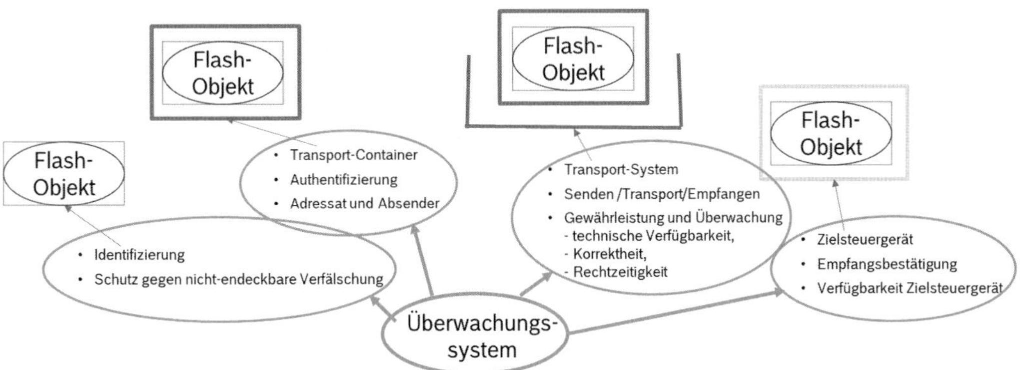

Bild 7.3 Logistik-Prozess und Maßnahmen entlang des Prozesses

Das FotA-Überwachungssystem wird gemäß den einschlägigen Sicherheitsnormen implementiert. Es überprüft die notwendigen Sicherheitsmechanismen oder Sicherheitskenndaten und degradiert entsprechend. Da eine Unverfügbarkeit sicherheitstechnisch toleriert werden kann, sind implementierte technische Redundanzen nicht notwendig.

Neben implementierten Mechanismen, die die Integrität des Flash-Paketes (Hash- oder CRC-Mechanismen) gewährleisten, müssen auch Fehlerbilder, die durch die Art der Übertragung großer Datenmengen auftreten können, abgesichert werden.

Der Fakt, dass die Transportwege keine sichere Datenübertragung bereitstellen, sorgt für die Notwendigkeit, dass die typischen (handels- oder marktüblichen) Datenkommunikationssysteme (via Satellit, Wifi, Funk, aber auch drahtgebunden, moduliert etc.) sichere Transportmechanismen bereitstellen, die gewährleisten können, dass auch angezeigt wird, dass der Datenfluss korrekt, in richtiger Reihenfolge und rechtzeitig im Bedarfsfall sicher bereitgestellt wird.

Die Kommunikationseinheit muss ihre Fähigkeit, Daten in Menge und Konsistenz korrekt, in richtiger Reihenfolge und rechtzeitig übertragen zu können, periodisch prüfen. Durch diese kontinuierliche Prüfung kann eine Zuverlässigkeit auch im Bedarfsfall bewertbar gemacht werden und weitere Systemreaktionen, wie weitere Redundanzen (mehrere redundante Pakete versenden, d.h. Daten wiederholen) oder die Systemunzuverlässigkeit zu melden, können die Sicherheitsziele gewährleisten.

7.1.2 Informationen aus der Infrastruktur zur Fahrzeugsteuerung

Was schon lange für mobile Arbeitsmaschinen üblich ist, wird auch immer öfter diskutiert, nämlich dass Autos aus der Infrastruktur gesteuert werden sollen. Häufig findet man Veröffentlichungen darüber, dass Fahrzeuge in Parkhäusern oder auf Parkplätzen automatisiert zu ihrer finalen Parkposition oder von ihrer Parkposition an eine definierte Übergabestelle zum Fahrer gefahren werden. Hier spricht man von Systemen, die auf die Fahrzeugsensorik zurückgreifen, und solchen, die die Fahrzeuge aus der Infrastruktur steuern. Meist handelt es sich um eine jeweils sinnvolle Mischung aus externen Sensoren aus der Infrastruktur und Fahrzeugsensoren.

Eine Infrastruktureinheit besteht aus drei wesentlichen Elementen:

einer Erfassungseinheit, die über Sensoren oder auch über weitere Datenschnittstellen Daten erfasst,

einem Informationsspeicher, der die Daten strukturiert ablegt und so aufbereitet, dass diese nutzbringend für die Fahrzeuge in den relevanten Verkehrsumgebungen, beziehungsweise Verkehrssituationen eingesetzt werden können,

einer Sendeeinheit, die relevante Daten an ein oder mehrere Fahrzeuge übertragen kann.

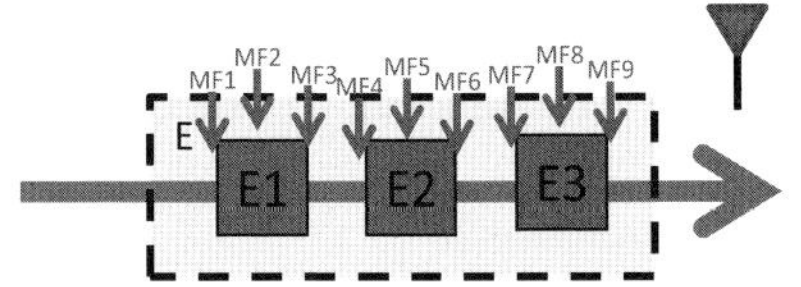

E1 – Schilderbrücke liefert 2 sicherheitsrelevante Informationen
- Nebel
- Geschwindigkeitsbegrenzung 60 km/h

E2 – Information wird an Verkehrsleitzentrale übertragen
E3 – Information wird den Fahrzeugen auf relevanten Strecken angeboten
MFx = Fehlfunktion (malfunction x)

Bild 7.4 Prinzip eines Infrastruktursystems zur Fahrzeugsteuerung

Auch diese Elemente können Daten verfälschen oder durch systematische Fehler auch in einen falschen Kontext bringen. Wie jedes technische Element können Informationen

- in der Verarbeitung der Eingangsdaten,
- bei der Aufbereitung der Ausgangsdaten,
- bei der logischen Datenverarbeitung,
- aus der Umgebung oder
- an den Übertragungsschnittstellen

verfälscht werden.

Insbesondere bei der Übertragung ist mit signifikanten Laufzeitschwankungen und dem Verlust von Daten zu rechnen.

Wesentlich ist, dass für sicherheitstechnische Anwendungen die Informationen im logisch richtigen Sinn übertragen werden. Das heißt, wenn keine Informationen übertragen werden, dann muss man mit dem Vorhandensein eines sicherheitsrelevanten Ereignisses rechnen.

Beispiele dazu sind:

- Kommt keine Information von einer Ampel, dann muss man mit einer roten Ampel rechnen.
- Kommt keine Information über die Wetterbedingungen, dann muss man mit den kritischsten Wetterbedingungen rechnen.

In Analogie wird dies auch bei der Bahn im Blockbetrieb so gehalten, nur ein aktiv freigemeldeter Streckenabschnitt wird als frei von dem System angenommen. Wenn keine Informationen über den nächsten Blockabschnitt für den herannahenden Zug erfolgen, dann wird der Zug abgebremst, bis der Abschnitt aktiv freigemeldet wird.

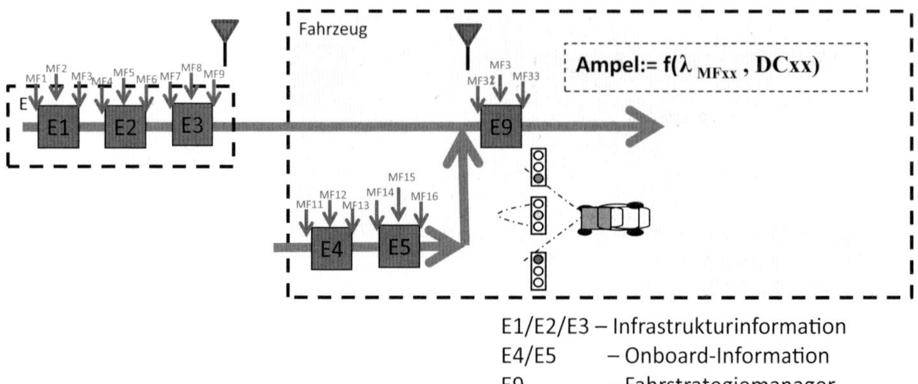

Bild 7.5 Redundante Datenströme aus Infrastruktur und fahrzeuginterne Datenströme

Generell muss man davon ausgehen, dass die Infrastruktur sogar sehr große Datenfelder zur Verfügung stellen wird. Die Datenübertragungswege und Medien werden redundant und diversitär sein, um eine hohe Verfügbarkeit gewährleisten zu können.

Bei allen denkbaren Maßnahmen zur Erhöhung der Verfügbarkeit der Infrastrukturinformationen wird man mit einem Ausfall der Infrastrukturinformationen rechnen müssen. Das fahrende Auto stellt ein Risiko dar, welches dann mit den Systemen im Fahrzeug „sicher" zu einem akzeptierten Stillstand gebracht werden muss. Das heißt, die Systeme im Fahrzeug müssen das fahrende Fahrzeug für einen bestimmten Zeitraum fahrtechnisch beherrschen und den Verkehrsraum eigenständig beobachten können.

In dem Fall, dass alle Systeme in der Infrastruktur und im Fahrzeug korrekt arbeiten, sind sehr viele redundante Informationen für die Fahrzeugsteuerung verfügbar, s dass durch Vergleichen und Plausibilisierung sehr viele Informationen zur Laufzeit überprüft werden können.

Arbeitet man mit zwei unabhängigen Datenströmen aus zwei unabhängigen Quellen, wird man durch die funktionierende Redundanz die Integrität der Informationen zur Laufzeit sehr effizient prüfen können. Insbesondere ist es ein wesentlicher Vorteil, dass der einzelne Datenstrom nie Ursache für Einzelfehler ist, die ein Sicherheitsziel verletzen können.

Mit diesem Prinzip kann man natürlich auch zwei Datenströme im Fahrzeug installieren, so dass man auch hier keine Einzelfehler in einem Datenstrom erwarten kann, der das Potential hat, ein Sicherheitsziel zu verletzen.

Solche Redundanzen können in einem sehr unterschiedlichen Kontext und mit sehr unterschiedlichen Zielen ausgeprägt werden; die Anwendungsfälle, die Schutzziele oder der Kontext werden erst nach einer Analyse die notwendigen Ausprägungen für die Systeme, die parallelen Datenströme und die notwendigen Funktionen und Funktionalitäten transparent machen können.

7.1.3 Hochverfügbare Sicherheitsarchitektur

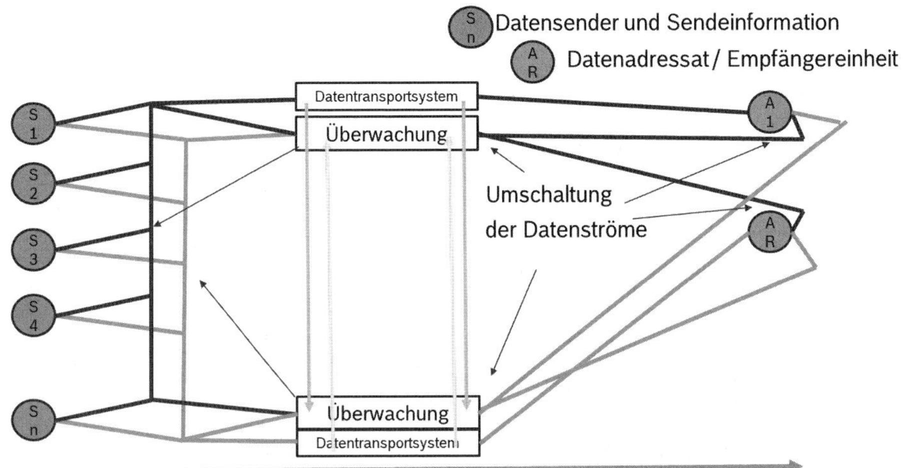

Bild 7.6 Kreuzüberwachungskonzept

Die Überwachungssysteme, die auch bei einem hochverfügbaren Infrastruktur-Sicherheitssystem arbeiten, werden nach den einschlägigen Sicherheitsstandards implementiert. So ist im Maschinenbau die IEC 61784 (oder auch DIN EN 61784-3 VDE 0803-500:2011-02 Industrielle Kommunikationsnetze und andere) bekannt, die auch redundante Netzwerke vorsieht und eine Kreuzüberwachung zur besseren Diagnosedeckung beschreibt.

Die Überwachungssysteme können selbst auch Fehler verursachen, daher werden auch diese sinnvollerweise redundant implementiert. Somit kann man aber auch die Redundanz nutzen, um zum Beispiel durch Kreuzvergleiche einfachere Sicherheitsmechanismen zu implementieren. Durch Mehrfachmessungen, Mehrfachdiagnosen etc. können funktionale Redundanzen geschaffen werden. Auch können Veränderungen der Daten zueinander oder über die Zeit auch in einem Strang verglichen und als Sicherheitsmechanismen ausgeprägt werden. Bei einer unabhängigen redundanten Implementierung kann ein einzelner Fehler in einer Diagnose oder Messung etc. zu keinem direkten sicherheitsrelevanten Fehler oder Ausfall führen. Daher müssen nur die Ursachen für Fehler gemeinsamer Ursache beziehungsweise gleichzeitig mögliche Fehlerauswirkungen mit derselben Auswirkung in den redundanten Elementen untersucht werden. Am Empfänger und/oder am Aktuator werden dann nur die korrekten Datenströme so geschaltet, dass nur fehlerfreie und rechtzeitige Daten weitergeleitet werden.

Diese redundanten Kommunikationsnetze müssen auf die Spannungs- und Energieversorgungsnetze abgebildet werden, weil ein Steuergerät ohne Spannungsversorgung die Informationen gar nicht verarbeiten kann.

7.1.4 Sicherheitsbegriff für die Cloud

Der Sicherheitsbegriff wird für zukünftige Dienstleistungen aus der Infrastruktur neu definiert werden müssen.

Grundsätzlich wird es eine Analogie zu anderen Transportsystemen geben wie der Eisenbahn und der Luftfahrt.

In den anderen Branchen wird es wie ursprünglich auch in der Verkehrsgesetzgebung getrennte Anforderungen an die Infrastruktur und Anforderungen an das bewegliche Transportmittel geben.

Wie diese Interaktion zwischen Infrastruktur und bewegtem Transportmittel aussieht, muss vereinbart werden. Es muss aber eine verlässliche Koexistenz zwischen der Infrastruktur und den Transportmitteln definiert werden, auf deren Basis man die Sicherheitsgrundsätze formuliert.

Die Infrastruktur muss den klaren Rahmen für alle Verkehrsteilnehmer bereitstellen. Heute sind bereits die Navigationssysteme um Google oder das Here-Konsortium dabei, sehr detaillierte Infrastrukturdaten aufzuarbeiten, um diese für die Verkehrslenkung und auch die Verkehrsüberwachung bereitzustellen. Die statische Welt wird weitgehend in sehr feinen Rastern als Information in der Cloud zur Verfügung stehen. Sie wird sich zuerst auf Gebäude, Brücken (also Immobilien) und die Verkehrsraumcharakteristik beschränken. Verkehrsraumcharakteristik kann die Straße und auch Radwege, Fußgängerwege inklusive ihrer geometrischen Eigenschaften und Position wie auch deren Zustand, bedingt durch bauliche Eigenschaften, Wetter und auch Verkehrsdichte umfassen. In welchem Zeitfenster die statische Umgebung als Information nutzbringend bereitgestellt werden kann, hängt ab von der

- Erfassung der Informationen,
- der Fähigkeit, die Informationen zu konsolidieren, und
- den Daten, die den mobilen Transportmitteln zur Verfügung gestellt werden können.

Ein wesentlicher Aspekt ist dabei, wie rechtzeitig korrekte Daten den Transportmitteln zur Verfügung gestellt werden können.

Dazu ist es notwendig zu definieren:

- Was ist rechtzeitig?
- Was sind die Kriterien für Korrektheit?

Dies wird keine absolute Definition werden, sondern es werden bedingte Pflichtkriterien sein, die je nach Anwendungsfall, Situation und so weiter definiert werden müssen.

Der Begriff der Korrektheit muss natürlich ergänzend um die typischen Verifikationskriterien ergänzt werden wie Konsistenz und Vollständigkeit.

Die Diskussionen um Smart-Grid haben natürlich auch dem Begriff der Verfügbarkeit eine andere Bedeutung gegeben; neben der Informationsverfügbarkeit in der Infrastruktur und hin zu den mobilen Transportsystemen muss auch die Energieverfügbarkeit gesichert werden.

Insbesondere die Energiegesellschaften haben sich intensiv mit dem Thema beschäftigt.

So gibt es eine Norm zu Energiemanagementsystemen, die IEC 62351. Sie beschreibt einen Standard für die Sicherheit von Energiemanagementsystemen und den dazugehörigen Datenaustausch. Sie nennt Grundforderungen für sichere Datenkommunikation beziehungsweise Datenverarbeitung, wie

- Vertraulichkeit,
- Datenintegrität,
- Authentifizierung,
- Unleugbarkeit.

Insbesondere, wenn man die Teile der Norm und deren Kurzbeschreibung sieht, merkt man, dass Sicherheit in der Ableitung, wie man sie unter „Safety" und „Security" kennt, ganz anders verstanden wird.

Teile der IEC 62351 (Stand: Ende 2018):

- IEC 62351-1: Übersicht über das Gesamtdokument IEC 62351 und Einführung in die informationstechnischen Sicherheitsaspekte für den Betrieb von Stromversorgungsanlagen.
- IEC 62351-2: Glossar der verwendeten Begriffe und Abkürzungen.
- IEC 62351-3: Ende-zu-Ende-Absicherung des Datenverkehrs für TCP/IP-basierte Verbindungen durch Verwendung von TLS gemäß RFC 5246 mit erforderlicher gegenseitiger Authentifizierung von Client und Server auf Basis von X.509-Zertifikaten.
- IEC 62351-4: Sicherheitsmaßnahme für MMS-basierte Protokolle (z. B. ICCP-basierte IEC 60870-6, IEC 61850) durch Absicherung der Transportschicht gemäß IEC 62351-3 und Definition eines Authentifizierungsmechanismus „SECURE" auf der Anwenderschicht für MMS-Assoziationen unter Verwendung von X.509-Zertifikaten.
- IEC 62351-5: Sicherheit für IEC 60870-5 und abgeleitete Protokolle (z. B. IEC 60870-5-104/IEC 60870-5-101/DNP3) auf der Anwenderschicht mittels Zugriffsberechtigung auf kritische Ressourcen einer Unterstation unter Verwendung von rollenbasierten Zugriffsbeschränkungen RBAC und Erfassung sicherheitsrelevanter Ereignisse in Statistiken.
- IEC 62351-6: Sicherheit für das IEC-61850-Protokoll durch Einsatz von VLAN-Markierungen und X.509-Signaturen bei GOOSE- und SMV-Telegrammen sowie Anwendung von Authentifizierungsmechanismen für SNTP.

- *Gasser, T.M.; Arzt C.; Ayoubi M.; Bartels A.; Bürkle L.; Eier J.; Flemisch F.; Häcker D.; Hesse T.; Huber W.; Lotz C.; Maurer M.; Ruth-Schumacher S.; Schwarz J.; Vogt, W.:* Rechtsfolgen zunehmender Fahrzeugautomatisierung. Gemeinsamer Schlussbericht der Projektgruppe. Berichte der Bundesanstalt für Straßenwesen (BASt), Heft F83. Bundesanstalt für Straßenwesen 2012

Während der BASt-Bericht nur die rechtlichen Hürden betrachtet, so wird im Santa Clara Law Review auch auf technische Lösungen eingegangen.

Eine Empfehlung daraus ist, dass zwei unabhängige Quelle für die Fahrzeugführungsinformationen genutzt werden sollen. Dies zum einen, damit man zum Beispiel Messsysteme im Fahrzeug gegenüber Informationen von außerhalb des Fahrzeugs plausibilisieren kann. Weiter sind zwei Quellen von Informationen, die auf zwei unabhängigen Wegen den Aktuator ansteuern, sehr schwer gleichzeitig zu manipulieren. Dies würde auch dem Aspekt der Datensicherheit (Security) als mögliche Ursache für Fahrzeugfehlfunktionen dienen.

7.2.1 Nominelle Performance

Die nominelle Performance eines Systems ist erst einmal etwas anderes als die nominelle Performance einer Funktion.

Die wesentlichen Nominalfunktionen eines Fahrzeugs sind:

- Fahren,
- Lenken,
- Bremsen.

Ohne diese Funktionen kann man die Risiken, die sich aus einem fahrenden Fahrzeug (kinetische Energie durch bewegte Masse) ergeben, nicht beherrschen. Hierbei ist zu sehen, dass das Lenken die Querachse zum Fahrzeug maßgeblich beeinflusst und auch das Fahren und Bremsen mit jeweils positiven oder negativen Vorzeichen.

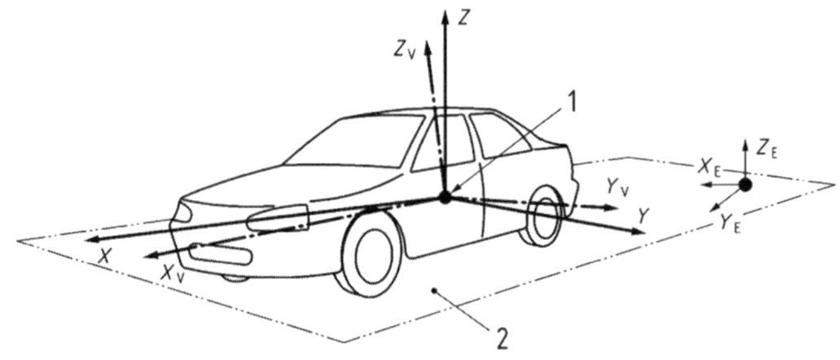

X-Achse -> Längsachse / longitudinal
Y-Achse -> Querachse / lateral
Z-Achse -> Hochachse / vertikal
Richtung

Bild 7.7 Freiheitsgrade eine Fahrzeugs im Kontext Straße gemäß DIN ISO 8855

In der DIN ISO 8855 wird das fahrzeugfeste Koordinatensystem durch die Achsen Xv, Yv und Zv festgelegt, das horizontale Koordinatensystem durch X, Y und Z. Die ortsfesten Koordinaten sind XE, YE und ZE.

Die translatorischen Bewegungsrichtungen setzen sich folgendermaßen zusammen:

Das Fahrzeug bewegt sich auf der X-Achse in longitudinaler Richtung, auf der Y-Achse in lateraler Richtung und auf der Z-Achse in vertikaler Richtung.

Die rotatorischen Bewegungen im gezeigten Koordinatensystem sind:

- Gieren: Drehung um die ZE-Achse, der Gierwinkel ψ ist der Winkel zwischen der XE- und X-Achse.
- Giermoment: Moment um die Z-Achse.
- Nicken: Drehung um die Y-Achse, der Nickwinkel θ ist der Winkel zwischen der X- und Xv-Achse.
- Nickmoment: Moment um die Y-Achse.
- Wanken: Drehung um die XV-Achse, der Wankwinkel ϕ ist der Winkel zwischen Y- und YV-Achse.
- Wankmoment: Moment um die X-Achse.

Grundsätzlich werden in der DIN ISO 8855 alle Formen der Bewegung eines Fahrzeugs im Kontext Straße beschrieben.

Analog dazu ergeben sich für eine HARA gemäß ISO 26262 folgende Grundfunktionen:

- Beschleunigung,
- Verzögerung,
- Lenken,
- Wanken,
- Nicken,
- Gieren,
- Abheben.

Bei Nicken und Wanken wird klar sein, dass das Fahrzeug nur in sehr extremen Situationen tatsächlich in kritische Zustände kommen kann, weitgehend ist dies durch das allgemeine Fahrzeug-Design massiv eingeschränkt. Was aber sehr intensive Performance in extremen Situationen bedeuten kann, ist aus dem Rennsport bekannt, hier gibt es immer wieder Unfälle, bei denen die Luft durch den Fahrtwind einen so immensen Druck aufbaut, dass Fahrzeuge abheben oder gar sich überschlagen.

Bei üblicher Fahrweise im Straßenverkehr kann von folgenden Fehlfunktionen ausgegangen werden, die sich auf das korrekte Funktionieren entlang der jeweiligen Achse beziehen; die Funktion kann

- ungewollt (unabsichtlich) zu hoch ablaufen,
- ungewollt (unabsichtlich) zu niedrig ablaufen,
- es kann sich gar keine Funktion (Ausfall) zeigen,
- die Funktion kann um die nominale Funktion schwingen oder oszillieren,
- asymmetrisch ablaufen (unterschiedliche Momente, zum Beispiel der Bremse),
- den Fahrerwunsch falsch interpretieren (Human-Machine-Interface),
- falsch ablaufen (zum Beispiel Lenkwunsch nach rechts, Fahrzeug lenkt aber nach links).

Hier wird schon durch die Formulierung der Fehlfunktionen klar, dass es darum geht, die Abweichung von der Nominalfunktion und die Intensität zu betrachten, mit der diese Abweichung auf das Fahrzeug oder den Fahrer wirkt.

Bei einer Gefahren- und Risikoanalyse gemäß ISO 26262 geht die Intensität der Fehlfunktion weitgehend in die „Beherrschbarkeit“ durch den Fahrer ein.

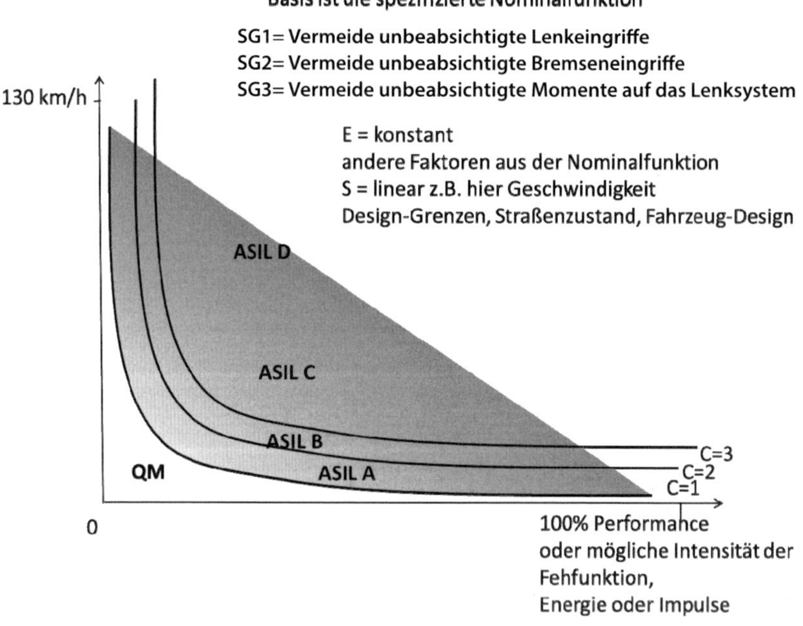

Bild 7.8 ASIL-Hyperbel bezogen auf die Beherrschbarkeit durch den Fahrer

Die Größe des ASILs verläuft oft entlang einer Hyperbel. Die Hochachse ist die Energie oder die Performance, die zum Beispiel das bewegte Fahrzeug hat, hier die Geschwindigkeit als Maß für die kinetische Energie des Fahrzeugs. Auf der Querachse wird die mögliche Performance des Systems dargestellt und dient als Äquivalent für die maximal mögliche Fehlfunktion. In dem Beispiel ist ersichtlich, dass die

- fehlerhaften Lenkeingriffe,
- fehlerhaften Bremseingriffe oder
- fehlerhaften Momente auf dem Lenksystem

beim Stillstand vom Fahrer eindeutig beherrscht werden können. Mit steigender Geschwindigkeit und steigender Intensität, Impulsdauer und so weiter sinkt die Fähigkeit, dass der Fahrer die Fehlfunktion beherrschen kann, der ASIL konvergiert gegen ASIL D. Der Effekt der Fehlfunktion führt jeweils dazu,

- dass das Fahrzeug bereits bei minimalem fehlerhaften Lenkeingriff bei hohen Geschwindigkeiten in den Gegenverkehr fahren kann,
- dass bei hoher Geschwindigkeit der fehlerhafte Bremseneingriff zur Destabilisierung oder zu Fehlreaktionen des Fahrers oder einem Auffahrunfall durch den nachkommenden Verkehr führt oder
- der Fahrer beim Lenken versucht gegen das fehlerhafte Moment anzusteuern und dabei zu sehr entgegensteuert.

In dem Förderprojekt „Safe“ von ITEA 2 wurde im Arbeitspaket 3 eine Lenkung betrachtet, hier hat man den Einfluss auf den Fahrer simuliert und die Grenzen der Beherrschbarkeit analysiert.

Eine elektrische Lenkunterstützung wird verwendet, um den Variabilitätsansatz zu demonstrieren. Das Lenkrad in Fahrtrichtung kommandiert eine Veränderung des Lenkwinkels. Darüber hinaus erhält der Fahrer ein Feedback zur Straße und zur aktuellen Situation. Im Allgemeinen gelten für Lenksysteme folgende Anforderungen und Interaktionen mit der Umgebung:

- Die erforderliche Betätigungskraft sollte so gering wie möglich sein,
- jedoch gibt die Kraft das Feedback, damit der Fahrer beim Lenken hinreichend in das Lenkgeschehen involviert ist.
- Die Drehung und die Anzahl der Umdrehungen am Lenkrad bilden ein Äquivalent zum Lenkwinkel und der Intensität der Lenkbewegung, die durch den Fahrer initiiert wird.
- Das Lenksystem wird ohne Kraft des Fahrers während der Fahrt in die Geradeaus-Position zurückgeführt.
- Die Rückmeldung des Straßenzustands wird dem Fahrer spürbar kommuniziert.
- Die gesetzlichen Bestimmungen zur maximalen Betätigungskraft sowie die Dauer der Lenkunterstützung bieten ein gleich bleibendes Lenkgefühl für den Fahrer.

Der wesentliche Punkt ist, dass zuerst von einer Überlagerungslenkung ausgegangen wird. Die bisherigen Betrachtungen beziehen sich nicht auf eine elektronische Lenkung, die die Aufgabe hat, eine bestimmte Trajektorie bezogen auf den Verkehrsraum abzufahren.

Im Allgemeinen basiert die elektrische Überlagerungslenkung auf dem folgenden Funktionsprinzip: Die Drehbewegung des Lenkrads wird durch einen Drehmomentsensor erfasst, der den Wert an ein elektronisches Steuergerät (ECU) übermittelt. In dem Steuergerät werden das notwendige Stützmoment und die gewünschte Leistungsverstärkung im jeweiligen Zeitintervall errechnet.

Die Leistungsverstärkung wird über ein Getriebe, den Elektromotor und die Leistungselektronik am Steuergerät auf das Lenksystem übertragen. Durch die Design-Definition der Elemente erhalten wir auch die technische Sicht auf die Architektur inklusive der technischen Aspekte der inneren und äußeren Schnittstellen.

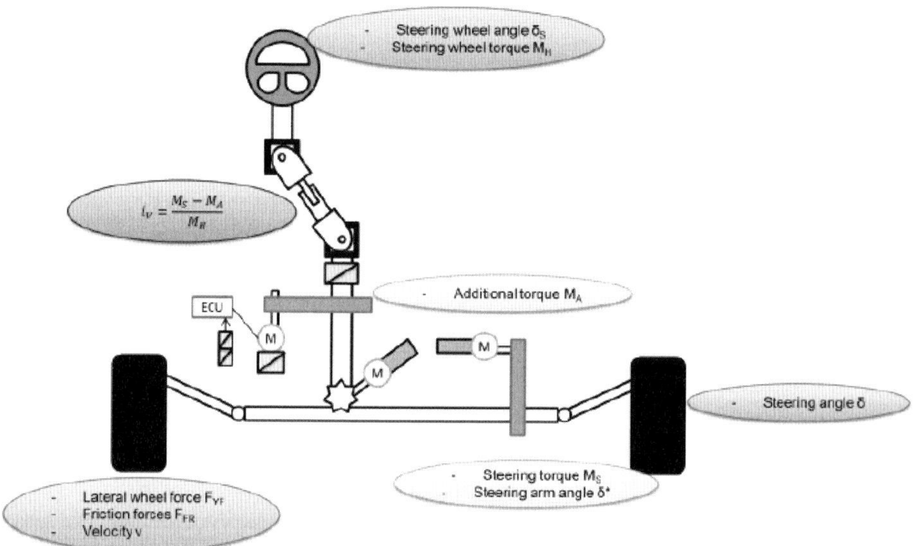

Bild 7.9 Prinzip eines Lenksystems inklusive der Einflussfaktoren auf den Fahrer (Quelle: *Safe Automotive soFtware architEcture (SAFE), ITEA2:* WP4, Deliverable D3.4.a, Guideline for description of variant management techniques)

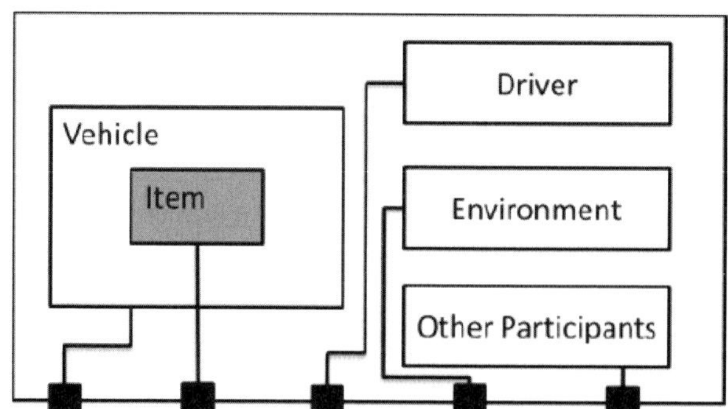

Bild 7.10 Vereinfachter Kontext für eine ITEM (Fahrzeugsystem) gemäß ISO 26262 (Quelle: *Safe Automotive soFtware architEcture (SAFE), ITEA2:* WP4, Deliverable D3.4.a, Guideline for description of variant management techniques)

Die in diesem Szenario festgestellte Gefahr besteht in einem unbeabsichtigten Drehmoment, wenn kein oder kein so intensives Drehmoment angefordert wird:

- Kontext: Geschwindigkeit größer als 50 km/h und gleiche gerade Krümmungen.
- Gefahr: Innerhalb von 100 ms wird der spezifizierte (und als korrekt ermittelte Wert) Drehmoment MaxTorque (x) für eine Dauer größer oder gleich x überschritten.
- MaxTorque (x) gibt das maximal tolerierbare Drehmoment während eines Zeitraums von 100 ms an.

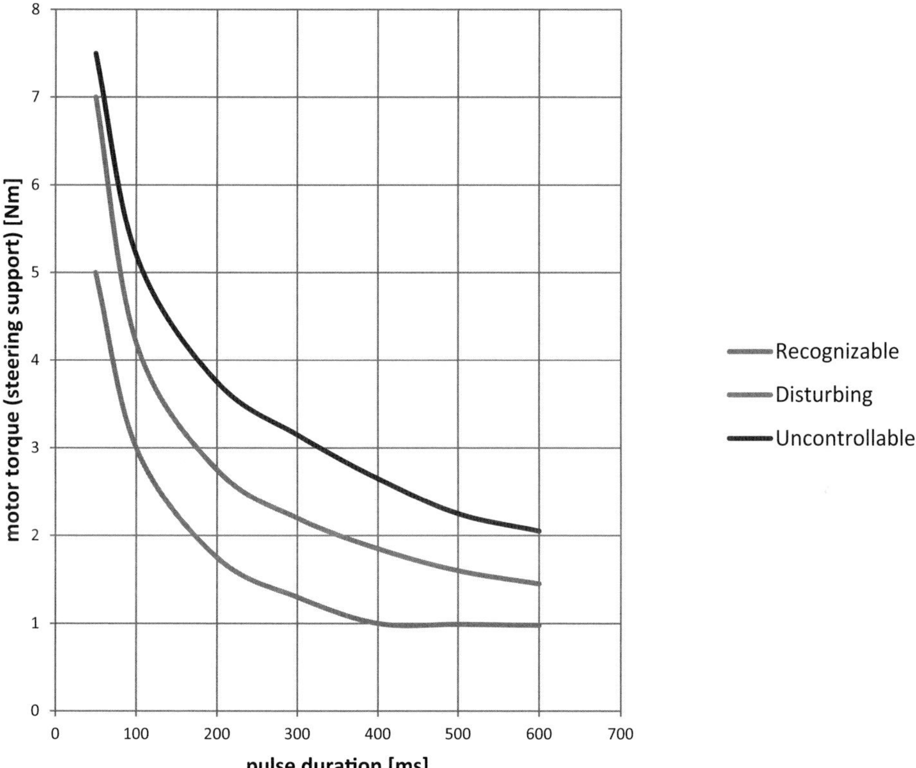

Bild 7.11 Moment der Lenkunterstützung und Dauer von Störimpulsen (Quelle: *Safe Automotive soFtware architEcture (SAFE), ITEA2:* WP4, Deliverable D3.4.a, Guideline for description of variant management techniques)

Das Motordrehmoment und der zeitliche Verlauf der Momente, die der Fahrer als störend oder gar unkontrollierbar in Form des Lenkradmoments wahrnimmt, ist von der Dauer und der Intensität der Abweichung vom gewünschten korrekten (im jeweiligen Augenblick) Wert abhängig.

In dem Beispiel aus dem Förderprojekt „Safe“ geht man dann in den Übergang zur Beherrschbarkeit durch den Fahrer und ermittelt Sicherheitsziele mit dem jeweiligen ASIL für die verschiedenen fehlerhaften Momenten-Charakteristiken.

Stellt man sich jetzt die Frage,

- was die korrekten Lenkmomente (Gebrauchssicherheit) sind,
- ob das Lenksystem in der Lage ist, die gewünschte Lenkbewegung im geforderten Zeitintervall zur Verfügung zu stellen (ob das System die notwendige Performance bereitstellen kann),
- welche Performance in welcher Situation notwendig ist,
- wie das Lenksystem temperatur-abhängige Trägheitsmomente im Lenkgetriebe kompensiert,

so sind wir nicht mehr im Scope der ISO 26262. Ein Sicherheitsziel mit einem ASIL wird kein risikoreduzierendes Anpassen der Anforderungen aus der ISO 26262 ergeben. Das heißt nicht, dass systematisches korrektes Spezifizieren oder Analysen und Verifikationen nicht zielführend sind, jedoch sind die Sicherheitsziele nicht mehr auf das Maß der EE-Fehlerbeherrschung skalierbar.

Ein sehr prägnantes Beispiel ist die notwendige Leistungsfähigkeit von Bremsanlagen. Die nominale Performance eines Bremssystems bezieht sich auf die möglichen maximalen Druckgradienten und den Volumenstrom der Bremsflüssigkeit in einen Bremssattel. Dieser maximale Druckaufbau kann hinreichend sein, um einen Pkw bis zu 3,5 Tonnen zu bremsen, aber nicht für einen 40-Tonnen-Lkw. Welche Werte am Ende für ein batterieelektrisches Fahrzeug notwendig und ob die Bremssysteme dann hinreichend sind, wird sich zeigen. Oberhalb von 3,5 Tonnen haben zumindest viele Lkws eine pneumatische Bremse.

Die Raddrehzahlsensoren mögen in der Lage sein, während der Bremsung die Griffigkeit (Reibwertschätzung) des Asphalts zu erfassen, aber ob es möglich ist, Sicherheitstechnik adäquat zu messen, kann angezweifelt werden. Das heißt, nicht jeder Sensor ist für jede Erfassung oder Messung geeignet. Ist ein einzelner Raddrehzahlsensor in der Lage, die Geschwindigkeit über Grund oder bezogen auf irgendeine Referenz sicher oder korrekt zu bestimmen? Ob es für ein bestimmtes Risikoszenarium ausreichend ist, ist eine Frage der Risikobewertung (Risiko-Assessment, aber kein „Functional Safety Assessment“ nach dem Verständnis der ISO 26262). Somit wird auch nicht jede Funktion auf Basis solcher Messungen in der Lage sein, das beschriebene Risikoszenario zu erkennen. Dieses Beispiel ist eine heute typische Anwendung der „indirekten Messung“.

Auch hier muss danach unterschieden werden, ob es um Parameter der Nominalfunktion geht, wie

- die Erfassung der korrekten Verzögerung in der jeweiligen Fahrsituation, des Straßenbelags oder der Wetterbedingungen,

- die notwendigen Kräfte für die Lenkung, um der geforderten Trajektorie zu folgen.

Der nächste Punkt heißt: Ist das Lenk- oder Bremssystem so ausgelegt (ist das Design hinreichend), dass es in jeder Situation und in allen notwendigen Betriebsbedingungen die Anforderungen erfüllen kann? Als weitere Herausforderung steht im Raum: Um welche Betriebsbedingungen und welche Situationen geht es und welche Kombinationen sind relevant?

Dies sind alles Aspekte, um eine Nominalfunktion für Situationen und bestimmte Zustände und Übergänge von Zuständen korrekt zu ermitteln. Aspekte des Insassenschutzes oder denkbare Fehler im Lenk- oder Bremssystem, die besonderer Schutzfunktionen bedürfen, sind noch nicht betrachtet. Ein wesentliches Beispiel ist die aktive Sicherheits- oder Schutzfunktion das ABS (Anti-Blockiersystem); es hat die Aufgabe, zu hohe Druckgradienten in der Bremsanlage zu vermeiden, die zu blockierten Rädern führen.

Was ist aber die Gefahr dahinter?

- Mit blockierten Rädern ist das Fahrzeug nicht mehr in der Lage zu lenken,
- das Fahrzeug schiebt trotz Lenkeinschlag über die Vorderräder geradeaus,
- die Hinterachse führt das Fahrzeug nicht mehr und es verliert die Seitenstabilität oder
- andere Effekte.

Die ABS-Schutzfunktion ist aber nur eine Bremsenschutzfunktion, andere Ursachen für Achs- oder Radblockierer können durch die ABS-Funktion nicht effektiv beherrscht oder vermieden werden. Ein blockierter Antriebsstrang kann durch die ABS-Funktion nicht beherrscht, vermindert oder vermieden werden, wenn

- der hintere Antrieb nach vorne zieht und der hintere nach hinten zieht oder umgekehrt,
- ein Antrieb übermäßig rekuperiert (Bremsen zur Energiegewinnung) oder mechanisch blockiert.

Dadurch entsteht eine gefährliche Situation. Weiter gibt es folgende Herausforderung:

- Ein Ausweichassistent ist in der Lage einem Hindernis automatisiert auszuweichen, wenn der Fahrer nicht rechtzeitig reagiert.
- Geschieht dies vor einer uneinsichtigen Kurve, wird ein Fahrzeugsystem den entgegenkommenden 40-Tonner nicht erkennen.
- Ein Risiko entsteht, obwohl die Funktion korrekt, fehlerfrei und wie beabsichtigt und spezifiziert funktioniert hat.

Die Fragestellung, was das richtige Verhalten in welcher Situation ist, ist mit dem Rahmenwerk der ISO 26262 zu betrachten nicht möglich. Für alle betrieblichen

Belange gelten andere Arten von Sicherheits- und Schutzmaßnahmen und die Bewertung ihrer Effektivität beruht auf anderen Prinzipien.

Die nicht geeignete Funktion könnte im Rahmen der IEC 61508 betrachtet werden, da diese Norm ihren Bezug zum „EUC, Equipment under Control" (das zu sichernde System) definiert hat. Das EUC wäre in den meisten Fällen das Fahrzeug, gemäß IEC 61508 wäre demnach die entscheidende Frage in der Validierung: Kann das Fahrzeug durch das definierte Bremssystem oder Lenksystem bei entsprechend korrektem Funktionieren hinreichend sicher lenken und bremsen? Aber kann das Item (der Betrachtungsgegenstand) nicht als die zusichernde Fahrzeugfunktion auf Basis eines definierten Fahrzeugsystems betrachtet werden?

Die IEC 61508 bezieht sich bei der Betrachtung immer auf das EUC. Das heißt, im Kontext der IEC 61508 wird immer eine korrekt funktionierende Maschine (Beispiel für ein EUC) auch schon eine korrekte Funktion ausüben. Und nur im Fehlerfall wird man mit einem Sicherheitsintegritätssystem mit elektrisch oder elektronisch umgesetzten Maßnahmen in den Betrieb der Maschine (oder das EUC) eingreifen. Weiter gibt es auch im Anwendungsbereich der IEC 61508 nicht nur „On-Demand-Sicherheitssysteme" (sichern nur im Anforderungsfall, wobei man eigentlich nur Systeme betrachtet, die seltener als einmal im Jahr ein Fehlverhalten aufweisen), sondern auch „Continuous-Mode-Systeme" (sichern kontinuierlich die Funktion des EUC). Würden wir die Grundlage für die Quantifizierung in der IEC 61508 außer Betracht lassen, wäre

- ein Bremssystem ein On-Demand-System (es muss dann effektiv eingreifen, wenn es angefordert wird) und
- ein Lenksystem ein Continuous-System (es wirkt kontinuierlich).

Hier aber dann die Anforderungen der IEC 61508 entsprechend dieser Klassifizierung anzupassen, wäre auch nicht hinreichend zielführend. Wesentlich ist jedoch bei den auf Fahrzeugebene wirkenden Schutzsystemen, dass diese zu dem Zeitpunkt, in dem sich die Ursache für ein Risiko auswirkt, rechtzeitig geeignete Maßnahmen einleiten müssen.

7.2.2 Redundanz zur Risikoursachenerkennung oder als Maßnahme

Die ISO 26262 stellt im Teil 6 Methoden und Beispiele auch zu redundanten Sicherheitsarchitekturen vor. Hier unterscheidet man dann zum Beispiel zwischen 1oo2- und 2oo2-Architekturen, die über die Architekturmetriken quantitativ bewertet werden.

Diese Architekturbewertungsmetriken beziehen sich auf ein Sicherheitsintegritätssystem, welches qualitativ die Fähigkeit beziehungsweise quantitativ die Wahrscheinlichkeit bewertet, ein EUC (also ein System entsprechend Equipment-under-Control) inklusive des Basissteuerungssystems (zum Beispiel ein UNIX-basierendes Prozessleitsystem) in einen sicheren Zustand zu überführen. Alle Anforderungen und Beispiele in der IEC 61508 beziehen sich darauf, dass der energielose Zustand der sichere Zustand ist. Das meist eingesetzte System ist ein „1-von-2-D-System (1oo2d)“, wobei über zwei Pfade ein sicherer Zustand herbeigeführt werden kann und die Fähigkeit, dass die beiden Pfade den sicheren Zustand herbeiführen können, in gewissen Zyklen diagnostiziert wird. Die Anforderung an den Diagnosezyklus ist kürzer bei einem Sicherheitsintegritätssystem, welches kontinuierlich (Continuous-Mode) mit einer Anforderung rechnen muss, das System in einen „sicheren Zustand“ zu überführen, als bei einem System, welches relativ selten (Demand-Mode) mit einer solchen Anforderung rechnen muss. Jedoch geht man davon aus, dass das EUC inklusive des Basissteuerungssystems relativ selten in einen Fehlerzustand übergeht. Der Kredit des EUC und des Basissteuergeräts darf nur nicht höher als bei einer Fehlerrate von 10-5/h liegen, da eine geringere Fehlerwahrscheinlichkeit wegen der systematischen Fehler nicht glaubhaft ist. Das heißt aber, dass die Nominalfunktion auch gemäß dieser Norm bereits eine gewisse Sicherheit für die Anwendung mitbringen muss. Übrigens: Bei den meisten Flugstandards gilt für die einkanaligen Steuergeräte bei geringen DAL (Design Assurance Level, e. g. DAL C) eine Anforderung für die minimale Ausfallrate des gesamten EE-Systems, welches die Nominalfunktion ausführt, von 10-5/h und bei höheren DAL (e. g. DAL A) von 10-6/h, wobei aus der jeweiligen Zuverlässigkeit dann qualitativ die Anforderung nach Geräteredundanz zu erfüllen ist.

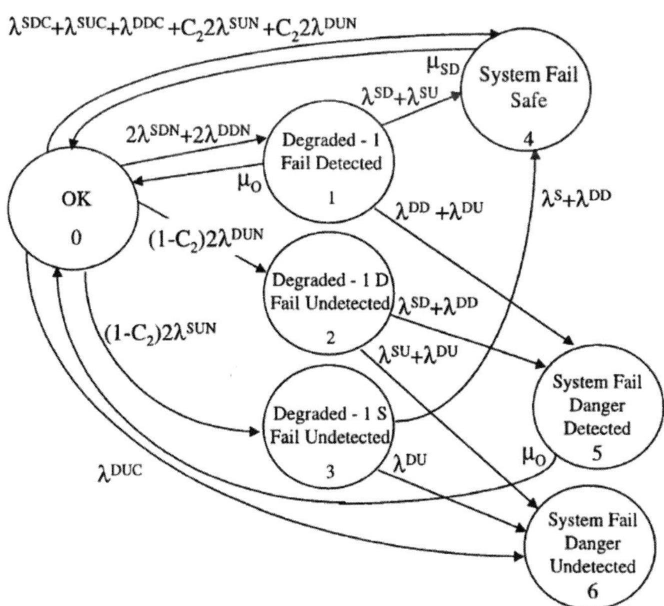

Bild 7.12 Markov-Modell für ein 1oo2D-System (Quelle: Goble 1998)

- die Rakete fällt über dem offenen Meer ins Wasser,
- das Auto sollte abbremsen, wenn die grüne Ampel nicht erkennbar ist.

Diese Anforderungen brechen sich hinunter bis auf die Realisierung und die Implementierung der geeigneten Software. Folgendes Beispiel aus der Lenkung zeigt die Varianz, wo und wann Redundanz zu welchem Zweck eingesetzt werden kann oder gar unumgänglich ist.

In der Systemhierarchie (Fahrzeugebene) sieht man bereits, dass die Redundanz nie vollständig durchgängig realisiert werden kann. An bestimmten Stellen muss eine Entscheidung getroffen werden und an diesen Stellen ist Redundanz nur partiell möglich. Irgendwann ist eine Entscheidung zu treffen, ob links oder rechts gelenkt wird. Aus diesem Grunde ist bei Flugzeugen meist vor dem Aktuator ein 2oo3- oder höherer Voter eingesetzt, um eine Mehrheitsentscheidung für den singulären Aktuator-Eingriff herbeizuführen.

Es wird die Analogie zum automatisierten Fahren aufgezeigt.

Die Mission muss analysiert werden und die Frage, in welcher Umgebung sich das Fahrzeug bewegen soll. Dies ist bei Flugzeugen im definierten Flugkorridor wesentlich einfacher.

Die Freiheit der Fahr- oder Flugkorridore muss festgestellt werden. Entspricht der freie Korridor nicht der beabsichtigten Mission, ist die Gefahr nicht unbedingt latent, es mag nur sehr ärgerlich für die Passagiere sein, wenn sie in London anstelle von Hamburg landen.

Das Verhältnis von Trajektorie und Lokalisierung, also die Position zum jeweiligen Zeitpunkt des Fahrzeugs oder Flugzeugs im jeweiligen Raum, ist wesentlich, um die Stellbefehle für die Ansteuerung der Aktuatoren zu geben.

Der Eingriff des Piloten ist so gestaltet, dass der Pilot direkt in die Aktuator-Ansteuerung eingreifen kann.

Die Basisarchitektur, wie diese von der ATA (Air Transportation Association) vorgeschlagen ist, stellt die geforderte Nominalfunktion dar.

Die Mission selbst wird in einem redundanten (meist homogen, weil leichter zu synchronisieren) Dual-System implementiert. Hier wird es zwei weitgehend redundante Datenströme geben, die kreuzweise überwacht werden. Die Freiheit des Korridors wird bei Flugzeugen im Allgemeinen von der Flugüberwachung überprüft, somit ist im Flugzeug selbst nicht unbedingt der Bedarf an entsprechenden Schutzmaßnahmen vorhanden. Die Trajektorien-Berechnung und auch die jeweilige Positionierung des Flugzeugs zum jeweiligen Zeitpunkt ist der kritischste Teil des Systems. Im Flugzeug werden alle Werte und Parameter nochmals mit der Luftraumüberwachung synchronisiert, damit für die Berechnung der Daten für die Aktuator-Ansteuerung korrekte Daten zugrunde liegen. Daher wird hier ein Dual-Duplex- oder Dual-Dual-System eingesetzt, damit durch verschiedene Vergleiche verschiedenste Ursachen für Fehler und Fehlverhalten des Systems festgestellt werden können. Im Wesentlichen existiert die doppelte Redundanz jedoch dazu, eine Ansteuerung bei einem gesamten Ausfall zur Verfügung zu haben.

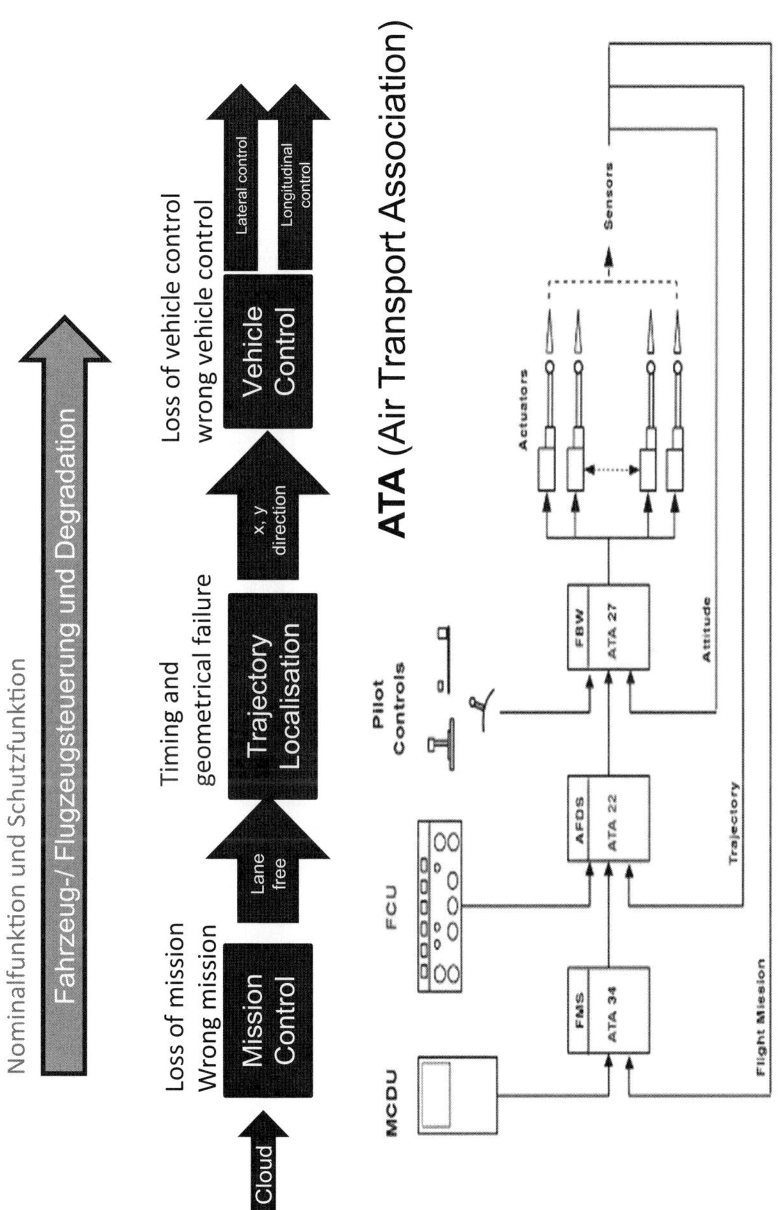

Bild 7.16 Nominalfunktion in Anlehnung an einen Autopiloten im Flugzeug (in Anlehnung an Moir/Seabridge 2008)

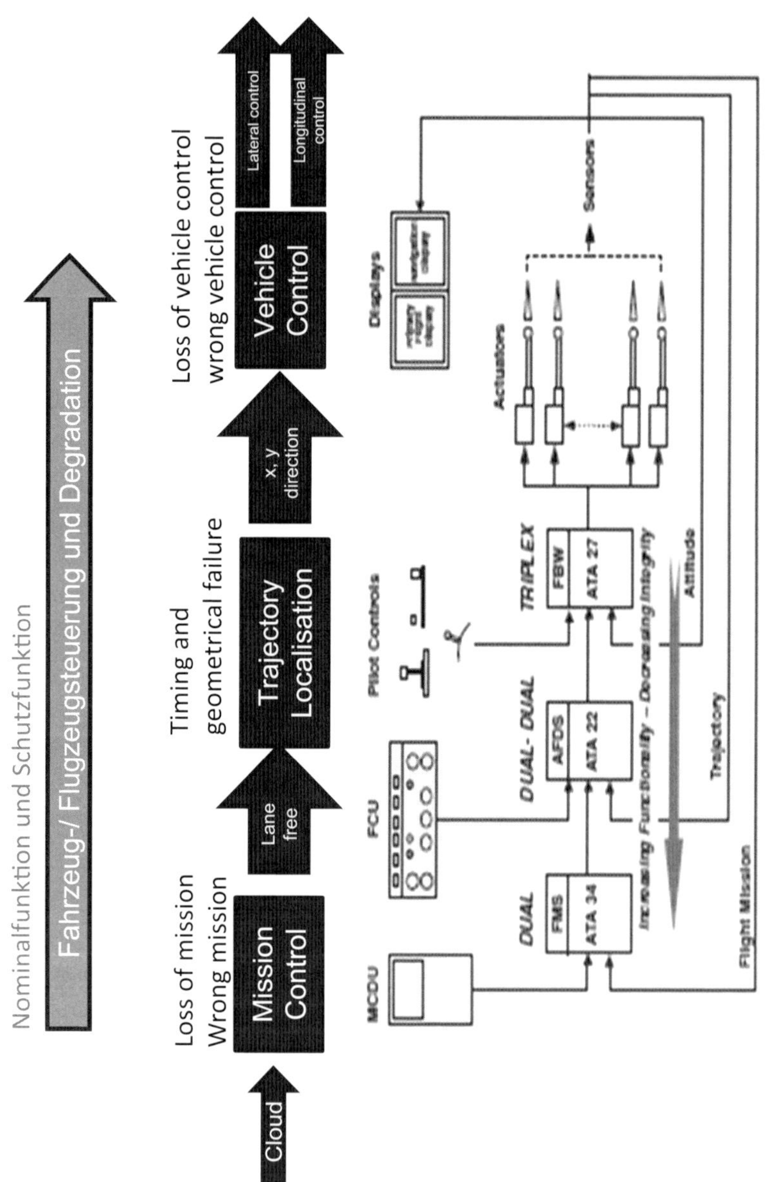

Bild 7.17 Ergänzung der Schutzfunktionen für den Autopiloten (in Anlehnung an Moir/Seabridge 2008)

Neben den Maßnahmen in den Sicherheitssystemen werden Sensoren ergänzt, die das Feedback für die Regelabweichung bereitstellen; dies betrifft die Schleifen

- zur Mission (z. B. GPS-Daten im Flugzeug mit externen abgleichen),
- zur Trajektorie (Wie gut folgt man der Trajektorie im Rechnersystem?),
- zum Verhalten (Stellen die Aktuatoren das richtige Verhalten in der Umgebung sicher?).

In Ergänzung dazu werden sämtliche Daten dem Piloten korrekt und unverfälscht auf ein Display gegeben, da der Pilot durch seinen manuellen Eingriff immer die entscheidende Instanz ist.

Dies ist eine sehr vereinfachte Analogie zur Luftfahrt, wobei man hier doch wesentliche Aspekte durch die Redundanz mit der Luftraumüberwachung und durch die Eingriffe des Piloten zu betrachten hat.

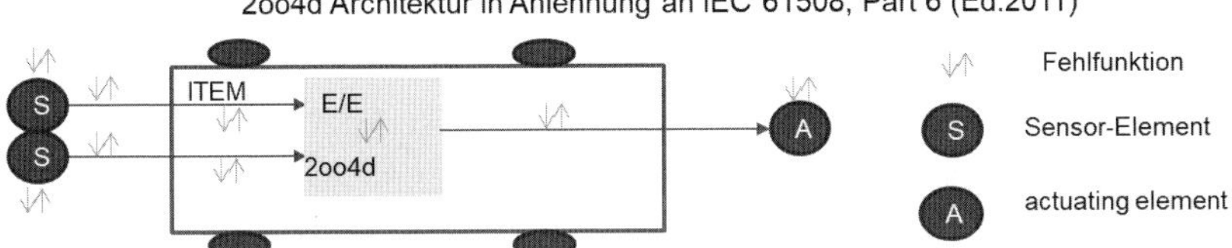

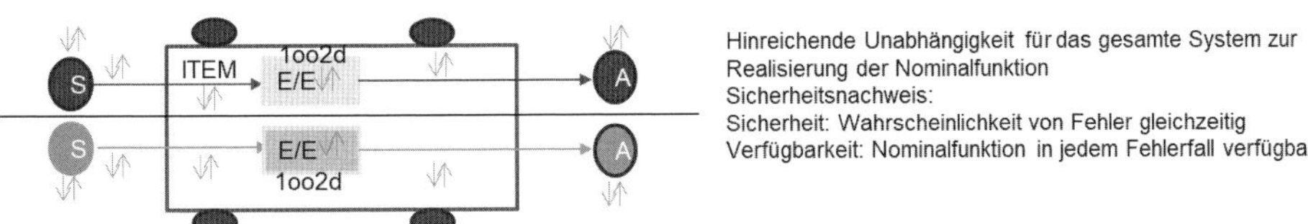

Bild 7.18 Vergleich einer 2oo4d- mit einer doppelt redundanten 1oo2D-Architektur

Insbesondere alle Einflüsse aus dem Kontext und funktionale Zusammenhänge können bei einem 2oo4d-System nicht entkoppelt werden. In den Nominalfunktionen und auch bei korrekt funktionierenden Sicherheits- und Schutzmechanismen wird man Fehlverhalten, wie das Einnehmen von falschen Zuständen oder das Durchführen von kritischen Transitionen, nicht durch systematische und auch zufällige Fehlereinflüsse vermeiden können.

Daher fordern die meisten anderen Branchen auf der Fahrzeug- oder Transportsystem-Funktionsebene eine Geräteunabhängigkeit sowie baulich und geometrisch getrennte

- Energieversorgungssysteme,
- Steuerspannungssysteme und
- Kommunikationssysteme.

Auch im Anlagen- und Maschinenbau sowie im Kraftwerksbau werden die Versorgungssysteme oder Infrastruktursysteme über getrennte Trassen und oft mit verschiedenartiger Technologie implementiert.

Bei redundanten Systemen sind betriebsbedingte Wechsel des betriebsführenden Funktionsstrangs zur Fehlervermeidung oder Fehlerbeherrschung notwendig. Mögliche Gründe dafür sind:

- Bestimmte Fehler, deren Ursachen auf Einflüsse aus der Umwelt oder das Zusammenspiel mit der Aktuatorik zurückgeführt werden, sind im aktiven Betrieb überprüfbar.
- Während der Initialisierung oder durch zyklische Tests können nicht alle relevanten Fehlereinflüsse beherrscht oder entdeckt werden.
- Alle prädiktiven Maßnahmen können nur während der aktiven Laufzeit für das System analysiert werden.
- Ob ein nicht aktiver Funktionsstrang in dem jeweiligen Bedarfsfall auch stets die Funktionsführung übernehmen kann, ist nicht immer gegeben.

Dies sind einige Aspekte, die bei der Planung und Analyse Einfluss auf die Architektur und die Funktionsweise haben können.

Grundsätzlich sind diese Aspekte auch für eine Voting-Architektur zu betrachten. Bei einem beliebigen redundanten System ist es jedoch immer wesentlich, dass am Aktuator nur eine Reaktion eingestellt werden kann, lediglich die Performance ist skalierbar oder degradierbar.

Daher wird bei Voter- und bei Dual-Systemen (auch bei Dual-Duplex) oft das Prinzip des „hot-stand-by" umgesetzt und beim Aktuator die Redundanz so ausgelegt, dass nur bei voller Verfügbarkeit auch die volle Leistungsfähigkeit zur Verfügung steht.

Als Steuereinheit können bereits vorhandene Steuergeräte für den einzelnen Funktionsstrang genutzt werden, jedoch ist für die Leistungsverstärker und die Motorwicklungen wohl eine Redundanz unumgänglich.

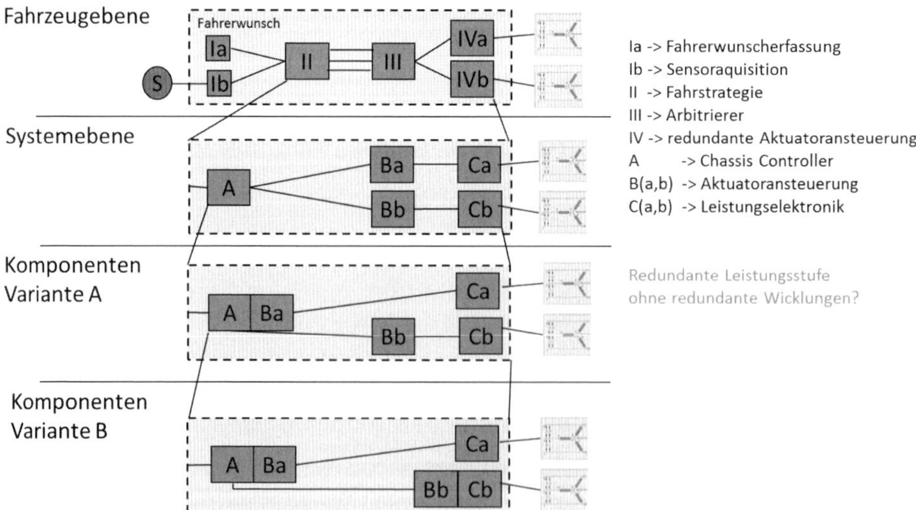

Bild 7.19 Hierarchische Ableitung auf einen redundanten Aktuator

Es werden einige Varianten gezeigt, wie insbesondere die Aktuatoransteuerung und die Leistungsansteuerung miteinander verschaltet sind.

Bei allen Varianten zeigt sich die horizontale Abhängigkeit vom Sensor hin zum Aktuator. Der Ausfall der einzelnen Komponenten ist bei einem redundanten System oftmals hinreichend betrachtet. Für den Fall, dass die Systeme zu unterschiedliche Reaktionen am Aktuator anfordern, muss eine Entscheidung herbeigeführt werden.

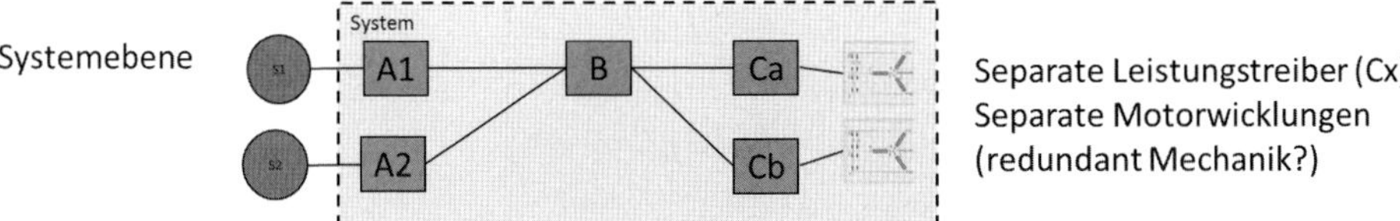

Bild 7.20 System mit redundanten Sensoren und einer zentralen Steuereinheit (Block B)

Sensoren und deren Adaption auf dem Steuergerät (S1/A1 und S2/A2) werden redundant implementiert, um dem System plausible Informationen zur Verfügung stellen zu können. Nutzt man als Controller einen Mikrocontroller oder auch nur ein Single-Core auf einer Steuereinheit, so ist es offensichtlich, dass der Controller (B) und die Software weitgehend einen Fehler gemeinsamer Ursache (Common-Cause Failure) darstellen.

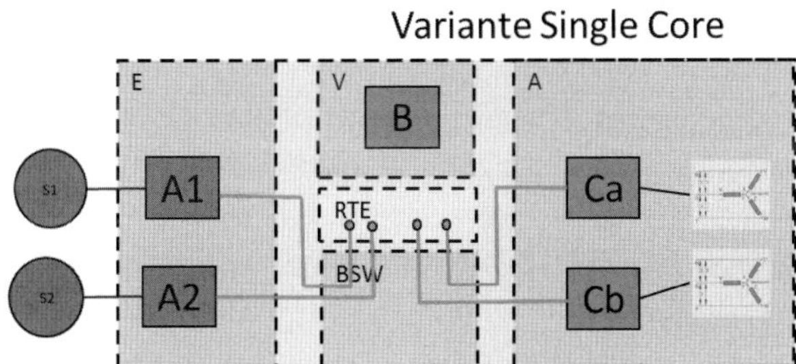

Bild 7.21 Betrachtung der Schnittstelle Basis- und Anwender-Software

Die komplette Kette sieht die Verarbeitungseinheit (also z. B. den Mikrocontroller) als potentielle Quelle für die verschiedenen Fehler oder Ausfälle gemeinsamer Ursachen.

Die Option, einen Lockstep-Controller einzusetzen, bringt nur Vorteile für die funktionale Sicherheit im Rechenwerk des Mikrocontrollers. Sämtliche Funktionseinheiten im Mikrocontroller inklusive der Software bleiben eine potentielle Ursache für den Ausfall der Nominalfunktion.

Nutz man einen asymmetrischen Multicore, kann auch die Basis-SW gedoppelt werden, diese wäre dann im Falle von nicht-systematischen zufälligen Fehlern, wie zufälligen Hardware-Fehlern, potentiell noch verfügbar. Jede Erhöhung der Redundanz wird jedoch nie eine effektive Maßnahme gegen systematische Fehler sein.

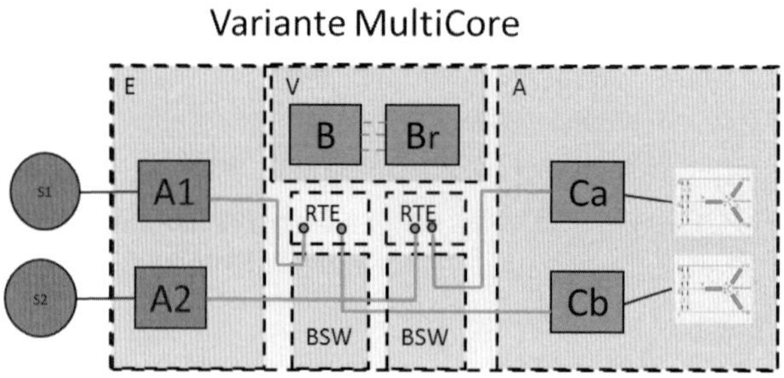

Bild 7.22 Beispiel Multi-Core mit jeweils getrennter Basis-Software

Bezüglich funktionaler Sicherheit im Hinblick auf Fehlerbeherrschung hat der Ansatz mit redundanter Basis-Software wesentliche Vorteile, da der eine Pfad gegen den anderen Pfad kontinuierlich verglichen werden kann. Geht man davon aus, dass zufällige Fehler nur sporadisch auftreten und nicht gleichzeitig, so sind systematische Abweichungen durch den Vergleich auch gut identifizierbar. Alle funktionalen Redundanzen in der Applikationssoftware (B und Br), die auf derselben Spezifikation beruhen, werden auch das Potenzial haben, dieselben systematischen Fehler verursachen zu können, trotz beliebiger Redundanz.

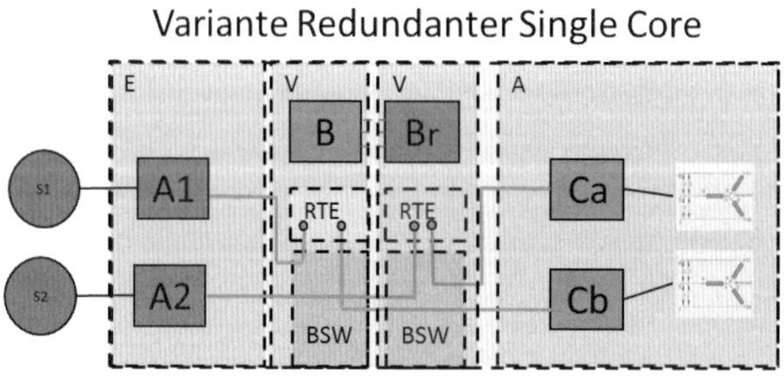

Bild 7.23 Variante mit redundantem Steuergerät

Selbst wenn man separate Steuergeräte betrachtet, wird die Abhängigkeit der systematischen Fehler in der Spezifikation durch die Redundanzen nur wenig reduziert werden. Insbesondere alle Effekte,

- die von außen oder dem Kontext auf den Betrachtungsumfang wirken und/oder
- die sich auf Zustände und Transitionen zwischen Zuständen beziehen und

bei korrekter Funktion und im Fehlerfall zu Gefährdungen führen, können durch diese Art der Redundanz nicht vermieden oder beherrscht werden.

Betrachtet man die Hauptsteuergeräte eines Fahrzeugs, so wäre ein redundantes Bordnetz wünschenswert. Auch bei Dual-Duplex-Architekturen werden die Redundanzen auf dem Gerät in erster Linie zur Fehlerdiagnose, Fehlerbeherrschung und auch Fehlerkorrektur genutzt. Die Geräteredundanz dient in erster Linie der Verfügbarkeit der Nominalfunktion.

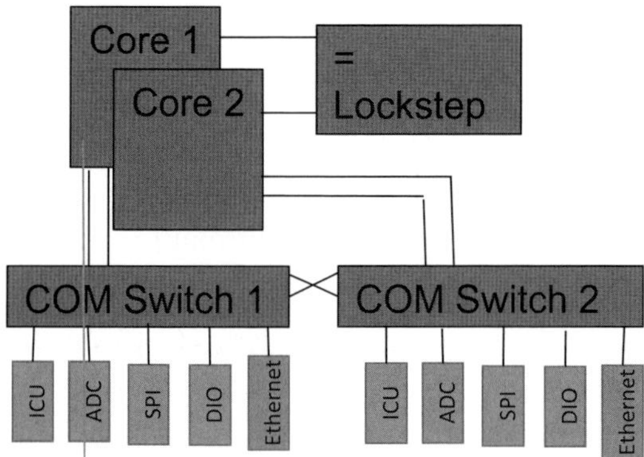

Bild 7.24 Basis-Lockstep-Mikrocontroller-System mit redundanten I/Os

Oft werden I/Os (Eingabe/Ausgabe-Einheiten) und andere Peripherie-Einheiten wegen der systematischen Fehler am Prozess-Interface (Anbindung der EE-Funktion an den physikalischen Prozess, wie die des Sensors an die zu messende physikalische Größe) redundant implementiert. Diese Redundanz dient natürlich im fehlerfreien Fall auch zur Erhöhung der Leistungsfähigkeit. Die korrekte fehlerfreie Verarbeitung wird über die Lockstep-Kopplung überwacht.

Geht man von einer Funktionsverfügbarkeit am Beispiel für eine Lenkung aus, ist auch die Verfügbarkeit der Informationen ein wesentlicher Bestandteil des Konzeptes. Im Wesentlichen geht es um die Information, ob das Lenksystem rechts, links oder gar nicht lenken soll. In Anlagenbau geht man gerne von Ringleitungen aus, die an einer beliebigen Stelle geschnitten werden können, aber zu keinem Funktionsausfall führen, wenn der Datenstrom auch in der entgegengesetzten Richtung im weitgehend gleichen Zeitintervall den Konsumenten der Informationen erreicht. In einem geswitchten Ethernet kann dies gewährleistet werden. „Geswitcht" heißt, man verwendet Ethernet-Switches als Kommunikationsknoten, die die Daten über die verschiedenen Kommunikationswege steuern. Natürlich sind im Extremfall auch noch äußere Einflüsse wie EMV, Überspannung, Blitz sowie auch mechanische Zerstörung wie bei einem Unfall Ursachen für einen direkten Ausfall, selbst wenn Steuerspannung und Energie noch verfügbar wären. Daher wären auch Maßnahmen, wie

- redundante Ringe,
- unterschiedliche geometrische/räumliche Anordnungen (rechte oder linke Fahrzeugseite/hinten oder vorne im Fahrzeug),
- Mechanismen zur prädiktiven Diagnose,
- Fehlertoleranz-Mechanismen,

und so weiter wesentliche Architekturmerkmale zur Erhöhung der Funktionsverfügbarkeit.

Das Beispiel für die Ansteuerung der Lenkung zeigt, dass eine redundante Lenkaktuatorik (oder redundante Leistungselektronik und Motorwicklungen) nur Sinn macht, wenn auch

die Kommunikation in jedem denkbaren Fehlerfall verfügbar ist, da es heute weitgehend keine Lenkung mit Trajektorienspeicher gibt,

die Steuerspannung (12 V für die Steuerung der Leistungselektronik) verfügbar ist, da sonst die Leistungselektronik nicht gesteuert werden kann, und

die Energie (oft heute auch auf Basis der 12-V-Versorgung, alternativ 48-V-Netz) zum Aktuator verfügbar ist.

Stellt das Bordnetz eines dieser drei Kriterien in bestimmten Fehlerfällen nicht bereit, führt dies umgehend zu einem signifikanten Sicherheitsrisiko.

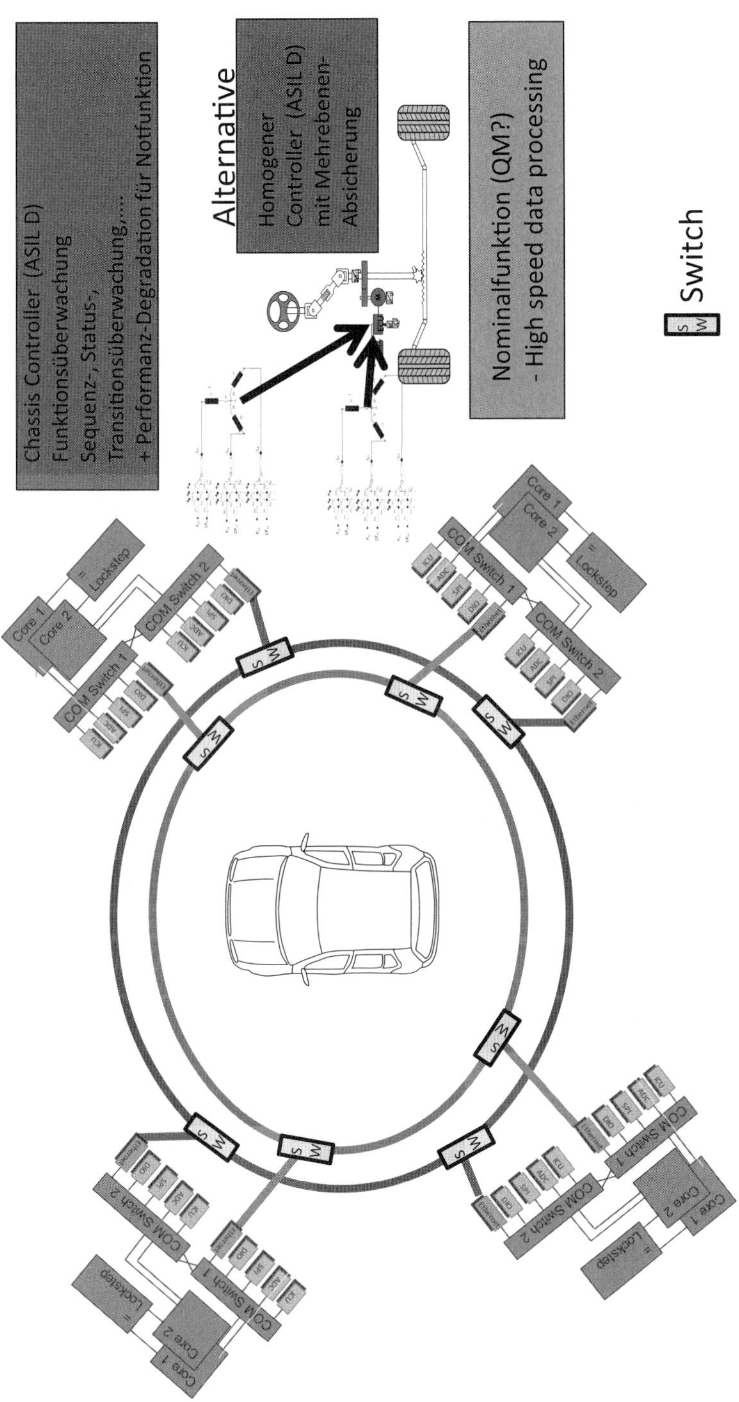

Bild 7.25 Ethernet-Ring in der Fahrzeug-EE-Architektur

7.2.4 Automatisiertes Fahren auf AD-Level 3

Automatisierte Fahrfunktionen ab dem AD-Level 3 erfordern insbesondere für den Fall, dass der Fahrer die Fahrzeugführung übernehmen soll, eine gewisse Überbrückungszeit, um den Fahrer wieder in die Lage zu versetzen, die Fahrsituation zu erfassen und die richtigen Fahrzeugführungsfunktionen wieder selbst zu übernehmen. Es kann sein, dass er lenken oder weniger oder stärker bremsen muss. Teilweise kann es auch nur bedeuten, dass er ein Fahrzeug wenige Meter fortbewegen muss, um einen Überholvorgang zu beenden oder von einer Straßenkreuzung, Baustelle, einem Tunnel oder Bahngleisen wegzugelangen.

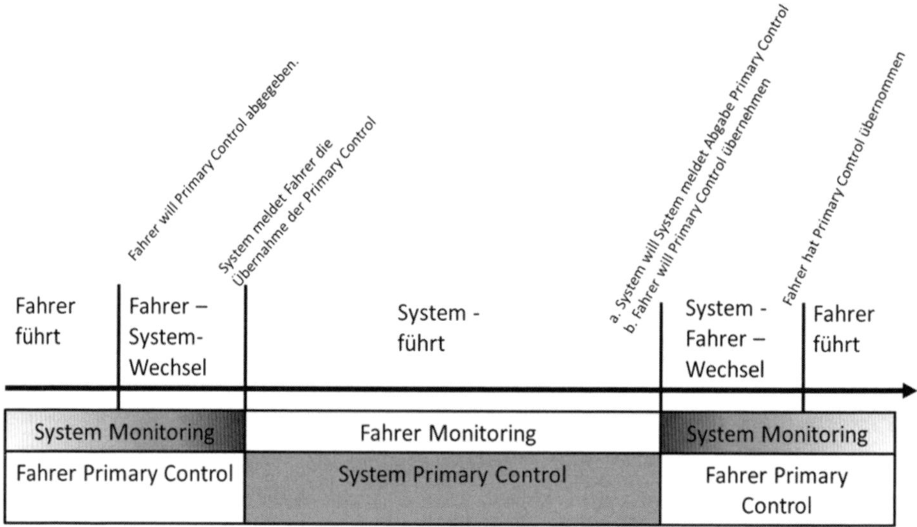

Bild 7.26 Szenarium für den Wechsel der Fahrzeugführung zwischen Fahrer und System

Es scheint derzeit ein besonderer Mangel von reinen batterieelektrischen Fahrzeugen (BEV) zu sein, dass die Bordnetzverfügbarkeit, insbesondere die 12-V-Ebene, um den Faktor 5 geringer ist als bei einem Hybrid- oder Verbrenner-Fahrzeug.

Um jedoch selbst in kritischen Situationen insbesondere noch die Lenkbarkeit des Fahrzeugs zu erhalten, müssen folgende Funktionen für einen Zeitraum verfügbar bleiben:

Eine Spannung von 12 V, um die entsprechende Versorgungsspannung der Steuergeräte sicherzustellen. Wenn Systeme wie die Lenkung ihre Energie zum Lenken aus demselben 12-V-Netz erhalten, wird das Fahrzeug innerhalb von Zeiten unter 1 Sekunde unlenkbar.

Wird eine separate Energie benötigt, weil das 12-V-Bordnetz diese wegen der hohen Ströme nicht bereitstellen kann, wie 48 V oder höher, so muss diese auch für einen gewissen Zeitraum verfügbar sein.

Damit auch klar ist, wie stark gelenkt oder gebremst werden muss, muss natürlich auch die Kommunikation dieser Informationen verfügbar sein, damit die Systeme „sicher Funktionieren" können.

Um tatsächlich die Fahrzeugführung zu übernehmen, muss der Fahrer nicht nur situationsbedingt, sondern auch in jedem beliebigen Fehlerfall die Verkehrsraumbeobachtung und die Fahrerführerschaft übernehmen.

Es gibt verschiedene Lösungen dafür, hochverfügbare Bordnetze zu realisieren, zum Beispiel:

- Im 12-V-Netz tritt ein Fehler auf, eine Spannungsquelle übernimmt die Versorgung und die fehlerhafte Quelle wird abgetrennt (fault-containment).
- Redundanz ist im Fahrbetrieb parallel und im Ladebetrieb sequentiell geschaltet.
- Die Lenkung hat bereits Zugang für 12-V- und 48-V-Spannungs- und -Energieversorgung.

Die meisten Fehler, die zu einem Ausfall führen, basieren auch auf Kaskaden, bei denen ein Fehler in der Hochvolt-Batterie zu Abschaltungen führt, die dann auch über DC/DC zur 12-V-Batterie führen. Wenn die 12-V-Versorgung oder die Kommunikation zum Inverter unterbrochen ist, wird ein Inverter das Öffnen der Batterieschütze anfordern und selbst die HV-Restenergie über die Wicklungen abbauen.

Wesentlich ist, dass die verschiedenen Elemente der EE-Architektur inklusive der geometrischen Anordnung zum Beispiel wegen der Crash-Sicherheit gesamtheitlich betrachtet und die verschiedenen notwendigen Redundanzen systematisch verbunden werden.

Dazu müssen in der EE-Architektur bestimmte Maßnahmen betrachtet werden:

- Die Steuerspannung/12-V-Ebene muss der Kommunikationsebene und den verfügbaren Redundanzen zugeordnet werden. Das heißt, wenn es zwei 12-V-Netze und zwei Kommunikationsnetze gibt, dann müssen Steuergeräte jeweils an dem gleichen Strang hängen, ansonsten reduziert sich die Verfügbarkeit im Falle eines Ausfalls der 12-V-Versorgung oder der Kommunikation. Im anderen Fall fällt zwar das komplette Steuergerät aus, aber die verfügbaren Steuergeräte können die Nominalfunktion (meist mit reduzierter Performance) aufrechterhalten.
- Systeme zur Sicherstellung der Fahrt des Fahrzeugs bis zu einem sicheren Stillstand, wie Bremse und Lenkung, werden jeweils zwei Kommunikationsanschlüsse und zwei 12-V-Anschlüsse haben müssen, die galvanisch oder „hinreichend sicher" gegeneinander getrennt sind.
- Alle HV-Verbraucher sollten ebenfalls zwei HV-Netzen zugeordnet werden, damit HV-Abschaltungen sich nur auf einen Stang beziehen. Der jeweilige HV-Strang sollte unabhängig einem 12-V- und Kommunikationsnetz zugeordnet sein, damit HV-Fehler und HV-Betriebsabschaltungen nicht zu Fehlern in den anderen Netzen führen.

- Eine Einheit sollte für Diagnosen der Leitungswiderstände und der Ströme vorgesehen werden und den Systemen entsprechende Informationen zur Verfügung stellen, damit präventiv Verbraucher vor einem Fehler aus dem Netz evakuiert werden können.
- Steuergeräte zum automatisierten Fahren sollten sich in einem anderen Netz befinden als Steuergeräte, die den Fahrerwunsch aufnehmen, damit die zwei Funktionen unabhängig voneinander behandelt werden können.
- Steuergeräte, Energiesysteme, auch Antriebe und die Netze sollten so angeordnet sein, dass im Crash-Fall nie eine gleichzeitige Beschädigung erfolgt.

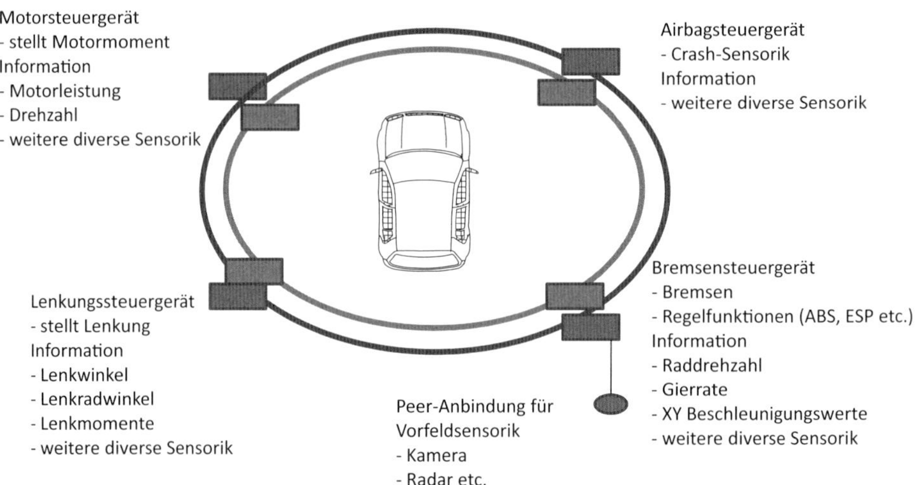

Bild 7.27 Redundante Netze für Kommunikation und 12-V-Versorgung

Aus Gründen der Crash-Sicherheit können Systeme und Leitungsführungen vorne und hinten beziehungsweise rechts und links vom Fahrzeug angeordnet werden, damit bei einem Unfall nie beide redundante Zweige der EE-Architektur gleichzeitig ausfallen können.

Aktuell wird sehr intensiv diskutiert, ob der AD-Level 3 überhaupt weiter unterstützt werden soll. Alle Funktionen und Mechanismen, um den Fahrer wieder in die Lage zu versetzen, das Fahrzeug sicher zu führen, ziehen kostenintensive Entwicklungen nach sich und werden wohl für AD-Level 4 nicht mehr einsetzbar sein. Besonders in Deutschland scheint der AD-Level 3 dem Fahrer auch keinen Nutzen zu bringen, da er andere Aktivitäten wie Zeitung lesen oder Online-Medien zu bedienen gemäß Straßenverkehrsordnung nicht ausführen darf.

7.3 Schutzebenen und Barrieren

Wie bereits vorher beschrieben, können Fehler und funktionale Effekte in beliebiger Form zu Störfällen und Unfällen führen. Die Effekte und Fehler können in horizontaler Ebene (zum Beispiel vom Sensor über die Verarbeitung hin zum Aktuator) propagieren, oder vertikal vom physikalischen Effekt zum Beispiel in der Elektronikhardware hin zu einem Störfall oder Unfall. Daher ist es notwendig, Schutzebenen oder Barrieren einzuplanen.

7.3.1 Fehler- und Risiko-Pyramide

Bei automatisierten Fahrfunktionen, die man in dem Kontext der jeweiligen Verkehrssituation betrachten muss, wird schnell transparent, dass eine Fehlerpyramide sehr viele Ebenen hat.

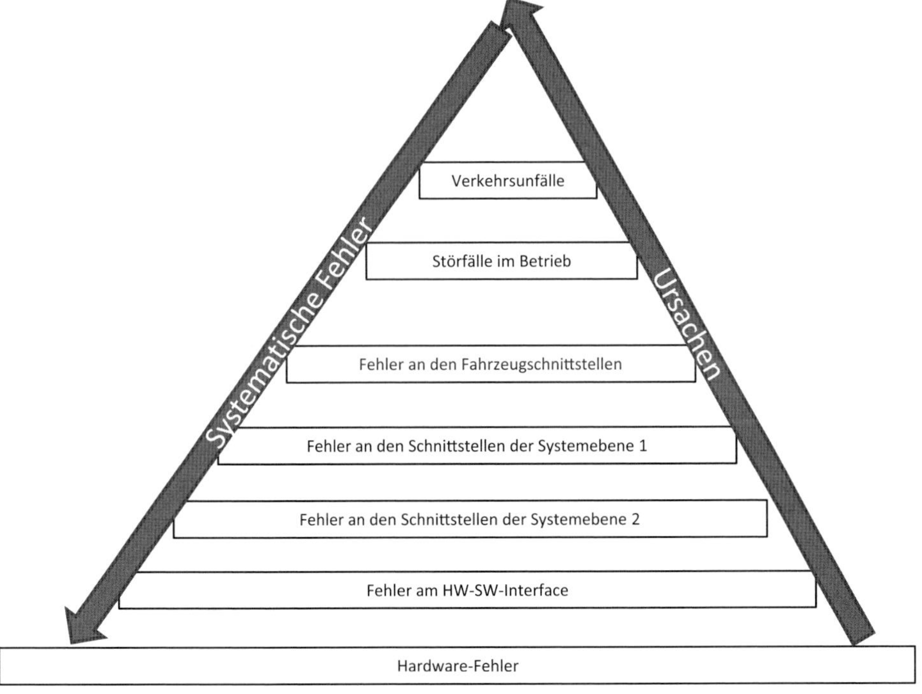

Bild 7.28 Fehler- und Risikopyramide

Die systematischen Fehler (nicht nur die gemäß ISO 26262), wie Spezifikationsfehler, falsche Einschätzungen von Situationen, Irrtümer, nicht geeignete Komponenten oder Algorithmen und Abhängigkeiten, vererben sich bis in die Hardware-Design-Entscheidungen beziehungsweise die physikalische Ebene hinunter. Defekte und die Auswirkungen von Designfehlern gehen von der physikalischen Ebene über alle Fehler an den Schnittstellen nach oben, bis es zu Unfällen im Verkehr kommt. Eine solche Pyramide kann nicht wirklich von Menschen, auch mit allen technischen Hilfsmitteln, über Ursache-Wirkungs-Analysen analysiert werden.

Bild 7.29 Ebenen der horizontalen Systemabsicherung

Grundsätzlich muss von den Maßnahmen in den verschiedenen Ebenen, ausgehend von Maßnahmen in der Verkehrsumgebung bis zu Maßnahmen auf der unteren physikalischen Ebene (z. B. EE-Hardware), derselbe grundsätzliche Prozess abgearbeitet werden.

Der Prozess muss die üblichen Phasen betrachten:

- Anforderungsphase,
- Architekturphase,
- Analysephase,
- Designphase,
- Verifikationsphase,
- Integrationsphase,
- Validationsphase.

Die Phasen werden wie in jeder Entwicklung keiner eindeutigen Sequenz folgen, die Aktivitäten müssen aber in jeder dieser Ebenen durchgeführt werden.

Sämtliche Architektur- oder Designentscheidungen, logischen Zuordnungen, organisatorischen Schnittstellen sind rein willkürlich und entstammen den Rahmenbedingungen und Einschränkungen des Produktentstehungsprozesses.

- Funktionales Verhalten,
- Systemverhalten,
- zeitliche Abhängigkeiten,
- eingeschränkte Fähigkeiten von System, Komponenten und Algorithmen sowie
- Fehler, Fehlverhalten und Fehlerpropagationen

werden durch solche in der Entwicklung festgelegten Schnittstellen nicht beeinflusst.

Einen solchen Zusammenhang hat Reason 1990 bereits mit seinem Schweizer-Käse-Modell beschrieben.

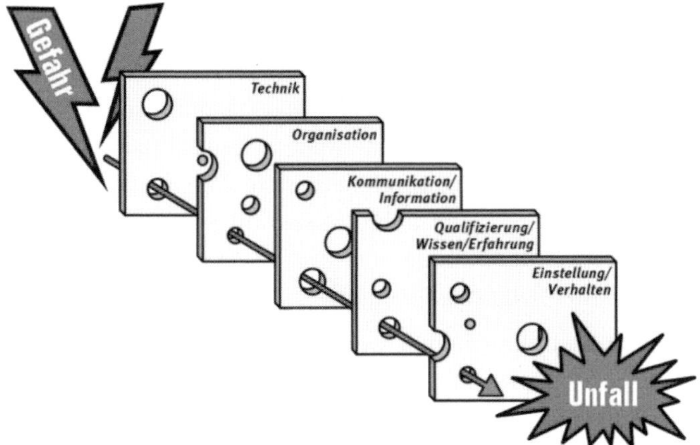

Bild 7.30 Schweizer-Käse-Modell (Quelle: Reason 1990)

Die Kette zeigt Fehler an den Organisationsschnittstellen auf. Die Kette hier verdeutlicht, dass latente Fehler (Fehler, die im Produktdesign schlummern) über

- die Technik zur
- Organisation, weiter zu
- Fehlern in der Überwachung, zu
- Fehlverhalten des Systems oder Flugzeugs oder Fahrzeugs bis hin zu
- Unfällen führen.

Ähnliche Ketten sehen die Ursache

- in der Technik,
- der Organisation,
- der Kommunikation der Informationen (Spezifikation, Instruktionen etc.),
- der Qualifikation der Agierenden,
- dem Verhalten und der Einstellung der Protagonisten.

Protagonisten können Hersteller, Vertreiber, Händler, Anwender und auch Verkehrsteilnehmer als die Gefährdeten sein, aber auch als Ursachen für den Fall, dass durch ihr Verhalten andere gefährdet werden.

7.3.2 Diversität zur Risikoreduzierung

In einigen Veröffentlichungen zur ISO 26262 wurde das Schweizer-Käse-Modell auch für die ASIL-Dekomposition angewendet. Leider wurde in keiner der Veröffentlichungen darauf hingewiesen, dass es das Ergebnis einer Analyse und eine Architekturmaßnahme ist, die Käsescheiben so anzuordnen, dass zum Beispiel Fehler nicht durch alle Löcher durchpropagieren. Weiter hat man in anderen Branchen schon festgestellt, dass man nicht einfach Käsescheiben aus der französischen Schweiz und der italienischen Schweiz als diversitäre Käsesorten deklarieren und davon ausgehen kann, dass sich dadurch die Löcher an verschiedenen Stellen befinden. Dies gilt natürlich für jeden anderen löchrigen Käse genauso. Hier kommt man wieder schnell zu dem Schluss, dass ein diversitäres Systemdesign oder diversitäre Funktionen und Algorithmen überhaupt keinen generischen Vorteil für die Sicherheitstechnik haben. Homogene Redundanzen lassen sich sogar viel schneller synchronisieren und damit vergleichbar machen, damit man potentielle Quellen von latenten Fehlern vor der Fehlerauswirkung entdecken kann. Dies heißt nicht, dass man Objekterkennungen oder auch Zustandserkennungen auf verschiedenen logischen Prinzipien erstellen sollte.

Mikrocontroller und Mikroprozessoren arbeiten weitgehend auf demselben Prinzip, daher kann selbst die parallele Verwendung von Mikrocontrollern und Mikroprozessoren zu sehr vielen ähnlichen Verhaltensweisen führen, die eine Erkennung von systematischen Fehlern nicht erlauben werden. Eine parallele Verwendung von

Mikrocontrollern verschiedener Hersteller wird erst recht kein Ausschlusskriterium für systematische Fehler sein, weil nur Mutmaßungen existieren können, wo sich die Lücken im Design oder Ähnliches durch die redundante Verwendung finden.

Die Druckkesselverordnung (zum Beispiel Druckgeräterichtlinie 2014/68/EU) geht auf die Bierbrauer von Mannheim und Heilbronn zurück. Hier legte man vor mehr als 100 Jahren fest, dass die Temperatur, der Druck und der Flüssigkeitsstand zu messen sei. Die Abhängigkeit dieser Größen ist durch das Design des Druckkessels gegeben. Wird eine dieser Größen außerhalb der Spezifikation für den jeweiligen Betriebsfall betrieben, kann dies zur Gefährdung führen. Der Kessel wird gekühlt, es wird Druck abgelassen, der Füllstand wird reduziert und andere Maßnahmen können eingeleitet werden. Die Bierbrauer haben aber bewusst lieber schlechtes oder weniger Bier gebraut, als die gesamte Brauerei durch eine Explosion zu verlieren. Das gleiche Prinzip gilt für ein Sicherheitssystem für eine Lithium-Ionen-Batterie:

- Temperatur,
- Spannung und
- Ströme

müssen zu jedem Betriebszeitpunkt in einem bestimmten Verhältnis zueinander innerhalb der Spezifikation stehen, sonst riskiert man einen Brand oder die Explosion der Batterie.

Bei dem Braukessel wie bei der Batterie gilt, dass man durch logische physikalische Zusammenhänge immer die Größen gegeneinander überprüfen kann. Somit werden viele systematische und sporadische Fehler entdeckbar. Dieser Effekt wird heute auch bei der Umfelderfassung notwendig sein, da es keine Sensoren gibt, die alle notwendigen Situationen, das Verhalten und so weiter in dem jeweiligen Kontext hinreichend erfassen können.

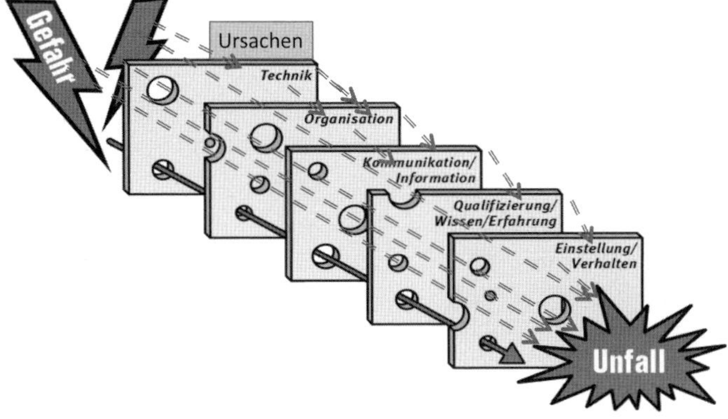

Bild 7.31 Ursache/Wirkung und Propagation von Eigenschaften, Funktionen und Fehlern

Ursachen können durch jede Ebene entstehen und von dieser Ebene aus propagieren. Für welche Propagation von Verhalten und Fehlern tatsächlich kein „Loch im Käse“ vorhanden ist, muss systematisch geplant werden.

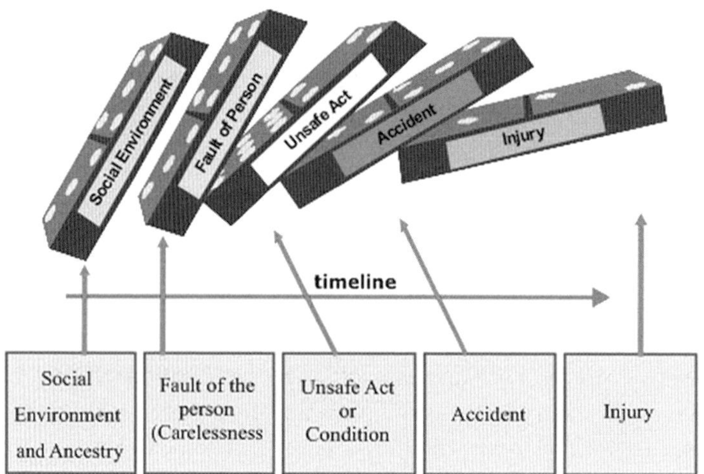

Bild 7.32 Dominoeffekt zu Unfällen und Verletzungen nach Heinrich 1931 (Quelle: Disaster Management Institute, Bhopal, Online Explanation of Domino theory)

Heinrich zeigt die soziale Umgebung und das Umfeld des Entwicklers auf, welches nur einen geringen Einblick in die Anwendungen haben kann; seine Fehler und Irrtümer propagieren aber auch möglicherweise bis hin zu einem Unfall.

Bild 7.33 Heinrich-Pyramide

Heinrich formulierte auch den Pyramideneffekt, jedoch schloss er darauf, dass man durch effiziente Maßnahmen an den Ursachen viele Fehlereffekte, die zu großen Schäden führen, arbeiten kann. Diese Erkenntnis geht in die FMEA-Methodik ein, bei der man das Vermeiden von Fehlerursachen als effektivste Maßnahme ansieht. Eine der wesentlichen Motivationen der Lebenszyklusansätze war die, dass Ursachen nicht nur in der Technik und im Design verankert sind, sondern auch in vielen anderen Zusammenhängen der Produktentstehung bis hin zum Ausphasen eines Produktes. In heutigen Systemen wird also durch das technische Design kaum ein Produkt definierbar sein, welches frei von Sicherheitsrisiken ist.

Diese Zusammenhänge, die immer wieder aufgezeigt werden, sind heute nicht durch ein Wunder gelöst und werden auch nicht durch so etwas wie künstliche Intelligenz gelöst werden können. Wir fordern heute, dass wir zufällige Hardwarefehler mit einer Diagnosedeckung von 99 % absichern können, und argumentieren immer noch mit Zuverlässigkeitsdaten von Siliziumspeichern aus den 70er Jahren in der Hardwaresicherheit. Wir sprechen von sicheren Hardwarefehlern in Mikroprozessoren, bei denen kein Mensch weiß, welcher Speicher für welche Aufgabe verwendet wird. Geschweige denn, wie diese Fehler in Mikroprozessoren zu einer Gefährdung führen können. Ähnliche Irrtümer wie dieser können an jeder technischen, logischen, organisatorischen Schnittstelle geschehen, ohne dass eine Systematik dies verhindern kann.

Also, wollen wir auf verteilte Entwicklung, künstliche Intelligenz, Hochleistungsrechner verzichten? Im digitalen Zeitalter doch wirklich nicht.

Ein Hardware-Elektroniker kennt seine Hardware am besten, der Software-Ingenieur seine Software, aber die unterschiedlichen Betriebsszenarien und die Reaktionen der Personen im Verkehrsumfeld werden beide nicht systematisch bearbeiten oder analysieren können. Die Effektivität von Maßnahmen in all den Ebenen wird auch nie ein einziger Assessor beurteilen können.

7.3.3 Künstliche Intelligenz und Sicherheit

Wesentlich ist die Frage, was ist künstliche Intelligenz und wozu setzt man diese sinnvoll ein. Schon vor 20 Jahren hat man im Anlagenbau sogenannte „Fuzzy-Regler“ eingesetzt. Diese konnten die Regelstrecke einlernen, aber auch das Verhalten von möglichen Störgrößen erlernen, um damit die Regelparameter zu optimieren. Um einen nach den Regeln der Sicherheitstechnik implementierten Regler abzusichern, ist es vollkommen irrelevant, ob die Regelparameter korrekt oder falsch während der Laufzeit „weglaufen“, die Reglerabsicherung muss eine Abweichung, die zu einer Gefahr werden kann, erkennen und entsprechende Gegenmaßnahmen initiieren. Bei großen kontinuierlichen Anlagen wie einer Destillationskolonne einer Raffinerie wäre es nicht nur ein wirtschaftlicher Schaden, sondern auch ein

Sicherheitsrisiko, eine Anlage plötzlich einfach abzuschalten. Also wird wie bei einem Kernkraftwerk oder einem Flugzeug auf eine sichere Steuerung des Antriebs oder der Anlage umgeschaltet.

Warum dies nicht auch eine Lösung oder gar eine Anforderung für das automatisierte Fahren ist, leuchtet nicht wirklich ein. Einen Regler zum Fahren, Lenken und Bremsen im Fahrzeug würde man nie unüberwacht implementieren, warum will man dies machen, wenn man künstliche Intelligenz einsetzt?

Die heute als schnelle und effiziente Anwendung gepriesene „End2End-KI" wird aus gesellschaftlichen Interessen heraus zu viele Risiken bergen, als dass man eine Akzeptanz dieser Technologie erfahren wird. End2End-KI wird oft als eine Algorithmik verstanden, die von der Erkennung durch Sensoren ausgehend auch die geeignete Reaktion am Aktuator erzeugt.

Dazu muss geklärt werden, ob man KI als Funktion für

- die Nominalfunktion,
- als Schutzfunktion oder
- Sicherheitsmechanismus

einsetzt.

Weiter muss sichergestellt werden, ob

- die Funktion geeignet ist für die Aufgabe,
- die Eigenschaften und Features der KI-Funktion hinreichend sind,
- die KI-Funktionen selbst geeignet sind,
- das System geeignet ist, die Funktionen hinreichend und rechtzeitig auszuführen,
- die Sensoren und Aktuatoren geeignet sind und
- die Regelkreise mit den richtigen Parametern angewendet werden können.

Die weiteren Fragen danach, ob die richtigen Trainingsdaten und Validierungsstrategien angewendet werden können, sind dem nachgelagert.

Die Frage ist: Was ist künstliche Intelligenz (KI)? Bedeutet es: Alles, was der Mensch kann, wird durch eine Maschine umgesetzt? Vielleicht sogar durch eine intelligentere Maschine, als sie der Mensch je sein kann, weil die Summe der Intelligenz aller Menschen in einem System eingebracht wird? Oder ist KI doch nur ein lernender Regler und Speicher, der auf die Reize reagieren kann, die bewusst dem System zugeführt werden? Wie viel Intelligenz bekommt der Mensch durch die Gene von den Vorfahren geliefert und wie viel brauchen wir davon für das automatisierte Fahren?

Künstliche Intelligenz (AI, Artificial Intelligence) ist heute ein Sammelbegriff für

- maschinelles Lernen (Machine Learning),

- Verarbeitung natürlicher Sprache (NLP, Natural Language Processing),
- künstliche neuronale Netze (Deep Learning ist oft Methodik und nicht immer deckungsgleich mit KNN oder anderen Abkürzungen und Bezeichnungen).

Die Begriffe werden heute in unterschiedlichen Branchen und Kontexten verschieden verwendet.

Wissensbasierte Systeme oder sogenannte Expertensysteme bezeichnen modellierte Systeme, die aus formalisiertem Wissen logische Schlüsse ziehen können. Sie werden zum Beispiel in der Medizintechnik zur Diagnostik eingesetzt. Zur Fehleranalyse oder präventiven Diagnose wären sie auch in technischen Systemen sinnvoll einsetzbar.

Musteranalyse und Mustererkennung sind bereits bei der Zutrittskontrolle oder als Iris-Erkennung oder Fingerabdruckerkennung allen Mobiltelefonnutzern bekannt. Für Objekterkennung, Straßenzustandserkennung (AI sollte den aktuellen Reibwert der Straße besser erfassen können als die Reibwertschätzung über Raddrehzahlsensoren bei einem heutigen ABS), Bewegungsprofile von Menschenmengen oder auch Verkehrsströmungen aus der Cloud oder Verkehrsschildererkennung sollte die Technik durchaus sinnvoll sein. Auch bei der Belegung von virtuellen Rasterflächen, wie in der Robotik bekannt, sollten solche Systeme technische Vorteile haben können.

Sprachliche Intelligenz ist zur Sprachsynthese und umgekehrt von Siri und Alexa bereits bekannt, als Schnittstelle zu Navigationssystemen wird dies heute bereits verwendet.

Die Mechanismen der Musteranalyse, Mustererkennung oder Sprecherkennung können auch umgekehrt zur Mustervorhersage genutzt werden. Wie bei einem Kalmanfilter kann durch weitere Messwerte eine Hypothese plausibilisiert oder bewertet werden. Hierzu ist auch der hierarchische Temporalspeicher von Jeff Hawkins bekannt.

In der Robotik manipuliert man auch bewusst künstliche Intelligenz. Minensuche, Schweißroboter und so weiter erkennen anhand von Lernalgorithmen bestimmte Risiken und initiieren entsprechende risikominimierende Maßnahmen.

In der Medizintechnik setzt man auch immer mehr auf lernende künstliche Systeme, um Prothesen für Gliedmaßen optimal an das Verhalten der Menschen anzupassen.

Alexander Wissner-Gross beschreibt ein intelligentes System, welches Entropiekräfte modelliert. Anhand der Umgebung versucht man einen Zustand zur ermitteln und durch eine Aktivität bei möglicher Ausnutzung der verfügbaren Freiheitsgrade einen zukünftigen Zustand zu erreichen. Zur Navigation und zur Ermittlung der optimalen Trajektorie wäre dies eindeutig auch fürs automatisierte Fahren denkbar.

Dies sind nur wenige Beispiele, bei denen künstliche Intelligenz sinnvoll auch für Sicherheitsanwendungen einsetzbar ist oder gar zur Verbesserung der Sicherheit eingesetzt werden kann. Die Ingenieure, die solche Systeme integrieren, sollten die allgemeinen Regeln der Sicherheitstechnik kennen und beherrschen.

Wenn man künstliche Intelligenz einsetzen möchte, dann sollte klar sein, dass der allgemeine breite End2End-Einsatz keine Lösung für die unterschiedlichen Stakeholder der Gesellschaft sein kann. Zielgerichtet muss man prüfen, welche Risiken durch solche Systeme und Funktionen tatsächlich mit welchen Maßnahmen sinnvoll zu beherrschen sind.

Die notwendigen Sicherheitsmechanismen im Fahrzeug, aber auch in der Verkehrslenkung oder Verkehrsüberwachung sollten nach den geeigneten Sicherheitsintegritätsstandards wie ISO 26262 oder IEC 61508 entwickelt werden.

7.3.4 Mehrebenenabsicherung

Aber wie sind wir dann vor bereits 50 Jahren auf den Mond gekommen? Ist es wirklich nur eine Hollywood-Kulisse und ein Schauspiel, was wir alle gesehen haben? Vermutlich nicht. Was wussten die Protagonisten von damals mehr als wir heute? Wahrscheinlich waren sie demütiger und haben sich nicht von Lobbyismus, Aktienkursen und Marketing-Events blenden lassen.

Eine der ältesten Erkenntnisse des Systemengineerings ist, dass man unerwünschte Effekte und Verhalten vermeidet mit den Maßnahmen, die auch analysierbar und bewertbar sind. Aus dieser Idee entwickelte sich die

- Layer-of-Protection-Analyse (LoPA) oder
- Layer-of-Defense (LoD), auch Line-of-Defense.

In der LoPA geht man davon aus, dass die Ursachen für Risiken in jeder Ebene existieren und alle positiven und negativen Effekte Ursache für Risiken in der höheren Ebene sind. Somit kommt man nicht umhin, in jeder Ebene eine Zielüberprüfung, also eine Validierungsphase in Ergänzung zu den Analysen und Verifikationen, zu ergänzen.

Beginnt man von unten in der physikalischen oder der Hardware-Ebene, bringt die ISO 26262 einige Maßnahmen und Methoden mit, die eine solche Betrachtung unterstützen. Kombiniert man eine System-FMEA und eine quantitative Analyse, so erhält man schon einen Überblick über die möglichen systematischen Fehler und die zufälligen Fehler aus der EE-Hardware. Natürlich müssen aus der EE-Mechanik oder anderen nicht elektrischen Komponenten die Fehler auch betrachtet werden, aber dies ist in allen Qualitätsmanagementsystemen ja sowieso schon so gefordert. Natürlich sind bei Kommunikationssystemen wie CAN-Bus, FlexRay oder Ethernet die entsprechenden Ebenen hinunter bis zur physikalischen Ebene zu berücksichtigen, jedoch kann man sich hier gut am ISO/OSI-Schichtenmodell orientieren. Handelt es sich um reine Sicherheitsintegritätssysteme, bei denen der energielose Zustand der „sichere Zustand“ ist, können die Metriken der ISO 26262 angewendet werden. Es sollte jedem jedoch klar sein, dass eine PMHF von 10E-8 und einer SPFM von mehr als 99 % nicht heißt, dass die relevanten EE-Fehler nicht auftreten; sie treten nur statistisch gesehen hinreichend selten auf. Davon auszugehen, dass die Fehler nicht über die Systemebene hinaus auch zu Gefährdungen propagieren, wäre ein Irrtum und ein systematischer Fehler.

Geht es jedoch um Risiken wie

- die Gebrauchssicherheit,
- aktive Sicherheitsfunktionen oder Schutzfunktionen,
- die mit der Unverfügbarkeit eines Systems oder einer Funktion einhergehen und so weiter,

wird ein „sicherer Fehler“ womöglich auch ein Fehler sein, der das Potential hat, Ursache für eine Gefährdung zu sein.

Daher wird es Ziel der Validierung sein, abzuwägen, welches Ziel mit der Komponente dem Nutzer oder Anwender versprochen wird. Konsequenterweise benötigt man dann wie bei einer Zertifizierung im Flugzeugbau einen kompletten Safety Case, der das Verhalten im Positiven inklusive aller

- Nominalfunktionen innerhalb ihrer Performancegrenzen,
- aller aktiven Sicherheitsfunktionen und Schutzmechanismen innerhalb der geprüften Betriebsgrenzen,
- aller Verhaltensweisen im Fehlerfall und
- aller Sicherheitsmechanismen und deren geprüften Fähigkeiten, Fehler zu beherrschen, sowie aller
- Trennmechanismen und Barrieren,
- Maßnahmen gegen vorsehbaren und aktiven Missbrauch beinhaltet.

Alles, was vom Hersteller nicht spezifiziert und nachgewiesen ist, bedeutet, dass die Komponente oder das System nicht geeignet ist.

Dieser Prozess wird ebenfalls insbesondere für SW-intensive Systeme an allen darüber liegenden Systemgrenzen notwendig sein, weil schon jemand, der eine Anwendersoftware auf einem System installieren möchte, die Parameter, das Verhalten und die Eigenschaften der Mikrocontroller oder Mikroprozessoren nicht mehr beurteilen kann.

Liefert der Hardwarehersteller keine vollständige Basis-Software, ist es sinnvoll, auch an der Schnittstelle zwischen Basis-Software und Anwender-Software eine solche Trennlinie, also eine Schutzebene, zu installieren.

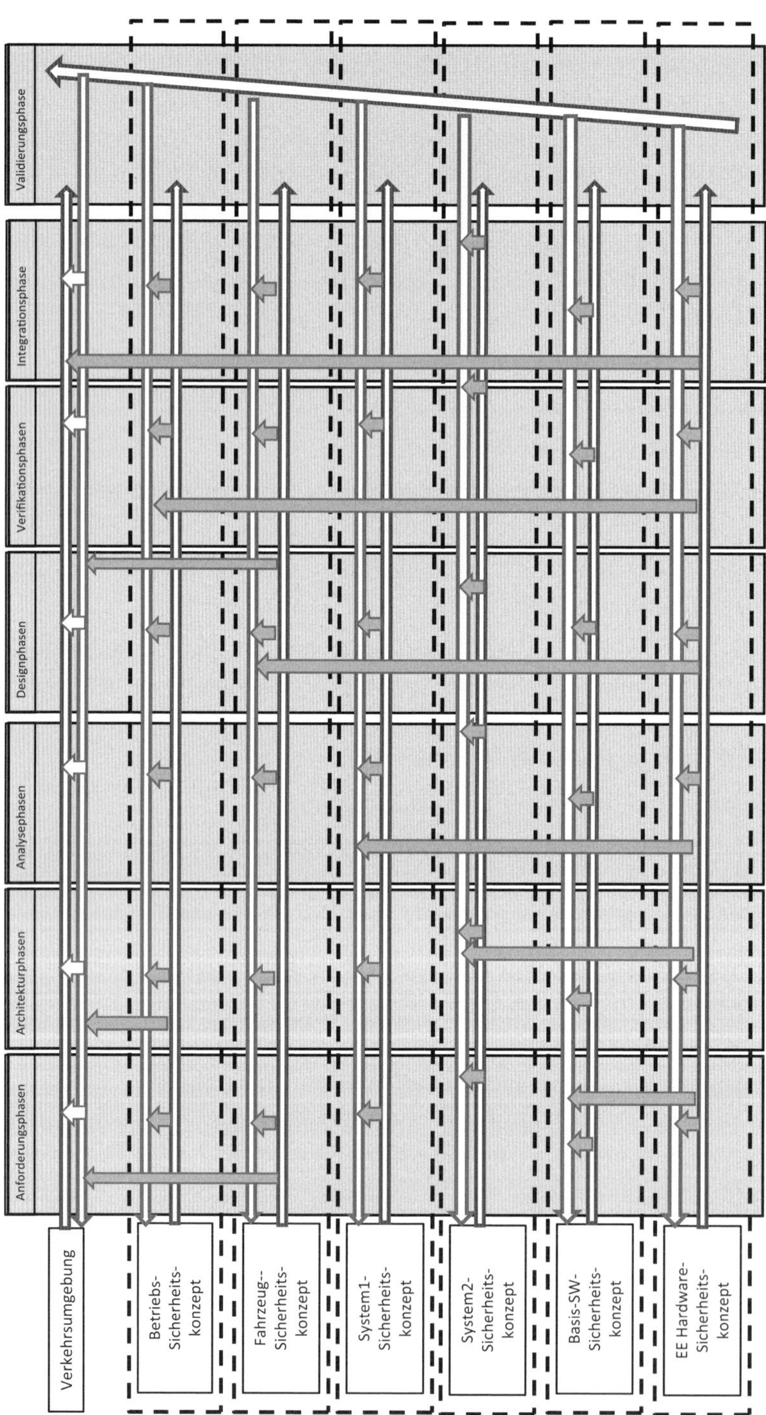

Bild 7.34 Ebenen zur Analyse der Risikoursachen und deren Propagationspotential

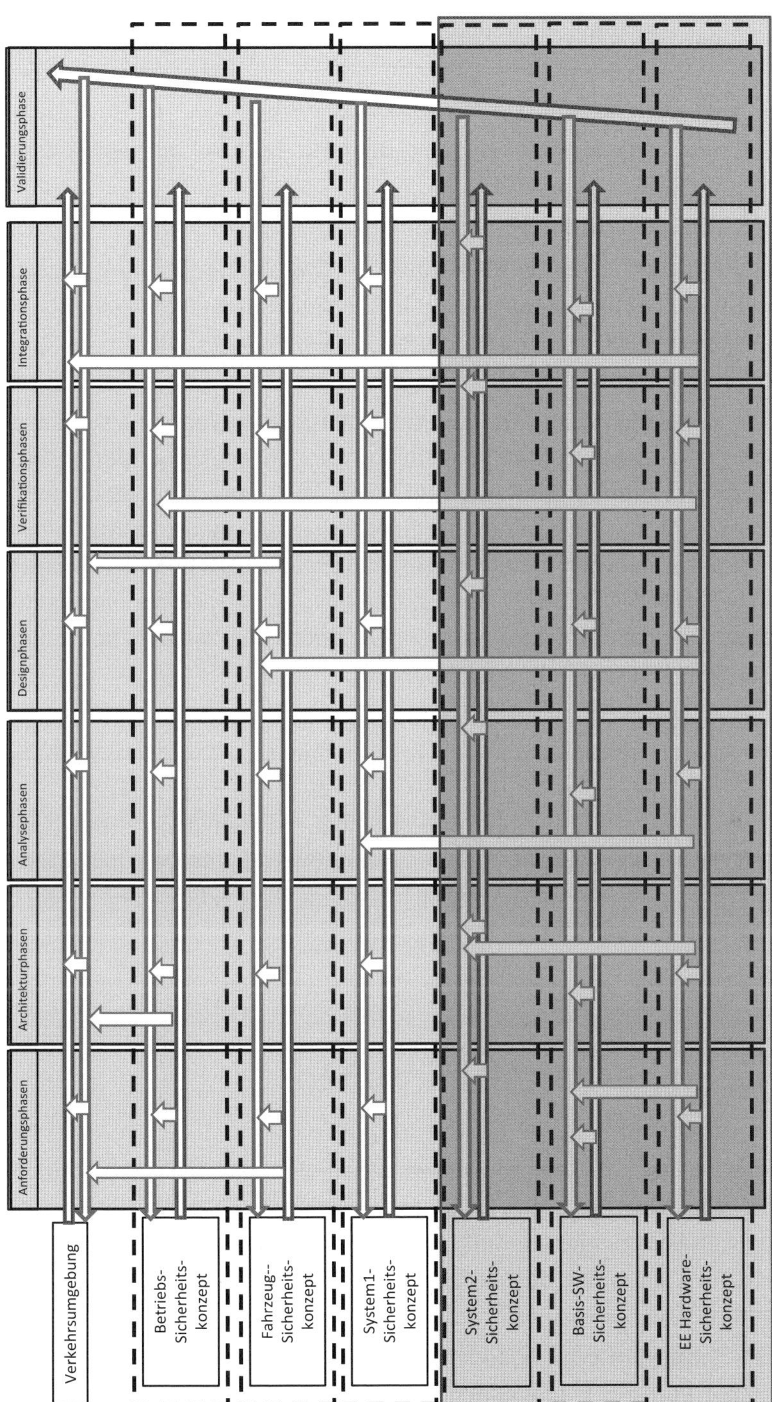

Bild 7.35 Absicherungsebenen in einem Steuergerät

Vergleicht man die Prinzipien, sieht man in einem typischen VDA-3-Ebenen-Sicherheitskonzept, wie EGAS,

- die Ebene 1 für die Nominalfunktion (Motoransteuerung),
- die Ebene 2 für die Funktionsüberwachung (hier vergleichbar mit der System-2-Ebene) und
- die Ebene 3 für die EE-Hardware-Überwachung.

Die Basis-SW ist nicht als Trennmechanismus im Allgemeinen im EGAS ausgeprägt, jedoch wird bei Systemen mit unterschiedlichen ASILs eine solche Ebene notwendig, um Trennebenen oder Barrieren zu implementieren, die die Partitionen zum Beispiel hinreichend trennen.

Die Trennung zwischen Basis-Software und Anwender-Software entsprechend auszubauen, macht schon deswegen Sinn, weil die Entwicklungsparteien hier aus unterschiedlichen Organisationen kommen und somit auch eine Kompetenz dafür angezweifelt werden kann, ob die verantwortliche Organisation für die Anwender-Software überhaupt noch die Verhaltensweisen und Eigenschaften an den Schnittstellen zur Basis-Software und dem Mikrocontroller oder Prozessor beurteilen kann. Einen geeigneten oder „Fähigen Assessor“ zu finden, der so etwas beurteilen kann, mag noch mehr angezweifelt werden.

Ab der Fahrzeugebene wird die Interaktion mit dem Fahrer und anderen Protagonisten, wie Passagieren und anderen Verkehrsteilnehmern, im Vordergrund stehen. Daher wird im Anlagenbau in den oberen Ebenen mehr mit Alarmen und Warnanzeigen etc. gearbeitet. Auf der Betriebsebene werden dann Straßenverkehrsregeln und die Interaktion der Fahrzeuge mit der Infrastruktur im Vordergrund der Maßnahmen stehen, die gewährleisten sollen, dass Fehler der Verkehrsteilnehmer nicht zu Unfällen führen.

■ 7.4 AD-Sicherheitsfunktionen

Um ein Fahrzeug von einem System steuern zu lassen, muss das System die Aufgaben des Fahrers übernehmen. Bei AD-2-Systemen darf der Fahrer praktisch gar nicht die Hände vom Lenkrad lassen und bei AD-Level 3 muss er je nach Funktion innerhalb einer sehr kurzen Zeit die Fahrzeugsteuerung und die Verkehrsraumbeobachtung wieder übernehmen müssen.

Der menschliche Fahrer lernt die unterschiedlichen Situationen und Gegebenheiten während seiner Führerscheinausbildung. In Deutschland machen die Kinder mit zehn Jahren bereits eine Fahrradfahrerausbildung, während der man lernt sich im öffentlichen Verkehrsraum als Fahrradfahrer zu behaupten. Im Kindergarten, aber spätestens in der Grundschule gehen die Kinder systematisch als Fußgänger in den öffentlichen Verkehrsraum. Hier lernen die Kinder bereits ihre Schutzzonen wie Bürgersteige und Zebrastreifen kennen, aber natürlich wird auch auf die Gefahren hingewiesen.

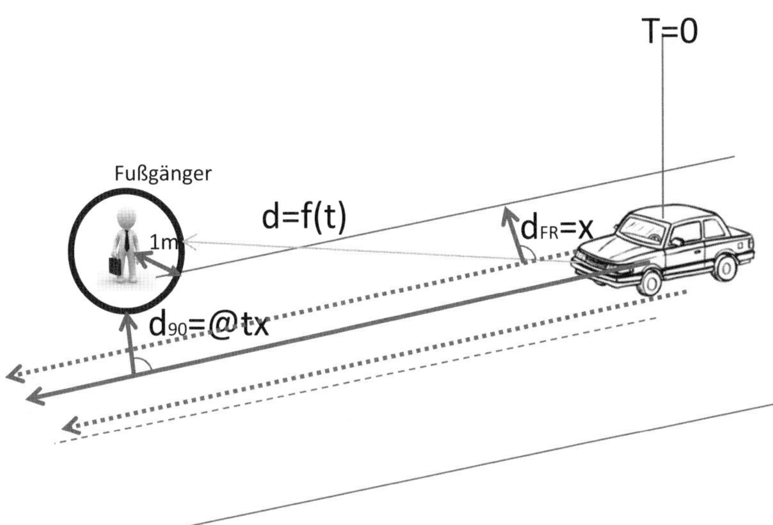

Bild 7.36 Vereinfachte Verkehrssituation

7.4.1 Verkehrsraumabsicherung

Generell ist die Straßenbreite von der maximalen Fahrgeschwindigkeit abhängig. Auch Kurvenradien in Deutschland, etwa von Autobahnabfahrten, sind in ihrer Kurvencharakteristik genormt. So weist die Straßenverkehrsordnung im § 32 die Fahrzeugbreite ohne Spiegel aus. Der Spiegel gehört jedoch nach § 56 zur Pflichtausstattung für ein Fahrzeug der Klasse M. Auf der linken Spur in einer deutschen Autobahnbaustelle dürfen nur Fahrzeuge fahren, die über die Spiegelaußenkanten nicht breiter als 2 Meter sind. 70 % der heutigen Fahrzeuge sind über die Spiegel breiter als 2 Meter, auch der VW Golf. Daher findet man heute oft die Breitenangabe für die Linksspuren in Baustellen. Was hat die Spurbreite mit der Fahrzeugbreite zu tun? Fahrzeuge haben eine bestimmte Toleranz in der Spurtreue, also darin, wie gut die Autos geradeaus fahren können, wie stark sie pendeln und wie sehr die Fahrzeuge auf einer Geraden um die Idealspur hin- und her- driften, wandern oder gar pendeln können. Dies wird bei einem Fahrzeug mit einem Sportfahrwerk wenig sein, bei einem Fahrzeug mit weichem Fahrwerk oder ausgeschlagenen Stoßdämpfern und altem Fahrwerk merklich mehr sein. Neben den fahrzeugspezifischen Parametern hängt die Spurtreue auch vom Fahrer ab. Bindet man das Lenkrad starr an, so kann man den Menschen zwar ausschließen, aber das Fahrzeug wird wegen der Fahrbahnoberfläche und der gesamten Fahrbahngeometrie (Erhöhungen, Bodenwellen, Fahrbahnneigung, Steigung etc.) nicht unbedingt tatsächlich geradeausfahren.

Der Fahrer gleicht während der Fahrt diese Pendelbewegungen permanent aus. LKW-Fahrer sind wahre Künstler in der Fähigkeit, dies rein intuitiv in Baustellen auszugleichen. Jeder, der mit einem Wohnwagen bei Wind durch eine Baustelle gefahren ist, wird die Herausforderung kennen. Das heißt, diese Spurtreue ist selbst bei der Geradeausfahrt eine Herausforderung für einen geübten Fahrer. Die Komplexität einer Kurvenfahrt kann man sich gut vorstellen, wenn man bei starkem Wind mit hoher Geschwindigkeit und einem Wohnanhänger über Brücken, an Wohnhäusern oder an Waldschneisen vorbeifährt. Schwingt das Fahrzeug auf, kann man durch geringere Geschwindigkeit die Pendeleffekte wieder reduzieren. Erfahrene Wohnanhängerfahrer empfehlen zu beschleunigen, da der Fahrzeugverbund dadurch wieder in der Spurtreue stabilisiert wird. Das heißt, ein wesentliches Gütekriterium für ein Automatisierungssystem im Fahrzeug ist, wie gut es die Spurtreue bei allen Wetter- und Fahrbahnbedingungen sicherstellen kann.

Weiter ist der Abstand dann relevant, den die anderen Verkehrsteilnehmer zu dem automatisierten Fahrzeug haben. Auf einer Autobahn oder auf Straßen, auf denen man schneller als 100 Kilometer pro Stunde fahren darf, gibt es laut deutscher Straßenverkehrsordnung eine bauliche Trennung zwischen den gegenläufigen Fahrspuren. Fußgänger und Radfahrer sind auf deutschen Autobahnen verboten, bei einem Unfall sind die Insassen angehalten Rettungswesten zu tragen und sich hinter den Leitplanken in Sicherheit zu bringen. Das verunfallte Fahrzeug muss die Warnblinkanlage einschalten, damit es von den anderen Verkehrsteilnehmern wahrgenommen wird, und in einer definierten Entfernung ist ein Warndreieck aufzustellen.

Sprich, auf einer deutschen Autobahn gibt es bereits viele risikoreduzierende Maßnahmen, die es auf deutschen Landstraßen und innerhalb geschlossener Ortschaften nicht geben kann.

Auf einer deutschen Landstraße darf man üblicherweise bis zu 100 km/h schnell fahren. Fußgängern wird empfohlen, auf der Gegenfahrbahn zu laufen, damit sie den entgegenkommenden Verkehr sehen können.

In Deutschland gab es Richtlinien für die Anlage von Straßen, dort gibt es einen Teil: Querschnitt (abgekürzt RAS-Q). Dies war ein in Deutschland gültiges technisches Regelwerk für den Bau und den Entwurf von Straßenquerschnitten, die RAS-Q galt bis 2008 für alle Arten von Außerortsstraßen. Seit 2008 gibt es eine Richtlinie für die Anlage von Autobahnen (kurz RAA) und seit 2013 eine Richtlinie für die Anlage von Landstraßen (kurz RAL) oder allgemein Straßen (kurz RASt). In den Richtlinien werden Breitenabmessungen unterschiedlicher Straßen oder deren Bestandteile festgelegt, wie etwa die der Fahrbahn sowie der Mittel- und Randstreifen und der Bankette; auch wird die Abhängigkeit von der Verkehrsbelastung berücksichtigt. Können durch Fahrbahnschäden, Fahrbahngeometrie und so weiter diese Werte nicht eingehalten werden, werden von den Straßenmeistereien meist durch Anordnung der Verkehrsbehörde Geschwindigkeitsbegrenzungen durch Verkehrszeichen an den Stellen eingeführt. Zu den neuen Richtlinien gibt es viele Veröffentlichungen, die die Parameter wie

- Verkehrsraumgestaltung,
- Straßenbreite,
- Randstreifen,
- Radwege,
- Kreuzungen und so weiter

in Relation bringen mit Unfallszenarien, Geschwindigkeit, Sichtweiten und auch besserer Übersicht über die Randbebauung und mögliche Personen und andere Objekte, die sich dort bewegen und aufhalten können.

Auch die Linienführung wird durch Merkmale wie

- Krümmung, Kurvigkeit, Querneigung,
- Sichtweite,
- Längsneigung und Länge der Längsneigung

in diesen Richtlinien beeinflusst.

Natürlich werden auch Parameter wie Lärm und Abgassituation in Bezug zur Verkehrsraumgestaltung bewertet.

Kategoriengruppe / Verbindungs-funktionsstufe		Autobahnen	Landstraßen	anbaufreie Hauptverkehrs-straßen	angebaute Hauptverkehrs-straßen	Erschließungs-straßen
		AS	LS	VS	HS	ES
kontinental	0	AS 0		-	-	-
großräumig	I	AS I	LS I		-	-
überregional	II	AS II	LS II	VS II		-
regional	III	-	LS III	VS III	HS III	
nahräumig	IV	-	LS IV	-	HS IV	ES IV
kleinräumig	V	-	LS V	-	-	ES V

Bild 7.37 Straßenkategorien und Geltungsbereiche der RAA, RAL und RASt (Quelle: RIN 2008)

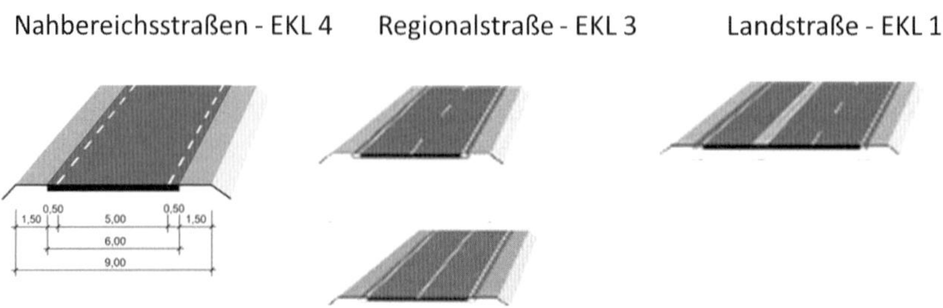

Bild 7.38 Einheits-(Straßen-)Klassen gemäß RAL 2012

Jeder Fahrzeugführer hat eine Führerscheinausbildung, bei der er als generellen Grundsatz lernen sollte, dass er so defensiv fahren muss, dass er zu keiner Zeit einen anderen Verkehrsteilnehmer gefährdet oder ihn umständehalber behindert. Damit ist der Fahrzeugführer bei einem Verkehrsunfall mit einem schwächeren Verkehrsteilnehmer, wie Fußgänger oder Radfahrer, zuerst immer der Schuldige. Es gibt Beispiele aus der deutschen Rechtsprechung, dass Fahrradfahrer bei einer Distanz von 1,5 m und Fußgänger sich bei einer Distanz von 1 m von einem Fahrzeug gefährdet fühlen, wenn sie mit einer Geschwindigkeit von 50 km/h passiert werden.

7.4.2 Verkehrsraum und Situationserfassung

Der menschliche Fahrer lernt bis zu seiner Führerscheinprüfung sämtliche Risiken und Regeln des öffentlichen Verkehrsraums kennen, ohne diese Erfahrung wird er oder sie die Führerscheinprüfung in Deutschland nicht bestehen. Leider sehen unsere Straßen auch nicht wirklich so aus, wie es in den Richtlinien zur Verkehrsraumgestaltung empfohlen wird. Was muss alles von einem menschlichen Fahrer erfasst werden? Die Frage wird eine unendliche Liste, sobald man auch noch die Kombinatorik mit einbringt, wie

- Straßenzustand,
- Wetterbedingungen,
- Sichtverhältnisse,
- Verkehrsdichte,
- Fahrverhalten der anderen Verkehrsteilnehmer,
- belebter oder sporadisch belebter Verkehrsraum (neben und auf der Fahrbahn, Radfahrer, Kinder) und so weiter.

Das Verhalten des Fahrzeugführers soll den Bedingungen immer angemessen sein. Die Kernfrage ist: Wie kann man dies strukturieren, damit überhaupt eine Systematik erstellt werden kann? Bei der Bahn, den Flugzeugen und bei Arbeitsmaschinen gibt es vorgegebene Korridore, die die Transportsysteme zu nehmen haben, die auch je nach Bedarf meist angemessen abgesichert werden. Bei der Bahn wird sogar die Trajektorie durch die Gleise und die Weichenstellung vorgegeben, so dass der Lokführer praktisch nur die Längsführung übernehmen muss; also beschleunigen oder bremsen.

Wie startet der verantwortliche Fahrzeugführer seine Fahrt, wie sieht ein korrekter Fahrzyklus für den Führerscheinprüfling aus?

Der Fahrlehrer gibt dem Prüfling die Schlüssel und der Prüfer beobachtet den gesamten Vorgang.

Zuerst muss sich der Prüfling vom ordnungsgemäßen Zustand des Fahrzeugs überzeugen. Das kann bedeuten, dass er auch um sein Auto herumgeht. Hier gibt es bereits Hinweise in der deutschen Straßenverkehrsordnung, dass sich keine Personen dicht um das Auto herum befinden sollten, was in Parkhäusern schon mal der Fall sein kann. Das Fahrzeug muss von Eis und Schnee befreit sein, damit der Fahrer hinreichende Sichtverhältnisse hat oder Eis und Schnee durch Herabfallen während der Fahrt andere gefährdet oder gar verletzt. Vor dem Losfahren ist neben der Prüfung aller wesentlichen Fahrzeugfunktionen und Schutzsysteme auch der Insassenschutz zu prüfen. Dies wird heute bereits in den meisten Fahrzeugen durch die Elektronik dem Fahrer abgenommen.

Wenn ein technisches System das Fahrzeug fährt, warum sollen diese Funktionen, Situationen und Bedingungen und so weiter nicht geprüft werden? Klar, dies sind alles notwendige Sicherheitsfunktionen.

Dann kann die Fahrt losgehen. Die ersten Fragen lauten: Ist der Fahrkorridor frei? Wie schnell darf ich losfahren? Wie ist die korrekte Fahrspur auszuwählen? Dies tut der menschliche Fahrer alles rein intuitiv, macht er etwas falsch und gefährdet jemanden, belangt ihn die Exekutive des Gesetzgebers oder ein anderer Verkehrsteilnehmer zeigt ihn an. Das heißt, es gibt sehr viele Parameter, die die angemessene Fahrspur und die angemessene Geschwindigkeit beeinflussen. Viele davon sind für den menschlichen Fahrer subjektiv und werden rein intuitiv umgesetzt; solange niemand gefährdet oder umständehalber notwendig behindert wird, ist alles in Ordnung. All diese Parameter müssen dem technischen System auch beigebracht werden; schön wäre es, wenn wir so neuronale Netze trainieren könnten, und dann wäre alles im System implementiert.

Ein technisches System muss sich aber immer so verhalten, es wird ihm kein Irrtum erlaubt. Die Regeln der Produkthaftung und insbesondere in Deutschland im Produkte- und Gerätehaftungsgesetz, der Produzentenhaftung und so weiter verlangen eine Feldbeobachtung für technische Systeme, für den Menschen nicht. Liegt ein Design-, Produktions- oder Instruktionsfehler vor, so gilt die Nachbesserungspflicht für alle vergleichbaren Produkte. Gut, dass es bald durch Software-Updates-over-the-Air (oder FotA) so einfach ist, eine Software auf die Systeme aufzuspielen. Der Nachteil ist: Man muss zuerst das Problem wirklich finden und den

Nachweis bringen, dass durch die Änderungsmaßnahme eine weitere Gefährdung ausgeschlossen ist. Das wird nicht das einzige Problem sein.

7.4.3 Verkehrsraumerfassung

Für die Verkehrsraumerfassung werden heute folgende Sensoren verwendet:

- Radar,
- Kamera,
- Lidar,
- Ultraschallsensor.

Einen perfekten Sensor gibt es nicht, jeder Sensor hat seine Nachteile. Radar und Lidar senden Wellen aus und messen deren Reflexivität. Der Lidar benutzt als Sender einen Laser, wodurch eine hohe Präzision erreicht werden kann. Mehrachsen-Laser liefern innerhalb kurzer Intervalle ein 3D-Äquivalent der Umgebung in einem bestimmten Öffnungswinkel, auch 360°-Lidar werden eingesetzt. Radar und auch Lidar liefern praktisch nur ein Schwarz/Weiß-Bild. Es sind Verfahren für den Lidar bekannt, um auch Farben oder bestimmte Oberflächenmuster zu erfassen oder zu erkennen, dies bedeutet jedoch, dass aufwendige Algorithmen angewendet werden müssen. Eine Kamera liefert im Allgemeinen ein 2D-Bild und erfasst die Lichtmenge der Objekte, schwarze Oberflächen oder dunkle Bereiche können von einer Kamera weniger gut erfasst werden. Um eine Rauminformation zu erhalten, setzt man auf Stereokameras. Laser und auch Kameras haben Einschränkungen durch Blendung und Streulicht. Ultraschallsensoren werden auf kurzen Entfernungen eingesetzt und man findet diese als Einparkhilfe, Abstandswarner, aber auch als Parklückenvermessungssystem für einen automatischen Einpark-Assistenten.

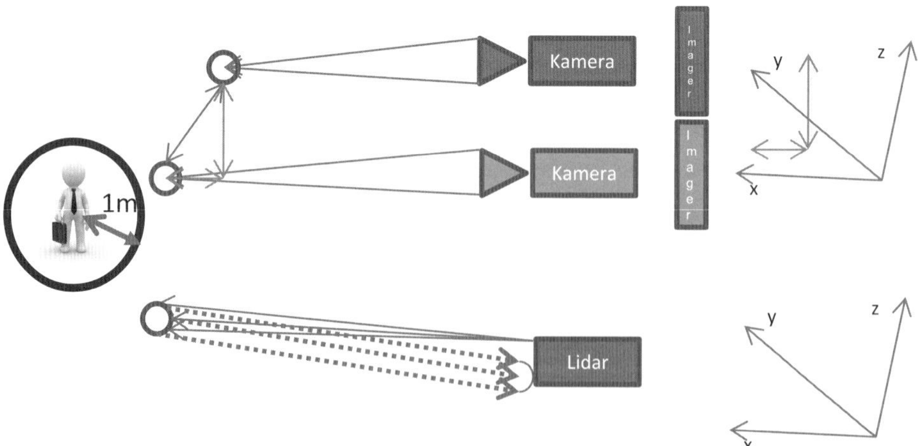

Bild 7.39 3D-Erfassung mit Stereokamera und Lidar

Eine Stereokamera hat den Vorteil, dass die beiden Bilder des Imager je nach Brennpunkt ein ähnliches Bild ergeben, welches um den Versatz der Brennpunkte gegeneinander vergleichbar ist.

Es gibt sehr viele Veröffentlichungen, die sich im Kontext AD mit Objektverfolgung beschäftigen. Die Lokalisierung der Objekte und die Zeit, bis die Objekte wirklich hinreichend erkannt und identifiziert werden, deutet sicherheitstechnisch auf Anforderungen für sehr schnelle Rechner hin, die große Datenmengen in Echtzeit verarbeiten können. Wird das 3D-Bild der Kamera erst über einen Algorithmus generiert, ist eine zeitliche Zuordnung, wann in der Realität die Effekte stattgefunden haben, in nur sehr weiten Zeitrastern erfassbar. Insbesondere für die Querführung (Lenkung) können 100 Millisekunden schon bei einer Fahrt auf der Landstraße einen Unfall mit dem Gegenverkehr bedeuten. Der Lidar hat den Vorteil, dass ein Mehrachsen-Lidar ein sehr präzises 3D-Äquivalent alle 100 Millisekunden liefern kann. Stereo-Vision mit optischen Kameras in anderen Branchen kann auch sehr schnell aus den Imager-Bildern ein 3D-Bild generieren, aber hierzu werden auch sehr große Datenmengen verarbeitet, sodass die Rauminformation erst nach einer gewissen Zeit zur Verfügung steht.

7.4.4 AD-Wirkkette

Ein wesentlicher Punkt wird sein, wie und wie schnell das System (hier das gesamte Fahrzeug) auf die Informationen, die mit der Umfeldsensorik erfasst werden, reagiert.

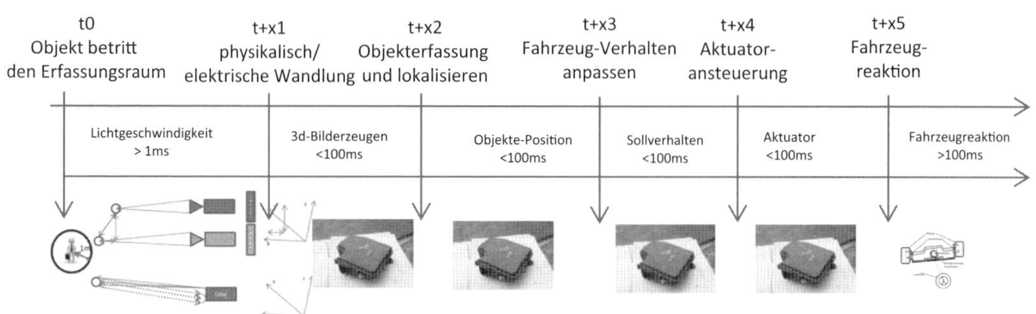

Bild 7.40 Vereinfachte Wirk-Zeit-Kette

Betrachtet man sehr vereinfacht die Wirkkette, werden folgende Schritte durchlaufen:

- Zum Zeitpunkt t = 0 betritt ein Objekt den Erfassungsraum (Fußgänger geht vom Bürgersteig auf die Straße).

- Bei t + x1 wird die Information elektrisch erfasst. Dies kann bei Lidar und Radar theoretisch in Lichtgeschwindigkeit geschehen, wobei die Funktionsprinzipien von Lidarerfassung und Bilddatenerfassung mindestens 100 ms brauchen, um eine 3D-Information generieren zu können.
- Bei t + x2 kann dann aus den 3D-Informationen eine Objektinformation beziehungsweise auch die Position des Objektes ermittelt werden.
- Bei t + x3 kann anhand der aktuellen Fahrzeugposition, der aktuellen Trajektorie und der Fahrzeuggeschwindigkeit die neue angepasste Soll-Trajektorie und Geschwindigkeit berechnet werden.
- Bei t + x4 werden die neuen Daten für die Aktuatoren (Antrieb, Bremse, Lenkung) errechnet und an den Aktuator übermittelt.
- Bei t + x5 kann dann durch den Aktuator die entsprechende Fahrzeugreaktion gestellt werden.

Die Kette wird im optimalen Fall in einer Zeitspanne unter einer halben Sekunde ablaufen können.

100 km/h = 100 × 3,6 m/s

100 m / 3,6 m/s = 27,778 m/s, also rund 28 Meter pro Sekunde

Das heißt, in einer Sekunde legt ein Fahrzeug bei einer Geschwindigkeit von 100 km/h eine Strecke von 28 Metern zurück. Was bedeutet dies für die Wirkkette?

Bis zu einer Fahrzeugreaktion auf eine Person (oder ein anderes Objekt) wird das Fahrzeug bei einer Geschwindigkeit von 100 km/h bei 500 ms Reaktionszeit 14 Meter zurückgelegt haben.

In einem Innerortsszenarium mit einer Geschwindigkeit von 50 km/h wird das Fahrzeug in einer halben Sekunde ca. 7 Meter zurückgelegt haben. NCAP-empfiehlt mit einer maximalen Geschwindigkeit von 8 km/h für die Bewegung von Fußgängern zu rechnen.

8 m / 3,6 m/s = 2,22 m

Ein Fußgänger legt innerhalb von einer Sekunde mit einer Geschwindigkeit von 8 km/h eine Strecke von über 2 Metern zurück. In der halben Sekunde entspricht dies mehr als 1 Meter, den sich der Fußgänger vom ursprünglichen Ort entfernt haben kann.

Bei den Zahlen sieht man, dass der menschliche Fahrer, dem man eine Reaktionszeit von einer Sekunde zuspricht, sehr viele Fahrsituationen im Innerortverkehr mehr intuitiv als wirklich gesteuert bewältigt.

Fährt man durch eine typische deutsche Stadt, wird es notwendig sein, die Systeme sehr stark in dieser Wirkkette zu optimieren oder andere bauliche Maßnahmen für solche Straßen vorzusehen. Nach den üblichen heute geplanten Straßen gemäß den gültigen Richtlinien muss Fußgängern, Radfahrern und automatisierten Fahrzeugen eine wesentlich größere Distanz zueinander eingeräumt werden.

7.4.5 Umfelderfassung an einem Raster

In der Robotik als auch in den Veröffentlichungen von Ernst Dickmann (http://www.dyna-vision.de) verwendet man bestimmte Raster, sogenannte Grids, um den Raum zu beschreiben. Ziel ist es auch, eine einfache Abstraktion des Erfassungsraums als digitale Dateninformation zu generieren. Ein zweiter Aspekt ist eine Messbarkeit oder eine Referenz zur Vergleichbarkeit zu erhalten. Zur Abstrahierung der Daten werden oft folgende Prinzipien beschrieben:

- Ein **Kalman-Filter** ist ein parametrischer Filter, er verwendet die Gaußfunktion zur Repräsentation der Objektposition sowie Sensormodelle und Zustandsübergangsfunktionen. Es wird eine Hypothese für einen Erwartungswert definiert, der durch weitere Messdaten verworfen oder bestätigt wird.
- Ein **Bayes-Filter** oder die rekursive Bayessche Zustandsschätzung ist ein allgemeiner Zustandsschätzer, der auf der Wahrscheinlichkeitstheorie basiert. Die A-posteriori-Wahrscheinlichkeitsdichteverteilung des Systemzustands zum definierten Zeitpunkt bezeichnet man als die bedingte Wahrscheinlichkeit des Zustandes unter der Voraussetzung, dass die vorangegangenen Messungen und Steuervektoren bekannt sind.
- Bei einem **Partikelfilter** werden sogenannte Partikel anfangs gleichmäßig in den Zustandsraum eingestreut. Qualitätsattribute geben die Evidenz der Partikel aus den Sensordaten an. Durch Mehrfach-Sampling wird das Vertrauen in die Korrektheit erhöht.

Neben diesen Filtern werden wir aus der künstlichen Intelligenz noch interessante Beispiele sehen, wie man Umgebungen, Objekte, deren Bewegungsprofile und Positionen mit Hilfe von Raster erfassen kann. Die Raster haben den Vorteil, dass verschiedene Methoden gegeneinander verglichen und plausibilisiert werden können.

Verschiedene Raster (Grids) werden oft verwendet, um Informationen zu erfassen. Eine vereinfachte beispielhafte Anwendung wird hier beschrieben:

- Statisches Grid: beschreibt die statische Umgebung und bildet auf einer Zeitbasis unbewegliche Elemente ab (Brücken, Häuser, Fahrbahnmarkierungen, Pfeiler, Bebauungen usw.).
- Dynamisches Grid: nimmt in einem definierten Zeitintervall Objekte auf, die sich über einen längeren Zeitraum hinweg bewegen (Fußgänger, andere Autos, Tiere, Menschengruppen usw.).
- Belegungs-Grid: gibt bezogen auf eine Rasterfläche (Schachbrett, in unterschiedlicher Kantenlänge) die als frei erkannten Elemente oder als belegt erkannte Elemente an. Das Belegungs-Grid kann um das Fahrzeug oder bezogen auf ein statisches Grid in einer beliebigen Umgebung definiert sein.

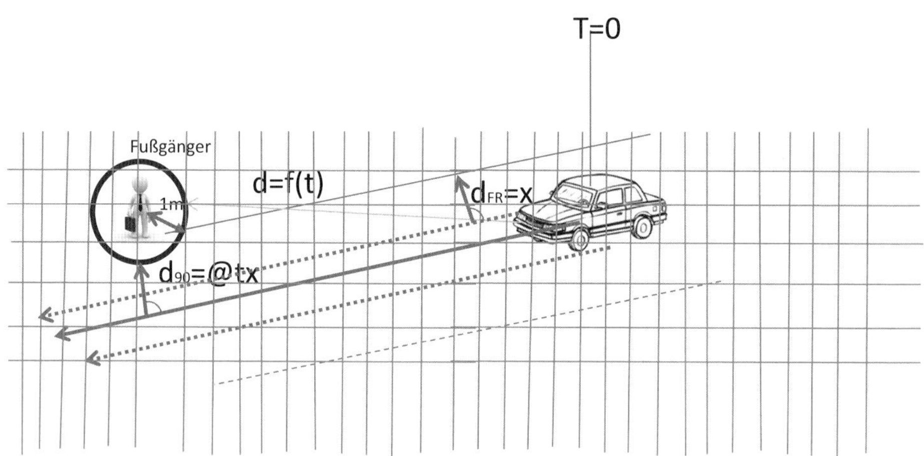

Bild 7.41 Statisches Grid bezogen auf die Umgebung

Das statische Grid kann sich auf die geographischen Koordinaten beziehen, dadurch kann jeder Punkt auf der Erde eindeutig definiert werden. Bewegt sich das Fahrzeug, können in diesem statischen Grid zu jedem definierten Zeitpunkt alle statischen Objekte inklusive des automatisiert fahrenden Fahrzeugs definiert werden. Die Kantenlänge des Grids gibt den Grad der Detaillierung an. Da in erster Linie beim automatisierten Fahren die Fahrzeugsensorik die Umfelderfassung errechnet, kann aus der Fahrzeugposition zum definierten Zeitpunkt das statische Grid auf das geographische Grid umgerechnet werden. Bei der Erfassung können die Elemente unterschiedlich klassifiziert werden. Werden Elemente über einen bestimmten Zeitraum als unbeweglich, also als statisch erfasst, werden diese mit entsprechenden Attributen in das Modell übernommen.

Werden Objekte eindeutig erfasst, die sich nach einem bestimmten Muster bezüglich ihrer Position bewegen, werden diese entsprechenden Attributen zugeordnet. Vereinfacht könnten dies folgende Kriterien sein:

- Fußgänger bewegt sich im gleichen Abstand parallel zur Fahrbahn.
- Fahrradfahrer fährt mit geringer Toleranz auf der rechten Seite der Fahrbahn.
- Menschengruppe bewegt sich sehr dynamisch nahe dem Fahrbahnrand.
- Kinder laufen ca. 50 cm neben der Fahrbahn und so weiter.

Die Grids können auch in verschiedenen Kantenlängen mit unterschiedlichen Filterprinzipien, aber auch mit unterschiedlichen Filterparametern erzeugt werden. Dabei können die unterschiedlichen Grids logisch und mathematisch verglichen oder plausibilisiert werden.

In welcher Relation oder Entfernung sich die erkannten Objekte zu dem automatisiert fahrenden Fahrzeug (AD-Fahrzeug) befinden oder bewegen, kann zu jeweils definierten Zeitpunkten errechnet werden. Je nach Kantenlänge in dem Grid sind die zu verarbeitenden Daten groß oder klein, weil man über die Kanten die jeweiligen Beziehungen ableiten und errechnen kann.

Wird eine große Kantenlänge betrachtet, so können Objekte, die sich sehr plötzlich auf den Fahrkorridor des AD-Fahrzeugs zubewegen, recht schnell erfasst werden, weil es sich um ein seltenes Ereignis handeln sollte. Das AD-Fahrzeug kann umgehend eine Bremsung einleiten, wodurch auf jeden Fall das Schadensausmaß eines möglichen Unfalls reduziert werden kann. Würde man einen Unfall mit einer Person vermeiden wollen, die sich mit hoher Geschwindigkeit auf ein AD-Fahrzeug zubewegt, würde das AD-Fahrzeug nur sehr langsam fahren können. Daher werden die AD-Fahrzeuge die Situation vor einem Unfall speichern müssen, um aktiven Missbrauch oder Selbstmordversuche dokumentieren zu können.

Diese Beschreibung ist vollkommen unzureichend, um eine sichere Anwendung auf Basis der hier gegebenen Informationen zu konzeptionieren; es kann nur die prinzipielle Idee angesprochen werden.

7.5 Ausblick auf weitere Mobilitätskonzepte

Die aktuelle Diskussion zeigt, dass unser Mobilitätsverhalten sich stark ändern wird. In vielen Bereichen sieht es so aus, dass man eher Mobilitätsdienstleister werden will oder vielleicht auch muss. Die Bahn ist auf eine sehr teure und wartungsintensive Infrastruktur angewiesen und die Anbindung auf der „letzten Meile“ ist meist sehr unbefriedigend. Busse, U-Bahnen und Straßenbahnen sind für die Innenstädte eine Lösung, aber selbst für Kleinstädte kennt jeder die Kompromisse, die man eingehen muss. Fliegen wird heute immer günstiger und ein Kongress auf Mallorca ist günstiger zu erreichen, als ein vergleichbarer Event in Deutschlands „Digitalhauptstadt“ Darmstadt. Von Darmstadt zum Frankfurter Flughafen kann man sinnvoll nur mit einem Bus fahren, der aber in den Hauptverkehrszeiten auch nur im Stau steht.

Derzeit scheinen große Firmen wie Airbus und auch Amazon große Anstrengungen zu unternehmen, um Lufttaxis attraktiv machen zu können. Viele Automobilhersteller sehen hier ihren Vorteil, wesentlich günstiger Mobilitätssysteme wie Flugdrohnen oder gar Roboter-Air-Taxis herstellen zu können.

Eine der Motivationen ist, dass die Luftinfrastruktur wesentlich günstiger ist und weniger Wartungskosten erfordert als die Schienen- und Straßeninfrastruktur. Luft kann ja nicht kaputtgehen.

Luftverkehr funktioniert nicht ohne Flugüberwachung. Auch wenn heute Mega-Städte bereits Flugkorridore für den privaten Flugverkehr bereitstellen, so kann Zweifel daran bestehen, dass diese Flugkorridore für den Massenpersonentransport geeignet sind.

Elektronik in der Luftfahrt, aber auch andere Komponenten sind zuerst wesentlich teurer als Komponenten für die Bahn und erst recht für die heutigen Fahrzeuge. Oft werden die Zertifizierungskosten durch die Stellen der Luftfahrtbehörden hier als Argument eingebracht. Jedoch ist der Gedanke etwas zu kurz gedacht; die Anforderungen an die Verfügbarkeit, Robustheit und Zuverlässigkeit solcher Komponenten führen zu wesentlich höheren Entwicklungs-, Produktions- und Prüfkosten, die bei den Argumenten gerne außer Acht gelassen werden.

Diese Lufttaxis werden für den Bürger in einer Kleinstadt auch auf lange Sicht keine Alternative zur Mobilität sein, aber es wird eine signifikante Anzahl von Personen geben, die für einen solchen Dienst gut und gerne bezahlen.

Wie vielfältig die Aspekte nur im Straßenverkehrswesen sind, zeigen die unterschiedlichen Aktivitäten, worauf unter den Aspekten

- Automated Driving,
- Connected Mobility,
- E-Mobility

auf der Website https://www.eict.de/projekte hingewiesen wird. EICT (European Center for Information and Communication Technologies) ist eine Gesellschaft, die das Ziel darin sieht, Informationen zu den Themen bereitzustellen.

Welche Infrastruktur und welche Transportsysteme die Gesellschaft (am Ende die Summe der einzelnen Steuerzahler) tatsächlich für die verschiedenen Mobilitätsthemen bereitstellen mag, ist derzeit eingebunden in einen Wettlauf der Wirtschaftsräume im Kampf gegen die Rechte des Einzelnen, die in den UN-Menschenrechtsgesetzen ihre Basis haben.

Literatur

DIN EN 61784-3: Industrielle Kommunikationsnetze

DIN ISO 8855: Straßenfahrzeuge – Fahrzeugdynamik und Fahrverhalten – Begriffe

Gasser, T.M.; Arzt C.; Ayoubi M.; Bartels A.; Bürkle L.; Eier J.; Flemisch F.; Häcker D.; Hesse T.; Huber W.; Lotz C.; Maurer M.; Ruth-Schumacher S.; Schwarz J.; Vogt, W.: Rechtsfolgen zunehmender Fahrzeugautomatisierung. Gemeinsamer Schlussbericht der Projektgruppe. Berichte der Bundesanstalt für Straßenwesen (BASt), Heft F83. Bundesanstalt für Straßenwesen 2012

Goble, W.M.: The use and development of quantitative reliability and safety analysis in new product design. Eindhoven 1998

Heinrich, H.W.: Industrial Accident Prevention: A Scientific Approach. McGraw-Hill 1931

IEC 61784: Industrielle Kommunikationsnetze

IEC 62351: Energiemanagementsysteme und zugehöriger Datenaustausch - IT-Sicherheit für Daten und Kommunikation

Moir, I.; Seabridge, A: Aircraft Systems. Mechanical, Electrical and Avionics Subsystems Integration. Wiley 2008

Reason, J.: Human Error. Cambridge University Press 1990

RIN – Richtlinien für integrierte Netzgestaltung, Ausgabe 2008

Safe Automotive soFtware architEcture (SAFE), ITEA2: WP4, Deliverable D3.4.a, Guideline for description of variant management techniques

VDE 0803-500:2011-02: Industrielle Kommunikationsnetze

Wood, S.P.; Chang, J.; Healy, T.; Wood, J.: The Potential Regulatory Challenges of Increasingly Autonomous Motor Vehicles. In: 52 Santa Clara Law Review 1423 (2012)

Index

W

Z